普通高等教育"十二五"规划教材

现代土木工程概论

主 编 姜晨光

U0237936

中国水利水电出版社
www.waterpub.com.cn

内 容 提 要

　　本书从教学和科普的角度出发，宏观地、全面地介绍了土木工程科学的基本情况，对读者了解土木工程学科具有一定的启蒙作用，为读者打开了一扇了解土木工程科学的窗口，也为即将步入土木工程殿堂的高校学生提供了一把开启土木圣殿之门的金钥匙。

　　本书是大土木工程行业的入门教材，适用于本科和高职高专的土木工程、工程管理、交通运输工程、铁道工程、水利工程、水利水电工程、矿业工程、建筑学、城市规划等专业。本书除具有教材功能外还兼备工具书的特点，是土木工程业内人士案头必备的简明工具型手册。

图书在版编目（CIP）数据

现代土木工程概论 / 姜晨光主编. —— 北京 ： 中国水利水电出版社，2015.4
普通高等教育"十二五"规划教材
ISBN 978-7-5170-3122-2

Ⅰ．①现… Ⅱ．①姜… Ⅲ．①土木工程－高等学校－教材 Ⅳ．①TU

中国版本图书馆CIP数据核字(2015)第087254号

书　　名	普通高等教育"十二五"规划教材 **现代土木工程概论**
作　　者	姜晨光　主编
出版发行	中国水利水电出版社
	（北京市海淀区玉渊潭南路1号D座　100038）
	网址：www.waterpub.com.cn
	E-mail：sales@waterpub.com.cn
	电话：(010) 68367658（发行部）
经　　售	北京科水图书销售中心（零售）
	电话：(010) 88383994、63202643、68545874
	全国各地新华书店和相关出版物销售网点
排　　版	中国水利水电出版社微机排版中心
印　　刷	北京市北中印刷厂
规　　格	184mm×260mm　16开本　27印张　640千字
版　　次	2015年4月第1版　2015年4月第1次印刷
印　　数	0001—3000册
定　　价	**55.00元**

编撰委员会名单

主　编：姜晨光

副主编：（排名不分先后）

陈伟清　张协奎　刘小生　刘兴权

方绪华　唐平英

主要参编人员：（排名不分先后）

林　辉　李　平　黄奇璧　孙丽莉

杨　兰　袁春桥　原嘉祥　张丽萍

王　伟　崔清洋　关秋月　翁林敏

夏正兴　何跃平　成美捷　顾持真

李　刚　黄伟祥　钱保国　陈江渝

宋艳萍　祝付玲　胡　闻　王　烨

华崇乐　闵向林　朱烨昕　叶　军

吴　玲　蒋旅萍　欧元红　陈　丽

刘进峰　蔡洋清　卢　林　刘群英

夏伟民　张惠君　王风芹

前　言

　　土木工程是人类最早创造的工程技术之一，具有悠久历史，其萌芽出现在"穴居巢处"的人类蛮荒文明时代，那时人类向鸟类学习选树并在树上筑巢，还利用或改造自然洞穴以满足居住需求，因而也就有了"有巢氏"和"穴居氏"之说。火使人类从蛮荒文明进入古代文明，火改变了人类的饮食习惯，人类也用火来改造自然物（如烧制砖、瓦）或自然地形（如都江堰工程）以满足自己的需要，并筑城及兴建大型土木建筑；电使人类从古代文明进入近代文明，电为人类提供了动力，使人类改造自然的能力得到了飞跃性的提升，人们造出了水泥及各种金属材料，使土木结构的性能（如承载能力、跨越能力）得到了极大的提升；网络信息技术使人类从近代文明进入现代文明，网络信息技术使人类探索未知世界的能力得到了极大的提升，人们通过传感、遥测、遥控、无线通讯、网络、计算机技术使土木结构变得更加精巧、灵动，于是就有了生态建筑、节能建筑、绿色建筑、数字建筑、智能建筑、智慧建筑的粉墨登场、时空交替。可见，土木工程与人类文明同步发展，与人类文明息息相关。

　　土木工程技术是人类文明的最重要标志之一，是人类文明形成及社会进化过程中必需的民生工程，是国家建设的基础行业。"衣、食、住、行"是人类生存的最基本条件，"住（即居住）"靠土木工程技术得以实现，"行（即出行、交通）"的基础设施（公路、铁路、机场、码头等）也靠土木工程技术来实现。因此，土木工程是关系国计民生的重要行业和关键行业，只要有人类生存就需要土木工程。建造各种土木工程设施的物质基础是土地、建筑材料、建筑设备和施工机具，借助这些物质条件就能经济、便捷地建起既满足人们使用要求、审美要求、环保要求，又能安全承受各种荷载的工程设施，这也就是土木工程学科的基本出发点和最终归宿。现代社会，人类的日常生活无处不与各式各样的营造活动（土木工程）密切相关。住宅、楼宇、公路、铁路、机场、码头、堤坝、运河、桥梁、管道、为人类生活提供着各种必须的服务，土木工程行业与人类社会息息相关，其生产过程和产品直接影响着人类的生活。土木工程行业是各项经济建设的基础产业，人类社会中的各种经济活动都或多或少会受到它的影响。我国劳动人民创造过许多土木工程奇迹，"古有长城、都江堰，今有三峡、青藏线"，土木工程产品具有很强的时代特征，它反映了同一时代人类的技术与经济水平和艺术理念，土木工程是伴随着人类社会的发展进程发展起来的，它所建造的工程设施反映了各个历史时期社会、经济、文化、科学、技术发展的面貌，因此，土木工程也就成了社会历史发展的最重要见证之一。土木工程追求技术、经济和建筑艺术上的统一，一个土木工程作品的造型和装饰对地方风格、民族风格及时代风格的表达与体现具有重要作用。一项工程设施的建造通常要经过勘察、设计和施工三个阶段（目前，追求土木工程的全寿命运作，故还应该增加一个运营管理与维护阶段），需要运用工程地质学、测地学（测量空间定位）、物理学（力学与测试）、化学、材料学（建筑材料）、结构工程学、设备工程学、机械工程学（建筑机械）、施工技术学、管理学（施工组织）、经济学（建筑经济）、信息科学（网络、计算机、自动控制）等基本理论和技术。因此，土木工程是一门涉及众多知识领域的、范围广阔的综合性学科。土木工程具有极强的实践性，早期的土木工程是通过工程实践，不断总结经验（成功的经验）教训（吸取失败的教训）发展起来的，17世纪开始，以伽利略和牛顿为先导的近代力学与土木工程实践结合起来，才逐渐形成了理论力学、材料力学、结构力学、流体力学、岩体力学等土木工程的基础理论学科，土木工程才逐渐由经验发展成为科学，今天已发展成为内涵广泛、门类众多、结构复杂的综合性科学体系。土木工程学经历了几千年的漫长经验积累期，到近代才形成了一定的、尚不完善的理论体系，但其中存在的问题仍很多，其中的很多奥秘我们还不甚了解，因此，需要人类不懈地继续持续探索。

为适应我国高等教育对土木工程专业教学的需要，普及土木工程科学知识，编者不揣浅陋编写了本书。本书的撰写借鉴了当今国内外的最新研究成果和大量实际资料，吸收了前人及当代人的宝贵经验和认识，也尽最大可能地包含了当今最新的科技成果。本书是编者在江南大学从事教学、科研和工程实践活动的经验积累之一，也是编者30余年工程生涯中不断追踪科技发展脚步的部分收获，希望本书的出版能有助于土木工程知识的普及，对从事各类工程建设活动的人们有所帮助，对人与自然的和谐共处及协调发展有所贡献。

全书由江南大学姜晨光主笔完成，长沙理工大学唐平英，福州大学方绪华，中南大学刘兴权，江西理工大学刘小生，广西大学张协奎、陈伟清，烟台市城市规划编研中心孙丽莉、杨兰、袁春桥，烟台市墙体材料革新与建筑节能办公室原嘉祥，烟台保利置业有限公司张丽萍，无锡市墙材革新和散装水泥办公室林辉、李平，无锡市建设局顾持真、李刚、黄伟祥、钱保国、宋艳萍、祝付玲、王烨、胡闻、陈江渝、华崇乐、闵向林、朱烨昕、成美捷、何跃平、翁林敏、夏正兴，无锡太湖学院崔清洋、关秋月，江南大学黄奇璧、王伟、叶军、吴玲、蒋旅萍、欧元红、陈丽、刘进峰、蔡洋清、卢林、刘群英、夏伟民、张惠君、王风芹等参与了相关章节的撰写工作。限于水平、学识和时间关系，书中存在的谬误与欠妥之处敬请读者多多批评指教。

2014 年 12 月于江南大学

目 录

第1章 土木工程科学概貌

1.1 土木工程科学的特点

1.1.1 土木工程科学的定义、学科属性及主要分支学科

"土木工程"是指人类对地球固体表面进行改造的实践活动，人类对地球固体表面改造后遗留的有型实体即为"土木工程结构物"，人类在土木工程实践过程中积累的经验、做法及各种正确认识就是"土木工程科学"。不难理解，人类对客观世界（如大自然）的合理探索、揭示和认识称为"科学"，人类改造客观世界（如大自然）的手段称为"技术"，"技术"有好坏之分（一个好的技术应该在造福人类的同时维持自然的和谐与平衡，一个坏的技术则可能将人类引入灭亡的边缘）。毋庸讳言，任何技术（或事物、事情）都具有两面性（即好坏两个方面，应两利相交取其重，两害相交取其轻），土木工程也不例外，土木工程既有造福人类的一面也有损害人类的一面，土木工程发展应注意维持自然的和谐与平衡，土木工程过度发展将引发地球的环境灾难（其严重后果可能会超出人类想象）。"土木工程科学"是科学与技术的集合体，既具有科学的属性也具有技术的属性。狭义"土木工程科学"是建造各类工程设施的科学技术的总称，它既指工程建设的对象（即建在地上、地下、水中的各种工程设施，比如房屋、道路、铁路、运输管道、隧道、桥梁、运河、堤坝、港口、电站、飞机场、海洋平台、给水和排水设施以及防护工程等），也指工程建设所应用的材料、设备及相关的勘测、设计、施工、保养、维护、经营等技术。土木工程技术是人类文明的最重要标志之一，是人类文明形成及社会进化过程中必需的民生工业，是国家建设的基础行业。目前，一项工程设施的建造通常要经过勘察、设计和施工三个阶段，需要运用工程地质勘察、水文地质勘察、工程测量、土力学、工程力学、工程设计、建筑材料、建筑设备、工程机械、建筑经济等学科理论和施工技术、施工组织等领域的知识及电子计算机和力学测试等技术，因此，土木工程科学是一门涉及众多知识领域的、范围广阔的综合性学科。

宏观而论，土木工程科学属于工程技术科学，即以技术性为主兼具科学性。土木工程科学是具有很强实践性的科学体系。早期土木工程科学是在不断工程实践、不断总结成功经验、不断汲取失败教训的过程中发展起来的。17世纪开始，人们将以伽利略和牛顿为先导的近代力学与土木工程实践结合才逐渐形成了材料力学、结构力学、流体力学、岩体力学……土木工程科学的基础理论学科，这样土木工程学科才逐渐由经验发展成为科学。在土木工程学科的发展过程中，工程实践经验常先行于理论，工程事故常显示出未能预见的新因素并触发新理论的研究和发展。至今不少工程问题的处理很大程度上仍依赖实践经验。土木工程科学的发展之所以主要凭借工程实践而不是主要凭借科学试验和理论研究，

有两个原因，一是有些土木工程客观情况因过于复杂而难以如实地进行室内实验或现场测试及理论分析（如地基基础、隧道及地下工程的受力和变形的状态及其随时间的变化等，这些至今还需参考工程经验进行分析判断）；二是只有进行新的工程实践才能揭示新的问题（如建造了高层建筑、高耸塔桅和大跨桥梁等后才发现工程抗风和抗震问题的严重性并据以发展出了这方面的新理论和新技术）。"材料、施工、理论"是土木工程科学的三大要素，正是这三要素的相互影响和促进才有了土木工程科学的不断发展（其中又以材料为最关键要素）。人类蛮荒文明早期土木工程活动能力非常微弱，只能过着"穴居巢处"的原始生活，也就是国人知道的最早历史典籍里叙述的"有巢氏"和"防风氏"。火的出现使人类从蛮荒文明进入古代文明，火改变了人类的饮食习惯（于是我国最早历史典籍里又有了"燧人氏"的称谓），人类也用火来改造自然物（如烧制砖、瓦）或自然地形（如都江堰工程）以满足自己的需要并筑城及兴建大型土木建筑，土木工程结构物的类型也因而变得多姿多彩，从某种意义上讲简陋砖瓦的出现是引发了土木工程科学第一次革命的导火索。电使人类从古代文明进入近代文明，电为人类提供了动力使人类改造自然的能力得到了飞跃性的提升，人们造出了水泥及各种金属材料，使土木工程结构物的性能（如承载能力、抗灾能力）得到了极大的提升，这一时期的土木工程科学发展迅速并逐渐成熟且出现了两次具有划时代意义的革命性进步（即 19 世纪中叶钢材和钢筋混凝土在建筑营造中的应用引发的土木工程科学的第二次革命，20 世纪中叶预应力混凝土的发明和广泛使用引发的土木工程科学的第三次革命）。网络信息技术使人类从近代文明进入现代文明，人们借助网络技术（特别是物联网技术）开始建设智能化土木工程结构物并关注人类生活与地球生态系统的协调问题（即营造所谓"绿色建筑""生态建筑""智能建筑"。可将其统称为"灵动建筑"），可以说灵动型土木工程结构物的出现引发了土木工程科学的第四次革命并标志着现代土木工程科学的开始。BIM 技术的出现将土木工程引入了智慧集成建造的新时代〔BIM 同是建（构）筑物信息模型及建（构）筑物信息塑模的简称，建（构）筑物信息塑模是指建（构）筑物整个生命周期期间（规划、设计、施工、营运、改造阶段）产生及管理建（构）筑物信息模型的过程，而前述过程所产生的图形或非图形资料之集合，比如几何形状、空间关系、建（构）筑物组件的数量及内涵（如窗户、地板的材质、建筑工法、建商、建材供应商等）即被称为建（构）筑物信息模型〕。不难看出，土木工程科学与人类文明同步发展，息息相关。

大家知道，人类最早的科学技术之一是农业，农业科学技术涉及的门类非常庞大，有耕作学、栽培学、灌溉学、病虫防治学等等，这些就构成了农业科学技术的二级学科。土木工程科学作为一种系统性的工程技术科学，其门类也很庞大，也有自己专属的二级学科。国外发达国家喜欢将土木工程科学进行宏观分类并将土木工程科学分为材料工程学、岩土工程学、结构工程学、测量工程学、建筑施工学、交通工程学、水利工程学、环境工程学等 8 大二级学科。由于各种各样的原因，我国学科分类太细且与国际主流学科体系不接轨，就土木工程科学而言，我国从微观上将土木工程科学分为岩土工程、结构工程、市政工程、供热—供燃气—通风及空调工程、防灾减灾工程及防护工程、桥梁与隧道工程等 6 个二级学科（见国务院学位委员会 2005 年 12 月颁布的《授予博士、硕士学位和培养研究生的学科、专业目录》）。教育部 2012 年颁布的《普通高等学校本科专业目录》分基本专业和特设专业 2 大部分，基本专业中的土木类专业共有 4 个（即土木工程、建筑环境与能源应用工程、给排水科学与工程、建筑电气与智能化），特设专业中的土木类专业共有 2 个（即城市地下空间工程、道路桥梁与渡河工程）。实际上，我国学科分类（见国务院学位委员会 2005 年 12 月颁布的《授予博士、硕士学位和培养研究生的学科、专业目录》）中许多与土木工程科学并列的学科中均包含着大量的土木工程科学成分并与之息息相关，这些学科包括建筑学、水利工程、交通运输工程、矿业工程、材料科学与工程、力学等，这些并列学科中与土木工程科学联系紧密的二级学科很多，如建筑学中的建筑历史与理论、建筑设计及其理论、城市规划与设计（含风景园林规划与设计）、建筑技术科学等 4 个二级学科；水利工程科学中的水工结构工程、水利水电工程、港口—海岸及近海工程等 3 个二级学科；交通运输工程科学中的道路与铁道工程、交通运输规划与管理等 2 个二级学科；矿业工程科学中的采矿工程二级学科。

1.1.2 土木工程科学的作用

土木工程技术是人类文明的最重要标志之一，是人类文明形成及社会进化过程中必需的民生工程，是国家建设的基础行业。目前，世界各国政府普遍以土木工程行业的盛衰作为拟定经济建设计划的依据，以土木工程行业（俗称营造业）的发展水平作为衡量国家开发程度的重要指标之一。"衣、食、住、行"是人类生存的最基本条件，"住（即居住）"靠土木工程技术得以实现，"行（即出行、交通）"的基础设施（公路、铁路、机场、码头等）也靠土木工程技术来实现，因此，土木工程是关系国计民生的重要行业和关键行业，只要有人类生存就需要土木工程。建造各种土木工程设施的物质基础是土地、建筑材料、建筑设备和施工机具，借助这些物质条件就能经济、便捷地建起既满足人们使用要求和审美要求，又能安全承受各种荷载的工程设施，这也就是土木工程学科的基本出发点和最终归宿。现代社会，人类的日常生活无处不与各式各样的营造活动（土木工程）密切相关。住宅、楼宇、公路、铁路、机场、码头、堤坝、运河、桥梁、管道为人类生活提供着各种必需的服务，土木工程行业与人类社会息息相关，其生产过程和产品直接影响着人类的生活。土木工程行业是各项经济建设的基础产业，人类社会中的各种经济活动都或多或少会受到它的影响。我国劳动人民创造过许多土木工程奇迹，"古有长城都江堰、今有三峡青藏线"，土木工程产品具有很强的时代特征，它反映了同一时代人类的技术与经济水平和艺术理念，土木工程是伴随着人类社会的发展进程发展起来的，它所建造的工程设施反映了各个历史时期社会、经济、文化、科学、技术发展的面貌。因此，土木工程也就成了社会历史发展的最重要见证之一。土木工程追求技术、经济和建筑艺术上的统一，一个土木工程作品的造型和装饰对地方风格、民族风格及时代风格的表达与体现具有重要作用。

综上所述，土木工程科学在国民经济发展中起着非常重要的作用。土木工程需要解决的主要问题可概括为以下 4 点，即土木工程的根本目的和出发点是构建人类活动所需要的、功能良好的、舒适美观的空间和通道；土木工程产品能够抵御自然或人为的作用力；土木工程材料是建造土木工程产品的根本条件，材料所需的资金占土木工程投资的大部分，因此，应充分发挥所采用材料的作用；应通过有效的技术手段、途径和合理的组织手段利用社会提供的各种物资设备条件"又快、又好、又省"地完成土木工程建设任务。土木工程的基本属性可概括为综合性、社会性、实践性、统一性等 4 性，所谓"统一性"是指技术、经济和建筑艺术上的统一。在土木工程的长期实践中，人们不仅对房屋建筑艺术给予很大注意、取得了卓越成就；而且对其他工程设施，也通过选用不同的土木工程材料（如采用石料、钢材和钢筋混凝土）配合自然环境建造了许多艺术上十分优美、功能上又十分良好的工程（古代中国的万里长城、都江堰以及现代世界上的许多电视塔和斜张桥都是这方面的例子）。

1.2 土木工程科学发展简史

土木工程科学的发展大致可分为古代、近代和现代 3 个历史时期。迄今为止，土木工程科学史上先后出现过四次变革型的飞跃，其标志依次是烧土制品、钢、混凝土、网络无线传感器。不难理解，对土木工程科学发展起关键作用的首先是作为工程物质基础的土木工程材料，其次是相关的设计理论和施工技术，每当出现新的优良土木工程材料（包括附属材料）时土木工程就会有一个飞跃式的发展。

1.2.1 古典土木工程科学

史前人类在当时地球的动物群体中并不居于支配地位，比他们体量大的食肉动物是他们的天敌，与他们体量相当的食肉动物也是他们难以招架的，即使比他们体量小的动物（如蛇）也常会对他们的生存构成威胁。在当时那种极端艰难的处境中，人类为了生存只能抱团生活，于是原始部落应运而生。由于大多数食肉动物不会爬树（狗熊、豹子等个别动物除外），因此，人类想到了在树上安家，于是就观察、学习鸟儿的筑巢方法（鸟儿是最伟大的天才土木工程专家，它们既不懂力学也没有化学黏合剂，但其构筑的鸟巢却能经受住狂风暴雨和地震，这一点是人类永远难以望其项背的）在树上建立居住点，于是就有了"有巢氏"。后来，由于巢穴防风避雨效果不理想且攀爬不太方便，于是人们开始利用天然洞穴作为自己的栖身之所，天然洞穴防风避雨效果好，于是，人类词汇中又有了"防风氏"和"穴居氏"之说，那时人类选择洞穴也是非常精明的，选择的洞穴口小（仅能容单人爬入，这样比人体量大的动物无法进入）、肚大、濒临水源、隐蔽性好且处于高位地势，为防毒蛇等小型动物侵袭人们还在洞口处设置植物障栏进行防护。史前人类逐水而居与森林为伍，雨季雷击起火会烧毁森林、烧死动物，因此，所有的动物（包括人类）都怕火（看到火都会绕开走），于是人类有了对火、雷、闪电的崇拜（甚至对火焰的颜色都顶礼膜拜，如对太阳的崇拜。这些崇拜今天仍有踪迹可寻），刚烧死的动物会发出肉香味，于是人们知道动物肉熟食比生食口感好，于是人们开始在洞穴中保存火种并利用火烤制食物、吓退野兽。再后来，人们发明了钻木取火和燧石取火。有了火，人类也就结束了原始的蛮荒文明而进入古代文明并逐渐在动物群体中占据了支配地位。

人类的古代文明始终伴随着同伴们的血腥，部落战争连年不断、战争规模越打越大，为了保卫既有成果，人们开始筑城，于是真正的土木工程活动宣告开始。人们早期筑城只能依靠泥土、木料及其他天然材料从事营造活动，那时的土木工程结构物是夯土结构、垒土结构、垒石结构，后来又有了土石混合结构。除了筑城，人们也开始建造居舍，居舍的形式多种多样，主要为木结构简易房屋［即土为基础、4 木为柱、4 木为梁、4 木为顶、枝草为墙。热带地区则有吊脚楼，吊脚楼的特点是土为基础、4 木为柱、8 木为梁（下方

4木构成悬空居舍地板承重结构，梁间排铺细树干；上方4木构成支撑屋顶的承重结构）、4木为顶、枝草为墙]。后来，因枝草墙密封性不好，于是人们就在其间充填黏性泥浆以使墙体性能得以改善。再后来，人们根据黏土泥浆的可塑性利用简易木框模具制作土坯以施做墙体（土坯可以称为人类最早的人工建筑材料），因素黏土泥浆土坯易裂，故为提高土坯的抗裂性人们又在黏土泥浆中掺加草梗，这样，掺加草梗的复合式土坯就成了一种广为流传的建筑材料（以至于今天还可以看到它们的影子），后来人们又在土坯黏土泥浆中掺加糯米等以增加其黏结性，土坯的类型也就花样繁多了。土坯的出现导致了土木结构房屋的诞生（屋顶为木结构或土木混合结构，其余为土结构，土坯墙体承重）。人们在用火烧食的过程中，发现火的烧烤可使黏土变得非常坚硬，于是人类历史上第二种人工建筑材料砖、瓦随之诞生（我国也就有了"秦砖汉瓦"的专有名词），人们发现火的作用很大，于是就有了冶炼业，同时人类也开始用火来改造自然物（如烧制石灰。石灰是人类历史上第三种人工建筑材料）或自然地形（如都江堰工程的开山活动，人们先用火将山体烧热再马上往山体上泼冷水使山体因剧烈的热胀冷缩而开裂，继而凿挖山体。都江堰工程的开山活动可视为最早的岩土工程）以满足自己的需要。至此，土木工程科学的外延越来越大。人们能够开山取石后就有了石构建筑［即石屋、石桥。石屋、石桥目前仍有踪迹可寻但比较罕见，我国现存最早的石屋是济南南郊柳埠的四门塔（建于隋朝），我国现存最早的石桥是河北省赵县的赵州桥（或称安济桥。也建于隋朝，时间约为590—608年的开皇大业年间）］、石木建筑（石墙承重、木为屋盖）、土石建筑（土石墙承重、石为屋盖）、土石木建筑（土石墙承重、木为屋盖）等居舍形式。由于砖瓦比土坯结实、比石材成型容易（砖和瓦具有比土更优越的力学性能且易于加工制作并可就地取材），因此得到了广泛的应用（据文献记载，中国在公元前11世纪的西周初期就制造出了瓦，最早的砖出现在公元前5世纪至公元前3世纪战国时的墓室中。可见"秦砖汉瓦"之称谓有失偏颇），砖瓦的出现使人类彻底冲破了天然土木工程材料的束缚，于是，人们开始将其大量应用于房屋及城防工程等的建设。砖瓦从出现直到18—19世纪的2000多年时间里一直是土木工程建设中的重要土木工程材料，为人类文明作出了巨大的贡献（甚至今天仍在被广泛使用）。由此，将砖瓦比喻为"土木工程科学的第一次飞跃"一点也不为过，砖瓦的出现使土木工程技术得到了快速的发展，也因此出现了砖石结构、砖石木结构、砖木结构、砖土木结构等建筑构造形式。

因古人改造自然的能力很弱，故古典土木工程科学的发展非常缓慢且其发展进程和时间跨度均很长（大致从约公元前5000—6000年的新石器时代算起至17世纪中叶结束），在这一历史时期，土木工程所用材料大多就地取材。从各种历史遗存中不难发现，最早的土木工程结构所用材料大多是当地的天然材料（如泥土、树干、茅草、砾石），后来才逐步发展到土坯、石材、砖、瓦、木材、青铜、铁及混合材料（如草筋泥、混合土等），难怪有人将这一历史时期的土木工程科学概括为"秦砖汉瓦"（尽管不妥但却形象），也有人将砖瓦赞誉为我们的先人对人类文明、对土木工程科学的巨大贡献。人类最早使用的土木工程建造工具是石斧、石刀等，后来发展到了斧、凿、钻、锯、铲等青铜和铁制工具，以后又兴起了窑制技术和煅烧技术，再后来又出现了简易型打桩机、简易型桅杆式起重机等机械。在古典土木工程科学发展过程中，世界各国的土木工程建造活动几乎全靠经验和身手相传，缺乏理论依据和指导，其特点可概括为"设计无理论、修建靠经验、材料多天然、工具极简单"。我们的先人给我们留下的最宝贵、最有价值的遗产就是"汉字"［据说汉字是由皇帝的史官仓颉创造，因此，有"仓颉造字"的典故。也有人说仓颉只是当时整理文字的一个代表性人物（持这种观点的代表性人物是荀子。《荀子·解蔽》中有"好书者众矣，而仓颉独传者壹也"）。后来，荀子的学生、秦朝丞相李斯以"小篆"为标准整理文字实现了汉字的统一（当然，李斯也是秦始皇焚书坑儒的策划者和始作俑者且是篡改秦始皇传位遗诏的主谋之一。后被赵高杀害）］，"汉字"确保了中华民族的历史记录不断线（以至于我们今天仍能读懂 3000 年前的古书）、文化传统永流传，因此，"汉字"既是中华民族最伟大的发明，也是中华民族对世界的最大贡献，还是华夏文明生生不息的惟一纽带。同样，"汉字"对我国土木工程科学的发展也做出了不可磨灭的巨大贡献，我国古代土木工程建设者为了行业的发展经常会借助文字将一些建造经验进行总结归纳和形象描述，这样就有了许多专门的土木工程著作（或称理论），我国公元前 5 世纪的《考工记》中就总结有 6 门工艺和 30 个工种的技术规则；1100 年前后李诫（北宋）编写的《营造法式》详细阐述有建筑设计方法、建筑施工方法、工料计算方法等内容；明代民间流传的《鲁班经》中有建房工序、常用构架形式、简要建房综合知识等内容。可见，我国古典土木工程科学也有其相应的基本理论。当然，国外古典土木工程科学也非常繁荣，大家耳熟能详的古埃及金字塔、古罗马斗兽场、克里姆林宫、白金汉宫、等等难以尽数，人们不仅建造并留下了许多具有浓郁民族情调的建筑（像亚述建筑、罗马式古建筑、拜占庭式古建筑、哥特式古建筑等。这些建筑直到今天仍让人高山仰止），还书写了许多土木工程的经典著作（国外已知的最早的土木工程著作是文艺复兴时期意大利人阿尔伯蒂在 1485 年前后撰写的《论建筑》，该书对当时流行的欧洲古典建筑在比例、制式、城市规划方面的经验进行了较为系统的总结）。综上所述，在古代 7000 余年的历史长河中，我国的土木工程技术水平一直处于世界领先地位，其历史遗存让今人叹为观止（都江堰、万里长城、大运河、应县木塔、赵州桥、洛阳桥、故宫、明十三陵、灵渠、裴李岗遗址、黄河流域的仰韶遗址、殷墟遗址、阿房宫、成国渠、白渠等，难以尽数）。

1.2.2　近世土木工程科学

钢材和混凝土的出现开启了近世土木工程科学的大门。钢材的大量应用是土木工程的第二次飞跃。人们在 17 世纪 70 年代开始使用生铁建造土木工程结构物，19 世纪初开始使用熟铁建造桥梁和房屋，这是都是钢结构出现的前奏。国外冶金行业在 19 世纪中叶已能够冶炼并轧制出抗拉和抗压强度都很高且延性好、质量均匀的建筑钢材，随后又生产出了高强度钢丝、钢索，于是，适应发展需要的钢结构得以蓬勃发展（除仍将其应用于原有的梁、拱结构外，也在新兴的桁架结构、框架结构、网架结构、悬索结构逐渐得以推广）并迎来了土木工程结构形式百花争艳的新时代，建筑物跨径也从砖结构、石结构、木结构等古典结构中的几米、几十米发展到钢结构的百米、几百米（现在已可超过千米），于是，大江、海峡上架起了大桥，地面上建起了摩天大楼和高耸的塔桅，地面上下铺设了铁路，前所未有的土木工程奇迹不断涌现。为适应钢结构工程的发展需要，人们以牛顿力学为基础开拓出了材料力学、结构力学、工程结构设计等理论，同时，相应的施工机械、施工技术和施工组织设计理论也随之得到发展，土木工程科学由古典的经验型上升为理论经验结合型并使其基本具备了科学的属性，这样，土木工程科学在工程实践和基础理论方面也就焕然一新了，也促成了土木工程科学的更迅猛发展。

19世纪20年代波特兰水泥制成后标志着土木工程科学的混凝土世纪正式来到，尽管混凝土骨料可就地取材、混凝土构件易于成型但混凝土的抗拉强度却很低，因而在混凝土出现的初期其用途受到了很多限制。在19世纪中叶后的钢铁产量激增情况下人们有了将钢材和混凝土撮合在一起的想法，钢筋混凝土随之诞生（钢材和混凝土之所以能撮合在一起是因为二者具有基本相同的温度膨胀系数。钢筋混凝土中的钢筋承担拉力、混凝土承担压力，从而使它们各自的优点得以发挥），钢筋混凝土这种新型复合土木工程材料从20世纪初开始在土木工程领域大显身手，目前已被广泛应用于土木工程的各个领域。20世纪30年代为了挖掘钢筋混凝土的潜能人们开发成功了预应力混凝土，预应力混凝土结构的抗裂性能、刚度和承载能力均大大高于钢筋混凝土结构，因而用途更为广阔。这样，土木工程科学就进入了钢筋混凝土和预应力混凝土占统治地位的历史时期。混凝土的出现给土木工程带来了新的经济、美观的工程结构形式，也使土木工程产生了新的施工技术和工程结构设计理论。因此，有人说"混凝土带来了土木工程科学的第三次飞跃"一点也不为过。

有人将近世土木工程科学的时间跨度定为17世纪中叶到20世纪中叶（第二次世界大战前后），历时300年左右，近世土木工程科学的典型特点是建立了初步的、尚待成熟的理论。众所周知，17世纪以后欧洲各国先后进入资本主义社会，工业革命导致社会经济基础发生了巨大变革，科学技术出现飞跃式发展，也促进了土木工程科学的快速发展，牛顿力学的创立奠定了土木工程的力学分析基础，土木工程科学逐渐成为一门独立的学科。至此，土木工程科学构建起了相应的学科理论基础（力学理论和结构理论）；新型人工合成土木工程材料（如混凝土、钢材、钢筋混凝土、早期预应力混凝土等）得以不断涌现并大规模应用；传统土木工程材料（木、石、砖、瓦等）得以改善并继续广泛发挥效能；各种结构形式（比如桁架、框架、拱结构等）不断得以创新、改进和发展；高层建筑得以大量涌现；施工技术水平得以快速提升；工程建造规模得以迅速膨胀且建造速度越来越快。

近世土木工程科学的发展得益于许多科学家的贡献和许多相关产业的技术进步。科学巨匠伽利略（Galileo，1569—1642，意大利天文学家、力学家、哲学家）1638年发表的《关于两门新科学的叙述与数学研究》首次用公式表达了梁的设计理论并论述了土木工程材料的力学性质和梁的强度。科学巨匠牛顿（Isaac Newton，1642—1727，英国物理学家、数学家、天文学家）1687年提出了力学三大定律，奠定了近代物理学的根基也奠定了土木工程科学的理论基础。科学巨匠牛顿和著名数学家莱布尼茨的微积分理论奠定了近代数学的根基，也为土木工程科学提供了一个有力的数据分析工具。著名科学家胡克（英国）根据弹簧实验观察所得的胡克定律（即在弹性限度内材料的变形与力与成正）成为土木工程科学的又一个基础理论。著名数学家欧拉（瑞士）1744年发表的《曲线变分法》建立了柱的压屈理论并得到了柱的临界受压公式，从而为土木工程结构稳定分析奠定了理论基础。纳维1825年创立的土木工程结构设计的容许应力分析法、里特尔等科学家19世纪末提出的极限平衡理论、戴孙1922年提出的按破损阶段划分的强度计算方法等成为土木工程科学的经典理论。水泥的发明（1824年英国人阿斯普丁获得了波特兰水泥的专利权，1850年出现水泥的生产。水泥是形成混凝土的主要材料，直到今天仍在土木工程中得到广泛应用）为混凝土的诞生创造了条件并开创了土木工程科学的新时代且催生了混凝土强度理论的构建（20世纪初的水灰比学说初步奠定了混凝土强度的理论基础）。近世土木工程理论与实践的紧密结合导致了许多新型土木工程结构的不断涌现并刺激了相关计算方法（主要是结构力学领域）的研究与开发（如针对19世纪后期铁路建设中出现的桁架和连续梁结构美国科学家惠普尔提出的桁架计算理论、法国科学家克拉伯龙提出的连续梁计算方法、麦克斯韦提出的超静定结构的力法方程、莫尔提出的利用虚位移原理求位移理论、本迪克森提出的转角位移法、克罗斯创造的力矩分配法等）。钢的发明（1859年发明的贝塞麦转炉炼钢法使钢材得以规模化生产并越来越多地应用于土木工程）与钢结构的出现（英国1851年建成了水晶宫，美国1883年建成了布鲁克林桥，法国1889年建成了埃菲尔铁塔，这三座19世纪规模最大或跨度最大或高度最高的钢结构的建成为土木工程结构向高耸、大跨、大体量发展做了铺垫）拓宽了近世土木工程科学的研究领域并推动了其更加快速的发展。钢筋混凝土的出现助推了相关技术和设计计算理论的发展（法国的莫尼埃1861年在混凝土里置埋铁丝网做成了一个大花盆并将这种方法在土木工程中进行推广建成了一座蓄水池和一座桥梁，开创了钢筋混凝土应用的先河，成为土木工程史上具有重大里程碑意义的事件。德国人1884年购买了莫尼埃的专利进行了钢筋混凝土的试验研究，德国工程师威斯、克嫩、鲍兴格尔等在1887年前后提出了应将钢筋配置在结构受拉部位的观点和钢筋混凝土板计算方法使钢筋混凝土在建筑结构中得到了广泛应用直到今天）。结构动力学和工程抗震技术的发展为近世土木工程科学的不断完善做出了贡献（1906年的美国旧金山大地震和1923年的日本关东大地震催生了结构动力学和工程抗震技术）。传统砖石结构理论得以重新审视、完善、继承和发展（俄国别列留布斯基、拉赫琴等曾在19世纪中叶至20世纪初对砖、石、砂浆、砌体构件的承载力和稳定性进行过系统性的研究，1939年前苏联制定了世界上第一个砖石结构规范）。铁路、公路、桥梁建设的大规模发展极大拓展了近世土木工程科学的研究空间（1825年英国斯蒂芬森在英格兰北部主持修筑了世界第一条铁路，长21km；1863年伦敦又建成了世界第一条地铁；1770年英国用铸铁建成了跨度30.5m的拱桥；1926年英国用锻铁建成了世界第一座悬索桥，跨度177m；1890年英国建成了两孔主跨达521m的悬臂式桁架梁桥。至此，梁式桥、拱桥、悬索桥等现代桥梁的3种基本形式相继问世。德国在1931—1942年间率先建成了长达3860km的高速公路网）。

1.2.3　现代土木工程科学

若将现代土木工程的时间跨度定义为20世纪中叶（第二次世界大战结束）直到今天的历史时期，不难发现，和平和发展是这一历史时期的主旋律，现代科学技术的迅猛发展为土木工程科学的进步与发展提供了强大的物质基础和技术支撑。因此，现代土木工程科学是以现代科学技术为后盾的多学科交叉、多学科融合的集成性科学体系。现代土木工程科学应适应人类现代生活的需求，应满足"天、地、人"的和谐协调，应将其对大气圈、水圈、生物圈、岩石圈的影响降到最低程度，应不断优化与改善设计理论，应努力实现土木工程材料的轻质高强化，应加快施工过程工业化的进程，应满足土木工程结构物功能的多样化要求，应为城市建设的立体化和交通工程的快速化提供可靠的技术支持。

现代土木工程科学任重道远，其需要面对的问题很多，其需要解决的问题也很多。为适应各类工程建设高速发展的要求人们需要建造大规模、大跨度、高耸、轻型、大型、精密、设备现代化的建（构）筑物，且建造活动既要求高质量和快速施工又要求高经济效益，对这些问题现代土木工程科学必须予以解决。土木工程建设地区的工程地质结构和地基构造急待利用现代科学技术创造更新、更准确、更全面的勘察方法。城市总体规划需要运用系统工程理论和方法科学制定，特大土木工程应考虑生态、环境、社会等多因素影响（如高大水坝会引起自然环境改变并影响生态平衡和农业生产，这类工程的社会效果有利也有弊，规划中应趋利避害、全面考虑），现代土木工程科学如何给出合格的答案。土木工程规模的扩大必然导致施工工具、设备、机械向多品种、自动化、大型化方向发展，现代土木工程科学如何确保土木工程施工机械化、自动化和智能化的实现。工程建设活动的组织管理应采用系统工程理论和方法走科学化之路，现代土木工程科学如何应对。现代工程设施建设结构、构件的标准化和生产工业化（这样可降低造价、缩短工期、提高劳动生产率并解决特殊条件下的施工作业问题，其可建造过去难以施工的工）呼声越来越高，现代土木工程科学如何适应这一需要。现代土木工程科学研究的基础理论仍然是构成土木工程学科的三个基本要素（材料、施工和理论），热点是土木工程材料的高强轻质化和新型土木工程材料的研制、开发与应用（包括预应力混凝土材料及技术、高性能混凝土技术等）；土木工程施工过程的工业化、标准化、智能化、自动化和信息化；土木工程理论分析的精细化、科学化和工程理论的进步与发展（包括设计思想的革新、结构形式的创新、抗灾能力的提高、地下空间的科学利用等）。现代土木工程科学的研究重点在于完善既有理论、构建新的理论，以此推进人类土木工程活动的健康、可持续发展（目前的焦点是建设灵动型土木工程结构物的相关理论、技术与方法的研发，即智慧城市、智慧建筑等）。

　　网络信息技术使人类从近代文明进入现代文明，网络信息技术使人类探索未知世界的能力得到了极大的提升，人们通过遥测技术可以探知土木工程结构物的各种信息从而使土木工程结构物更加完美，同时，还可根据遥测信息不断修正、完善相应的理论、技术与方法并不断建立新的理论、技术和方法。网络信息技术用于土木工程科学的核心器件是网络无线传感器，网络无线传感器带来了土木工程科学的第四次飞跃，通过网络无线传感器可以探测土木工程结构物的各种物理、化学参数，从而为土木工程科学的发展提供第一手的基础数据。因此，网络无线传感器是土木工程科学进步的助推器。同时，网络无线传感器也是构建智慧城市、智慧建筑的必备工具。网络无线传感器的技术平台是物联网。物联网是继计算机、互联网之后世界信息产业的第3次浪潮。IOT源于美国麻省理工学院自动识别实验室所提出的无线射频识别系统，是通信、嵌入式及微电子技术快速发展的结果。狭义物联网是指连接物与物的网络（可实现物品的智能识别与跟踪管理），广义物联网则可视为信息空间与物理空间的融合（可将一切事物数字化、网络化并建立物与物、人与物、人与人间的内在联系以实现高效信息交互且通过新的服务模式将各种信息技术融入社会行为）。物联网的实质是拥有感知、计算和通信能力的微型智能传感器及以其为节点形成的传感网，是传感网技术在社会生产与生活过程中的具体实现。目前，组建物联网系统的主流技术是美国 Texas Instruments Incorporated 的 ZigBee 技术。ZigBee 技术的应用领域非常广泛，见图1-1。利用 ZigBee 技术控制的智能建筑系统结构，见图1-2和图1-3。网络无线传感器监测控制系统可基于 ZigBee 无线通信协议，在保证 ZigBee 网络覆盖范围内通过 RTRA 原理部署多个以簇头节点为中心的 ZigBee 网络从而组成一个更大的以汇聚

图 1-1 ZigBee 的 Wi-Fi
技术应用领域

节点为中心（或网关）的无线局域网，最后由汇聚节点通过 Internet 或 GPRS 等无线通信方式负责将土木工程结构物的各种监测信息传输给远程监控中心，以实现对土木工程结构物的实时监测与管理。节点硬件结构功能模块针普通节点和簇头节点硬件结构的设计方法相同，汇聚节点设计时既可采用一个具有足够能量供给和更多内存与计算资源的增强功能型传感器节点也可采用没有监测功能而仅带无线通信接口的特殊网关设备。处理器模块是无线传感器节点的计算核心（所有的设备控制、任务调度、计算和功能协调、通信协议、数据整合和数据转储程序都将在这个模块的支持下完成），因此微处理器的选择在传感器节点设计中是至关重要的。土木工程结构物智能监测系统的应力应变监测子系统可借助光纤传感技术实现，见图 1-4，应用的各种传感器，见图 1-5～图 1-10。

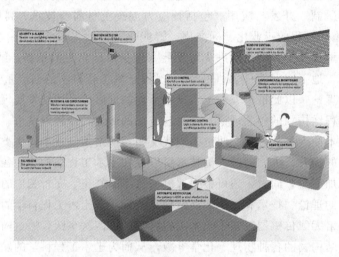

图 1-2 智慧建筑室内智慧控制

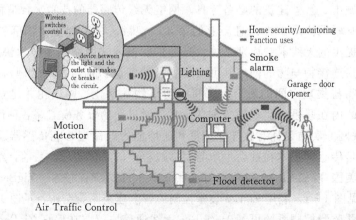

图 1-3 智慧建筑总体智慧控制

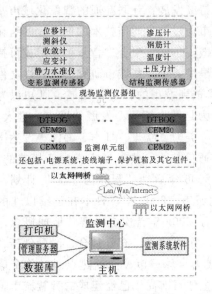

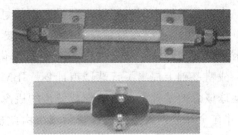

图 1-4　应力应变监测系统　　　　图 1-5　光纤布拉格光栅应变传感器

图 1-6　光纤光栅渗压计　　　图 1-7　光纤光栅位移传感器　　图 1-8　光纤光栅土
　　　　　　　　　　　　　　　　　　　　　　　　　　　　　　　　压力传感器

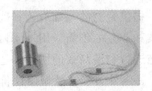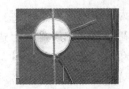

图 1-9　光纤光栅压力温度　　　　图 1-10　土压力传感器
　　双参量渗压传感器　　　　　　　　　　的埋设

1.2.4　智慧城市——现代土木工程科学的伊甸园

随着经济全球化和知识经济的快速发展，城市获得了更多的经济、政治控制权，同时城市的规模加速扩大，城市人口持续增长。2008 年金融危机以来，世界城市面临新的重大挑战。资源约束日益趋紧，多元利益主体之间的冲突日益突出，经济社会发展面临一系列难以克服的瓶颈，亟须探索城市发展新路径、新模式，引入新方法，全面提高城市发展的创新性、有序性和持续性。建设智慧城市，通过信息化改变城市的运行机理，从更高层面上构建更加敏捷的管理架构，为应对城市不断扩张、资源日益短缺的困境，破解城市发展难题，增强城市综合竞争力，实现城市可持续发展提供了新的机遇、新的模式和新的途径。智慧城市（Smart City）这一提法最早出现于 20 世纪 90 年代。1990 年 5 月，在美国旧金山举行的一次国际会议以"实现全球经济可持续发展：互联互通的智慧化城市基础设施、快捷信息系统、全球网络"为主题，探寻城市通过信息通信技术的创新，网络化的跨国联系、多元文化、人力资本要素优势等宏观和微观条件，聚合"智慧"以形成可持续的城市竞争力的成功经验。会议出版的论文集成为早期关于智慧城市研究的代表性文件。自90年代中期起至今，新加坡推动信息通信技术渗透到城市的各运行领域，以知识为核心要素推动城市全面发展转型。新加坡也因此被认为是一个智慧型发展的城市。进入21世纪以来，基于信息相关产业的技术创新，新加坡、美国、欧盟、日本、韩国等发达国家以及印度、中国等发展中国家相继出现了运用信息通信技术，尝试城市发展新模式的实践。韩国2004年提出了"泛在城市"计划。新加坡2006年启动"智慧国2015"计划，意图将新加坡建设成为经济、社会发展一流的国际化城市。2009年，日本在延续以往的"泛在日本"战略基础上提出了智慧城市计划。IBM于2009年首次提出智慧地球概念。随后在智慧地球概念的基础上抛出了智慧城市的概念（全面感测、充分整合、激励创新、协同运作），并在全球范围大力推广。智慧城市由此成为全球城市关注的热点。目前全球（不含中国）约有200多个城市正在建设智慧城市。全球目前尚无已经建成的智慧城市，也未形成统一的智慧城市概念。在不同视角，不同学科背景，不同国家、区域和城市之间，甚至同一城市不同的发展阶段，智慧城市的内涵存在很大差异，目前主要有以下几种观点：智慧城市是信息技术支撑下，城市运行子系统以整合化、系统化形式协同发展的运行模式；智慧城市是数字城市与物联网相结合的产物，是一种智能化的城市管理运营模式；智慧城市是城市经济、社会、自然和谐发展的新模式；智慧城市是综合城市运行管理、产业发展、公共服务、行政效能为一体的城市全面发展战略，是现代城市的高端形态。IBM公司认为，智慧城市需要具备四大特征：①全面物连，用智能传感设备将公共设施物连成网，实时感测城市运行的核心系统；②充分整合，使"物联网"与互联网系统完全连接和融合，将数据整合为城市核心系统的运行全图，提供智慧的基础设施；③激励创新，鼓励政府、企业和个人在智慧基础设施之上进行科技和业务的创新应用；④协同运作，让城市里的各个关键系统和参与者基于智慧的基础设施进行和谐高效的协作，达成城市运行的最佳状态（引自《IBM：智慧城市白皮书》，2009）。国外关于智慧城市评价指标体系的系统研究，以2007年维也纳大学提出的欧洲智慧城市评价体系为代表，包括智慧经济、智慧流动、智慧环境、智慧民众、智慧生活、智慧治理六大方面，共有33个二级指标、76个三级指标，具体内容见表1-1。

表 1-1　　　　　　　　　　欧洲智慧城市评价体系

维度	项目	指标	权重/%
智慧经济	创新精神	GDP 中 R&D 投入占比	17
		知识密集型产业员工雇佣比例	
		人均专利数	
	创业能力	自我雇佣率	17
		新企业登记数	
	经济形象和商标	作为决策中心的重要度	17

续表

维度	项目	指 标	权重/%
智慧 经济	生产率	就业人口人均GDP	17
	劳动力市场弹性	失业率	17
		兼职雇佣比例	
	国际融入性	国际股市上市公司的总部数量	17
		航空乘客运输量	
		航空货物运输量	
	转型能力	数据暂缺	0
智慧 流动	本地网络接入能力	人均公共传输网络数	25
		对公共交通方便性的满意度	
		对公共交通质量的满意度	
	国际网络接入能力	国际接入方便性	25
	信息通信技术基础 设施普及率	家庭拥有计算机数	25
		宽带互联网入户率	
	可持续、创新和 安全的交通系统	绿色出行比例（非机动车个人交通出行方式）	25
		交通安全性	
		经济型车辆使用率	
智慧 环境	自然环境吸引力	日照小时	25
		绿化率	
	污染度	夏天烟雾	25
		特别事件	
		人均致命的慢性下呼吸道疾病数	
	环境保护	保护自然的个人举措	25
		对自然保护的态度	
	可持续资源管理	水的有效使用（每单位GDP的使用量）	25
		电的有效使用（每单位GDP的使用量）	
智慧 民众	素质水平	作为知识中心的重要性（一流研究中心和大学等）	14
		达到ISCED国际教育标准体系6级人数	
		外语水平	
	终身学习的兴趣	居民人均借书率	14
		参与终身学习人数比例	
		参与语言课程人数	
	社会和民族多元性	外国人占比	14
		国外出生的国人比例	
	灵活性	找到新工作的感知	14
	创造力	创意产业中工作人数比例	14
	开放性	欧洲选举中投票率	14
		移民友好性的环境（对移民的态度）	
		对欧盟的了解	
	公共生活参与度	城市选举投票率	14
		参加志愿者工作	

维度	项 目	指 标	权重/%
智慧生活	文化设施	人均看电影数	14
		人均参观博物馆数	
		人均看戏剧数	
	健康条件	人均寿命	14
		人均病床数	
		人均医生数	
		对医疗体系质量满意度	
	个人安全	犯罪率	14
		遭袭击死亡率	
		对个人安全满意度	
	居住质量	达到最低标准住房比例	14
		人均生活面积	
		对个人住房条件满意度	
	教育设施	人均学生数	14
		对进入教育系统满意度	
		对旅游者位置的重要性	
	旅游吸引力	对旅游者位置的重要性	14
		每年人均过夜数	
	社会凝聚力	对个人贫困风险的感知	14
		贫困率	
智慧治理	民众参与决策	居民城市代表数	33
		居民的政治活动	
		政策对于居民的重要性	
		女性城市代表的份额	
	公共与社会服务	PPS 中市政人均费用	33
		进入托儿所的儿童比例	
		对学校质量满意度	
	治理透明性	对官僚机构透明性的满意度	33
		对反腐工作的满意度	
	政治策略和愿景	—	—

　　欧洲的智慧城市更多关注信息通信技术在城市生态环境、交通、医疗、智能建筑等民生领域的作用，希望借助知识共享和低碳战略来实现减排目标，推动城市低碳、绿色、可持续发展，建设绿色智慧城市。欧盟在其新能源研究投资方案中，为"智慧城市"建设投资 110 亿欧元，选择 25～30 个城市发展低碳住宅、智能交通、智能电网，提升能源效率，应对气候变化。这些城市包括哥本哈根、赫尔辛基、阿姆斯特丹、巴塞罗那，斯德哥尔

摩、曼彻斯特等。欧盟还重点支持未来互联网、云计算、物联网等关键领域的研究，鼓励城市与企业界伙伴组成团队申请欧盟资助，研究如何整合性地管理城市能源流，包括交通、水、垃圾处理、建筑供暖与制冷系统等。2007年10月，奥地利维也纳大学区域科学中心、荷兰代尔夫特理工大学等机构合作，从智慧经济、智慧人群、智慧治理、智慧生活、智慧移动、智慧环境等六个维度，通过一系列要素指标来衡量典型欧洲中等城市的可持续发展与竞争力。据其发布的《欧洲中等城市智慧城市排名》报告，排名前三位的分别是卢森堡、丹麦的奥胡斯、芬兰的图尔库；丹麦和芬兰位居榜单前列的城市较多，城市总体的智慧化程度较高。《欧洲中等城市智慧城市排名》报告还首次正式提出了智慧城市愿景及发展目标。2009年11月，欧盟提出2011—2015年信息化建设的主要目标，包括信息通信技术与可持续的低碳经济、信息通信技术与研究创新、高速开放的互联网、在线市场与接入创新、国际信息通信技术竞争及其对经济增长和就业的影响、公共服务和信息通信技术对提高人们生活品质的作用。其构建内容主要涉及两方面，一是社会的发展需要由一种绿色的理念指导，这种理念在社会发展中的外在表现就是"可持续性""低碳性""环境友好性"等；二是信息通信技术在这一发展中应该起的作用，以及如何突破、改进目标应用发展中的瓶颈。2010年，欧洲各国500多名市长和代表在欧盟总部签署《市长盟约》，承诺努力节能减排，力争2020年温室气体排放量在1990年的基础上减少20%以上。2010年5月，欧盟委员会出台《欧洲2020年战略》，将"欧洲数字化议程"确立为欧盟促进经济增长的七大旗舰计划之一，旨在通过信息通信技术的深度应用和广泛普及，取得稳定、持续和全面经济增长。同时提出未来三项重点任务，其中之一就是实现智慧型增长。智慧型增长意味着要充分利用新一代信息通信技术，强化知识创造和创新，发挥信息技术和智力资源在经济增长和社会发展中的重要作用，实现城市协调、绿色、可持续发展。2011年6月21日，欧盟能源委员公布欧盟新智慧城市与社区行动报告。报告指出，现在是建设智慧城市、智慧社区的最好时机。无论城市还是工业部门，都希望找到综合的、可持续的解决方案，以便为居民提供清洁、安全与价格合理的能源。欧洲的智慧城市建设实践，比较侧重于某一领域的智能试点应用，并未发布城市的整体规划。

2002年7月，全球众多联网及移动电话使用者因观看日韩世界杯而到访日本。为了应对当时有线和无线网络应用匮乏的情况，日本政府召开IT战略会议，创立IT战略总部，集中研究国家信息化战略。2003年1月，IT战略总部提出了推行"e-Japan"战略的口号。2004年，日本总务省提出"U-Japan"计划，旨在推进日本信息通信技术建设，发展无所不在的网络和相关产业，计划到2010年将日本建设成一个"任何时间、任何地点、任何人、任何物"都可以上网的环境，并由此催生新一代信息科技革命。2009年7月，日本政府IT战略本部推出了以2015年为截止期的中长期信息技术发展战略"I-Japan战略2015"。"I-Japan"战略旨在构建一个以人为本、充满活力的数字化社会，让数字信息技术如同空气和水一般融入每个角落，并由此改革整个经济社会，催生新的活力，积极实现自主创新。"I-Japan"战略的要点在于实现数字技术的易用性，突破阻碍数字技术适用的各种壁垒，确保信息安全，最终通过数字化和信息技术向经济社会的渗透，打造全新的日本。"I-Japan"战略由三个关键部分组成，一是建立电子政务、医疗保健和人才教育核心领域信息系统，二是培育新产业，三是整顿数字化基础设施。

作为亚洲地区网络覆盖率最高的国家，韩国的移动通信、信息家电、数字内容等居世界前列。2004 年，面对全球信息产业新一轮"U"化战略的政策动向，韩国信息通信部提出"U-Korea"战略，并于 2006 年 3 月确定总体政策规划。根据规划，"U-Korea"发展期为 2001—2010 年，成熟期为 2011—2015 年。智慧韩国战略是一种以无线传感网络为基础，把韩国的所有资源数字化、网络化、可视化、智能化，以此促进韩国经济发展和社会变革的国家战略。"U-Korea"旨在建立信息技术无所不在的社会，即通过布建智能网络、推广最新信息技术应用等信息基础环境建设，让韩国民众可以随时随地享有科技智能服务。其最终目的，除运用 IT 科技为民众创造食、衣、住、行、体育、娱乐等各方面无所不在的便利生活服务之外，也希望通过扶植韩国 IT 产业发展新兴应用技术，强化产业优势和国家竞争力。2009 年，韩国通过了智慧城市（U-City）综合计划，将 U-City 建设纳入国家预算，在未来 5 年投入 4900 亿韩元（约合 4.15 亿美元）支撑 U-City 建设，大力支持核心技术国产化，标志着智慧城市建设上升至国家战略层面。韩国对 U-City 的官方定义为：在道路、桥梁、学校、医院等城市基础设施之中搭建融合信息通信技术的泛在网平台，实现可随时随地提供交通、环境、福利等各种泛在网服务的城市。全韩国的 U-City 建设规划与管理由政府国土海洋部负责，该部为 U-City 建设制定了两大目标与四大推进战略。U-City 有两大目标：一是让 U-City 成为韩国经济增长新引擎，培育 U-City 新型产业；二是将 U-City 建设模式向国外推广。U-City 有四大推进战略：一是构建 U-City 制度平台，包括 U-City 综合规划，U-City 规划、建设指南，建设工程与 IT 的融合技术指南，U-City 管理运营指南，U-服务标准，分类标准指南。二是开发核心技术，包括 U-生态城研发项目，推进技术开发与拓展国外市场，U-City 相关技术开发以及制定相关标准。三是扶持 U-City 产业发展，包括 U-City 试点建设，U-City 相关产业的培育，建设工程与 IT 的融合，组建韩国泛在网城市协会。四是培育人才，包括培育高级人才，培育专业技能人才，开设教育门户，公务员培训。

1992 年，新加坡提出 IT2000——智慧岛计划，计划在 10 年内建设覆盖全国的高速宽带多媒体网络，普及信息技术，在地区和全球范围内建立联系更为密切的电子社会，将新加坡建成智慧岛和全球性 IT 中心。2000 年，新加坡提出信息通信 21 世纪计划，计划到 2005 年成为网络时代的"一流经济体"。2006 年 6 月，新加坡公布智慧国 2015（IN2015）计划。这是一个为期十年的信息通信产业发展蓝图，旨在通过对基础设施、产业发展与人才培养，以及利用信息通信产业进行经济部门转型等多方面的战略规划，实现新加坡智慧国家与全球都市的未来愿景。智慧国 2015 计划的发展目标为：到 2015 年，在利用信息通信为经济和社会创造附加值方面名列全球之首；信息通信业价值增长至原来的两倍，达 260 亿新元；信息通信业出口额增长至原来的 3 倍，达 600 亿新元；新增 8 万个工作岗位，至少 90％的家庭使用宽带，电脑在拥有学龄前儿童的家庭普及率达到 10％。为了确保顺利实现"智慧国 2015 计划"各项目标，新加坡政府专门确定了 4 项关键战略：建设新一代信息通信基础设施，发展具有全球竞争力的信息通信产业，开发精通信息通信并具有国际竞争力的信息通信人力资源，实现关键经济领域、政府和社会的转型。

我国很多城市将推进智慧城市建设作为发展战略性新兴产业、提升城市运行效率和公共服务水平、实现城市跨越式发展的重要契机，相继提出了"智慧城市"的发展方向，并着手规划建设。据统计，截止到 2012 年 2 月底，我国共有 154 个城市提出建设智慧城市。其中北京、上海、天津三个直辖市提出了智慧城市规划。10 个副省级城市、31 个地级市分别在其"十二五"规划或政府工作报告中正式提出建设智慧城市。113 个城市在相关产业规划中涉及智慧城市内容，或由地方政府与当地运营商签订智慧城市战略合作协议。北京、上海、广州、南京、武汉、长沙、宁波、苏州、扬州、佛山、汕尾、株洲、湘潭、新乡等市还专门发布了智慧城市建设的相关规划、意见、决定或实施方案。41 个提出建设智慧城市的地级以上城市主要集中在珠三角、长三角、京津冀等经济发达区域以及中部的武汉城市群、长株潭经济圈，其中有 35 个城市人均 GDP 在 4000 美元以上，19 个城市人均 GDP 在 8000 美元以上。

由此可见，现代土木工程科学是一个与时代同步发展的多学科集成的庞大科学体系，其面临的问题和挑战会不时出现，其传统理论会经常受到挑战甚至被颠覆，土木工程科学将在这种不断挑战、不断颠覆的环境中去伪存真、创新发展。

1.2.5 BIM 开启了现代土木工程集成、智慧建造与管理之门

（1）BIM 的起源与基本特征。

BIM 是一种颠覆传统营造业的最现代技术。BIM 的起源有两种说法，一是源自于 Autodesk 的 3D、面向对象及 AEC 领域专属 CAD 的概念；二是源自于美国乔治亚理工学院的 Eastman 于上个世纪 70 年代末期提出的建筑信息模型，1987 年 Laiserin 推广 BIM 的概念并以数字化的信息格式交换与沟通建筑建造过程的信息才逐渐让 BIM 受到重视并广为人知，Laiserin 文献记载的 BIM 第一个实际案例出现在 1987 年的 Graphisofts Archi CAD。BIM 是建筑信息模型及建筑信息塑模的简称，所谓"建筑信息塑模"是指建筑整个生命周期期间（包括规划、设计、施工、营运、改造阶段）产生及管理建筑信息模型的过程，这个过程产生的图形或非图形数据的集合就是所谓"建筑信息模型"，集合体包括几何形状、空间关系、建筑组件数量及内涵（如窗户、地板材质、建筑工法、施工企业、建材供货商等）。

2009 年 OGC 总结了 BIM 的基本特性，即不同的参与建筑或设施营造的相关人员（如建筑师、设计师、采购人员、施工人员等）在建筑或设施生命周期的不同阶段可取得其工作所需的 BIM 信息（或根据该阶段工作所产生的信息新增、更新、修改 BIM 信息）。BIM 内含所有信息都具备互操作特性以便满足不同应用系统间进行信息交换的需求。BIM 信息需基于公开标准并通过双方协议认可的语言进行互操作。

BIM 除了整合建筑或设施相关的各项信息和提供更好的信息管理外，还隐含了建筑或设施营造流程改造的过程，与 BIM 相关的流程改造可分为个人工作流程、团队施工流程、建设项目生命周期等 3 个部分。个人工作流程适应 BIM 为建筑师、工程师、承建商、分包商、营建人员、供货商等参与建筑或设施营造相关人员并便利其个人工作流程的变化（如建筑师原本直接在纸图上绘制设计图及进行设计变更，采用 BIM 后就需要在 BIM 上进行建筑的设计及设计变更工作，设计图变成了 BIM 的产出而非主要工作标的）。BIM 可为建筑或设施营造的整体团队带来工作流程上的变化，以往设计团队将工作计划移转给施工团队时只依靠纸图及口述或其他分散在不同应用系统的工程面或管理面的信息（容易造成信息遗漏、信息分散等问题），采用 BIM 后设计团队与施工团队的交接均透过 BIM，各

团队成员不仅可无纸化进行移转（省时省力）还可提升设计团队与施工团队间的协调度（各团队更可在任何阶段自行建置或回馈专业信息，避免了设计团队与施工团队间信息不衔接而引起的错误），BIM 使得建筑或设施完工后移交业主或使用者时可完整移交建筑所有信息（业主需查看建筑某项设施时将不再需实地勘查，可从 BIM 找出该设施位置、材质及所有历程信息）。建筑或设施的建设项目除建筑或设施的施工之外也牵扯到规划、设计、施工、营运等各个建筑生命阶段以及工程技术、经济、法律等领域的信息整合与管理问题，采用 BIM 除了允许建筑设施在施工阶段的流程有所变更外还允许整个建设项目生命周期内随时可以有所变动。

BIM 的导入非一蹴可及，初期建议将 BIM 视为辅助工具，导入重点放在利用 BIM 进行建筑塑模、工作项目与建筑信息的记录、工作进度与设计变更的追踪，以提供建筑完工营运所需的 BIM 信息为目的。待 BIM 导入成熟后再以 BIM 做为整个建设项目生命周期各阶段工具的主要工具，所有建筑信息的建立、取得及变更等均需透过 BIM 进行。

OGC 认为 BIM 信息管理及流程改造的两大特色可为 AEC 领域带来很多效益，可使设计师及工程人员以较低成本与风险完成工作；可提升信息回馈与响应速度；可实时掌握建筑或设施现况并弹性调整设计或施工进度等项目（以降低不必要的作业成本）；可全面掌握建筑或设施各种信息以提升决策质量；可降低销售费用、税务费用及管理费用等成本支出。

国际间在 BIM 的信息交换标准方面的发展包括 IAI（The International Alliance for Interoperability）开发的 IFC（Industry Foundation Classes）、ISO（International Organization for Standardization）开发的 STEP（Standard for the Exchange of Product model data）、NIST（National Institute of Building Sciences）开发的 CIS/2（CIMstell Integration Standards Release2）等，其中以 IAI 开发的 IFC 为目前最被广泛应用的 BIM 信息交换标准。IFC 用来描述、交换及共享建筑信息的数据格式的目前最新版本为 IFC2x4 Beta2，IFC 以物件导向为基本概念分四个层级，由上而下依序为专业领域层、互操作层、核心层及资源层。

BIM 实施的一系列配套工具组成了一个完整的 BIM 解决方案。其中以 Autodesk Revit 三件套为核心，配以 Autodesk Navisworks 和 Autodesk 3ds Max Design 与 Autodesk Ecotect 等配套工具以及 AutoCAD 系列产品为辅助工具来实施。所有软件要相辅相成，所有工具要相互配合与依托才能共同实现 BIM，BIM 的实现一定是团队合作的结果而不是单打独斗的产物。就整个平台的整合度而言，欧特克在这方面较其他厂商的产品有较大的优势和人气。

（2）BIM 与 GIS、CAD 的关系。

GIS 领域着重巨观与地理空间信息的相关应用，再加上 3D 塑模受限于无法取得建筑内部的详细信息，致使多数人对于现今 3D GIS 或 3D 塑模的认知多停留在用以查看立体地理信息、呈现建筑外观及其地理位置或结合虚拟现实技术进行特定空间的导览等狭隘的应用方面。AEC（Architecture 建筑、Engineering 工程设计、Construction 建造）领域着重于建筑内部详细信息此类微观空间信息之记录与管理，但无法透过因特网交换与互操作交流建筑信息或外部环境信息（如地形、邻近建筑、管线设施等）达到对外提供建筑信息或整合外部信息以辅助建筑规划设计所需等目的。为使巨观空间信息与微观空间信息得以互操作发挥倍增相应，国际间致力于整合 AEC 领域与 GIS 领域巨观与微观地理空间信息，国际标准化组织 OGC（Open Geospatial onsortium）于 2006 年推行 OWS-4（OGC Web Services-Phase4）时提出 CGB（CAD-GIS-BIM）架构并开发了相关技术标准（以满足整合巨观空间信息与微观空间信息进行交换与互操作需要，并提供城市数字化、建筑评估选址、救灾等相关应用）。

3D GIS 致力于取得、保存、管理、分析及忠实呈现巨观的地理环境并透过 3D 塑模技术立体呈现概念化的建筑外观及建筑地理位置，由于其无法进一步取得建筑内部的详细信息（如室内格局、各种管线及设施配置与材质等）或建筑其他相关信息（如建设成本、承包商、设计变更等），致使多数人对于现今的 3D GIS 或 3D 塑模的认知停留在查看立体地理信息、呈现建筑外观及其地理位置或结合虚拟现实技术进行特定空间的导览等狭隘应用方面。若将城市进行数字化，透过城市数字化的过程留存整个城市所有建筑信息（如室内格局、各种管线及设施配置与材质、施工历程信息等）、地理环境信息（如道路、地形、周边环境等）及基础建设信息（如地下水管、污水、天然气、电力及电信系统等），则只需要点选该栋建筑物或公共设施即可查看所有跟该栋建筑物或公共设施有关联的数据，还可以数字化过程中取得的各种数据为基础借助互操作各种数据进行分析与模拟（为各级政府机关进行都市更新、公共设施选址评估、救灾或施工等决策时提供参考依据），地方政府或建设单位进行新的公共建设评估时可在数字城市里直接加上该栋建筑物并模拟该栋建筑物完工后对周边环境的影响，电力公司施工变更管线前只要在数字城市上变更设计就可马上模拟出变更管线后的配置情况，消防单位可依据建筑周边环境、道路条件、内部配置、消防设备配置情况模拟演练各种救灾情境并可在救灾时根据实际情况调整救灾资源的调度。上述建筑物或公共设施的各种数据源均需要 AEC 领域的建筑师、设计师、采购人员、施工人员等专业人员依其所负责的工作项目建立自有的专业信息（如工程图、采购细目等），传统做法是以计算机辅助绘图（CAD）记录建筑几何形状、空间关系、地理信息等图形化信息（工作进度、外在环境条件、材质、费用等非图形化信息则另以其他信息系统处理）。BIM 的出现不仅可整合上述建筑物的图形化及非图形化数据、提供虚拟现实模型、纳入流程观念，还可解决规划、设计、施工、营运、各阶段移转建筑工程计划的信息遗漏问题。

综上所述，CAD 是用以绘制建筑的，BIM 是用来整合及管理建筑本身所有历程信息的，GIS 是整合及管理建筑外在环境信息的。OGC 在 2006 年推行 OWS-4 时开发出了 CGB（CAD/GIS/BIM）架构用以整合 AEC 领域的微观数据（CAD/BIM 数据）与 GIS 领域的巨观数据进行交换与互操作，从而实现了查询与分析巨观与微观地理空间信息的功能，满足城市数字化的各种需求与应用。

（3）CGB 的特征。

CAD/BIM 与 GIS 间存在极大差异，从建筑角度看，GIS 涵盖建筑外部的环境信息，而 CAD/BIM 则是有关于建筑本身及内部结构信息。GIS 展示的是巨观（小比例尺）空间信息，而 CAD/BIM 则是显示微观（大比例尺）的空间信息，最重要的是当 GIS 已发展许多网络标准支援交换与互操作 GIS 信息时 CAD/BIM 尚未有任何支持其透过网络交换与互操作的相关标准。OGC 在 OWS－4 开发的 WFS－T（Transactional Web Feature Service）提出 CGB 架构可以消弭 CAD/BIM 与 GIS 间在互操作性相关技术发展的差距，实现整合 AEC 领域与 GIS 领域的 CAD、GIS、BIM 三种异类数据之目的。

WMS（Web Map Service）、WFS（Web Feature Service）、WCS（Web Coverage Service）及 WTS（Web Terrain Service）等以 GML（Geography Markup Language）及 City GML（The City Geography Markup Language）作为 GIS 数据交换与互操作的数据格式标准，其中 City GML 提供了比较丰富的语义框架记录、描述与呈现城市特征（如道路、管线等）及其关系，但无法记录、描述与呈现建筑特征及其命周期各阶段历程信息。IFC 提供描述、交换及共享建筑信息的语义架构，却无法透过网络服务的方式存取并进行数据交换与互操作。为此，OGC 在执行 OWS－4 时扩充既有的 WFS 发展出 WFS－T（Transactional Web Feature Service）支持 City GML 与 IFC 两种数据交换格式记录、描述与呈现 BIM 信息，3D GIS 使用者可在 GIS 展示 3D 建筑模型并可检视分析建筑的各种信息；BIM 软件亦可整合 WFS 所传递之 City GML 或 WMS 所传递之影像进行地理空间信息的整合与设计。

CGB 架构是以 OGC 的 web service 架构的 Publish－Find－Bind 为基础并发展数个组件整合 BIM 与开放式空间服务架构，包括扩充既有 WFS 开发出 WFS－T 用以支持 City GML 与 IFC 两种数据交换格式记录、描述与呈现 BIM 信息；新增客户端透过 WFS 所传递之 City GML 以 3D 的方式浏览与分析建筑信息的能力；CAD/BIM 编辑端新增整合 WFS 所传递之 City GML 或 WMS 所传递之影像进行地理空间信息的整合与设计。

CGB 已成功应用于野战医院选址评估。OGC 先从大范围区域选定一个做为野战医院所在地并将该空间信息整合至 BIM，最后将其整合至 Google Earth 呈现完整的 BIM 模型，透过这样的方式即可知道选定的野战医院院址（GIS 的坐标等信息）以及邻近区域是否有足够的空间（BIM 提供医院面积、体积等信息）建造医院。首先需在 CAD 透过因特网加载航空照片等 2D 地图信息（WMS）及选定做为野战医院所在地邻近的建筑（WFS，City GML 格式数据），再从 BIM 服务器加载建筑本身的信息（WFS，IFC 格式信息）。在 CAD 完成上述信息加载后即完成初步的 3D 模型（并可在这个 3D 模型上进行编修），完成编修后可将 3D 模型转存 3D PFD 档案并在 Google Earth 载入这个档案展示成果。

（4）BIM 协同设计。

BIM 协同设计注重各个专业间的协作交流与资源共享，如果一个项目没有统一的标准，那么协同的优势就无法发挥，设计的效率与质量就会大大下降。因此，标准是协同的核心。建筑协同设计涉及的标准包括了对象样式标准、显示系统标准和图层标准。ACA 中通过样式完成了 AEC 对象从类别到个体、从抽象到具体的过程；通过设定显示系统控制 AEC 对象在图形区域的显示方式；通过图层索引和图层索引样式对设计信息进行智能的编组和管理，并引入图层标准自动维护组织内的图层索引样式。样式、显示、图层看似独立，其实相互间又存在着一定的联系。样式中包含了对象显示特性的定义，显示特性涵盖了组成对象的构件所在图层的定义，而图层特性又是通过图层索引样式来加以定义的。因此，必须将三者有机地衔接起来，才能很好地创建标准。另外，标准的存储载体是模板，在理解标准的基础上，必须把握创建图形时模板的位置，以便将标准通过模板配置到图形中。大多数样式存储在所有用户都可以访问的位置中的一个或多个样式库图形中，通过"样式—工具—样式"的工作流，以工具为媒介，从原图形传递到新图形中。显示系统则在模板文件默认值，由模板创建的图形都将采用模板中创建的显示系统。而基于图层标准定义的图层索引样式存储在专门的图形文件中，并在工作空间中对其加以指定。由此，在项目中组织好标准图形，配置好模板文件，同步项目到标准，就能够确保在整个项目生命周期内使用相同的样式以及特性数据在所有的项目文件中保持一致。

像素是建筑信息模型 BIM 的基础，BIM 就是无数个像素的集合。必须在标准的基础上创建像素，形成图库。而对图库的统筹管理，就是维护设计标准和合理共享与分配像素的保障。ACA 的图库管理系统以工具选项板为应用前端，工具选项板通过一个一致的用户界面，提供对所有工具的快捷访问，让用户在工作空间中有效地组织与使用工具。同时以内容浏览器为管理后台，作为中心的存储仓库，管理并维护企业的工具系统。内容浏览器是包含工具、工具选项板和工具包的工具目录库，它可以独立于软件运行。通过内容浏览器与工具选项板之间的链接关系使得使用者引用的工具始终保持最新状态。而在项目中工作，必须对内容浏览器与工具选项板进行自定义。从样式库图形中收集样式，生成工具，并在工具目录中以工具选项板或者类别的形式组织工具，将工具目录导入项目的目录库中，然后在项目特性定义中指向项目的目录库位置。对于工具选项板，可以将其指向共享的只读位置，由管理员统一在工作空间中，以项目工具目录为源，向工具选项板中添加工具，并以"工具→工具选项板→工具选项板编组→工具选项板集"这样的层次关系进行组织与管理。

在掌握了标准与图库管理方法的同时，需要建立基于 BIM 的建筑协同设计的基本流程，以流程来明确工作行为，协调工作程序。整个流程由项目前的准备、创建项目、在项目中工作三个阶段构成。项目前的准备包括前面提到的标准与模板的定制以及图库的建立。而创建项目时，主要定义项目的基本信息，配置默认的标准、模板与工具系统。定义了项目特性后，在项目中工作，主要是引用像素创建构件、由构件生成视图、创建项目文件和生成图纸四部分。其中构件的创建就是建模的过程，通过工具添加物件或者将元素参照到构件中。视图的创建则是在对构件和图形不作修改的情况下，确定要查看的建筑部分，通过外部参照适当的构件，让计算机对原有的模型按照要求，自动生成平面、立面、剖面、节点详图。创建项目文档则包括了 AEC 标注的创建以及明细表的添加等一系列过程。最后，直接将视图拖动到图纸空间中，形成施工图纸。生成图纸后，可能需要重新回到规划阶段，并对构件、元素和视图进行修改。而这些修改都将及时地在图纸中反映出来。从整个流程中可以看到，建筑协同设计以创建标准与模板为前提，以引用像素建模为重心，通过外部参照技术完成图纸的自动创建与更新，实现了从指向图纸转向指向内容，从关注出图转向关注设计的工作模式。

（5）BIM 与云计算。

传统的计算模式首先需购买硬件和软件，然后在信息部门主管的指挥下由技术支持人员和项目经理解决包括 BIM 系统集成、软件升级等所有问题。云计算将计算作为一种服务（而不是实物产品），云计算可使 AEC 公司可以根据自身需求通过互联网租用计算基础设施、软件和系统，从而将设计和建筑公司从昂贵又麻烦的 IT 基础设施建设中解放出来。一些传统模式 BIM 应用常会遇到挑战（如碰到大模型时桌面计算机的处理效率问题），云计算可以帮助解决。纽约 Shop Construction 公司主管 Jonathan Mallie 说 "BIM 实现了虚拟设计和建造，而云计算可以帮助我们更好的实现这个过程"。云端的 BIM 有助于重塑整个建筑以及服务商的竞争格局，使供应链中的任何一家公司均可以提供基于 BIM 的服务。若拥有一个存放在云端的 BIM 模型且该模型支持并发访问、控制访问和操作所有的项目信息，那么以前花费在模型交换及保持信息一致性、完整性的工作就避免了（因为只有一个模型，一个版本）。Mallie 说 "我们希望将 BIM 模型变为一个可搜索的项目信息数据库，就像一个互联网搜索引擎一样。如果只有一个人使用互联网并没有太大的价值。只有让更多的项目参与方参与到 BIM 模型的构建和完善中模型才会变得越来越有价值"。通过云可以更容易的访问项目的完整信息，从而让合作伙伴之间的协作更简单有效，同时也提供了一种改善合作伙伴之间关系的可能性（任何知识都可以变为一种服务提供给其他人）。Shop 的制作过一个基于 Web 的门户使项目参与方随时跟踪项目的制造和安装进度，Mallie 介绍说 "不断更新的 4D 模型演变成一个重要的工具，让设计和建造团队了解生产计划的变更以及对安装的影响。该过程原来只有少数人了解详细情况，现在已发展成为一个团队协作的过程"。Shop 的基于云的门户让项目使得参与方得以实时了解制作和安装过程。借助云计算可使 BIM 进行多维度的优化分析（包括能耗、碳排放、全寿命成本、可维护性等），桌面计算机是无法完成对上述大资料的处理的。借助云计算技术设计和建造团队可以考虑各种约束条件并进行优化设计。云计算按需租赁的独特优势可使用户方便的根据自身的业务需求配置不同性能的 IT 环境（硬件、软件、甚至支持组件均可以更合理地匹配其工作需求）。

"冲突检测"是 BIM 的一个显著性优点。BIM 早期阶段面临的挑战是如何生成信息，目前 BIM 真正的挑战是如何最有效的管理和使用的数据（因为其已有大量的数据），云计算的重要性也就不言而喻了。

设计人员目前多采用基于 BIM 理念的 Autodesk Revit 系列软件（如 Autodesk Revit 2014），使用 Autodesk Revit 的工作集和连结管理将多专业的 Autodesk Revit 模型进行整合和冲突检测，避免了因为一个小小的专业间的碰撞所可能导致的施工成本的大幅追加。通过 Autodesk Revit 系列软件可以让业主能够更加直观生动地了解设计成果的最终形态，在汇报交流过程中可极大地减少了沟通障碍，业主认可度很高。有了 BIM 技术，你可以随时随地的访问、编辑用户的 BIM 模型，只需要鼠标点击就可以使用无限制的计算机资源来说明你完成建筑相关的分析计算（即使最复杂最耗资源的建筑分析任务也能实时完成，没有任何延迟）。BIM 技术使得建筑业各参与方之间的协同工作不再有任何障碍（实现无缝的信息集成）且工程师们可以没有任何限制的访问各种建筑专业知识数据库。

（6）BIM 的软件体系。

BIM 的相关软件及解决方案包括 Autodesk Revit Architecture、Autodesk Revit Structure、Autodesk Revit MEP、Autodesk Navisworks、Autodesk Ecotect、Autodesk 3ds Max Design、Auto CAD Civil 3D 等

对 BIM 建筑领域工程师日常工作很有帮助的 15 个移动设备包括 Adobe Ideas（该应用配备了一系列简单的向量化的绘图工具，使用户能够很容易地标记现有的图纸、文档和

照片。该应用非常适合用于沟通现场变更、施工错误以及其他施工现场问题）、Auto
CAD WS（该应用程序允许用户快速查看，编辑和共享 DWG 档。在办公室或者施工现场
准确注释和修改图纸。支持实时查看图纸的编辑，并与他人合作同时对同一档协作编辑）、
cad TouchR2（通过这个应用程序用户可以绘制平面图、场地平面、机电和结构部件、配
上图表和现场说明。然后，用户可以立即通过电子邮件或 FTP 发送这些图纸）、iRhino3D
（该工具允许用户在 iPad，iPhone 或 iPod touch 上查看他们的 Rhino 的 3DM 文件。用户
可以平移、放大、缩小、旋转模型。三维模型可以从网站，Google Docs，电子邮件附件，
或 iTunes 上载入）、REVIT Keys（该应用用于方便的 BIM 用户的快捷键使用。这个程序
是面向 Autodesk Revit Architecture2010—2014 的一个快捷键参考指南。它分为 14 个类
别，包括 260 键盘组合）、Sketch Book Mobile［该应用提供了广受欢迎的欧特克数字画
板程序的各种功能。配备多点触摸导航（2500％缩放）和主机的易于使用的绘图工具］、
Smart BidNet（是一款 Smart Bid Net 施工招标管理软件的配套工具，这个应用程序允许
用户访问他们的私人分包商网络，并按照所提供分类查看分包商信息。可订阅 Smart Bid
Net）、Turbo Viewer（DWG 浏览器同时支持 2D 和 3DCAD 的 DWG 档在 iOS 平台的浏
览。同时，可通过邮件快速发送 DWG 或 DXF 附件。也可随时查看通过 Web、FTP、
Drop box 和 Web DAV 系统下载下来的档）、Architect's Formulator（这个程序包含了超
过 400 个公式来帮助建筑师和建筑行业的专业人士，如电工，木匠，水管工，混凝土和土
方工程承包商）、Drop box（这个免费应用可让用户轻松的传输用户的照片和文档到任何
地方。在安装 Drop box 后，任何保存到 Drop box 的文件会自动保存到用户的计算机、移
动设备和 Drop box 的网站）、iBlueprint（这是一款为住宅建筑商、承包商、建筑师、房
地产经纪人设计的应用软件，它允许用户创建和导出自定义的楼层平面图。它还提供了施
工单位在工地上快速访问蓝图的功能）、Magic Plan（该应用可让用户通过拍照，在网页
上直接测量、绘制和发布楼层平面图。只需几分钟就可创建一个平面图且不需要测量，绘
制或移动家具。绘制后再通过导入照片或其他图像增强可视化效果）、Structural Wood
Design Calculator（该应用可帮助工程师、建筑师和建设者计算木梁弯曲强度、剪切强
度、位移等。梁的设计计算只需输入几个设计参数，如梁的长度、宽度和负载）、Green
Pro（这个应用程序本质上是 2009 年美国绿色建筑委员会 LEED 新建筑和改造项目评估
工作表的一个互动版本，使用户能够评估和跟踪的项目能获得的 LEED 分数）、LEED
Standards（这个工具将与 LEED 评级系统最相关、最重要的标准带到你的 iPad 中，帮助
用户快速理解超过 30 个常用的 LEED 指标和参考标准，包括 ASHRAE、ASTM、EPA
和 FEMA）。

（7）BIM 技术的中国化。

中国建筑信息模型专业委员会（中国 BIM 标委会）2013 年 7 月开始动员国内各大设
计院、施工企业、土木工程软件开发机构与欧特克（Autodesk）软件（中国）有限公司
协作推进 BIM 技术的中国化，拟在 2014 年年底前先期建立 23 个中国 BIM 标准，这些标
准包括规划和报建 P－BIM 软件技术与信息交换标准、规划审批 P－BIM 软件技术与信息
交换标准、工程地质勘察 P－BIM 软件技术与信息交换标准、建筑基坑设计 P－BIM 软件
技术与信息交换标准、地基基础设计 P－BIM 软件技术与信息交换标准、混凝土结构设计

P－BIM 软件技术与信息交换标准、钢结构设计 P－BIM 软件技术与信息交换标准、砌体结构设计 P－BIM 软件技术与信息交换标准、给排水设计 P－BIM 软件技术与信息交换标准、供暖通风与空气调节设计 P－BIM 软件技术与信息交换标准、建筑电气设计 P－BIM软件技术与信息交换标准、施工图审查 P－BIM 软件技术与信息交换标准、绿色建筑设计评价 P－BIM 软件技术与信息交换标准、混凝土结构施工 P－BIM 软件技术与信息交换标准、钢结构施工 P－BIM 软件技术与信息交换标准、机电施工 P－BIM 软件技术与信息交换标准、工程监理 P－BIM 软件技术与信息交换标准、工程造价管理 P－BIM 软件技术与信息交换标准、施工计划进度管理 P－BIM 软件技术与信息交换标准、施工质量安全管理P－BIM 软件技术与信息交换标准、竣工验收管理 P－BIM 软件技术与信息交换标准、建筑绿色施工评价 P－BIM 软件技术与信息交换标准、建筑空间管理 P－BIM 软件技术与信息交换标准。BIM 技术的中国化将对中国土木工程行业的现代化进程产生巨大的推动作用。

思　考　题

1. 谈谈你对土木工程的认识。
2. 土木工程科学的特点是什么？
3. 目前土木工程发展过程中存在哪些问题？应该如何解决？

第2章 土木工程科学的理论基础

2.1 土木工程科学的知识体系

哲学、数学、文学是人类发展的阶梯和持久动力，一个人对社会贡献的大小取决于其哲学、数学、文学素养的高低。哲学是解决世界观和方法论问题的，对任何一个问题进行处理、研究、分析、判断首先必须有正确的思路，而能够给你正确思路的东西只能是哲学。我们对任何一个问题进行处理、研究、分析、判断的过程中需要对各个因素进行量化和关联分析，在关联分析的基础上才能得出正确的结果，能够帮你分析并得出正确的结果的东西只能是数学。我们要把对任何一个问题的处理、研究、分析、判断结果及过程准确记录并表达出来只能依靠文学。这就是任何一个名标青史的科学巨匠都是哲学家并具有很高文学素养的原因。

土木工程作为一门科学，哲学、数学和文学也是它赖以发展和进步的根基，哲学、文学过于深奥，需要用人的一生去体味，而数学却是土木工程工作者经常借助的工具。因此，从狭义上讲数学是土木工程的根基。

当然，物理和化学也是土木工程科学不可或缺的技术支持。从字面上讲"物理"就是"事物的道理"，因此，也有人将"物理"称为"哲学"。物理学的研究对象是各种物质的运动规律。化学的研究对象是各种物质的相互转化。纵观自然界的各种变化不难得出一个结论，那就是"世间无处不物理，寰宇处处皆化学"。任何生物体由生到死的过程皆是化学作用的过程，可见物理、化学不可或缺的重要性。

数学固然非常重要但绝不是包治百病的灵丹妙药，也更不具备万能性，不可以过分夸大数学的能力。数学像算盘和计算机一样只是一种分析问题的工具，数学本身是不能解决任何科学问题和社会问题的，数学只能为科学问题和社会问题的解决提供一种或几种合理的数据整理及处理方法，任何试图通过数学推演来解决科学问题和社会问题的想法都是非常荒谬、荒诞不经且滑稽的，通过数学推演来解决科学问题和社会问题只能将科学引入歧途（其后果非常可怕，其危害深远巨大）。就像外语不可以机械化一样，科学也不可以数学化。数学必须服从于各种自然规律和社会规律，而绝不是自然规律和社会规律服从数学。各种数学方法是没有等级高低之分和好坏之分的，只要能合理地分析数据并得出结论就是好的方法，分析问题时采用的数学方法并不是越深奥越好、越高级越好（相反一些道理非常简单的数学方法却常常更加有效），因此，应合理选择数学方法、合理应用数学理论。

土木工程以数学为工具、物理（主要是力学）和化学（土木工程材料及环境适应性与化学有关）为支撑、工程技术科学为外延构建起了自己的科学体系。

土木工程科学要应用许多数学理论，涉及到很多数学学科（如微分学、积分学、空间几何学、概率论、数理统计、线形代数、复变函数、数值分析等）。

土木工程科学要应用许多物理学理论（特别是力学理论），涉及到很多力学学科（如静力学、动力学、运动学、材料力学、结构力学、土力学、岩石力学、弹性力学、塑性力学、弹塑性力学、黏弹性力学、爆炸力学、流体力学等）。

土木工程科学要应用许多化学理论，涉及无机化学、有机化学、分析化学、物理化学等四大学门及相关的分支学科。

土木工程科学有专属的工程技术科学理论，这些理论都与力学和数学联系紧密，要学好土木工程必须首先学好数学，数学学好了才能学好力学，力学学好了才能学好土木工程专属的工程技术科学，因此"力学不通、土木难通；力学一通、土木全通"，同样"数学不通、力学难通；数学一通、力学易通"。

土木工程科学的专属工程技术科学理论可分为基础理论和技术理论 2 大部分。基础理论包括土木工程制图理论（机械制图、建筑制图、画法几何、计算机绘图等）、工程测量学、工程地质学、土木工程实验技术学等。技术理论包括房屋建筑学、土木工程材料学、基础工程学、结构工程学［包括砌体结构、木结构、钢筋混凝土结构、钢结构、预应力结构、塔桅结构、桥梁结构、地下结构、线路工程结构（公路、铁路、管道、电力输送）、水利工程结构、航站工程结构、港口与航道工程结构、特种结构等］、装饰工程学、抗灾工程学（包括工程结构抗震、工程结构放火等）、设备工程学、施工技术学、土木工程法学、土木工程经济学、土木工程管理学等。

2.2　土木工程科学的数学基础

2.2.1　数学的起源与发展

数学与其他科学分支一样，是在一定的社会条件下，通过人类的社会实践和生产活动发展起来的一种智力积累。其主要内容反映了现实世界的数量关系和空间形式，以及它们之间的关系和结构。这可以从数学的起源得到印证。古代非洲的尼罗河、西亚的底格里斯河和幼发拉底河、中南亚的印度河和恒河以及东亚的黄河和长江，都是数学的发源地。这些地区的先民由于从事农业生产的需要，从控制洪水和灌溉，测量田地的面积、计算仓库的容积、推算适合农业生产的历法以及相关的财富计算、产品交换等长期实践活动中积累了丰富的经验，并逐渐形成了相应的技术知识和有关的数学知识。数学的英文是 mathematics，这是一个复数名词，数学曾经是算术、几何、天文学和音乐四门学科的集成，处于一种比语法、修辞和辩证法这三门学科更高的地位。生活中，数学无处不在。数学作为一门最古老的学科，它的起源可上溯到一万多年以前，但公元 1000 年以前的资料留存下来的极少。迄今所知，只有在古代埃及和巴比伦发现了比较系统的数学文献。

中国古代与数学有关的有《史记》，公元前 1 世纪吴国赵爽著的《周髀算经》《礼记》《墨经》《考工记》《杜忠算术》《许商算术》《勾股圆方图注》《孙子算经》《五经算术》，东汉初年的《九章算术》《海岛算经》，汉末魏初徐岳的《九章算术注》，魏末晋初刘徽的《九章算术注》《九章重差图》，祖冲之的《缀术》中的圆周率（日本称"祖率"），贾宪的

《黄帝九章算法细草》，唐初王孝通的《缉古算经》，唐初太史令李淳风等编纂注释的《算经十书》，北宋的《算经十书》，贾宪的《黄帝九章算法细草》，刘益的《议古根源》《张邱建算经》，秦九韶的《数书九章》，李冶的《测圆海镜》和《益古演段》，杨辉的《九章算法纂类》《详解九章算法》《日用算法》及《杨辉算法》，朱世杰的《算学启蒙》和《四元玉鉴》，元代天文学家王恂和郭守敬的《授时历》，明初的《魁本对相四言杂字》和《鲁班木经》，利玛窦与徐光启翻译的《几何原本》与《测量法义》，利玛窦与李之藻编译的《圜容较义》和《同文算指》，徐光启主持编译的《崇祯历书》《大测》《割圆八线表》，薛凤祚编成的《历学会通》，清初王锡阐的《图解》，梅文鼎的《梅氏丛书辑要》，年希尧的《视学》，梅毂成等的《律历渊源》，阮元与李锐等编写的《畴人传》等，不胜枚举。

数学是研究现实世界空间形式和数量关系的一门科学。它包括算术、代数、几何、三角、解析几何、微积分等等。数学科学伴随着人类社会的发展，也有它自身发展的历程。苏联科学院院士 A·H·柯尔莫戈洛夫曾把数学发展史划分为四个阶段：第一个阶段的前期产生自然数概念、计算方法和简单的几何图形，后期出现数的写法、数的算术运算、某些几何图形的运用，解答简单的代数题目；第二个阶段逐渐形成了初等数学的分支，即算术、代数、几何、三角；第三个阶段建立了解析几何、微积分、概率论等学科；第四个阶段出现计算机学科以及应用数学的众多分支，纯数学的若干问题的得到重大突破。

2.2.2 高等数学

初等数学研究的是常量，高等数学研究的是变量。高等数学（也称为微积分或数学分析，它是几门课程的总称）是理工科院校一门重要的基础学科。作为一门科学，高等数学有其固有的特点，这就是高度的抽象性、严密的逻辑性和广泛的应用性。抽象性是数学最基本、最显著的特点——有了高度抽象和统一，我们才能深入地揭示其本质规律，才能使之得到更广泛的应用。严密的逻辑性是指在数学理论的归纳和整理中，无论是概念和表述，还是判断和推理，都要运用逻辑的规则，遵循思维的规律。所以说，数学也是一种思想方法，学习数学的过程就是思维训练的过程。人类社会的进步，与数学这门科学的广泛应用是分不开的。尤其是到了现代，电子计算机的出现和普及使得数学的应用领域更加拓宽，现代数学正成为科技发展的强大动力，同时也广泛和深入地渗透到了社会科学领域。因此，学好高等数学对我们来说相当重要。然而，很多学生对怎样才能学好这门课程感到困惑。要想学好高等数学，至少要做到以下四点：

首先，理解概念。数学中有很多概念。概念反映的是事物的本质，弄清楚了它是如何定义的、有什么性质，才能真正地理解一个概念。

其次，掌握定理。定理是一个正确的命题，分为条件和结论两部分。对于定理除了要掌握它的条件和结论以外，还要搞清它的适用范围，做到有的放矢。

第三，在弄懂例题的基础上作适量的习题。要特别提醒学习者的是，课本上的例题都是很典型的，有助于理解概念和掌握定理，要注意不同例题的特点和解法在理解例题的基础上作适量的习题。作题时要善于总结（不仅总结方法，也要总结错误），这样，做完之后才会有所收获，才能举一反三。

第四，理清脉络。要对所学的知识有个整体的把握，及时总结知识体系，这样不仅可以加深对知识的理解，还会对进一步的学习有所帮助。

高等数学中包括微积分和立体解析几何，级数和常微分方程。其中尤以微积分的内容最为系统且在其他课程中有广泛的应用。微积分的理论是由牛顿和莱布尼茨完成的（当然在他们之前就已有微积分的应用，但不够系统）。无穷小和极限的概念是微积分的基本概念，应准确理解并吃透。

2.2.3　数学分析

数学分析的基本内容是微积分，但是与微积分有很大的差别。

微积分学是微分学和积分学的统称，英语简称 Calculus，意为计算，这是因为早期微积分主要用于天文、力学、几何中的计算问题。后来人们也将微积分学称为分析学，或称无穷小分析，专指运用无穷小或无穷大等极限过程分析处理计算问题的学问。早期的微积分，由于无法对无穷小概念做出令人信服的解释，在很长的一段时间内得不到发展。柯西和后来的魏尔斯特拉斯完善了作为理论基础的极限理论，使微积分逐渐演变为逻辑严密的数学基础学科，被称为"Mathematical Analysis"，中文译作"数学分析"。

数学分析的基础是实数理论。实数系最重要的特征是连续性，有了实数的连续性，才能讨论极限、连续、微分和积分。正是在讨论函数的各种极限运算的合法性的过程中，人们逐渐建立起严密的数学分析理论体系。学好数学分析（和高等代数）是学好其他后继数学课程（如微分几何、微分方程、复变函数、实变函数与泛函分析、计算方法、概率论与数理统计等）的必备基础。数学科学的逻辑性和历史继承性决定了数学分析在数学科学中举足轻重的地位，数学的许多新思想，新应用都源于这坚实的基础。数学分析出于对微积分在理论体系上的严格化和精确化，从而确立了在整个自然科学中的基础地位，并运用于自然科学的各个领域。同时，数学研究的主体是经过抽象后的对象，数学的思考方式有鲜明的特色，包括抽象化、逻辑推理、最优分析、符号运算等。这些知识和能力的培养需要通过系统、扎实而严格的基础教育来实现，数学分析课程正是其中最重要的一个环节。微积分理论的产生离不开物理学、天文学、几何学等学科的发展，微积分理论从其产生之日起就显示了巨大的应用活力。

2.2.4　数值计算方法

随着计算机和计算方法的飞速发展，几乎所有学科都走向定量化和精确化，从而产生了一系列计算性的学科分支，如计算物理、计算化学、计算生物学、计算地质学、计算气象学和计算材料学等，计算数学中的数值计算方法则是解决"计算"问题的桥梁和工具。我们知道，计算能力是计算工具和计算方法的效率的乘积，提高计算方法的效率与提高计算机硬件的效率同样重要。科学计算已用到科学技术和社会生活的各个领域中。

数值计算方法，是一种研究并解决数学问题的数值近似解方法，是在计算机上使用的解数学问题的方法，简称计算方法。在科学研究和工程技术中都要用到各种计算方法。例如，在航天航空、地质勘探、汽车制造、桥梁设计、天气预报和汉字字样设计中都有计算方法的踪影。

计算方法既有数学类课程中理论上的抽象性和严谨性，又有实用性和实验性的技术特征，计算方法是一门理论性和实践性都很强的学科。在 20 世纪 70 年代，大多数学校仅在数学系的计算数学专业和计算机系开设计算方法这门课程。随着计算机技术的迅速发展和普及，现在计算方法课程几乎已成为所有理工科学生的必修课程。

计算方法的计算对象是微积分、线性代数、常微分方程中的数学问题。内容包括：插值和拟合、数值微分和数值积分、求解线性方程组的直接法和迭代法、计算矩阵特征值和特征向量和常微分方程数值解等问题。

2.2.5 数学建模

数学建模就是用数学语言描述实际现象的过程。这里的实际现象既包涵具体的自然现象（如自由落体现象），也包含抽象的现象（如顾客对某种商品所取的价值倾向）。这里的描述不但包括外在形态、内在机制的描述，也包括预测、试验和解释实际现象等内容。

我们也可以这样直观地理解这个概念：数学建模是一个让纯粹数学家变成物理学家、生物学家、经济学家甚至心理学家等等的过程。

数学模型一般是实际事物的一种数学简化。它常常是以某种意义上接近实际事物的抽象形式存在的，但它和真实的事物有着本质的区别。要描述一个实际现象可以有很多种方式，如录音、录像、比喻、传言等等。为了使描述更具科学性、逻辑性、客观性和可重复性，人们采用一种普遍认为比较严格的语言来描述各种现象，这种语言就是数学。使用数学语言描述的事物就称为数学模型。有时候我们需要做一些实验，但这些实验往往用抽象出来了的数学模型作为实际物体的代替而进行相应的实验，实验本身也是实际操作的一种理论替代。

数学是研究现实世界数量关系和空间形式的科学，在它产生和发展的历史长河中，一直是和各种各样的应用问题紧密相关的。数学的特点不仅在于概念的抽象性、逻辑的严密性，结论的明确性和体系的完整性，而且在于它应用的广泛性，进入 20 世纪以来，随着科学技术的迅速发展和计算机的日益普及，人们对各种问题的要求越来越精确，使得数学的应用越来越广泛和深入，特别是在即将进入 21 世纪的知识经济时代，数学科学的地位会发生巨大的变化，它正在从国家或经济和科技的后备走到了前沿。经济发展的全球化、计算机的迅猛发展，数学理论与方法的不断扩充使得数学已经成为当代高科技的一个重要组成部分和思想库，数学已经成为一种能够普遍实施的技术。

应用数学去解决各类实际问题时，建立数学模型是十分关键的一步，同时也是十分困难的一步。建立教学模型的过程，是把错综复杂的实际问题简化、抽象为合理的数学结构的过程。要通过调查、收集数据资料，观察和研究实际对象的固有特征和内在规律，抓住问题的主要矛盾，建立起反映实际问题的数量关系，然后利用数学的理论和方法去分析和解决问题。这就需要深厚扎实的数学基础，敏锐的洞察力和想象力，对实际问题的浓厚兴趣和广博的知识面。数学建模是联系数学与实际问题的桥梁，是数学在各个领械广泛应用的媒介，是数学科学技术转化的主要途径，数学建模在科学技术发展中的重要作用越来越受到数学界和工程界的普遍重视，它已成为现代科技工作者必备的重要能力之一。

数学建模的过程如下：

1）模型准备。了解问题的实际背景，明确其实际意义，掌握对象的各种信息。用数学语言来描述问题。

2）模型假设。根据实际对象的特征和建模的目的，对问题进行必要的简化，并用精确的语言提出一些恰当的假设。

3）模型建立。在假设的基础上，利用适当的数学工具来刻划各变量间的数学关系，建立相应的数学结构。应尽量用简单的数学工具。

4）模型求解。利用获取的数据资料，对模型的所有参数做出计算（估计）。

5）模型分析。对所得的结果进行数学上的分析。

6）模型检验。将模型分析结果与实际情形进行比较，以此来验证模型的准确性、合理性和适用性。如果模型与实际较吻合，则要对计算结果给出其实际含义，并进行解释。如果模型与实际吻合较差，则应该修改假设，再次重复建模过程。

7）模型应用。应用方式因问题的性质和建模的目的而异。

2.2.6　最优化方法

最优化方法（也称做运筹学方法）是近几十年形成的，它主要运用数学方法研究各种系统的优化途径及方案，为决策者提供科学决策的依据。最优化方法的主要研究对象是各种有组织系统的管理问题及其生产经营活动。最优化方法的目的在于针对所研究的系统，求得一个合理运用人力、物力和财力的最佳方案，发挥和提高系统的效能及效益，最终达到系统的最优目标。实践表明，随着科学技术的日益进步和生产经营的日益发展，最优化方法已成为现代管理科学的重要理论基础和不可缺少的方法，被人们广泛地应用到公共管理、经济管理、国防等各个领域，发挥着越来越重要的作用。具体应用中，根据最优化方法的研究对象、特点，建立最优化方法模型，主要是线性规划问题的模型、求解（线性规划问题的单纯形解法）及其应用（如运输问题）；动态规划的模型、求解与应用（如资源分配问题）。

2.2.7　模糊性数学

模糊性数学是研究和处理模糊性现象的数学理论和方法。1965 年美国控制论专家、数学家 L. A. 扎德发表论文《模糊集合》，标志着这门新学科的诞生。现代数学建立在集合论的基础上。一组对象确定一组属性，人们可以通过指明属性来说明概念，也可以通过指明对象来说明。符合概念的那些对象的全体叫做这个概念的外延，外延实际上就是集合。一切现实的理论系统都有可能纳入集合描述的数学框架。经典的集合论只把自己的表现力限制在那些有明确外延的概念和事物上，它明确地规定：每一个集合都必须由确定的元素所构成，元素对集合的隶属关系必须是明确的。对模糊性的数学处理是以将经典的集合论扩展为模糊集合论为基础的，乘积空间中的模糊子集就给出了一对元素间的模糊关系。对模糊现象的数学处理就是在这个基础上展开的。从纯数学角度看，集合概念的扩充使许多数学分支都增添了新的内容。例如不分明拓扑、不分明线性空间、模糊测度与积分、模糊群、模糊范畴、模糊图论等。其中有些领域已有比较深入的研究。

在较长时间里，精确数学及随机数学在描述自然界多种事物的运动规律中，获得显著效果。但是，在客观世界中还普遍存在着大量的模糊现象。以前人们回避它，但是，由于现代科技所面对的系统日益复杂，模糊性总是伴随着复杂性出现。各门学科，尤其是人文、社会学科及其他"软科学"的数学化、定量化趋向把模糊性的数学处理问题推向中心地位。更重要的是，随着电子计算机、控制论、系统科学的迅速发展，要使计算机能像人脑那样对复杂事物具有识别能力，就必须研究和处理模糊性。我们研究人类系统的行为，或者处理可与人类系统行为相比拟的复杂系统，如航天系统、人脑系统、社会系统等，参数和变量甚多，各种因素相互交错，系统很复杂，它的模糊性也很明显。从认识方面说，模糊性是指概念外延的不确定性，从而造成判断的不确定性。在日常生活中，经常遇到许多模糊事物，没有分明的数量界限，要使用一些模糊的词句来形容、描述。比如，比较年轻、高个、大胖子、好、漂亮、善、热、远……这些概念是不可以简单地用是、非或数字来表示的。在人们的工作经验中，往往也有许多模糊的东西。例如，要确定一炉钢水是否已经炼好，除了要知道钢水的温度、成分比例和冶炼时间等精确信息外，还需要参考钢水颜色、沸腾情况等模糊信息。因此，除了很早就有涉及误差的计算数学之外，还需要模糊性数学。人与计算机相比，一般来说，人脑具有处理模糊信息的能力，善于判断和处理模糊现象。但计算机对模糊现象识别能力较差，为了提高计算机识别模糊现象的能力，就需要把人们常用的模糊语言设计成机器能接受的指令和程序，以便机器能像人脑那样简洁灵活的做出相应的判断，从而提高自动识别和控制模糊现象的效率。这样，就需要寻找一种描述和加工模糊信息的数学工具，这就推动数学家深入研究模糊性数学。所以，模糊性数学的产生是有其科学技术与数学发展的必然性。

模糊性数学发展的主流是在它的应用方面。由于模糊性概念已经找到了模糊集的描述方式，人们运用概念进行判断、评价、推理、决策和控制的过程也可以用模糊性数学的方法来描述。例如模糊聚类分析、模糊综合评判、模糊决策、模糊控制等。这些方法构成了一种模糊性系统理论，构成了一种思辨数学的雏形，它已经在医学、气象、心理、经济管理、石油、地质、环境、生物、农业、林业、化工、语言、控制、遥感、教育、体育等方面取得具体的研究成果。模糊性数学最重要的应用领域应是计算机智能。它已经被用于专家系统和知识工程等方面。

模糊性数学的研究内容主要有以下三个方面：

1) 研究模糊性数学的理论，以及它和精确数学、随机数学的关系。查德以精确数学集合论为基础，并考虑到对数学的集合概念进行修改和推广。他提出用"模糊集合"作为表现模糊事物的数学模型。并在"模糊集合"上逐步建立运算、变换规律，开展有关的理论研究，就有可能构造出研究现实世界中的大量模糊的数学基础，能够对看来相当复杂的模糊系统进行定量的描述和处理的数学方法。在模糊集合中，给定范围内元素对它的隶属关系不一定只有"是"或"否"两种情况，而是用介于 0 和 1 之间的实数来表示隶属程度，还存在中间过渡状态。比如"老人"是个模糊概念，70 岁的肯定属于老人、它的从属程度是 1，40 岁的人肯定不算老人、它的从属程度为 0，按照查德给出的公式，55 岁属于"老"的程度为 0.5（即"半老"），60 岁属于"老"的程度 0.8。查德认为，指明各个元素的隶属集合，就等于指定了一个集合。当隶属于 0 和 1 之间值时，就是模糊集合。

2) 研究模糊语言学和模糊逻辑。人类自然语言具有模糊性，人们经常接受模糊语言与模糊信息，并能做出正确地识别和判断。为了实现用自然语言跟计算机进行直接对话，就必须把人类的语言和思维过程提炼成数学模型，才能给计算机输入指令，建立合适的模糊性数学模型，这是运用数学方法的关键。查德采用模糊集合理论来建立模糊语言的数学模型，使人类语言数量化、形式化。如果我们把合乎语法的标准句子的从属函数值定为 1，那么，其他文法稍有错误，但尚能表达相仿的思想的句子，就可以用以 0 到 1 之间的连续数来表征它从属于"正确句子"的隶属程度。这样，就把模糊语言进行定量描述，并定出一套运算、变换规则。目前，模糊语言还很不成熟，语言学家正在深入研究。人们的思维活动常常要求概念的确定性和精确性，采用形式逻辑的排中律，即非真既假，然后进行判断和推理，得出结论。现有的计算机都是建立在二值逻辑基础上的，它在处理客观事物的确定性方面，发挥了巨大的作用，但是却不具备处理事物和概念的不确定性或模糊性的能力。为了使计算机能够模拟人脑高级智能的特点，就必须把计算机转到多值逻辑基础上，研究模糊逻辑。目前，模糊逻辑还很不成熟，尚需继续研究。

3）研究模糊性数学的应用。模糊性数学是以不确定性的事物为其研究对象的。模糊集合的出现是数学适应描述复杂事物的需要，查德的功绩在于用模糊集合的理论找到解决模糊性对象加以确切化，从而使研究确定性对象的数学与不确定性对象的数学沟通起来，过去精确数学、随机数学描述感到不足之处，就能得到弥补。在模糊性数学中，目前已有模糊拓扑学、模糊群论、模糊图论、模糊概率、模糊语言学、模糊逻辑学等分支。

模糊性数学是一门新兴学科，它已初步应用于模糊控制、模糊识别、模糊聚类分析、模糊决策、模糊评判、系统理论、信息检索、医学、生物学等各个方面。在气象、结构力学、控制、心理学等方面已有具体的研究成果。然而模糊性数学最重要的应用领域是计算机智能，不少人认为它与新一代计算机的研制有密切的联系。模糊性数学还远没有成熟，对它也还存在着不同的意见和看法，有待实践去进一步检验。

模糊性数学的目前发展体现在以下 6 个方面。

1）模糊性数学自身的理论研究进展迅速。模糊性数学自身的理论研究仍占模糊性数学及其应用学科的主导地位，模糊聚类分析理论、模糊神经网络理论和各种新的模糊定理及算法不断取得进展。

2）模糊性数学在自动控制技术领域仍然得到最广泛的应用，所涉及的技术复杂繁多，从微观到宏观、从地下到太空无所不有，在机器人实时控制、电磁元件自适应控制、各种物理及力学参数反馈控制、逻辑控制等高新技术中均成功地应用了模糊性数学理论和方法。

3）模糊性数学在计算机仿真技术、多媒体辨识等领域的应用不断取得突破性进展，如图像和文字的自动辨识、自动学习机、人工智能、音频信号辨识与处理等领域均借助了模糊性数学的基本原理和方法。

4）模糊聚类分析理论和模糊综合评判原理等更多地被应用于经济管理、环境科学、安全与劳动保护等领域，如房地价格、期货交易、股市情报、资产评估、工程质量分析、产品质量管理、可行性研究、人机工程设计、环境质量评价、资源综合评价、各种危险性预测与评价、灾害探测等均成功地应用了模糊性数学的原理和方法。

5）地矿、冶金、土木建筑等传统行业在处理复杂不确定性问题中也成功地应用了模糊性数学的原理和方法，从而使过去凭经验和类比法等处理工程问题的传统做法转向数学化、科学化，如矿床预测、矿体边界确定、油水气层的识别、采矿方法设计参数选择、冶炼工艺自动控制与优化、建筑物结构设计等都有应用模糊性数学的成功实践。

6）医药、生物、农业、文化教育、体育等过去看似与数学无缘的学科也开始应用模糊性数学的原理和方法，比如计算机模糊综合诊断、传染病控制与评估、人体心理及生理特点分析、家禽孵养、农作物品种选择与种植、教学质量评估、语言词义查找、翻译辨识等均有一些应用模糊性数学的实践，并取得很好效果。

世界上发达国家都正积极研究、试制具有智能化的模糊计算机，自 1986 年日本山川烈博士首次试制成功模糊推理机（推理速度是 1000 万次/s）开始，智能化的模糊计算机得到了快速发展。

2.2.8　概率论

概率论是研究随机现象数量规律的数学分支。随机现象是相对于决定性现象而言的。在一定条件下必然发生某一结果的现象称为决定性现象。例如在标准大气压下，纯水加热到 100℃时水必然会沸腾等。随机现象则是指在基本条件不变的情况下，一系列试验或观察会得到不同结果的现象。每一次试验或观察前，不能肯定会出现哪种结果，呈现出偶然性。例如，掷一硬币，可能出现正面或反面，在同一工艺条件下生产出的灯泡，其寿命长短参差不齐等。随机现象的实现和对它的观察称为随机试验。随机试验的每一可能结果称为一个基本事件，一个或一组基本事件统称随机事件，或简称事件。事件的概率则是衡量该事件发生的可能性的量度。虽然在一次随机试验中某个事件的发生是带有偶然性的，但那些可在相同条件下大量重复的随机试验却往往呈现出明显的数量规律。例如，连续多次掷一均匀的硬币，出现正面的频率随着投掷次数的增加逐渐趋向于 1/2。又如，多次测量一物体的长度，其测量结果的平均值随着测量次数的增加，逐渐稳定于一常数，并且诸测量值大都落在此常数的附近，其分布状况呈现中间多，两头少及某程度的对称性。大数定理及中心极限定理就是描述和论证这些规律的。在实际生活中，人们往往还需要研究某一特定随机现象的演变情况随机过程。例如，微小粒子在液体中受周围分子的随机碰撞而形成不规则的运动（即布朗运动），这就是随机过程。随机过程的统计特性、计算与随机过程有关的某些事件的概率，特别是研究与随机过程样本轨道（即过程的一次实现）有关的问题，是现代概率论的主要课题。

概率论的起源与赌博问题有关。16 世纪，意大利的学者吉罗拉莫·卡尔达诺（Girolamo Cardano，1501—1576）开始研究掷骰子等赌博中的一些简单问题。17 世纪中叶，有人对博弈中的一些问题发生争论，其中的一个问题是"赌金分配问题"，他们决定请教法国数学家帕斯卡（Pascal）和费马（Fermat），帕斯卡和费马基于排列组合方法研究了一些较复杂的赌博问题并最终解决了分赌注问题和赌徒输光问题（对这个问题的认真讨论研究历时 3 年），上述问题的解决导致了概率论的诞生。

随着 18、19 世纪科学的发展，人们注意到在某些生物、物理和社会现象与机会游戏之间有某种相似性，从而由机会游戏起源的概率论被应用到这些领域中；同时这也大大推动了概率论本身的发展。使概率论成为数学的一个分支的奠基人是瑞士数学家 J. 伯努利，他建立了概率论中第一个极限定理，即伯努利大数定律，阐明了事件的频率稳定于它的概率。随后 A. DE 迪莫夫和 P. S. 拉普拉斯又导出了第二个基本极限定理（中心极限定理）的原始形式。拉普拉斯在系统总结前人工作的基础上写出了《分析的概率理论》，明确给出了概率的古典定义，并在概率论中引入了更有力的分析工具，将概率论推向一个新的发展阶段。19 世纪末，俄国数学家 P. L. 切比雪夫、A·A·马尔可夫、A·M·李亚普诺夫等人用分析方法建立了大数定律及中心极限定理的一般形式，科学地解释了为什么实际中遇到的许多随机变量近似服从正态分布。20 世纪初受物理学的刺激，人们开始研究随机过程。这方面 A·N·柯尔莫哥洛夫、N. 维纳、A·A·马尔可夫、A·R·辛钦、P·

莱维及 W·费勒等人作了杰出的贡献。

如何定义概率,如何把概率论建立在严格的逻辑基础上,是概率理论发展的困难所在,对这一问题的探索一直持续了 3 个世纪。20 世纪初完成的勒贝格测度与积分理论及随后发展的抽象测度和积分理论,为概率公理体系的建立奠定了基础。在这种背景下,苏联数学家克尔莫格洛夫 1933 年在他的《概率论基础》一书中第一次给出了概率的测度论的定义和一套严密的公理体系。他的公理化方法成为现代概率论的基础,使概率论成为严谨的数学分支,对概率论的迅速发展起了积极的作用。

概率与统计的一些概念和简单的方法,早期主要用于赌博和人口统计模型。随着人类的社会实践,人们需要了解各种不确定现象中隐含的必然规律性,并用数学方法研究各种结果出现的可能性大小,从而产生了概率论,并使之逐步发展成一门严谨的学科。现在,概率与统计的方法日益渗透到各个领域,并广泛应用于自然科学、经济学、医学、金融保险甚至人文科学中。

2.2.9 复变函数

复数的概念起源于求方程的根,在二次、三次代数方程的求根中就出现了负数开平方的情况。在很长时间里,人们对这类数不能理解。但随着数学的发展,这类数的重要性就日益显现出来。复数的一般形式是:$a+bi$,其中 i 是虚数单位。以复数作为自变量的函数就叫做复变函数,而与之相关的理论就是复变函数论。解析函数是复变函数中一类具有解析性质的函数,复变函数论主要就是研究复数域上的解析函数,因此通常也称复变函数论为解析函数论。

复变函数论产生于 18 世纪。1774 年,欧拉在他的一篇论文中考虑了由复变函数的积分导出的两个方程。而比他更早时,法国数学家达朗贝尔在他的关于流体力学的论文中,就已经得到了它们。因此,后来人们提到这两个方程,把它们叫做"达朗贝尔—欧拉方程"。到了 19 世纪,上述两个方程在柯西和黎曼研究流体力学时,作了更详细的研究,所以这两个方程也被叫做"柯西—黎曼条件"。复变函数论的全面发展是在 19 世纪,就像微积分的直接扩展统治了 18 世纪的数学那样,复变函数这个新的分支统治了 19 世纪的数学。当时的数学家公认复变函数论是最丰饶的数学分支,并且称为这个世纪的数学享受,也有人称赞它是抽象科学中最和谐的理论之一。为复变函数论的创建做了最早期工作的是欧拉、达朗贝尔,法国的拉普拉斯也随后研究过复变函数的积分,他们都是创建这门学科的先驱。后来为这门学科的发展作了大量奠基工作的要算是柯西、黎曼和德国数学家维尔斯特拉斯。20 世纪初,复变函数论又有了很大的进展,维尔斯特拉斯的学生,瑞典数学家列夫勒、法国数学家彭加勒(也译作庞加莱)、阿达玛等都作了大量的研究工作,开拓了复变函数论更广阔的研究领域,为这门学科的发展作出了贡献。复变函数论在应用方面,涉及的面很广,有很多复杂的计算都是用它来解决的。比如物理学上有很多不同的稳定平面场,所谓场就是每点对应有物理量的一个区域,对它们的计算就是通过复变函数来解决的。再比如俄国的茹柯夫斯基在设计飞机的时候,就用复变函数论解决了飞机机翼的结构问题,他在运用复变函数论解决流体力学和航空力学方面的问题上也做出了贡献。复变函数论不但在其他学科得到了广泛的应用,而且在数学领域的许多分支也都应用了它的理论。它已经深入到微分方程、积分方程、概率论和数论等学科,对它们的发展很有影响。

复变函数论主要包括单值解析函数理论、黎曼曲面理论、几何函数论、留数理论、广义解析函数等方面的内容。如果当函数的变量取某一定值的时候，函数就有一个唯一确定的值，那么这个函数解就叫做单值解析函数，多项式就是这样的函数。

复变函数也研究多值函数，黎曼曲面理论是研究多值函数的主要工具。由许多层面安放在一起而构成的一种曲面叫做黎曼曲面。利用这种曲面，可以使多值函数的单值枝和枝点概念在几何上有非常直观的表示和说明。对于某一个多值函数，如果能做出它的黎曼曲面，那么函数在离曼曲面上就变成单值函数。黎曼曲面理论是复变函数域和几何间的一座桥梁，能够使我们把比较深奥的函数的解析性质和几何联系起来。近来，关于黎曼曲面的研究还对另一门数学分支拓扑学有比较大的影响，逐渐地趋向于讨论它的拓扑性质。

复变函数论中用几何方法来说明、解决问题的内容，一般叫做几何函数论，复变函数可以通过共形映像理论为它的性质提供几何说明。导数处处不是零的解析函数所实现的映像就都是共形映像，共形映像也叫做保角变换。共形映像在流体力学、空气动力学、弹性理论、静电场理论等方面都得到了广泛的应用。

留数理论是复变函数论中一个重要的理论。留数也叫做残数，它的定义比较复杂。应用留数理论对于复变函数积分的计算比线积分计算方便。计算实变函数定积分，可以化为复变函数沿闭回路曲线的积分后，再用留数基本定理化为被积分函数在闭合回路曲线内部孤立奇点上求留数的计算，当奇点是极点的时候，计算更加简洁。

把单值解析函数的一些条件适当地改变和补充，以满足实际研究工作的需要，这种经过改变的解析函数叫做广义解析函数。广义解析函数所代表的几何图形的变化叫做拟保角变换。解析函数的一些基本性质，只要稍加改变后，同样适用于广义解析函数。广义解析函数的应用范围很广泛，不但应用在流体力学的研究方面，而且像薄壳理论这样的固体力学部门也在应用。

从柯西算起，复变函数论已有近 200 年的历史了。它以其完美的理论与精湛的技巧成为数学的一个重要组成部分。它曾经推动过一些学科的发展，并且常常作为一个有力的工具被应用在实际问题中，它的基础内容已成为理工科很多专业的必修课程。现在，复变函数论中仍然有不少尚待研究的课题，所以它将继续向前发展，并将获得更多的应用。

2.2.10 线性代数

线性代数是数学的一个分支，它的研究对象是向量，向量空间（或称线性空间），线性变换和有限维的线性方程组。向量空间是现代数学的一个重要课题；因而，线性代数被广泛地应用于抽象代数和泛函分析中；通过解析几何，线性代数得以被具体表示。线性代数的理论已被泛化为算子理论。由于科学研究中的非线性模型通常可以被近似为线性模型，使得线性代数被广泛地应用于自然科学和社会科学中。由于费马和笛卡儿的工作，线性代数基本上出现于 17 世纪。直到 18 世纪末线性代数的领域还只限于平面与空间，19世纪上半叶才完成了到 n 维向量空间的过渡。矩阵论始于凯莱，在 19 世纪下半叶因耶若的出色贡献而使其达到了它的顶点。1888 年，皮亚诺以公理的方式定义了有限维或无限维向量空间。托普利茨将线性代数的主要定理推广到任意体上的最一般的向量空间中。线性映射的概念在大多数情况下可不依赖矩阵计算而容易地引导到固有的推理中（即不依赖

于基的选择），其不用交换体而用未必交换之体（或环）作为算子的定义域，从而引出了
"模"的概念（这一概念很显著地推广了向量空间的理论和重新整理了 19 世纪所研究过的
各种情况）。"代数"这一个词在我国出现较晚，在清代时才传入中国，当时被人们译成
"阿尔热巴拉"，直到 1859 年，清代著名的数学家、翻译家李善兰才将它翻译成为"代数
学"，一直沿用至今。

线性代数是讨论矩阵理论、与矩阵结合的有限维向量空间及其线性变换理论的一门
学科。

主要理论成熟于 19 世纪，而第一块基石（二元、三元线性方程组的解法）则早在
2000 年前就已经出现（见我国古代数学名著《九章算术》）。线性代数在数学、力学、物
理学和技术学科中有各种重要应用，因而它在各种代数分支中占首要地位。在计算机广泛
应用的今天，计算机图形学、计算机辅助设计、密码学、虚拟现实等技术无不以线性代数
为其理论和算法基础的一部分。线性代数体现的几何观念与代数方法之间的联系，从具体
概念抽象出来的公理化方法以及严谨的逻辑推证、巧妙的归纳综合等，对于强化人们的数
学训练，增益科学智能是非常有用的。随着科学的发展，我们不仅要研究单个变量之间的
关系，还要进一步研究多个变量之间的关系，各种实际问题在大多数情况下可以线性化，
而由于计算机的发展，线性化了的问题又可以计算出来，线性代数正是解决这些问题的有
力工具。

线性代数起源于对二维和三维直角坐标系的研究。在这里，一个向量是一个有方向的
线段，由长度和方向同时表示。这样向量可以用来表示物理量，比如力，也可以和标量做
加法和乘法。这就是实数向量空间的第一个例子。

现代线性代数已经扩展到研究任意或无限维空间。一个维数为 n 的向量空间叫做 n 维
空间。在二维和三维空间中大多数有用的结论可以扩展到这些高维空间。尽管许多人不容
易想象 n 维空间中的向量，这样的向量（即 n 元组）用来表示数据非常有效。由于作为 n
元组，向量是 n 个元素的"有序"列表，大多数人可以在这种框架中有效地概括和操纵数
据。比如，在经济学中可以使用 8 维向量来表示 8 个国家的国民生产总值（GNP）。当所
有国家的顺序排定之后（如中国、美国、英国、法国、德国、西班牙、印度、澳大利亚），
可以使用向量 ($V1$, $V2$, $V3$, $V4$, $V5$, $V6$, $V7$, $V8$) 显示这些国家某一年各自的
GNP。这里，每个国家的 GNP 都在各自的位置上。

作为证明定理而使用的纯抽象概念，向量空间（线性空间）属于抽象代数的一部分，
而且已经非常好地融入了这个领域。一些显著的例子有：不可逆线性映射或矩阵的群，向
量空间的线性映射的环。线性代数也在数学分析中扮演重要角色，特别在向量分析中描述
高阶导数，研究张量积和可交换映射等领域。

向量空间是在域上定义的，比如实数域或复数域。线性算子将线性空间的元素映射到
另一个线性空间（也可以是同一个线性空间），保持向量空间上加法和标量乘法的一致性。
所有这种变换组成的集合本身也是一个向量空间。如果一个线性空间的基是确定的，所有
线性变换都可以表示为一个数表，称为矩阵。对矩阵性质和矩阵算法的深入研究（包括行
列式和特征向量）也被认为是线性代数的一部分。

我们可以简单地说数学中的线性问题（那些表现出线性的问题）是最容易被解决的。

如微分学研究很多函数线性近似的问题。在实践中与非线性问题的差异是很重要的。

线性代数方法是指使用线性观点看待问题，并用线性代数的语言描述它、解决它（必要时可使用矩阵运算）的方法。这是数学与工程学中最主要的应用之一。

MATLAB 本身是一种编程语言，也是线性代数的一个很好的教学软件，目前在各国都得到了很好的推广与应用。

2.2.11 数理统计

数理统计是数学科学的一个重要分支。随着研究随机现象规律性的科学——概率论的发展，应用概率论的结果更深入地分析研究统计资料，通过对某些现象的频率的观察来发现该现象的内在规律性，并做出一定精确程度的判断和预测；将这些研究的某些结果加以归纳整理，逐步形成一定的数学模型，这些就组成了数理统计的内容。

数理统计在自然科学、工程技术、管理科学及人文社会科学中得到越来越广泛和深刻的应用，其研究的内容也随着科学技术和经济与社会的不断发展而逐步扩大，但概括地说可以分为以下两大类：

1）试验的设计和研究。即研究如何更合理更有效地获得观察资料的方法；

2）统计推断。即研究如何利用一定的资料对所关心的问题做出尽可能精确可靠的结论。

当然，以上这两部分内容有着密切的联系，在实际应用中应前后兼顾。数理统计是以概率论为基础，根据试验或观察得到的数据，来研究随机现象统计规律性的学科。应用数理统计方法可对研究对象的客观规律性做出种种合理的估计和判断，主要内容包括样本与抽样分布、参数估计、假设检验、方差分析与回归分析等。

2.3　土木工程科学的物理学基础

物理科学的建立是从力学开始的。在物理科学中，人们曾用纯粹力学理论解释机械运动以外的各种形式的运动，如热、电磁、光、分子和原子内的运动等。当物理学摆脱了这种机械（力学）的自然观而获得健康发展时，力学则在工程技术的推动下按自身逻辑进一步演化，逐渐从物理学中独立出来。力学不仅是一门基础科学，同时也是一门技术科学，它是许多工程技术的理论基础，又在广泛的应用过程中不断得到发展。当工程学还只分民用工程学（即土木工程学）和军事工程学两大分支时，力学在这两个分支中就已经起着举足轻重的作用。工程学越分越细，各个分支中许多关键性的进展，都有赖于力学中有关运动规律、强度、刚度等问题的解决。力学和工程学的结合，促使了工程力学各个分支的形成和发展。现在，无论是历史较久的土木工程、建筑工程、水利工程、机械工程、船舶工程等，还是后起的航空工程、航天工程、核技术工程、生物医学工程等，都或多或少有工程力学的活动场地。力学既是基础科学又是技术科学这种二重性，有时难免会引起分别侧重基础研究和应用研究的力学家之间的不同看法。但这种二重性也使力学家感到自豪，它们为沟通人类认识自然和改造自然两个方面做出了贡献。力学研究方法遵循认识论的基本法则：实践→理论→实践。

力学可粗分为静力学、运动学和动力学三部分，静力学研究力的平衡或物体的静止问题；运动学只考虑物体怎样运动，不讨论它与所受力的关系；动力学讨论物体运动和所受力的关系。

力学也可按所研究对象区分为固体力学、流体力学和一般力学三个分支，流体包括液体和气体；固体力学和流体力学可统称为连续介质力学，它们通常都采用连续介质的模型。固体力学和流体力学从力学分出后，余下的部分组成一般力学。一般力学通常是指以质点、质点系、刚体、刚体系为研究对象的力学，有时还把抽象的动力学系统也作为研究对象。一般力学除了研究离散系统的基本力学规律外，还研究某些与现代工程技术有关的新兴学科的理论。

力学也可按研究时所采用的主要手段区分为三个方面：理论分析、实验研究和数值计算。实验力学包括实验应力分析、水动力学实验和空气动力实验等。着重用数值计算手段的计算力学，是广泛使用电子计算机后才出现的，其中有计算结构力学、计算流体力学等。对一个具体的力学课题或研究项目，往往需要理论、实验和计算这三方面的相互配合。

力学在工程技术方面的应用结果形成工程力学或应用力学的各种分支，诸如土力学、岩石力学、爆炸力学、复合材料力学、工业空气动力学、环境空气动力学等。

力学和其他基础科学的结合也产生一些交叉性的分支，最早的是和天文学结合产生的天体力学。在 20 世纪特别是 60 年代以来，出现更多的这类交叉分支，其中有物理力学、化学流体动力学、等离子体动力学、电流体动力学、磁流体力学、热弹性力学、理性力学、生物力学、生物流变学、地质力学、地球动力学、地球构造动力学、地球流体力学等。

土木工程的力学与物理学基础内容很多，分述如下。

2.3.1　静力学

静力学是力学的一个分支，它主要研究物体在力的作用下处于平衡的规律，以及如何建立各种力系的平衡条件。平衡是物体机械运动的特殊形式，严格地说，物体相对于惯性参照系处于静止或作匀速直线运动的状态，即加速度为零的状态都称为平衡。对于一般工程问题，平衡状态是以地球为参照系确定的。静力学还研究力系的简化和物体受力分析的基本方法。

从现存的古代建筑，可以推测当时的建筑者已使用了某些由经验得来的力学知识，并且为了举高和搬运重物，已经能运用一些简单机械（例如杠杆、滑轮和斜面等）。静力学是从公元前 3 世纪开始发展，到公元 16 世纪伽利略奠定动力学基础为止。这期间经历了西欧奴隶社会后期，封建时期和文艺复兴初期。因农业、建筑业的要求，以及同贸易发展有关的精密衡量的需要，推动了力学的发展。人们在使用简单的工具和机械的基础上，逐渐总结出力学的概念和公理。例如，从滑轮和杠杆得出力矩的概念；从斜面得出力的平行四边形法则等。阿基米德是使静力学成为一门真正科学的奠基者。在他的关于平面图形的平衡和重心的著作中，创立了杠杆理论，并且奠定了静力学的主要原理。著名的意大利艺术家、物理学家和工程师达·芬奇是文艺复兴时期首先跳出中世纪繁琐科学人们中的一个，他认为实验和运用数学解决力学问题有巨大意义。他应用力矩法解释了滑轮的工作原理；应用虚位移原理的概念来分析起重机构中的滑轮和杠杆系统；在他的一份草稿中，他还分析了铅垂力奇力的分解；研究了物体的斜面运动和滑动摩擦阻力，首先得出了滑动摩擦阻力同物体的摩擦接触面的大小无关的结论。对物体在斜面上的力学问题的研究，最有功绩的是斯蒂文，他得出并论证了力的平行四边形法则。静力学一直到伐里农提出了著名的伐里农定理后才完备起来，和潘索多边形原理是图解静力学的基础。分析力学的概念是拉格朗日提出来的，他在大型著作《分析力学》中，根据虚位移原理，用严格的分析方法叙述了整个力学理论。虚位移原理早在 1717 年已由伯努利指出，而应用这个原理解决力学问题的方法的进一步发展和对它的数学研究却是拉格朗日的功绩。

静力学的基本物理量有力、力偶、力矩。静力学的全部内容是以几条公理为基础推理出来的。这些公理是人类在长期的生产实践中积累起来的关于力的知识的总结，它反映了作用在刚体上的力的最简单最基本的属性，这些公理的正确性是可以通过实验来验证的，但不能用更基本的原理来证明。静力学的研究方法有两种：一种是几何的方法，称为几何静力学或称初等静力学；另一种是分析方法，称为分析静力学。

几何静力学可以用解析法，即通过平衡条件式用代数的方法求解未知约束反作用力；也可以用图解法，即以力的多边形原理和伐里农—潘索提出的索多边形原理为基础，用几何作图的方法来研究静力学问题。分析静力学是拉格朗日提出来的，它以虚位移原理为基础，以分析的方法为主要研究手段。他建立了任意力学系统平衡的一般准则。因此，分析静力学的方法是一种更为普遍的方法。静力学在工程技术中有着广泛的应用。例如对房屋、桥梁的受力分析，有效载荷的分析计算等。

2.3.2 动力学

动力学是理论力学的一个分支学科，它主要研究作用于物体的力与物体运动的关系。动力学的研究对象是运动速度远小于光速的宏观物体。动力学是物理学和天文学的基础，也是许多工程学科的基础。许多数学上的进展也常与解决动力学问题有关，所以数学家对动力学有着浓厚的兴趣。动力学的研究以牛顿运动定律为基础；牛顿运动定律的建立则以实验为依据。动力学是牛顿力学或经典力学的一部分，但自 20 世纪以来，动力学又常被人们理解为侧重于工程技术应用方面的一个力学分支。

力学的发展，从阐述最简单的物体平衡规律，到建立运动的一般规律，经历了大约 20 个世纪。前人积累的大量力学知识，对后来动力学的研究工作有着重要的作用，尤其是天文学家哥白尼和开普勒的宇宙观。17 世纪初期，意大利物理学家和天文学家伽利略用实验揭示了物质的惯性原理，用物体在光滑斜面上的加速下滑实验，揭示了等加速运动规律，并认识到地面附近的重力加速度值不因物体的质量而异，它近似一个常量，进而研究了抛射运动和质点运动的普遍规律。伽利略的研究开创了为后人所普遍使用的，从实验出发又用实验验证理论结果的治学方法。17 世纪，英国大科学家牛顿和德国数学家莱布尼兹建立了的微积分学，使动力学研究进入了一个崭新的时代。牛顿在 1687 年出版的巨著《自然哲学的数学原理》中，明确地提出了惯性定律、质点运动定律、作用和反作用定律、力的独立作用定律。他在寻找落体运动和天体运动的原因时，发现了万有引力定律，并根据它导出了开普勒定律，验证了月球绕地球转动的向心加速度同重力加速度的关系，说明了地球上的潮汐现象，建立了十分严格而完善的力学定律体系。

动力学以牛顿第二定律为核心，这个定律指出了力、加速度、质量三者间的关系。牛顿首先引入了质量的概念，而把它和物体的重力区分开来，说明物体的重力只是地球对物体的引力。作用和反作用定律建立以后，人们开展了质点动力学的研究。牛顿的力学工作和微积分工作是不可分的。从此，动力学就成为一门建立在实验、观察和数学分析之上的严密科学，从而奠定现代力学的基础。

对动力学发展做出过重要贡献的还有惠更斯、拉格朗日、欧拉、伯努利、汉密尔顿、达朗贝尔等。

动力学的基本内容包括质点动力学、质点系动力学、刚体动力学、达朗贝尔原理等。以动力学为基础而发展出来的应用学科有天体力学、振动理论、运动稳定性理论、陀螺力学、外弹道学、变质量力学，以及正在发展中的多刚体系统动力学等。

质点动力学有两类基本问题：①已知质点的运动，求作用于质点上的力；②已知作用于质点上的力，求质点的运动。求解第一类问题时只要对质点的运动方程取二阶导数，得到质点的加速度，代入牛顿第二定律，即可求得力；求解第二类问题时需要求解质点运动微分方程或求积分。

动力学普遍定理是质点系动力学的基本定理，它包括动量定理、动量矩定理、动能定理以及由这三个基本定理推导出来的其他一些定理。动量、动量矩和动能是描述质点、质点系和刚体运动的基本物理量。作用于力学模型上的力或力矩，与这些物理量之间的关系构成了动力学普遍定理。

对动力学的研究使人们掌握了物体的运动规律，并能够为人类进行更好的服务。例如，牛顿发现了万有引力定律，解释了开普勒定律，为近代星际航行，发射飞行器考察月球、火星、金星等开辟了道路。

自 20 世纪初相对论问世以后，牛顿力学的时空概念和其他一些力学量的基本概念有了重大改变。实验结果也说明：当物体速度接近于光速时，经典动力学就完全不适用了。但是，在工程等实际问题中，所接触到的宏观物体的运动速度都远小于光速，用牛顿力学进行研究不但足够精确，而且远比相对论计算简单。因此，经典动力学仍是解决实际工程问题的基础。

在目前所研究的力学系统中，需要考虑的因素逐渐增多，例如，变质量、非整、非线性、非保守还加上反馈控制、随机因素等，使运动微分方程越来越复杂，可正确求解的问题越来越少，许多动力学问题都需要用数值计算法近似地求解，微型、高速、大容量的电子计算机的应用，解决了计算复杂的困难。

2.3.3　流体力学

流体力学是力学的一个分支，它主要研究流体本身的静止状态和运动状态，以及流体和固体界壁间有相对运动时的相互作用和流动的规律。流体力学中研究得最多的流体是水和空气。它的主要基础是牛顿运动定律和质量守恒定律，常常还要用到热力学知识，有时还用到宏观电动力学的基本定律、本构方程和物理学、化学的基础知识。

1738 年伯努利出版他的专著时，首先采用了水动力学这个名词并作为书名；1880 年前后出现了空气动力学这个名词；1935 年以后，人们概括了这两方面的知识，建立了统一的体系，统称为流体力学。除水和空气以外，流体还指作为汽轮机工作介质的水蒸气、润滑油、地下石油、含泥沙的江水、血液、超高压作用下的金属和燃烧后产生成分复杂的气体、高温条件下的等离子体等。气象、水利的研究，船舶、飞行器、叶轮机械和核电站的设计及其运行，可燃气体或炸药的爆炸，以及天体物理的若干问题等，都广泛地用到流体力学知识。许多现代科学技术所关心的问题既受流体力学的指导，同时也促进了它不断地发展。1950年后，电子计算机的发展又给予流体力学以极大的推动。

流体力学是在人类同自然界作斗争和在生产实践中逐步发展起来的，中国的大禹治水、都江堰、古罗马人大规模的供水管道系统等都是流体力学应用的例证。对流体力学学科的形成做出第一个贡献的是古希腊的阿基米德，他奠定了流体静力学的基础，此后千余年间，流体静力学没有重大发展。对流体力学做出过重大贡献的科学家还有达·芬奇、帕斯卡、牛顿、皮托、达朗贝尔、欧拉、伯努利、赫尔姆霍兹、纳维、斯托克斯、普朗特、儒科夫斯基、恰普雷金、普朗克等。20世纪60年代，根据结构力学和固体力学的需要，出现了计算弹性力学问题的有限元法。经过10多年的发展，有限元分析这项新的计算方法又开始在流体力学中应用，尤其是在低速流和流体边界形状甚为复杂问题中，优越性更加显著。近年来又开始了用有限元方法研究高速流的问题，也出现了有限元方法和差分方法的互相渗透和融合。

对土木工程来讲，风对建筑物、桥梁、电缆等的作用使它们承受载荷和激发振动；废气和废水的排放造成环境污染；河床冲刷迁移和海岸遭受侵蚀；研究这些流体本身的运动及其同人类、动植物间的相互作用的学科称为环境流体力学（其中包括环境空气动力学、建筑空气动力学）。这是一门涉及经典流体力学、气象学、海洋学和水力学、结构动力学等的新兴边缘学科。流体力学既包含自然科学的基础理论，又涉及工程技术科学方面的应用。此外，如从流体作用力的角度，则可分为流体静力学、流体运动学和流体动力学；从对不同"力学模型"的研究来分，则有理想流体动力学、黏性流体动力学、不可压缩流体动力学、可压缩流体动力学和非牛顿流体力学等。

进行流体力学的研究可以分为现场观测、实验室模拟、理论分析、数值计算四个方面。同物理学、化学等学科一样，流体力学离不开实验，尤其是对新的流体运动现象的研究。实验能显示运动特点及其主要趋势，有助于形成概念、检验理论的正确性。200年来流体力学发展史中每一项重大进展都离不开实验。

2.3.4 分析力学

分析力学是理论力学的一个分支，它通过用广义坐标为描述质点系的变数，以牛顿运动定律为基础，运用数学分析的方法，研究宏观现象中的力学问题。分析力学是适合于研究宏观现象的力学体系，它的研究对象是质点系。质点系可视为宏观物体组成的力学系统的理想模型，例如刚体、弹性体、流体以及它们的综合体都可看作质点系，质点数可由一到无穷。又如太阳系可看作自由质点系，星体间的相互作用是万有引力，研究太阳系中行星和卫星运动的天体力学，同分析力学密切相关，在方法上互相促进；工程上的力学问题大多数是约束的质点系，由于约束方程类型的不同，就形成了不同的力学系统。例如，完整系统、非完整系统、定常系统、非定常系统等。不同的系统所遵循的运动微分方程不同；研究大量粒子的系统需用统计力学；量子效应不能忽略的过程需用量子力学研究。但分析力学知识在统计力学和量子力学中仍起着重要作用。分析力学对于具有约束的质点系的求解更为优越，因为有了约束方程，系统的自由度就可减少，运动微分方程组的阶数随之降低，更易于求解。

1788 年拉格朗日出版的《分析力学》是世界上最早的一本分析力学的著作。分析力学是建立在虚功原理和达朗贝尔原理的基础上。两者结合，可得到动力学普遍方程，从而导出分析力学各种系统的动力方程。1760—1761 年，拉格朗日用这两个原理和理想约束结合，得到了动力学的普遍方程，几乎所有的分析力学的动力学方程都是从这个方程直接或间接导出的。对分析力学做出过重要贡献的科学家还有汉密尔、阿佩尔等。

分析力学研究的主要内容是：导出各种力学系统的动力方程，如完整系统的拉格朗日方程、正则方程，非完整系统的阿佩尔方程等；探求力学的普适原理，如汉密尔顿原理、最小作用量原理等；探讨力学系统的特性；研究求解运动微分方程的方法，例如，研究正则变换以求解正则方程；研究相空间代表点的轨迹，以判别系统的稳定性等。

分析力学解题法和牛顿力学的经典解题法不同，牛顿法把物体系拆开成分离体，按反作用定律附以约束反力，然后列出运动方程。分析力学中也可用变分原理（如汉密尔顿原理）导出运动微分方程。在量子力学未建立以前，物理学家曾用分析力学研究微观现象的力学问题。从 1923 年起，量子力学开始建立并逐步完善，才在微观现象的研究领域中取代了分析力学。爱因斯坦提出相对论时，也曾把分析力学的一些方法应用于研究速度接近光速的相对论力学。

2.3.5　运动学

运动学是理论力学的一个分支学科，它运用几何学的方法来研究物体的运动，通常不考虑力和质量等因素的影响。至于物体的运动和力的关系，则是动力学的研究课题。

运动学主要研究点和刚体的运动规律。点是指没有大小和质量、在空间占据一定位置的几何点。刚体是没有质量、不变形，但有一定形状、占据空间一定位置的形体。运动学包括点的运动学和刚体运动学两部分。掌握了这两类运动，才可能进一步研究变形体（弹性体、流体等）的运动。在变形体研究中，需把物体中微团的刚性位移和应变分开。点的运动学研究点的运动方程、轨迹、位移、速度、加速度等运动特征，这些都随所选的参考系不同而异；而刚体运动学还要研究刚体本身的转动过程、角速度、角加速度等更复杂些的运动特征。刚体运动按运动的特性又可分为：刚体的平动、刚体定轴转动、刚体平面运动、刚体定点转动和刚体一般运动。运动学为动力学、机械原理（机械学）提供理论基础，也包含有自然科学和工程技术很多学科所必需的基本知识。

运动学的思想最早可见于《墨经》和亚里士多德的《物理学》，伽利略建立了加速度的概念，对运动学作出过重要贡献的科学家还有惠更斯、牛顿、欧拉（被称为刚体运动学的奠基人）、拉格朗日、汉密尔顿等。

19 世纪末以来，为适应不同的生产需要，完成不同动作的各种机器相继出现并广泛使用，于是，机构学应运而生。机构学的任务是分析机构的运动规律，根据需要实现的运动设计新的机构和进行机构的综合。现代仪器和自动化技术的发展又促进机构学的进一步发展，提出了各种平面和空间机构运动分析和综合的问题，作为机构学的理论基础，运动学已逐渐脱离动力学而成为经典力学中一个独立的分支。

2.3.6　固体力学

固体力学是力学中形成较早、理论性较强、应用较广的一个分支，它主要研究可变形固体在外界因素（如载荷、温度、湿度等）作用下，其内部各个质点所产生的位移、运动、应力、应变以及破坏等的规律。固体力学研究的内容既有弹性问题，又有塑性问题；既有线性问题，又有非线性问题。在固体力学的早期研究中，一般多假设物体是均匀连续介质，但近年来发展起来的复合材料力学和断裂力学扩大了研究范围，它们分别研究非均匀连续体和含有裂纹的非连续体。

自然界中存在着大至天体，小至粒子的固态物体和各种固体力学问题。人所共知的山崩地裂、沧海桑田都与固体力学有关。现代工程中，无论是飞行器、船舶、坦克，还是房屋、桥梁、水坝、原子反应堆以及日用家具，其结构设计和计算都应用了固体力学的原理和计算方法。

固体力学的研究对象按照物体形状可分为杆件、板壳、空间体、薄壁杆件四类。薄壁杆件是指长宽厚尺寸都不是同量级的固体物件。在飞行器、船舶和建筑等工程结构中都广泛采用了薄壁杆件。

固体力学萌芽期远在公元前 2000 多年前，中国和世界其他文明古国就开始建造有力学思想的建筑物、简单的车船和狩猎工具等，中国在隋开皇中期（591—599 年）建造的赵州石拱桥，已蕴含了近代杆、板、壳体设计的一些基本思想。随着实践经验的积累和工艺精度的提高，人类在房屋建筑、桥梁和船舶建造方面都不断取得辉煌的成就，但早期的关于强度计算或经验估算等方面的许多资料并没有流传下来。尽管如此，这些成就还是为较早发展起来的固体力学理论，特别是为后来划入材料力学和结构力学那些理论奠定了基础。在 18 世纪，制造大型机器、建造大型桥梁和大型厂房这些社会需要，成为固体力学发展的推动力。弹性固体的力学理论是在实践的基础上于 17 世纪发展起来的，对弹性固体力学做出过重要贡献的科学家有胡克、伯努利、欧拉、库仑、纳维、柯西、泊阿松、圣维南、诺伊曼、基尔霍夫、麦克斯韦、贝蒂、卡斯蒂利亚诺、恩盖塞、普朗特、铁木辛柯、卡门、穆斯赫利什维利、唐奈、弗吕格、符拉索夫等，对塑性固体力学做出过重要贡献的科学家有库仑、特雷斯卡、光泽斯、圣维南、欧文等。特纳等人于 1956 年提出有限元法的概念后，有限元法发展很快，在固体力学中大量应用，解决了很多复杂的问题。

固体力学的分支学科有材料力学、弹性力学（又称弹性理论，可分为数学弹性力学和应用弹性力学）、塑性力学（又称塑性理论，也分为数学塑性力学和应用塑性力学）、稳定性理论、振动理论、断裂力学（又称断裂理论）、复合材料力学等。

2.3.7 材料力学

材料力学是固体力学的一个分支，它是研究结构构件和机械零件承载能力的基础学科。其基本任务是：将工程结构和机械中的简单构件简化为一维杆件，计算杆中的应力、变形并研究杆的稳定性，以保证结构能承受预定的载荷；选择适当的材料、截面形状和尺寸，以便设计出既安全又经济的结构构件和机械零件。在结构承受载荷或机械传递运动时，为保证各构件或机械零件能正常工作，构件和零件必须符合如下要求：不发生断裂，即具有足够的强度；弹性变形应不超出允许的范围，即具有足够的刚度；在原有形状下的平衡应是稳定平衡，也就是构件不会失去稳定性。对强度、刚度和稳定性这三方面的要求，有时统称为"强度要求"，而材料力学在这三方面对构件所进行的计算和试验，统称为强度计算和强度试验。为了确保设计安全，通常要求多用材料和用高质量材料；而为了使设计符合经济原则，又要求少用材料和用廉价材料。材料力学的目的之一就在于为合理地解决这一矛盾，为实现既安全又经济的设计提供理论依据和计算方法。

在古代建筑中，尽管还没有严格的科学理论，但人们从长期生产实践中，对构件的承载力情况已有一些定性或较粗浅的定量认识。例如，从圆木中截取矩形截面的木梁，当高宽比为 3∶2 时最为经济，这大体上符合现代材料力学的基本原理。随着工业的发展，在车辆、船舶、机械和大型建筑工程的建造中所碰到的问题日益复杂，单凭经验已无法解决，这样，在对构件强度和刚度长期定量研究的基础上，逐渐形成了材料力学。对材料力学做出过重要贡献的科学家有伽利略、胡克等。从 18 世纪起，材料力学开始沿着科学理论的方向向前发展。

材料力学的研究通常包括两大部分：一部分是材料的力学性能（或称机械性能）的研究，材料的力学性能参量不仅可用于材料力学的计算，而且也是固体力学其他分支的计算中必不可少的依据；另一部分是对杆件进行力学分析。

杆件按受力和变形可分为拉杆、压杆受弯曲（有时还应考虑剪切）的梁和受扭转的轴等几大类。杆中的内力有轴力、剪力、弯矩和扭矩。杆的变形可分为伸长、缩短、挠曲和扭转。在处理具体的杆件问题时，根据材料性质和变形情况的不同，可将问题分为线弹性问题、几何非线性问题、物理非线性问题三类。在许多工程结构中，杆件往往在复杂载荷的作用或复杂环境的影响下发生破坏。例如，杆件在交变载荷作用下发生疲劳破坏，在高温恒载条件下因蠕变而破坏，或受高速动载荷的冲击而破坏等。这些破坏是使机械和工程结构丧失工作能力的主要原因。所以，材料力学还研究材料的疲劳性能、蠕变性能和冲击性能。

材料力学的研究方法一般分两步进行：先作简化假设，再进行力学分析。在材料力学研究中，一般可把材料抽象为可变形固体。对可变形固体，可引入两个基本假设：连续性假设，即认为材料是密实的，在其整个体积内毫无空隙；均匀性假设，即认为从材料中取出的任何一个部分，不论体积如何，在力学性能上都是完全一样的。此外，通常还要作以下几个工作假设：

1）小变形假设。即假定物体变形很小，从而可认为物体上各个外力和内力的相对位置在变形前后不变。

2）线弹性假设。即在小变形和材料中应力不超过比例极限两个前提下，可认为物体上的力和位移（或应变）始终成正比。

3）各向同性假设。即认为材料在各个方向的力学性能都相同。

4）平截面假设。认为杆的横截面在杆件受拉伸、压缩或纯弯曲而变形以及圆杆横截面在受扭转而变形的过程中，保持为刚性平面，并与变形后的杆件轴线垂直。

对构件进行力学分析，首先应求得构件在外力作用下各截面上的内力。其次，应求得构件中的应力和构件的变形。对此，单靠静力学的方法就不够了，还需要研究构件在变形后的几何关系，以及材料在外力作用下变形和力之间的物理关系。根据几何关系、物理关系和平衡关系，可以解得物体内的应力、应变和位移。把它们和材料的允许应力、允许变形作比较，即可判断此物体的强度是否符合预定要求。若材料处于多向受力状态，则应根据强度理论来判断强度。

同弹性力学和塑性力学相比，材料力学的研究方法显得粗糙。用材料力学方法计算构件的强度，有时会由于构件的几何外形或作用在构件上的载荷较复杂而得不到精确的解，但由于方法比较简便，又能提供足够精确的估算值作为工程结构初步设计的参考，所以常为工程技术人员所采用。

2.3.8 复合材料力学

复合材料力学是固体力学的一个新兴分支，它研究由两种或多种不同性能的材料，在宏观尺度上组成的多相固体材料，即复合材料的力学问题。复合材料具有明显的非均匀性和各向异性性质，这是复合材料力学的重要特点。复合材料由增强物和基体组成，增强物起着承受载荷的主要作用，其几何形式有长纤维、短纤维和颗粒状物等多种；基体起着粘结、支持、保护增强物和传递应力的作用，常采用橡胶、石墨、树脂、金属和陶瓷等。近代复合材料最重要的有两类：一类是纤维增强复合材料，主要是长纤维铺层复合材料，如玻璃钢；另一类是粒子增强复合材料，如建筑工程中广泛应用的混凝土。纤维增强复合材料是一种高功能材料，它在力学性能、物理性能和化学性能等方面都明显优于单一材料。发展纤维增强复合材料是当前国际上极为重视的科学技术问题。现今在军用方面，飞机、火箭、导弹、人造卫星、舰艇、坦克、常规武器装备等，都已采用纤维增强复合材料；在民用方面，运输工具、建筑结构、机器和仪表部件、化工管道和容器、电子和核能工程结构，以至人体工程、医疗器械和体育用品等也逐渐开始使用这种复合材料。

在自然界中，存在着大量的复合材料，如竹子、木材、动物的肌肉和骨骼等。从力学的观点来看，天然复合材料结构往往是很理想的结构，它们为发展人工纤维增强复合材料提供了仿生学依据。人类早已创制了有力学概念的复合材料。例如，古代中国人和犹太人用稻草或麦秸增强盖房用的泥砖；两千年前，中国制造了防腐蚀用的生漆衬布；由薄绸和漆粘结制成的中国漆器，也是近代纤维增强复合材料的雏形，它体现了重量轻、强度和刚度大的力学优点。以混凝土为标志的近代复合材料是在100多年前出现的。后来，原有的混凝土结构不能满足高层建筑的强度要求，建筑者转而使用钢筋混凝土结构，其中的钢筋提高了混凝土的抗拉强度，从而解决了建筑方面的大量问题。

近年来，混杂复合材料力学性能的研究吸引了一些学者的注意力。林毅于1972年首先发现，混杂复合材料的应力—应变曲线的直线部分所对应的最大应变，已超过混杂复合材料中具有低延伸率的纤维的破坏应变。这一不易理解的现象，于1974年又被班塞尔等所发现，后人称之为"混杂效应"。

复合材料的比强度和比刚度较高。材料的强度除以密度称为比强度；材料的刚度除以密度称为比刚度。这两个参量是衡量材料承载能力的重要指标。比强度和比刚度较高说明材料重量轻，而强度和刚度大。这是结构设计，特别是航空、航天结构设计对材料的重要要求。现代飞机、导弹和卫星等机体结构正逐渐扩大使用纤维增强复合材料的比例。

同常规材料的力学理论相比，复合材料力学涉及的范围更广，研究的课题更多。

2.3.9 流变学

流变学是力学的一个新分支，它主要研究材料在应力、应变、温度湿度、辐射等条件下与时间因素有关的变形和流动的规律。流变学出现在20世纪20年代。学者们在研究橡胶、塑料、油漆、玻璃、混凝土及金属等工业材料，岩石、土、石油、矿物等地质材料，以及血液、肌肉骨骼等生物材料的性质过程中，发现使用古典弹性理论、塑性理论和牛顿流体理论已不能说明这些材料的复杂特性，于是就产生了流变学的思想。英国物理学家麦克斯韦和开尔文很早就认识到材料的变化与时间存在紧密联系的时间效应。麦克斯韦在1869 年发现，材料可以是弹性的，又可以是黏性的。对于黏性材料，应力不能保持恒定，而是以某一速率减小到零，其速率取决于施加的起始应力值和材料的性质。这种现象称为应力松弛。许多学者还发现，应力虽然不变，材料却可随时间继续变形，这种性能就是蠕变或流动。经过长期探索，人们终于得知，一切材料都具有时间效应，于是出现了流变学，并在 20 世纪 30 年代后得到蓬勃发展。1929 年，美国在宾厄姆教授的倡议下，创建流变学会；1939 年，荷兰皇家科学院成立了以伯格斯教授为首的流变学小组；1940 年英国出现了流变学家学会。当时，荷兰的工作处于领先地位，1948 年国际流变学会议就是在荷兰举行的。法国、日本、瑞典、澳大利亚、奥地利、捷克斯洛伐克、意大利、比利时等国也先后成立了流变学会。

在地球科学中，人们很早就知道时间过程这一重要因素。流变学为研究地壳中极有趣的地球物理现象提供了物理－数学工具，如冰川期以后的上升、层状岩层的褶皱、造山作用、地震成因以及成矿作用等。对于地球内部过程，如岩浆活动、地幔热对流等，现在则可利用高温、高压岩石流变试验来模拟，从而发展了地球动力学。在土木工程中，建筑的土地基的变形可延续数十年之久。地下隧道竣工数十年后，仍可出现蠕变断裂。因此，土流变性能和岩石流变性能的研究日益受到重视。

流变学的研究内容是各种材料的蠕变和应力松弛的现象、屈服值以及材料的流变模型和本构方程。

流变学从一开始就是作为一门实验基础学科发展起来的，因此实验是研究流变学的主要方法之一。它通过宏观试验，获得物理概念，发展新的宏观理论。大型电子计算机的出现对流变学领域的研究产生了深远的影响，如对于非线性材料的大应变、大位移的复杂课题已用有限元法或有限差分方法进行研究。随着经济和工业化的发展，流变学将有广阔的发展领域，并已逐步渗透到许多学科而形成相应的分支，例如高分子材料流变学、断裂流变力学、土流变学、岩石流变学以及应用流变学等。在理论研究上，已超出均匀连续介质的概念，开始探索离散介质、非均匀介质以及非相容弹性介质的流变特性。实验原理和测试技术的研究以及电子计算机的应用，将在流变学的发展中显示重要的地位和发挥巨大的作用。

2.3.10　结构力学

结构力学是固体力学的一个分支，它是主要研究工程结构受力和传力的规律，以及如何进行结构优化的学科。所谓工程结构是指能够承受和传递外载荷的系统，包括杆、板、壳以及它们的组合体，如飞机机身和机翼、桥梁、屋架和承力墙等。

结构力学的任务是：研究在工程结构在外载荷作用下的应力、应变和位移等的规律；分析不同形式和不同材料的工程结构，为工程设计提供分析方法和计算公式；确定工程结构承受和传递外力的能力；研究和发展新型工程结构。

观察自然界中的天然结构，如植物的根茎叶、动物的骨骼、蛋类的外壳，可以发现它们的强度和刚度不仅与材料有关，而且和它们的造型有密切的关系，很多工程结构就是受到天然结构的启发而创制出来的。结构设计不仅要考虑结构的强度和刚度，还要做到用料省、重量轻、减轻重量对某些工程尤为重要，如减轻飞机的重量就可以使飞机航程远、上升快、速度大、能耗低。

人类在远古时代就开始制造各种器物，如弓箭、房屋、舟楫以及乐器等，这些都是简单的结构。随着社会的进步，人们对于结构设计的规律以及结构的强度和刚度逐渐有了认识，并且积累了经验，这表现在古代建筑的辉煌成就中，如埃及的金字塔，中国的万里长城、赵州安济桥、北京故宫等。尽管在这些结构中隐含有力学的知识，但并没有形成一门学科。

就基本原理和方法而言，结构力学是与理论力学、材料力学同时发展起来的。所以结构力学在发展的初期是与理论力学和材料力学融合在一起的。到19世纪初，由于工业的发展，人们开始设计各种大规模的工程结构，对于这些结构的设计，要作较精确的分析和计算。因此，工程结构的分析理论和分析方法开始独立出来，到19世纪中叶，结构力学开始成为一门独立的学科。对结构力学做出过重要贡献的科学家有纳维、麦克斯韦等。20世纪中叶，电子计算机和有限元法的问世使得大型结构的复杂计算成为可能，从而将结构力学的研究和应用水平提到了一个新的高度。

通常根据研究性质和对象的不同将结构力学分为结构静力学、结构动力学、结构稳定理论、结构断裂、疲劳理论和杆系结构理论、薄壁结构理论和整体结构理论等。

结构静力学是结构力学中首先发展起来的分支，它主要研究工程结构在静载荷作用下的弹塑性变形和应力状态，以及结构优化问题。静载荷是指不随时间变化的外加载荷，变化较慢的载荷，也可近似地看作静载荷。结构静力学是结构力学其他分支学科的基础。

结构动力学是研究工程结构在动载荷作用下的响应和性能的分支学科。动载荷是指随时间而改变的载荷。在动载荷作用下，结构内部的应力、应变及位移也必然是时间的函数。由于涉及时间因素，结构动力学的研究内容一般比结构静力学复杂的多。

结构稳定理论是研究工程结构稳定性的分支。现代工程中大量使用细长型和薄型结构，如细杆、薄板和薄壳。它们受压时，会在内部应力小于屈服极限的情况下发生失稳（皱损或曲屈），即结构产生过大的变形，从而降低以至完全丧失承载能力。大变形还会影响结构设计的其他要求，例如影响飞行器的空气动力学性能。结构稳定理论中最重要的内容是确定结构的失稳临界载荷。

结构断裂和疲劳理论是研究因工程结构内部不可避免地存在裂纹，裂纹会在外载荷作用下扩展而引起断裂破坏，也会在幅值较小的交变载荷作用下扩展而引起疲劳破坏的学科。现在我们对断裂和疲劳的研究历史还不长，还不完善，但断裂和疲劳理论目前得发展很快。

在结构力学对于各种工程结构的理论和实验研究中，针对研究对象还形成了一些研究领域，这方面主要有杆系结构理论、薄壁结构理论和整体结构理论三大类。整体结构是用整体原材料，经机械铣切或经化学腐蚀加工而成的结构，它对某些边界条件问题特别适用，常用作变厚度结构。随着科学技术的不断进展，又涌现出许多新型结构，比如20世纪中期出现的夹层结构和复合材料结构。

结构力学的研究方法主要有工程结构的使用分析、实验研究、理论分析和计算三种。

在结构设计和研究中，这三方面往往是交替进行并且是相辅相成的进行的。实验研究能为鉴定结构提供重要依据，这也是检验和发展结构力学理论和计算方法的主要手段。实验研究分模型实验、真实结构部件实验、真实结构实验三类。结构的力学实验通常要耗费较多的人力、物力和财力，因此只能有限度地进行，特别是在结构设计的初期阶段，一般多依靠对结构部件进行理论分析和计算。

在固体力学领域中，材料力学为结构力学的发展提供了必要的基本知识，弹性力学和塑性力学又是结构力学的理论基础，另外结构力学还与其他物理学科结合形成许多边缘学科，比如流体弹性力学等。

结构力学是一门古老的学科，又是一门迅速发展的学科。新型工程材料和新型工程结构的大量出现，向结构力学提供了新的研究内容并提出新的要求。计算机的发展，为结构力学提供了有力的计算工具。另一方面，结构力学对数学及其他学科的发展也起了推动作用。有限元法这一数学方法的出现和发展就与结构力学的研究有密切关系。

2.3.11　弹性力学

人类从很早时就已经知道利用物体的弹性性质了，比如古代弓箭就是利用物体弹性的例子。当时人们还是不自觉地运用弹性原理，而人们系统地、定量地研究弹性力学，是从17 世纪开始的。弹性力学的发展初期主要是通过实践，尤其是通过实验来探索弹性力学的基本规律。英国的胡克和法国的马略特于 1680 年分别独立地提出了弹性体的变形和所受外力成正比的定律，后被称为胡克定律。牛顿于 1687 年确立了力学三定律。到 19 世纪20 年代法国的纳维和柯西才基本上建立了弹性力学的数学理论。柯西在 1822—1828 年间发表的一系列论文中，明确地提出了应变、应变分量、应力和应力分量的概念，建立了弹性力学的几何方程、运动（平衡）方程、各向同性以及各向异性材料的广义胡克定律，从而奠定了弹性力学的理论基础，打开了弹性力学向纵深发展的突破口。对弹性力学做出过重要贡献的科学家有圣维南、赫兹、基尔施等。

弹性力学所依据的基本规律有三个，即变形连续规律、应力—应变关系和运动（或平衡）规律，它们有时被称为弹性力学三大基本规律。弹性力学中许多定理、公式和结论等，都可以从三大基本规律推导出来。

连续变形规律是指弹性力学在考虑物体的变形时，只考虑经过连续变形后仍为连续的物体，如果物体中本来就有裂纹，则只考虑裂纹不扩展的情况。这里主要使用数学中的几何方程和位移边界条件等方面的知识。

求解一个弹性力学问题，就是设法确定弹性体中各点的位移、应变和应力共 15 个函数。从理论上讲，只有 15 个函数全部确定后，问题才算解决。但在各种实际问题中，起主要作用的常常只是其中的几个函数，有时甚至只是物体的某些部位的某几个函数。所以常常用实验和数学相结合的方法，就可求解。

数学弹性力学的典型问题主要有一般性理论、柱体扭转和弯曲、平面问题、变截面轴扭转、回转体轴对称变形等方面。近代经典的弹性理论得到了新的发展，例如，把切应力的成对性发展为极性物质弹性力学；把协调方程（保证物体变形后连续，各应变分量必须满足的关系）发展为非协调弹性力学；推广胡克定律，除机械运动本身外，还考虑其他运动形式和各种材料的物理方程称为本构方程。对于弹性体的某一点的本构方程，除考虑该点本身外还要考虑弹性体其他点对该点的影响，发展为非局部弹性力学等。

2.3.12　塑性力学

塑性力学是固体力学的一个分支，它主要研究物体超过弹性极限后所产生的永久变形和作用力之间的关系以及物体内部应力和应变的分布规律。

塑性力学和弹性力学的区别在于，塑性力学考虑物体内产生的永久变形，而弹性力学不考虑；和流变学的区别在于，塑性力学考虑的永久变形只与应力和应变的历史有关，而不随时间变化，而流变学考虑的永久变形则与时间有关。

塑性变形现象发现较早，然而对它进行力学研究，是从 1773 年库伦提出土的屈服条件开始的。对塑性力学做出过重要贡献的科学家有特雷斯卡、圣维南、莱维、格斯特、米泽斯、泰勒、洛德、罗伊斯、普朗特、亨奇、纳戴、伊柳辛、普拉格等。20 世纪 60 年代以后，随着有限元法的发展，提供恰当的本构关系已成为解决问题的关键。所以 70 年代关于塑性本构关系的研究十分活跃，主要从宏观与微观的结合，从不可逆过程热力学以及从理性力学等方面进行研究。在塑性力学实验分析方面，也开始运用光塑性法、云纹法、散斑干涉法等能测量大变形的手段。另外，由于出现岩石类材料的塑性力学问题，所以塑性体积应变以及材料的各向异性、非均匀性、弹塑性耦合、应变弱化的非稳定材料等问题正在研究之中。

塑性力学研究的基本试验有两个。一是简单拉伸实验，另一是静水压实验。从材料简单拉伸的应力－应变曲线可以看出，塑性力学研究的应力与应变之间的关系是非线性的，它们的关系也不是单值对应的。而静水压可使材料可塑性增加，使原来处于脆性状态的材料转化为塑性材料。

屈服条件是判断材料处于弹性阶段还是处于塑性阶段的根据。对金属材料，最常用的屈服条件有最大剪应力屈服条件（又称特雷斯卡条件）和弹性形变比能屈服条件（又称米泽斯条件）。这两个屈服条件数值接近，它们的数学表达式都不受静水压力的影响，而且基本符合实验结果。对于理想塑性模型，在经过塑性变形后，屈服条件不变。但如果材料具有强化性质，则屈服条件将随塑性变形的发展而改变，改变后的屈服条件称为后继屈服条件或加载条件。反映塑性应力－应变关系的本构关系，一般应以增量形式给出，这是因为塑性力学中需要考虑变形的历程，而增量形式可以反映出变形的历程，反映塑性变形的本质。用增量形式表示塑性本构关系的理论称为塑性增量理论。塑性力学还包括简单塑性问题、受内压厚壁圆筒问题、长柱体的塑性自由扭转问题、塑性力学平面问题、塑性极限分析、塑性动力学，黏塑性理论，塑性稳定性等多方面内容。塑性力学在工程实际中有广泛的应用。例如研究如何发挥材料强度的潜力；如何利用材料的塑性性质以便合理选材，制定加工成型工艺；塑性力学理论还用于计算材料的残余应力等。

2.3.13　爆炸力学

爆炸力学是力学的一个分支，它主要研究爆炸的发生和发展规律，以及爆炸的力学效应的利用和防护的学科。它从力学角度研究化学爆炸、核爆炸、电爆炸、粒子束爆炸（也称辐射爆炸）、高速碰撞等能量突然释放或急剧转化的过程，以及由此产生的强冲击波（又称激波）、高速流动、大变形和破坏、抛掷等效应。自然界的雷电、地震、火山爆发、陨石碰撞、星体爆发等现象也可用爆炸力学方法来研究。爆炸力学是流体力学、固体力学和物理学、化学之间的一门交叉学科，在武器研制、交通运输和水利建设、矿藏开发、机械加工、安全生产等方面有广泛的应用。

中国在 8 世纪的中唐时期已有火药的原始配方。大约在 14 世纪，火药传入欧洲，首先在军事上得到广泛应用。17 世纪匈牙利开始有火药用于开矿的记载。19 世纪中叶开始，欧美各国大力发展铁路建设和采矿事业，大量使用黑火药，工程师们总结出工程爆破药量计算的许多经验公式。1846 年硝化甘油发明后，瑞典化学家诺贝尔制成几种安全混合炸药，并在 1865 年发明雷管引爆猛炸药，实现了威力巨大的高速爆轰，从此开创了炸药应用的新时代，并且促进了冲击波（即激波）和爆轰波的理论研究。英国工程师兰金和法国炮兵军官许贡纽研究了冲击波的性质，后者又完整地解决了冲击载荷下杆中弹性波传播问题。查普曼和儒盖各自独立地创立了平稳自持爆轰理论，后者还写出第一本爆炸力学著作《炸药的力学》。对爆炸力学做出过重要贡献的科学家有泰勒、卡门、拉赫马图林、泽利多维奇、诺伊曼、朗道、斯坦纽科维奇、科克伍德、谢多夫、麦奎等。

爆炸力学的一个基本特点是研究高功率密度的能量转化过程，大量能量通过高速的波动来传递，历时特短，强度特大。其次，爆炸力学中的研究，常需要考虑力学因素和化学物理因素的耦合、流体特性和固体特性的耦合、载荷和介质的耦合等。因此，多学科的渗透和结合成为爆炸力学发展的必要条件。爆炸研究促进了流体和固体介质中冲击波理论、流体弹塑性理论、黏塑性固体动力学的发展。爆炸现象十分复杂，并不要求对所有因素都进行精确的描述，因此抓住主要矛盾进行实验和建立简化模型，特别是运用和发展各种相似律或模型律，具有重要意义。爆炸波在介质中的传播以及波所引起的介质的流动变形、破坏和抛掷现象是爆炸力学研究的中心内容。爆炸包括空中爆炸、水下爆炸、地下爆炸和高速碰撞等。对于空中核爆炸，需考虑在高温、高压条件下包括辐射在内的空气热力学平衡性质和非平衡性质。爆轰的流体力学理论是波在可反应介质中当化学反应和力学因素强烈耦合时的流体力学理论。气相、液相、固相、混合相物质的稳态和非稳态爆轰、爆燃和爆轰间的转化、起爆机理和爆轰波结构等都是爆轰学研究的对象。

在矿业、水利和交通运输工程中，用炸药爆破岩石（爆破工程）是必不可少的传统方法。现在光面爆破、预裂爆破技术的应用日益广泛。在城市改造、国土整治中，控制爆破技术更是十分重要。爆炸在机械加工方面也有广泛的应用，如爆炸成型、爆炸焊接、爆炸合成金刚石、爆炸硬化等。爆炸防护在工业安全方面有特殊重要的地位。井下瓦斯爆炸、天然气爆炸、粉尘爆炸（例如铝粉、煤粉、粮食粉末等），煤井中的瓦斯和二氧化碳突出等都是生产上十分关心的问题。对于上述问题，爆炸力学的任务是探明现象，查清机理，提供工程方法。

2.3.14 空气动力学

空气动力学是力学的一个分支，它主要研究物体在同气体作相对运动情况下的受力特性、气体流动规律和伴随发生的物理化学变化。它是在流体力学的基础上，随着航空工业和喷气推进技术的发展而成长起来的一个学科，成为力学的一个新的分支。航空要解决的首要问题是如何获得飞行器所需要的举力、减小飞行器的阻力和提高它的飞行速度。这就要从理论和实践上研究飞行器与空气相对运动时作用力的产生及其规律。对空气动力学做出过重要贡献的科学家有惠更斯、牛顿、欧拉、纳维、斯托克斯、兰彻斯特、库塔、儒科夫斯基、普朗特、琼期、马赫、阿克莱特、兰金、许贡纽、格劳厄脱、卡门、钱学森等。

空气动力学发展的另一个重要方面是实验研究，包括风洞等各种实验设备的发展和实验理论、实验方法、测试技术的发展。世界上第一个风洞是英国的韦纳姆在1871年建成的。到今天适用于各种模拟条件、目的、用途和各种测量方式的风洞已有数十种之多，风洞实验的内容极为广泛。20世纪70年代以来，激光技术、电子技术和电子计算机的迅速发展，极大地提高了空气动力学的实验水平和计算水平，促进了对高度非线性问题和复杂结构的流动的研究。

通常所说的空气动力学研究内容是飞机，导弹等飞行器在名种飞行条件下流场中气体的速度、压力和密度等参量的变化规律，飞行器所受的举力和阻力等空气动力及其变化规律，气体介质或气体与飞行器之间所发生的物理化学变化以及传热传质规律等。根据流体运动的速度范围或飞行器的飞行速度，空气动力学可分为低速空气动力学和高速空气动力学。通常大致以400km/h这一速度作为划分的界线。在低速空气动力学中，气体介质可视为不可压缩的，对应的流动称为不可压缩流动。大于这个速度的流动，需考虑气体的压缩性影响和气体热力学特性的变化。这种对应于高速空气动力学的流动称为可压缩流动。根据流动中是否必须考虑气体介质的黏性，空气动力学又可分为理想空气动力学（或理想气体动力学）和黏性空气动力学。

工业空气动力学主要研究在大气边界层中，风同各种结构物和人类活动间的相互作用，以及大气边界层内风的特性、风对建筑物的作用、风引起的质量迁移、风对运输车辆的作用和风能利用，以及低层大气的流动特性和各种颗粒物在大气中的扩散规律，特别是端流扩散的规律等。

空气动力学的研究，分理论和实验两个方面。理论和实验研究两者彼此密切结合，相辅相成。理论研究所依据的一般原理有：运动学方面，遵循质量守恒定律；动力学方面，遵循牛顿第二定律；能量转换和传递方面，遵循能量守恒定律；热力学方面，遵循热力学第一和第二定律；介质属性方面，遵循相应的气体状态方程和黏性、导热性的变化规律等。理论研究、实验研究、数值计算三方面的紧密结合是近代空气动力学研究的主要特征。空气动力学研究的过程一般是：通过实验和观察，对流动现象和机理进行分析，提出合理的力学模型，根据上述几个方面的物理定律，提出描述流动的基本方程和定解条件；然后根据实验结果，再进一步检验理论分析或数值结果的正确性和适用范围，并提出进一步深入进行实验或理论研究的问题。如此不断反复、广泛而深入地揭示空气动力学问题的本质。20世纪70年代以来，空气动力学发展较为活跃的领域是湍流、边界层过渡、激波与边界层相互干扰、跨声速流动、涡旋和分离流动、多相流、数值计算和实验测试技术等。此外，工业空气动力学、环境空气动力学，以及考虑有物理化学变化的气体动力学也有很大的发展。

2.3.15　理论力学

理论力学是力学中的一门横断的基础学科，它用数学的基本概念和严格的逻辑推理，研究力学中带有共性的问题。理论力学一方面用统一的观点，对各传统力学分支进行系统和综合的探讨，另一方面还要建立和发展新的模型、理论，以及解决问题的解析方法和数值方法。理论力学的研究特点是强调概念的确切性和数学证明的严格性，并力图用公理体系来演绎力学理论。1945 年后，理论力学转向以研究连续介质为主，并发展成为连续统物理学的理论基础。

牛顿的《自然哲学的数学原理》可看作是理论力学的第一部著作。从牛顿三定律出发可演绎出力学运动的全部主要性质。另一位理论力学先驱是瑞士的伯努利，他最早从事变形体力学的研究，推导出沿长度受任意载荷的弦的平衡方程。通过实验，他发现弦的伸长和张力并不满足线性的胡克定律，并且认为线性关系不能作为物性的普遍规律。对理论力学做出过重要贡献的科学家还有达朗贝尔、拉格朗日、柯西、芬格、佛克脱、迪昂、科瑟拉兄弟、希尔伯特、哈茂耳、赖纳、里夫林、奥尔德罗伊德、特鲁斯德尔、埃里克森、图平、托马斯、诺尔、金特尔、科勒曼。

理论力学的发展主要涉及五个方面，即公理体系和数学演绎，非线性理论问题及其解析和数值解法，解的存在性和唯一性问题，古典连续介质理论的推广和扩充，以及与其他学科的结合。

连续介质力学是研究连续介质的宏观力学行为。纯力学物质理论主要研究非极性物质的纯力学现象。热力物质理论是用统一的观点和方法，研究连续介质中的力学和热学的耦合作用，1966 年以来逐渐形成热力物质理论的公理体系。电磁连续介质理论是按连续统的观点研究电磁场与连续介质的相互作用。混合物理论是研究由两种以上，包括固体和流体形式物质组成的混合物的有关物理现象。混合物理论可以用来研究扩散现象、多孔介质、化学反应介质等问题。连续介质波动理论是研究波在连续介质中传播的一般理论和计算方法。连续介质波动理论把任何以有限速度通过连续介质传播的扰动都看做是"波"，所以研究的内容是相当广泛的。广义连续介质力学是从有向物质点连续介质理论发展起来的连续介质力学。非协调连续统理论是研究不满足协调方程的连续统的理论。相对论性连续介质理论是从相对论观点出发研究连续介质的运动学、动力学、热动力学和电动力学等问题。除上述的分支和理论外，理论力学还研究非线性连续介质理论的解析或数值方法以及同其他学科相交叉的问题。

理论力学来源于传统的分析力学、固体力学、流体力学、热力学和连续介质力学等力学分支，并同这些力学分支结合，出现了理性弹性力学、理性热力学、理性连续介质力学等理论力学的新兴分支。理论力学就是这样从特殊到一般，再从一般到特殊地发展着。理论力学除了同传统的各力学分支互相促进外，还同数学、物理学以及其他学科密切相关。

2.3.16 工程力学

工程力学是力学的一个新分支，它从物质的微观结构及其运动规律出发，运用近代物理学、物理化学和量子化学等学科的成就，通过分析研究和数值计算，阐明介质和材料的宏观性质，并对介质和材料的宏观现象及其运动规律做出微观解释。

工程力学作为力学的一个分支，是 20 世纪 50 年代末出现的。首先提出这一名称并对这个学科做了开创性工作的是中国科学家钱学森。在 20 世纪 50 年代，出现了一些极端条件下的工程技术问题，所涉及的温度高达几千摄氏度到几百万摄氏度，压力达几万到几百万大气压，应变率达百万分之一秒至亿分之一秒等。在这样的条件下，介质和材料的性质很难用实验方法来直接测定。为了减少耗时费钱的实验工作，需要用微观分析的方法阐明介质和材料的性质。

工程力学虽然还处在萌芽阶段，很不成熟，而且继承有关老学科的地方较多，但作为力学的一个新分支，确有一些独具的特点。工程力学着重于分析问题的机理，并借助建立理论模型来解决具体问题。只有在进行机理分析而感到资料不够时，才求助于新的实验。工程力学注重运算手段，不满足于问题的原则解决，要求作彻底的数值计算。因此，工程力学的研究力求采用高效率的运算方法和现代化的电子运算工具。工程力学注重从微观到宏观。以往的技术科学和绝大多数的基础科学，都是或从宏观到宏观，或从宏观到微观，或从微观到微观，而工程力学则建立在近代物理和近代化学成就之上，运用这些成就，建立起物质宏观性质的微观理论，这也是工程力学建立的主导思想和根本目的。

工程力学主要研究平衡现象，如气体、液体、固体的状态方程，各种热力学平衡性质和化学平衡的研究等。对于这类问题，工程力学主要借助统计力学的方法。工程力学对非平衡现象的研究包括四个方面：①趋向于平衡的过程，如各种化学反应和弛豫现象的研究；②偏离平衡状态较小的、稳定的非平衡过程，如物质的扩散、热传导、黏性以及热辐射等的研究；③远离于衡态的问题，如开放系统中所遇到的各种能量耗散过程的研究；④平衡和非平衡状态下所发生的突变过程，如相变等。解决这些问题要借助于非平衡统计力学和不可逆过程热力学理论。工程力学的研究工作，目前主要集中三个方面：高温气体性质，研究气体在高温下的热力学平衡性质（包括状态方程）、输运性质、辐射性质以及与各种动力学过程有关的弛逾现象；稠密流体性质，主要研究高压气体和各种液体的热力学平衡性质（包括状态方程）、输运性质以及相变行为等；固体材料性质，利用微观理论研究材料的弹性、塑性、强度以及本构关系等。近代工程技术和尖端科学技术迅猛发展，特别需要深入研究各种宏观状态下物体内部原子、分子所处的微观状态和相互作用过程，从而认识宏观状态参量扩大后物体的宏观性质和变化规律。因此，工程力学的建立和发展，不但可直接为工程技术提供所需介质和材料的物性，也将为力学和其他学科的发展创造条件。

2.3.17 天体力学

天体力学是天文学和力学之间的交叉学科，是天文学中较早形成的一个分支学科，它主要应用力学规律来研究天体的运动和形状。天体力学以往所涉及的天体主要是太阳系内的天体，20 世纪 50 年代以后也开始研究人造天体和一些成员不多（几个到几百个）的恒星系统。天体的力学运动是指天体质量中心在空间轨道的移动和绕质量中心的转动（自转）。对日月和行星则是要确定它们的轨道，编制星历表，计算质量并根据它们的自传确定天体的形状等。天体力学以数学为主要研究手段，至于天体的形状，主要是根据流体或弹性体在内部引力和自转离心力作用下的平衡形状及其变化规律进行研究。天体内部和天体相互之间的万有引力是决定天体运动和形状的主要因素，天体力学目前仍以万有引力定律为基础。虽然已发现万有引力定律与某些观测事实有矛盾（如水星近日点进动问题），而用爱因斯坦的广义相对论却能对这些事实做出更好的解释，但对天体力学的绝大多数课题来说，相对论效应并不明显。因此，在天体力学只是对于某些特殊问题才需要应用广义相对论和其他引力理论。

早在中世纪末期，达·芬奇就提出了不少力学概念，人们开始认识到力的作用。伽利略在力学方面做出了巨大的贡献，使动力学初具雏形，为牛顿三定律的发现奠定了基础。

牛顿根据前人在力学、数学和天文学方面的成就，以及他自己 20 多年的反复研究，在 1687 年出版的《自然哲学的数学原理》中提出了万有引力定律。他在书中还提出了著名的牛顿三大运动定律，把人们带进了动力学范畴。对天体的运动和形状的研究从此进入新的历史阶段，天体力学正式诞生。虽然牛顿未提出这个名称，仍用理论天文学表示这个领域，但牛顿实际上是天体力学的创始人。牛顿和莱布尼茨既是天体力学的奠基者，同时也是近代数学和力学的奠基者，他们共同创立的微积分学，成为天体力学的数学基础。天体力学方面的主要奠基者有欧拉、达朗贝尔和拉格朗日等。其中，欧拉是第一个较完整的月球运动理论的创立者，拉格朗日是大行星运动理论的创始人。后来由拉普拉斯集其大成，他的五卷十六册巨著《天体力学》成为经典天体力学的代表作。他在 1799 年出版的第一卷中，首先提出了天体力学的学科名称，并描述了这个学科的研究领域。后来，勒让德、泊松、雅可比和汉密尔顿等人又进一步发展了有关的理论。1846 年，根据勒威耶和亚当斯的计算，发现了海王星，这是经典天体力学的伟大成果，也是自然科学理论预见性的重要验证。此后，大行星和月球运动理论日臻完善，成为编算天文年历中各天体历表的根据。后来，彭加勒在 1892—1899 年出版的三卷本《天体力学的新方法》是这个时期的代表作。定性方法是由彭加勒和李亚普诺夫创立的，他们同时还建立了微分方程定性理论。数值方法最早可追溯到高斯的工作方法。19 世纪末形成的科威耳方法和亚当斯方法，至今仍为天体力学的基本数值方法，但在电子计算机出现以前应用不广。当前天体力学可分为 6 个二级学科。

摄动理论是经典天体力学的主要内容，它是用分析方法研究各类天体的受摄运动，求出它们的坐标或轨道要素的近似摄动值。

数值方法是研究天体力学中运动方程的数值解法。主要课题是研究和改进现有的各种计算方法，研究误差的积累和传播，方法的收敛性、稳定性和计算的程序系统等。

定性理论也叫作定性方法。它并不具体求出天体的轨道，而是探讨这些轨道应有的性质，这对那些用定量方法还不能解决的天体运动和形状问题尤为重要。

天文动力学又叫作星际航行动力学。

历史天文学是利用摄动理论和数值方法建立各种天体历表，研究天文常数系统以及计算各种天象。

天体形状和自转理论是牛顿开创的次级学科，主要研究各种物态的天体在自转时的平衡形状、稳定性以及自转轴的变化规律。

天体力学对研究地球自然灾害问题（如地震、火山、潮汐、海啸等）具有重要的科学意义。

2.3.18　计算力学

计算力学是根据力学中的理论，利用现代电子计算机和各种数值方法，解决力学中的实际问题的一门新兴学科。它横贯力学的各个分支，不断扩大各个领域中力学的研究和应用范围，同时也在逐渐发展自己的理论和方法。

近代力学的基本理论和基本方程在 19 世纪末 20 世纪初已基本完备了，后来的力学家大多致力于寻求各种具体问题的解。但由于许多力学问题相当复杂，很难获得解析解，用数值方法求解也遇到计算工作量过于庞大的困难。通常只能通过各种假设把问题简化到可以处理的程度，以得到某种近似的解答，或是借助于实验手段来谋求问题的解决。第二次世界大战后不久，第一台电子计算机在美国出现，并在以后的 20 年里得到了迅速的发展。20 世纪 60 年代出现了大型通用数字电子计算机，这种强大的计算工具的出现使复杂的数字运算不再成为障碍，为计算力学的形成奠定了物质基础。与此同时，适用于计算机的各种数值方法，如矩阵运算、线性代数、数学规划等也得到相应的发展；椭圆型、抛物型和双曲型微分方程的差分格式和稳定性理论研究也相继取得进展。1960 年，美国克拉夫首先提出了有限元法，为把连续体力学问题化作离散的力学模型开拓了宽广的途径。有限元法的物理实质是：把一个连续体近似地用有限个在节点处相连接的单元组成的组合体来代替，从而把连续体的分析转化为单元分析加上对这些单元组合的分析问题。有限元法和计算机的结合，产生了巨大的威力，应用范围很快从简单的杆、板结构推广到复杂的空间组合结构，使过去不可能进行的一些大型复杂结构的静力分析变成了常规的计算，固体力学中的动力问题和各种非线性问题也有了各种相应的解决途径。

另一种有效的计算方法——有限差分方法也差不多同时在流体力学领域内得到新的发展，有代表性的工作是美国哈洛等人提出的一套计算方法，尤其是其中的质点网格法（即 PIC 方法）。这些方法往往来源于对实际问题所作的物理观察与考虑，然后再采用计算机作数值模拟，而不讲究数学上的严格论证。1963 年哈洛和弗罗姆成功地用电子计算机解决了流体力学中有名的难题——卡门涡街的数值模拟。

无论是有限元法还是有限差分方法，它们的离散化概念都具有非常直观的意义，很容易被工程师们接受，而且在数学上又都有便于计算机处理的计算格式。计算力学就是在高速计算机产生的基础上，随着这些新的概念和方法的出现而形成的。

目前，计算力学的应用范围已扩大到固体力学、岩土力学、水力学、流体力学、生物力学等领域。计算力学主要进行数值方法的研究，如对有限差分方法、有限元法作进一步深入研究，对一些新的方法及基础理论问题进行探索等。

计算结构力学是研究结构力学中的结构分析和结构综合问题。结构分析指在一定外界因素作用下分析结构的反应，包括应力、变形、频率、极限承载能力等。结构综合指在一定约束条件下，综合各种因素进行结构优化设计，例如寻求最经济、最轻或刚度最大的设计方案。

计算流体力学主要研究流体力学中的无黏绕流和黏性流动。无黏绕流包括低速流、跨声速流、超声速流等；黏性流动包括端流、边界层流动等。

计算力学已在应用中逐步形成自己的理论和方法。有限元法和有限差分方法是比较有代表性的方法，这两种方法各有自己的特点和适用范围。有限元法主要应用于固体力学，有限差分方法则主要应用于流体力学。近年来这种状况已发生变化，它们正在互相交叉和渗透，特别是有限元法在流体力学中的应用日趋广泛。

用计算力学求解各种力学问题，一般有下列几个步骤：用工程和力学的概念和理论建立计算模型；用数学知识寻求最恰当的数值计算方法；编制计算程序进行数值计算，在计算机上求出答案；运用工程和力学的概念判断和解释所得结果和意义，做出科学结论。

计算力学对于各种力学问题的适应性强，应用范围广。它能详细给出各种数值结果；通过图像显示还可以形象地描述力学过程。它能多次重复进行数值模拟，比实验省时省钱。但计算力学也有弱点，例如，它不能给出函数形式的解析表达式，因此比较难以显示数值解的规律性。许多非线性问题由于解的存在和唯一性缺乏严格证明，数值计算结果须作一些验证。

计算力学为实际工程项目开辟了优化设计的前景。过去，工程师们虽有追求最优化设计的愿望，但是力不从心；现在，由于有了强有力的结构分析方法和工具，便有条件研究改进设计的科学方法，逐步形成计算力学的一个重要分支——结构优化设计。计算力学在应用中也提出了不少理论问题，如稳定性分析、误差估计、收敛性等，吸引许多数学家去研究，从而推动了数值分析理论的发展。

2.3.19　热学与热力学

热学是研究物质处于热状态时的有关性质和规律的物理学分支，它起源于人类对冷热现象的探索。人类生存在季节交替、气候变幻的自然界中，冷热现象是他们最早观察和认识的自然现象之一。热学理论有两个方面，一是宏观理论，即热力学；一是微观理论，即统计物理学。这两个方面相辅相成，构成了热学的理论基础。

热力学是热学理论的一个方面。热力学主要是从能量转化的观点来研究物质的热性质，它揭示了能量从一种形式转换为另一种形式时遵从的宏观规律。热力学是总结物质的宏观现象而得到的热学理论，不涉及物质的微观结构和微观粒子的相互作用。因此它是一种唯象的宏观理论，具有高度的可靠性和普遍性。热力学三定律是热力学的基本理论。热力学第一定律反映了能量守恒和转换时应该遵从的关系，它引进了系统的态函数——内能。热力学第一定律也可以表述为：第一类永动机是不可能造成的。热学中一个重要的基本现象是趋向平衡态，这是一个不可逆过程。例如使温度不同的两个物体接触，最后到达平衡态，两物体便有相同的温度。但其逆过程，即具有相同温度的两个物体，不会自行回到温度不同的状态。这说明，不可逆过程的初态和终态间，存在着某种物理性质上的差异，终态比初态具有某种优势。1854 年克劳修斯引进一个函数来描述这两个状态的差别，1865 年他给此函数定名为熵。用熵的概念来表述热力学第二定律就是：在封闭系统中，热现象宏观过程总是向着熵增加的方向进行，当熵到达最大值时，系统到达平衡态。第二定律的数学表述是对过程方向性的简明表述。1912 年能斯脱提出一个关于低温现象的定律：用任何方法都不能使系统到达绝对零度。此定律称为热力学第三定律。热力学的这些基本定律是以大量实验事实为根据建立起来的，在此基础上，又引进了温度、内能、熵三个基本状态函数，共同构成了一个完整的热力学理论体系。此后，为了在各种不同条件下讨论系统状态的热力学特性，又引进了一些辅助的状态函数，如焓、亥姆霍兹函数（自由能）、吉布斯函数等。这会带来运算上的方便，并增加对热力学状态某些特性的了解。

热学与热力学对土木工程结构节能研究具有重要意义。

2.3.20　声学

声学是研究媒质中机械波的产生、传播、接收和效应的物理学分支学科。媒质包括各种状态的物质，可以是弹性媒质也可以是非弹性媒质；机械波是指质点运动变化的传播现象。

声音是人类最早研究的物理现象之一，声学是经典物理学中历史最悠久，并且当前仍处在前沿地位的唯一的物理学分支学科。发现著名的电路定律的欧姆于 1843 年提出，人耳可把复杂的声音分解为谐波分量，并按分音大小判断音品的理论。在欧姆声学理论的启发下，人们开展了听觉的声学研究（以后称为生理声学和心理声学），并取得了重要的成果，其中最有名的是亥姆霍兹的《音的感知》。在封闭空间（如房间、教室、礼堂、剧院等）里面听语言、音乐，效果有的很好，有的很不好，这引起今天所谓建筑声学或室内音质的研究。但直到1900年赛宾得到他的混响公式，才使建筑声学成为真正的科学。

现代声学研究主要涉及声子的运动、声子和物质的相互作用，以及一些准粒子和电子等微观粒子的特性。所以声学既有经典性质，也有量子性质。

声波的传播与媒质的弹性模量、密度、内耗以及形状大小（产生折射、反射、衍射等）有关。测量声波传播的特性可以研究媒质的力学性质和几何性质，声学之所以发展成拥有众多分支并且与许多科学、技术和文化艺术有密切关系的学科，原因就在于此。

波动声学也称物理声学，它是使用波动理论研究声场的学科。在声波波长与空间或物体的尺度数量级相近时必须用波动声学分析。其主要内容是研究声的反射、折射、干涉、衍射、驻波、散射等现象。在封闭空间（例如室内，周围有表面）或半关闭空间（例如在水下或大气中，有上、下界面），反射波的互相干涉要形成一系列的固有振动（称为简正振动方式或简正波）。简正方式理论是引用量子力学中本征值的概念并加以发展而形成的。声波可以透过所有物体：不论透明或不透明的，导电或非导电的。因此，从大气、地球内部、海洋等宏大物体直到人体组织、晶体点阵等微小部分都是声学的实验室。近年来在地震观测中，测定了固体地球的简正振动，找出了地球内部运动的准确模型，月球上放置的地声接收器对月球内部监测的结果，也同样令人满意。进一步监测地球内部的运动，最终必将实现对地震的准确预报从而避免大量伤亡和经济损失。

当代重大环境问题之一是噪声污染，社会上对环境污染的意见（包括控告）有一半是噪声问题。除了长期在较强的噪声（90dB以上）中工作要造成耳聋外，不太强的噪声对人也会形成干扰。例如噪声级到70dB，对面谈话就有困难，50dB环境下睡眠休息已受到严重影响。近年来，对声源发声机理的研究受到注意，也取得了不少成绩。

噪声控制中常遇到的声源功率范围非常大，这也增加了噪声控制工作的复杂性。例如一个大型火箭发动机的噪声功率可开动一架大型客机，而大型客机的噪声功率可开动一辆卡车。噪声污染是工业化的后果，而降低噪声又是改善环境、提高人的工作效率、延长机器寿命的重要措施。

声学是建筑声环境研究的基础和依据。

2.3.21　建筑声学

建筑声学是研究建筑中声学环境问题的科学。它主要研究室内音质和建筑环境的噪声控制。有关建筑声学的记载最早见于公元前1世纪，罗马建筑师维特鲁威所写的《建筑十书》。书中记述了古希腊剧场中的音响调节方法，如利用共鸣缸和反射面以增加演出的音量等。在中世纪，欧洲教堂采用大的内部空间和吸声系数低的墙面，以产生长混响声，造成神秘的宗教气氛。当时也曾使用吸收低频声的共振器，用以改善剧场的声音效果。

建筑声学的基本任务是研究室内声波传输的物理条件和声学处理方法，以保证室内具有良好听闻条件；研究控制建筑物内部和外部一定空间内的噪声干扰和危害。室内声学的研究方法有几何声学方法、统计声学方法和波动声学方法。

室内声学设计内容包括体型和容积的选择，最佳混响时间及其频率特性的选择和确定，吸声材料的组合布置和设计适当的反射面，以合理地组织近次反射声等。

声学设计要考虑到两个方面，一方面要加强声音传播途径中有效的声反射，使声能在建筑空间内均匀分布和扩散，如在厅堂音质设计中应保证各处观众席都有适当的响度。另一方面要采用各种吸声材料和吸声结构，以控制混响时间和规定的频率特性，防止回声和声能集中等现象。设计阶段要进行声学模型试验，预测所采取的声学措施的效果。

处理室内音质一方面要了解室内空间体型、所选用的材料对声场的影响。还要考虑室内声场声学参数与主观听闻效果的关系，即音质的主观评价。可以说确定室内音质的好坏，最终还在于听众的主观感受。由于听众的个人感受和鉴赏力的不同，在主观评价方面的非一致性是这门学科的特点之一。因此，建筑声学测量作为研究。探索声学参数与听众主观感觉的相关性，以及室内声信号主观感觉与室内音质标准相互关系的手段，也是室内声学的一个重要内容。

在大型厅堂建筑中，往往采用电声设备以增强自然声和提高直达声的均匀程度，还可以在电路中采用人工延迟、人工混响等措施以提高音质效果。室内扩声是大型厅堂音质设计必不可少的一个方面。因此，现代扩声技术已成为室内声学的一个组成部分。

即使有良好的室内音质设计，如果受到噪声的严重干扰，也将难以获得良好的室内听闻条件。为了保证建筑物的使用功能，保证人们正常生活和工作条件，也必须减弱噪声的影响。因此，控制建筑环境噪声，保证建筑物内部达到一定的安静标准，是建筑声学的另一个重要方面。

噪声干扰，除与噪声强度有关外，还与噪声的频谱持续时间、重复出现次数以及人的听觉特性、心理、生理等因素有关。控制噪声就是按照实际需要和可能，将噪声控制在某一适当范围内，其所容许的最高噪声标准称为容许噪声级，即噪声容许标准。对于不同用途的建筑物，有不同建筑噪声容许标准，如对工业建筑主要是为保护人体健康而制定的卫生标准；而对学习和生活环境则要保证达到一定的安静标准。在噪声控制中，首先要降低噪声源的声辐射强度，其次是控制噪声的传播，再次是采取个人防护措施。噪声按传播途径可分为两种：一是由空气传播的噪声，即空气声；一是由建筑结构传播的机械振动所辐射的噪声，即固体声。空气声会传播过程的衰减和设置隔墙而大大减弱；固体声由于建筑材料对声能的衰减作用很小，可传播得较远，通常采用分离式构件或弹性联接等措施来减弱其传播。

建筑物空气声隔声的能力取决于墙或间壁（隔断）的隔声量。基本定律是质量定律，即墙或间壁的隔声量与它的面密度的对数成正比。现代建筑由于广泛采用轻质材料和轻型结构，减弱了对空气声隔声的能力，因此又发展出双层墙体结构和多层复合墙板，以满足隔声的要求。

在建筑物中实现固体声隔声，相对地说要困难些。采用一般的隔振方法，如采用不连续结构，施工比较复杂，对于要求有高度整体性的现代建筑尤其是这样。人在楼板上走动或移动物件时产生撞击声，直接对楼厂房间造成噪声干扰。可用标准打击器撞击楼板，在楼下测定声压级值。声压级值越大，表示楼板隔绝撞击声的性能越差。

控制楼板撞击声的主要方法是在楼板面层上或地面板与承重楼板之间设置弹性层，特别是在楼板上铺设弹性面层，是隔绝撞击声的简便有效的措施。在工业建筑物中，隔声间或隔声罩已成为广泛采用的降低设备噪声的手段。

在机械设备下面设置隔振器，以减弱振动，是建筑设备隔振的主要措施。目前，隔振器已由逐个设计发展成为定型产品。

由于室内声学同建筑空间的体积、形状和室内表面处理都有密切关系，因此室内声学设计必须从建筑的观点确定方案。取得良好的声学功能和建筑艺术的高度统一的效果，这是科学家和建筑师进行合作的共同目标。

改善建筑物的声环境，必须加强基础研究、技术措施和组织管理措施，虽然重点应放在声源上，但是改变声源往往较为困难甚至不可能，因此要更多地注意传播途径和接收条件。各种控制技术都涉及经济问题，因此必须同有关的各种专业合作进行综合研究，以获得最佳的技术效果和经济效益。

2.3.22　超声学

超声学是研究超声的产生、接收和在媒质中的传播规律，超声的各种效应，以及超声在基础研究和国民经济各部门的应用等内容的声学重要分支。频率高于人类听觉上限频率（约 20000Hz）的声波，称为超声波，或称超声。超声的研究和发展，与媒质中超声的产生和接收的研究密切相关。1883 年首次制成超声气哨，此后又出现了各种形式的气哨、汽笛和液哨等机械型超声发生器（又称换能器）。由于这类换能器成本低，所以经过不断改进，至今还仍广泛地用于对流体媒质的超声处理技术中。

超声波在媒质中的反射、折射、衍射、散射等传播规律与可听声波的并无质的区别。超声在一般流体媒质（气体、液体）中的传播理论已较成熟，然而声波在高速流动的流体媒质中的传播，在液晶等特殊液体中的传播，以及大振幅声波在流体媒质中转插的非线性问题等的研究，仍在不断发展。

超声学是以超声为工具来检验、测量或控制各种非声学量及其变化的超声检测和控制技术。用超声波易于获得指向性极好的定向声束，加上超声波能在不透光材料中传播，因此它已广泛地用于各种材料的无损探伤、测厚、测距、医学诊断和成像等。当前，超声检测这方面的新研究和新应用仍在不断地出现，例如声发射技术和超声全息等。而采用数字信号处理技术来解决超声检测中以往尚未解决或尚未圆满解决的问题的研究工作，近年来也非常活跃。

超声学是一门应用性和边缘性很强的学科，从它 100 多年来的发展可以看出，超声学是随着它在国防、工农业生产、医学、基础研究等领域中应用的不断深入而得到发展的。它不断借鉴电子学、材料科学、光学、固体物理等其他学科的内容，而使自己更加丰富。同时，超声学的发展又为这些学科的发展提供了一些重要器件和行之有效的研究手段。如超声探伤和超声成像技术都是借鉴了雷达的原理和技术而发展起来的，而超声的发展又为电子学、光电子学、雷达技术的发展提供了超声延迟线、滤波器、卷积器、声光调制器等重要的体波和表面波器件。但是，超声学仍是一门年轻的学科，其中存在着许多尚待深入研究的问题，对许多超声应用的机理还未彻底了解，况且实践还在不断地向超声学提出各种新的课题，而这些问题的不断提出和解决，都已表明了超声学是在不断向前发展。

超声学是土木工程结构超声诊断的基础和依据。

2.3.23 电学

"电"一词在西方是从希腊文琥珀一词转意而来的，在中国则是从雷闪现象中引出来的。自从 18 世纪中叶以来，对电的研究逐渐蓬勃开展。它的每项重大发现都引起广泛的实用研究，从而促进科学技术的飞速发展。现今，无论人类生活、科学技术活动以及物质生产活动都已离不开电。随着科学技术的发展，某些带有专门知识的研究内容逐渐独立，形成专门的学科，如电子学、电工学等。电学又可称为电磁学，是物理学中颇具重要意义的基础学科。

电学研究的内容主要包括静电、静磁、电磁场、电路、电磁效应和电磁测量。电学作为经典物理学的一个分支，就其基本原理而言，已发展得相当完善，它可用来说明宏观领域内的各种电磁现象。20 世纪，随着原子物理学、原子核物理学和粒子物理学的发展，人类的认识深入到微观领域，在带电粒子与电磁场的相互作用问题上，经典电磁理论遇到困难。虽然经典理论曾给出一些有用的结果，但是许多现象都是经典理论不能说明的。经典理论的局限性在于对带电粒子的描述忽略了其波动性方面，而对于电磁波的描述又忽略了其粒子性方面。按照量子物理的观点，无论是物质粒子或电磁场都既有粒子性，又具有波动性。在微观物理研究的推动下，经典电磁理论发展为量子电磁理论。

电学是土木工程设备设计与安装的基础和依据。

2.4　土木工程科学的化学基础

190 多年前，德国数学家高斯和意大利化学家阿佛加德罗进行过一场激烈的辩论，辩论的核心是化学究竟是不是一门真正的科学。高斯说"科学规律只存在于数学之中，化学不在精密科学之列"，阿佛伽德罗反驳道"数学虽然是自然科学之王，但没有其他科学就会失去它的真正价值"。阿佛伽德罗的话惹翻了高斯，这位数学权威竟怒发冲冠地讲"对数学来说，化学充其量只能起一个女仆的作用"。阿佛伽德罗并没有被压服，他用实验事实进一步来证实自己的观点，他将 2L 氢气放在 1L 氧气中燃烧得到了 2L 水蒸气并结果通知给高斯，自豪地说"请看吧，只要化学愿意就能使 2 加 1 等于 2，数学能做到这一点吗？遗憾的是我们对化学知道得太少了"。科学的发展证明阿佛伽德罗的观点是正确的，生活在现代社会的人们谁也不会去怀疑化学的重要性。化学是自然科学中最重要的基础学科之一，它是在原子和分子的水平上研究物质的组成、结构、性质以及变化的科学。化学发展到今天，已成为人类认识物质世界、改造物质世界的一种极为重要的武器。人类的衣食住行、防病治病、资源利用、能源利用等都离不开化学。近代科学的发展更要依赖于化学的发展，令人神往的宇宙航行若没有以化学为基础的材料科学研究是不可想象的，先进的计算机若没有通过化学方法研制出的半导体材料是不会成功的，环境科学是从化学中衍生出来的，分子生物学、遗传工程学也与化学关系密切，化学已成为一个国家国民经济的重要支柱。在当今世界国力竞争中化学能否保持领先地位已成为一个国家能否取胜的重要因素之一。随着科学技术的发展化学这门科学也在发生着深刻的变化，这些变化主要体现在以下 4 个方面，即从经验、半经验的描述化学向理论化学过渡；从侧重定性研究到侧重定量研究。从研究宏观问题到更多的注意微观现象；从注重静态研究到研究动态过程。从研究简单的体系到更深入地研究复杂的体系；在研究物质变化的同时注意研究能量的变化。从单一的化学研究更多地向其他学科渗透。一个典型的例子就是关于化学键的认识（其从元素的亲和力学说到电子配对、价键理论再到分子轨道理论就是一个从定性到定量、从宏观到微观、从静态到动态的发展过程）。如今的化学已走出了原始的"幼稚"，正以崭新的姿态和特殊的地位展现在人类面前，成为 21 世纪最富有创造性的学科之一。倘若阿佛伽德罗和高斯泉下有知，他们也一定会为化学事业的不断进步而万分欣慰。

2.4.1 化学的起源、历史与发展

化学的萌芽起源于人类由蛮荒文明向古代文明的转折，即火的利用。几百万年以前人类过着极其简单的原始生活，靠狩猎为生，吃的是生肉和野果。考古学家找到了距今 50 万年以前人类用火的证据（即北京周口店北京猿人生活过的地方发现了经火烧过的动物骨骼化石）。有了火，原始人从此告别了茹毛饮血的生活。吃了熟食后人类增进了健康，智力也有所发展，提高了生存能力。后来，人们又学会了摩擦生火和钻木取火，这样，火就可以随身携带了。于是，人们不再是火种的看管者，而成了能够驾驭火的造火者。火是人类用来发明工具和创造财富的武器，利用火能够产生各种各样化学反应这个特点人类开始了制陶、冶金、酿造等工艺，进入了广阔的生产、生活天地。

陶器是什么时候产生的已很难考证。有人推测人类最原始的生活用容器是用树枝编成的，为了使它耐火和致密无缝，往往在容器的内外抹上一层黏土。这些容器在使用过程中偶尔会被火烧着，其中的树枝都被烧掉了但黏土却不会着火（它不但仍旧保留下来而且变得更坚硬，比火烧前更好用），这一偶然事件给了人类很大的启发。后来，人们干脆不再用树枝做骨架而开始有意识地将黏土捣碎用水调和揉捏到很软的程度再塑造成各种形状，然后放在阳光下晒干，最后架在篝火上烧就制成了最初的陶器。大约距今 1 万年左右中国开始出现烧制陶器的窑，成为最早生产陶器的国家。陶器的发明是制造技术一个重大的突破，制陶过程改变了黏土的性质，使黏土的成分二氧化硅、三氧化二铝、碳酸钙、氧化镁等在烧制过程中发生了一系列的化学变化，进而使陶器具备了防水耐用的优良性质。可见陶器既有技术意义又有经济意义，它使人们处理食物时增添了蒸煮的办法，陶制的纺轮、陶刀、陶挫等工具也在生产中发挥了重要的作用，同时陶制储存器可以使谷物和水便于存放。这样，陶器很快就成了人类生活和生产的必需品，定居下来从事农业生产的人们更是离不开陶器。

新石器时代后期人类开始使用金属代替石器制造工具，使用得最多的是红铜，由于天然红铜资源非常有限，于是，出现了从矿石冶炼金属的冶金学（即冶金化学）。最先冶炼的是铜矿，约公元前 3800 年伊朗开始将铜矿石（孔雀石）和木炭混合在一起加热得到了金属铜。纯铜的质地比较软，用它制造的工具和兵器的质量都不够好，改进后便出现了青铜器。公元前 3000—前 2500 年，人类除了冶炼铜以外又炼出了锡和铅两种金属，往纯铜中掺入锡可使铜的熔点降低到 800℃左右（这样一来，铸造起来就比较容易了）。铜和锡的合金称为青铜（有时也含有铅），因其硬度高而被用来制造生产工具。青铜做的兵器硬而锋利，青铜做的生产工具也远比红铜好，不久又出现了青铜铸造的铜币。中国在铸造青铜器方面有过耀眼的荣耀，比如殷朝前期的"后母戊"鼎（一种礼器，是世界上最大的出土青铜器）、战国时的编钟（是古代音乐方面的伟大创造）。青铜器的出现，推动了当时农

业、兵器、金融、艺术等方面的发展，把社会文明向前推进了一步。世界上最早炼铁和使用铁的国家是中国、埃及和印度，中国在春秋时代晚期（公元前 6 世纪）已炼出可供浇铸的生铁（最早的时候用木炭炼铁，木炭不完全燃烧产生的一氧化碳把铁矿石中的氧化铁还原为金属铁），铁被广泛用于制造犁铧、铁锛（锄草工具）、铁锛等农具以及铁鼎等器物（当然也用于制造兵器）。公元前 8—前 7 世纪欧洲等才相继进入了铁器时代。因铁比青铜更坚硬，炼铁原料也远比铜矿丰富，故后来绝大部分地方铁器代替了青铜器。

黑火药是中国古代四大发明之一。"黑火药"的名字源于其原料，火药的三种原料是硫磺、硝石和木炭（木炭是黑色的，制成的火药也是黑色的，故叫黑火药）。火药的性质是容易着火，因此可以和火联系起来，"药"字源于硫磺和硝石在古代都是治病用的药，这样，黑火药就可以理解为"黑色的会着火的药"了。火药的发明与中国西汉时期的炼丹术有关，炼丹的目的是寻求长生不老药，炼丹原料中就有硫磺和硝石。炼丹的方法是把硫磺和硝石放在炼丹炉中长时间地用火炼制。由于许多炼丹过程中出现过一次又一次地着火和爆炸现象，试验多了也就找到了配制火药的方法。黑火药发明以后就与炼丹脱离了关系而一直被用在军事上。古代人打仗近距离用刀枪、远距离用弓箭，有了黑火药以后便出现了各种新式武器，宋朝开始国人用弓发射火药包（火药包有火球和火蒺藜两种，用火将药线点着把火药包抛出去，利用其燃烧和爆炸杀伤对方）。大约在公元 8 世纪，中国的炼丹术传到了阿拉伯，火药的配制方法也传了过去，后来又传到了欧洲。这样，中国的火药成了现代炸药的"老祖宗"，被誉为中国的伟大发明之一。

纸是人类保存知识和传播文化的工具，是中华民族对人类文明的重大贡献。在使用植物纤维制造的纸以前，中国古代传播文字的方法主要有甲骨文、竹简、丝帛等，甲骨文是指在甲骨（乌龟的腹甲和牛骨）上刻的字，由于甲骨数量有限，后来国人又改在竹简或木简上刻字。再后来国人又开始在用丝织成的帛上写字，因大量生产帛难以做到，这样就有了用植物纤维制造的纸并一直流传到今天。1957 年 5 月中国考古工作者在陕西省西安市灞桥的一座古代墓葬中发现一些米黄色的古纸，经鉴定这种纸主要由大麻纤维制造，其年代不会晚于汉武帝（公元前 156—公元前 87 年），是现存的世界上最早的植物纤维纸。提起纸的发明人们都会想起蔡伦，他是汉和帝时的中常侍，他看到当时写字用的竹简太笨重便总结了前人造纸的经验带领工匠用树皮、麻头、破布、破鱼网等做原料先把它们剪碎或切断放在水里长时间浸泡，再捣烂成为浆状物，然后在席子上摊成薄片放在太阳底下晒干便制成了纸。纸质薄体轻适合写字很受欢迎。造纸是一个极其复杂的化学工艺，是广大劳动人民智慧的产物。实际上，蔡伦之前就已经有纸了，蔡伦只能算是造纸工艺的改良者。

封建社会发展到一定阶段其生产力有了较大的提高，统治阶级对物质享受的要求也随之提高，皇帝和贵族希望掌握更多的财富供他们享乐且希望永远享用下去，于是，便有了长生不老的愿望。秦始皇统一中国后便迫不及待地寻求长生不老药，他不但让徐福等人出海寻找，还召集了一大帮方士（炼丹家）日日夜夜为他炼制丹砂（长生不老药）。炼金家想要点石成金（即用人工方法制造金银）并认为可通过某种手段把铜、铅、锡、铁等贱金属转变为金、银等贵金属。希腊炼金家就把铜、铅、锡、铁熔化成一种合金，然后把它放入多硫化钙溶液中浸泡，于是，合金表面便形成了一层硫化锡（其颜色酷似黄金。现在，金黄色的硫化锡被称为金粉，用作古建筑等的金色涂料），这样，炼金家就主观地认为

"黄金"已经炼成（实际上，这种仅从表面颜色而不从本质来判断物质变化的方法是自欺欺人的。他们从未达到过"点石成金"的目的）。虔诚的炼丹家和炼金家的目的虽然没有达到，但他们辛勤的劳动并没有完全白费，他们长年累月置身在被毒气、烟尘笼罩的简陋的"化学实验室"中，应该说是第一批专心致志地探索化学科学奥秘的"化学家"，他们为化学学科的建立积累了相当丰富的经验和失败的教训（甚至总结出一些化学反应的规律。中国炼丹家葛洪从炼丹实践中提出"丹砂（硫化汞）烧之成水银，积变（把硫和水银二者放在一起）又还成（交成）丹砂"这是一种化学变化规律的总结，即"物质之间可以用人工的方法互相转变"。炼丹家和炼金家夜以继日地在做这些最原始的化学实验必定需要大批实验器具，于是，他们发明了蒸馏器、熔化炉、加热锅、烧杯及过滤装置等。他们还根据当时的需要制造出了很多化学药剂、有用的合金或治病的药（其中很多都是今天常用的酸、碱和盐），为了把试验的方法和经过记录下来他们还创造了许多技术名词、写下了许多著作，正是这些理论、化学实验方法、化学仪器以及炼丹、炼金著作首开了化学这门科学的先河。可见，炼丹家和炼金家对化学的兴起和发展是有功绩的，后世之人决不能因为他们"追求长生不老和点石成金"而嘲弄他们，应该把他们敬为开拓化学科学的先驱，因此，英语中化学家（chemist）与炼金家（alchemist）两个名词极为相近（其真正的含义是"化学源于炼金术"）。

世界是由物质构成的，物质又是由什么组成的呢？最早尝试解答这个问题的是我国商朝末年的西伯昌（约公元前 1140 年），他认为"易有太极，易生两仪，两仪生四象，四象生八卦"并以阴阳八卦来解释物质的组成。约公元前 1400 年，西方的自然哲学提出了物质结构的思想，希腊的泰立斯认为水是万物之母，黑拉克里特斯认为万物是由火生成的，亚里士多德在《发生和消灭》一书中论证物质构造时以四种"原性"作为自然界最原始的性质（它们是热、冷、干、湿，把它们成对地组合起来，便形成了四种"元素"，即火、气、水、土，然后构成了各种物质）。以上这些论证都未能触及物质结构的本质。在化学发展历史上英国的波义耳第一次给元素下了一个明确的定义，他指出"元素是构成物质的基本，它可以与其他元素相结合形成化合物。但若把元素从化合物中分离出来则它便不能再被分解为任何比它更简单的东西了"，波义耳还主张"不应该单纯把化学看作是一种制造金属、药物等从事工艺的经验性技艺，而应把它看成一门科学"。因而，波义耳被认为是将化学确立为科学的人。人类对物质结构的认识是永无止境的，物质是由元素构成的，那么元素又是由什么构成的呢？1803 年英国化学家道尔顿创立的原子学说进一步解答了这个问题（原子学说的主要内容有三点，即一切元素都是由不能再分割和不能毁灭的微粒所组成，这种微粒称为原子；同一种元素的原子的性质和质量都相同，不同元素的原子的性质和质量不同；一定数目的两种不同元素化合以后便形成化合物），原子学说成功地解释了不少化学现象。随后意大利化学家阿佛伽德罗又于 1811 年提出了分子学说，进一步补充和发展了道尔顿的原子学说，他认为"许多物质往往不是以原子的形式存在，而是以分子的形式存在，比如氧气是以两个氧原子组成的氧分子，而化合物实际上都是分子"，从此化学由宏观进入到微观层次，化学研究建立在了原子和分子水平的基础上。

19 世纪末，物理学上出现了三大发现（即 X 射线、放射性和电子），这些新发现猛烈地冲击了道尔顿关于原子不可分割的观念，打开了原子和原子核内部结构的大门，揭露了微观世界中更深层次的奥秘。热力学等物理学理论引入化学以后有了利用化学平衡和反应速度的概念，可以判断化学反应中物质转化的方向和条件，从而诞生了物理化学，把化学从理论上提高到了一个新的水平。在量子力学建立的基础上发展起来的化学键（分子中原子之间的结合力）理论（莱纳斯·鲍林引进量子力学解释化学键的本质得以用波函数的线性迭加来描述）使人类进一步了解了分子结构与性能的关系，大大地促进了化学与材料科学的联系，为发展材料科学提供了理论依据。质子、中子和电子的发现，使化学真正由原子尺度来理解化学反应。量子力学和电子学的发展，使得许多新型仪器得以开发，来探索和分析化合物的结构和成分，如原子和分子光谱仪、X 射线、核磁共振和质谱仪等。从此，化学与社会的关系日益密切，化学家们运用化学的观点来观察和思考社会问题，用化学的知识来分析和解决社会问题（如能源危机、粮食问题、环境污染等）。化学与其他学科的相互交叉与渗透产生了很多边缘学科，如生物化学、地球化学、宇宙化学、海洋化学、大气化学等，使得生物、电子、航天、激光、地质、海洋等科学技术迅猛发展。现代化学为人类的衣、食、住、行提供了数不清的物质保证，在改善人民生活、提高人类健康水平方面做出了巨大的贡献。现代化学的兴起使化学从无机化学和有机化学的基础上发展成为多分支学科的科学，开始建立了以无机化学、有机化学、分析化学、物理化学和高分子化学为分支学科的化学学科。化学家这位"分子建筑师"也在不断运用善变之手为人类创造今日之大厦、明日之环宇。

2.4.2　化学科学的学科体系

当代化学大致分为无机化学、有机化学、分析化学、物理化学等四大学门，各学门又有许多延伸的子学门和应用化学领域。

物理化学是从物理角度分析化学原理的化学学门（是近代化学的原理根基），物理化学家关注于分子如何形成结构、动态变化、分子光谱的根本原理以及平衡态等基本问题，涉及热力学、动力学、量子力学、统计力学等重要物理领域，物理化学和化学物理两者差异不大（关键在于研究者所关注或偏向的层面），物理化学是上述四大学门中最讲求数值精确以及理论架构严谨的学门。

分析化学是开发分析物质成分、结构的方法，其可使化学成分得以定性和定量、化学结构得以确定，分析化学是化学家最基础的训练之一，化学家在实验技术和基础知识上的训练皆得力于分析化学，当代分析化学着重仪器分析，常用分析仪器包括原子与分子光谱仪、电化学分析仪器、核磁共振、X 光及质谱仪等几大类。

有机化学是研究碳、氢、氧、氮、硫等元素组成的化合物的化学学门，有机化学主要研究有机化合物的合成途径、方法、机构及物理性质，有机化学高度的应用性和悠久发展历史决定了其在化学领域的重要地位（也被普通大众视为当代化学的代名词），有机合成和新反应途径的开发对药物、天然物、生物和材料高分子的开发都是极为重要的关键性环节（对化学工业具有极大的影响）。

无机化学是有机化合物以外元素的化学领域，其研究无机化合物的合成途径、方法、机构和物理性质，其最常见的分子体系为金属化合物，有机和无机化学领域常有交迭（甚至有密不可分的趋势。有机金属化学就是一门结合有机和无机领域的化学）。

当代化学的其他延展和应用的学门有理论化学（是从物理的理论去解释各种化学现象

的学门)、计算化学(由于分子体系的复杂性,分子的反应、动态、结构经常是无法完全以量子力学做计算的。计算化学可提供各种简约计算方法来预测并辅助实验结果的推断。如 1998 年获诺贝尔化学奖的密度泛函方法)、生物化学(研究生物体内发生的化学反应和相互作用,主要应用于研究细胞中各组分的结构和功能,如蛋白质、碳水化合物、脂类、核酸以及其他生物分子。生物化学被广泛应用于蛋白质各项化学性质的研究,尤其是酶促反应研究)、热化学(以热力学的观点来研究化学,以焓、熵等状态函数来描述和预言化学物质稳定性和化学反应发生的结果)、电化学(是研究各种因为电推动而发生的化学作用或者会在运作途中产生电力的化学作用的科学学门。生活中常见的各种电池就是电化学的研究成果)、光化学(研究各种化学物质受到各种频率光线照射之后的化学反应变化)、药物化学(研究化学物质怎样用于药物中以改变药物的功效,达到医疗作用效果。它其实是几个化学门派的集合,包括有机化学、生物化学、物理化学及几个不属于化学的科学学门,比如药理学、分子生物学和统计学的结合)、量子化学(用量子力学及其他纯理论手段解释各种化学现象)、核子化学(研究不同的次原子、粒子怎样走在一起形成一个原子核,研究一个原子核中的物质如何变化)、放射化学(是化学的一个分支,属于研究那些参与化学反应的物质属于或带有放射性同位素的化学反应的一门学科。比如,采用碘的放射性同位素 125I 标记各种蛋白质或激素以便利用放射免疫分析技术检测血清标本之中相应物质的浓度)、天体化学(研究外层空间的化学物质,分析它们的成分、结构以及与地球上的物质有什么不同)、大气化学(是一种对地球大气层及其他星球的大气层进行研究的学科。大气化学会研究环境变化途中发生过什么化学反应,是大气科学的一个重要分支学科)、环境化学(从化学角度研究自然环境中生物的变化)、绿色化学(研究怎样从化学角度降低污染)、信息化学(用计算机去解决化学上的问题)、地球化学(研究地壳中各种物质的化学特性,解释它们的构造)、石油化学(从化学角度研究石油及天然气的特性及炼油技术)、高分子化学(研究比较大的分子,即是高分子,比如发泡胶怎样造出来以及有些什么特性。高分子化学也会研究怎样使很多分子结合成一粒高分子)、超分子化学(研究共价键以外各种化学键,比如氢键、范德华力、疏水效应的运作等)。

近几十年,化学学科获得了快速发展,结构化学观点不仅渗透到化学各个分支学科领域,同时在生物、材料、矿冶、地质等技术科学中也得到了应用,如放射性元素、核化学、放射分析化学、同位素化学、辐射化学、核燃料、反应堆和裂变产物化学、地球化学、海洋化学、大气化学、环境化学、宇宙化学、星际化学、药物化学、农业化学、石油化学、木材化学、土壤化学、煤化学、食品化学、化学地理学、天体化学、岩石化学、空间化学、胶体化学等等不胜枚举。

2.4.3 化学科学的基础理论

一粒原子是由原子核及外围带负电荷的电子组成的粒子,是化学研究的最小尺度范畴。原子核由质子和中子组成。电子带负电荷,质子带正电荷,个数相同使得电荷平衡令整个原子呈中性。

一种元素即是所有原子核内有一样多的质子的原子的统称,比如氢这种元素中所有原子都是只有一粒质子。这个概念换过来说亦可,即所有原子核中有六粒质子的原子都是碳,所有原子核中有九十二粒质子的都是铀。元素还有另一定义,那就是所有不可以用化学方法分解的物质都是元素。在这么多种列举元素的方法中最常用和最方便的莫过于元素周期表。周期表根据原子序数来排列原子，而原子序数就是一粒原子中质子的数量。因为这个奇怪的排列，排在一起的元素，无论是同一个直行、同一个横行还是纯粹在附近都有一些大致上固定的关系。同一种元素可能有很多个不同的同位素，它们除了重量有些分别或者有的因为太多、太少中子而导致原子核不稳定之外其他东西大致一样。

化学物质是指一种物体，它既确定了其化学组成也确定了它的化学属性。严格讲，混合的化合物、元素等都不能算是化学物质（只能说是化学药品或者说化学制品）。大多数我们日常生活碰到的化学品都是混合物，如空气、合金、生物制品等。

物质的命名法在化学语言当中是最严格的一环。很久以前化合物的命名是由其发现者自行决定的，这样就导致了命名的困难和混乱。现在我们最常用的还是国际纯粹与应用化学联合会（International Union of Pure and Applied Chemistry，IUPAC）命名方法，它用一个命名系统让所有的化合物都有一个独有的名称和代码。有机化合物通过有机命名系统命名；无机化合物通过无机命名系统命名。通过化学索引服务我们可以轻松的通过CAS 号（CAS registry number）来找到每一个化合物的性质、特性、命名和结构。

一个分子结构式描述了化学键以及它在分子之中所连接的原子的位置。一个分子是化合物的最根本组织，不用化学方法是拆不开的。大部分分子都是由两个或以上原子组成的，但也会有些特例（比如氦气分子只有一个原子），这些原子若多于一个则是由化学键结合而成。

离子是带电荷的物质，可以由原子或分子失去或得到电子形成。正离子（比如钠离子 Na^+）和负离子（例如氯离子 Cl^-）结合可以成为电荷中性的盐（比如食盐 $NaCl$）。有些离子是由几个原子组成的，它们进行化学作用的时候却又不分离，比如磷酸根离子（PO_4^{3-}）、铵离子（NH_4^+）。气相的离子通常被称为等离子体。

物质可以被分类为一种酸或者是一种碱。通常我们有几种进行酸碱分类定义的理论。其中最简单的要数阿累尼乌斯理论，它认为"酸是能够在水当中电离出水合氢离子的物质；而相反碱则是在水当中电离出氢氧根离子的物质"。酸碱质子理论则认为"酸是能够在化学反应中给其他物质氢离子的物质；而碱则是相应能得到氢离子的物质"。第三种理论被称作是刘易斯酸碱理论，它是基于形成化学键之上的，刘易斯理论认为"酸是在键的形成当中接受了一对电子；而碱则是在形成键的过程中给予了其他物质一对电子"。因此，一个物质对于不同的酸碱理论而言可能在一个理论中是酸、在另外一个理论中却是碱。酸性强度的衡量方法主要有两种，第一种是阿累尼乌斯定义的（也就是我们最常用的 pH，它是通过衡量一个溶液当中氢离子的浓度来确定酸性大小的。它的计算方法是 $pH = -\lg[H^+]$，也就是 pH 等于氢离子浓度的负对数。因此可以说，拥有更高浓度的氢离子溶液其 pH 值越低而酸性更强），第二种是 Brønsted-Lowry 定义的（也就是酸解离常数 Ka，它衡量的是物质作为酸的时候给予氢离子的能力。因此酸性越强的物质其 Ka 更高、更具有给予氢离子的倾向。同样的我们可以用 pOH 代替 pH，Kb 代替 Ka 来说明碱性强度）。

氧化还原概念和一个物质的原子获取或者给予电子的能力有关。物质拥有氧化其他物质的能力就被成为氧化性，而此物质被称为氧化剂或者称为氧化物。一个氧化剂能够将电子从其他的物质上移走。相应的，具有还原其他物质的物质被称作有还原性而成为还原剂或者成为还原物。一个还原试剂能够传递给其他物质电子并且氧化自身（而正因为其"给予"了其他物质电子，它还被称为供电子物）。氧化还原的性质与氧化数有关（其实真正的给予或者获取完成的电子并不存在。所以，氧化过程被定义为增加了氧化数，而还原则是降低的氧化数）。

化学品泛指一切有确实化学构造及化学成分的物质（又称化学物质），它们可以是元素、化合物或混合物，日常生活中我们遇到的东西多数都是混合物（比如合金）。化合物是一些以不同元素用固定比例结合而成的物质，成分的比例决定了它的化学特性（比如水是用氢同氧以 2：1 组合而成的，结果它三个原子之间就造了一个 104.5°的角度出来），不同化合物及元素之间的变化称为化学反应。

摩尔是物质的量的国际单位（符号为 mol）。1mol 是所含基本微粒个数与 12 克的 C-12 中所含原子个数相等的一系统物质的量。使用摩尔时应指明基本微粒（可以是分子、原子、离子、电子或其他基本微粒，也可以是基本微粒的特定组合体）。1mol 物质中所含基本微粒的个数等于阿伏伽德罗常数（符号为 NA，数值约是 6.0221367×10^{23}，常取 6.02×10^{23}）。一种物质的摩尔质量与式量在使用国际单位制时其数值相等。

化学键是指组成分子或材料的粒子之间互相作用的力量，其中粒子可以是原子、离子或是分子。化学键的物理本质来自于原子和原子之间电子的电力，量子力学上意指原子间电子的波函数线性叠加。化学键是化学最重要的概念之一，物理理论本质由莱纳斯·鲍林建立。化学家为能简洁表述化学键并规避量子力学的复杂性，将化学键分类为共价键、离子键和金属键，较弱的键结如氢键等。无论分类为何，其物理本质都是相同的。

分子间力是不同分子之间的作用力（主要有氢键、范德华力、亲水作用、疏水作用等），这种作用力比化学键弱（容易打开或重新组合），但它却是形成分子空间排列和架构的重要作用力（是现代化学的重要研究方向之一）。

水涌上沙滩造成浪，就是水与沙的物理特性。物质有时会是液体，有时会是固体，有时会是气体，这些叫作物质的相态。一件物质是否软、透不透光、透光的话它的折射率是多少，这些都是一件物质的物理特性。总而言之，物理特性即是一种物质不靠化学作用都可以断定到的特性。

氯化氢同氨发生化学反应生成氯化铵。化学反应是一种物质转变为另一种物质的过程，涉及分子中元素的交换和化学键的转移、形成或消失。化学反应形成的改变既可令很多独立的分子结合，也可将一个较大型的分子拆开成为很多独立的小分子（甚至是同一分子内有原子移动），即使原子的数量没有改变仍会构成化学反应。

化学反应的守恒必须符合物理守恒定律，反应前后应符合品质守恒定律（一个化学反应发生，物质的总质量不会有任何变化）、能量守恒定律（化学反应所产生的能量总和不变，只是能量形式依照反应模式而变化。这样就引出了平衡、热力学、动力学三个重要概念）、电荷守恒定律（化学反应前后的电荷数应守恒）。其他定理包括阿伏伽德罗定律、比尔-朗伯定律、博伊尔定律（1662 年，压力和体积相关）、查理定律（1787 年，体积和温度相关）、斐克扩散定律、盖吕萨克定律（1809 年，压力与温度相关）、亨利定律、盖斯定律、定比定律、倍比定律、拉乌尔定律等。拉乌尔定律是物理化学的基本定律之一，理想溶液在一固定温度下其内每一组元的蒸气分压与溶液内各该组元的摩尔分数成正比，其比例系数等于各该组元在纯态下的蒸气压。

2.4.4　现代化学的典型贡献

化学是当代自然科学的基石，元素周期表开启了化学元素知多少之门。化学使人们认识了微观世界的主角"基本粒子"，化学制造了酸类新秀"超强酸"、两栖分子"表面活性剂"，激光成了化学家强有力的工具，现代分析化学使人类能够对客观世界明察秋毫，pH 值成为应用广泛的数据，C−14 成了化石历史年代测定的利器，电子计算机成了化学化工臂膀，催化技术成了人类改造自然的重要手段，薄膜科学催生了新兴的交叉学科，电镀改变了人类生活，气体与新技术革命给气体提供了新的应用舞台，化学组合造就了琳琅满目的新功能日化产品，化工新材料成了科技发展的先导，纳米科技、超细微粒将人们引入了一个奇幻的世界，塑料微球的诞生彰显了太空化学的威力，原子被"冻僵"之后诞生了超导，钛的出现使人类多了一只神手，不锈钢、记忆合金、金属玻璃、功能塑料、导电塑料、塑料合金、钻石、巴基球、合成橡胶、特种陶瓷、新型玻璃、新型涂料、珠光颜料、结构黏合剂使材料科学变得多姿多彩，半导体在现代电子工业中大显身手，聚四氟乙烯的出现使世界有了最滑的材料，合成纤维把人类装扮得更加漂亮，沥青碳纤维成了制造远程导弹"头盔"的材料，光纤带来了现代通讯的革命，纸张革命使图书得以长期保存，阻燃化学为人类培育了"防火卫士"，液晶成了奇特的显示材料，肼分解姿态控制发动机成了控制人造卫星的"巨手"，吸水大王"高分子吸水剂"、能淡化海水的奇膜"离子交换膜"、未来的新光源"荧光树"提高了人类的生存能力，海洋探宝、河口化学拓展了人类的视野，"酶"成了生命的催化剂，"遗传与化学"使得"种豆得瓜"成为可能，蛋白质变性、微量元素与人类健康、碘（智力元素）、空气负离子（蓝色维他命）、大脑化学（1000 亿个神经细胞）、人造血、血液中的酸碱平衡、分子病的医治、人工内脏（肾、肝、肺）、人工鳃提高了人的生存能力，化学消毒剂成了细菌的克星，生物科学与化学工程学结合诞生了生物工程，蛋白质工程助推了生物技术的发展，模拟生物固氮、化学与播种（新型种衣剂）、化学与栽培（无土的农田）、化学与肥料（一半靠土、一半靠肥）、化学与除草、化学与病虫害防治（化学灭虫）、植物生长调节剂为农业的发展增添了新的活力。环境化学让人类生存环境更美好，大气中的二氧化碳是地球的"棉被"，"臭氧层"是保护人类"遮阳伞"，"除臭剂"是芬芳空气的调节剂。"防止水污染、应对酸雨"化学显神威，"降解塑料"成了对付"白色污染"的法宝，"甲壳素"的出现使我们有了第二大类天然大分子。石油（工业的血液）、碳化学（合成新能源）、酒精和沼气（现代绿色能源）无不归功于化学的付出。推进剂（火箭的动力）、氢氧燃料电池（航天器里的水源和电源）、氢能源、太阳能、核能、受控热核反应（再造"太阳"）处处都有化学的身影。人造纯水（最受青睐的饮用水）、食盐代用品、食品添加剂、高果糖浆、味精、豆腐无不浸透着化学的贡献。饲料添加剂（配合饲料的"精髓"）为我们提供了丰富的肉食资源……由此可见，化学真是与我们息息相关、如影随形。

各种土木工程材料均是化学材料或化工材料，自然环境本身就是化学环境，土木工程材料处于自然环境中也必然要发生各种各样的化学变化，如果这种化学变化足以危及土木工程结构安全我们就必须从化学的理论中找出应对之策，这就是为什么土木工程与化学紧密联系的原因。

思　考　题

1. 简述土木工程科学体系的构成。
2. 简述数学在土木工程科学中的地位与作用。
3. 简述物理学在土木工程科学中的地位与作用。
4. 简述化学在土木工程科学中的地位与作用。
5. 举几个土木工程结构（或构件）物理破坏的例子。
6. 举几个土木工程结构（或构件）化学破坏的例子。

第3章 结构工程的学科体系

3.1 结构工程的学科属性

结构工程学是研究土木工程中具有共性的结构选型、力学分析、设计理论以及建造技术和管理的学科。各种建筑物、构筑物和工程设施都是在一定环境、经济、技术条件下选用合适的工程材料建造的构件组合体。它们在规定的使用期限内必须安全地承受外部及内部形成的各种作用（包括地震等灾害作用）、满足工程使用功能要求。结构工程学具有很强的社会性、理论性、实践性，具有多学科综合性，具有技术先进、安全可靠和经济合理的统一性。不断发展的材料科学、计算机科学及其他基础学科的研究成果为结构工程学科的更新和发展创造了条件，整个结构工程学科从学科的基本构成到研究内涵均发生了深刻变化。大跨度建筑和桥梁、高层和高耸结构、特种和重型结构、空间和地下结构的不断涌现，新材料、新结构、新工艺、新技术（包括智能化技术）的日益进步推动着结构工程理论和技术的发展。结构分析已由单个构件过渡到整体结构、由平面分析过渡到空间分析、由静力分析过渡到动力分析、由线性分析过渡到非线性分析、由个别状态分析过渡到全过程分析，结构设计也已延伸到考虑包括建造、使用和维修在内的全过程综合决策（如 BIM）。现代结构工程学科的主要研究方向为混凝土结构、砌体结构基本理论及其应用；钢结构、钢-混凝土组合结构基本理论及其应用；施工技术与工程项目管理；新型结构体系及其应用；结构抗震与防灾（火灾、风灾、水灾）技术；结构安全性、耐久性与维修加固等。

3.2 结构工程的基本类型

广义的结构工程是指地球表面或浅表地壳内的一切人工构筑物，狭义的结构工程主要指工业与民用建筑（这也是我国对结构工程的基本认定）。为了符合国内现状，本章的结构工程也专指工业与民用建筑。

普通建筑结构通常可按使用功能、建筑规模与数量、建筑层数、承重结构采用的材料进行分类。建筑物按使用功能可分为民用建筑、工业建筑、农业建筑、其他建筑，民用建筑是指供人们工作、学习、生活、居住用的建筑物（包括住宅、宿舍、公寓等居住建筑和公共建筑。公共建筑按性质的不同又可分为文教建筑、托幼建筑、医疗卫生建筑、观演性建筑、体育建筑、展览建筑、旅馆建筑、商业建筑、电信与广播电视建筑、交通建筑、行政办公建筑、金融建筑、餐饮建筑、园林建筑、纪念建筑等)，工业建筑是指为工业生产服务的生产车间及为生产服务的辅助车间、动力用房、仓储用房等，农业建筑是指供农（牧）业生产和加工用的建筑（如种子库、温室、畜禽饲养场、农副产品加工厂、农机修理厂等），其他建筑是指不属于以上 3 种建筑的建筑（如兵工建筑、人防建筑等）。建筑物按建筑规模和数量可分为大量性建筑和大型性建筑两类，大量性建筑是指建筑规模不大但修建数量多且与人们生活密切相关的分布面很广的建筑（如住宅、中小学教学楼、医院、中小型影剧院、中小型工厂等），大型性建筑是指规模大、耗资多的建筑（如大型体育馆、大型剧院、航空港站、博览馆、大型工厂等。与大量性建筑比较，大型性建筑修建数量很有限但这类建筑在一个国家或一个地区具有代表性且对城市面貌的影响也较大）。

人们也习惯按建筑层数将建筑分为多层建筑、高层建筑和超高层建筑，我国将住宅建筑依层数划分为低层（1～3 层）、多层（4～6 层）、小高层（7～9 层）、中高层（20 层左右）、高层（30 层左右接近 100m）、超高层（50 层左右 200m 以上），公共建筑及综合性建筑总高度超过 24m 为高层（但高度超过 24m 的单层建筑不算高层建筑），超过 100m 的民用建筑为超高层建筑，多层建筑也指建筑高度大于 10m、小于 24m 且建筑层数大于 3 层、小于等于 7 层的建筑。另外，我国《高层建筑混凝土结构技术规程》（JGJ 3—2010）规定 10 层及 10 层以上或高度超过 28m 的钢筋混凝土结构为高层建筑结构，建筑高度超过 100m 时为超高层建筑。我国的房屋一般 8 层以上就需要设置电梯，10 层以上的房屋就有提出特殊防火要求的防火规范，因此，我国《民用建筑设计通则》（GB 50352—2005）和《高层民用建筑设计防火规范》（GB 50045—95）将 10 层及 10 层以上的住宅建筑和高度超过 24m 的公共建筑和综合性建筑归类为高层建筑。1972 年国际高层建筑会议将高层建筑分为 4 类，第一类为 9～16 层（最高 50m）、第二类为 17～25 层（最高 75m）、第三类为 26～40 层（最高 100m）、第四类为 40 层以上（高于 100m）。现代高层建筑兴起于美国，1883 年在芝加哥建起第一幢高 11 层的保险公司大楼，1931 年在纽约建成高 101 层的帝国大厦。第二次世界大战以后出现了世界范围的高层建筑繁荣时期，1970—1974 年美国芝加哥建成了高约 443m 的西尔斯大厦。高层建筑可节约城市用地，缩短公用设施和市政管网的开发周期，从而减少市政投资、加快城市建设。高层建筑的最新定义是超过一定层数或高度的建筑，高层建筑的起点高度或层数，各国规定不一且多无绝对、严格的标准（如美国将 24.6m 或 7 层以上的建筑称为高层建筑；日本将 31m 或 8 层及以上的建筑称为高层建筑；英国则把等于或大于 24.3m 的建筑称为高层建筑）。1972 年 8 月在美国宾夕法尼亚洲的伯利恒市召开的国际高层建筑会议上专门讨论并提出了高层建筑的分类和定义，超高层建筑指 40 层以上、高度 100m 以上的建筑物。1909 年建成的纽约 Metropolitan Life Tower（大都会人寿保险公司大楼，50 层、高 206 m）是世界第一幢高度超过 200 m 的摩天大楼，目前世界著名的高楼有迪拜的 Khalifa Tower ［哈利法塔，其下部－30～601m 为钢筋混凝土结构、上部 601～828m 为钢结构，总高度 828m］、深圳平安国际金融大厦（680m）、上海中心大厦（632m）、上海国际环球金融中心（492.5 m）、香港环球贸易广场（484m）、台北"101"大厦（480.5m）、广州西塔（460m）、马来西亚国家石油公司双塔大楼（451.9m）、美国芝加哥西尔斯大厦（442 m）、上海金茂大厦（420.5 m）、香港国际金融中心（420 m）、广州中信广场（391 m）、深圳地王大厦（384 m）、美国纽约帝国大厦（381 m）等，部分高楼的形象见图 3－1。

建筑物按承重结构采用的材料的不同可分为木结构建筑、砌块（砖或石等）结构建筑、钢筋混凝土结构建筑、钢结构建筑、混合结构建筑等。木结构建筑是指以木材作房屋

（a）迪拜塔　　　（b）台北"101"大楼　　　（c）上海"3 高"（上海中心大厦、国际环球金融中心、金茂大厦）

图 3-1　几个典型超高层建筑

承重骨架的建筑。砌块（砖或石等）结构建筑是指以砖或石材为承重墙柱和楼板的建筑，这种结构可就地取材，能节约钢材、水泥，能降低造价，但抗震性能差、自重大。钢筋混凝土结构建筑是指以钢筋混凝土作承重结构的建筑（如框架结构、剪力墙结构、框剪结构、简体结构等），其具有坚固耐久、防火、可塑性强等优点，应用较为广泛。钢结构建筑是指以型钢等钢材作为房屋承重骨架的建筑，钢结构力学性能好、便于制作和安装、工期短、结构自重轻，适宜于超高层和大跨度建筑。混合结构建筑是指采用两种或两种以上的材料作承重结构的建筑〔如由砖墙和木楼板构成的砖木结构建筑，由砖墙和钢筋混凝土楼板构成的砖混结构建筑，由钢屋架和混凝土（墙或柱）构成的钢混结构建筑等〕，目前应用最多的是钢与混凝土组合结构。现代建筑采用最多的结构形式是钢筋混凝土结构（简称混凝土结构）、钢结构、混合结构。因此，混凝土结构、钢结构、混合结构被称为现代建筑 3 大结构体系。典型建筑物的内外部构造及相关部位名称见图 3-2 和图 3-3。

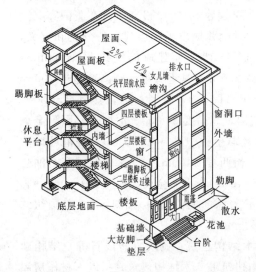

图 3-2　典型民用建筑构造

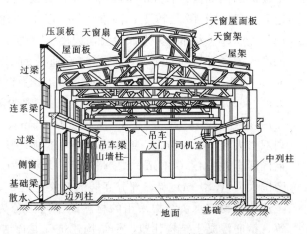

图 3-3　典型工业厂房构造

3.3 结构工程的基本构件

普通建筑的常见结构形式见图3-4~图3-15。

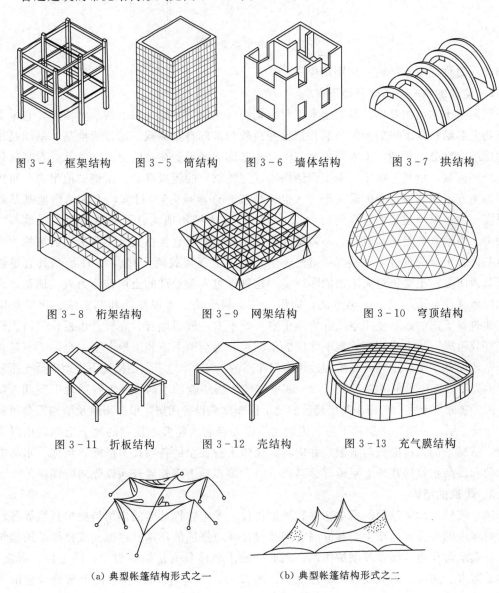

图3-4 框架结构　　图3-5 筒结构　　图3-6 墙体结构　　图3-7 拱结构

图3-8 桁架结构　　　　图3-9 网架结构　　　　图3-10 穹顶结构

图3-11 折板结构　　　图3-12 壳结构　　　　图3-13 充气膜结构

（a）典型帐篷结构形式之一　　　　（b）典型帐篷结构形式之二

图3-14 帐篷结构

3.3.1 普通建筑的基本构件

一幢建筑通常是由基础、墙或柱、楼地层、楼梯、屋顶和门窗等六大部分所组成，见图3-2。一幢建筑除上述几大基本组成部分外，对不同使用功能的建筑物，还有许多特有的构件和配件，比如阳台、雨篷、台阶、排烟道等。目前常见的两大类建筑是钢筋混凝

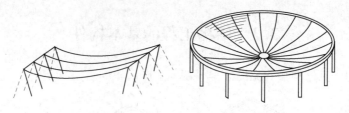

图 3 - 15　悬索屋盖结构

土结构（简称混凝土结构）和钢结构。

3.3.2　建筑的地基、基础及地下室

　　所谓"土木结构基础"是指土木工程结构物（建筑物）地面以下的承重构件，它承受建筑物上部结构传下来的全部荷载并把这些荷载与基础自身荷载一起传给地基，基础是建筑物的组成部分。所谓"土木结构地基"是指基础下面承受荷载的土层，它承受着基础传来的全部荷载，地基不属于土木工程结构物（建筑物）的组成部分。所谓"地耐力"是指地基每平方米所能够承受的最大压力（也称地基允许承载力）。目前，土木结构地基基础的投资一般占整个建筑物总投资的 10％～20％。土木结构地基分天然地基和人工地基等两大类。当地基有足够承载力、不需要经过人工加固而可直接在其上建造房屋的被称为天然地基。若土层的承载力较差（或虽然土层较好但上部荷载较大时），为使地基具有足够的承载力而需对土层进行人工加固和改良，这种经过人工处理的土层被称为人工地基。人工加固地基通常采用以下 4 类方法，即压实法、换土法、水泥搅拌和剂密法、化学加固法。建筑物下部的地下使用空间称为地下室。地下室一般由墙身、底板、顶板、门窗、楼梯等部分组成。地下室按埋入地下深度的不同可分为全地下室和半地下室，全地下室是指地下室地面低于室外地坪的高度超过该房间净高的 1/2，半地下室是指地下室地面低于室外地坪的高度为该房间净高的 1/3～1/2。地下室按使用功能的不同可分为普通地下室和人防地下室。普通地下室一般用作高层建筑的地下停车库或设备用房，根据用途及结构需要可做成一层或二层、三层、多层地下室。人防地下室是结合人防要求设置的地下空间，用以应付战时情况下的人员隐蔽与疏散，并应具备保障人身安全的各项技术措施。当地下水的常年水位和最高水位均在地下室地坪标高以下时，需在地下室外墙外面设竖向防潮层。

3.3.3　建筑的墙体

　　墙（或柱）是建筑物的承重构件和围护构件。承重构件外墙的作用是抵御自然界各种因素对室内的侵袭，内墙主要起分隔空间及保证环境舒适的作用。在框架或排架结构建筑中，柱起承重作用，墙仅起围护作用。因此，要求墙体具有足够的强度、稳定性、保温、隔热、防水、防火、耐久及经济等性能。见图 3 - 16（a），按墙体在平面上所处位置的不同分为外墙和内墙、纵墙和横墙。对于一片墙来讲，窗与窗之间和窗与门之间的称为窗间墙，窗台下面的墙称为窗下墙。在混合结构建筑中，按墙体受力方式可将墙体分为承重墙和非承重墙（非承重墙又可分为自承重墙和隔墙两种。自承重墙不承受外来荷载，仅承受自身重量并将其传给基础。隔墙起分隔房间的作用，不承受外来荷载，把自身重量传给梁或楼板。框架结构中的墙称为框架填充墙）。按构造方式可将墙体分为实体墙、空体墙和组合墙三种。按施工方法可将墙体分为块材墙、板筑墙及板材墙三种。对以墙体承重为主的结构，常要求各层的承重墙上、下必须对齐；各层的门、窗洞孔也以上、下对齐为佳。墙体要满足热工要求（保温、隔热）、节能要求和隔声要求。底层室内地面以下、基础以上的墙体常称为墙脚。墙脚包括墙身防潮层、勒脚、散水和明沟等。勒脚是外墙墙身接近室外地面的部分，为防止雨水上溅墙身和机械力等的影响，所以要求墙脚坚固耐久和防潮。

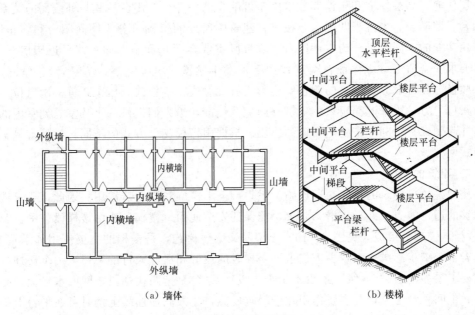

（a）墙体

（b）楼梯

图 3-16　墙体与楼梯

3.3.4　建筑的地坪层、楼板层及阳台和雨篷

楼板是水平方向的承重构件，按房间层高将整幢建筑物沿水平方向分成若干层，楼板层承受家具、设备和人体荷载以及本身的自重并将这些荷载传给墙或柱（同时，对墙体起水平支撑作用）。因此，要求楼板层应具有足够的抗弯强度、刚度和隔声、防潮、防水的性能。地坪是底层房间与地基土层相接的构件（起承受底层房间荷载的作用），要求地坪具有耐磨防潮、防水、防尘和保温的性能。楼板层包括面层、结构层、附加层、楼板顶棚层。面层位于楼板层的最上层，起保护楼板层、分布荷载和绝缘的作用，同时对室内起美化装饰作用。结构层的主要功能在于承受楼板层上的全部荷载并将这些荷载传给墙或柱，同时还对墙身起水平支撑作用，以增强建筑物的整体刚度。附加层又称功能层（根据楼板层的具体要求而设置），主要作用是隔声、隔热、保温、防水、防潮、防腐蚀、防静电等，根据需要有时和面层合二为一、有时又和吊顶合为一体。楼板顶棚层位于楼板层最下层，主要作用是保护楼板、安装灯具、遮蔽各种水平管线，改善使用功能、装饰美化室内空间。地坪层由面层、附加层、垫层、素土夯实层等构成。根据所用材料的不同，楼板可分为木楼板、钢筋混凝土楼板、钢衬板组合楼板等多种类型。

3.3.5　工业与民用建筑的楼盖

钢筋混凝土梁板结构是土木工程中常用的结构，按施工方法的不同可将楼盖分成现浇式、装配式和装配整体式三种。在现浇式楼盖中按梁、板布置情况的不同还可将楼盖分为肋梁楼盖、无梁楼盖、井式楼盖、密肋楼盖等 4 种。常用的预制板有实心板、空心板、槽形板、T 形板等。预制梁一般为简支梁或伸臂梁，有时也可以是连续梁，梁的形式有矩形、T 形、I 形、倒 T 形、十字形、花篮梁等。

3.3.6　建筑的阳台与雨篷

阳台是连接室内的室外平台，给居住在建筑里的人们提供一个舒适的室外活动空间，是多层住宅、高层住宅和旅馆等建筑中不可缺少的一部分。阳台按其与外墙面的关系分为挑阳台、凹阳台、半挑半凹阳台，按其在建筑中所处的位置可分为中间阳台和转角阳台，按使用功能的不同又可分为生活阳台（靠近卧室或客厅）和服务阳台（靠近厨房）。阳台设计要求安全适用（应保证在荷载作用下不发生倾覆，应防坠落、防攀爬）、坚固耐久、排水顺畅、美观大方，常见的阳台结构形式有挑梁式、挑板式、压梁式等。雨篷位于建筑物出入口上方，用来遮挡雨雪、保护外门免受侵蚀，给人们提供一个从室外到室内的过渡空间并起到保护门和丰富建筑立面的作用。根据雨篷板支承方式的不同，常见有悬板式和梁板式两种。

3.3.7　建筑的楼梯

楼梯是楼房建筑的竖向交通设施。供人们上下楼层和紧急疏散用。因此，要求楼梯具有足够的通行能力，并且防滑、防火，能保证安全使用。楼梯一般由楼梯段、平台及栏杆（或栏板）三部分组成，见图 3-16。楼梯段又称楼梯跑，是楼梯的主要使用和承重部分，它由若干个踏步组成（为减少人们上下楼梯时的疲劳和适应人行的习惯，一个楼梯段的踏步数要求最多不超过 18 级、最少不少于 3 级）。平台是指两楼梯段之间的水平板，有楼层平台、中间平台之分，其主要作用在于缓解疲劳，让人们在连续上楼时可在平台上稍加休息，故又称休息平台（同时，平台还是梯段之间转换方向的连接处）。栏杆是楼梯段的安全设施，一般设置在梯段的边缘和平台临空的一边，要求它必须坚固可靠，并保证有足够的安全高度。按楼梯位置的不同，楼梯有室内与室外两种。按使用性质的不同，室内有主要楼梯、辅助楼梯；室外有安全楼梯、防火楼梯。按楼梯材料的不同分木质楼梯、钢筋混凝土楼梯、钢质楼梯、混合式楼梯及金属楼梯。楼梯平面形式的不同可分为单跑直楼梯、双跑直楼梯、曲尺楼梯、双跑平行楼梯、双分转角楼梯、双分平行楼梯、三跑楼梯、三角形三跑楼梯、圆形楼梯、中柱螺旋楼梯、无中柱螺旋楼梯、单跑弧形楼梯、双跑弧形楼梯、交叉楼梯、剪刀楼梯，见图 3-17。混凝土结构楼梯的常见形式见图 3-18。

3.3.8　建筑的电梯

电梯按使用性质分为客梯（主要用于人们在建筑物中的竖向联系）、货梯（主要用于运送货物及设备）、消防电梯（用于发生火灾、爆炸等紧急情况下作安全疏散人员和消防人员紧急救援使用）。按电梯行驶速度分为高速电梯（速度大于 2m/s，梯速随层数增加而提高，消防电梯常用高速）、中速电梯（速度在 2m/s 之内，一般货梯按中速考虑）、低速电梯（速度在 1.5m/s 以内，运送食物电梯常用低速）。电梯还有其他分类方法（如按单台、双台；按交流、直流；按轿厢容量；按电梯门开启方向等）。还有专用于观光的电梯（观光电梯是竖向交通工具和登高流动观景相结合的电梯，透明的轿厢使电梯内外景观相互沟通）。电梯有电梯井道、电梯机房、井道地坑、电梯主件等组成。电梯井道是电梯运行的通道，井道内包括出入口、电梯轿厢、导轨、导轨撑架、平衡锤及缓冲器等，电梯用

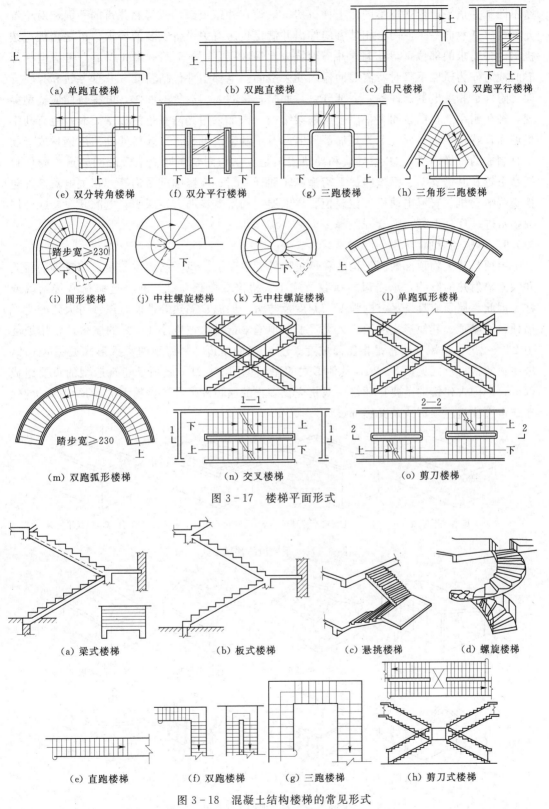

(a) 单跑直楼梯　　　　　(b) 双跑直楼梯　　　　　(c) 曲尺楼梯　　(d) 双跑平行楼梯

(e) 双分转角楼梯　　(f) 双分平行楼梯　　(g) 三跑楼梯　　(h) 三角形三跑楼梯

踏步宽≥230

(i) 圆形楼梯　　(j) 中柱螺旋楼梯　　(k) 无中柱螺旋楼梯　　(l) 单跑弧形楼梯

踏步宽≥230

1—1

2—2

(m) 双跑弧形楼梯　　　　(n) 交叉楼梯　　　　　(o) 剪刀楼梯

图 3-17　楼梯平面形式

(a) 梁式楼梯　　　　(b) 板式楼梯　　　　(c) 悬挑楼梯　　　　(d) 螺旋楼梯

(e) 直跑楼梯　　(f) 双跑楼梯　　(g) 三跑楼梯　　(h) 剪刀式楼梯

图 3-18　混凝土结构楼梯的常见形式

途不同其井道平面形式也不同。电梯机房一般设在井道顶部，机房和井道的平面相对位置允许机房任意向一个或两个相邻方向伸出并满足机房有关设备安装的要求，机房楼板应按机器设备要求的部位预留孔洞。井道地坑应比最底层平面标高底 1.4m 以下，考虑电梯停靠时冲力作为轿厢下降时所需缓冲器的安装空间。电梯主件包括轿厢、井壁导轨和导轨支架、附件、相关电器部件等 4 大部分。轿厢是直接载人、运货的厢体，电梯轿厢应造型美观，经久耐用（目前轿厢多采用金属框架结构，内部采用光洁有色钢板壁面或有色有孔钢板壁面，花格钢板地面，荧光灯局部照明以及不锈钢操纵板等。入口处则采用钢材或坚硬铝材制成的电梯门槛）。井壁导轨和导轨支架是支承和固定轿厢上下升降的轨道。附件包括牵引轮及其钢支架、钢丝绳、平衡锤、轿厢开关门、检修起重吊钩等。相关电器部件包括交流电动机、直流电动机、控制柜、继电器、选层器、动力、照明、电源开关、厅外层数指示灯、厅外上下召唤盒开关等。

3.3.9　建筑的屋顶

屋顶是建筑物顶部的围护构件和承重构件。主要抵抗风、雨、雪、霜、冰雹等的侵袭和太阳辐射热的影响，承受风雪荷载及施工、检修等屋顶荷载，并将这些荷载传给墙或柱。因此，屋顶应具备足够的强度、刚度及防水、保温、隔热等性能。屋顶可大致分为平屋顶、坡屋顶、其他形式屋顶 3 大类。平屋顶通常指排水坡度小于 5% 的屋顶，常用坡度为 2%～3%。坡屋顶通常是指屋面坡度大于 10% 的屋顶。平屋顶的常见形式见图 3-19，坡屋顶的常见形式见图 3-20，其他形式的屋顶见图 3-21。屋顶是建筑造型的重要组成部分，中国古建筑的重要特征之一就是变化多样的屋顶外形和装修精美的屋顶细部，现代建筑也应注重屋顶形式及其细部设计。

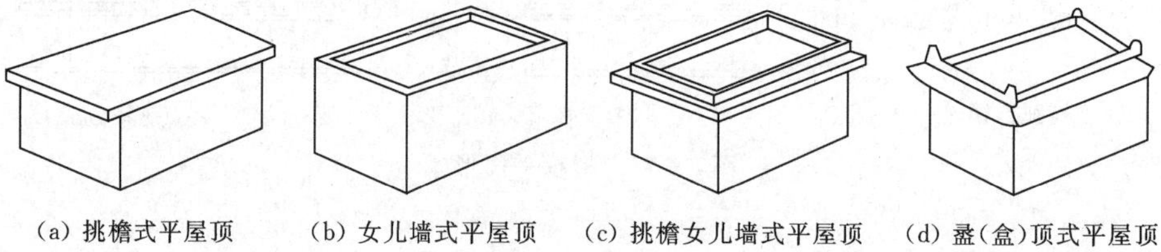

（a）挑檐式平屋顶　（b）女儿墙式平屋顶　（c）挑檐女儿墙式平屋顶　（d）盝（盒）顶式平屋顶

图 3-19　平屋顶的常见形式

（a）单坡顶　　（b）硬山两坡顶　　（c）悬山两坡顶　　（d）四坡顶

（e）卷棚顶　　（f）庑殿顶　　（g）歇山顶　　（h）圆攒尖顶

图 3-20　坡屋顶的常见形式

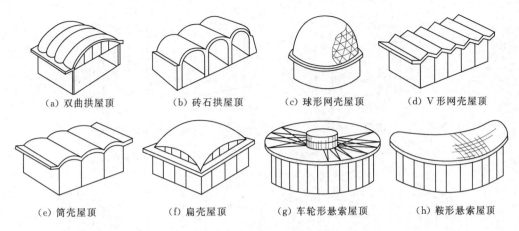

(a) 双曲拱屋顶　　　(b) 砖石拱屋顶　　　(c) 球形网壳屋顶　　　(d) V形网壳屋顶

(e) 筒壳屋顶　　　(f) 扁壳屋顶　　　(g) 车轮形悬索屋顶　　　(h) 鞍形悬索屋顶

图 3-21　其他形式的屋顶

3.3.10　建筑的门和窗

　　门与窗均属非承重构件（也称为配件）。门在房屋建筑中的作用主要是交通联系（供人们出入），并兼采光和通风作用。窗主要起通风、采光、分隔、眺望等围护作用。门和窗还有分隔、保温、隔声、防火、防辐射、防风沙等要求。处于外墙上的门窗又是围护构件的一部分，要满足热工及防水的要求。某些有特殊要求的房间，门窗应具有保温、隔声、防火能力。门窗对建筑立面构图的影响很大，它的尺度、比例、形状、组合形式、透光材料的类型等都直接影响着建筑的艺术效果。门的尺度通常是指门洞的高宽尺寸。门作为交通疏散通道，其尺度取决于人的通行要求、家具器械的搬运及与建筑物的比例关系等，并要符合现行《建筑模数协调标准》（GB/T 50002—2013）中的规定。一般情况下，门的高度不宜小于 2100mm。如门设有亮子（亮子高度一般为 300～600mm），则门洞高度宜为 2400～3000mm。公共建筑的大门高度可视具体需要适当提高。单扇门宽度一般为700～1000mm、双扇门宽度一般为 1200～1800mm，当宽度在 2100mm 以上时则应做成三扇、四扇门或双扇带固定扇的门（因为门扇过宽易产生翘曲变形，同时也不利于开启），辅助房间（如浴厕、贮藏室等）门的宽度可窄些（一般为 700～800mm）。窗的尺度主要取决于房间的采光、通风、构造做法和建筑造型要求，要符合现行《建筑模数协调标准》（GB/T 50002—2013）中的规定。门的常见开启形式见图 3-22，窗的常见开启方式见图3-23。

3.3.11　建筑的给水排水系统

　　给水排水工程的作用是安全、可靠、经济、合理地用水。安全包括用水水质、洪水排放、消防、生产、生活等方面的安全。可靠是指保证供水水量、水质（尽量不出现意外断水）。经济是指节约用水、不随便浪费水。合理是指按需用水（比如冷却水可以用中水系统的水，饮用自来水不要用于洗涤）。工业废水不要随意排放。城市应尽量建在靠近水源的地方（河流、湖泊两岸，地下水丰富的地方），城市取水要在河流的上游，城市的污水排放要置于河流的下游。给水排水工程的基本内容包括取水、净水、输水、用水、排水等几个环节。给水排水工程由三部分组成（即城市给水系统，建筑给、排水系统，城市排水系统）。给水排水工程的常见设施包括取水构筑物、一级泵站、净水厂、清水池、二级泵

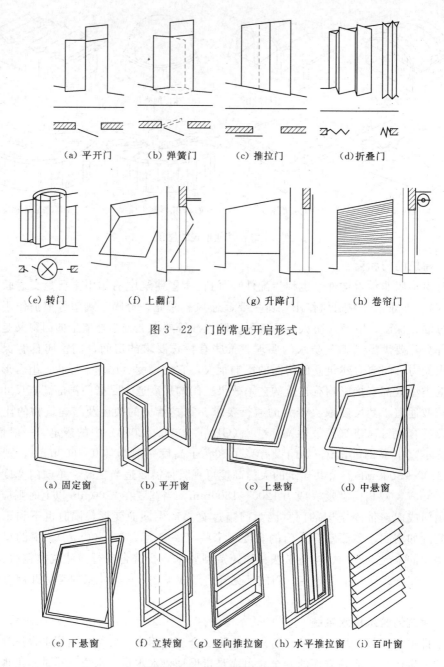

（a）平开门　　（b）弹簧门　　（c）推拉门　　（d）折叠门

（e）转门　　　（f）上翻门　　　（g）升降门　　（h）卷帘门

图 3-22　门的常见开启形式

（a）固定窗　　（b）平开窗　　（c）上悬窗　　（d）中悬窗

（e）下悬窗　　（f）立转窗　（g）竖向推拉窗　（h）水平推拉窗　（i）百叶窗

图 3-23　窗的常见开启方式

站、输水管、城市给水管网、水塔、高位水池等。

城市给水系统由取水、净水、输水设施三部分组成，应根据城市规划、地势地形通过综合考虑确定出安全可靠、经济合理的给水系统。城市给水系统主要有三种形式（即统一给水系统、分区给水系统、循环给水系统）。城市用水量是根据城市人口、工业生产、生活标准、其他行业用水情况由设计部门通过计算得来的，它必须保证生活及生产等安全可靠的供水。取水工程由水源、取水构筑物、一级泵站等部分构成。水源可以是地下水源（井水、泉水）、地表（面）水源（江、河、湖、水库）。水源水由于自然或人为因素都有被污染的可能，为保证人们正常的生产与生活，水源水要进行处理（即净水工程）。输配水工程是指将符合标准的水通过输水管网送到用水户。它包括二泵站、输水管线、配水管网、水塔等，在给水系统中该部分工程量最大、投资最高。给水管道材料、配件及设备是管网组成的主要构件，应根据水的工作情况、管网的重要程度、施工的技术及方法、可以获取的材料等多种因素合理选取。管道材料主要为金属材料和非金属材料等 2 大类，不同的管材需采用不同的管道配件。最常见的测量流量的仪器设备是水表（供家用或建筑物使用。另外，还有测量水压的压力表、真空表，测量水温的温度计，测量水位的水位计等）。

建筑给水系统是指供应小区、工厂或城市内各建筑物生活、生产、消防用水的系统，分生活给水系统、生产用水系统、消防给水系统等 3 种系统，以上 3 种系既可设置成一个系统，也可设置成 3 个分别独立的系统（具体应根据经济、通流量、管道的技术布置情况确定）。给水系统主要有引入管、水表、干管、立管、支管、用水设备等组成。为满足各用水设备的正常出水（水压，水量），建筑给水系统应提供必需的水压（一般配水压力要求是一层建筑 10m、二层 12m、三层以上每层加 4m 水头）。在多（高）层建筑中通常采用上下分区供水系统（即城市供水压力只能满足下部几层的用水，上部楼层设水泵和水箱联合供水），这样，既可充分利用城市配水管网又可减小上区供水设备的储水容量，使供水安全、经济合理。应根据建筑情况、城市给水管网情况（供水压力、供水能力）确定建筑物内的给水方式。管道布置应遵守相关规定，应做好管道的防腐（防锈油、红丹漆、银粉漆）、防冻（保温）、防结露（保温）处理工作。多（高）层建筑必须在建筑给水系统上加设增压设备，常见增压设备包括水泵、高位水箱、气压装置及变频调整供水设备等。

消防给水要求极为严格，必须使供水系统（包括管网和设备）处于常备不懈的警备状态（以随时保证消防的用水需求）。城市管网是最常用的消防用水水源（大多城市的给水管网是生活、消防、生产给水的合用系统），另外，消防用水水源还可以是天然水体（如河流、湖泊等）和人工水体（如消防水池、人工喷泉等）。城市消防给水管网一般与生活、生产给水管网结合设置（为保证供水安全应采用环式管网），消火栓是用于向消防车输送水（或向消防水龙带输送水）的设备。建筑消防给水系统是设置在建筑物内用于扑灭建筑物内的火灾和防止火灾蔓延的给水系统，包括消火栓给水系统、自动喷淋系统、水幕系统等。50m 以下的高层建筑可由消防车从室外的消火栓取水并通过水泵接合器向建筑内的消防管网供水以协助灭火（50m 以上难以得到消防车的供水援助，为加强给水系统的自身灭火能力以保证灭火宜采用分区给水系统，消火栓系统应选用大号的（口径 65mm、水带长度 25m、喷嘴 19mm、充实水柱不小于 10m）。自动喷水给水系统在火灾发生后能自动启动喷水灭火、可有效扑灭初始火灾、有极好的灭火能力（成功率达到 95% 以上），闭式喷嘴自动喷水灭火系统自动喷水系统的设置范围应符合规定，开式洒水系统有雨淋式和水幕系统 2 类。对于不宜用水灭火的燃烧物可用水雾、蒸汽、二氧化碳、卤代烷等作为灭火剂，用于扑灭液体、固体、气体的各项火灾。

3.3.12 建筑的热水供应系统

生产、生活中常需要大量的使用热水，我国经济持续增长、人民生活水平日益提高，热水的需求量也以倍数的形式增长，过去只有在旅馆、高级住宅区使用的热水系统已走入寻常人家。热水供水系统通常由热水加热器、热水管网及其他附属设备组合而成。热水供应的方式应根据建筑物的性质、供水要求、建筑高度、热源情况确定，按加热方式可分为直接加热法和间接加热法（热源、热交换器）；按管网布置形式可分为上行下给式（横干管在立管上方）和下行上给式（与自来水相同）；按循环情况可分为无循环、半循环（对定时供应热水的系统在供水前半小时用循环泵使干管中的水循环以减小排放管路中冷水的时间）、全循环（管路中一直是热水）。热水系统的器材与设备应符合规定，加热方法和加热器的选择应符合规定，热水管道的布置应遵守相关规定且应在满足热水供应的前提下力求管路简短、使用方便、利用维护，饮用水供应应遵守相关规定。

3.3.13 中、低层建筑的排水系统

建筑排水是指建筑物内污水与废水的收集、输送、排出及局部的水处理。污水是由生活或工业产生的，废水则是工业产生的，常用指标有悬浮物、有机物、pH 值、色度、有毒物。污水排放应符合标准（排入的地点不同其标准也不同），排水出路有 2 个（即排入水体、排入排水沟）。排水有污水和废水之分。排水系统有合流制与分流制之分（我国要求采用分流制）。排水系统通常由污水（废水）收集器具、排水管道、水封装置、通气管、清通部件、提升设备、污水局部处理设备等 7 部分组成。室内排水管的布置与敷设应遵守相关规定，排水管材和卫生器具应遵守相关规定。屋面雨水排除方式主要有无组织排水[雨、雪水沿屋面檐口落下，无专门集水和排除设施，适用于低矮建筑（老式平房）]和有组织排水（有专门设置，使其沿一定路线排泄）2 种形式。屋面雨水内排水系统的雨水斗由檐沟（或天沟）中接收雨水。

3.3.14 高层建筑的给排水系统

高层给水方式可采用重力供水和压力供水 2 种方式。高层消防给水可采用 2 种形式（即设置室外消火栓、设消防系统）。高层热水供应可采用集中热水供应和局部热水供应方式。高层排水系统通常采用分流排放。生活废水（洗涤、沐浴）收集处理后到中水系统（回用作厕所冲洗或浇灌花园用水）。中水是利用废水进行净化处理后再回用的水，一般利用中水冲洗厕所、浇洒绿地。中水系统通常由调节池（调节水量、水质）、沉淀池（除悬浮物）、生物反应池（对水中有机物分解）、过滤池（过滤消毒）等组成。管道布置应符合要求，立管设在管井中，管井上、下贯穿各层。通常设置设备层（立管无法贯穿时在此用水平管道做上层立管的新起点，为美观可将各种交叉管道置于此，可放置水箱、水泵）。贮水池、水泵站、加热换热器通常设在地下室。

高层排水习惯采用苏维托排水系统。该系统 1959 年由瑞士人弗里茨·苏玛提出，其将排水系统的置于各楼层横水支管与立管连接处，乙字弯略改变流向且从与横接口正对的位置的隔板上方缝隙处吸入空气（使污水为水气混合物以降低流速，减轻对上方抽吸及对下方增压作用），是一种使气水混合或分离的配件来替代一般零件的单立管系统（称其为苏维脱系统），它包括混合器（气水混合器）和跑气器（气水分离器）两个部件。

3.3.15 建筑的室外排水工程

室外排水工程的作用是排除城镇生活污水、工业废水、大气降雨以保证城镇的正常生活、生产活动。室外排水系统可采用各种适宜的形式。室外排水管道的布置与敷设应符合

要求。街道排水支管的布置应简便并尽可能地在埋深小的前提下使庭院与街坊排水管都能靠自流接入。排水干管布置应充分利用地形、地势，应用最简便的方法使污水送入污水处理厂或河道（水体），这些方法包括正交、截流式、平行式。应避免敷设在交通干线下，其与其他管线要有一定的距离，其要有一定的坡度。

3.3.16 水泵与水泵站

泵是指提升和输送水或其他液体的机械，其型式以叶轮式为主，可按工作原理分为离心泵（轴进侧出）、轴流泵（前进后出）、混流泵三种。离心泵由泵壳、泵轴、叶轮、吸水管、压水管、泵座等组成，其靠高速旋转的叶轮带动叶轮中的水作圆周运动产生离心力，水流在离心力的作用下获得压能而输送出去。离心泵的基本参数包括流量 $Q(\mathrm{m}^3/\mathrm{s})$、扬程 H（将水提升的高度）、扬高（水泄最低水位至水塔最高水位的高度。$H_b=H_g+H_x+H_y+H$）、轴功率 N、有效功率 N_u(use)、效率 $\eta(\eta=N_u/N)$、转速 $n(\mathrm{r/min})$、允许吸上真空度 H_s（1 个大气压，20℃状态参数，水泵工作时，允许的最大抽水高度）、气蚀余量 [是指水泵叶轮的进水口（此处是水压最低的地方）处水体所具有的压力比在 20℃时水的饱和蒸汽压高出的数值。20℃时的饱和蒸汽压 2336Pa]。

水泵的选择应合理，水泵的流量 Q 应大于给水系统的最大小时的设计流量 q，泵扬程 H 应大于最大小时设计流量所需的压力，通常取 $Q=[1+(10\%\sim15\%)]q$，$H=[1+(10\%\sim15\%)]H_{s,u}$。泵房应有采光措施且光线和通风应良好、管路要防冻，布置时应有间距 0.7m 的维修空间并应设置减振基础，应满足出水管组的连接要求，基座的相对位置和房高应合适，靠近配电箱处不得开可打开的窗户。

3.3.17 建筑的供热系统与供暖系统

供热工程是指利用热媒（水、汽或其他介质）将热源输送给各热用户的工程技术，供热工程起源于 19 世纪（1877 年首先出现区域供暖），区域（集中）供暖系统通常由热源（指通过热电厂、区域锅炉房将水加热成的高温热水或汽）、热网（指由区域供热热水管网或蒸汽管网组成的输配系统）、热用户（指由生产、生活用热系统与设备组成的热用户）等 3 部分组成，有区域热水锅炉房供热系统和区域蒸汽锅炉房供热系统 2 大类型。冬季向建筑系统提供热量的工程设备称为供暖系统，人们习惯根据热媒的不同将供暖系统分为热水供暖、蒸汽供暖、热空气供暖等 3 种类型。散热器的作用是向房间供给热量以补充房间的热损失（使室内保持需要的温度）从而达到取暖目的，散热器中度过热水或蒸汽时器壁被加热，当外壁面温度高于室内温度时即会形成对流及辐射（其中大部分热以对流方式传给室内空气）。高层建筑供暖应关注围护结构的传热系数问题。供暖系统的设计热负荷应符合相关规定，热源及热力网系统要符合要求。锅炉是供热之源，锅炉及锅炉房设备的任务是安全、可靠、经济、有效地把燃料的化学能转化为热能，进而将热能传递给水以生产热水或蒸汽。锅炉的安全问题至关重要。热网是用于输送热媒到各热用户的引入口并在热用户中放出热量，按热媒流动形式的不同可分为封闭式供热系统（即用户只用热、不消耗质量。用户只利用热媒携带的部分能量，剩余能量随热媒返回锅炉）、半封闭式供热系统（用户既消耗部分热能又用部分热媒，如热水供应系统）、开放式供热系统（用户消耗全部热媒及所携带的热能，如热汽水混合加热器）。

3.3.18　建筑的空气调节系统

空调的作用是采用技术手段把某个特定空间内的空气环境控制在一定状态下，使其满足产品的生产工艺要求（或人们的舒适要求）。空调的控制参数主要包括温度（t）、湿度（d）、空气流速（v）、空气压力（p）、空气的清洁度、空气的组成成分、噪音等，上述参数受许多因素干扰［比如室外气候的变化（热辐射、风、等）、室内人员的活动、机械设备的运转等］。空调系统按作用不同可分为工艺性空调［满足生产、实验、电子、医院手术、考古研究需要（即防止氧化的保护气体空调）］、舒适性空调（满足人体舒适需求）两大类。空调系统的工作过程是将室外空气送到空气处理设备中进行冷却、加热、除湿、加湿、净化（过滤）使其达到所需参数要求后送到室内以消除室内的余热、余湿、有害物，从而得到新鲜的、所需的空气。空调系统通常由冷热源、空气处理设备、输送与输配管道、房间等系统组成。空调系统按形式不同可分为集中式（所有设备均设置在空调机房内，即全风）、半集中式［空调机房处理风（空气）然后送到各房间，由分散在各房间的二次设备（如风机盘管）再进行二次处理］、分散式（局部式，柜机、分体机均属此类）；按介质可分为全空气系统［完全由处理过的空气作为承载空调负荷的介质，由于空气的比热 c 较小，故需要用较多的空气才能达到消除余热、余湿的目的。因此，该系统要求风道断面较大（或风速较高），从而占据较多的建筑空间］、全水系统［完全由处理后的水作介质。水的比热 c 大，因此管道所占空间小，但这种方式只能解决空气的温度（冷热）而无法解决换气问题，故不能（很少）单独使用］、空气—水系统（处理过后空气、水各担负一部分负荷，如新风＋风机盘管系统。其用水加热或冷却。其特点是风管可大大减小，调节温度较方便）、制冷剂系统（只有分散方式，比如分体机、窗机等）。空调机组冷却大多采用风冷或大容量水冷，通常有冷冻机（由压缩机、冷凝器、节流阀、蒸发器等组成）、空气过滤器、风机、热交换器等系统组成，有的用电加热和加湿器。

3.3.19　空调建筑

空调房间的建筑布置应符合要求，空调的热负荷、湿负荷与建筑布置及围护结构关系很大，布置上应远离产生大量污染物及高温高湿的房间，应远离噪音源（如水泵房），各房间应尽量集中且同参数要求的房间应尽可能相邻或上下布置，室内温、湿度波动小的房间（±0.5℃）应尽量在室温波动允许较大的房间布置空调。围护结构应满足热工要求，空调房间的外窗面积应尽量减少并应采取遮阳措施（外窗面积一般应不超过房间面积的17％，东西外窗最好采用外遮阳。内遮阳可采用窗帘或活动百叶窗），窗缝应有良好的密封（以防室外风渗透），房间外门门缝应严密（以防室外风侵入。门两侧温差≥7℃时应采用保温门），围护结构最大传热系数（与墙厚，材料在关）应符合规定，对房间波幅有要求的房间应遵守相关规定（包括开窗、楼层、有无外墙等方面）。需用供冷来消除的室内负荷称为冷负荷，需用供热的室内负荷称为热负荷，需要消除的室内产湿量称为湿负荷。

3.3.20　建筑的空气处理设备

空气处理应了解水蒸气、水相互转换时的能量变换关系，空气的处理方法主要包括热湿处理（加热、冷却、加湿、除湿）、净化处理 2 大类。典型的空气处理设备有表面式换热器、喷水室、加湿设备、除湿设备、电加热器、空气净化设备等。空调机房是为安装集中式空调系统或半集中式空调系统的空气处理设备及送、回风机的地方，机房在大、中型建筑中的位置十分重要,其既决定投资的多少又决定能耗的大小(还可能造成噪音、振动进而影响空调房间的正常工作和使用)。空调机房位置应符合规定,应尽可能设置在负荷集中的地方(以缩短风管长度、节省投资、降低能耗、减少风管对空间的占用),应远离对空调要求高的使用地点(如精密实验室、广播、电视、录音棚等建筑),应尽可能将机房布置在地下室、设备层。空调机房内部布置应符合规定,机房应有单独的出入口,设备旁边要有 $0.7\sim0.71m$ 的检修与操作距离,经常调节的阀门应布置在便于操作的地方,空调箱、自动控制仪表等的操作面应有充足的光线且最好是自然光线。

3.3.21 建筑的空气输配系统

建筑的空气输配系统通常由风机、风道、风阀、水泵、水管等组成。风机是输送空气的动力设备,通常有离心式、轴流式、贯流式等几种形式,根据风向的不同可分吹风机、引(吸)风机 2 类。风道是空气输配系统的主要组成部分之一,集中式、半集中式空调系统的风道尺寸对建筑空间的使用有很大影响,风道内风速的大小及风道的敷设也会影响电力消耗和噪音水平。水管的常见公称直径为 DN50 的焊接管或 DN50 的无缝管。通常情况下高层建筑内不可能在每层设空调机房,故必然应有铅直走向的风道,故需留有管井。管井内可设风管、水管及其他公用设施所需的管线(如电缆、电视线等),管井应设在每区的中心部位且应在机房附近(以减少分支的管路长度。管井应从下向上,不得拐弯)。风阀一般装在风道或风口上,用于调节风量、关闭其支风道或风口、分隔风道系统的各个部分,还可启动风机或平衡风道系统的阻力,常用风阀有插板阀、蝶阀、多叶调节阀等 3种。新风入口(即空调的新鲜空气入口)方式多种多样(可在墙上设百叶窗。可在屋顶上设置成百叶风塔的形式。多雨地区应采用防水百叶窗,为防止鸟类进入应外加金属网),其位置应符合要求,应设置在室外较清洁的地点(进风口处的室外空气有害物的浓度应小于室内最高许可浓度的 30%),应尽量置于排风口上风侧,应远离排风口,进风口底部距室外地面不宜小于 2m,应尽量开在背阴面(北面,夏季温度低)。室外排风口应设在屋顶或侧墙,侧墙形应加百叶风口,屋顶形应采用百叶风塔形且应加风帽。

3.3.22 建筑空调系统的消声防振问题

动力设备运行时会产生噪音与振动并通过风管及建筑结构传入空调房间,其源头主要有风机、水泵、压缩机、风管、送风末端装置等。因此,应采取措施消除通过风道传递的噪声、消除建筑结构传递的(振动)噪音。

3.3.23 空调建筑的防火排烟问题

火灾发生时对人们安全的最大威胁是烟气,其中气体中毒而窒息为主要威胁,解决火灾发生时的防、排烟问题是建筑防火的主要问题。良好的防火排烟设施与建筑设计和空调通风设计密切相关。因此,应重视空调系统的防火设计,防火、防烟、排烟阀应符合相关规定要求。

3.3.24 建筑的制冷系统

对空气冷却、除湿处理均需要冷源。冷源有人工和天然两种,天然的有深井水、深海水、天然冰等,人工的则为制冷机(包括压缩式、吸收式、吸附式等)。制冷是指将热量从某物体中取出来而使物体的温度低于环境温度的过程(即达到"冷"的目的),制冷通常需消耗一定的其他能量,这种制冷循环一般借助制冷剂来完成(液化气体要吸热,汽化液体会放热）且通常使用压缩式循环。常见制冷机组有冷水机组和热泵式制冷机组 2 大类。冷水机组是由压缩机、冷凝器、节流阀、蒸发器组成的向外提供冷却水的设备。冷却塔用于水冷式冷凝（却）器，适用于远离水源或用水紧张的地区。冷却塔主要以机械通风为主（也有自然通风的），用以降低冷却水的温度。极限时其水的温度可降到当地（时）的湿球温度。

3.3.25　建筑的通风系统

建筑通风的目的是将被污染的空气直接或经净化后排出室外并把新鲜空气补充进来，使室内空气符合卫生标准及满足生产工艺要求。通风系统通常不使用循环回风，其对送入室内的新鲜空气不作处理（或仅作简单的加热处理或净化处理），其应根据需要对排风先净化（或直接排出室内空间）。对民用建筑以及发热量小、污染轻的工业厂房通常只要求室内空气新鲜清洁并在一定程度上要求改善室内空气温、湿度及流速（通过开窗换气、穿堂风处理即可满足要求）。常用通风方式有自然通风、机械通风 2 大类。应重视建筑设计与自然通风的配合。机械通风系统的功能是消除室内产生的余湿、余热和有害物，发生故障时可作事故通风用。其通常由室内通风和排风口、风道风机、室外进（排）风装置等组成，需要时还应有除尘或吸收装置。

在一般屋顶上可架设通风间层即构成通风屋顶（间层的高度为 20～30cm。这种屋顶有很好的隔热效果，其间空气层有良好的隔热效果，间层内流动的空气会把屋顶积蓄的太阳能辐射热带走），南方地区的民用或工业建筑多采用这种通风屋顶（实测表明，该屋顶内表面比实体屋顶内表面温度低 4～6℃），常见通风屋顶有不兜风屋顶（通风周围的气流与风向相反）和兜风式屋顶（屋顶气流与空气流动方向一致）。其风速比不兜风的间层屋顶内风速高 2 倍左右，其屋顶内表面最高温度要比不兜风式的低 1℃左右）两种形式。

3.3.26　建筑的电气系统

建筑电气设计应贯彻执行国家的技术经济政策并应做到"安全可靠、经济合理、技术先进、整体美观、维护管理方便"，本章内容适用于城镇新建、改建和扩建的住宅建筑的电气设计（不适用于住宅建筑附设的人防工程的电气设计）。民用建筑电气设计应体现以人为本宗旨，应对电磁污染、声污染及光污染采取综合治理以达到环境保护相关标准的要求、确保人居环境安全。建筑电气设计应采用成熟、有效的节能措施以降低电能消耗，建筑电气设备应选择具有国家授权机构认证的和符合国家技术标准的产品（严禁使用已被国家淘汰的产品），建筑电气设计应符合我国现行有关标准的规定。

供配电系统的设计应按负荷性质、用电容量和发展规划以及当地供电条件合理确定设计方案。自备应急柴油发电机组应符合相关要求。住宅建筑低压配电系统的设计应根据住宅建筑的类别、规模、容量及可能的发展等因素综合确定。住宅建筑（小区）电源布线系统的设计应符合我国现行标准《电力工程电缆设计规范》（GB 50217—2007）和《民用建筑电气设计规范》（JGJ 16—2008）中的相关规定。住宅建筑电气设备应采用效率高、能耗低、性能先进、耐用可靠的元器件，应考虑选择绿色环保材料生产制造的元器件。住宅建筑电气设备的设计应符合我国现行标准《民用建筑电气设计规范》（JGJ 16—2008）中的相关规定。住宅建筑电气照明的设计应符合我国现行《建筑照明设计标准》（GB 50034—2013）、《民用建筑电气设计规范》（JGJ 16—2008）中的相关规定。住宅建筑防雷与接地设计应符合我国现行《建筑物防雷设计规范》（GB 50057—2010）、《民用建筑电气设计规范》（JGJ 16—2008）中的相关规定。智能化的住宅建筑（小区）宜设置智能化集成系统。住宅建筑综合布线系统设计应符合我国现行《综合布线系统工程设计规范》（GB 50311—2007）、《民用建筑电气设计规范》（JGJ 16—2008）中的相关规定。住宅建筑信息化应用系统宜满足《智能建筑设计标准》（GB 50314—2012）中的相关规定。智能化住宅建筑（小区）宜设置建筑设备管理系统。住宅建筑火灾自动报警系统设计应符合我国现行《火灾自动报警系统设计规范》（GB 50116—2013）、《高层民用建筑设计防火规范》（GB 50045—95）、《建筑设计防火规范》（GB 50016—2014）、《民用建筑电气设计规范》（JGJ 16—2008）中的相关规定。住宅建筑（小区）电子信息系统机房的设计应符合我国现行《电子信息系统机房设计规范》（GB 50174—2008）、《民用建筑电气设计规范》（JGJ 16—2008）中的相关规定。机房应符合规定。照明节能应遵守相关规定。

3.4　结构工程的历史与发展

结构工程的发展可大致分为古代、近代和现代三个历史时期。迄今为止，结构工程历史上曾出现过三次变革型的飞跃。不难理解，对结构工程发展起关键作用的首先是作为工程物质基础的土木建筑材料，其次是相关的设计理论和施工技术。每当出现新的优良建筑材料时，结构工程就会有一个飞跃式的发展。从"穴居巢处"到"秦砖汉瓦"到"钢铁水泥"到"智慧材料"，结构工程跨越了古代、近代两个漫长的历史岁月进入现代文明，在长达数千年的历史演进过程中逐渐趋于成熟。

结构工程真正跨入科学殿堂的年代应该追溯到公元 17 世纪中叶，17 世纪以后欧洲各国先后进入资本主义社会，工业革命导致社会经济基础发生了巨大的变革，科学技术出现飞跃式发展，也促进了结构工程的快速发展和巨大进步。现代结构工程起源于公元 20 世纪中叶（第二次世界大战结束），和平和发展是时代的主旋律，现代科学技术的迅猛发展为结构工程科学的进步与发展提供了强大的物质基础和技术支撑，开始了以现代科学技术为后盾的结构工程新时代。现代结构工程的特点可概括为以下 6 个方面，即设计理论的科学化（现代力学、数学理论以及计算机信息技术的发展，使结构工程的设计理论和方法得到了长足的进步，为结构工程结构的安全、可靠、合理、经济设计提供了可靠保证）；建筑材料的轻质高强化［混凝土技术的全方位发展（降低混凝土的重度、提高混凝土的强度、改善混凝土的性能、增加混凝土的品种），金属材料、非金属材料、复合材料的全方位发展（低合金、高强钢材的发展，铝合金、建筑塑料、玻璃钢等轻质高强材料的应用等）］；施工过程的工业化、自动化、智能化（在工厂成批生产房屋、桥梁的各种构配件或组合体，在现场进行拼装以加快施工速度、减少野外工作。施工过程中各种智能控制技术、自动化技术的应用为复杂、大型、高耸结构工程结构的快速高精度建设提供了条件）；功能要求的多样化［现代结构工程结构要求有和谐的周边环境，结构布置要与水、电、暖、气、通信、网络等配套，要求具有一定程度的智能化（如具有通信、办公、服务、防火、保卫等自动化功能，室内温、湿度的自动控制等）。另外，工业建筑要满足生产工艺要求（比如恒温、恒湿、防磁、防辐射、防微振、防腐蚀、无微尘）、要求大跨度和分隔灵活、要求工厂花园化。绿色建筑、节能建筑、智慧建筑的摩肩接踵〕；城市建设的立体化（城市化是人类发展的必然趋势，随着经济的发展城市人口密度快速增大，用地紧张、交通拥挤和昂贵地价迫使城市建设向立体化发展，导致高层建筑的大量涌现、地下工程的迅速发展和城市高架公路、立交桥的蓬勃繁荣）；交通工程的快速化〔社会进步对交通运输系统快速、安全、高效的要求越来越高，各种现代技术的不断进步也为满足这种要求提供了可能的条件。交通运输的高速化使世界变得越来越小，高速公路、高速铁路、空港的修建规模越来越大，交通瓶颈不断被打破（海底隧道、越江隧道、跨海大桥、越江大桥越建越多）〕。

结构工程科学的未来发展仍体现在构成结构工程学科的三个基本要素（材料、施工和理论）上。预计未来的结构工程将在以下几个方面出现亮点，即 BIM 技术（土木工程集成、智慧建造与管理）；建筑材料的高强轻质化和新型建筑材料的研制、开发与应用（包括预应力混凝土材料及技术、高性能混凝土技术等）；结构工程施工过程的工业化、电气化、自动化、智能化、信息化；结构工程理论分析的精细化、科学化和工程理论的进步与发展（包括设计思想的革新、结构形式的创新、抗灾能力的重视、环境的协调与友好、地下空间的开发等）；结构设计的傻瓜化与智能化等。随着结构工程科学的发展，一些新型结构型式的应用将越来越多〔如改进的桁架筒体、巨型框架体系、多束筒体系；耗能减震技术（被动减震及主动减震。目前的被动耗能减震有耗能支撑，带竖缝耗能剪力墙、被动调谐质量阻尼器、油阻尼器。未来的被动耗能减震形式将更加精巧、更加有效，各种新颖的主动减震结构将争奇斗艳、巧夺天工）等〕，建筑施工的智能化水平将越来越高（比如 3D 信息化施工技术），人类的生存环境也必将越来越好。

思 考 题

1. 简述结构工程的学科特点。
2. 结构工程有哪些基本类型？
3. 结构工程有哪些基本构件？其作用各是什么？
4. 你对结构工程的发展有何想法与建议？

第4章 混凝土结构工程的特点及技术体系

4.1 混凝土结构的分类及构造特点

4.1.1 混凝土结构的基本特点

笼统地讲，混凝土结构是指以混凝土材料为主并根据需要配置钢筋、预应力筋、钢骨、钢管等作为主要承重材料的结构，混凝土结构的类型很多，包括素混凝土结构（已基本不用）、钢筋混凝土结构、预应力混凝土结构、钢骨混凝土结构、钢管混凝土结构、FRP筋混凝土结构、钢-混凝土混合结构、纤维混凝土结构等。素混凝土结构主要用于素混凝土基础（见图4-1），钢筋混凝土梁见图4-2，预应力混凝土空心楼板见图4-3，钢骨混凝土柱见图4-4，钢管混凝土柱见图4-5，钢-混凝土组合（混合）结构见图4-6。混凝土的特点是抗压强度高、抗拉强度很低（一般抗拉强度只有抗压强度的 $1/8\sim1/20$），破坏时具有明显的脆性性质。因此，素混凝土构件在实际工程的应用很有限（主要用于以受压为主的基础、柱墩和一些非承重结构）。

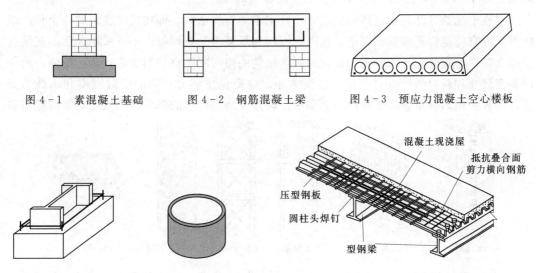

图4-1 素混凝土基础　　图4-2 钢筋混凝土梁　　图4-3 预应力混凝土空心楼板

图4-4 钢骨混凝土柱　　图4-5 钢管混凝土柱　　图4-6 钢-混凝土组合（混合）结构

严格地讲，混凝土结构是指以混凝土为主要承载材料制成的结构，包括素混凝土结构、钢筋混凝土结构和预应力混凝土结构等。素混凝土结构是指由无筋或不配置受力钢筋的混凝土制成的结构。钢筋混凝土结构是指由配置受力的钢筋、钢筋网或钢筋骨架的混凝土制成的结构。预应力混凝土结构是指由配置受力的预应力筋，通过张拉或其他方法建立预加应力的混凝土结构。预应力混凝土结构中的先张法是指在混凝土浇筑之前进行预应力筋张拉并在混凝土达到一定强度后放张而施加预应力的方法；后张法是指混凝土浇筑并达到一定强度后张拉预应力筋施加预应力的方法；无黏结预应力混凝土结构是指配置带有涂料层和外包层的预应力筋且与混凝土之间能够永久产生滑动的后张法预应力混凝土结构；有黏结预应力混凝土结构是指通过灌浆或与混凝土的直接接触使预应力筋与混凝土之间相互黏结的预应力混凝土结构。钢筋混凝土结构中的现浇混凝土结构是指在现场原位支模并整体浇筑而成的混凝土结构；装配整体式混凝土结构是指由预制混凝土构件或部件通过钢筋锚固（连接）或施加预应力并现场浇筑节点混凝土而形成整体受力的混凝土结构。混凝土结构体系中的框架结构是指由梁和柱以刚接或铰接相连接而构成承重体系的结构；剪力墙结构是指由墙体组成的承受竖向和水平作用的结构；框架—剪力墙结构是指由剪力墙和框架共同承受竖向和水平作用的结构；板柱结构是指由楼板和柱为主要构件承受竖向和水平作用的结构；叠合式结构是指由预制构件（或既有结构）及后浇混凝土组成而两阶段成形的结构。混凝土结构中的钢筋是指用于混凝土结构构件中的各种非预应力筋的总称；预应力筋是指用于混凝土结构构件中施加预应力的钢丝、钢绞线和精轧螺纹钢筋的总称。混凝土结构的整体稳固性是指结构在偶然作用下局部发生破坏但仍能依靠剩余的抗力继续承载而不致于因连续倒塌引发结构解体或大范围破坏的能力；抗倒塌设计是指针对结构遭遇灾害作用后因局部倒塌而缺失的部分构件按新的计算简图及有关设计参数进行的避免连续倒塌或大范围破坏的设计；既有结构的设计是指为提高安全度、改变使用功能、延长使用年限等而对已建成并投入使用的结构按现行相关标准进行的设计。典型的现代混凝土结构体系见图 4-7，不同的结构体系有其适宜的建筑高度（见表 4-1）。

　　混凝土建筑设计和建筑结构应遵守一些基本的自然法则，即在高层建筑的一个独立结构单元内宜使结构平面形状简单、规则，刚度和承载力分布均匀，不应采用严重不规则的平面布置；建筑的立面和竖向剖面宜规则，结构的侧向刚度宜均匀变化，竖向抗侧力构件的截面尺寸和材料强度宜自下而上逐渐减小，应避免抗侧力结构的侧向刚度和承载力突变；不宜采用角部重叠或细腰的平面图形；应重视竖向体形的渐变性；应避免竖向抗侧力

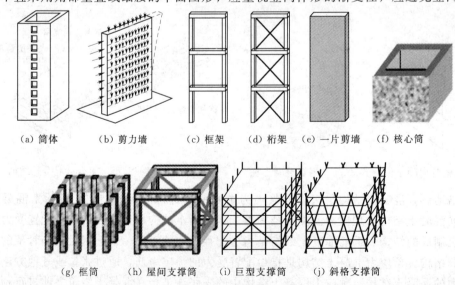

（a）筒体　　（b）剪力墙　　（c）框架　　（d）桁架　　（e）一片剪墙　　（f）核心筒

（g）框筒　　（h）屋间支撑筒　　（i）巨型支撑筒　　（j）斜格支撑筒

图 4-7　典型的现代混凝土结构体系

表 4-1 　　　　　　　　**钢筋混凝土高层建筑的最大适用高度** 　　　　　　（单位：m）

结 构 体 系		非抗震设计	抗震设防烈度			
			Ⅵ	Ⅶ	Ⅷ	Ⅸ
框架		70	60	55	45	25
框架—剪力墙		140	130	120	100	50
剪力墙	全部落地	150	140	120	100	60
	部分框支	130	120	100	80	不应采用
筒体	框架—核心筒	160	150	130	100	70
	筒中筒	200	180	150	120	80
板柱—剪力墙		70	40	35	30	不应采用

构件不连续问题的出现；结构体系应具有明确的计算简图和合理的地震作用传递途径（即应受力明确、传力合理、传力路线不间断、抗震分析与实际表现相符合）；结构缝（包括伸缩缝、沉降缝、抗震缝）应合理设置；平面不规则度应符合要求（平面不规则包括扭转不规则、凹凸不规则、楼板局部不连续等）。"扭转不规则"是指楼层的最大弹性水平位移（或层间位移）大于该楼层两端弹性水平（或层间位移）平均值的 1.2 倍；"凹凸不规则"是指结构平面凹进的一侧尺寸大于相应投影方向总尺寸的 30%；"楼板局部不连续"是指楼板的尺寸和平面刚度急剧变化（如有效楼板宽度小于该层楼板典型宽度的 50%，或开洞面积大于该层楼面面积的 30%，或较大的楼层错层）。常见的建筑造型见图 4-8。伸缩缝主要考虑温度变化对结构的影响；沉降缝主要考虑地基不均匀沉降的影响；抗震缝主要考虑结构布置改变的影响。沉降缝的主要作用是避免因地基不均匀沉降而使建筑结构产生裂缝，故应从基础底以上断开，以下 3 种情况下需要考虑分缝问题，即建筑主体结构高度悬殊、重量差别过大；地基不均匀；同一建筑结构不同的单元采用不同基础形式。防震缝的主要作用是防止因建筑体形复杂可能产生的震害，以下 3 种情况下须考虑分缝问题，即建筑平面复杂、平面突出部分较长；房屋有错层且楼面高差较大处；房屋各部分的刚度、高度及重量相差悬殊处。

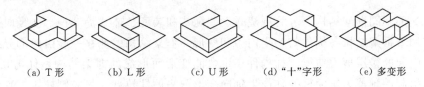

　(a) T形　　　　(b) L形　　　　(c) U形　　　　(d) "十"字形　　　　(e) 多变形

图 4-8　常见的混凝土结构建筑造型

4.1.2　框架结构体系

框架结构（见图 4-9）应合理布置，相关内容包括柱网布置、承重框架布置、变形缝设置、楼盖布置等。柱网布置应满足生产工艺要求、建筑平面布置要求，应使结构受力合理且便于施工。框架结构横向、纵向、混合布置时应设计成双向梁柱抗侧力体系且其主体结构不应采用铰接，框架结构不宜采用单跨框架，框架梁、柱中心线宜重合。

框架结构（frame structure）是指由梁、柱构件通过节点连接构成的土木工程结构体系（见图 4-9），若整幢房屋均采用这种结构形式则称为框架结构体系或框架结构房屋。

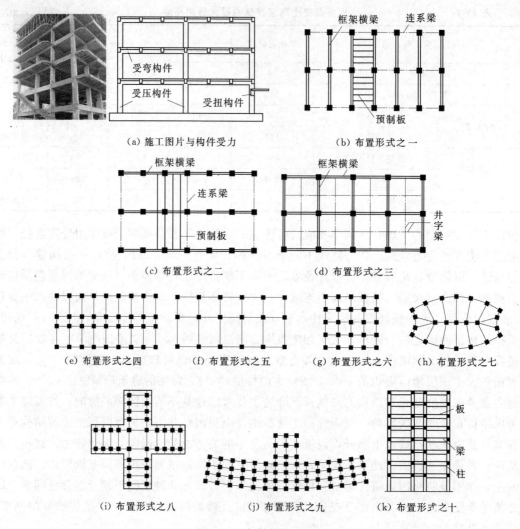

（a）施工图片与构件受力　　　　（b）布置形式之一

（c）布置形式之二　　　　　　　（d）布置形式之三

（e）布置形式之四　（f）布置形式之五　（g）布置形式之六　（h）布置形式之七

（i）布置形式之八　　　（j）布置形式之九　　　（k）布置形式之十

图 4-9　框架结构布置

按施工方式的不同框架结构可分为现浇式、装配式和装配整体式等 3 种。在竖向荷载和水平荷载作用下框架结构各构件将产生内力和变形。框架结构的侧移一般由两部分组成，即由水平力引起的楼层剪力使梁、柱构件产生弯曲变形而形成的框架结构整体剪切变形 u_s；由水平力引起的倾覆力矩使框架柱产生轴向变形（一侧柱拉伸，另一侧柱压缩）而形成的框架结构整体弯曲变形 u_b。当框架结构房屋的层数不多时其侧移主要表现为整体剪切变形（整体弯曲变形的影响则很小）。

4.1.3　剪力墙结构体系

剪力墙的结构体系见图 4-10，根据洞口的有无、大小、形状和位置等的不同剪力墙主要可划分为整截面墙、整体小开口墙、联肢墙、壁式框架等 4 类，见图 4-11。剪力墙结构应合理布置，楼（电）梯间、竖井等使楼面开洞的竖向通道不宜设在结构单元端部角区及凹角处；纵横向剪力墙应成组布置（纵横向抗震墙宜合并布置为 L 形、T 形和"口"字形等，见图 4-12）；为了保证抗震墙具有足够的延性而不发生脆性剪切破坏，每一道抗震墙（包括单片墙、小开口墙和联肢墙。两片墙组成的联肢墙见图 4-13）不应过长（总高度与总长度之比宜大于 2。较长的单片墙可以留出结构洞口，划分成联肢墙的两个墙肢）；抗震墙间距不应过大（见图 4-14）。

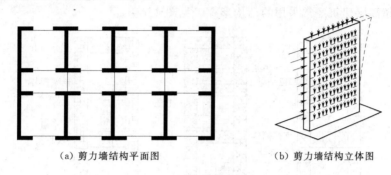

（a）剪力墙结构平面图   （b）剪力墙结构立体图

图 4-10 剪力墙结构体系

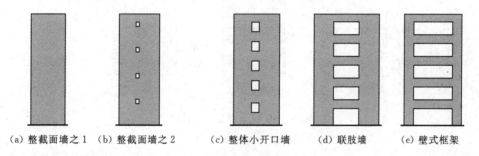

（a）整截面墙之 1 （b）整截面墙之 2 （c）整体小开口墙 （d）联肢墙 （e）壁式框架

图 4-11 剪力墙的常见类型

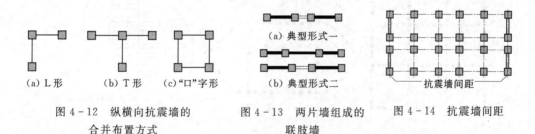

（a）L 形 （b）T 形 （c）"口"字形   （a）典型形式一

（b）典型形式二   抗震墙间距

图 4-12 纵横向抗震墙的   图 4-13 两片墙组成的   图 4-14 抗震墙间距
　　　　合并布置方式   联肢墙

4.1.4 框架—剪力墙结构体系

框架—剪力墙结构的布置应遵守相关规定，常见形式见图 4-15。

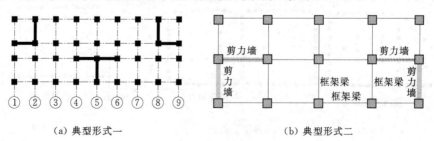

（a）典型形式一   （b）典型形式二

图 4-15 框架—剪力墙结构体系

4.1.5　框架—筒体结构体系

　　框架—筒体结构体系是指由一个或几个筒体作为竖向承重结构的高层建筑结构体系。框架—筒体结构体系的布置应遵守相关规定，常见形式见图 4-16 和图 4-17。框架—核心筒结构是超高层建筑经常采用的结构形式，见图 4-18。

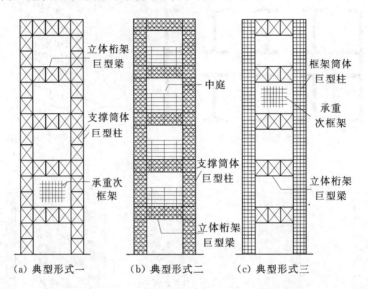

(a) 典型形式一　　　(b) 典型形式二　　　(c) 典型形式三

图 4-16　巨型框架—筒体结构

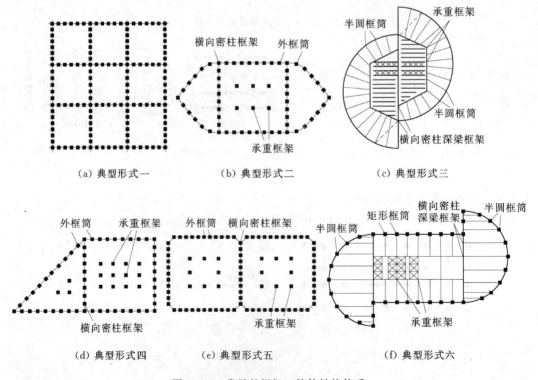

(a) 典型形式一　　　　(b) 典型形式二　　　　(c) 典型形式三

(d) 典型形式四　　　　(e) 典型形式五　　　　(f) 典型形式六

图 4-17　常见的框架—筒体结构体系

4.1.6 筒体结构体系

筒体结构类型很多，有单筒结构（见图4-19）、筒中筒结构（见图4-20）、多束筒结构（即多筒体系）等。多束筒体结构是指若干单元筒集成一体，每个单元筒能够单独形成一个筒体结构，空间刚度极大的筒体结构。筒体结构布置应遵守相关规定。

4.1.7 巨型结构体系

巨型结构是指复杂高层建筑结构、带转换层的高层建筑结构、带加强层的高层建筑结构、错层结构、连体结构、多塔楼结构等（见图4-21）。巨型结构体系设计应缜密研究、合理布局、科学估算。

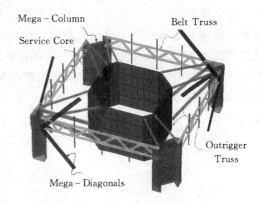

图4-18 框架—核心筒结构

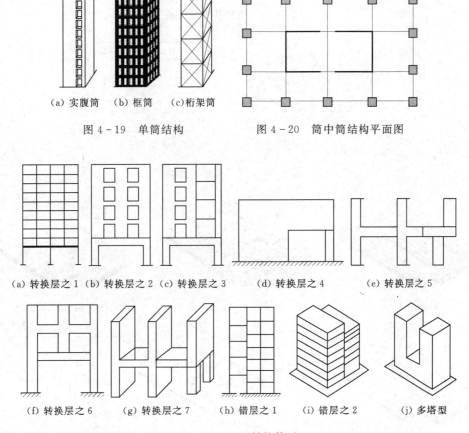

（a）实腹筒 （b）框筒 （c）桁架筒

图4-19 单筒结构　　　　图4-20 筒中筒结构平面图

（a）转换层之1 （b）转换层之2 （c）转换层之3　（d）转换层之4　　（e）转换层之5

（f）转换层之6　（g）转换层之7　（h）错层之1　（i）错层之2　　（j）多塔型

图4-21 巨型结构体系

4.1.8 混凝土结构的基础形式

混凝土结构基础的选型应根据上部结构情况、工程地质、施工条件等因素综合考虑确定。单独柱基适用于层数不多、地基土质较好的框架结构（见图 4-22）。高层建筑一般宜采用整体性好和刚度大的筏形基础、交叉梁基础、箱形基础；当地质条件好、荷载较小且能满足地基承载力和变形要求时也可采用交叉梁基础（见图 4-23）；表层土质较差时为利用较深的坚实土层、减少沉降量、提高基础嵌固程度可采用桩基（构成桩筏基础或桩箱基础）。基础埋置深度可从室外地坪算至基础底面，确定埋置深度时应考虑建筑物的高度、体型、地基土质、抗震设防烈度等因素，采用天然地基或复合地基时的埋置深度可取房屋高度的 1/15。混凝土结构常见的基础形式见图 4-24～图 4-28。

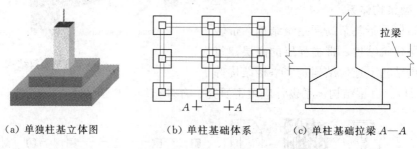

（a）单独柱基立体图　　　（b）单柱基础体系　　　（c）单柱基础拉梁 A—A

图 4-22　单柱基础及拉梁

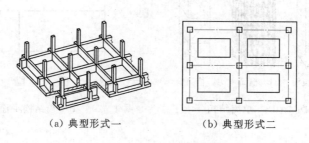

（a）典型形式一　　　　　　（b）典型形式二

图 4-23　交叉式条形基础

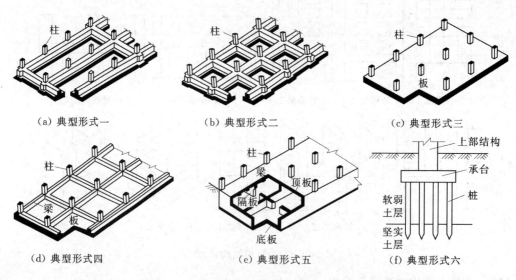

（a）典型形式一　　　　　（b）典型形式二　　　　　（c）典型形式三

（d）典型形式四　　　　　（e）典型形式五　　　　　（f）典型形式六

图 4-24　钢筋混凝土框架结构的基础类型

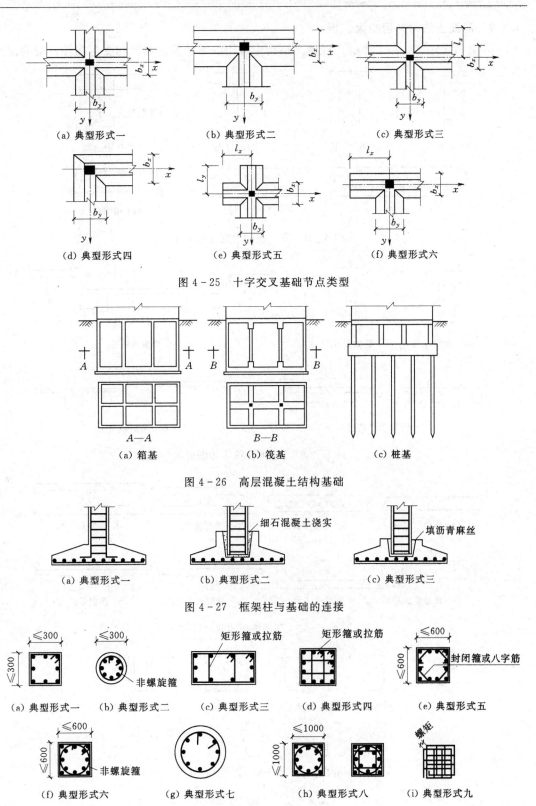

(a) 典型形式一　　　(b) 典型形式二　　　(c) 典型形式三

(d) 典型形式四　　　(e) 典型形式五　　　(f) 典型形式六

图 4-25　十字交叉基础节点类型

$A-A$　　　　　　$B-B$

(a) 箱基　　　　　(b) 筏基　　　　　(c) 桩基

图 4-26　高层混凝土结构基础

细石混凝土浇实　　　　　填沥青麻丝

(a) 典型形式一　　(b) 典型形式二　　　(c) 典型形式三

图 4-27　框架柱与基础的连接

非螺旋箍　　　矩形箍或拉筋　　矩形箍或拉筋　　封闭箍或八字筋

(a) 典型形式一　(b) 典型形式二　(c) 典型形式三　(d) 典型形式四　(e) 典型形式五

非螺旋箍　　　　　　　　　　　　　　　螺箍

(f) 典型形式六　　(g) 典型形式七　　(h) 典型形式八　(i) 典型形式九

图 4-28　框架柱的常见箍筋形式

4.1.9　混凝土结构常用的梁、板

图 4－29～图 4－32 所示，混凝土结构中常用的梁、板是典型的受弯构件，梁的常见

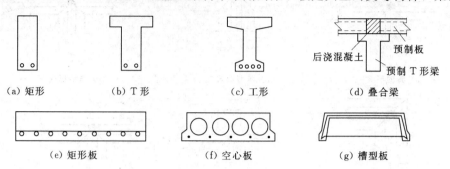

后浇混凝土
预制板
预制 T 形梁
(a) 矩形
(b) T 形
(c) 工形
(d) 叠合梁
(e) 矩形板
(f) 空心板
(g) 槽型板

图 4－29　梁、板的常见截面形式

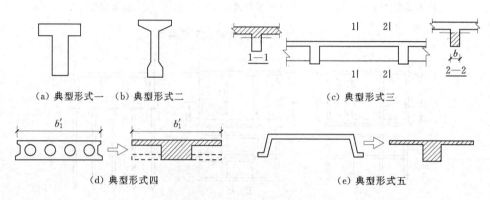

1
2
1—1
2—2
b
(a) 典型形式一
(b) 典型形式二
(c) 典型形式三
b_1'
(d) 典型形式四
(e) 典型形式五

图 4－30　常见的各种 T 形截面梁

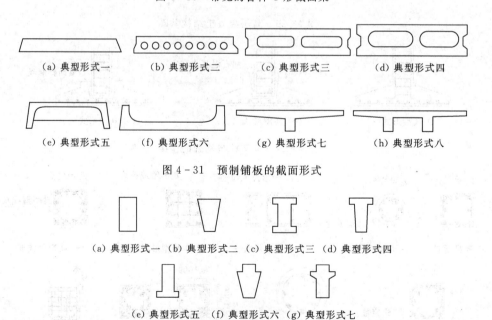

(a) 典型形式一
(b) 典型形式二
(c) 典型形式三
(d) 典型形式四
(e) 典型形式五
(f) 典型形式六
(g) 典型形式七
(h) 典型形式八

图 4－31　预制铺板的截面形式

(a) 典型形式一
(b) 典型形式二
(c) 典型形式三
(d) 典型形式四
(e) 典型形式五
(f) 典型形式六
(g) 典型形式七

图 4－32　预制梁截面形式

截面形式的有矩形、T形、工形、箱形、Γ形、Ⅱ形，现浇单向板为矩形截面（其高度 h 取板厚，宽度 b 取单位宽度、$b=1000$mm），常见的预制板则有空心板、槽型板等，工程中考虑到施工方便和结构整体性要求时也有采用预制和现浇结合方法的（从而形成叠合梁和叠合板）。在现浇式楼盖中按梁、板布置情况的不同还可将楼盖分为肋梁楼盖、无梁楼盖、井式楼盖、密肋楼盖等 4 种，见图 4-33。

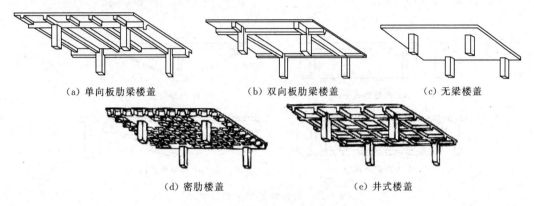

(a) 单向板肋梁楼盖　　(b) 双向板肋梁楼盖　　(c) 无梁楼盖

(d) 密肋楼盖　　　　　　(e) 井式楼盖

图 4-33　楼盖的主要结构形式

4.1.10　混凝土结构厂房的基本构件

单层厂房按承重结构体系的不同可分为排架结构（见图 4-34）和刚架结构（见图 4-35）等 2 类。天窗架（见图 4-36）的作用是形成天窗以便采光和通风，同时其还要承受屋面板传来的竖向荷载和作用在天窗上的水平荷载并将它们传给屋架。托架（见图 4-37）一般为 12m 跨度的预应力混凝土三角形或折线形构件，其上弦为钢筋混凝土压杆、下弦为预应力混凝土拉杆。吊车梁除直接承受吊车起重、运行和制动时产生的各种往复移动荷载外还具有将厂房的纵向荷载传递至纵向柱列、加强厂房纵向刚度等作用。吊车梁的形式（见图 4-38）一般根据吊车的起重量、工作级别、台数、厂房的跨度和柱距等因素选用。常见厂房柱的形式见图 4-39，常见的厂房基础形式见图 4-40。

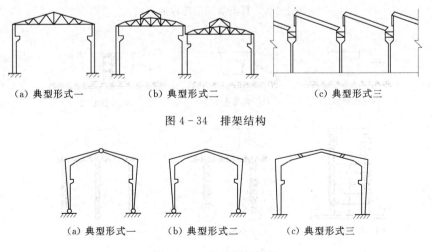

(a) 典型形式一　　　　(b) 典型形式二　　　　(c) 典型形式三

图 4-34　排架结构

(a) 典型形式一　　　　(b) 典型形式二　　　　(c) 典型形式三

图 4-35　门式刚架结构

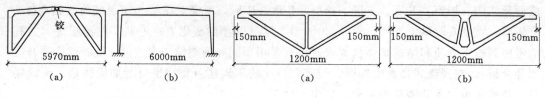

图 4-36　天窗架的形式　　　　　　　图 4-37　托架的形式

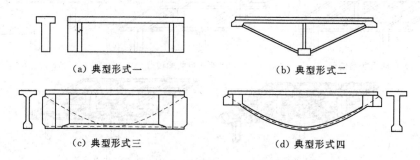

（a）典型形式一　　　　　　　　　　（b）典型形式二

（c）典型形式三　　　　　　　　　　（d）典型形式四

图 4-38　目前常见吊车梁的类型

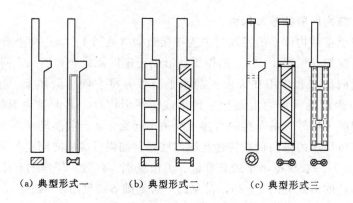

（a）典型形式一　　　（b）典型形式二　　　（c）典型形式三

图 4-39　目前常见厂房柱的形式

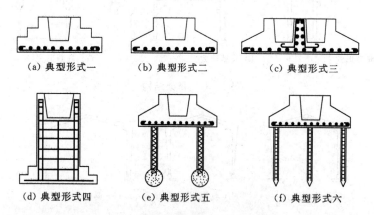

（a）典型形式一　　　（b）典型形式二　　　（c）典型形式三

（d）典型形式四　　　（e）典型形式五　　　（f）典型形式六

图 4-40　目前常见的厂房基础类型

4.2 混凝土结构设计的基本要求

4.2.1 混凝土结构设计中的常见符号

混凝土结构设计中与材料性能有关的常见符号有：混凝土弹性模量 E_c、钢筋弹性模量 E_s、混凝土强度等级 CXX（C20 表示立方体强度标准值为 20N/mm^2 的混凝土强度等级）、混凝土轴心抗压强度标准值 f_{ck} 及设计值 f_c、混凝土轴心抗拉强度标准值 f_{tk} 及设计值 f_t、钢筋强度标准值 f_{yk}、预应力钢筋强度标准值 f_{ptk}、钢筋的抗拉强度设计值 f_y 及抗压强度设计值 f'_y、预应力筋的抗拉强度设计值 f_{py} 及抗压强度设计值 f'_{py}、钢筋拉断前的极限应变 ε_{su}。混凝土结构设计中与作用和作用效应有关的常见符号有轴向力设计值 N、按荷载效应的标准组合计算的轴向力值 N_k 及准永久组合计算的轴向力值 N_q、构件的截面轴心受压或轴心受拉承载力设计值 N_{u0}、弯矩设计值 M、按荷载效应的标准组合计算的弯矩值 M_k 及准永久组合计算的弯矩值 M_q、构件的正截面受弯承载力设计值 M_u、受弯构件的正截面开裂弯矩值 M_{cr}、扭矩设计值 T、剪力设计值 V、局部荷载设计值或集中反力设计值 F_l、正截面承载力计算中纵向钢筋的应力 σ_s 及预应力筋的应力 σ_p、预应力筋的有效预应力 σ_{pe}、在正截面承载力计算中无黏结预应力筋的应力设计值 σ_{pu}、受拉区（或受压区）预应力筋在相应阶段的预应力损失值 σ_l（σ'_l）、混凝土的剪应力 τ、按荷载效应标准组合（或准永久组合）并考虑长期作用影响计算的最大裂缝宽度 w_{max}。混凝土结构设计中与几何参数有关的常见符号有钢筋直径符号 φ（$\varphi20$ 表示钢筋直径为 20mm）、钢筋的公称直径（或圆形截面的直径）d、混凝土保护层厚度 c、矩形截面宽度（或 T 形、I 形截面的腹板宽度）b、截面高度 h、截面有效高度 h_0、纵向受拉钢筋的锚固长度 l_a、计算跨度或计算长度 l_0、沿构件轴线方向上横向钢筋的间距（或螺旋筋的间距或箍筋的间距）s、混凝土受压区高度 x、构件截面面积 A、受拉区（受压区）纵向非预应力钢筋的截面面积 A_s（A'_s）、受拉区（受压区）纵向预应力钢筋的截面面积 A_p（A'_p）、混凝土局部受压面积 A_l、钢筋网（螺旋或箍筋）内表面范围内的混凝土核心面积 A_{cor}、受弯构件的截面刚度 B、截面受拉边缘的弹性抵抗矩 W、截面受扭塑性抵抗矩 W_t、截面惯性矩 I。混凝土结构设计中的常见计算系数有钢筋弹性模量与混凝土弹性模量的比值 α_E、混凝土构件的截面抵抗矩塑性影响系数 γ、偏心受压构件考虑二阶弯矩影响的轴向力偏心距增大系数 η、计算截面的剪跨比 λ、纵向受力钢筋的配筋率 ρ、间接钢筋（或箍筋）的体积配筋率 ρ_v。

4.2.2 混凝土结构设计的基本要求

为满足建筑功能并保证结构安全，混凝土结构设计内容应包括结构体系、传力途径和构件布置，作用及作用效应分析，构件截面配筋计算及验算，结构及构件的构造措施，对施工的要求，专门性能设计（满足特殊要求的结构）。混凝土结构设计应采用以概率理论为基础的极限状态设计方法，应以可靠度指标度量结构构件的可靠度，应采用分项系数的设计表达式进行设计，耐久性设计应采用经验方法。混凝土结构的极限状态设计应包括承载能力极限状态、正常使用极限状态等 2 种情况。承载能力极限状态是指结构或结构构件达到最大承载力而出现疲劳、倾覆、稳定、漂浮等破坏和不适于继续承载的变形（或结构在偶然作用下连续倒塌或大范围破坏）时的状态。正常使用极限状态是指结构或结构构件达到正常使用的某项限值（或产生影响耐久性能的局部损坏）的状态。结构上的直接作用（荷载）应根据我国现行《建筑结构荷载规范》（GB 50009—2012）及其他相关标准确定，地震作用应根据我国现行《建筑抗震设计规范》（GB 50011—2010）确定，其他间接作用应根据有关标准或实际条件确定，特殊作用、偶然作用应根据有关标准或实际条件确定。结构及结构构件承载力极限状态计算一般应采用荷载设计值（但倒塌、疲劳承载力验算时应采用相应的荷载代表值），各种结构正常使用极限状态的验算均应采用相应的荷载代表值，直接承受吊车的结构构件计算承载力及验算疲劳、抗裂时还应考虑吊车荷载的动力系数问题，预制构件应按制作、运输及安装时相应工况的荷载值进行施工阶段验算，预制构件吊装时的验算应考虑动力系数，现浇结构应进行施工阶段的验算（必要时），间接作用应考虑混凝土施工期和设计使用年限内温度变化、混凝土收缩与徐变、基础不均匀沉降、环境引起材料性能劣化等对结构造成的影响，设计参数应根据作用的特点和具体情况确定。混凝土结构的安全等级应符合我国现行《工程结构可靠性设计统一标准》（GB 50153—2008）的规定，混凝土结构中各类结构构件的安全等级宜与整个结构的安全等级相同，结构中重要的关键传力部位和构件宜适当提高安全等级。混凝土结构设计应考虑施工技术水平及实际工程条件，有特殊要求的混凝土结构设计应对施工提出相应技术控制及质量验收要求。混凝土结构应正常使用和维护，未经技术鉴定或设计许可不得任意改变结构的形式、用途和使用环境。

混凝土结构的方案设计应遵循以下 6 条原则，即结构的平立面布置宜简单、规则、均匀、连续（且其高宽比、长宽比应适当）；应根据建筑的使用功能布置结构体系并合理确定结构构件的型式；结构传力途径宜简捷、明确（关键部位宜有多条传力途径，铅直构件宜竖向对齐）；宜采用超静定结构并应增加重要构件的冗余约束；结构的刚度和承载力宜均匀、连续；必要时可设置结构缝将结构分割为若干独立的单元（以避免连续倒塌）。混凝土结构体系中结构缝的设计应遵循以下 4 条原则，即应根据结构体系的受力特点、尺度、形状、使用功能合理确定结构缝的位置和构造形式；结构缝的构造应满足相应功能（伸缩、沉降、防震等）要求并宜减少缝的数量；混凝土结构可根据需要在施工阶段设置临时性的缝（比如收缩缝、沉降缝、施工缝、引导缝等）；应采取有效措施减少设缝对使用功能带来的不利影响。结构构件的连接和构造应遵守以下 3 条原则，即连接处的承载力应不小于被连接构件的承载力；混凝土结构与其他材料构件连接时应采取适当的连接方式；应考虑构件变形对连接节点及相邻结构或构件造成的影响。混凝土结构的方案设计还应有利于减小偶然作用效应的影响范围（即避免结构发生与偶然作用不相匹配的大范围破坏或连续倒塌）；应减小环境条件对建筑结构耐久性的影响；应符合节省材料、降低能耗及环境保护方面的要求。

混凝土结构的承载能力极限状态计算应包括结构构件的承载力（包括失稳）计算、直接承受反复荷载构件的疲劳验算、结构构件抗震的承载力计算（对有抗震设防要求的结构而言）以及必要时的结构整体稳定、倾覆、滑移、漂浮、抗倒塌验算。混凝土结构构件的承载能力极限状态应按荷载效应的基本组合或偶然组合采用极限状态设计表达式 $\gamma_0 S_d \leqslant R_d$ 进行设计，其中，$S_d = S(G_k, Q_k, \gamma_G, \gamma_Q, \psi_c \cdots)$；$R_d = R(a_k, f_{ck}, f_{sk}, \gamma_c, \gamma_s, \gamma_{Rd} \cdots)$；

γ_0 为重要性系数（安全等级为一、二、三级的建筑结构分别应不小于 1.1、1.0、0.9）；S_d 为承载能力极限状态的荷载效应组合设计值［按我国现行《建筑结构荷载规范》（GB 50009—2012）和我国现行《建筑抗震设计规范》（GB 50011—2010）的规定进行计算］；$S(*)$ 为结构构件按内力分析计算的荷载效应函数；R_d 为结构构件的承载力设计值（抗震设计时应除以承载能力抗震调整系数 γ_{RE}）；$R(*)$ 为结构构件按内力效应或应力分析计算的承载力函数；a_k 为几何参数的标准值（当几何参数的变异性对结构性能有明显的不利影响时可另增、减一个附加值）；f_{ck}、f_{sk} 分别为混凝土、钢筋的强度标准值（或特征值）；γ_c、γ_s 分别为混凝土、钢筋的材料分项系数；γ_{Rd} 为抗力模型不确定性分项系数（对一般构件取 1.0，对重要构件可根据具体情况取大于 1.0 的数值）。设计过程中，$\gamma_0 S$ 可通过结构分析用内力设计值（N、M、V、T 等）表达也可通过有限元分析采用应力（σ、τ 等）的方式表达；对预应力混凝土结构还应考虑预应力效应问题。

对于可能遭受偶然作用的重要结构宜进行结构抗倒塌设计，结构抗倒塌设计的荷载效应应根据倒塌的具体情况确定并应考虑倒塌冲击引起的动力系数（材料强度应取标准值或实测值，应考虑动力荷载作用下材料的强化和脆性对结构的影响）。

混凝土结构构件正常使用极限状态的验算应包括以下 4 方面内容，即对使用上需要控制变形的结构及构件应进行变形验算；对使用上限制出现裂缝的构件应进行混凝土拉应力验算；对使用上允许出现裂缝的构件应进行受力裂缝宽度验算；对于使用上有舒适度要求的楼盖结构应进行自振频率验算。正常使用极限状态的结构构件验算应分别按荷载效应的标准组合、准永久组合进行且应适当考虑长期作用影响，其极限状态设计表达式为 $S \leqslant C$，其中，S 为正常使用极限状态的荷载效应组合值［按我国现行《建筑结构荷载规范》（GB 50009—2012）的规定进行计算］；C 为结构构件达到正常使用要求所规定的应力控制、裂缝状态、变形挠度和舒适度等的限值。混凝土构件的挠度应不影响其使用功能和外观要求，受弯构件的最大挠度应按荷载效应的标准组合或准永久组合并考虑荷载长期作用影响进行计算（其计算值应不超过表 4-2 规定的挠度限值。表中 l_0 为构件的计算跨度，计算悬臂构件的挠度限值时其计算跨度 l_0 应按实际悬臂长度的 2 倍取用。表中括号内的数值适用于使用上对挠度有较高要求的构件。若构件制作时预先起拱且使用上也允许则在验算挠度时可将计算所得的挠度值减去起拱值，对预应力混凝土构件则还应减去预加力所产生的反拱值。构件制作时的起拱值和预加力所产生的反拱值不宜超过构件在荷载效应的准永久组合作用下的计算挠度值。当挠度限值不满足混凝土构件使用功能和外观要求时可对挠度限值进行调整）。结构构件正截面的受力裂缝控制等级分为三级，裂缝控制等级的划分及要求应遵守相关规定，"一级"为严格要求不出现受力裂缝的构件（按荷载效应的标准组合计算时其构件受拉边缘混凝土不应产生拉应力）；"二级"为一般要求不出现受力裂缝的构件（按荷载效应的标准组合计算时其构件受拉边缘混凝土拉应力不应大于混凝土抗拉强度的标准值）；"三级"为允许出现受力裂缝的构件（对钢筋混凝土构件而言，按荷载效应的准永久组合并考虑长期作用影响计算时其构件的最大裂缝宽度不应超过表 4-3 的规定）。规定的最大裂缝宽度限值，预应力混凝土构件按荷载效应的标准组合并考虑长期作用的影响计算时其构件的最大裂缝宽度不应超过表 4-3 规定的最大裂缝宽度限值，对二 b、三 b 类环境等级下的预应力混凝土构件还应按荷载效应的准永久组合计算且构件受拉边缘混凝土拉应力不应大于混凝土抗拉强度的标准值。结构构件应根据结构类型、环境等级、裂缝控制等级按表 4-3 的裂缝宽度限值 w_{lim} 及混凝土拉应力控制要求进行验算。大跨混凝土楼盖结构宜进行竖向自振频率验算，其自振频率不宜小于表 4-4 的限值。

表 4-2　　　　　　　　　　　　受弯构件的挠度限值

构　件　类　型		挠度限值
吊车梁	手动吊车	$l_0/500$
	电动吊车	$l_0/600$
屋盖、楼盖楼梯构件	当 $l_0<7m$ 时	$l_0/200(l_0/250)$
	当 $7m \leqslant l_0 \leqslant 9m$ 时	$l_0/250(l_0/300)$
	当 $l_0>9m$ 时	$l_0/300(l_0/400)$

表 4-3　　　　　　　　　　结构构件的裂缝宽度及混凝土拉应力限值

环境类别及耐久性作用等级（环境等级）	钢筋混凝土结构			预应力混凝土结构		
	裂缝控制等级	w_{lim}/mm	荷载组合	裂缝控制等级	w_{lim}/mm 拉应力限值	荷载组合
一 a	三级	0.30（0.40）	准永久	三级	0.25	标准
二 b、三 b		0.20			0.10 拉应力不大于 f_{tk}	标准 准永久
二 c、三 c、四 c				二级	拉应力不大于 f_{tk}	标准
三 d、四 d				一级	无拉应力	标准

表 4-4　　　　　　　　　　楼盖竖向自振频率的限值　　　　　　　　　（单位：Hz）

房　屋　类　型		住宅、公寓	办公、旅馆	大跨度公共建筑
跨度	7~9m	6	4	3
	>9m	5	3	3

房屋混凝土结构的耐久性设计应包括以下 6 方面内容，即应确定结构的环境类别及作用等级（简称环境等级）；提出材料的耐久性质量要求；确定构件中钢筋的混凝土保护层厚度；确定不利环境条件下应采取的防护措施；确定满足耐久性要求的相应施工措施；提出结构使用阶段的维护与检测要求。混凝土建筑结构的环境类别和耐久性作用等级可按表 4-5 确定。设计使用年限为 50 年的混凝土结构其混凝土材料宜符合表 4-6 的规定。结构混凝土中氯离子的含量不应超过表 4-7 规定的限值（氯离子含量是指其占硅酸盐水泥熟料的百分率）。预应力混凝土构件还应满足耐久性要求。

对以下 5 类既有结构应进行相应的设计，即延长既有结构的设计使用年限；加固有安全隐患的既有结构；改变用途或使用环境的既有结构；既有结构的改建、扩建；受损结构的修复等。既有结构设计应遵守相关规定。

表 4-5　　　　　　　　　　环境类别和耐久性作用等级（环境等级）

环境类别		作 用 等 级			
		a（轻微）	b（中度）	c（较重）	d（严重）
一	正常环境	稳定的室内干燥环境	—	—	—
二	干湿交替	—	室内潮湿环境；露天环境；无腐蚀性湿润土环境	频繁与水接触的露天环境；水位变动区环境	—
三	冻融循环	—	微冻地区露天环境	严寒、寒冷地区露天环境	严寒、寒冷地区频繁接触水的露天环境；水位变动区环境
四	氯盐腐蚀	—	—	海风环境、海水下、盐渍土环境、除冰盐影响环境	海岸环境；海上环境；受除冰盐作用的环境

表 4-6　　　　　　　　　　结构混凝土材料的耐久性基本要求

环境等级	最大水胶比	最低强度等级	最大碱含量/%
一 a	0.60	C20	不限制
二 b	0.55	C25	3.0
三 b	0.55（0.50）	C35（C30）	3.0
二 c	0.50	C30	3.0
三 c	0.45（0.50）	C40（C35）	3.0
四 c	0.45	C40	3.0
三 d	0.40（0.50）	C45（C35）	3.0
四 d	0.40	C45	3.0

表 4-7　　　　　　　　　结构混凝土中氯离子含量的限值　　　　　　　　（%）

构件	环境等级	一 a	二 b、三 b	二 c、三 c、四 c	三 d、四 d
	钢筋混凝土构件	0.30	0.20	0.15	0.10
	预应力混凝土构件	0.06			

4.2.3 混凝土结构对混凝土的基本要求

混凝土强度等级应按立方体抗压强度标准值确定，立方体抗压强度标准值是指按标准方法制作养护的边长为 150mm 的立方体试件在规定龄期、用标准试验方法测得的具有 95% 保证率的抗压强度值（通常情况下提供混凝土强度等级的对应龄期为 28d，也可根据结构可能承受作用的实际日期或混凝土的特性要求确定龄期）。素混凝土结构的强度等级不应低于 C15，钢筋混凝土结构的混凝土强度等级不应低于 C20，采用 400MPa 级钢筋时混凝土强度等级不应低于 C25，采用 500MPa 级钢筋时混凝土强度等级不应低于 C30，承受重复荷载的钢筋混凝土构件其混凝土强度等级不应低于 C25，预应力混凝土结构的混凝土强度等级不宜低于 C40 且不应低于 C30，采用山砂混凝土及高炉矿渣混凝土时还应符合专门标准的规定。混凝土轴心抗压（轴心抗拉强度）的标准值 f_{ck}（f_{tk}）应分别按表 4-

8、表 4-9 取值。混凝土轴心抗压（轴心抗拉强度）的设计值 f_c（f_t）应分别按表 4-10、表 4-11 取值。混凝土受压和受拉的弹性模量 E_c 应按表 4-12 取值，混凝土的剪切变形模量 G_c 可按相应弹性模量值的 0.40 倍取值，混凝土泊松比 c_v 可按 0.20 取值。（当需要时可根据试验实测数据确定结构混凝土的弹性模量。当混凝土中掺有大量矿物掺和料时其弹性模量可按规定龄期根据实测值确定）。混凝土轴心抗压、轴心抗拉的疲劳强度设计值 f_c^f、f_t^f 应按表 4-10、表 4-11 中的设计强度乘以疲劳强度修正系数 γ_ρ 确定，疲劳强度修正系数 γ_ρ 应根据疲劳应力比值 ρ_c^f 按表 4-13、表 4-14 取值（当采用蒸汽养护时养护温度不宜高于 60℃，超过 60℃时计算需要的混凝土强度设计值应提高 20%），疲劳应力比值 ρ_c^f 应按式 $\rho_c^f = \sigma_{c,min}^f / \sigma_{c,max}^f$ 计算，其中，$\sigma_{c,min}^f$、$\sigma_{c,max}^f$ 分别为构件疲劳验算时截面同一纤维上的混凝土的最小应力、最大应力。混凝土疲劳变形模量 E_c^f 应按表 4-15 取值。温度在 0℃ 到 100℃ 范围内时混凝土的热工参数可按相关规定取值，即线膨胀系数 $\alpha_c = 1 \times 10^{-5}/℃$；导热系数 $\lambda = 10.6 kJ/(m \cdot h \cdot ℃)$；导温系数 $\alpha = 0.0045 m^2/h$；比热 $c = 0.96 kJ/(kg \cdot ℃)$。

表 4-8　　　　　　　　　　混凝土轴心抗压强度标准值　　　　　　（单位：N/mm²）

强度种类	混凝土强度等级													
	C15	C20	C25	C30	C35	C40	C45	C50	C55	C60	C65	C70	C75	C80
f_{ck}	10.0	13.5	16.5	20.0	23.5	27.0	29.5	32.5	35.5	38.5	41.5	44.5	47.5	50.0

表 4-9　　　　　　　　　　混凝土轴心抗拉强度标准值　　　　　　（单位：N/mm²）

强度种类	混凝土强度等级													
	C15	C20	C25	C30	C35	C40	C45	C50	C55	C60	C65	C70	C75	C80
f_{tk}	1.25	1.55	1.80	2.00	2.20	2.40	2.50	2.65	2.75	2.85	2.95	3.00	3.05	3.10

表 4-10　　　　　　　　　　混凝土轴心抗压强度设计值　　　　　　（单位：N/mm²）

强度种类	混凝土强度等级													
	C15	C20	C25	C30	C35	C40	C45	C50	C55	C60	C65	C70	C75	C80
f_c	7.0	9.5	12.0	14.5	16.5	19.0	21.0	23.0	25.5	27.5	29.5	32.0	34.0	36.0

表 4-11　　　　　　　　　　混凝土轴心抗拉强度设计值　　　　　　（单位：N/mm²）

强度种类	混凝土强度等级													
	C15	C20	C25	C30	C35	C40	C45	C50	C55	C60	C65	C70	C75	C80
f_t	0.90	1.10	1.25	1.45	1.55	1.70	1.80	1.90	1.95	2.05	2.10	2.15	2.20	2.20

表 4-12　　　　　　　　　　　混凝土弹性模量　　　　　　　（单位：×10⁴N/mm²）

混凝土强度等级	C15	C20	C25	C30	C35	C40	C45	C50	C55	C60	C65	C70	C75	C80
E_c	2.20	2.55	2.80	3.00	3.15	3.25	3.35	3.45	3.55	3.60	3.65	3.70	3.75	3.80

表 4 - 13　　　　　　　　　　　混凝土受压疲劳强度修正系数 γ_ρ

ρ_c^f	$0 \leqslant \rho_c^f < 0.2$	$0.2 \leqslant \rho_c^f < 0.3$	$0.3 \leqslant \rho_c^f < 0.4$	$0.4 \leqslant \rho_c^f < 0.5$	$\rho_c^f \geqslant 0.5$
γ_ρ	0.74	0.80	0.86	0.93	1.00

表 4 - 14　　　　　　　　　混凝土受拉和拉压疲劳强度修正系数 γ_ρ

ρ_c^f	$\rho_c^f < 0$	$\rho_c^f = 0$	$0 < \rho_c^f < 0.1$	$0.1 \leqslant \rho_c^f < 0.2$	$0.2 \leqslant \rho_c^f < 0.3$
γ_ρ	0.60	0.63	0.64	0.66	0.69
ρ_c^f	$0.3 \leqslant \rho_c^f < 0.4$	$0.4 \leqslant \rho_c^f < 0.5$	$0.5 \leqslant \rho_c^f < 0.6$	$0.6 \leqslant \rho_c^f < 0.7$	$\rho_c^f \geqslant 0.7$
γ_ρ	0.72	0.74	0.76	0.80	1.00

表 4 - 15　　　　　　　　　混凝土的疲劳变形模量　　　　　　（单位：$\times 10^4 \, \text{N/mm}^2$）

强度等级	C20	C25	C30	C35	C40	C45	C50	C55	C60	C65	C70	C75	C80
E_c^f	1.10	1.20	1.30	1.40	1.50	1.55	1.60	1.65	1.70	1.75	1.80	1.85	1.90

4.2.4　混凝土结构对钢筋基本要求

混凝土结构应根据对强度、延性、连接方式、施工适应性等的要求选用相应牌号的钢筋，普通纵向受力钢筋宜采用 HRB400、HRB500、HRBF400、HRBF500 钢筋（也可采用 HRB335、HRBF335、HPB300 和 RRB400 钢筋）；预应力筋宜采用钢丝、钢绞线和精轧螺纹钢筋；普通箍筋宜采用 HRB400、HRBF400、HRB500、HRBF500 钢筋（也可采用 HRB335、HRBF335 和 HPB300 钢筋）。普通纵向钢筋、普通箍筋总称钢筋，"钢筋"是指我国现行《钢筋混凝土用钢第 1 部分：热轧光圆钢筋》（GB 1499.1—2008）的光圆钢筋、《钢筋混凝土用钢第 2 部分：热轧带肋钢筋》（GB 1499.2—2007）中的各种热轧带肋钢筋及我国现行《钢筋混凝土用余热处理钢筋》（GB 13014—1991）中的 KL400 带肋钢筋。预应力筋是指我国现行《预应力混凝土用钢丝》（GB/T 5223—2002）和《中强度预应力混凝土用钢丝》（YB/T 156—1999）中光面、螺旋肋的消除应力钢丝；我国现行《预应力混凝土用钢绞线》（GBT 5224—2003）中的钢绞线；我国现行《预应力混凝土用螺纹钢筋》（GB/T 20065—2006）中的精轧螺纹钢筋。余热处理钢筋 KL400 不宜焊接，不宜用作重要受力部位的受力钢筋，不应用作抗震结构中的主要受力钢筋，不得用于承受疲劳荷载的构件。钢筋的强度标准值应具有不小于 95% 的保证率。钢筋屈服强度、抗拉强度的标准值及极限应变应按表 4 - 16 取值（采用直径大于 40mm 的钢筋时应经相应的试验检验或有可靠的工程经验）。预应力钢绞线、钢丝和精轧螺纹钢筋的抗拉强度、屈服强度标准值及极限应变应按表 4 - 17 取值。[消除应力钢丝、中强度预应力钢丝及钢绞线筋的条件屈服强度应取抗拉强度的 0.85，预应力螺纹钢筋的条件屈服强度根据产品国家标准《预应力混凝土用螺纹钢筋》（GB/T 20065—2006）确定]。钢筋的抗拉强度设计值 f_y 及抗压强度设计值 f'_y 应按表 4 - 18 取值（用作受剪、受扭、受冲切承载力计算的箍筋其抗拉设计强度 f_{yv} 按表中 f_y 的数值取值但其数值不应大于 360N/mm^2，用作局部承压的间接配筋以及受压构件约束混凝土配置的箍筋其抗拉设计强度 f_y 按表中的数值取值），预应力筋的抗拉强度设计值 f_{py} 及抗压强度设计值 f'_{py} 应按表 4 - 19 取值（当预应力筋的强度标准值不符合表 4 - 19 的规定时其强度设计值应进行相应比例的换算，无黏结预应力筋不考虑抗压强度 f'_{py}），当构件中配有不同种类的钢筋时每种钢筋应采用各自的强度设计值计算。

表 4 - 16　　　　　　　　　　　　钢筋强度标准值及极限应变

种　类	符　号	公称直径 d /mm	屈服强度 f_{yk} /(N/mm²)	抗拉强度 f_{stk} /(N/mm²)	极限应变 ε_{su} /%
HPB300	Φ	6～22	300	420	≥10.0
HRB335、HRBF335	Φ、Φ^F	6～50	335	455	
HRB400、HRBF400、RRB400	Φ、Φ^F、Φ^R	6～50	400	540	≥7.5
HRB500、HRBF500	Φ、Φ^F	6～50	500	630	

表 4 - 17　　　　　　　　　　　预应力筋强度标准值及极限应变

种　类		符　号	直径/mm	屈服强度 f_{pyk} /(N/mm²)	抗拉强度 f_{ptk} /(N/mm²)	极限应变 ε_{su} /%
中强度预应力钢丝	光面螺旋肋	φ^{PM} φ^{HM}	5、7、9	680	800	
				820	970	
				1080	1270	
消除应力钢丝	光面螺旋肋	φ^P φ^H	5	1330	1570	
				1580	1860	
			7	1330	1570	
			9	1250	1470	
				1330	1570	
钢绞线	1×3 （三股）	φ^S	6.5、8.6、10.8、 12.9	1330	1570	≥3.5
				1580	1860	
				1660	1960	
钢绞线	1×7 （七股）		9.5、12.7、15.2	1460	1720	
				1580	1860	
				1660	1960	
			21.6	1460	1720	
精轧螺纹钢筋	螺旋纹	φ^T	18、25、32、 40、50	785	980	
				930	1080	
				1080	1230	

表 4 - 18　　　　　　　　　　　钢筋强度设计值　　　　　　　　（单位：N/mm²）

种　类	f_y	f_y'	种　类	f_y	f_y'
HPB300	270	270	HRB400、HRBF400、RRB400	360	360
HRB335、HRBF335	300	300	HRB500、HRBF500、RRB500	435	435

钢筋的弹性模量 E_s 应按表 4-20 取值（必要时可通过试验采用实测的弹性模量）。钢筋和预应力筋的疲劳应力幅限值 Δf_y^f 和 Δf_{py}^f 应根据钢筋疲劳应力比值 ρ_s^f、ρ_p^f 分别按表 4-21（RRB400 钢筋不得用于需作疲劳验算的构件。HRBF335、HRBF400、HRBF500 钢筋不宜用于需作疲劳验算的构件，如有必要应用则应经试验验证。当纵向受拉钢筋采用闪光接触对焊连接时，其接头处的钢筋疲劳应力幅限值应按表中数值乘以系数 0.8 取值）及表 4-22（当 $\rho_p^f \geqslant 0.9$ 时可不作钢筋疲劳验算。有充分依据时可对表中规定的疲劳应力幅限值作适当调整）的数值取值，钢筋疲劳应力比值 ρ_s^f 应按式 $\rho_s^f = \sigma_{s,\min}^f / \sigma_{s,\max}^f$ 计算，其中，$\sigma_{s,\min}^f$、$\sigma_{s,\max}^f$ 分别为构件疲劳验算时同一层钢筋的最小应力、最大应力。预应力筋疲劳应力比值 ρ_p^f 应按式 $\rho_p^f = \sigma_{p,\min}^f / \sigma_{p,\max}^f$ 计算，其中，$\sigma_{p,\min}^f$、$\sigma_{p,\max}^f$ 分别为构件疲劳验算时同一层预应力筋的最小应力、最大应力。各种规格钢筋、钢绞线、钢丝的公称直径、计算截面面积及理论重量应按表 4-23～表 4-25 取值。当采用并筋（钢筋束）的形式配筋时其并筋数量不应超过 3 根（并筋可视为一根等效钢筋，其等效直径可按截面面积相等的原则换算确定）。当因工程实际条件而必须作不同牌号或规格直径钢筋的代换时应按钢筋承载力设计值相等的原则进行等强度代换，还应满足配筋间距、保护层厚度、裂缝控制、挠度限值、锚固连接、构造要求以及抗震构造措施等的要求。

表 4-19　　　　　　　　　　　预应力筋强度设计值　　　　　　（单位：N/mm²）

种　类	f_{ptk}	f_{py}	f'_{py}	种　类	f_{ptk}	f_{py}	f'_{py}
中强度预应力钢丝	800	560	410	精轧螺纹钢筋	980	650	435
	970	680			1080	770	
	1270	900			1230	900	
消除应力钢丝	1470	1040	410	钢绞线	1570	1110	390
	1570	1110			1720	1220	
	1860	1320			1860	1320	
	—	—			1960	1390	

表 4-20　　　　　　　　　　　钢筋的弹性模量　　　　　　（单位：10^5 N/mm²）

种　类	弹性模量 E_s	种　类	弹性模量 E_s
HPB300 钢筋	2.10	消除应力钢丝、中强度预应力钢丝	2.05
HRB335、HRB400、HRB500 钢筋；HRBF335、HRBF400、HRBF500 钢筋；RRB400 钢筋；精轧螺纹钢筋	2.00	钢绞线	1.95

表 4-21　　　　　　　　　　　钢筋疲劳应力幅限值　　　　　　（单位：N/mm²）

疲劳应力比值 ρ_s^f	Δf_y^f		疲劳应力比值 ρ_s^f	Δf_y^f	
	HRB335	HRB400		HRB335	HRB400
$0 \leqslant \rho_s^f < 0.1$	165	165	$0.5 \leqslant \rho_s^f < 0.6$	105	115
$0.1 \leqslant \rho_s^f < 0.2$	155	155	$0.6 \leqslant \rho_s^f < 0.7$	85	95
$0.2 \leqslant \rho_s^f < 0.3$	150	150	$0.7 \leqslant \rho_s^f < 0.8$	65	70
$0.3 \leqslant \rho_s^f < 0.4$	135	145	$0.8 \leqslant \rho_s^f < 0.9$	40	45
$0.4 \leqslant \rho_s^f < 0.5$	125	130			

表 4‑22　　　　　　　　　　　预应力筋疲劳应力幅限值　　　　　　　　（单位：N/mm²）

种　类		Δf_{py}^f	
		$0.7\leqslant\rho_p^f<0.8$	$0.8\leqslant\rho_p^f<0.9$
消除应力钢丝	$f_{ptk}=1770、1670$	210	140
	$f_{ptk}=1570$	200	130
钢绞线		120	105

表 4‑23　　　　　　　　钢筋的公称直径、计算截面面积及理论重量

公称直径 /mm	不同根数钢筋的计算截面面积/mm²									单根钢筋理论重量 /(kg/m)
	1	2	3	4	5	6	7	8	9	
6	28.3	57	85	113	142	170	198	226	255	0.222
8	50.3	101	151	201	252	302	352	402	453	0.395
10	78.5	157	236	314	393	471	550	628	707	0.617
12	113.1	226	339	452	565	678	791	904	1017	0.888
14	153.9	308	461	615	769	923	1077	1231	1385	1.21
16	201.1	402	603	804	1005	1206	1407	1608	1809	1.58
18	254.5	509	763	1017	1272	1527	1781	2036	2290	2.00
20	314.2	628	942	1256	1570	1884	2199	2513	2827	2.47
22	380.1	760	1140	1520	1900	2281	2661	3041	3421	2.98
25	490.9	982	1473	1964	2454	2945	3436	3927	4418	3.85
28	615.8	1232	1847	2463	3079	3695	4310	4926	5542	4.83
32	804.2	1609	2413	3217	4021	4826	5630	6434	7238	6.31
36	1017.9	2036	3054	4072	5089	6107	7125	8143	9161	7.99
40	1256.6	2513	3770	5027	6283	7540	8796	10053	11310	9.87
50	1964	3928	5892	7856	9820	11784	13748	15712	17676	15.42

表 4‑24　　　　　　　钢绞线公称直径、计算截面面积及理论重量

种　类	公称直径/mm	计算截面面积/mm²	理论重量/(kg/m)
1×3	8.6	37.4	0.295
	10.8	59.3	0.465
	12.9	85.4	0.671
1×7 标准型	9.5	54.8	0.432
	11.1	74.2	0.580
	12.7	98.7	0.774
	15.2	139	1.101
	15.7	150	1178
	17.8	191	1500

表4-25　　　　　　　　　　　钢丝公称直径、计算截面面积及理论重量

公称直径/mm	计算截面面积/mm²	理论重量/(kg/m)
5.0	19.63	0.154
7.0	38.48	0.302
9.0	63.62	0.499

4.2.5　混凝土结构分析方法及基本要求

混凝土结构按承载能力极限状态计算和按正常使用极限状态验算时应按国家现行有关标准规定的作用对结构的整体进行作用效应分析；必要时还应对结构中受力状况特殊的部分进行更详细的结构分析。结构分析时宜根据结构类型、材料性能和受力特点等选择适宜的分析方法，比如弹性分析方法、基于弹性分析的塑性内力重分布分析方法、弹塑性分析方法、塑性极限分析方法、试验分析方法等。结构分析所采用的计算软件应经考核和验证，其技术条件应符合国家现行有关标准的要求，应对分析结果进行判断和校核，在确认其合理、有效后方可应用于工程设计。

杆系结构宜按空间体系进行结构整体分析，并宜考虑杆件弯曲、轴向、剪切和扭转变形对结构内力的影响。结构的弹性分析方法可用于正常使用极限状态和承载能力极限状态的作用效应分析。钢筋混凝土连续梁和连续单向板可采用基于弹性分析的塑性内力重分布方法进行分析。重要或受力复杂的结构宜对结构的整体或局部进行弹塑性变形验算。对于不承受多次重复荷载作用的混凝土结构，当有足够的塑性变形能力时可采用塑性极限理论的分析方法进行结构分析。当结构所处环境的温度和湿度发生变化以及混凝土的收缩和徐变等间接作用在结构中产生的作用效应可能危及结构的安全或正常使用时宜进行间接作用分析，并应采取相应的构造措施和施工措施。

4.2.6　混凝土结构承载能力极限状态计算

对于二维或三维非杆系结构构件，当按弹性分析方法得到构件的应力设计值分布后可根据配筋方向上的拉应力分布确定所需的钢筋布置和配筋量并应符合相应的构造要求；受压应力不应大于混凝土抗压强度设计值，受压钢筋可按构造要求配置。当混凝土处于多轴受压状态时其抗压强度设计值可根据实际受力情况按有关规定采用。采用弹塑性分析方法对混凝土结构进行补充验算时可根据设计状况采用基本组合或偶然组合计算作用效应并进行承载力验算，材料强度指标可根据设计状况分别取用设计值、标准值或实测值。承载能力极限状态计算包括正截面承载力计算、斜截面承载力计算、扭曲截面承载力计算、受冲切承载力计算、局部受压承载力计算、疲劳验算。

4.2.7　混凝土结构正常使用极限状态验算

钢筋混凝土和预应力混凝土构件应按规定进行受拉边缘应力或正截面裂缝宽度验算。钢筋混凝土和预应力混凝土受弯构件在正常使用极限状态下的挠度可按结构力学方法计算。

4.2.8　混凝土结构的构造规定

（1）伸缩缝。

钢筋混凝土建筑结构伸缩缝的设置应考虑温度变化和混凝土收缩对结构的影响，其最

大间距可按表 4 - 26 确定。

表 4 - 26   钢筋混凝土结构伸缩缝最大间距   （单位：m）

结 构 类 别		室内或土中	露天
排架结构	装配式	100	70
框架结构、板柱结构	装配式	70	50
	现浇式	50	30
剪力墙结构	装配式	60	40
	现浇式	40	30
挡土墙、地下室墙壁等类结构	装配式	40	30
	现浇式	30	20

（2）混凝土保护层。

结构中最外层钢筋的混凝土保护层厚度（钢筋外边缘至混凝土表面的距离）应不小于钢筋的公称直径，设计使用年限为 50 年的混凝土结构其保护层厚度还应符合表 4 - 27 的规定，设计使用年限为 100 年的混凝土结构其最外层钢筋的混凝土保护层厚度应不小于表 4 - 27 数值的 1.4 倍。

表 4 - 27   钢筋的混凝土保护层最小厚度   （单位：mm）

环境类别及耐久性作用等级	板墙壳	梁柱	环境类别及耐久性作用等级	板墙壳	梁柱
一 a	15	20	三 c	30	35
二 b	20	25	四 c	30	40
三 b	20	30	三 d	35	45
二 c	25	35	四 d	40	50

（3）钢筋的锚固。

当计算中充分利用钢筋的抗拉强度时其受拉钢筋的锚固应符合相关要求，基本锚固长度对钢筋应取 $l_{ao} = \alpha d f_y / f_t$、对预应力筋应取 $l_{ao} = \alpha d f_{py} / f_t$，采取不同的埋置方式和构造措施时的锚固长度应取 $l_a = \psi_a l_{ao}$。其中，l_{ao} 为受拉钢筋的基本锚固长度；l_a 为受拉钢筋的锚固长度（不应小于 $15d$ 且不小于 $200mm$）；f_y、f_{py} 分别为钢筋、预应力筋的抗拉强度设计值；f_t 为混凝土轴心抗拉强度设计值（按混凝土结构设计规范的有关规定取值，混凝土强度等级高于 C60 时按 C60 取值）；d 为钢筋的公称直径；ψ_a 为锚固长度修正系数（按规定取值，锚固长度修正系数可连乘计算）；α 为锚固钢筋的外形系数（按表 4 - 28 取值。光面钢筋末端应做 $180°$ 标准弯钩，弯后平直段长度不应小于 $3d$，但作受压钢筋时可不做弯钩。带肋钢筋指除光面钢筋以外的热轧 HRB、HRBF、RRB 系列钢筋）。

表 4 - 28   锚固钢筋的外形系数 α

钢筋类型	光面钢筋	带肋钢筋	螺旋肋钢丝	三股钢绞线	七股钢绞线
α	0.16	0.14	0.13	0.16	0.17

（4）钢筋的连接。

混凝土结构中受力钢筋的连接接头宜设置在受力较小处。在同一根受力钢筋上宜少设接头。在结构的关键受力部位，纵向受力钢筋不宜设置连接接头。钢筋连接可采用绑扎搭接、机械连接或焊接（绑扎搭接宜用于受拉钢筋直径不大于 25mm 以及受压钢筋直径不大于 28mm 的连接；轴心受拉及小偏心受拉杆件的纵向受力钢筋不应采用绑扎搭接。机械连接宜用于直径不小于 16mm 受力钢筋的连接。焊接宜用于直径不大于 28mm 受力钢筋的连接。机械连接接头及焊接接头的类型及质量应符合国家现行有关标准的规定）。

（5）纵向受力钢筋的最小配筋率。

钢筋混凝土结构构件中纵向受力钢筋的配筋百分率不应小于表 4-29 规定的数值。

表 4-29　　　　　钢筋混凝土结构构件中纵向受力钢筋的最小配筋百分率　　　　（%）

受　力　类　型		最小配筋百分率
受压构件	全部纵向钢筋	0.60 和 $10f_c/f_y$ 中的较大值
	一侧纵向钢筋	0.20
受弯构件、偏心受拉、轴心受拉构件一侧的受拉钢筋		0.20 和 $45f_t/f_y$ 中的较大值

4.2.9　混凝土结构对结构构件的基本要求

（1）板。

混凝土板应按相关原则进行计算，即两对边支承的板应按单向板计算；四边支承的板当长边与短边长度之比小于或等于 2.0 时应按双向板计算。现浇钢筋混凝土板的厚度不应小于表 4-30 规定的数值。

表 4-30　　　　　　　　现浇钢筋混凝土板的最小厚度　　　　　（单位：mm）

板　的　类　别		最小厚度
单向板	屋面板	60
	民用建筑楼板	60
	工业建筑楼板	70
	行车道下的楼板	80
双向板		80
密肋板		50
悬臂板	悬臂长度不大于 500mm	60
	悬臂长度不大于 1000mm	100
	悬臂长度不大于 1500mm	150
无梁楼板		150
空心楼板	筒芯内模	180
	箱体内模	250

（2）梁。

梁的纵向受力钢筋应符合规定，伸入梁支座范围内的纵向受力钢筋不应少于两根；纵向受力钢筋的直径当梁高不小于 300mm 时不应小于 10mm（当梁高小于 300mm 时不宜小于 8mm）；架立钢筋的直径当梁的跨度小于 4m 时不宜小于 8mm（当梁的跨度为 4～6m

时不应小于 12mm；当梁的跨度大于 6m 时不宜小于 16mm）；在梁的配筋密集区域宜采用并筋（钢筋束）的配筋形式（并筋的等效直径应符合规范规定）；梁上部纵向钢筋的净间距不应小于 30mm 和 1.5d，梁下部纵向钢筋的净间距不应小于 25mm 和 d（当下部纵向钢筋多于两层时，两层以上钢筋水平方向的中距应比下面两层的中距增大一倍；各层钢筋之间的净间距不应小于 25mm 和 d，d 为纵向钢筋的最大直径）。梁的横向配筋应合理，混凝土梁宜采用箍筋作为承受剪力的钢筋。梁的局部配筋及深梁应遵守相关规定，位于梁下部或梁截面高度范围内的集中荷载应全部由附加横向钢筋承担（附加横向钢筋宜采用箍筋）。

（3）柱。

柱中纵向钢筋的配置应符合相关规定，纵向受力钢筋直径不宜小于 12mm（全部纵向钢筋的配筋率不宜大于 5%）；柱中纵向钢筋的净间距不应小于 50mm 且不宜大于 300mm；偏心受压柱的截面高度不小于 600mm 时在柱的侧面上应设置直径不小于 10mm 的纵向构造钢筋并相应设置复合箍筋或拉筋；圆柱中纵向钢筋根数不宜多于 8 根、不应少于 6 根且宜沿周边均匀布置；水平浇筑的预制柱的纵向钢筋最小净间距可按梁的有关规定确定。柱中箍筋应符合规定。梁柱节点应符合要求。柱牛腿（当 $a \leqslant h_0$ 时）的截面尺寸应符合要求，牛腿的裂缝控制应符合规定。

（4）墙。

竖向构件截面长、短边比例大于 4 时宜按墙的要求进行设计。墙的混凝土强度等级不应低于 C25、厚度不宜小于 140mm，尚不宜小于层高的 1/25（对框架—墙结构墙的厚度尚不宜小于层高的 1/20。采用预制楼板时墙的厚度还应满足墙内竖向钢筋贯通的要求）。

（5）叠合式构件。

二阶段成形的叠合式受弯构件，当预制构件高度不足全截面高度的 0.4 倍时施工阶段应有可靠的支撑，施工阶段有可靠支撑的叠合式受弯构件可按整体的受弯构件设计计算（但其斜截面抗剪承载力和叠合面抗剪承载力应按规范计算），施工阶段无支撑的叠合式受弯构件应对底部预制构件及浇筑混凝土后的整体叠合构件按二阶段受力分别进行设计计算。二阶段成形的叠合式受压构件除应进行施工状态的承载力验算外，还应按二次成形后的整体结构进行内力分析，并应根据所得的荷载效应进行使用阶段结构构件的设计计算。对于由预制构件及后浇混凝土成形的叠合式受压构件，设计时应考虑预制构件的实际支承状态及施工时支撑卸载的具体情况，进行施工阶段的承载力验算。使用阶段的叠合式受压构件作为整体构件按本规范的有关规定进行设计。

（6）装配式结构。

装配式混凝土结构应按相关原则进行设计，应根据结构方案和传力途径的要求确定预制构件的布置及连接构造方式并进行结构分析及构件设计；预制构件的连接宜布置在结构受力较小且方便施工的位置（构件之间的钢筋连接及混凝土接缝的方式应满足结构传力的要求）；预制构件应按从生产到使用过程中的最不利工况分别进行设计；预制构件的设计应满足建筑功能和结构耐久性的要求；预制构件及连接构造的设计应考虑标准化、模数化、系列化（应方便制作和施工并满足经济性要求）。

（7）预埋件及连接件。

　　受力预埋件的锚板宜采用 Q235 级钢，锚板厚度宜不小于锚筋直径的 0.6 倍。受拉和受弯预埋件的锚板厚度尚宜大于 $b/8$（b 为锚筋的间距）。受力预埋件的锚筋宜采用 HRB400 级或 HPB300 级钢筋，严禁采用冷加工钢筋。直锚筋与锚板应采用 T 形焊接（当锚筋直径不大于 20mm 时宜采用压力埋弧焊；当锚筋直径大于 20mm 时宜采用穿孔塞焊），采用手工焊时焊缝高度不宜小于 6mm 和 $0.5d$（HPB300 级钢筋）或 $0.6d$（HRB400 级钢筋），d 为锚筋的直径。

4.2.10　预应力混凝土结构构件

　　预应力混凝土结构构件除应进行承载能力计算及正常使用极限状态验算外，还应对构件的制作、运输及安装等施工阶段进行验算。预应力混凝土结构设计应计入预应力作用效应，相应的次弯矩、次剪力及次轴力应参与组合计算。

　　预应力混凝土应遵守构造规定。先张法预应力筋之间的净间距不应小于其公称直径或等效直径的 2.5 倍和混凝土粗骨料最大直径的 1.25 倍（当混凝土振捣密实性具有可靠保证时，净间距可放宽至最大粗骨料直径的 1.0 倍）且应符合以下 3 条规定（即对预应力钢丝不应小于 15mm；对三股钢绞线不应小于 20mm；对七股钢绞线不应小于 25mm）。对先张法预应力混凝土构件端部宜采取以下 4 方面构造措施，即对单根配置的预应力筋其端部宜设置螺旋筋。对分散布置的多根预应力筋在构件端部 $10d$ 且不小于 100mm 范围内宜设置 3～5 片与预应力筋垂直的钢筋网片，d 为预应力筋的公称直径。采用预应力钢丝配筋的薄板在板端 100mm 范围内应适当加密横向钢筋。槽形板类构件应在构件端部 100mm 范围内沿构件板面设置附加横向钢筋其数量不应少于 2 根。当有可靠的工程经验时上述构造措施可作适当调整。

4.2.11　混凝土结构构件抗震设计

　　有抗震设防要求的混凝土结构除应符合《混凝土结构设计规范》（GB 50010—2011）要求外还应根据现行国家标准《建筑抗震设计规范》（GB 50011—2010）规定的抗震设计原则进行结构构件的抗震设计。房屋建筑混凝土结构构件的抗震设计应根据烈度、结构类型和房屋高度采用不同的抗震等级并应符合相应的计算要求和抗震构造措施，丙类建筑的抗震等级应按表 4-31 确定。一级、二级、三级抗震等级的框架柱、框支柱的柱端弯矩设计值应符合强柱弱梁要求，其剪力设计值应符合强剪弱弯要求。一级、二级、三级抗震等级的框架梁，跨高比大于 2.5 的剪力墙连梁的梁端截面剪力设计值，以及底部加强部位一级、二级、三级抗震等级剪力墙的剪力设计值，应符合强剪弱弯要求。混凝土结构构件的纵向受力钢筋的锚固和连接除应符合规范规定。箍筋宜采用焊接封闭箍筋、连续螺旋箍筋或连续复合螺旋箍筋。考虑地震作用的预埋件，直锚钢筋截面面积可按有关规定计算并增大 25％且应相应调整锚板厚度，锚筋的锚固长度应按规范规定确定（不能满足时应采取有效措施），在靠近锚板处宜设置一根直径不小于 10mm 的封闭箍筋。

　　混凝土结构的混凝土强度等级应符合规定，剪力墙不宜超过 C60（其他构件，9 度时不宜超过 C60，8 度时不宜超过 C70）；框支梁、框支柱以及一级抗震等级的框架梁、柱及节点不应低于 C30（其他各类结构构件，不应低于 C20）。梁、柱、墙、支撑中的受力钢筋宜采用热轧带肋钢筋。按一级、二级、三级抗震等级设计的框架和斜撑构件其纵向受力钢筋应符合要求，即钢筋的抗拉强度实测值与屈服强度实测值的比值不应小于 1.25；钢

表 4 - 31　　　　　　　　混凝土结构的抗震等级

结构体系与类型		设防烈度									
		6		7			8			9	
框架结构	高度/m	≤24	>24	≤24	>24		≤24	>24		≤24	
	普通框架	四	三	三	二		二	一			
	大跨公共建筑	三		二			一				
框架—剪力墙结构	高度/m	≤60	>60	<24	24~60	>60	<24	24~60	>60	≤24	24~50
	框架	四	三	四	三	二	三	二	一	二	一
	剪力墙	三		三		二	二				
剪力墙结构	高度/m	≤80	>80	<24	24~80	>80	<24	24~80	>80	≤24	24~60
	剪力墙	四	三	四	三	二	三	二	二		
部分框支剪力墙结构	高度/m	≤80	>80	<24	24~80	>80	<24	24~80	>80	不应采用	
	剪力墙一般部位	四	三	四	三	二	三	二	不宜采用		
	剪力墙加强部位	三	二	三	二	一	二	一	不宜采用		
	框支层框架	二		二		一	一		不宜采用		
筒体结构	框架—核心筒之框架	三		二			一			一	
	框架—核心筒之核心筒	二		二			一			一	
	筒中筒之内筒	三		二			一			一	
	筒中筒之外筒	三		二			一			一	
单层厂房结构	铰接排架	四		三			二				
板柱—剪力墙结构	高度/m	≤24	>24	≤24	>24		≤24	>24		不应采用	
	板柱及周边框架	三	二	二	一		一				
	剪力墙	二		二	二		一				
板柱—框架结构	高度/m	≤24	>24	≤24	>24		不应采用			不应采用	
	板柱	三	不应采用	二	不应采用						
	框架	二	不应采用	一	不应采用						

筋的屈服强度实测值与屈服强度标准值的比值不应大于 1.30；钢筋的极限应变不应小于 9%。

　　框架梁应满足要求，承载力计算中计入纵向受压钢筋的梁端混凝土受压区高度应符合要求（即一级抗震等级 $x \leqslant 0.25h_0$；二级、三级抗震等级 $x \leqslant 0.35h_0$）。

　　框架柱及框支柱应满足要求，考虑地震作用组合的矩形截面框架柱和框支柱其受剪截面应符合要求，考虑地震作用组合的矩形截面框架柱和框支柱其斜截面抗震受剪承载力应符合要求。

　　铰接排架柱应满足要求，铰接排架柱的纵向受力钢筋和箍筋应按地震作用组合下的弯矩设计值及剪力设计值并根据规范规定计算确定（其构造应符合规范有关规定）。铰接排架柱的箍筋加密区应符合规定，箍筋加密区内的箍筋最大间距为100mm、箍筋的直径应符合表4-32的规定（表中括号内数值用于柱根）。

表 4-32 铰接排架柱箍筋加密区的箍筋最小直径 （单位：mm）

加密区区段	抗震等级和场地类别					
	一级	二级	二级	三级	三级	四级
	各类场地	Ⅲ、Ⅳ类场地	Ⅰ、Ⅱ类场地	Ⅲ、Ⅳ类场地	Ⅰ、Ⅱ类场地	各类场地
一般柱顶、柱根区段	8（10）			8		6
角柱柱顶	10			10		8
吊车梁、牛腿区段、有支撑的柱根区段	10			8		
有支撑的柱顶区段、柱变位受约束的部位	10			10		8

框架梁柱节点应满足要求（一级、二级、三级抗震等级的框架应进行节点核心区抗震受剪承载力验算；四级抗震等级的框架节点可不进行计算但应符合抗震构造措施的要求），一级、二级、三级抗震等级的框架梁柱节点核心区的剪力设计值 V_j 应按规定计算。

剪力墙应满足要求，一级抗震等级剪力墙各墙肢截面考虑地震作用组合的弯矩设计值，底部加强部位及以上一层应按墙肢底部截面组合弯矩设计值采用（其他部位应按墙肢截面的组合弯矩设计值乘以增大系数 1.2 后采用），剪力墙的受剪截面应符合要求，剪力墙在偏心受压时的斜截面抗震受剪承载力应符合要求。

预应力混凝土结构构件应满足要求，抗震设计时预应力混凝土结构的抗震等级、地震组合内力及调整应按现行国家标准《建筑抗震设计规范》（GB 50011—2010）对钢筋混凝土结构的要求执行（抗震设计的预应力混凝土结构应达到相同抗震等级的钢筋混凝土结构的延性要求）。抗震设计时后张预应力框架、门架、转换层的转换大梁宜采用有黏结预应力筋；承重结构的预应力受拉杆件和抗震等级为一级的预应力框架应采用有黏结预应力筋。预应力筋穿过框架节点核心区时节点核心区的截面抗震验算应计入有效预加力以及预应力孔道对核心区截面有效验算宽度削弱的影响。

板柱节点应满足要求。对一级、二级、三级抗震等级的板柱节点应进行抗震受冲切承载力验算。8 度时宜采用有托板或柱帽的板柱节点，托板或柱帽根部的厚度（包括板厚）不宜小于柱纵筋直径的 16 倍，托板或柱帽的边长不宜小于 4 倍板厚与柱截面相应边长之和。

4.3 混凝土结构工程施工的基本要求

混凝土结构工程施工中的"混凝土结构"是指以混凝土为主制成的结构，包括素混凝土结构、钢筋混凝土结构、预应力混凝土结构等；现浇结构是现浇混凝土结构的简称（是指在现场支模并整体浇筑而成的混凝土结构）；大体积混凝土是指需采取措施控制温度裂缝的混凝土结构或构件（应预估由于胶凝材料水化热引起混凝土内外温差过大而可能导致裂缝）；混凝土预制构件是指采用专用模具在工厂或现场预先加工制作完成的混凝土构件

（简称预制构件或预制件）；装配式混凝土结构是指由预制构件与预制构件或现浇混凝土结构构件经装配连接而成且预制构件参与结构受力的混凝土结构（简称装配式结构）。常规钢筋混凝土结构施工中的"模板工程"是指支承所浇筑混凝土的整个系统（包括与混凝土表面直接接触的模板面板和支撑杆件以及相关的连接件和剪刀撑等）；模板是指使混凝土浇筑成型并使之达到一定强度承受其自重的临时性结构或模型板；模板支架是指直接承受模板传来的荷载并保证模板空间位置正确、将荷载传递给地基或承力结构的支承体系（也简称为支架。对于单根的竖向支撑称为支柱。用于回顶拆模后混凝土楼面的支架或支柱称为二次支撑）；工具式模板是指经专业工厂定型生产或经专项设计和加工的具备工具化特点的模板及配套支撑的模板体系；高大模板工程是指水平混凝土构件模板支撑系统高度超过 8m（或跨度超过 18m）、施工总荷载大于 $10kN/m^2$（或集中线荷载大于 $15kN/m$）的模板工程；早拆模板是指在模板支架立柱顶端设置专用早拆模升降柱头（确保顶托板顶住楼板）、搁置模板块的托梁和模板块提前于常规模板拆除的工具式模板体系；脚手架是指施工期间提供支承作业人员、施工工具和堆放材料等荷载的以及加强整体性的临时性高处作业平台；成型钢筋是指按规定尺寸、形状加工成型的非预应力钢筋制品。预应力混凝土是指混凝土结构承载受力之前通过张拉预应力筋在受拉区域预先建立预压应力的混凝土。预应力混凝土施工中的锚具是指在后张预应力混凝土结构中用于保持预应力筋的拉力并将其传递到结构上所用的永久性锚固装置；锚垫板是指后张预应力混凝土结构中预埋在混凝土构件中或置于混凝土构件端部用以承受锚具传来的预加力并传递给混凝土的部件（包括普通锚钢垫板和铸造锚垫板等）；锚固区是指后张法预应力混凝土结构构件中承受锚具传来的预加力后混凝土截面应力趋于均匀分布的构件区段（可分为局部锚固区和整体锚固区）；先张法是指混凝土浇筑前在台座或模板上张拉预应力筋、待混凝土凝结硬化并达到一定强度后切断预应力筋并通过与混凝土的黏结力施加预应力的方法；后张法是指混凝土浇筑并达到一定强度后张拉预应力筋施加预应力的方法；自密实混凝土是指具有高流动度、不离析且具有均匀性和稳定性的混凝土（即浇筑时无需振捣施工就能依靠其自重流动并均匀地填充到模板各处的混凝土）。预制构件吊具是指起重设备主钩与预制构件之间连接的专用吊装工具（简称吊具）；预埋吊件是指在混凝土浇筑成型过程中埋入预制构件内用于预制件制作和安装过程中吊运连接的金属件（通常简称吊钩或吊环）；受冻临界强度是指冬期浇筑的混凝土在受冻以前必须达到的最低强度；建筑垃圾是指建设单位、施工单位新建、改建、扩建和拆除各类建筑物、构筑物、管网等以及居民装饰装修房屋过程中所产生的弃土、弃料及其他废弃物。

4.3.1　混凝土结构工程施工的基本要求

我国规定承担混凝土结构施工的施工单位应具备相应的资质，施工现场应建立相应的质量管理体系、施工质量控制和检验制度，应具有相应的施工技术标准，混凝土结构施工过程中各项责任应落实到每个岗位和个人，施工单位的质量管理体系应覆盖施工全过程（包括材料的采购、验收和储存，施工过程中的质量自检、互检、专检，隐蔽工程检查和验收，以及涉及安全和功能的项目抽查检验等环节。混凝土结构施工全过程中应随时记录并处理出现的问题和质量偏差）。施工单位项目部的人员组成应满足混凝土结构施工管理的需要，施工操作人员应经过必要的培训并具有相应证书且应具备各自岗位需要的基础知识和技能。混凝土结构工程的施工应符合经审查合格的施工图设计文件的要求，施工前应由建设单位组织设计、施工、监理等单位参加对设计文件进行交底和会审（当发现施工图与国家工程建设强制性标准有不符之处，应由施工管理人员向设计单位、监理单位或建设单位提出，在未明确意见前不应施工），无法按设计文件的要求施工时施工单位应通过建设单位（或监理单位）要求设计单位提出详细说明或解决方法（或由施工单位提出施工方案报请监理单位审核后实施）。施工单位应建立工程资料管理制度·（工程资料管理应满足施工质量验收、存档、备案需要），施工项目技术负责人应组织实施施工全过程的资料管理工作，应有专人负责施工资料的收集、整理和审核工作并应保证其真实、有效、完整和齐全。单位工程施工组织设计中应包括混凝土结构施工的有关内容，施工前施工单位应根据设计文件和施工组织设计的要求制订可执行的施工方案，经审核批准后再报请监理单位审核后实施，对施工方案应进行技术交底。施工组织设计应统筹规划、科学安排，应在确保工程质量、安全生产和降低工程成本的前提下充分利用时间、空间和人员。施工组织设计应包括工程任务概况；施工进度计划；施工部署；实物工程量和工作量；质量保证体系和安全措施；原材料、半成品、构件、机械设备计划；劳动力安排计划；临建措施；施工节能环保计划；施工总平面图；各项经济技术指标，还应明确建设、设计、施工三方的协作与配合关系。对分项工程和重要的专项工程应编制施工方案，施工方案在报请监理单位审核前应按质量管理体系要求经内部审核批准，为保证施工方案的准确实施施工前应对施工方案进行技术交底。施工方案应包含编制依据、施工部位概况与施工条件分析、施工安排与进度计划、施工准备与资源配置计划、施工方法及工艺要求、施工管理措施等内容。施工部位概况与施工条件分析应重点描述与施工方案有关的内容和主要参数（应对该施工部位的特点、重点、难点及施工条件进行分析），施工安排与进度计划应明确施工部位、工期要求（分项工程各施工部位的施工起止时间）、劳动力组织（明确项目部管理人员，劳务层的负责人以及不同阶段工人数量及分工）和职责分工，施工顺序和施工流水段应在施工安排中确定，施工准备与资源配置计划包括技术准备、机具准备、材料准备、试验检验工作的内容，机具准备和材料准备宜列表说明所需的名称、型号、数量、规格和进出场时间等，施工方法及工艺要求具体描述施工工艺流程及技术要点（对施工特点、难点、重点应提出施工措施及技术要求），施工管理措施包括根据施工合同约定和行业主管部门要求制订的本施工方案的施工质量、安全、消防、环保等管理措施以及与监理单位的配合等。混凝土结构施工前施工单位应对施工现场可能发生的危害与灾害制订应急预案（对施工过程中可能的突发事件，如停水、断电、道路运输中断、主要设备损坏、模板质量安全事故等还应制订相应的专项应急预案），应急预案应进行交底和培训（必要时应进行演练），各项设备、设施和安全防护措施应符合相关强制性标准的规定。

混凝土结构施工前应根据结构类型和特点、工程量、材料供应情况、施工进度计划等合理选择施工工艺，做好场地布置、材料采购和进场、设备进场与交接等计划。对体形复杂、体量庞大或层数较多、跨度较大的混凝土结构宜按设计文件要求进行施工全过程监测并及时调整施工控制措施，施工阶段的监测内容可根据设计文件的要求和施工质量控制的需要确定，施工阶段的监测内容一般包括施工环境监测（风向、风速、气温、湿度、雨量、气压等）、结构监测（沉降观测、倾斜测量、楼层水平度测量、控制点标高与不平位移测量、关键部位应变、应力监测和温度监测等）等。混凝土结构施工前应做好供水、用电、道路、运输、模板及其支架、混凝土覆盖与养护、施工设备和机具（起重设备、泵送设备、振捣设备、施工机具）、安全防护设施等各项准备工作。混凝土结构施工应采取有效的环境保护措施，应防止材料遗洒、粉尘、光、污水、噪声、建筑垃圾等对环境造成的污染。混凝土结构施工中采用的新技术、新工艺、新材料、新设备应按有关规定进行评审、备案，施工前应对新的或首次采用的施工工艺进行评价且应制订专门的施工方案报监理核准，所谓"新的施工工艺"是指以前未在任何工程施工中应用的施工工艺，所谓"首次采用的施工工艺"是指施工单位以前未实施过的施工工艺。施工中采用的专利应符合相关规范和有关标准的规定，施工中的新技术、新工艺、新材料、新设备若涉及专利时施工单位应取得专利权人或其代理人的同意（必要时应由专利权人或其代理人指派专门技术人员指导）。

混凝土结构工程施工过程中应及时进行质量检查，其质量不应低于现行国家标准《混凝土结构工程施工质量验收规范》（GB 50204—2002）的规定，对存在的质量问题应及时处理。在混凝土结构施工过程质量检查中可按以下 6 条规定划分分部、子分部、分项工程和检验批，即当混凝土结构工程属于建筑工程的主体结构时可将其视为建筑工程的一个分部工程或子分部工程；当混凝土结构是建筑工程惟一的主体结构类型时可将混凝土结构作为一个分部工程；若建筑工程的主体结构还包括其他结构类型时可将混凝土结构作为一个子分部工程；混凝土结构工程可划分为模板、钢筋、预应力、混凝土、现浇结构、预制结构六个分项工程（有其他特殊工艺、技术要求时可增加必要的分项工程）；当分项工程的工程量较大或工期很长时可将分项工程划分为若干个检验批进行检查验收（混凝土结构工程通常按分项工程进行检查验收）；当混凝土结构工程无法按前述要求划分分项工程或检验批时可由建设、监理、施工等各方协商根据工艺技术特点及方便施工的原则进行划分。混凝土结构工程各工序的施工应在前一工序质量检查合格后进行（分段施工时各工序是指同一区段内的施工工序。对混凝土强度等需较长时间后才能检查的项目可待具备相应条件时进行检查）。混凝土结构施工过程中应对重要工序、隐蔽工程和关键部位加强质量检查（或进行测试）并做出检查或测试记录（必要时应留存图像资料。对施工现场进行的测试，经监理单位认可后方可进行后续工序施工）。施工过程中，对混凝土结构工程的质量有异议时应委托具备资质的检测机构进行检测，存在质量问题时应依据检测结果决定技术处理措施（涉及结构安全的混凝土结构质量检测应采用相关国家标准、行业标准规定的方法），对检测结论有争议时应由争议各方共同委托具备资质的检测机构再次进行检测（委托方应共同确认再次检测结果）。隐蔽工程的检查和验收应有详细的文字记录和必要的图像资料并应按规定存档（"详细的"是指有具体技术内容的；"必要的"是指能复现质量状况的），隐蔽工程的检查和验收通常与相应检验批的检查和验收同时进行。混凝土结构工程施工使用的材料、产品和设备应符合相关标准、设计文件和施工方案的规定，并应综合考虑结构安全、使用功能、耐久性、节材、节能、环境保护的要求，材料进场后应按种类、批次分开储存与堆放并标识明晰（储存与堆放条件应能保证材料品质）。原材料、半成品和成品进场时应对其规格、型号、外观和合格证明文件进行检查并按现行国家标准《混凝土结构工程施工质量验收规范》（GB 50204—2002）等的规定进行检验（对经产品认证机构认证且认证结论为符合认证要求的产品进场时可放宽检验或不进行检验。放宽检验是指减少检验次数、增大检验批量或减少检验项目。产品认证机构应经国家认证认可监督管理部门批准）。混凝土结构施工前施工单位应制订试验计划，试验计划应经监理（建设）单位批准，监理（建设）单位应根据试验计划制定见证计划，施工单位与监理（建设）单位应按照上述计划实施试验与见证工作，需要见证取样送检的试件应由监理工程师或建设单位代表实施见证并做出见证记录，试验计划应根据工程量、施工进度计划、试验条件等制订。施工中为各种检验目的所制作的试件应具有代表性并符合相关要求，即试件的抽样方法、抽样数量和制作要求应符合相关规定；所有试件均应及时进行唯一性标识；混凝土试件的养护条件、龄期应符合相关规定。施工单位应设置足够的控制点和水准点作为确定结构位置的依据（其精度应符合规划、设计要求和施工需要并应防止扰动。即混凝土结构施工前应确定结构位置、标高的控制点和水准点，其精度应符合规划管理和工程施工的需要；用于施工抄平、放线的水准点或控制点的位置应保持牢固稳定、不下沉、不变形；施工现场应对设置的控制点和水准点进行保护并确保其不受扰动，必要时应复测其数据的准确度）。混凝土结构工程施工时的安全技术、劳动保护、防火措施等应符合国家现行有关标准的规定。

4.3.2 模板工程施工的基本要求

根据混凝土成型工艺的要求，模板工程宜优选采用传力直接可靠、装拆快速、周转使用次数多的工具化模板和支架体系（混凝土结构包括柱、墙等竖向结构构件和梁、板等水平结构构件）。模板工程应满足以下 4 方面要求，即应保证工程结构和构件各部分形状尺寸及位置的准确；应具有足够的承载能力、刚度和稳定性并应能可靠地承受新浇筑混凝土的自重和侧压力以及在施工过程中所遇的风荷载和其他荷载；应构造简单、装拆方便、可周转使用并应便于钢筋的绑扎、安装以及混凝土的浇筑、养护；模板的接缝不应漏浆。模板工程施工前应编制专项施工方案并应经审批（高大模板工程专项施工方案还应经专家评审。模板工程的安全一直是施工现场安全生产管理的难点。高大模板工程所指的对象为水平混凝土构件模板支架系统高度超过 8m 或跨度超过 18m、施工总荷载大于 $10kN/m^2$ 或集中线荷载大于 $15kN/m^2$ 的模板支架系统。模板工程可分基本模板工程和特殊模板工程两类，模板支架高度大于 6m 以及柱、墙模独立高度大于 6m 的模板工程可视为特殊模板工程，只有职业工程师才能设计特殊模板工程）。大模板、滑动模板、爬升模板和早拆模板等模板体系的设计、制作和施工应符合国家现行有关标准的规定。模板工程施工前应采取有效的防止施工作业人员坠落和支架失稳坍塌等风险源控制措施并应充分考虑施工作业人员的人身安全和劳动保护要求。

模板工程材料应本着就地取材、经济合理、有利于环境保护、减少废弃物和保护资源的原则进行选择。脱模剂的选用应满足有效脱模、不污染混凝土表面、不影响装修质量要求并宜采用环保型脱模剂。

模板及其支架应根据工程结构形式、荷载大小、基础类别、支承工况、施工设备和材料供应等条件进行设计，并应符合国家现行有关标准的规定。模板及支架设计宜包括以下4方面内容，即模板和支架的选型及构造设计；作用在模板及支架上的荷载（包括恒载、活载及其他荷载，并应按规范要求进行荷载效应组合）；进行模板及支架的承载力、刚度和稳定性复核；绘制模板及支架施工图。模板系统的结构计算应根据施工过程中可能出现的最不利荷载进行组合，参与模板系统荷载效应组合的各项荷载应符合表 4-33 的规定。

表 4-33　　　　　　　　参与模板系统荷载效应组合的各项荷载

模 板 类 别	参与组合的荷载项	
	计算承载能力	验算刚度
混凝土水平构件的底模板及支架	G1＋G2＋G3＋Q1	G1＋G2＋G3
高大模板支架	G1＋G2＋G3＋0.9（Q1＋Q2＋Q3）	G1＋G2＋G3
混凝土竖向构件的侧面模板及支架	G4＋Q3	G4

对于高层建筑施工进行配置最少连续模板支架层设计时应考虑荷载在楼层间连续模板支架层中的传递，复核模板和支架进行承载力、刚度和稳定性时应遵守相关规定，模板支架结构构件的长细比不应超过表 4-34 中规定的容许值。

表 4-34　　　　　　　　模板支架结构构件容许长细比

构件类别	受压构件的支架立柱及桁架	受压构件的斜撑、剪刀撑	受拉构件的钢杆件
容许长细比	150	200	350

模板及支架的安装应按施工方案执行（模板工程施工方案应包括模板及支架的安装方案，安装方案应包含施工顺序、工艺方法、人员安排、安全防护、进度计划、质量标准等内容）。模板及支架的拆除应按施工方案的规定进行，拆除前应对操作人员进行安全技术交底，侧模拆除时的混凝土强度应能保证其表面及棱角不受损伤，底模及其支架拆除时的混凝土强度应符合设计要求或遵守表 4-35 的规定。模板面板及支撑的安装过程中应随时进行检查，应保证安装精度满足《混凝土结构工程施工质量验收规范》（GB 50204—2002）的有关规定。

表 4-35　　　　　　　　底模拆除时的混凝土强度要求

构件类型	构件跨度 L/m	按达到设计混凝土强度的百分率计/%
板	L≤2	≥50
	8≥L＞2	≥75
	L＞8	≥100
梁、拱、壳	L≤8	≥75
	L＞8	≥100
悬臂结构	—	≥100

4.3.3　钢筋工程施工的基本要求

钢筋工程施工宜应用高强钢筋及专业化生产的成型钢筋。钢筋工程施工方案应包括钢筋材料选择及进场检查、验收要求；钢筋加工的技术方案及计划；钢筋连接技术方案及相关配套产品；钢筋现场施工技术方案及质量控制措施。需要进行钢筋代换时应办理设计变更文件，钢筋代换后应经设计认可，钢筋代换应遵循以下 5 条原则，即钢筋不同牌号、规格、数量（进一步解释）的代换应按钢筋受拉承载力设计值相等的原则进行；当构件受裂缝宽度或挠度控制时钢筋代换后应进行裂缝宽度或挠度验算；钢筋代换后应符合现行国家标准《混凝土结构设计规范》（GB 50010—2011）及相关规范中有关钢筋材料及配筋构造的要求；不宜用光圆钢筋代换带肋钢筋；代换后的钢筋加工、钢筋连接要求应符合相关规范规定。应采取可靠措施避免钢筋进场及在施工过程中发生混淆，同一工程中不应同时应用两种光圆钢筋，HRB（热轧带肋钢筋）、HRBF（细晶粒钢筋）、RRB（余热处理钢筋）是三种常用的带肋钢筋钢筋牌号（各种钢筋表面的轧制标志各不相同。HRB335、HRB400、HRB500 分别为 3、4、5；HRBF335、HRBF400、HRBF500 分别为 C3、C4、C5；RRB400 为 K3。牌号带"E"的钢筋轧制标志上也带"E"，比如 HRB335 为 3E、HRBF400E 为 C4E）。应采取可靠措施，保证成品钢筋在进场及施工过程中能够区分不同的强度等级和牌号（避免混用），加工后的成品钢筋应尽快使用（不宜长期存放。加工后可能存在牌号标识缺失的情况，应制定合理的成品钢筋堆放、使用方案以确保不会混用）。光圆钢筋没有轧制标志，仅能通过盘圈标牌来区分，故应避免在同一工程中应用两种钢筋。

热轧光圆钢筋、热轧带肋钢筋、余热处理、钢筋焊接网、冷加工钢筋的性能应符合现行国家标准的有关规定，在施工现场进行钢筋加工时应设置钢筋废料专用收集槽并在加工厂四周采取防止噪音扩散的围蔽措施，成型钢筋宜在专业化企业生产并应采用专用设备。钢筋连接方式应根据设计要求和施工条件确定，钢筋连接可采用机械连接或焊接连接（钢筋机械连接可采用各种形式的直螺纹连接、径向挤压连接接头，钢筋的对接焊接可采用闪光对焊、电弧焊、电渣压力焊或气压焊）。钢筋进场时应按规定检查性能及质量，应检查生产企业的生产许可证证书及钢筋的产品合格证、出厂检验报告；应按相关国家标准的有关规定抽样检验屈服强度、抗拉强度、伸长率。钢筋安装后应按表 4-36 的规定检查钢筋位置。

表 4-36　　　　　　　　　钢筋安装位置的允许偏差和检验方法

项 目			允许偏差/mm
绑扎钢筋网	长、宽		±10
	网眼尺寸		±20
绑扎钢筋骨架	长		±10
	宽、高		±5
受力钢筋	间距		±10
	排距		±5
	保护层厚度	基础	±10
		柱、梁	±5
		板、墙、壳	±3
绑扎箍筋、横向钢筋间距			±20
钢筋弯起点位置			20
预埋件	中心线位置（纵横两个方向）		5
	水平高差		+3，0

4.3.4　预应力工程施工的基本要求

核电站安全壳预应力混凝土工程应遵守专门规定，本书仅介绍普通预应力工程。预应力专业施工单位或预制构件的生产商所进行的深化设计应经原设计单位认可（预应力混凝土的深化设计中除应明确采用的材料、工艺体系外，还应明确预应力筋束形定位坐标图、预应力筋分段张拉锚固方案、张拉端及固定端的局部加强构造大样、锚具封闭大样、孔道摩擦系数取值等内容）。预应力专业施工单位或预制构件的生产商应根据设计文件，编制专项施工方案。预应力专项工程施工方案应包括工程概况、施工顺序、工艺流程；预应力施工方法（包括预应力筋制作、孔道预留、预应力筋安装、预应力筋张拉、孔道灌浆和封锚等）；材料采购和检验、机械配备和张拉设备标定；施工进度和劳动力安排、材料供应计划；有关工序（模板、钢筋、混凝土等）的配合要求；施工质量要求和质量保证措施；施工安全要求和安全保证措施；施工现场管理机构等。预应力混凝土工程应依照设计要求的施工顺序施工并应考虑各施工阶段偏差对结构安全度的影响（必要时应进行施工监测并采取相应调整措施）。

预应力筋应根据结构受力特点、工程结构环境条件、施工工艺及防腐蚀要求等选用，预应力筋按钢材品种可分为高强钢丝、钢绞线、高强钢筋和钢棒等（目前常用的预应力筋材料的强度范围为 800~1960MPa，预应力筋的形式有钢丝、钢绞线、钢棒、精轧螺纹钢筋、镀锌钢丝、镀锌钢绞线、环氧涂层钢绞线、无黏结钢绞线、缓黏结钢绞线等）。预应力筋用锚具、夹具和连接器应根据预应力筋品种、锚固要求和张拉工艺等配套选用。预应力筋用锚具，可分为夹片锚具、镦头锚具、螺母锚具、挤压锚具、压接锚具、压花锚具、冷铸锚具和热铸锚具等，预应力筋锚具通常与预应力钢材配套使用。

预应力筋应采用砂轮锯或切断机下料（下料场地应平整、洁净），预应力筋的下料长度应由计算确定（计算时应考虑结构的孔道长度、锚夹具厚度、千斤顶长度、镦头的预留量、冷拉伸长量、弹性回缩量、张拉伸长值和台座长度等因素）。

预应力筋张拉前应计算所需张拉力、压力表读数、张拉伸长值并明确张拉顺序和程序。后张预应力筋张拉完毕并经检查合格后应尽早灌浆。灌浆用水泥浆的配合比应经试验确定，其性能应符合相关规定。先张法构件的端部预应力筋应根据环境条件进行必要的防锈保护。

预应力筋应按规定进行检查和验收，预应力筋用锚具、夹具和连接器应按规定进行检查和验收。后张预应力筋张拉时及先张预应力筋放张时的混凝土强度应按同条件养护的试块的抗压强度确定（每组 3 个试件）并应满足规范规定。预应力筋张拉质量的控制应通过经过标定的千斤顶和油泵设备的压力表的读值和现场测得的预应力筋的伸长值予以控制。预应力筋保护层厚度的检测应按设计规定进行（但其值可比设计规定值小 5mm）。

4.3.5　混凝土制备与运输的基本要求

混凝土结构施工宜选用预拌混凝土，需要在现场搅拌混凝土时宜采用具有自动计量装置的现场集中搅拌方式。混凝土制备与运输施工方案中应包括以下 6 方面内容，即对混凝土强度、耐久性及拌和物工作性能的要求；对原材料的要求；对混凝土配合比设计的要求；对混凝土拌制、运输的要求；对混凝土拌和物质量检查的要求；与混凝土质量有关的其他技术要求。混凝土中由原材料带入的氯离子含量、碱总含量及其他耐久性技术要求应根据混凝土结构所处的环境类别按现行国家相关标准的规定执行。混凝土拌和物的质量检查应有文件记录。施工现场应具备混凝土试件制作、养护条件。施工中为各种检验目的所制作的试件应符合规定，即应确保试件的真实性和代表性；试件的留置数量、制作方法应符合国家现行标准的有关规定；应及时做唯一性标识；混凝土试件的养护条件和龄期应符合国家现行标准的有关规定并按规定龄期试压；需要见证取样、送检的试件应由监理工程师或建设单位代表实施见证并做出见证记录（见证人员和取样人员应在见证记录上签字）。混凝土各种原材料的质量指标应符合相关规范规定。

混凝土结构工程所用的水泥宜选用通用硅酸盐水泥（有特殊需要时也可选用其他品种水泥），水泥性能应符合现行国家相关标准的规定。

混凝土配合比设计应符合规定。混凝土配合比设计应规定步骤进行，即计算混凝土的配制强度；计算混凝土配合比；按照计算配合比经过试拌提出满足混凝土工作性要求的试拌配合比；在试拌配合比的基础上经试配与调整提出满足强度要求和耐久性要求的设计配合比；对设计配合比进行生产适应性调整、确定施工配合比。

混凝土搅拌方式可分为预拌混凝土搅拌站搅拌、现场集中搅拌和现场小规模搅拌〔预拌混凝土搅拌站和现场集中搅拌的混凝土搅拌站应选择具有自动计量装置的搅拌设备；现场小规模搅拌混凝土，宜采用符合现行国家标准《混凝土搅拌机技术条件》（GB/T 9142—2000）相关规定的强制式搅拌机〕。

混凝土在运输过程中应保证拌和物的均匀性和工作性。混凝土运输应采取措施保证连续供应，满足现场施工要求。混凝土在生产过程中应按规定进行检查。检查混凝土质量应进行抗压强度试验（对有抗冻、抗渗等耐久性要求的混凝土，应进行抗冻性、抗渗性等耐久性项目的试验）。

4.3.6　现浇混凝土结构工程施工的基本要求

现浇混凝土结构的施工方案应包括混凝土输送、浇筑、振捣、养护的方式和机具设备的选择；混凝土浇筑、振捣技术措施；施工缝、后浇带的留设；混凝土养护技术措施等内容。混凝土浇筑前应完成以下3方面工作，即隐蔽工程验收和技术复核；对操作人员进行技术交底；根据施工方案中的技术要求检查并确认施工现场具备实施条件。输送浇筑前应检查混凝土送料单、核对配合比、检查坍落度（必要时还应测定混凝土扩展度，在确认无误后方可进行混凝土浇筑）。混凝土输送、浇筑过程中严禁加水。在施工作业面上浇筑混凝土时应布料均衡，应对模板和支架进行观察和维护（发生异常情况时应及时进行处理）。混凝土浇筑应采取措施避免造成模板内钢筋、预埋件及其定位件移动。

混凝土输送方式应按施工现场条件根据"合理、经济"原则确定。混凝土浇筑过程应有效控制混凝土的均匀性和密实性；混凝土应连续浇筑使其成为连续的整体。

混凝土振捣应保证不过振、不欠振、不漏振，混凝土振捣应能使模板内各个角落都能充满密实均匀的混凝土。混凝土振捣应采用振动棒、附着振动器或表面振动器（必要时可采用人工辅助振捣）。

混凝土养护可采用浇水、蓄热、喷涂养护剂等方式，选择养护方式应考虑现场条件、环境温湿度、构件特点、技术要求、施工操作等因素。混凝土的养护时间应符合规定，浇水养护应符合规定，蓄热养护应符合规定，喷涂养护剂养护应符合规定。

混凝土施工缝和后浇带的留设位置应在混凝土浇筑之前确定，宜留设在结构受力较小且便于施工的位置。后浇带的位置应按设计图纸留设。

凡混凝土结构实体最小几何尺寸不小于 1m，体积大于 1000m³，或预计会因混凝土中水泥水化热引起的温度和收缩而导致有害裂缝产生的混凝土工程，都称之为大体积混凝土。大体积混凝土施工应合理选择混凝土配合比，宜选用水化热低的水泥，并宜掺加粉煤灰、矿粉和高效减水剂，控制水泥用量，应加强混凝土养护工作。应根据不同部位大体积混凝土的特点编制施工方案，采取具有针对性的技术措施，防止有害裂缝产生。应按基础、柱、墙大体积混凝土的特点采取针对性裂缝控制技术措施。大体积混凝土施工方案应包括原材料的技术要求，配合比的选择；混凝土内部温升计算，混凝土内外温差估算；混凝土运输方法；混凝土浇筑、振捣、养护措施；混凝土测温方案；裂缝控制技术措施。

混凝土结构施工质量预检、质量过程控制、拆模后的质量检查应符合规定，施工质量预检应在模板、钢筋工程完成后、混凝土浇筑前进行；质量过程控制检查应在混凝土施工全过程中按照施工段划分和工序安排及时进行；拆模后的质量检查应在拆模后、混凝土表面未做处理和装饰前进行。

混凝土结构缺陷可分为外观缺陷和尺寸偏差缺陷，外观缺陷可分为一般缺陷和严重缺陷（当混凝土结构尺寸偏差超出相关规范规定时但尺寸偏差对结构性能和使用功能未构成影响应认为属于一般缺陷；而尺寸偏差对结构性能和使用功能构成影响时应认为属于严重缺陷）。混凝土结构外观一般缺陷修整应符合规定（对于露筋、蜂窝、孔洞、疏松、外表缺陷应凿除胶结不牢固部分的混凝土，用钢丝刷清理，浇水湿润后用 1：2～1：2.5 水泥砂浆抹平。应封闭裂缝。连接部位缺陷、外形缺陷可与面层装饰施工一并处理）。混凝土结构外观严重缺陷修整应符合规定。混凝土结构尺寸偏差一般缺陷，可采用装饰修整方法修整。

4.3.7　装配式混凝土结构工程施工的基本要求

装配式混凝土结构应按设计文件或标准规范的要求由具备施工资质和安装经验的单位进行专业施工，需施工单位深化设计的文件（图纸或计算书）应经工程设计单位认可。装配式结构施工前应编制专项施工方案，施工方案应经监理审核批准后方可实施，施工方案应包括预制构件制作方案、运输与堆放方案、吊装方案；预制构件吊装设备选型与配置、测量及调整就位方法、吊具及临时固定措施等；施工现场布置方案（包括预制构件堆放位置、内运通道以及吊装设备的布置等）；预制构件装配连接的技术质量保证措施；施工全过程预制构件成品保护及修补的技术措施；预制构件安装施工安全管理、质量管理和环境保护措施。装配式结构正式施工前宜选择有代表性的单元进行制作、运输、吊装等全过程施工试验，根据试验结果调整完善施工方案。装配式结构施工前应按设计要求和施工方案进行必要的施工验算，施工验算应包括预制构件脱模、翻转过程中混凝土强度、构件承载力、构件变形以及吊具、预埋吊件承载力验算；预制构件的运输、存放及吊装过程中预制构件与起吊装置的承载力验算；预制构件安装过程中各种施工临时荷载作用下构件支架系统和临时固定装置的承载力验算。装配式结构施工安全作业应符合现行行业标准《建筑施工高处作业安全技术规范》（JGJ 80—1991）的有关规定，使用的吊具应符合国家现行相关标准的有关规定（自制吊具应按国家现行相关标准的有关规定进行设计验算或试验，并应根据预制构件形状及尺寸设置钢丝绳吊索及分配梁、桁架，以保证吊车主钩的位置与构件重心重合）。预制构件的吊装、运输施工过程应符合规定（预制构件的混凝土强度应符合设计要求，当设计无具体要求时出厂运输、装配时预制构件的混凝土立方体抗压强度不宜小于设计混凝土强度值的 75%。吊索与构件水平面所成夹角不宜小于 60°、不应小于45°。装配式结构的施工全过程应对预制构件及其上的建筑附件、预埋件、预埋吊件等采取施工保护措施，避免构件出现破损或污染现象）。

预制构件加工单位应具备相应的资质等级管理所需的要求，预制构件加工前应编制生产加工方案，内容包括生产计划及生产工艺、模板方案及模板计划、技术质量控制措施、成品保护等。装配式结构施工应制订预制构件的搬运和码放方案，主要内容包括存放场地要求、运输线路计划、运输固定要求、码放支垫要求及成品保护措施等内容。

装配施工前应检查预制构件、安装用材料及配件的质量、已施工完成的结构部分质量，检查合格后方可进行构件吊装施工。构件吊装前应按规定做好相关准备工作。预制构件吊装就位后应及时在预制构件和已施工现浇结构间设置临时固定措施（预制构件与吊具的分离应在临时固定措施安装完成及测量校准定位后进行）。

新模具投入使用前、旧模具改制后或使用一段时间后需维修的模具应进行全数全项目检查验收，重复使用的标准模具每次浇筑混凝土前应检查核对模具的关键尺寸（模具的结构支拆形式、承载力及刚度变形要求、外观质量及尺寸偏差应满足设计或标准要求）。

4.3.8 混凝土结构工程冬期、高温和雨期施工的基本要求

根据当地多年气象资料统计，当室外日平均气温连续 5d 稳定低于 5℃时，应采取冬期施工措施；当室外日平均气温连续 5d 稳定高于 5℃时，可退出冬期施工（当混凝土未达到受冻临界强度，而气温骤降至 0℃以下或防冻剂规定温度时，亦应按冬期施工相关规定进行防护）。当室外大气温度达到 35℃及以上时应按高温施工要求采取措施。降雨期间应按雨期施工要求采取措施。混凝土结构工程冬期、高温和雨期专项施工方案应包括混凝土施工工艺、材料和机具设备选择、作业条件和计划等内容。混凝土结构工程冬期施工应考虑混凝土结构的特点、气温条件、施工进度、造价以及能耗等因素，选择适宜的养护方法，并应对混凝土的搅拌、运输、浇筑、养护过程进行热工计算。冬期浇筑的混凝土其受冻临界强度应符合规定（采用蓄热法、暖棚法、加热法施工的混凝土，不得小于混凝土设计强度标准值的 40%。采用综合蓄热法、负温养护法施工的混凝土，当室外最低气温不低于 $-10℃$时，不得小于 3.5MPa；当室外最低温度低于 $-10℃$但不低于 $-15℃$时，不得小于 4.0MPa；当室外最低温度低于 $-15℃$但不低于 $-30℃$时，不得小于 5.0MPa。强度等级不低于 C60 以及有抗冻融、抗渗要求的混凝土，其受冻临界强度应经试验确定）。

冬季施工混凝土配制宜选用硅酸盐水泥或普通硅酸盐水泥（当采用其他品种硅酸盐水泥时，应注意水泥中的混合材对混凝土早期强度、抗渗、抗冻等性能的影响。使用蒸汽法养护的混凝土，宜选用矿渣硅酸盐水泥。采用其他水泥时，应经试验确定适宜的防冻剂与养护方法）。

高温施工时应对水泥、砂、石的贮存仓、料堆等采取遮阳防晒措施，或在水泥贮存仓、砂、石料堆上喷水降温。高温施工混凝土配合比设计除应满足规范要求外，还应考虑原材料温度、大气温度、混凝土运输方式与时间对混凝土初凝时间、坍落度损失等性能指

标的影响（根据环境温度、湿度、风力和采取温控措施的实际情况，对混凝土配合比进行调整）；宜在近似现场运输条件、时间和预计混凝土浇筑作业最高气温的天气条件下通过混凝土试拌合与试运输的工况试验后调整并确定适合高温天气条件下施工的混凝土配合比；宜采用低水泥用量的原则并可采用粉煤灰取代部分水泥（宜选用水化热较低的水泥）。

雨期施工时应对水泥和掺合料采取防水和防潮措施（并应对粗、细骨料含水率实时监测，及时调整混凝土配合比。模板脱模剂应具有防雨水冲刷性能）。雨期施工期间对混凝土搅拌、运输设备和浇筑作业面应采取防雨措施并应加强施工机械检查维修及接地接零检测工作。除采用防护措施外，小到中雨天气不宜进行混凝土露天浇筑且不应开始大面积作业面的混凝土露天浇筑；大到暴雨天气严禁进行混凝土露天浇筑。

4.3.9 混凝土结构施工中的环境保护要求

施工单位应制订环境保护管理体系文件，现场施工项目部应建立环境保护的组织机构并落实相关责任部门和责任人员。现场施工项目部应针对施工项目，制订施工环境保护计划，并组织实施。对施工中产生的固体废弃物应进行分类、统计。对混凝土结构施工过程的环境保护效果宜进行评估。施工过程中应采取防尘、降尘措施，控制作业区扬尘。对施工现场的主要道路，宜进行硬化处理或采取扬尘控制措施。施工过程中应对材料搬运、施工设备和机具作业等采取可靠的降低噪声措施。钢筋加工、混凝土拌制、振捣等作业的允许噪声级，昼间为 70dB（A 声级），夜间为 55dB（A 声级）。施工过程中应采取光污染控制措施（对可能产生强光的施工作业，应采取防护和遮挡措施。夜间施工应采用低角度灯光照明）。对结构施工中产生的污水应采取沉淀、隔油等措施进行处理，不得直接排放。塔吊等强电磁干扰设备应有防护设施。需在现场拌制混凝土时应采取扬尘和噪声控制措施并对污水进行处理。宜选用环保型脱模剂（涂刷模板脱模剂时，应防止洒漏。对含有污染环境成分的脱模剂，使用后剩余的脱模剂及其包装等应由厂家或有资质的单位回收处理，禁止与普通垃圾混放）。施工过程中对施工设备和机具维修、运行、存储时的漏油应采取有效的隔离措施（不得直接污染土壤。漏油应统一收集并进行无害化处理）。混凝土外加剂、养护剂的使用应满足相关标准对环境保护的要求。进行挥发性有害物质施工时施工操作人员应采取有效的防护方法，配备相应的防护用品。施工过程中施工单位应对建筑垃圾应进行分类、统计并采取建筑垃圾的减量化措施（对不可循环使用的建筑垃圾应收集到现场封闭式垃圾站并及时清运至有关部门指定的地点，对可循环使用的建筑垃圾应加强回收利用并做好记录）。

思 考 题

1. 简述混凝土结构的基本类型及构造特点。
2. 混凝土结构设计有哪些基本要求？
3. 混凝土结构施工有哪些基本要求？
4. 你对混凝土结构的发展有何想法与建议？

第5章 钢结构工程的特点及技术体系

5.1 钢结构工程设计的基本要求

5.1.1 建筑钢结构的基本特点

钢结构是指以钢板、钢管、热轧型钢或冷加工成型的型钢通过焊接、铆钉或螺栓连接而成的结构。钢结构中的脆断是指钢结构在拉应力状态下没有出现警示性的塑性变形而突然发生的脆性断裂的现象。钢结构中的一阶弹性分析是指不考虑几何非线性对结构内力和变形产生的影响而仅根据未变形的结构建立平衡条件并按弹性阶段分析结构内力及位移的分析方法。钢结构中的二阶弹性分析是指考虑几何非线性对结构内力和变形产生的影响、根据位移后的结构建立平衡条件并按弹性阶段分析结构内力及位移的分析方法。钢结构中的屈曲是指杆件或板件在轴心压力、弯矩、剪力单独或共同作用下突然发生与原受力状态不符的较大变形而失去稳定的现象;腹板屈曲后强度是指腹板屈曲后尚能继续保持承受荷载的能力;通用高厚比是指钢材受弯、受剪或受压屈服强度除以相应的腹板抗弯、抗剪或局部承压弹性屈曲应力之商的平方根;整体稳定是指对外荷载作用下整个结构或构件能否发生屈曲或失稳进行的评估;有效宽度是指在进行截面强度和稳定性计算时而假定板件有效的那一部分宽度;有效宽度系数是指板件有效宽度与板件实际宽度的比值;计算长度是指构件在其有效约束点间的几何长度乘以考虑杆端变形情况和所受荷载情况的系数后得到的等效长度(用以计算构件的长细比);长细比是指构件计算长度与构件截面回转半径的比值;换算长细比是指在轴心受压构件的整体稳定计算中按临界力相等原则将格构式构件换算为实腹构件进行计算时对应的长细比(或将弯扭与扭转失稳换算为弯曲失稳时采用的长细比)。钢结构中的支撑力是指为减少受压构件(或构件的受压翼缘)的自由长度而设置侧向支撑时,在被支撑构件(或构件受压翼缘)的屈曲方向所需施加于该构件(或构件受压翼缘)截面剪心的侧向力。钢结构中的纯框架是指依靠构件及节点连接的抗弯能力抵抗侧向荷载的框架;框架支撑结构是指由框架及支撑共同组成的抗侧力体系;蜂窝梁是指将H形钢腹板沿设定的齿槽切制后错开而将腹板凸出部分对齐焊接形成的蜂窝状空格空腹梁;摇摆柱是指框架内两端为铰接不能抵抗侧向荷载的柱;构件是指直接组成结构的单元(比如梁、柱、桁架、板、壳、等);杆件是指长度远大于其他两个方向尺寸的变形体(比如梁、柱、屋架中的各根杆等);柱腹板节点域是指框架梁柱的刚接节点处柱腹板在梁高度范围内上下边设有加劲肋或隔板的区域;球形钢支座是指可使结构在支座处沿任意方向转动的、以钢球面作为支承面的铰接支座或可移动支座;板式橡胶支座是指满足支座位移要求的、以橡胶和薄板等复合材料制成的传递支座反力的支座;钢板剪力墙是指以钢板为材料填充于框架中承受框架中的水平剪力的墙体;主管是指钢管结构构件中在节点处连续贯通的管件（比如桁架中的弦杆）；支管是指钢管结构中在节点处断开并与主管相连的管件（比如桁架中与主管相连的腹杆）；间隙节点是指两支管的趾部离开一定距离的管节点；搭接节点是指在钢管节点处由两支管相互搭接而成的节点；平面管节点是指支管与主管在同一平面内相互连接的节点；空间管节点是指在不同平面内的支管与主管相接而形成的管节点；组合构件是指由一块以上的钢板（或型钢）相互连接组成的构件（比如"工"字形截面或箱形截面组合梁或柱）。钢结构中的钢与混凝土组合梁是指由混凝土翼板与钢梁通过抗剪连接件组合而成可整体受力的梁；钢管混凝土柱是指钢管内浇注混凝土的柱；中心支撑框架是指不具备消能梁段的框架支撑结构；偏心支撑框架是指具备消能梁段的框架支撑结构；屈曲约束支撑是指由核心钢支撑、外约束单元和两者之间的无粘结构造层组成的支撑体系；抗震构件及节点是指作为结构体系的一部分而用于抵抗地震作用的构件和节点；非抗震构件及节点是指不承担地震作用的构件；钢材名义屈服强度是指钢材屈服强度标准值（高级钢为其上限值，其余钢材均为其下限值）。钢结构中的消能梁段是指框架支撑结构中支撑连接位置偏离梁柱节点时每根支撑应至少一端与框架梁相连，即在支撑与梁交点和柱之间（或同一跨内另一支撑与梁交点之间）设置一段短梁，该短梁即为消能梁段。

5.1.2　建筑钢结构设计的宏观要求

钢结构设计内容通常包括结构方案设计（包括结构选型、构件布置、材料选用、作用及作用效应分析、结构极限状态验算、结构和构件及连接的构造、抗火设计、制作、安装、防腐和防火等方面的要求。同时还应满足特殊结构的专门性能设计要求）。钢结构设计的除疲劳计算外均应采用以概率理论为基础的极限状态设计方法并用分项系数设计表达式进行计算。

钢结构应按承载能力极限状态和正常使用极限状态进行设计。承载能力极限状态包括构件或连接的强度破坏、疲劳破坏、脆性断裂、因过度变形而不适用于继续承载、结构或构件丧失稳定、结构转变为机动体系和结构倾覆。正常使用极限状态包括影响结构、构件或非结构构件正常使用或外观的变形，影响正常使用的振动以及影响正常使用或耐久性能的局部损坏（包括混凝土裂缝）。

钢结构的安全等级和设计使用年限应符合现行国家标准《建筑结构可靠度设计统一标准》（GB 50068—2001）和《工程结构可靠性设计统一标准》（GB 50153—2008）的规定。一般工业与民用建筑钢结构的安全等级应取为二级，其他特殊建筑钢结构的安全等级应根据具体情况另行确定。

设计钢结构时应从工程实际出发合理选择材料、结构方案和构造措施，应满足结构构件在运输、安装和使用过程中的强度、稳定性和刚度要求，应符合防火、防腐蚀要求，宜优先采用通用的和标准化的结构和构件以减少制作、安装工作量。钢结构的构造应便于制作、运输、安装、维护并使结构受力简单明确（减少应力集中，避免材料三向受拉），以受风载为主的空腹结构应尽量减少受风面积，钢结构设计应考虑制作、运输和安装的经济合理与施工方便。钢结构设计文件中应注明建筑结构设计使用年限、钢材牌号、连接材料的型号（或钢号）、设计所需的附加保证项目和所采用的规范，此外，还应注明所要求的焊缝形式、焊缝质量等级、端面刨平顶紧部位、钢结构防护要求及措施、对施工的要求（对抗震设防的钢结构和关键连接部位应注明其连接的细部构造、尺寸，同时应注明在塑性耗能区采用钢材的最大允许屈服应力）。

设计钢结构时荷载的标准值、荷载分项系数、荷载组合值系数、动力荷载的动力系数等，应按现行国家标准《建筑结构荷载规范》（GB 50009—2012）的规定采用。结构或构件变形应符合规定，为不影响结构或构件的正常使用和观感，设计时应对结构或构件的变形（挠度或侧移）规定相应的限值，计算结构或构件的变形时可不考虑螺栓（或铆钉）孔引起的截面削弱，为改善外观和使用条件可将横向受力构件预先起拱（起拱大小应视实际需要而定，一般为恒载标准值加 1/2 活载标准值所产生的挠度值。当仅为改善外观条件时构件挠度应取在恒荷载和活荷载标准值作用下的挠度计算值减去起拱度）。我国将钢结构构件设计截面分 A、B、C、D、E 共 5 级，柱、压弯构件的常用截面为 H 形及 T 形截面、箱形截面、圆钢管截面、圆钢管混凝土柱截面、矩形钢管混凝土截面；梁、受弯构件的常用截面为工字形截面、箱形截面、工字梁（两翼缘之间填混凝土的翼缘和腹板且混凝土能够防止腹板屈曲）；支撑的常用截面为 H 形截面、箱形截面、角钢、圆钢管截面。

有抗震设防要求的钢结构应根据现行国家标准《建筑抗震设计规范》（GB 50011—2010）规定的抗震设计原则进行抗震构件和节点的抗震设计。钢结构抗震构件及节点进行强度和稳定验算时其地震作用标准值的效应应乘以地震作用调整系数 Ω，Ω 的计算应遵守相关规定。有抗震设防要求的多高层钢结构宜采用高延性—低弹性承载力设计思路，当延性构造不满足现行国家标准《建筑抗震设计规范》（GB 50011—2010）要求时可采用增大弹性承载力的设计方法。有抗震设防要求的钢结构，对可能发生塑性变形的构件或部位所采用的钢材应符合现行国家标准《建筑抗震设计规范》（GB 50011—2010）的规定（不应采用冷成型钢材，其屈服强度实测值不应高于名义屈服强度 f_y 的 1.25 倍）。

钢结构设计应考虑施工措施和施工过程对结构的影响，当施工方法或顺序对主体结构的内力和变形有较大影响时应进行施工阶段分析验算。钢结构的安装连接应采用传力可靠、制作方便、连接简单、便于调整的构造形式并应考虑临时定位措施。

5.1.3 建筑钢结构的结构体系

钢结构体系应按相关原则选用，即应综合考虑结构合理性、建筑及工艺需求、环境条件（包括地质条件及其他）、节约投资和资源、材料供应、制作安装便利性等因素；宜选用成熟的结构体系（采用新型结构体系时设计计算和论证应充分，必要时应进行试验）。钢结构的布置应符合相关要求，即应具备合理的竖向和水平荷载传递途径；应具有必要的刚度和承载力、良好的结构整体稳定性和构件稳定性；应具有足够冗余度（以避免因部分结构或构件破坏导致整个结构体系丧失承载能力）；竖向和水平荷载引起的构件和结构的振动应满足正常使用舒适度要求；隔墙、外围护等宜采用轻质材料。有抗震设防要求的钢结构宜符合相关要求，即平、立面布置宜规则（各部分的刚度、质量和承载力宜均匀、连续）；应具有必要的抗震承载能力、良好的变形和耗能能力（对可能出现的薄弱部位应采取必要的加强措施）；可采用消能减震手段提高结构抗震性能。施工过程对构件内力分布影响显著的结构，结构分析时应考虑施工过程对结构刚度形成的影响（必要时应进行施工模拟分析）。

单层钢结构主要由横向抗侧力体系和纵向抗侧力体系组成，其横向抗侧力体系应遵守相关规定，纵向抗侧力体系宜采用中心支撑体系（也可采用刚架结构）。单层钢结构结构布置应符合相关规定，即多跨结构宜等高、等长（各柱列的侧移刚度宜均匀）；地震区结构体形复杂或有贴建的房屋和构筑物时宜设防震缝；同一结构单元中宜采用同一种结构形式（不同结构形式混合采用时应充分考虑荷载、位移和强度的不均衡对结构的影响）；支撑布置应符合要求（即在每个结构单元中应设置能独立构成空间稳定结构的支撑体系；当房屋高度相对于柱间距较大时柱间支撑宜分层设置；在屋盖设有横向水平支撑的开间应设置上柱柱间支撑）。

多高层钢结构结构布置应符合规定，建筑平面宜简单、规则（结构平面布置宜对称，水平荷载的合力作用线宜接近抗侧力结构的刚度中心）；高层钢结构两个主轴方向动力特性宜相近；结构竖向体形应力求规则、均匀（应避免有过大的外挑和内收）；结构竖向布置宜使侧向刚度和受剪承载力沿竖向宜均匀变化（以避免因突变导致过大的应力集中和塑性变形集中）；采用框架结构体系时的高层建筑不应采用单跨结构（多层的甲、乙类建筑不宜采用单跨结构）；高层钢结构宜选用风压较小的平面形状和横风向振动效应较小的建筑体形（并应考虑相邻高层建筑对风荷载的影响）；支撑布置平面上宜均匀、分散且宜沿竖向连续布置（不连续时应适当增加错开支撑及错开支撑之间的上下楼层水平刚度）；设置地下室时支撑应延伸至基础。高层钢结构的舒适度，按 10 年重现期风荷载下的顺风向和横风向建筑物顶点的最大加速度计算值限值为公寓 0.20m/s^2、旅馆或办公楼 0.28m/s^2。

大跨度钢结构设计应遵守相关规定。大跨度钢结构的设计应结合工程的平面形状、体形、跨度、支承情况、荷载大小、建筑功能综合分析确定，结构布置和支承形式应保证结构具有合理的传力途径和整体稳定性。平面结构应设置平面外的支撑体系。各类常用大跨度钢结构的适用范围和基本设计要求应遵守相关规定。应根据大跨度钢结构的结构和节点形式、构件类型、荷载特点并考虑上部大跨度钢结构与下部支承结构的相互影响建立合理的计算模型、进行协同分析。大跨度空间钢结构在各种荷载工况下应满足承载力和刚度要求。预应力大跨度钢结构应进行结构张拉形态分析，确定索或拉杆的预应力分布并保证在各种工况下索力大于零。对以受压为主的拱形结构、单层网壳以及跨度较大的双层网壳应进行非线性稳定分析。地震区的大跨度钢结构应按抗震规范考虑水平及竖向地震作用效应。对于大跨度钢结构楼盖应按使用功能满足相应的舒适度要求。应对施工过程复杂的大跨度钢结构或复杂的预应力大跨钢结构进行施工过程分析。杆件截面的最小尺寸应根据结构的重要性、跨度、网格大小按计算确定，普通型钢不宜小于 $L50\times3$、钢管不宜小于 $\varphi48\times3$（大、中跨度的结构的钢管不宜小于 $\varphi60\times3.5$）。大跨度钢结构的支座和节点形式应同计算模型吻合。

5.1.4 建筑钢结构的材料选择要求

钢结构用钢材应为按国家现行标准所规定的性能、技术与质量要求生产的钢材。承重结构的钢材宜采用 Q235 钢、Q345 钢、Q390 钢、Q420 钢、Q460 钢。热轧工字钢、槽钢、角钢、H 型钢和钢管等型材产品的规格、外形、重量和允许偏差应符合相关的现行国家标准的规定。

钢结构用焊接材料应符合规定，手工焊接选择的焊条型号应与主体金属力学性能相适应，焊丝应符合规定，埋弧焊用焊丝和焊剂应符合规定，气体保护焊使用的氩气应符合规定（其纯度不应低于 99.95％），气体保护焊使用的二氧化碳应符合规定。

钢结构用紧固件材料应符合规定。钢结构选材应遵循技术可靠、经济合理的原则，应综合考虑结构的重要性、荷载特征、结构形式、应力状态、连接方法、钢材厚度、价格和工作环境等因素，选用合适的钢材牌号和材性。承重结构采用的钢材应具有屈服强度、伸长率、抗拉强度、冲击韧性和硫、磷含量的合格保证，对焊接结构尚应具有碳含量（或碳当量）的合格保证。

根据节点进行设计的钢管结构的钢材选用应符合规定。冷成型管材（如方矩管、圆管）和型材，及经冷加工成型的构件，除所用原料板材的性能与技术条件应符合相应材料标准规定外，其最终成型后构件的材料性能和技术条件尚应符合相关设计规范或设计图纸的要求（如延伸率、冲击功、材料质量等级、取样及试验方法）。冷成型圆管的外径与壁厚之比不宜小于 20；冷成型方矩管不宜选用由圆变方工艺生产的钢管。

5.1.5 建筑钢结构的结构分析方法与稳定性设计要求

结构的计算模型和基本假定应尽量与构件连接的实际性能相符合。建筑结构的内力和变形一般按结构静力学方法进行弹性分析，采用弹性分析的结构中，构件截面允许有塑性变形发展。框架结构进行内力分析时，梁柱连接宜采用刚接或铰接假定进行内力计算，并根据规范规定进行验算。梁与柱的半刚性连接只具有有限的转动刚度，在承受弯矩的同时会产生相应的交角变化，在内力分析时必须预先确定连接的弯矩－转角特性曲线以便考虑连接变形的影响。采用节点板连接的桁架分析桁架杆件内力时可将节点视为铰接，直接相贯连接的钢管结构节点的计算假定应根据规定选择（即在满足相关条件情况下分析钢管桁架（无斜腹杆的空腹桁架除外）杆件内力时可将节点视为铰接，这些条件包括符合各类节点相应的几何参数的适用范围；在桁架平面内杆件的节间长度或杆件长度与截面高度（或直径）之比不小于 12（主管）和 24（支管）时。对无斜腹杆的空腹桁架应按规定计算节点刚度并进行刚度判别，且应采用相应的连接假定进行结构内力分析）。

结构考虑材料非线性分析或同时考虑几何非线性和材料非线性效应分析时宜采用直接分析设计法；当对结构进行连续倒塌分析、抗火分析或在其他极端荷载作用下的结构分析时应采用（静力或动力）直接分析设计法。

钢结构的内力和位移计算一般可采用一阶弹性分析，按有关规定进行构件设计和连接、节点设计（对形式和受力复杂的结构，采用一阶弹性分析方法进行结构分析与设计时应按结构弹性稳定理论确定构件的计算长度系数，并按规定进行构件设计）。

结构的二阶弹性分析应以考虑了结构整体初始几何缺陷、构件局部初始缺陷（含构件残余应力）和合理的节点连接刚度的结构模型为分析对象，计算结构在各种设计荷载（作用）组合下的内力和位移。

5.2 钢结构工程施工的基本要求

钢结构工程施工应贯彻执行国家的相关技术经济政策。钢结构工程施工涉及的结构形式多种多样，既包含工业和民用建筑工程中的单层、多层、高层钢结构及空间钢结构、高耸钢结构、构筑物钢结构、压型金属板等工程施工，也包含组合结构和地下结构中的钢结构施工。高耸钢结构包括广播电视发射塔、通信塔、导航塔、输电高塔、石油化工塔、大气监测塔等，构筑物钢结构包括烟囱、锅炉悬吊构架、贮仓、运输机通廊、管道支架等。钢结构工程应按规范规定施工并按现行国家标准《建筑工程施工质量验收统一标准》（GB 50300—2013）和《钢结构工程施工质量验收规范》（GB 50205—2011）进行质量验收。钢结构工程施工时的"零件"是指组成部件或构件的最小单元（比如节点板、翼缘板、等）；"部件"是指由若干零件组成的单元（如焊接 H 形钢、牛腿等）；"构件"是指由零件或由零件和部件组成的钢结构基本单元（如梁、柱、支撑、钢板墙、桁架等）；"后安装构件"是指设计文件要求延后安装的构件；"管桁架"是指由数根管杆件在端部相互连接而成的格子式结构；"临时结构"是指在施工期间存在的、施工结束后需要拆除的结构；"临时措施"是指在施工期间为了满足施工需求和保证结构稳定而设置的一些必要的构造或临时零部件、杆件和结构（如吊装孔、连接板、辅助梁柱、承重架等）；"空间刚度单元"是指由构件组成的基本稳定空间体系；"焊接球节点"是指管直接焊接在球上的节点；"螺栓球节点"是指管与球采用螺栓相连的节点；"铸钢节点"是指将钢结构构件、部件或板件连接成整体的铸钢件；"高强度螺栓连接副"是指高强度螺栓和与之配套的螺母、垫圈的总称；"抗滑移系数"是指高强度螺栓连接中使连接件摩擦面产生滑动时的外力与垂直于摩擦面的高强度螺栓预拉力之和的比值；"相贯线"是指面与面的相交线；"设计施工图"是指由设计单位编制的作为工程施工依据的技术图纸；"施工详图"是指依据钢结构设计施工图绘制的用于直接指导钢结构构件制作和安装的细化技术图纸；"设计文件"是指由设计单位完成的设计图纸、设计说明和设计变更文件等技术文件的统称；"施工阶段结构分析"是指在钢结构制作、运输和安装过程中为满足相关功能要求所进行的结构分析和计算；"预变形"是指为达到设计位形控制目标而预先对结构或构件定位进行的初始变形设置；"预拼装"是指为检验构件是否满足质量要求而预先进行的试拼装；"栓钉焊"是指将栓钉焊于构件表面的焊接方法；"环境温度"是指制作或安装时现场的温度。钢结构施工中的常见几何参数有间距 a、宽度或板的自由外伸宽度 b、直径 d、偏心距 e、挠度或弯曲矢高 f、柱高度 H、各楼层高度 H_i、截面高度 h、角焊缝计算厚度 h_e、长度或跨度 l、轮廓算术平均偏差（表面粗糙度参数）R_a、半径 r、板或壁的厚度 t、增量 Δ、系数 K、等；施工中常见的作用及荷载有高强度螺栓设计预拉力 P、高强度螺栓预拉力的损失值 ΔP、高强度螺栓终拧扭矩 T_c、高强度螺栓初拧扭矩 T_0、高强度螺栓检查扭矩 T 等。

5.2.1　建筑钢结构工程施工的宏观要求

　　钢结构工程施工单位应具备相应的钢结构工程施工资质，并有安全、质量和环境管理体系。钢结构工程实施前应有经施工单位技术负责人审批的施工组织设计以及与其配套的专项施工方案等技术文件，施工单位编制的技术文件应报送监理工程师或业主代表批准（重要钢结构工程的施工技术方案和安全应急预案宜组织企业外部专家评审）。钢结构施工组织设计一般包括编制依据、工程概况、资源配置、进度计划、施工平面布置、主要施工方案、施工质量保证措施、安全保证措施及应急预案、文明施工及环境保护措施、季节施工措施、夜间施工措施等内容，也可以根据工程项目的具体情况对施工组织设计的编制内容进行取舍。重要钢结构工程一般指建筑结构安全等级为一级的钢结构工程；建筑结构安全等级为二级且采用新颖的结构形式或施工工艺的大型钢结构工程。钢结构工程施工的技术文件和承包合同技术文件对施工工艺和质量的要求不得低于现行国家标准的规定。钢结构工程制作和安装必须满足设计施工图的要求，需要修改时应取得原设计单位同意并签署设计变更文件。钢结构工程施工前应进行设计施工图、承包合同技术文件、施工组织设计和施工专项技术方案等技术交底。钢结构工程施工及质量验收时应使用经计量检定合格且在有效期内的计量器具并按有关规定操作和正确使用，制作单位、安装单位、土建单位和监理单位应统一计量精度。钢结构施工用的专用机具和工具应满足施工要求并应定期合格检验。钢结构工程应按规定进行施工质量过程控制，原材料及成品应进行进场验收（凡涉及安全、功能的原材料及半成品应按相关规定进行复验并见证取样、送样）；各工序应按施工工艺要求进行质量控制，实行工序检验；相关各专业工种间应交接检验；隐蔽工程应在封闭前进行质量验收。钢结构工程施工应符合环境保护、劳动保护和安全文明等有关现行国家法律法规和标准的规定。

5.2.2 建筑钢结构工程施工的阶段设计

钢结构工程施工阶段设计一般包括施工阶段分析和验算、结构预变形设计、施工详图设计等内容。施工阶段的结构内力应按结构静力学方法进行弹性分析，验算应力限值原则上应在设计文件中进行规定且构件验算应力最大值应控制在限值以内。进行施工阶段的主体结构验算、施工详图设计和临时措施设计时选用的设计指标应符合设计文件、现行国家标准《钢结构设计规范》（GB 50017—2003）和其他现行有关国家标准的规定。施工阶段的荷载应符合规定，应恒载包括结构自重、预应力等且其标准值应按实际计算；施工活荷载应包括施工堆载、操作人员和小型工具重量等且其标准值应按实际计算（当无特殊情况时高层钢结构楼面施工活荷载宜取 $0.6\sim1.2kN/m^2$）；风荷载可分为施工工作状态风荷载和非施工工作状态风荷载（施工工作状态风荷载，可按最大运行风速 15.0m/s 计算；非施工工作状态，可按工程所在地和具体情况，最低不小于 5 年一遇风荷载取值。风荷载的取值及计算方法可按现行国家标准《建筑结构荷载规范》（GB 50009—2012）中的规定执行）；雪荷载可按现行国家标准《建筑结构荷载规范》（GB 50009—2012）中的规定取值及计算；覆冰荷载宜按现行国家标准《高耸结构设计规范》（GB 50135—2006）中的规定取值及计算；起重设备和其他设备荷载标准值按设备生产厂家的规定取值；温度作用宜按当地气象资料所提供的温差变化计算［结构由日照引起向阳面和背阳面的温差宜按现行国家标准《高耸结构设计规范》（GB 50135—2006）取值］；一些例外的荷载和作用可根据工程的具体情况确定。

当钢结构工程施工方法或顺序对主体结构的内力和变形产生较大影响时（或设计文件有特殊要求时）应进行施工阶段分析，并对施工阶段结构的强度、稳定性和刚度进行验算（其验算结果应经设计单位认可）。

当设计文件有主体结构预变形要求时（或当在正常使用或施工阶段因自重及其他恒载作用发生超过设计文件或现行相关标准规定的变形限值时）应在施工期间进行结构预变形（根据预变形的对象不同可分为一维预变形、二维预变形和三维预变形，如一般高层建筑或以单向变形为主的结构可采取一维预变形；以平面转动变形为主的结构可采取二维预变形；在三个方向上都有显著变形的结构可采取三维预变形。根据预变形的实现方式不同，可分为制作预变形和安装预变形，前者在工厂加工制作时就进行预变形，后者是在现场安装时进行的结构预变形。根据预变形的预期目标不同，可分为部分预变形和完全预变形，前者根据结构理论分析的变形结果进行部分预变形，后者则是进行全部预变形）。

钢结构工程应根据结构设计施工图及其他相关技术文件编制施工详图（钢结构施工详图应经设计单位签认审定，施工详图修改也应经设计单位同意）。钢结构施工详图为制作、安装和质量验收的主要依据，钢结构施工详图设计主要包括节点构造设计和施工详图绘制。节点构造设计是按便于加工制作和安装的原则，对构件的构造给予完善，根据钢结构设计施工图提供的内力进行焊缝计算或螺栓连接计算确定连接板尺寸，并考虑运输和安装的能力确定构件的分段。施工详图设计应考虑施工构造、施工工艺等相关要求。钢结构施工详图深度应符合国家建筑标准设计图集《钢结构设计制图深度和表示方法》（03G102）的规定，空间复杂构件或铸钢节点的施工详图宜附加以三维图形表示。钢结构工程施工详图包括图纸目录、施工详图设计总说明、构件布置图、构件详图和安装节点详图等内容。施工详图总说明是对钢结构加工制作和现场安装要强调的技术条件和对施工安装的相关要求；构件布置图主要为构件在结构布置图的编号，包括构件编号原则、构件编号和构件表；构件详图主要为构件及零部件的大样图以及材料表；安装节点主要表明构件与外部构件的连接形式、连接方法、控制尺寸和有关标高。

5.2.3　建筑钢结构工程对施工材料的要求

钢结构施工阶段材料的订货、进场验收和复检及存储管理应遵守相关规定。钢结构工程用材应严格按设计要求与现行材料技术标准进行订货，订货合同应对材料牌号、质量等级、材料性能（指标）、检验要求、尺寸偏差等有明确的约定。对定尺材料，应考虑留有复验取样的余量；对钢材的交货状态，宜按设计文件对钢材的性能要求与供货厂家商定。材料及成品进场时应按其材质证明文件与订货合同进行验收；当有复验要求时，应按本规范与相关现行规范规定进行复验。工程用进口材料在施工阶段的订货、复验等管理工作均应符合本规范的规定（海关商检结果应经监理工程师认可后，方可作为有效的材料复验结果）。

钢材订货时，其材性、材质、技术条件与检验要求等均应以设计文件及现行国家钢材标准或行业标准为依据。焊接材料的材质、材性应符合现行国家标准的规定，焊条、焊丝、焊剂、电渣焊熔嘴等焊接材料应与母材强度相匹配且应符合现行国家标准《钢结构焊接规范》（GB 50661—2011）的规定。普通螺栓、高强度大六角头螺栓连接副、扭剪型高强度螺栓连接副应符合现行国家标准的规定。高强度大六角头螺栓连接副和扭剪型高强度螺栓连接副应随箱带有扭矩系数和紧固轴力（预拉力）的出厂检验报告。钢铸件应符合现行国家标准、设计文件和其他现行国家产品标准的规定。预应力钢结构锚具材料应符合设计文件、现行国家标准《预应力筋用锚具，夹具和连接器》（GB/T 14370—2007）及《预应力用锚具，夹具和连接器应用技术规程》（JGJ 85—2002）的规定（锚具应根据预应力构件的品种、锚固要求和张拉工艺等选用）。销轴规格和性能应符合设计文件和现行国家标准《销轴》（GB/T 882—2008）的规定。钢结构防腐涂料、稀释剂和固化剂应按设计文件和现行国家标准《涂料产品分类，命名和型号》（GB 2705—81）的要求选用，其品种、规格、性能等应符合设计文件及相关现行国家标准的要求。钢结构防火涂料的品种和技术性能应符合设计文件、现行国家标准《钢结构防火涂料》（GB 14907—2002）及其他相关规范的要求。钢结构防火涂料应与防腐涂料相兼容。

钢材的进场检验应符合现行国家标准《钢结构工程施工质量验收规范》（GB 50205—2011）的规定，特殊情况应进行抽样复验。当设计文件无特殊要求时，钢材抽样复验的检验批宜按同一厂家、同一材质、同一板厚、同一出厂状态每 10 个炉（批）号抽验一组试件；厚度方向性能钢板逐张探伤复验。

材料存储及成品管理应有专人负责，管理人员应经企业培训上岗。材料入库前应进行检验，核对材料的牌号、规格、批号、质量合格证明文件、中文标志和检验报告等，检查表面质量、包装等。检验合格的材料应按品种、规格、批号分类堆放。材料堆放应有标识。材料入库和发放应有记录，发料和领料时应核对材料的品种和规格。剩余材料应回收管理；回收入库时，应核对其品种、规格和数量，分类保管。钢材堆放应减少钢材的变形和锈蚀，放置垫木或垫块。焊接材料存储应符合规定。连接用紧固件应防止锈蚀和碰伤且不得混批存储。涂装材料应按产品说明书要求进行存储。

5.2.4 建筑钢结构工程对焊接施工的基本要求

钢结构施工过程中常用手工电弧焊接、气体保护电弧焊接、自保护电弧焊接、埋弧焊接、电渣焊接和栓钉焊接。钢结构焊接工程施工单位应具备相应的作业条件、焊接从业人员、焊接设备、检验和试验设备等基本条件。焊接用施工图的焊接符号表示方法应符合现行国家标准《焊接符号表示法》（GB/T 324—2008）和《建筑结构制图标准》（GB/T 50105—2010）的相关规定，图中应标明工厂施焊和现场施焊的焊缝部位、类型、长度、焊接坡口形式、焊缝尺寸等内容。焊缝坡口尺寸应按工艺要求确定。焊接技术人员（焊接工程师）应具有相应的资格证书；对于大型重要的钢结构工程应取得中级及以上技术职称并有五年以上焊接生产或施工实践经验。焊接质量检验人员应有一定的焊接实践经验和技术水平并经岗位培训取得相应的质量检验资格证书。焊缝无损检测人员必须取得国家专业考核机构颁发的等级证书，并按证书合格项目及权限从事焊缝无损检测工作。焊工必须经考试合格并取得资格证书，在认可的范围内焊接作业，禁止无证上岗。焊接工艺应合理，焊接工艺评定及方案应合理；焊接作业环境应满足要求；焊接作业应搭设稳固的操作平台（现场高空焊接作业应搭设防护棚）；定位焊应遵守相关规定；引、熄弧板和衬垫应符合要求；预热和道间温度控制应合理；焊接变形控制应严格；焊后消除应力处理应得当。焊接接头应符合要求，常见焊接接头有熔透焊接接头、部分熔透焊接、角接焊接、塞焊与槽焊接头、电渣焊、栓钉焊等，其工艺应满足要求。应按规定做好焊接质量检验工作。

5.2.5 建筑钢结构工程对紧固件连接施工的基本要求

常见的紧固件连接工程主要有钢结构制作和安装中的普通螺栓、扭剪型高强度螺栓、高强度大六角头螺栓、钢网架螺栓球节点用高强度螺栓及拉铆钉、自攻钉、射钉等紧固件连接工程。钢构件的紧固件连接节点和拼接接头紧固施工前应经检验合格。露天使用或接触腐蚀性气体的钢结构，在紧固件紧固验收合格后连接处板缝应及时封闭。经验收合格的紧固件连接节点与拼接接头应按照设计文件的规定进行防腐和防火涂装。钢结构制作和安装单位应按现行国家标准《钢结构工程施工质量验收规范》（GB 50205—2011）的规定分别进行高强度螺栓连接摩擦面的抗滑移系数试验和复验（现场处理的构件摩擦面应单独进行摩擦面抗滑移系数试验，其结果应符合设计要求。当高强度连接节点按承压型连接或张拉型连接进行强度设计时，可不进行摩擦面抗滑移系数的试验和复验）。连接件加工及摩擦面处理应遵守相关规定；普通紧固件连接应符合要求；高强度螺栓连接应遵守相关规定。

5.2.6　建筑钢结构工程对钢零件及钢部件加工的基本要求

钢结构制作及安装中钢零件及钢部件加工前应进行设计图纸的审核，应熟悉设计施工图和施工详图并做好各道工序的工艺准备，应结合加工工艺编制作业指导书。放样和号料应根据施工图和工艺文件进行并按要求预留余量，放样和样板（样杆）的允许偏差应符合规定；号料的允许偏差应符合规定。钢材切割可采用气割、机械剪切、等离子切割等方法，选用的切割方法应满足工艺文件的要求，切割后的飞边、毛刺应清理干净。矫正与成型应遵守相关规定，矫正可采用机械矫正、限定温度的加热矫正、加热矫正与机械联合矫正等方法。边缘和端部加工应符合要求。制孔应规范（制孔可采用钻孔、冲孔、铣孔、铰孔、镗孔和锪孔等方法，对直径较大或长形孔也可采用气割制孔）。螺栓球和焊接球加工应遵守相关规定。钢铸件加工应符合要求，钢铸件加工工艺流程宜包括工艺设计、模型制作、检验、浇注、清理、热处理、打磨（修补）、机械加工和成品检验等。索节点加工应符合要求（索节点加工，应先采用铸造、锻造、焊接等加工成毛坯，再采用车削、铣削、刨削、钻孔、镗孔等机械方式加工生成成品）。

5.2.7　建筑钢结构工程对钢构件组装的基本要求

构件组装前，组装人员应熟悉施工图、组装工艺及有关技术文件的要求，并检查组装用的零部件的外观、材质、规格、数量，其规格、平直度、坡口、预留的焊接收缩余量和加工余量等，均应符合要求。组装焊接处的连接接触面及沿边缘 30～50mm 范围内的铁锈、毛刺、污垢等应在组装前清除干净。钢构件组装的尺寸偏差应控制在工艺文件和现行国家标准《钢结构工程施工质量验收规范》（GB 50205—2011）要求的组装偏差允许范围内。构件的隐蔽部位应焊接、涂装，并经检查合格后方可封闭；完全密闭的构件内表面可不涂装。

部件拼接应遵守相关规定。钢构件组装应按规定程序进行（钢构件宜在工作平台和组装胎架上进行组装。组装可采用放地样、仿形复制装配、立装、卧装、胎模装配等方法），钢构件的整体组装宜在零部件的组装、焊接并矫正后进行。端部铣平和磨光顶紧应符合要求。钢构件外形尺寸矫正应合格。

5.2.8　建筑钢结构工程对钢构件预拼装的基本要求

合同文件或设计文件要求时应进行钢构件预拼装，当同一类型构件较多时可选择一定数量的代表性构件进行预拼装。按钢结构制作工程检验批的划分原则，钢构件划分为一个或若干个单元进行分批加工，再逐批进行单元内钢构件预拼装，处于两个相邻单元之间的钢构件应分别参与两个单元的预拼装。预拼装前单个构件应验收合格。钢构件预拼装宜按照钢结构安装状态进行定位并应考虑预拼装与安装时的温差变形。预拼装时应采用经计量检验合格且在有效期内的测量仪器并与安装现场的测量仪器互相校对。若无特殊规定，钢构件预拼装应按设计文件和现行国家标准《钢结构工程施工质量验收规范》（GB 50205—2011）的相关要求进行验收。实体预拼装应遵守相关规定（预拼装场地应平整、坚实，预拼装支撑架宜进行强度和刚度验算，各支承点的精度可用计量检验的仪器，逐点测定调整），预拼装应设定测量基准点和标高线，必要时预拼装前钢构件可设置临时连接板，预拼装可按结构形式采用单体预拼装、平面预拼装和立体预拼装，钢构件应在自由状态下进行预拼装（一般不得强行固定），钢构件应按场地放样尺寸进行预拼装吊装定位，采用螺栓连接的节点连接件必要时可在预拼装后进行钻孔。计算机辅助模拟预拼装应遵守相关规定，采用计算机辅助模拟预拼装构件或单元的外形尺寸应与实物相同［当采用计算机辅助模拟预拼装偏差超过现行国家标准《钢结构工程施工质量验收规范》（GB 50205—2011）的相关要求时应按规定进行实体预拼装］。

5.2.9 建筑钢结构工程对安装的基本要求

钢结构安装前应由施工单位按照设计文件及相关现行国家规范规定编制书面施工组织设计，并经监理和业主工程师认可后方可组织实施。测量基准点应由业主工程师提供，其精度应满足相关规定并经过适当加密。现场应设置专门的构件堆场，并采取必要措施防止构件变形或表面被污染。高强螺栓、焊条、焊丝、涂料等材料应在干燥、封闭环境下储存。钢结构吊装前应清除构件表面的油污、泥沙和灰尘等杂物并做好轴线和标高标记，操作平台、爬梯、安全绳等辅助措施宜在吊装前固定在构件上。钢结构安装应根据结构特点按照合理顺序进行并应保证安装阶段的结构稳定（必要时应增加临时固定措施），临时措施应能承受结构自重、施工荷载、风荷载、雪荷载、地震荷载、吊装产生的冲击荷载等荷载的作用（且不至于使结构产生永久变形）。钢结构安装校正时应考虑温度、日照等因素对结构变形的影响，施工单位和监理单位宜在大致相同的天气条件和时间段进行测量验收。钢结构吊装应在构件上设置专门的吊装耳板或吊装孔（设计文件无特殊要求时，吊装耳板和吊装孔可保留在构件上。若需去除耳板应采用气割或碳弧气刨方式在离母材3～5mm位置切割，严禁采用锤击方式去除）。起重设备和吊具应符合要求（钢结构安装应采用塔吊、履带吊、汽车吊等定型产品作为主要吊装设备。若选用非定型产品作为吊装设备应编制专项方案并经评审后方可组织实施），构件安装应遵守相关规定，锚栓及预埋件安装应符合要求，钢柱安装应符合要求，钢梁安装应符合要求。

单跨结构宜从跨端一侧向另一侧、中间向两端或两端向中间的顺序进行吊装。多跨结构，宜先吊主跨、后吊副跨；当有多台起重机共同作业时，也可多跨同时吊装。单层工业厂房钢结构，宜按立柱、连系梁、柱间支撑、吊车梁、屋架、檩条、屋面支撑、屋面板的顺序进行安装。单层钢结构在安装过程中，需及时安装临时柱间支撑或稳定缆绳，在形成空间结构稳定体系后方可扩展安装。单层钢结构安装过程中形成的临时空间结构稳定体系应能承受结构自重、风荷载、雪荷载、地震荷载、施工荷载以及吊装过程中的冲击荷载的作用。单根长度大于21m的钢梁吊装宜采用2个吊装点吊装，不能满足强度和变形时宜设置3～4个吊装点吊装或采用平衡梁吊装（吊点位置应通过计算确定）。

多层、高层钢结构安装宜划分成吊装流水段安装。多层、高层钢结构的安装宜按照从下到上、先柱后梁、先主后次的顺序进行吊装。平面范围内应先形成临时空间稳定框架，在校正完毕并可靠固定后再向周边扩展安装（相邻安装区段之间的最后连接部位可设置现场焊接连接）。多层、高层钢结构柱顶标高的控制应与牛腿标高的控制相协调。高层钢结构安装应考虑压缩变形对结构的影响。

空间结构的安装方法应根据结构类型、受力和构造特点、施工技术条件等因素确定。空间结构可采用高空散装法、分条分块吊装法、滑移法、单元或整体提升（顶升）法、整体吊装法、折叠展开式整体提升法、高空悬拼安装法等安装方法。

高耸钢结构可采用高空散件（单元）法、整体起扳法和整体提升（顶升）法等安装方法。高耸钢结构安装的标高和轴线基准点向上转移过程时应考虑环境温度和日照对结构变形的影响。

5.2.10　建筑钢结构工程对压型金属板的基本要求

压型金属板施工前应绘制压型金属板排版布置图，图中应包括板编号、尺寸及数量，并注明柱、梁、墙与压型金属板的相互关系、连接方法、支撑、挡板等内容。压型金属板端部垂直搁置于钢梁或桁架上弦翼缘上时，其搁置长度应不小于50mm；边模封口板安装应和压型金属板波距对齐，偏差不大于3mm。压型金属板宜采用组装式货架供货，运到现场后分类堆放，并与钢结构安装顺序吻合。无外包装的压型金属板应采用专用吊具装卸及转运，严禁直接采用钢丝绳绑扎吊装。压型金属板安装前，应在搁置压型金属板的钢梁上弹出定位线，定位线距梁翼缘边至少50mm，钢梁表面应保持清洁。压型金属板与钢梁顶面的间隙应控制在1mm以内。压型金属板与钢梁连接可采用点焊、贴角焊或射钉固定，连接点布置须符合设计图纸及生产厂家的要求。压型金属板安装应平整、顺直，板面不得有施工残留物和污物。压型金属板不宜在现场切割及开孔，需预留孔洞的部位应在混凝土浇筑完毕后使用等离子切割或空心钻开孔。设计图纸要求在施工阶段设置临时支撑的，应在混凝土浇筑前设置临时支撑，待浇筑的混凝土强度达到规定强度后方可拆除。混凝土浇筑时应避免在压型金属板部位集中堆载。拆开包装的压型金属板应当天固定完毕，剩余的压型金属板应固定在钢梁上或转移到地面堆场。

5.2.11　建筑钢结构工程对涂装的基本要求

常见的钢结构涂装工程包括油漆类防腐涂装、金属热喷涂防腐、热浸镀锌防腐和防火涂料涂装等。钢结构防腐涂装施工原则上应在钢构件组装和预拼装工程检验批的施工质量验收合格后进行。钢结构防火涂料涂装施工应在钢结构安装工程和防腐涂装工程检验批施工质量验收合格后进行。当设计文件规定钢结构可不进行防腐涂装时，钢结构安装工程验收合格后可直接进行防火涂料涂装施工。钢结构防腐涂装工程和防火涂装工程的施工工艺和技术应满足规范、设计文件、涂装产品说明书和现行相关国家产品标准的要求。防腐涂装施工前，钢材应按规范和设计文件要求进行表面处理（当设计文件未提出要求时可根据涂料产品对钢材表面的要求，采用适当的预处理方法）。油漆类防腐涂料涂装工程和防火涂料涂装工程应按现行国家标准《钢结构工程施工质量验收规范》（GB 50205—2011）的要求进行质量验收。金属热喷涂防腐和热浸镀锌防腐工程可按现行国家标准《塔桅钢结构工程施工质量验收规程》（CECS 80—2006）、《金属和其他无机覆盖层热喷涂锌、铝及其合金》（GB/T 9793—2012）和《热喷涂金属件表面预处理通则》（GB/T 9793—1989）的要求进行质量验收。钢构件表面的涂装系统应相互兼容。涂装施工时，应采取相应的环境保护和劳动保护措施。

表面处理应满足要求，钢构件表面按设计文件要求的除锈等级可采用机械除锈和手工除锈方法。油漆防腐涂装可采用涂刷法、手工滚涂法、空气喷涂法和高压无气喷涂法。钢结构金属热喷涂方法可采用气喷涂或电喷涂。钢构件表面单位面积的热浸镀锌重量应符合设计文件规定的要求，构件热浸镀锌时应采取措施防止热变形。防火涂料涂装前，钢材表面除锈及防腐漆涂装应符合设计文件要求和国家现行标准的规定。

5.2.12 建筑钢结构工程对施工测量的基本要求

施工测量前应根据设计施工图和施工要求，编制施工测量方案。钢结构安装前应设置施工控制网。平面控制网，可根据场区地形条件和建筑物的设计形式和特点，布设十字轴线或矩形控制网，平面布置异型的建筑可根据建筑物形状布设多边形控制网。建筑物的轴线控制桩应根据建筑物的平面控制网测定，定位放线方法可选择直角坐标法、极坐标法、角度（方向）交会法、距离交会法等。四层以下和地下室宜采用外控法，四层及以上采用内控法（上部楼层平面控制网，应以建筑物底层控制网为基础，通过仪器竖向垂直接力投测。竖向投测宜以每 50～80m 设一转点，控制点竖向投测的允许误差应符合规定）。轴线控制基准点投测至中间施工层后，应组成闭合图形并复测、调整闭合差（调整后的点位精度应满足边长相对误差达到 1/20000 和相应的测角中误差±10″的要求。设计有特殊要求的工程项目应根据限差确定其放样精度）。高程控制网应布设成闭合环线、附合路线或结点网形。高程测量的精度，不宜低于四等水准的精度要求。建筑物高程控制点的水准点，可设置在平面控制网的标桩或外围的固定地物上，也可单独埋设。水准点的个数不应少于2个。地上上部楼层标高的传递宜采用悬挂钢尺测量方法进行并应对钢尺读数进行温度、尺长和拉力修正（传递时一般宜从 2 处分别传递，对于面积较大和高层结构宜从 3 处分别向上传递。传递的标高误差小于 3mm 时，可取其平均值作为施工层的标高基准，若不满足则应重新传递。标高的测量允许误差应符合规定）。

单层钢结构施工测量应遵守相关规定，钢柱安装前应检查柱底支承埋件的平面、标高位置和地脚螺栓的偏差情况，钢柱安装前应在柱身四面分别画出中线或安装线，弹线允许误差为1mm。多层及超高层建筑钢结构安装前应对建筑物的定位轴线、底层柱的位置线、柱底基础标高、混凝土的强度等级进行复核，合格后方能开始安装，钢结构安装时应考虑对日照、焊接等可能引起构件伸缩或弯曲变形的因素采取相应措施。高耸塔桅钢结构的施工控制网宜在地面布设成田字形、圆形或辐射形，根据塔桅钢结构平面控制点投测到上部直接测定施工轴线点（同时必须进行不同测法的校核，其测量允许误差为4mm）。

5.2.13 建筑钢结构工程对监测的基本要求

高层结构、大跨度空间结构、高耸结构等大型重要钢结构工程应按设计要求或合同约定进行施工监测和健康监测。施工监测方法应根据工程监测对象、监测目的、监测频度、监测时间长短、精度要求等具体情况选定。钢结构施工期间可对结构变形、应力应变、环境量等内容进行过程监测，钢结构工程具体的监测内容及监测部位可根据不同的工程要求和施工状况选取，采用的监测仪器和设备应满足数据精度要求且应保证数据稳定和准确（宜采用灵敏度高、抗腐蚀性好、抗电磁波干扰强、体积小、重量轻的传感器）。施工监测应编制专项施工监测方案。应力应变监测周期宜与变形监测周期同步。在进行结构变形和应力应变监测时，宜同时进行监测点的温度、风力等环境量监测。监测数据应及时进行定量和定性分析，监测数据分析可采用图表分析、统计分析、对比分析和建模分析等方法。健康监测宜在工程设计阶段提出监测方案，监测方案应包括监测内容、设备和仪器、测点布置、监测频率、监测记录和结果评估等内容。

5.2.14 建筑钢结构工程对施工安全和环保的基本要求

钢结构施工前，应编制施工安全、环境保护专项方案及安全应急预案。垂直登高作业应遵守相关安全规定。平面安全通道应符合要求。洞口和临边防护应遵守相关规定。施工机械和设备应遵守安全要求。应切实做好现场吊装安全工作。环境保护措施应到位，施工期间应控制噪声、合理安排施工时间、减少对周边环境的影响；施工区域应保持清洁；夜间施工灯光应向场内照射以减少对居民的影响（焊接电弧应采取防护措施）；夜间施工应做好申报手续并按环保部门批准的要求施工；现场油漆涂装施工时应采取防污染措施；钢结构施工剩下的废料和余料应妥善分类收集、统一处理和回收利用（禁止随意搁置、堆放）。

5.2.15 多高层钢结构建筑的特点及基本形式

钢结构房屋具有材料强度高、自重轻、结构抗震性能好的优点，其缺点是耐火性能和耐腐蚀性能差。钢结构承重构件的设计一般均需满足强度、刚度、整体稳定和局部稳定的要求。多高层建筑的钢结构设计除了应遵守我国现行规范、标准的规定外，还应与建筑设计紧密配合，根据所设计房屋的高度和抗震设防烈度选用抗震和抗风性能好且经济合理的结构体系，设计中应综合考虑建筑特点、使用功能、荷载性质、材料供应、制作安装、施工条件等因素。多高层钢结构房屋宜按房屋的高度、建筑体型、抗震设防烈度和实际需要经方案比较后采用框架体系、框架—中心支撑体系、框架—偏心支撑体系、钢框架—核心筒体系、带伸臂桁架的钢框架—核心筒体系以及筒体体系。各类钢结构体系的最大适用高度应符合规定，高宽比限值应符合规定，抗震等级应符合要求。典型的多高层钢结构的形式见图 5-1～图 5-15。

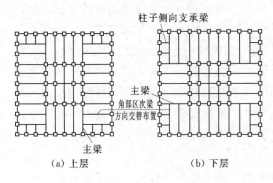

（a）上层　　　（b）下层

图 5-1 外框架—内筒体系角部区域上、
下层主次梁方向交替布置

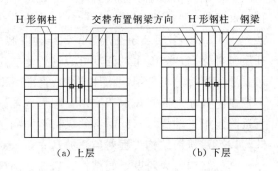

（a）上层　　　（b）下层

图 5-2 框筒束体系上、下层楼面钢梁
方向的交替布置图

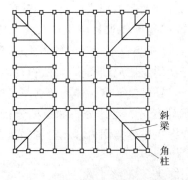

图 5-3 筒体角部区域采用斜梁

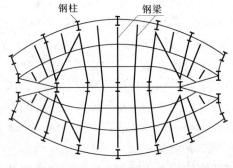

图 5-4 船形平面楼盖的钢梁布置

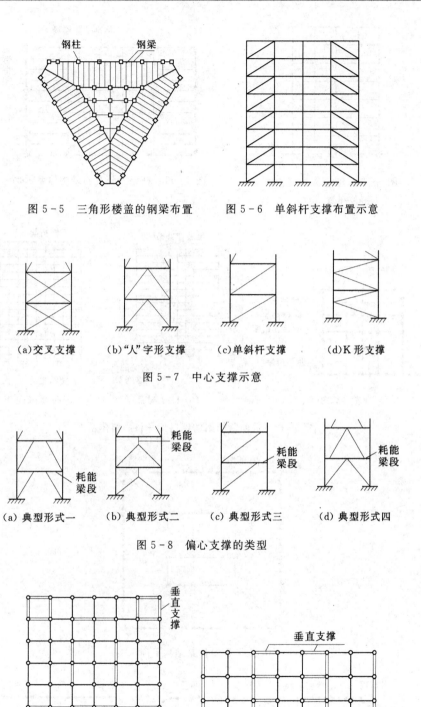

图 5-5 三角形楼盖的钢梁布置　　图 5-6 单斜杆支撑布置示意

(a)交叉支撑　　(b)"人"字形支撑　　(c)单斜杆支撑　　(d)K形支撑

图 5-7 中心支撑示意

(a) 典型形式一　　(b) 典型形式二　　(c) 典型形式三　　(d) 典型形式四

图 5-8 偏心支撑的类型

(a) 典型形式一　　　　　(b) 典型形式二

图 5-9 垂直支撑平面布置示例

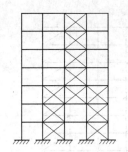

图 5-10　垂直支撑竖向
错位布置示意

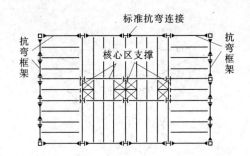

图 5-11　框架—核心筒结构体系示例

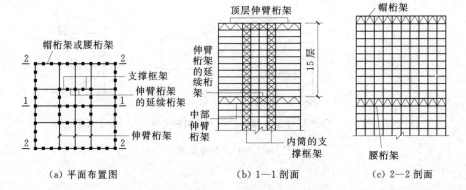

（a）平面布置图　　　　（b）1—1 剖面　　　　（c）2—2 剖面

图 5-12　带伸臂桁架的钢框架—核心筒体系

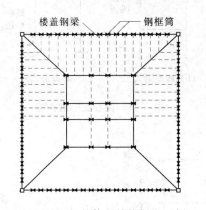

图 5-13　框筒体系结构平面示例

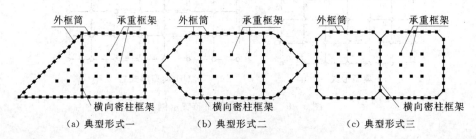

（a）典型形式一　　　　（b）典型形式二　　　　（c）典型形式三

图 5-14　框筒束结构体系的工程实例

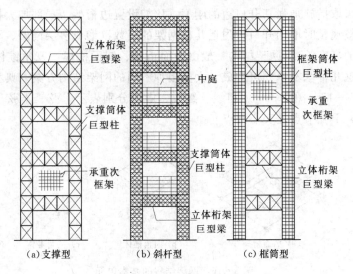

图 5-15 巨型框架的 3 种形式

5.2.16 门式刚架轻型房屋钢结构

门式刚架轻型房屋钢结构必须具有足够的强度、刚度和稳定性，应能抵抗来自屋面、墙面、吊车设备、地震作用等各种竖向及水平荷载的作用。门式刚架体系通常是指由门式钢架、屋盖体系、支撑体系等组成的体系。门式刚架轻型房屋钢结构适用于主要承重结构为单跨或多跨实腹式门式钢架、具有轻型屋盖和外墙、无桥式吊车或起重量不大于 20t、工作等级为 A1～A5（即轻、中级工作制等级）的桥式或梁式起重机或 3t 悬挂吊车的单层工业厂房和公共建筑。它不适用于强侵蚀性介质作用的房屋。门式钢架分单跨、双跨、多跨以及带毗屋的刚架，其房屋宜采用双坡或单坡屋盖有利于排水，多跨刚架房屋必要时可采用由多个双坡组成的多脊多坡屋盖，单脊双坡多跨刚架的中间柱与斜梁的连接可采用铰接。

5.2.17 大跨度钢结构建筑

大跨度钢结构的常见类型有网架结构、网壳结构、悬索结构、膜结构、张弦梁结构等。

（1）网架结构。

网架结构是由许多杆件按照一定规律布置，通过节点连接成的网格状结构体系，具有良好的空间受力性能，是高超静定的空间铰接杆系结构体系，网架结构用钢量省、刚度大、抗震性能好、施工安装方便、产品可标准化生产。网架结构适用于各种建筑平面，常见的平面形式有方形、矩形、多边形、圆形，也有采用不规则建筑平面的，其适应跨度为 20～100m。网架的支承可采用周边支承、多点支承、三边支承（一边自由）等形式。周边支承时网架四周全部或部分边界节点直接支承在周边的柱上（此时，网架的网格布置应和柱距相匹配），或支承在由柱子或外墙支承的圈梁上。多点支承时网架支承在若干个独立的柱子上（柱子数量一般为 4～8 根），网架周边宜有适当的悬挑以减少跨中的杆件内力及挠度，悬挑长度一般可取跨度的 1/4～1/3，四点支承时不宜将柱子设置在四角。由于使用要求（比如设大门）或以后扩建需要，一些矩形网架需要采用三边支承（一边自由）

形式，此时应采取措施加强其开口边的刚度（比如设置边桁架、局部加大杆件截面、跨度较大或平面比较狭长时增加开口边附近几榀网架的层数以形成多层网架、跨度较小时适当加大整个网架的高度等）。网架结构一般由平面桁架、四面椎体、三角锥体等 3 种基本单元组成，利用这几种基本单元可构成 3 大类多种不同的网架结构方案。典型的网架结构见图 5-16 和图 5-17（图 5-17 中粗线、细线、虚线分别表示上弦、下弦、腹杆，上弦节点是空心圆点，下弦节点是实心圆点）。

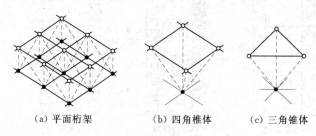

（a）平面桁架　　　（b）四角椎体　　　（c）三角锥体

图 5-16　网架结构的基本单元

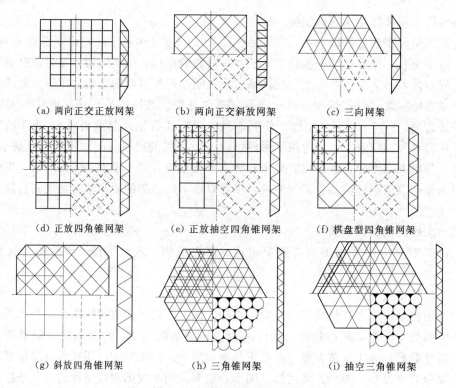

（a）两向正交正放网架　　　（b）两向正交斜放网架　　　（c）三向网架

（d）正放四角锥网架　　　（e）正放抽空四角锥网架　　　（f）棋盘型四角锥网架

（g）斜放四角锥网架　　　（h）三角锥网架　　　（i）抽空三角锥网架

图 5-17　常用网架结构形式

（2）网壳结构。

若由离散的杆件组成的曲面形网格结构其表面形状为曲面并具有壳体特征时即为网壳结构。网壳结构有单层及双层两大类，其可提供各种优美的造型以满足建筑设计和使用功能要求。单层网壳应采用刚接节点，双层网壳可采用铰接节点。常见的网壳结构类型及其网格构成见图 5-18～图 5-21。

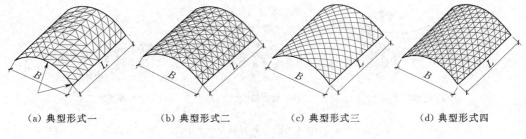

（a）典型形式一　　　（b）典型形式二　　　（c）典型形式三　　　（d）典型形式四

图 5-18　圆柱面网壳

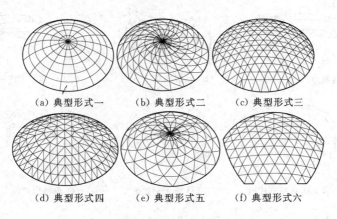

（a）典型形式一　　　（b）典型形式二　　　（c）典型形式三

（d）典型形式四　　　（e）典型形式五　　　（f）典型形式六

图 5-19　球面网壳

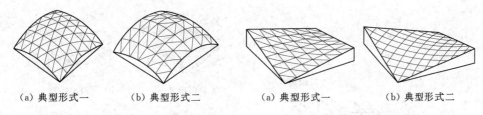

（a）典型形式一　　　（b）典型形式二　　　　　（a）典型形式一　　　（b）典型形式二

图 5-20　椭圆抛物面网壳　　　　　图 5-21　双曲抛物面网壳

（3）悬索结构。

悬索结构是以受拉钢索为主要承重构件的结构体系，通常由按一定规律组成不同形式的钢索系统、屋面系统、边缘构件和支承系统组成。悬索结构的特点是钢索只承受拉力，因而能充分发挥钢材的优越性、减轻自重。悬索结构适用于 300m 以内跨度的各种各样的平面和立面图形建筑且能充分满足建筑造型要求。悬索结构圆形边缘构件较省，其他平面形式边缘构件相对用料较多，宜优先采用圆形或椭圆形。悬索结构中的钢索抗弯刚度很小、变形大，对集中荷载、不均匀分布荷载以及动力荷载（比如风、地震等）比较敏感，设计中应采取措施使屋盖具有一定的竖向刚度。悬索结构均设有支承在下部结构上的边缘构件，它是拉索的锚支，其除了承受竖向力外还承受拉索传来的横向力，边缘构件的不大变形都可引起拉索内力的显著变化，因此要求其具有较强的横向刚度。屋盖上常用的悬索结构体系有单层索系、双层索系、横向加劲索系和索网 4 大类，见图 5-22～图 5-25。

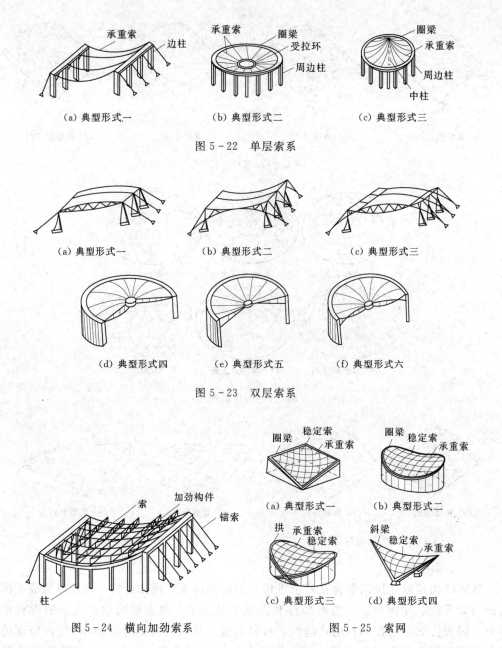

图 5-22　单层索系

(a) 典型形式一　　(b) 典型形式二　　(c) 典型形式三

(a) 典型形式一　　(b) 典型形式二　　(c) 典型形式三

(d) 典型形式四　　(e) 典型形式五　　(f) 典型形式六

图 5-23　双层索系

(a) 典型形式一　　(b) 典型形式二

(c) 典型形式三　　(d) 典型形式四

图 5-24　横向加劲索系　　　　　图 5-25　索网

(4) 膜结构。

膜结构是以性能优良的织物为材料 (或向膜内充气而由空气压力支撑膜面, 或利用柔性钢索或刚性骨架将膜面绷紧) 形成的具有一定刚度并能覆盖跨度不超过 300m 的结构体系。膜结构的优点是自重轻、造型丰富、透光性好、具有自洁性, 其缺点是耐久性差、施工复杂、造价高、保温节能差。各类膜结构以圆形平面最为经济且其支座受压、环梁用料少。膜结构按其支承方式的不同可分为空气支承膜结构 (充气结构)、整体张拉式膜结构、骨架支承膜结构、索系支承式膜结构等, 见图 5-26~图 5-29。

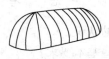

(a) 典型形式一　　　　　　　(b) 典型形式二　　　　　(c) 典型形式三

图 5-26　空气支承膜结构

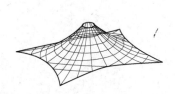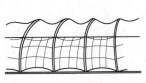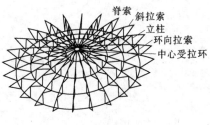

图 5-27　整体张拉式膜结构　　图 5-28　骨架支承膜结构　　图 5-29　索系支承膜结构

（5）张弦梁结构。

张弦梁结构是用撑杆连接抗弯受压构件和抗拉构件而形成的自平衡体系，其通常由 3 类基本构件组成，即上弦为可承受弯矩和压力的刚性构件（通常为梁、拱或桁架）、下弦为高强度拉索以及连接两者的撑杆。张弦梁结构的受力特点是通过张拉下弦高强度拉索使撑杆产生向上的分力（导致上弦压弯构件产生与外荷载作用下相反的内力和挠度，从而减少结构的变形），而撑杆对上弦提供弹性支承（改善了上弦构件的受力性能），从而从整体上提高了结构的跨越能力。张弦梁结构适用于大跨度轻型屋盖的建筑结构。张弦梁结构分平面张弦梁结构和空间张弦梁结构等两大类，见图 5-30～图 5-34。

(a) 直梁形张弦梁　　　　　(b) 拱形张弦梁　　　　　(c) "人"字拱形张弦梁

图 5-30　平面张弦梁的基本形式

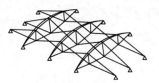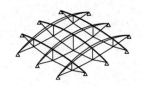

图 5-31　单向张弦梁结构　　　　图 5-32　双向张弦梁结构

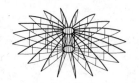

图 5-33　多向张弦梁结构　　　　图 5-34　辐射式张弦梁结构

思　考　题

1. 谈谈你对钢结构工程的认识。
2. 钢结构工程设计有哪些基本要求？
3. 钢结构工程施工有哪些基本要求？
4. 你对钢结构工程的发展有何想法与建议？

第6章 木结构工程的特点及技术体系

6.1 中国古典式木结构建筑的特点

木结构是历史最悠久的建筑结构形式,我国古代的宫、舍、庙、宇几乎都是木结构(比如秦宫大殿和传说中的阿房宫等),由于各种各样的战争和政权更迭,宏伟的木结构建筑经常被作为旧政权的象征而被焚烧(比如传说中的项羽焚烧阿房宫),加之木结构易腐易蛀的特点,因此,古老的木结构建筑存世很少。我国山西省的应县木塔(见图6-1)作为世界最古老的现存木结构建筑得益于其浓厚的宗教色彩、特殊的地理环境、特殊的生态环境,从应县木塔的结构特点可以了解古代中国木结构建筑的特点。应县木塔位于山西省应县城西北佛宫寺内,建于辽清宁二年(1056年),塔高现为65.86m,塔底直径以木柱外接圆计算为33.15m,塔平面呈八角形,有明层5层及明层间设平座层(暗层)4层

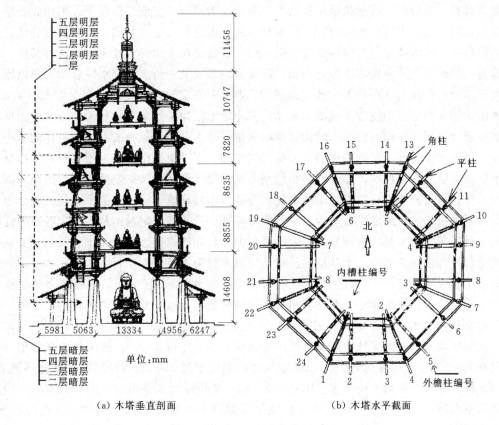

(a)木塔垂直剖面   (b)木塔水平截面

图6-1 应县木塔

（实际上是 9 层高耸木结构建筑物），其塔身全部用木材建造，是我国保存完好的世界上现存的唯一木结构楼阁式宝塔，其处于山西大同盆地地震带，近 1000 年来由于其木质结构受化学、物理、生物等的侵蚀，木材性质已发生变化、承载能力减弱，且经受了多次强烈地震影响和人为破坏，下部几层部分构件损坏日益严重，近几十年来国家一直在研究应县木塔的维护问题（由于各种各样的复杂原因，一直未能形成一个比较可靠、稳妥、科学、合理的维护方案）。近代以前，我国的木结构建筑技术一直领先世界，其辉煌的、超凡的、典型技术是卯榫结构技术（目前掌握这种技术的人几乎绝迹）。现代木结构建造技术已与古代木结构建筑技术有了很大的差别，其在原材料的应用上有所继承和发展，其在施工工艺上也多为现代方法。

6.2　现代木结构工程设计的基本要求

现代木结构工程有许多专业术语。所谓木结构是指以木材为主制作的结构；原木是指伐倒并除去树皮、树枝和树梢的树干；锯材是指由原木锯制而成的任何尺寸的成品材或半成品材；方木是指直角锯切且宽厚比小于 3 的、截面为矩形（包括方形）的锯材；规格材是指按轻型木结构设计的需要其木材截面宽度和高度按规定尺寸加工的规格化木材；结构复合材是指采用旋切单板或削片用耐水的合成树脂胶粘结并热压成型而专门用于承重结构的复合材料；胶合木层板是指采用锯切加工的宽度为厚度 3 倍或 3 倍以上并采用胶合指形接头接长的木板；木材含水率通常是指木材内所含水分的质量占其烘干质量的百分比；顺纹）是指木构件木纹方向与构件长度方向一致；横纹是指木构件木纹方向与构件长度方向相垂直；斜纹是指木构件木纹方向与构件长度方向形成某一角度；层板胶合木是指以厚度不大于 45mm 的胶合木层板叠层胶合而成的木制品；正交胶合木是指以厚度为 15～45mm 的木层板相互叠层正交胶合而成的木制品；方木原木结构是指承重构件采用方木或原木制作的单层或多层木结构；轻型木结构是指用规格材及木基结构板材或石膏板制作的木构架墙体、楼板和屋盖系统构成的单层或多层建筑结构；工字梁搁栅是指采用板材和结构复合材组成的工字型承重构件；墙骨柱是指轻型木结构房屋墙体中按一定间隔布置的竖向承重骨架构件；目测分等木材是指采用肉眼观测方式对木材材质划分等级的木材；机械分等木材是指采用机械应力测定设备对木材进行非破坏性试验并按测定的木材弯曲强度和弹性模量确定材质等级的木材；齿板是指经表面处理的钢板冲压成带齿板而用于轻型桁架节点连接或受拉杆件接长的部件；木基结构板材是指以木材为原料（旋切材、木片、木屑等）通过胶合压制成的承重板材（包括结构胶合板和定向木片板）；轻型木结构的剪力墙是指面层用木基结构板材或石膏板、墙骨柱用规格材构成的用以承受竖向和水平作用的墙体；使用环境 1 是指一年内仅有 2～3 周空气温度达到 20℃以及空气相对湿度超过 65％的气候环境（在此环境下，绝大多数针叶材的平均平衡含水率不超过 12％）；使用环境 2 是指一年内仅有 2～3 周空气温度达到 20℃以及空气相对湿度超过 85％的气候环境（在此环境下，绝大多数针叶材的平均平衡含水率不超过 20％）；使用环境 3 是指一年内导致木材平均平衡含水率超过 20％的气候环境、或木材完全暴露在室外无遮盖的环境中（在此环境下，绝大多数针叶材的平均平衡含水率超过 20％）；井干式木结构是指采用截面适当加工后的原木、方木和胶合木材作为基本构件，将基本构件水平向上层层叠加，并在构件相交的端部采用层层交叉咬合连接，以此组成井字形承重木墙体的木结构（也称原木屋）；穿斗式木结构是指按屋面檩条间距，沿房屋进深方向竖立一排木柱，檩条直接由木柱支承，柱子之间不用梁，仅用穿透柱身的穿枋横向拉结起来，形成一榀木构架（每两榀木构架之间使用斗枋和纤子连接组成承重的空间木构架）；抬梁式木结构是指沿房屋进深方向在木柱上支承木梁，木梁上再通过短柱支承上层减短的木梁，按此方法叠放数层逐层减短的梁组成一榀木构架（屋面檩条放置于各层梁端）；速生材是指由生长快、成材早、轮伐期短的树种制作的木材；文物建筑是指列入国家各级文物保护的建筑；优秀历史建筑是指建成 50 年以上，具有纪念性意义、文化艺术价值或科学价值的建筑。

6.2.1　现代木结构材料

（1）木材。

承重结构用材分原木、方木、规格材、结构复合材和胶合木层板五类。方木原木结构构件设计时应根据构件的主要用途选用相应的材质等级，采用现场分等时应按相关规定选用（即受拉或拉弯构件为Ⅰa；受弯或压弯构件为Ⅱa；吊顶小龙骨等受压构件及次要受弯构件为Ⅲa）；采用工厂分等用于梁柱构件时应按相关规定选用（梁材质等级为Ⅱa1、Ⅱa2、Ⅱa3；柱则为Ⅲa1、Ⅲa2、Ⅲa3）。横向配置的正交胶合木横纹层板可采用一定比例的结构复合材制作（见图 6-2，顺纹层板的层板长度方向与构件长度方向相同；横纹层板的层板长度与构件宽度相同）。制作构件时木材含水率应符合要求。桁架下弦宜选用型钢或圆钢，当采用木下弦时宜采用原木或"破心下料"（见图 6-3）的方木。

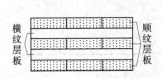

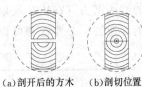

（a）剖开后的方木　（b）剖切位置

图 6-2　正交胶合木截面的层板　　图 6-3　"破心下料"的方木
组合示意图

（2）钢材与金属连接件。

承重木结构中使用的钢材宜采用 Q235 钢、Q345 钢、Q390 钢和 Q420 钢，其质量应分别符合我国现行《碳素结构钢》（GB/T 700—2006）和《低合金高强度结构钢》（GB/T 1591—2008）的有关规定。普通螺栓材料应采用符合我国现行《六角头螺栓—A 级和 B 级》（GB/T 5782—2000）和《六角头螺栓—C 级》（GB/T 5780—2000）的规定。高强度螺栓应符合我国现行《钢结构用高强度大六角头螺栓》（GB/T 1228—2006）、《钢结构用高强度大六角螺母》（GB/T 1229—2006）、《钢结构用高强度垫圈》（GB/T 1230—2006）、《钢结构用高强度大六角头螺栓，大六角螺母，垫圈技术条件》（GB/T 1231—2006）、《钢结构用扭剪型高强度螺栓连接副》（GB/T 3632—2008）或《钢结构用扭剪型高强度螺栓连接副技术条件》（GB/T 3633—2008）的有关规定。锚栓可采用我国现行《碳素结构钢》（GB/T 700—2006）中规定的 Q235 钢或《低合金高强度结构钢》（GB/T 1591—2008）中规定的 Q345 钢制成。钉的材料性能应符合我国现行《紧固件机械性能》（GB/T 3098—

2014）及其他相关我国现行的规定和要求。钢构件焊接用的焊条应符合我国现行《碳钢焊条》（GB/T 5117—1995）及《热强钢焊条》（GB/T 5118—2012）的规定，焊条的型号应与主体金属的力学性能相适应。

（3）结构用胶。

承重结构用胶必须满足结合部位的强度和耐久性的要求，应保证其胶合强度不低于木材顺纹抗剪和横纹抗拉的强度。胶连接的耐水性和耐久性应与结构的用途和使用年限相适应并应符合环境保护要求。承重结构采用的胶粘剂按其性能指标分为Ⅰ级胶和Ⅱ级胶。Ⅰ级胶黏剂适用于所有使用环境下的木结构。

6.2.2　现代木结构设计的基本要求

现代木结构应采用以概率理论为基础的极限状态设计法，木结构在规定的设计使用年限内应具有足够的可靠度（一般设计基准期为 50 年），木结构设计使用年限应符合表 6-1 的规定。我国根据建筑结构破坏后果的严重程度将建筑结构划分为三个安全等级，设计时应根据具体情况按表 6-2 规定选用相应的安全等级。建筑物中各类结构构件的安全等级宜与整个结构的安全等级相同。木结构文物建筑的维护和加固设计必须遵守不改变文物原状的原则。木结构文物建筑和优秀历史建筑的维护和加固设计时对建筑外观已显著变形或木质已老化的构件应考虑荷载长期作用和木质老化对木材的强度设计值和弹性模量的影响，并应按相关规定进行调整。木结构文物建筑的维护和加固设计应遵守相关规定，即不得改变原来的建筑形式；不得改变原来的建筑结构；不得改变原来的建筑材料；不得改变原来的工艺技术。木结构优秀历史建筑的加固设计应在注重历史建筑遗产价值的同时，合理地开发历史建筑的使用潜力（在重新规划和翻新建筑，并对传统的建筑功能进行置换时，应特别注意措施的可逆性、必要性和可识别性）。

表 6-1　　　　　　　　　　　设　计　使　用　年　限

类别	设计使用年限	示　　　例
1	5 年	临时性结构
2	25 年	易于替换的结构构件
3	50 年	普通房屋和一般构筑物
4	100 年及以上	文物建筑、优秀历史建筑和其他重要建筑结构

表 6-2　　　　　　　　　　　建筑结构的安全等级

安　全　等　级	破　坏　后　果	建筑物类型
一级	很严重	重要的建筑物
二级	严重	一般的建筑物
三级	不严重	次要的建筑物

注　对有特殊要求的建筑物、文物建筑和优秀历史建筑，其安全等级可根据具体情况确定。

抗震设防的木结构建筑应符合我国现行《建筑抗震设计规范》（GB 50011—2010）的相关规定。木结构建筑的结构体系应合理，其平面布置宜简单、规则并应减少偏心，楼面宜连续且不宜有较大凹入或开洞；竖向布置宜规则、均匀（不宜有过大的外挑和内收。结构的侧向刚度宜下大上小地逐渐均匀变化，结构竖向抗侧力构件应上下对齐）；结构薄弱部位应采取措施提高抗震能力（当建筑物平面形状复杂、各部分高度差异大或楼层荷载相差悬殊时可设置防震缝，防震缝两侧均应设置墙体。设置防震缝时防震缝的最小宽度不应小于100mm）；烟囱、风道的设置不应削弱墙体和楼盖、屋盖（当墙体或楼盖、屋盖被削弱时应对墙体或楼盖、屋盖采取加强措施。采用砖砌烟道时应加强楼盖、屋盖与砖砌烟道之间的连接）；应采用良好连接的挑檐。木结构建筑的地震作用应符合规定，应在结构的两个主轴方向分别计算水平地震作用并进行抗震验算（各方向的水平地震作用应由该方向的抗侧力构件承担）；当有斜交抗侧力构件且相交角度大于15°时应分别计算各抗侧力构件方向的水平地震作用并进行验算；当结构为扭转不规则时应计入双向水平地震作用下的扭转影响（其他情况应允许采用调整地震作用效应的方法计入扭转影响）。地震区设计木结构，在构造上应加强构件之间、结构与支承物之间的连接（特别是刚度差别较大的两部分或两个构件之间的连接必须安全可靠）。抗震设防烈度为8度和9度地区设计木结构建筑根据需要可采用隔震、消能设计。

在施工现场分等的结构用原木方木木材其设计指标应按规定采用，结构用的方木原木木材其树种的强度等级应符合表6-3和表6-4的规定。一般情况下，木材的强度设计值及弹性模量应符合表6-5的规定；在不同的使用条件下木材的强度设计值和弹性模量还应乘以规定的调整系数；对于不同的设计使用年限，木材的强度设计值和弹性模量也应乘以规定的调整系数。受弯构件挠度限值应遵守表6-6的规定。受压构件的长细比应符合表6-7规定的长细比限值。

表 6-3　　　　　　　　　　针叶树种木材适用的强度等级

强度等级	组别	适 用 树 种
TC17	A	柏木、长叶松、湿地松、粗皮落叶松
	B	东北落叶松、欧洲赤松、欧洲落叶松
TC15	A	铁杉、油杉、太平洋海岸黄柏、花旗松—落叶松、西部铁杉、南方松
	B	鱼鳞云杉、西南云杉、南亚松
TC13	A	油松、西伯利亚落叶松、云南松、马尾松、扭叶松、北美落叶松、海岸松、日本扁柏、日本落叶松
	B	红皮云杉、丽江云杉、樟子松、红松、西加云杉、欧洲云杉、北美山地云杉、北美短叶松
TC11	A	西北云杉、西伯利亚云杉、西黄松、云杉—松—冷杉、铁—冷杉、加拿大铁杉、杉木
	B	冷杉、速生杉木、速生马尾松、新西兰辐射松、日本柳杉

表 6-4　　　　　　　　　　阔叶树种木材适用的强度等级

强度等级	适 用 树 种
TB20	青冈栲木、甘巴豆冰片香、重黄娑罗、双重坡垒、龙脑香绿心樟、紫心木李叶苏木、双龙瓣豆
TB17	栎木、腺瘤豆筒状非洲楝、蟹木楝、深红默罗藤黄木
TB15	锥栗、桦木、黄娑罗、双异翅香水曲柳、红尼克樟
TB13	深红娑罗、双浅红娑罗、双白娑罗、双海棠木
TB11	大叶椴心形椴

表 6 - 5　　　　　　　　　　木材的强度设计值和弹性模量　　　　　　　　（单位：N/mm²）

强度等级	组别	抗弯 f_m	顺纹抗压及承压 f_c	顺纹抗拉 f_t	顺纹抗剪 f_v	横纹承压 $f_{c,90}$			弹性模量 E
						全表面	局部表面和齿面	拉力螺栓垫板下	
TC17	A	17	16	10	1.7	2.3	3.5	4.6	10000
	B		15	9.5	1.6				
TC15	A	15	13	9.0	1.6	2.1	3.1	4.2	10000
	B		12	9.0	1.5				
TC13	A	13	12	8.5	1.5	1.9	2.9	3.8	10000
	B		10	8.0	1.4				9000
TC11	A	11	10	7.5	1.4	1.8	2.7	3.6	9000
	B		10	7.0	1.2				
TB20	—	20	18	12	2.8	4.2	6.3	8.4	12000
TB17	—	17	16	11	2.4	3.8	5.7	7.6	11000
TB15	—	15	14	10	2.0	3.1	4.7	6.2	10000
TB13	—	13	12	9.0	2.4	2.4	3.6	4.8	8000
TB11	—	11	10	8.0	1.3	2.1	3.2	4.1	7000

注　计算木构件端部（如接头处）的拉力螺栓垫板时，木材横纹承压强度设计值应按"局部表面和齿面"一栏的数值采用。

表 6 - 6　　　　　　　　　　受 弯 构 件 挠 度 限 值

项次	构 件 类 别			挠度限值 ω
1	檩条		$l \leqslant 3.3\text{m}$	$l/200$
			$l > 3.3\text{m}$	$l/250$
2	椽条			$l/150$
3	吊顶中的受弯构件			$l/250$
4	楼板梁和搁栅			$l/250$
5	屋面大梁	工业建筑		$l/120$
		民用建筑	无粉刷吊顶	$l/180$
			有粉刷吊顶	$l/240$

注　表中 l 为受弯构件的计算跨度。

表 6 - 7　　　　　　　　　　受压构件长细比限值

项次	构 件 类 别	长细比限值 L/B
1	结构的主要构件（包括桁架的弦杆、支座处的竖杆或斜杆，以及承重柱等）	$\leqslant 120$
2	一般构件	$\leqslant 150$
3	支撑	$\leqslant 200$

6.2.3　木结构构件计算

木结构构件计算包括轴心受拉和轴心受压构件（长度计算系数 k_l 的取值见表 6 - 8）、

受弯构件、拉弯和压弯构件。

表 6 - 8 　　　　　　　　　　　　长度计算系数 k_l 的取值

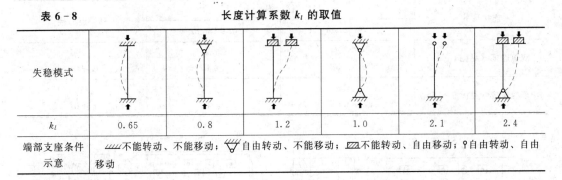

失稳模式						
k_l	0.65	0.8	1.2	1.0	2.1	2.4
端部支座条件示意	▨不能转动、不能移动；▽自由转动、不能移动；▨不能转动、自由移动；♀自由转动、自由移动					

6.2.4 木结构连接计算

（1）齿连接。

齿连接可采用单齿（见图 6 - 4）或双齿（见图 6 - 5）形式并应符合相关规定。

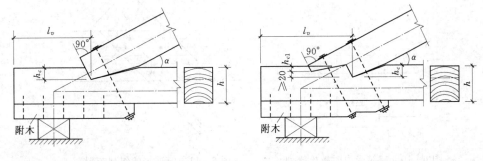

图 6 - 4　单齿连接　　　　　　　　图 6 - 5　双齿连接

（2）螺栓连接和钉连接。

螺栓连接和钉连接中可采用双剪连接（见图 6 - 6）或单剪连接（见图 6 - 7），连接木构件的最小厚度应符合表 6 - 9 的规定（表中：c 为中部构件的厚度或单剪连接中较厚构件的厚度；a 为边部构件的厚度或单剪连接中较薄构件的厚度；d 为螺栓或钉的直径）。螺栓的排列可按两纵行齐列（见图 6 - 8）或两纵行错列（见图 6 - 9）布置并应符合相关规定。横纹受力时的螺栓排列见图 6 - 10，钉的排列可采用齐列、错列或斜列（见图 6 - 11）布置（其最小间距应符合相关规定）。

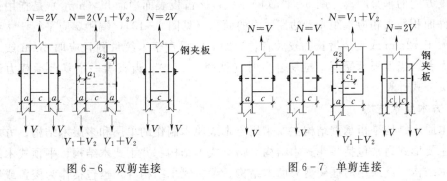

图 6 - 6　双剪连接　　　　　　　　图 6 - 7　单剪连接

表 6-9　　　　　　　　　　螺栓连接和钉连接中木构件的最小厚度

连接形式	螺 栓 连 接		钉 连 接
	$d<18\text{mm}$	$d\geqslant18\text{mm}$	
双剪连接（见图 6-6）	$c\geqslant5d$ $a\geqslant2.5d$	$c\geqslant5d$ $a\geqslant4d$	$c\geqslant8d$ $a\geqslant4d$
单剪连接（见图 6-7）	$c\geqslant7d$ $a\geqslant2.5d$	$c\geqslant7d$ $a\geqslant4d$	$c\geqslant10d$ $a\geqslant4d$

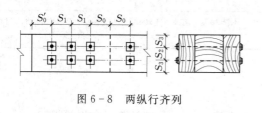

图 6-8　两纵行齐列　　　　　　　　图 6-9　两纵行错列

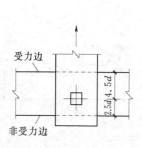

图 6-10　横纹受力时螺栓排列

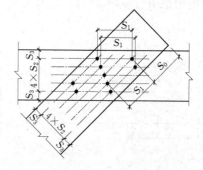

图 6-11　钉连接的斜列布置

（3）齿板连接。

齿板连接适用于轻型木结构建筑中规格材桁架的节点及受拉杆件的接长（处于腐蚀环境、潮湿或有冷凝水环境的木桁架不应采用齿板连接。齿板不得用于传递压力）。齿板应由镀锌薄钢板制作（镀锌应在齿板制造前进行，镀锌层重量不应低于 $275\text{g}/\text{m}^2$。钢板可采用 Q235 碳素结构钢和 Q345 低合金高强度结构钢）。在支座端节点处的下弦杆件净截面高度 h_n 为杆件截面底边到齿板上边缘的尺寸，上弦杆件的 h_n 为齿板在杆件截面高度方向的垂直距离 [图 6-12（a）]。在腹杆节点和屋脊节点处的杆件净截面高度 h_n 为齿板在杆件截面高度方向的垂直距离 [图 6-12（b）、（c）]。齿板表面净面积（mm^2）是指用齿板覆盖的构件面积减去相应端距 a 及边距 e 内的面积（见图 6-13），端距 a 应平行于木纹量测且应不大于 12mm 或 1/2 齿长的较大者，边距 e 应垂直于木纹量测且应取 6mm 或 1/4 齿长的较大者。当齿板承受剪—拉复合力时（见图 6-14），齿板剪—拉复合承载力设计值应按相关公式计算。

6.2.5　方木原木结构

方木原木结构是指承重结构主要采用方木或原木制作的单层和多层木结构。方木原木结构的主要形式通常包括穿斗式木结构、抬梁式木结构、井干式木结构、平顶式木结构以及现代木结构广泛采用的框架剪力墙木结构、梁柱式木结构等，也包括作为楼盖或屋盖在

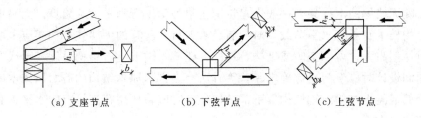

(a) 支座节点　　　　(b) 下弦节点　　　　(c) 上弦节点

图 6-12　杆件净截面尺寸示意

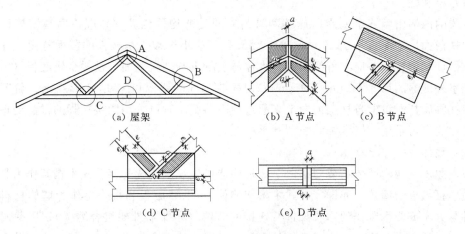

(a) 屋架　　　(b) A 节点　　　(c) B 节点

(d) C 节点　　　(e) D 节点

图 6-13　齿板的端距和边距

其他材料结构中（混凝土结构、砌体结构、钢结构）组合使用的混合结构。方木原木结构应采用经施工现场分等或工厂分等的方木、原木制作，也可采用承载能力不低于设计要求的结构复合材和胶合木替代方木原木。方木原木结构设计应遵守相关规定，木材宜用于结构的受压或受弯构件；在干燥过程中容易翘裂的树种木材（如落叶松、云南松等）制作桁架时宜采用钢下弦（采用木下弦时对原木其跨度不宜大于 15m，对方木不应大于 12m 且应采取有效防止裂缝危害的措施）；木屋盖宜采用外排水（必须采用内

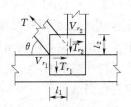

图 6-14　齿板剪—拉复合受力

排水时则不应采用木制天沟）；应合理减少构件截面的规格以满足工业化生产要求；应保证木构件（特别是钢木桁架）在运输和安装过程中的强度、刚度和稳定性（必要时应在施工图中提出注意事项）；木结构的钢材部分应有防锈措施。在可能造成风灾的台风地区和山区风口地段，方木原木结构的设计应采取有效措施加强建筑物的抗风能力并应遵守相关规定，即应尽量减小天窗的高度和跨度；应采用短出檐或封闭出檐（除檐口的瓦面应加压砖或座灰外，其余部位的瓦面也宜加压砖或座灰）；山墙宜采用硬山；檩条与桁架或山墙、桁架与墙或柱、门窗框与墙体等的连接均应采取可靠锚固措施。木结构文物建筑和优秀历史建筑中斗拱的各部件尺寸应按各个时期的建筑法式确定（不作结构验算），当维修中发现大斗原件被压坏时则应验算相同位置新斗构件的横纹承压强度（横纹承压设计强度应采用全表面横纹承压强度），当新斗构件横纹承压强度不满足要求时宜采用其他硬质木材或结构复合材制作。在古建筑木构架中竖向荷载应由柱承受，墙体仅起稳定结构和转递水平

力的作用，除无墙体的木构架外一般古建筑木构架可不进行水平荷载验算。无墙体的木构架应考虑由构架本身承受水平荷载，对不满足水平荷载验算的无墙体木构架应采取其他加固措施。对体型高大、内部空旷或结构特殊的古建筑木构架，若结构过度变形或有部分损坏而进行加固设计时应专门研究确定其验算方法。当方木原木结构的剪力墙或木屋盖与砌体结构、钢筋混凝土结构或钢结构等下部结构连结时应将作用在连接点的水平力和上拔力乘以 1.2 倍的放大系数。

（1）梁和柱。

木梁的两端由墙或梁支承时应按两端简支的受弯构件计算（柱应按两端铰接计算）。矩形木柱截面尺寸不宜小于 100mm×100mm 且不应小于被支承构件的截面宽度。柱底与基础应保证紧密接触并应有可靠锚固，木柱与混凝土基础接触面应设置金属底板（木柱底部高于室外地面的尺寸不应小于 450mm），柱与基础的锚固可采用 U 形扁钢、角钢和柱靴。若柱脚腐朽严重但自柱底面向上未超过柱高的 1/4 时可采用墩接柱脚的方法处理（墩接的榫卯式样可采用"巴掌榫"或"抄手榫"）。

（2）墙体。

方木原木结构的墙体主要包括以下 3 种构造形式：以传统的穿斗式木构架作为骨架采用轻质墙板组成的墙体（亦即穿斗式木构架墙体）；以墙面板和规格材作为墙体材料采用连接件与方木或原木制作的木骨架进行连接的墙体（亦即木骨架组合墙体）；用截面经过适当加工后的方木、原木作为基本构件水平向上层层咬合叠加组成的墙体（亦即井干式木结构墙体）。井干式木结构的墙体构件一般采用方木和原木制作（也可采用胶合木材制作），构件截面形式可按表 6-10 的规定选用并应根据具体的使用条件确定截面尺寸。井干式木结构在墙体转角和交叉处其相交的水平构件应采用凹凸榫相互搭接，凹凸榫搭接位置距构件端部的尺寸应不小于木墙体的厚度，在搭接节点端部应采用墙体通高的加固螺栓进行加固（见图 6-15），加固螺栓直径不得小于 14mm。井干式木结构的山墙或长度大于6m 的墙宜在中间位置设置方木加固件进行加固（见图 6-16）。木墙体构件与混凝土基础接触面之间应设置防水层，经常处于潮湿和有虫害的地区的木结构其与混凝土基础接触的墙体构件应采用经防腐防虫处理的构件。在抗震设防烈为 8 度、9 度或强风暴地区木墙体通高的拉结螺栓和加固螺栓宜与混凝土基础牢固锚接。

表 6-10　　　　　　　　　　　井干式木结构常用截面形式

采 用 材 料	截 面 形 式			
	Ⅰ	Ⅱ	Ⅲ	Ⅳ
方木				
胶合木材				
原木				

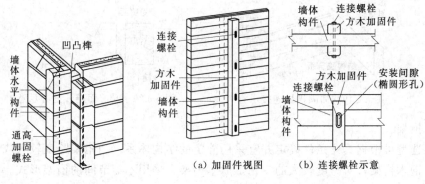

图 6-15 转角结构示意　　　　图 6-16 墙体方木加固件示意

（3）楼面及屋面。

木屋面木基层由挂瓦条、屋面板、椽条、檩条等构件组成，设计时应根据所用屋面防水材料、房屋使用要求和当地气象条件选用不同的木基层形式。采用木基结构板材的楼盖、屋盖的最小抗剪强度设计值应根据楼盖、屋盖的构造形式（见图 6-17、图 6-18）确定。当屋面椽条和斜撑梁之间在檩条处设置加固挡块时应采用结构胶合板及圆钉将加固挡块与檩条连接（见图 6-19）。井干式木结构屋面构件应采用螺栓、钉或连接件与木墙体构件固定。

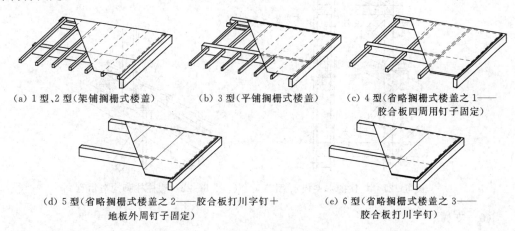

图 6-17 楼盖结构形式类型示意

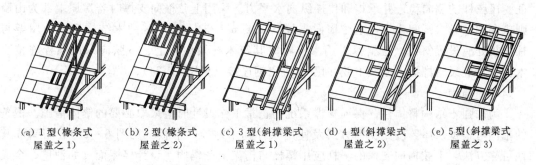

图 6-18 屋盖结构形式类型示意

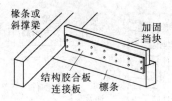
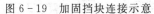
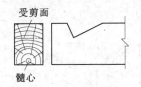

图 6-19　加固挡块连接示意　　　　图 6-20　受剪面避开髓心示意

（4）桁架。

桁架选型可根据具体条件确定并宜采用静定的结构体系，当桁架跨度较大或使用湿材时应采用钢木桁架，对跨度较大的三角形原木桁架宜采用不等节间的桁架形式。支座节点采用齿连接时应使下弦的受剪面避开髓心（见图 6-20）并应在施工图中注明此要求。

（5）天窗。

天窗包括单面天窗和双面天窗。天窗的立柱应与桁架上弦牢固连接，采用通长木夹板时其夹板不宜与桁架下弦直接连接（见图 6-21）。为防止天窗边柱受潮腐朽其边柱处屋架的檩条宜放在边柱内侧（见图 6-22），其窗樘和窗扇宜放在边柱外侧并加设有效的挡雨设施，开敞式天窗应加设有效的挡雨板并应做好泛水处理。抗震设防烈度为 8 度和 9 度地区不宜设置天窗。

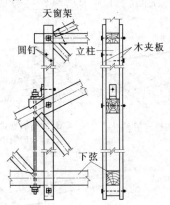
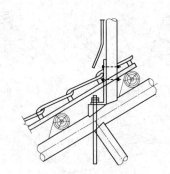

图 6-21　立柱的木夹板示意　　　　图 6-22　边柱柱脚构造示意

（6）支撑。

应采取有效措施保证结构在施工和使用期间的空间稳定并应防止桁架侧倾，支撑应保证受压弦杆的侧向稳定并承担和传递纵向水平力。采用上弦横向支撑时若房屋端部为山墙则应在端部第二开间内设置上弦横向支撑（见图 6-23）。地震区的木结构房屋的屋架与柱连接处应设置斜撑（当斜撑采用木夹板时其与木柱及屋架上、下弦应采用螺栓连接），木柱柱顶应设暗榫插入屋架下弦并用 U 形扁钢连接（见图 6-24）。

（7）锚固。

为加强木结构整体性、保证支撑系统的正常工作设计时应采取必要的锚固措施。檩条的锚固可根据房屋跨度、支撑方式及使用条件选用螺栓、卡板（见图 6-25）、暗销或其他可靠方法，上弦横向支撑的斜杆应用螺栓与桁架上弦锚固。设计轻屋面（如油毡、合成纤维板材、压型钢板屋面等）或开敞式建筑的木屋盖时不论桁架跨度大小均应将上弦节点

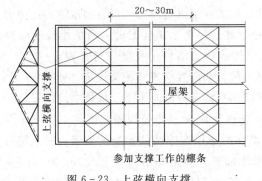

图 6-23 上弦横向支撑

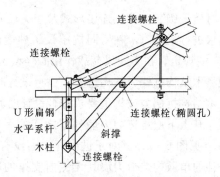

图 6-24 木构架端部斜撑连接

处的檩条与桁架、桁架与柱、木柱与基础等予以锚固。

6.2.6 胶合木结构

胶合木分为层板胶合木和正交胶合木两类。层板胶合木构件应采用经应力分等的木板制作（各层木板的木纹应与构件长度方向一致。层板胶合木构件截面的层板数不得低于 4 层）。正交胶合木构件宜采用机械分等的木板制作。正交胶合木构件各层木板应相互叠层正交（截面的总层板数不得低于 3 层且不得大于 9 层，其总厚度不应大于 500mm）。层板胶合木构件和正交胶合木构件设计时应根据使用环境注明对结构用胶的要求（生产厂家应严格遵循要求生产制作）。采用螺栓、销、六角头木螺钉和剪板等紧固件进行连接的胶合木构件应按我国现行《胶合木结构技术规范》（GB/T 50708—2012）的规定进行构件节点的连接设计。层板胶合木构件设计与构造要求应符合我国现行《胶合木结构技术规范》（GB/T 50708—2012）的相关要求，胶合木桁架在制作时应按其跨度的 1/200 起拱（对于较大跨度的胶合木屋面梁，起拱高度为恒载作用下计算挠度的 1.5 倍）。制作正交胶合木所用木板的尺寸（木板厚度 t、木板宽度 b）应符合相关要求（即 $15mm \leqslant t \leqslant 45mm$、$80mm \leqslant b \leqslant 250mm$），正交胶合木外层层板的长度方向应为顺纹配置并可采用两层木板顺纹配置作为外层层板（见图 6-26）。

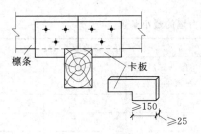

图 6-25 卡板锚固示意

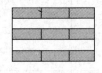 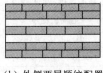

（a）外侧一层顺纹配置　（b）外侧两层顺纹配置

图 6-26 正交胶合木层板配置截面示意

6.2.7 轻型木结构

轻型木结构是指主要由木构架墙、木楼盖和木屋盖系统构成的结构体系，轻型木结构的层数不宜超过三层。采用轻型木结构时应满足当地自然环境和使用环境对建筑物的要求并应采取可靠措施防止木构件腐朽或被虫蛀（确保结构达到预期的设计使用年限）。轻型木结构的平面布置宜规则（质量和刚度变化宜均匀），所有构件之间应有可靠的连接和必要的锚固、支撑以保证结构的承载力、刚度和良好的整体性。轻型木结构建筑的构件及连接应根据树种、材质等级、荷载、连接形式及相关尺寸按相关规定进行设计。当轻型木结构抗侧力按构造要求进行设计时，在不同抗震设防烈度的条件下轻型木结构的剪力墙最小长度应符合表 6 - 11 的规定，在不同风荷载作用时轻型木结构的剪力墙最小长度应符合表 6 - 12 的规定。当轻型木结构抗侧力按构造要求进行设计时其剪力墙设置应遵守相关规定（见图 6 - 27）。当轻型木结构抗侧力按构造要求进行设计时其结构平面不规则与上下层墙体之间的错位应符合规定，其上下层构造剪力墙外墙之间的平面错位不应大于楼盖搁栅高度的 4 倍或不应大于 1.2m（见图 6 - 28）。对于进出开门面没有墙体的单层车库两侧构造剪力墙、或顶层楼盖屋盖外伸的单肢构造剪力墙其无侧向支撑的墙体端部外伸距离不应大于 1.8m（见图 6 - 29）；相邻楼盖错层的高度不应大于楼盖搁栅的截面高度（见图 6 - 30）；楼盖、屋盖平面开洞面积不应大于四周支撑剪力墙围合面积的 30%（或开洞后有效楼板宽度应小于该层楼板典型宽度的 50%。见图 6 - 31）。楼层水平力可按面积分配法由剪力墙承担（当按面积分配法和刚度分配法得到的剪力墙水平力超过 15% 时其剪力墙应按两者中最不利情况进行设计）。

表 6 - 11　　　　　　　　按抗震构造要求设计时剪力墙的最小长度

抗震设防烈度		最大允许层数	木基结构板材剪力墙最大间距/m	剪力墙的最小长度/m		
				单层、二层或三层的顶层	二层的底层或三层的二层	三层的底层
6 度	—	3	10.6	0.02A	0.03A	0.04A
7 度	0.10g	3	10.6	0.05A	0.09A	0.14A
	0.15g	3	7.6	0.08A	0.15A	0.23A
8 度	0.20g	2	7.6	0.10A	0.20A	

注　1. 表中 A 指建筑物的最大楼层面积（m²）。

　　2. 表中剪力墙的最小长度以墙体一侧采用木基结构板材作面板为基础。当墙体两侧均采用木基结构板材作面板时，剪力墙的最小长度为表中规定长度的 50%。当墙体两侧均采用石膏板作面板时，剪力墙的最小长度为表中规定长度的 200%。

　　3. 位于基础顶面和底层之间的架空层剪力墙的最小长度应与底层规定相同。

　　4. 当楼面有混凝土面层时表中剪力墙的最小长度应增加 20%。

表 6 - 12　　　　　　　　按抗风构造要求设计时剪力墙的最小长度

基本风压/(kN/m²)				最大允许层数	剪力墙的最小长度		
地面粗糙度					单层、二层或三层的顶层	二层的底层或三层的二层	三层的底层
A	B	C	D				
—	0.30	0.40	0.50	3	0.34L	0.68L	1.03L
—	0.35	0.50	0.60	3	0.40L	0.80L	1.20L
0.35	0.45	0.60	0.70	3	0.51L	1.03L	1.54L
0.40	0.55	0.75	0.80	2	0.62L	1.25L	—

注　1. L 指垂直于该剪力墙方向的建筑物长度。

　　2. 表中剪力墙的最小长度以墙体一侧采用木基结构板材作面板为基础。当墙体两侧均采用木基结构板材作面板时，剪力墙的最小长度为表中长度的 50%。当墙体两侧均采用石膏板作面板时，剪力墙的最小长度为表中长度的 200%。

　　3. 位于基础顶面和底层之间的架空层剪力墙的最小长度应与底层规定相同。

　　4. 采用木基结构板材的剪力墙之间最大间距应为：当基本风压为 0.30kN/m² 和 0.35kN/m²、地面粗糙度为 B 级时不得大于 10.6m；当基本风压为 0.45kN/m² 和 0.55kN/m²、地面粗糙度为 B 级时不得大于 7.6m。

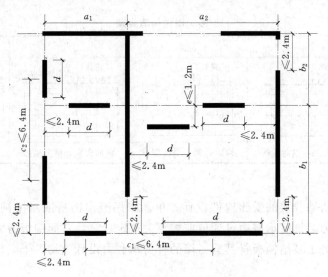

图 6-27 剪力墙平面布置要求

a_1、a_2—横向承重墙之间距离；b_1、b_2—纵向承重墙之间距离；c_1、c_2—承重墙墙肢间

水平中心距；d—承重墙墙肢长度；e—墙肢错位距离

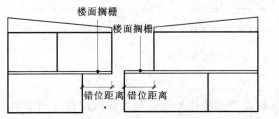

图 6-28 外墙平面错位示意

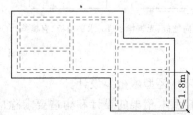

图 6-29 无侧向支撑的外伸剪力墙示意

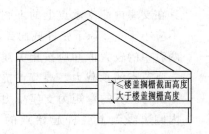

图 6-30 楼盖错层高度示意

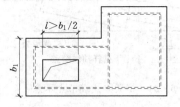

图 6-31 楼盖、屋盖开洞示意

（1）楼盖、屋盖设计。

楼、屋盖搁栅的两端由墙或梁支承时应按两端简支的受弯构件进行设计。采用木基结构板材的楼、屋盖抗剪强度设计值应根据表 6-13 规定的楼、屋盖构造类型。楼、屋盖平行于荷载方向的有效宽度 B 应根据楼、屋盖平面开口位置和尺寸（见图 6-32）按相关规定确定。

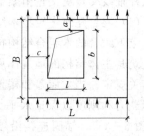

图 6-32 楼、屋盖有效宽度

165

表 6-13　　　　　　　　　　　　　　　　楼、屋盖构造类型

类型	1 型	2 型	3 型	4 型
示意	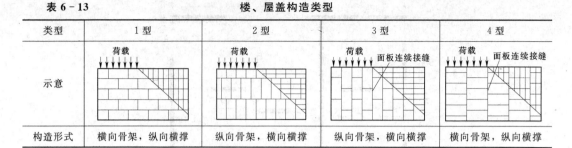			
构造形式	横向骨架，纵向横撑	纵向骨架，横向横撑	纵向骨架，横向横撑	横向骨架，纵向横撑

（2）墙体设计。

墙骨柱应按两端铰接的受压构件设计。单面采用竖向铺板或水平铺板（见图 6-33）的轻型木结构剪力墙抗剪承载力设计值应按相关规定计算，双面铺板剪力墙无论其两侧是否采用相同材料的木基结构板材其剪力墙的抗剪承载力设计值均等于墙体两面抗剪承载力设计值之和。

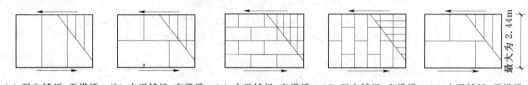

（a）竖向铺板、无横撑　（b）水平铺板、有横撑　（c）水平铺板、有横撑　（d）竖向铺板、有横撑　（e）水平铺板、无横撑

图 6-33　剪力墙铺板示意

（3）轻型木桁架设计。

轻型木桁架的设计和构造要求除应符合相关规定外还应符合我国现行《轻型木桁架技术规范》（JGJ/T 265—2012）的相关要求。桁架静力计算模型应满足相关条件。当木桁

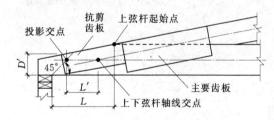

图 6-34　桁架梁式端节点示意

架端部采用梁式端节点时（见图 6-34）其在支座内侧支承点上的下弦杆截面高度不应小于 1/2 原下弦杆截面高度或 100mm 两者中的较大值并应按相关规定验算该端支座节点的承载力，端节点抗弯验算时用于抗弯验算的弯矩为支座反力乘以从支座内侧边缘到上弦杆起始点的水平距离 L（即图 6-34 中 L），当图中投影交点比上、下弦杆轴线交点更接近桁架端部时则其端节点需进行抗剪验算。

（4）混合建筑中轻型木结构设计的关键环节。

上下组合的木组合结构抗震计算宜采用振型分解反应谱法。采用轻型木屋盖的多层民用建筑其主体结构的地震作用应符合我国现行《建筑抗震设计规范》（GB 50011—2010）的有关规定。当木屋盖和楼盖用作混凝土或砌体墙体的侧向支承时其楼盖、屋盖应有足够的承载力和刚度以保证水平力的可靠传递，木屋盖、木楼盖与墙体之间应有可靠的连接（见图 6-35），锚固连接沿墙体方向的抵抗力应不小于 3.0kN/m。轻型木结构与砌体结构、钢筋混凝土结构或钢结构等下部结构的连接应采用锚栓连接，地梁板两端各应设置 1

根锚栓（端距 100～300mm）。当砌体结构、钢筋混凝土结构或钢结构采用轻型木屋盖时宜在其结构的顶部设置木梁板（木屋盖与木梁板连接），木梁板与砌体结构、钢筋混凝土结构或钢结构的连接应符合相关规定。

（5）构造要求。

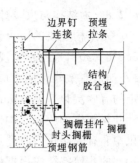

图 6-35　木屋盖、木楼盖作为墙体侧向支承时的连接示意

轻型木结构的墙骨柱应符合规定，承重墙的墙骨柱应采用材质等级为Ⅴc级及其以上的规格材（非承重墙的墙骨柱可采用任何等级的规格材。承重墙的墙骨柱截面尺寸应由计算确定）；墙骨柱在层高内应连续（允许采用齿接连接，但不得采用连接板连接）；墙骨柱间距不得大于 600mm；墙骨柱在墙体转角和交接处应加强（转角处的墙骨柱数量不得少于两根，见图 6-36）；开孔宽度大于墙骨柱间距的墙体其开孔两侧的墙骨柱应采用双柱（开孔宽度小于或等于墙骨柱间净距并位于墙骨柱之间的墙体其开孔两侧可用单根墙骨柱）；墙骨柱的最小截面尺寸和最大间距（见图 6-37）应符合规定。楼盖搁栅在支座上的搁置长度不得小于 40mm（在靠近支座部位的搁栅底部应采用连续木底撑、搁栅横撑或剪刀撑，见图 6-38），木底撑、搁栅横撑或剪刀撑在搁栅跨度方向的间距应符合规定。轻型木结构屋盖系统的椽条或搁栅应符合规定，当椽条连杆跨度大于 2.4mm 时应在连杆中部加设通长纵向水平系杆（系杆截面尺寸不小于 20mm×90mm，见图 6-39）。

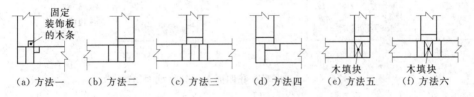

(a) 方法一　(b) 方法二　(c) 方法三　(d) 方法四　(e) 方法五　(f) 方法六

图 6-36　墙骨柱在转角处和交接处加强示意

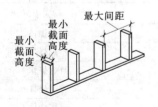

图 6-37　墙骨柱的最小截面尺寸和最大间距示意

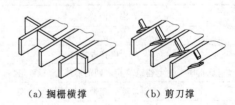

(a) 搁栅横撑　　(b) 剪刀撑

图 6-38　搁栅间支撑示意

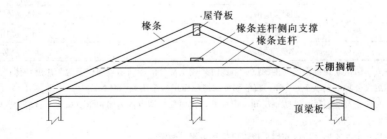

图 6-39　椽条连杆加设通长纵向水平系杆示意

167

6.2.8　木结构防火设计

木结构建筑的防火设计和防火构造除应遵守我国现行《建筑设计防火规范》（GB 50016—2014）的有关规定，应采用耐火极限不超过 2.00h 的构件防火设计。木构件燃烧 t 小时后有效炭化速率应根据式 $\beta_e = 1.2\beta_n/t^{0.187}$ 计算，其中，β_e 为根据耐火极限 t 的要求确定的有效炭化速率（mm/h）；β_n 为木材燃烧 1.00h 的名义线性炭化速率（mm/h）；采用针叶材制作的胶合木构件的名义线性炭化速率为 38mm/h。根据该炭化速率计算的有效炭化率和有效炭化层厚度见表 6-14；t 为耐火极限（h）。木构件燃烧后剩余截面（见图 6-40）的几何特征应根据构件实际曝火面和有效炭化厚度进行计算。木结构建筑构件的燃烧性能和耐火极限不应低于表 6-15 的规定。

表 6-14　　　　　　　　　　有效炭化速率和炭化层厚度

构件的耐火极限 t/h	0.50	1.00	1.50	2.00
有效炭化速率 β_e/(mm/h)	52.0	45.7	42.4	40.1
有效炭化层厚度 T/mm	26	46	64	80

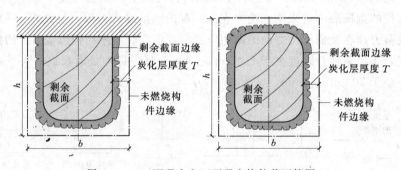

图 6-40　三面曝火和四面曝火构件截面简图

表 6-15　　　　　　　　木结构建筑构件的燃烧性能和耐火极限

构 件 名 称	耐火极限/h
防火墙	不燃烧体 3.00
电梯井墙体	不燃烧体 1.00
承重墙、住宅建筑单元之间的墙或分户墙、楼梯间的墙	难燃烧体 1.00
非承重外墙、疏散走道两侧的隔墙	难燃烧体 0.75
房间隔墙	难燃烧体 0.50
梁、承重柱	燃烧体 1.00
楼板	难燃烧体 0.75
屋顶承重构件	燃烧体 0.50
疏散楼梯	难燃烧体 0.50
室内吊顶	难燃烧体 0.15

注　1. 当同一座木结构建筑由不同高度的屋面组成时，较低部分的屋顶承重构件不应采用燃烧体；当采用难燃烧体时，其耐火极限不应小于 0.75h；较低部分的屋面面层应采用难燃材料。

2. 轻型木结构建筑的屋顶，除防水层和屋面板外，其他部分均应视为屋顶承重构件，且应为难燃烧体，耐火极限不应低于 0.50h。

3. 木结构建筑构件的燃烧性能和耐火极限可按相关规定确定。

轻型木结构建筑中的相关密闭空间部位应采用连续的防火隔断措施，防火隔断可采用截面宽度不小于 40mm 的规格材；或厚度不小于 12mm 的石膏板；或厚度不小于 12mm 的胶合板或定向刨花板；或厚度不小于 0.4mm 的钢板；或厚度不小于 6mm 的无机增强水泥板；或其他满足防火要求的材料。当采用厚度为 50mm 以上的木材（锯材或胶合木）作为屋面板或楼面板时［见图 6-41（a）］其楼面板或屋面板端部应坐落在支座上且其防火设计和构造应符合相关要求，当屋面板或楼面板采用单舌或双舌企口板连接时［见图 6-41（b）］其屋面板或楼面板可作为一面曝火受弯构件进行防火设计；当屋面板或楼面板采用直边拼接时其屋面板或楼面板可作为两侧部分曝火而底面完全曝火的受弯构件。

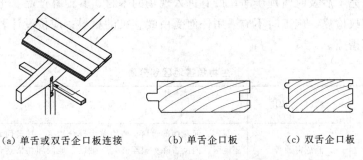

| (a) 单舌或双舌企口板连接 | (b) 单舌企口板 | (c) 双舌企口板 |

图 6-41　锯材或胶合木楼、屋面板示意图

6.2.9　木结构防护

木结构建筑应根据当地气候条件、白蚁危害程度及建筑特征采取有效的防水、防潮和防白蚁措施以保证结构和构件在设计使用年限内正常工作。木结构建筑使用的木材含水率应符合规定，应防止木材在运输、存放和施工过程中遭受雨淋和潮气。

（1）防水防潮。

木结构建筑应有效地利用周围地势、其他建筑物及树木，应减少维护结构的环境暴露程度，桁架、大梁的支座节点或其他承重木构件不得封闭在墙、保温层或通风不良的环境中（见图 6-42 和图 6-43），无地下室的底层木楼板必须架空并应有通风防潮措施。

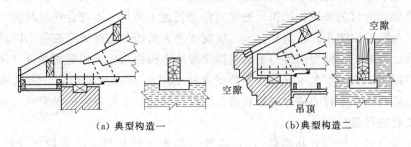

| (a) 典型构造一 | (b) 典型构造二 |

图 6-42　外排水屋盖支座节点通风构造示意

（2）防白蚁。

木结构建筑受生物危害地区应根据危害程度划分为四个区域等级，各等级包括的地区应符合表 6-16 的规定。施工前应对场地周围的树木和土壤进行白蚁检查和灭蚁工作；应清除地基土中已有的白蚁巢穴和潜在的白蚁栖息地；地基开挖时应彻底清除树桩、树根和其他埋在土壤中的木材；所有施工时产生的木模板、废木材、纸质品及其他有机垃圾应在

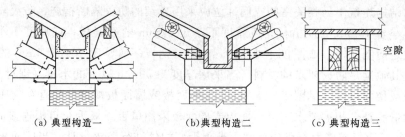

（a）典型构造一　　　（b）典型构造二　　　（c）典型构造三

图 6-43　内排水屋盖支座节点通风构造示意

建造过程中或完工后及时清理干净；所有进入现场的木材、其他林产品、土壤和绿化用树木均应进行白蚁检疫，施工时不应采用任何受白蚁感染的材料；应按设计要求做好防治白蚁的其他各项措施。

表 6-16　　　　　　　　　　　　　　　生物危害地区划分表

序号	白蚁危害区域等级	白蚁危害程度	包 括 地 区
1	区域Ⅰ	低危害地带	新疆、西藏西部地区、青海绝大部分地区、甘肃西北部地区、宁夏北部地区、内蒙古除突泉至赤峰一带以东地区和加格达奇地区外的绝大部分地区
2	区域Ⅱ	中等危害地带，无白蚁	西藏中部地区、甘肃和宁夏南部地区、四川北部地区、陕西北部地区、辽宁省营口至宽甸一带以北地区、吉林省、黑龙江省
3	区域Ⅲ	中等危害地带，有白蚁	西藏南部地区、四川中部地区、陕西南部地区、湖北北部地区、安徽北部地区、江苏、上海、河南、山东、山西、河北、天津、北京、辽宁省营口至宽甸一带以南地区
4	区域Ⅳ	严重危害地带，有乳白蚁	云南、四川南部地区、重庆、湖北南部地区、安徽南部地区、浙江、福建、江西、湖南、贵州、广西、海南、广东、香港、澳门、台湾

（3）防腐木材。

木结构建筑采用的防腐、防虫构造措施除应在设计图纸中说明外，在施工各工序交接时还应检查防腐木材的来源、标识、处理质量及其施工质量（不符合规定时应立即纠正）。防腐木材应包括防腐实木、防腐胶合木、防腐木质人造板、防腐正交胶合木以及其他防腐工程木产品。所有在室外使用或与土壤直接接触的木构件均应采用防腐木材（在不直接接触土壤的情况下，天然耐久木材可作为防腐木材使用）。木结构的防腐、防虫采用药剂加压处理时，该药剂在木材中的保持量和透入度应达到设计文件规定的要求或规范要求。

6.2.10　木材的质量控制

对于死节（包括松软节和腐朽节），除按一般木节测量外，必要时还应按缺孔验算（若死节有腐朽迹象则应经局部防腐处理后使用）；木节尺寸按垂直于构件长度方向测量，木节表现为条状时则在条状的一面不量（见图 6-44），直径小于 10mm 的活节不量。构件截面高度（宽面）h、构件截面宽度（窄面）b、构件长度 L 见图 6-45（节子 A 是指位于构件长度中间 1/3 处的构件宽度或构件高度边缘的节子；节子 B 是指位于构件长度两端 1/3 处的构件宽度或构件高度边缘的节子；节子 C 是指位于构件长度方向构件高度中心线处的节子）。表面轮裂是指仅呈现在方木材一个表面上的纵向裂缝（等效裂缝指当裂

缝长度小于 $L/2$ 时相应的裂缝深度可根据等效裂缝面积适当增加。同样，当裂缝深度小于 $b/2$ 时相应的裂缝长度可根据等效裂缝面积适当增加）。贯通轮裂是指从方木材一个表面延伸至相对面或相邻面的纵向裂缝。白腐是指木材中白色或棕色的小壁孔或斑点（由白腐菌引起。白腐菌存活于活树中，在使用时不会发展）。蜂窝腐与白腐相似但囊孔更大（含有蜂窝腐的构件与不含蜂窝腐的构件抗腐朽性能相同）。

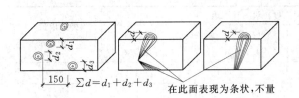

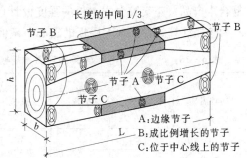

图 6-44　木节量法　　　　　　　图 6-45　尺寸及木节示意

（1）承重结构中相关木材的主要特性。

槐木干燥困难、耐腐性强、易受虫蛀。乌墨（密脉蒲桃）干燥较慢、耐腐性强。木麻黄木材硬而重、干燥易、易受虫蛀、不耐腐。隆缘桉、柠檬桉和云南蓝桉干燥困难、易翘裂（云南蓝桉能耐腐，隆缘桉和柠檬桉不耐腐）。檫木干燥较易、干燥后不易变色、耐腐性较强。榆木干燥困难、易翘裂、收缩颇大、耐腐性中等、易受虫蛀。臭椿干燥易、不耐腐、易呈蓝变色、木材轻软。桤木干燥颇易、不耐腐。杨木干燥易、不耐腐、易受虫蛀。拟赤杨木材轻、质软、收缩小、强度低、易干燥、不耐腐。以上木材的干燥难易是指板材而言，耐腐性是指心材部分在室外条件下而言，边材一般均不耐腐。在正常的温湿度条件下，用作室内不接触地面的构件，耐腐性并非是最重要的考虑条件。以上树种木材的强度设计值和弹性模量见表 6-17。

表 6-17　　　　　　　　　相关树种木材的强度设计值和弹性模量

强度等级	树种名称	抗弯 f_m	顺纹抗压及承压 f_c	顺纹抗剪 f_v	横纹承压 $f_{c,90}$			弹性模量 $E/(N/mm^2)$
					全表面	局部表面和齿面	拉力螺栓垫板下	
TB15	槐木、乌墨	15	13	1.8	2.8	4.2	5.6	9000
	木麻黄			1.6				
TB13	柠檬桉、缘桉、桉	13	12	1.5	2.4	3.6	4.8	8000
	檫木			1.2				
TB11	榆木、臭椿、桤木	11	10	1.3	2.1	3.2	4.1	7000

注　杨木和拟赤杨顺纹强度设计值和弹性模量可按 TB11 级数值乘以 0.9 采用；横纹强度设计值可按 TB11 级数值乘以 0.6 采用。若当地有使用经验，也可在此基础上作适当调整。

（2）木材强度检验。

检验一批木材的强度等级时可根据其弦向静曲强度的检验结果进行判定。常见国产树种规格材的强度设计值和弹性模量应按表 6-18 的规定取值。已经换算的部分目测分等进口规格材的强度设计值和弹性模量应符合表 6-19 和表 6-20 的规定，但还应乘以表 6-21 规定的尺寸调整系数。北美地区目测分等规格材材质等级和目测分等规格材材质等级对应关系应按表 6-22 的规定采用。工厂生产的结构材包括结构复合材、旋切板胶合木（LVL）、平行木片胶合木（PSL）、层叠木片胶合木（LSL）、定向木片胶合木（OSL）及其他类似特征的复合木产品。正交胶合木木板的强度设计值应根据采用的树种或树种组合按相应规定采用，e_i 为参加计算的各层顺纹层板的重心至截面重心的距离（见图 6-46）。

表 6-18　　　　　　　　　常见国产树种规格材强度设计值和弹性模量

| 树种名称 | 材质等级 | 强 度 设 计 值 | | | | | 弹性模量 $E/(N/mm^2)$ |
		抗弯 f_m	顺纹抗压 f_c	顺纹抗拉 f_t	顺纹抗剪 f_v	横纹承压 $f_{c,90}$	
杉木	I c	13	11	9.0	1.3	4.1	10000
	II c	11	10	8.0	1.3	4.1	9500
	III c	11	10	7.5	1.3	4.1	9500
兴安落叶松	I c	17	16	9.0	1.6	4.6	13000
	II c	11	14	5.5	1.6	4.6	12000
	III c	11	12	3.8	1.6	4.6	12000
	IV c	8.9	9.5	2.9	1.6	4.6	11000

表 6-19　　　　　　　　北美地区目测分等进口规格材强度设计值和弹性模量

| 树种名称 | 材质等级 | 截面最大尺寸/mm | 强 度 设 计 值 | | | | | 弹性模量 $E/(N/mm^2)$ |
			抗弯 f_m	顺纹抗压 f_c	顺纹抗拉 f_t	顺纹抗剪 f_v	横纹承压 $f_{c,90}$	
花旗松—落叶松类（南部）	I c	285	16	18	11	1.9	7.3	13000
	II c		11	16	7.2	1.9	7.3	12000
	III c		9.7	15	6.2	1.9	7.3	11000
	IV c、V c		5.6	8.3	3.5	1.9	7.3	10000
	VI c	90	11	18	7.0	1.9	7.3	10000
	VII c		6.2	15	4.0	1.9	7.3	10000
花旗松—落叶松类（北部）	I c	285	15	20	8.8	1.9	7.3	13000
	II c		9.1	15	5.4	1.9	7.3	11000
	III c		9.1	15	5.4	1.9	7.3	11000
	IV c、V c		5.1	8.8	3.2	1.9	7.3	10000
	VI c	90	10	19	6.2	1.9	7.3	10000
	VII c		5.6	16	3.5	1.9	7.3	10000
铁—冷杉（南部）	I c	285	15	16	9.9	1.6	4.7	11000
	II c		11	15	6.7	1.6	4.7	10000
	III c		9.1	14	5.6	1.6	4.7	9000
	IV c、V c		5.4	7.8	3.2	1.6	4.7	8000
	VI c	90	11	17	6.4	1.6	4.7	9000
	VII c		5.9	14	3.5	1.6	4.7	8000

续表

树种名称	材质等级	截面最大尺寸/mm	强度设计值					弹性模量 $E/(\text{N/mm}^2)$
			抗弯 f_m	顺纹抗压 f_c	顺纹抗拉 f_t	顺纹抗剪 f_v	横纹承压 $f_{c,90}$	
铁—冷杉（北部）	I c	285	14	18	8.3	1.6	4.7	12000
	II c		11	16	6.2	1.6	4.7	11000
	III c		11	16	6.2	1.6	4.7	11000
	IV c、V c		6.2	9.1	3.5	1.6	4.7	10000
	VI c	90	12	19	7.0	1.6	4.7	10000
	VII c		7.0	16	3.8	1.6	4.7	10000
南方松	I c	285	20	19	11	1.9	6.6	12000
	II c		13	17	7.2	1.9	6.6	12000
	III c		11	16	5.9	1.9	6.6	11000
	IV c、V c		6.2	8.8	3.5	1.9	6.6	10000
	VI c	90	12	19	6.7	1.9	6.6	10000
	VII c		6.7	16	3.8	1.9	6.6	9000
云杉—松—冷杉类	I c	285	13	15	7.5	1.4	4.9	10300
	II c		9.4	12	4.8	1.4	4.9	9700
	III c		9.4	12	4.8	1.4	4.9	9700
	IV c、V c		5.4	7.0	2.7	1.4	4.9	8300
	VI c	90	11	15	5.4	1.4	4.9	9000
	VII c		5.9	12	2.9	1.4	4.9	8300
其他北美树种	I c	285	9.7	11	4.3	1.2	3.9	7600
	II c		6.4	9.1	2.9	1.2	3.9	6900
	III c		6.4	9.1	2.9	1.2	3.9	6900
	IV c、V c		3.8	5.4	1.6	1.2	3.9	6200
	VI c	90	7.5	11	3.2	1.2	3.9	6900
	VII c		4.3	9.4	1.9	1.2	3.9	6200

表 6-20　　欧洲地区目测分等进口规格材强度设计值和弹性模量

树种名称	材质等级	截面最大尺寸/mm	强度设计值					弹性模量 $E/(\text{N/mm}^2)$
			抗弯 f_m	顺纹抗压 f_c	顺纹抗拉 f_t	顺纹抗剪 f_v	横纹承压 $f_{c,90}$	
欧洲赤松欧洲落叶松欧洲云杉	I c	285	17	18	8.2	2.2	6.4	12000
	II c		14	17	6.4	1.8	6.0	11000
	III c		9.3	14	4.6	1.3	5.3	8000
	IV c、V c		8.1	13	3.7	1.2	4.8	7000
	VI c	90	14	16	6.9	1.3	5.3	8000
	VII c		12	15	5.5	1.2	4.8	7000
欧洲道格拉斯松	I c、II c	285	12	16	5.1	1.6	5.5	11000
	III c		7.9	13	3.6	1.2	4.8	8000
	IV c、V c		6.9	12	2.9	1.1	4.4	7000

表 6 - 21 　　尺寸调整系数

等　级	截面高度/mm	抗　弯		顺纹抗压状态	顺纹抗拉状态	其他状态
		截面宽度/mm				
		40 和 65	90			
Ⅰc、Ⅱc、Ⅲc、Ⅳc、Ⅴc	≤90	1.5	1.5	1.15	1.5	1.0
	115	1.4	1.4	1.1	1.4	1.0
	140	1.3	1.3	1.1	1.3	1.0
	185	1.2	1.2	1.05	1.2	1.0
	235	1.1	1.2	1.0	1.1	1.0
	285	1.0	1.1	1.0	1.0	1.0
Ⅵc、Ⅶc	≤90	1.0	1.0	1.0	1.0	1.0

表 6 - 22 　　北美地区规格材与规格材对应关系

规格材等级	Ⅰc	Ⅱc	Ⅲc	Ⅳc	Ⅴc	Ⅵc	Ⅶc
北美规格材等级	Selectstructural	No. 1	No. 2	No. 3	Stud	Construction	Standard

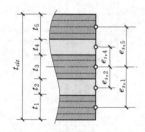

图 6 - 46　截面计算示意

（3）常用主要树种木材。

中国木材品种繁多，东北落叶松包括兴安落叶松和黄花落叶松（长白落叶松）两种；铁杉包括铁杉、云南铁杉及丽江铁杉；西南云杉包括麦吊云杉、油麦吊云杉、巴秦云杉及产于四川西部的紫果云杉和云杉；西北云杉包括产于甘肃、青海的紫果云杉和云杉；红松包括红松、华山松、广东松、台湾及海南五针松；冷杉包括各地区产的冷杉属木材，有苍山冷杉、冷杉、岷江冷杉、杉松冷杉、臭冷杉、长苞冷杉等；栎木包括麻栎、槲栎、柞木、小叶栎、辽东栎、抱栎、栓皮栎等；青冈包括青冈、小叶青冈、竹叶青冈、细叶青冈、盘克青冈、滇青冈、福建青冈、黄青冈等；椆木包括柄果椆、包椆、石栎、茸毛椆（猪栎）等；锥栗包括红锥、米槠、苦槠、罗浮锥、大叶锥（钩粟）、栲树、南岭锥、高山锥、吊成锥、甜槠等；桦木包括白桦、硕桦、西南桦、红桦、棘皮桦等。目前常见的进口木材有花旗松—落叶松类（包括北美黄杉、粗皮落叶松等）、铁—冷杉类（南部）（包括加州红冷杉、巨冷杉、大冷杉、太平洋银冷杉、西部铁杉、白冷杉等）、铁—冷杉类（北部）（包括太平洋冷杉、西部铁杉等）、南方松类（包括火炬松、长叶松、短叶松、湿地松等）、云杉—松—冷杉类（包括落基山冷杉、香脂冷杉、黑云杉、北美山地云杉、北美短叶松、扭叶松、红果云杉、白云杉等）、俄罗斯落叶松（包括西伯利亚落叶松和兴安落叶松等）。各类建筑构件燃烧性能和耐火极限见表 6 - 23（其中，桁架构件截面不小于 40mm × 90mm，金属齿板厚度不小于 1mm、齿长不小于 8mm、木桁架高度不小于 235mm）。

表 6 – 23 各类建筑构件的燃烧性能和耐火极限

构件名称	构 件 组 合 描 述	耐火极限/h	燃烧性能
墙体	墙骨柱间距：400~600mm；截面为 40mm×90mm； 墙体构造： （1）普通石膏板＋空心隔层＋普通石膏板＝(15+90+15)mm （2）防火石膏板＋空心隔层＋防火石膏板＝(12+90+12)mm （3）防火石膏板＋绝热材料＋防火石膏板＝(12+90+12)mm （4）防火石膏板＋空心隔层＋防火石膏板＝(15+90+15)mm （5）防火石膏板＋绝热材料＋防火石膏板＝(15+90+15)mm （6）普通石膏板＋空心隔层＋普通石膏板＝(25+90+25)mm （7）普通石膏板＋绝热材料＋普通石膏板＝(25+90+25)mm	 0.50 0.75 0.75 1.00 1.00 1.00 1.00	 难燃 难燃 难燃 难燃 难燃 难燃 难燃
楼盖顶棚	楼盖顶棚采用规格材搁栅或"工"字形搁栅，搁栅中心间距为 400~600mm，楼面板厚度为 15mm 的结构胶合板或定向木片板（OSB）： 1. 搁栅底部有 12mm 厚的防火石膏板，搁栅间空腔内填充绝热材料 2. 搁栅底部有两层 12mm 厚的防火石膏板，搁栅间空腔内无绝热材料	 0.75 1.00	 难燃 难燃
柱	1. 仅支撑屋顶的柱： （1）由截面不小于 140mm×190mm 实心锯木制成 （2）由截面不小于 130mm×190mm 胶合木制成 2. 支撑屋顶及地板的柱： （1）由截面不小于 190mm×190mm 实心锯木制成 （2）由截面不小于 180mm×190mm 胶合木制成	 0.75 0.75 0.75 0.75	 可燃 可燃 可燃 可燃
梁	1. 仅支撑屋顶的横梁： （1）由截面不小于 90mm×140mm 实心锯木制成 （2）由截面不小于 80mm×160mm 胶合木制成 2. 支撑屋顶及地板的横梁： （1）由截面不小于 140mm×240mm 实心锯木制成 （2）由截面不小于 190mm×190mm 实心锯木制成 （3）由截面不小于 130mm×230mm 胶合木制成 （4）由截面不小于 180mm×190mm 胶合木制成	 0.75 0.75 0.75 0.75 0.75 0.75	 可燃 可燃 可燃 可燃 可燃 可燃
屋盖轻型木桁架	桁架中心间距为 600mm，木桁架底部为 1 层 15.9mm 厚防火石膏板	0.75	难燃
楼盖轻型木桁架	木桁架中心间距不大于 600mm； 楼盖空间有隔音材料； 1 层 15.9mm 厚防火石膏板	0.5	难燃
楼盖轻型木桁架	（1）木桁架中心间距不大于 600mm； （2）楼盖空间有隔音材料，隔音材料为 ≥2.8kg/m² 的岩棉或炉渣材料，且厚度不小于 90mm； （3）1 层 15.9mm 厚防火石膏板	0.75	难燃
	木桁架中心间距不大于 600mm； 楼盖空间无隔音材料； 2 层 15.9mm 厚防火石膏板	1.0	难燃
	木桁架中心间距不大于 600mm； 楼盖空间无隔音材料； 2 层 12.7mm 厚防火石膏板	0.75	难燃

6.3 木结构工程施工的基本要求

6.3.1 木结构工程施工用材选择的基本要求

（1）原木、方木。

进场木材的树种、规格和强度等级应符合设计文件的要求。木料锯割应遵守相关规定，构件直接采用原木制作时应将原木剥去树皮、砍平木节，构件用方木或板材制作时应按设计文件规定的尺寸将原木进行锯割且锯割时截面尺寸应预留干缩量（见表 6-24。落叶松、木麻黄等收缩量较大的原木其预留干缩量还应比表 6-24 的规定增大 30%）。东北落叶松、云南松等易开裂树种锯制成方木时应采用"破心下料"的方法［见图 6-47（a）］，原木直径较小时可采用"按侧边破心下料"的方法［见图 6-47（b）］并按图 6-47（c）所示的方法拼接成截面较大的方木以供木桁架下弦杆等使用。木材的干燥应选择自然干燥（气干）或窑干并应符合相关规范规定。原木、方木与板材应分别按相关规范规定的目测分级材质等级标准划定每根木料的等级，不得采用商品材的等级标准替换。制作构件时原木、方木全截面平均含水率不应大于 25%、板材不应大于 20%，作为拉杆的连接板的含水率不应大于 18%。干燥好的木材应放置在避雨遮阳通风良好的敞篷内，板材应采用纵向平行堆垛法存放并应有压重等防止板材翘曲的措施。方木、板材可从工厂购置但应按要求进行验收，工程中使用的木材应按要求进行木材强度的见证检验（且强度等级应满足设计文件的要求）。

表 6-24　　　　　　　　方木、板材加工预留干缩量　　　　　　（单位：mm）

方木、板材宽度	预　留　量	方木、板材宽度	预　留　量
15～25	1	130～140	5
40～60	2	150～160	6
30～90	3	170～180	7
100～120	4	190～200	8

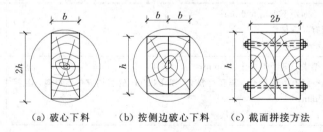

（a）破心下料　　　（b）按侧边破心下料　　　（c）截面拼接方法

图 6-47　破心下料示意图

（2）规格材。

规格材主要用于轻型木结构。进场规格材的树种、等级和规格应符合设计文件要求，进口规格材还应有产地国的认证标识并由我国认证机构确认。规格材的截面尺寸应符合表 6-25 和表 6-26 的规定（进口规格材截面高、宽与两表偏差不足 2mm 者可视为同规格规格材）。目测分级规格材应按相关规范规定进行进场检查，构件制作时规格材含水率应不大于 20%。

表 6 - 25   规格材标准截面尺寸   （单位：mm）

截面尺寸 （宽×高）	40×40	40×65	40×90	40×115	40×140	40×185	40×235	40×285
	—	65×65	65×90	65×115	65×140	65×185	65×235	65×285
	—	—	90×90	90×115	90×140	90×185	90×235	90×285

注 表中截面尺寸均为含水率不大于 20% 由工厂加工的干燥木材尺寸。进口规格材截面尺寸与表列规格材尺寸相差不超 2mm 时可与其相应规格材等同使用，但在计算时应按进口规格材实际截面进行计算。不得将不同规格系列的规格材在同一建筑中混合使用。

表 6 - 26   机械分级速生树种规格材截面尺寸   （单位：mm）

截面尺寸（宽×高）	45×75	45×90	45×140	45×190	45×240	45×290

注 表中截面尺寸均为含水率不大于 20% 由工厂加工的干燥木材尺寸。进口规格材截面尺寸与表列规格材尺寸相差不超 2mm 时可与其相应规格材等同使用，但在计算时应按进口规格材实际截面进行计算。不得将不同规格系列的规格材在同一建筑中混合使用。

（3）层板及层板胶合木。

进场胶合木用层板的树种、等级及规格应符合设计文件要求并应有满足各类层板材质等级和力学性能指标的质量检验合格报告，层板上应有材质等级标识（进口层板还应有产地国的质量认证标识并由我国认证机构确认）。可采用机械应力分级规格材代替机械弹性模量分等层板，其对应关系见表 6 - 27。

表 6 - 27   机械应力分等和机械弹性模量分等层板的等级对应关系

机械弹模量分等	M_E8	M_E9	M_E10	M_E11	M_E12	M_E14
机械应力分等	M10	M14	M22	M26	M30	M40

（4）结构胶合板及定向木片板。

轻型木结构的墙体、楼盖和屋盖的覆面板应采用结构胶合板或定向木片板不得用普通的商品胶合板或刨花板替代。进场结构胶合板与定向木片板的品种、规格和等级应符合设计文件要求并应具有进场板批次的相应检验合格保证文件。结构胶合板进场检验收时还应检查其单板缺陷（其值不应超过表 6 - 28 的规定）。结构胶合板和定向木片板应放置在通风良好的仓房内平卧叠放，顶部应均匀压重以防止翘曲变形。

表 6 - 28   结构胶合板单板缺陷限值

缺陷特征	缺陷尺寸/mm
实心缺陷：木节	垂直木纹方向不得超过 76
空心缺陷：节孔或其他孔眼	垂直木纹方向不得超过 76
劈裂、离缝、缺损或钝棱	$L<400$，垂直木纹方向不得超过 40；$400 \leqslant L \leqslant 800$，垂直木纹方向不得超过 30；$L>800$，垂直木纹方向不得超过 25
上、下面板过窄或过短	沿板的某一侧边或某一端头不超过 4，其长度不超过板材的长度或宽度的一半
与上、下面板相邻的总板过窄或过短	$\leqslant 4×200$

注 L 为缺陷长度。

（5）结构复合木材及预制工字型木搁栅。

进场结构复合木材包括旋切板胶合木（LVL）、平行木片胶合木（PSL）、层叠木片胶合木（LSL）及定向木片胶合木（OSL），其规格应符合设计文件要求。使用结构复合木材作结构构件时不宜对其原有厚度方向作切割、刨削等加工。进场的结构复合木材及其预制构件应存放在遮阳避雨通风良好的敞篷内并按各自的产品说明书要求堆放。

（6）承重木结构用钢材。

进场承重木结构用钢材的品种、规格应符合设计文件规定并应具有相应的抗拉强度、伸长率、屈服点、及硫、磷等化学成分的合格保证，承受动荷载或工作温度低于$-30℃$的结构不应采用沸腾钢且应有冲击韧性指标合格保证，直径大于 20mm 用于钢木桁架下弦的圆钢还应有冷弯合格的保证。进场承重木结构用钢材需做见证检验，其性能符合我国现行《碳素结构钢》（GB/T 700—2006）的相关要求后方能使用。

（7）螺栓。

螺栓及螺帽的材质等级和规格应符合设计文件规定并应具有符合我国现行《六角头螺栓—A 级和 B 级》（GB/T 5782—2000）和《六角头螺栓—C 级》（GB/T 5780—2000）规定的合格保证。圆钢拉杆端部螺纹应按《普通螺纹基本牙型》（GB/T 192—2003）标准加工，不得采用板牙等工具手工制作。

（8）圆钉。

进场圆钉的规格（直径、长度）应满足设计文件规定并应符合《一般用途圆钢钉》（YB/T 5002—1993）的有关规定。承重钉连接用圆钉需作见证检验，其抗弯强度满足设计要求方可使用。

（9）焊条。

钢构件焊接用焊条应符合《碳素钢焊条》（GB/T 5117—2012）及《热强钢焊条》（GB/T 5118—2012）的规定并具合格证书，其型号应符合设计文件规定。

（10）其他金属连接件。

连接件与紧固件应按设计图要求的材质和规格由专门生产企业加工并应采用冲压成形，需要焊接时应保证焊缝质量，进口连接件需具有产地国质量认证标识并由我国认证机构确认。板厚小于 3mm 的低碳钢连接件均应有镀锌防锈层其镀锌层重量不应小于 275g/m^2。连接件与紧固件需逐个进行进场验收。

（11）木结构用胶。

进场木结构用胶的种类应符合设计文件规定并应具有生产厂商出具的质量合证保证文件。应在胶的有效使用期内使用，应在产品说明书规定的环境条件下存放，使用前应进行胶的胶结能力见证检验［符合《木结构工程施工质量验收规范》（GB 50206—2012）规定方能使用］。

6.3.2　木结构构件制作基本工艺要求

（1）木结构放样与样板制作工艺。

木桁架等组合构件制作前应放样，放样应在平整的木质工作台面上进行并以 1:1 的足尺比例将构件按设计图标注尺寸绘制在台面上（对称构件可仅绘制其一半。工作台应设置在避雨遮阳的敞篷内，以防止干缩湿胀造成尺寸变化）。除方木、胶合木桁架下弦杆以净截面几何中心线外,其余杆件及原木桁架下弦等各杆均应以毛截面几何中心线与设计图标注中心线一致 [见图6-48 (a)、(b)],当桁架上弦杆需要作偏心处理时其上弦杆毛截面几何中心线与设计图标注中心线的距离为设计偏心距 [见图6-48 (c),偏心距 e_1 不宜大于上弦高度的1/6]。除设计文件规定外,桁架应作 $L/200$ 的起拱 (L 为跨度)。为此应将上弦脊节点上提 $L/200$,其他上弦节点中心落在脊节点和端节点的连线上且节间水平投影保持不变;在保持桁架高度不变的条件下,决定桁架下弦的各节点位置,即下弦有中央节点并设接头时与上弦同样处理,下弦呈二折线状 [见图6-49 (a)];当下弦杆无中央节点或接头位于中央节点的两侧节点上时,则两侧节点的上提量按比例确定,下弦呈三折线状 [见图6-49 (b)]。胶合木梁可按设计文件规定起拱,起拱后上下边缘应呈弧形。三角形豪式桁架,受压接头不宜设在脊节点两侧或端节间,而应设在其他中间节间的节点附近 [见图6-50 (a)];对于梯形豪式桁架,上弦接头宜设在第一节间的第二节点处 [见图6-50 (b)]。足尺大样的尺寸应用经计量认证合格的量具度量,大样尺寸与设计尺寸的允许偏差不应超过表6-29的规定。

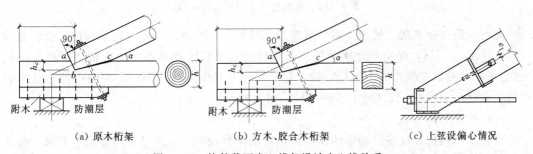

(a) 原木桁架   (b) 方木、胶合木桁架   (c) 上弦设偏心情况

图6-48 构件截面中心线与设计中心线关系

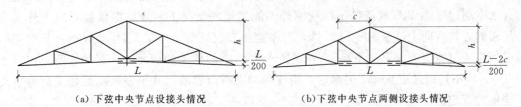

(a) 下弦中央节点设接头情况   (b) 下弦中央节点两侧设接头情况

图6-49 桁架放样起拱示意

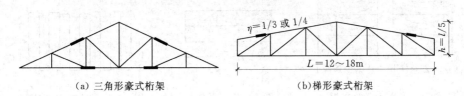

(a) 三角形豪式桁架   (b) 梯形豪式桁架

图6-50 桁架构件接头位置

表6-29   大样尺寸允许偏差

桁架跨度/m	跨度偏差/mm	结构高度偏差/mm	节点间距偏差/mm
≤15	±5	±2	±2
>15	±7	±3	±2

（2）构件选材。

普通木结构应根据构件的不同用途按表 6-30 的规定选择原木、方木（板材）的目测材质等级，木材含水率应满足规范规定，因条件限制使用湿材时需同设计单位协商解决办法。

表 6-30　　　　　　　　　　普通木结构构件的材质

主要用途	受拉或拉弯构件	受弯或压弯构件	受压或次要的受弯构件
材质等级	Ⅰa	Ⅱa	Ⅲa

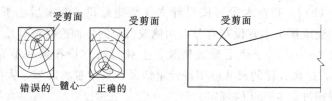

图 6-51　齿连接中木材髓心的位置

配料应遵守相关规范规定，需作齿连接的木构件、木材髓心不应处于齿连接受剪面的一侧（见图 6-51），采用东北落叶松、云南松等易开裂树种的木材制作桁架下弦应采用"破心下料"或"按侧边破心下料"的木材［见图 6-47（a）、（b）］，按侧边破心下料后对拼的木材［见图 6-47（b）］宜选自同一根木料。

（3）构件制作。

普通木结构构件应按已制作的样板和选定的木材加工并应满足相应的质量要求。叠合的层板在一般条件下各板髓心应在同一侧［见图 6-52（a）］，但当构件处于可能导致木材含水率超过 20％的气候条件下（或室外不能遮雨的情况下）除底层板髓心向下外其余各层板髓心均应向上［见图 6-52（b）］。平接头布置见图 6-53。各层板在构件长度方向应采用齿接（宽度方向可为平接）。外观要求为 C 级的构件的截面高、宽和板间错位（见图 6-54）不得超过表 6-31 的规定，构件两端有槽齿者的尺寸偏差应满足相关规范中关于连接的规定。

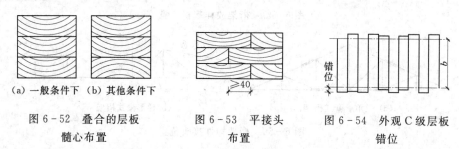

图 6-52　叠合的层板髓心布置　　　图 6-53　平接头布置　　　图 6-54　外观 C 级层板错位

表 6-31　　　　　　胶合木结构外观 C 级时的构件截面允许偏差　　　　　（单位：mm）

截面的高度或宽度	h（或 b）<100mm	100mm≤h（或 b）<300mm	300mm≤h（或 b）
截面高度或宽度的允许偏差	±2	±3	±6
错位的最大值	4	5	6

6.3.3 木构件连接与节点施工基本工艺要求

(1) 齿连接节点。

单齿连接的节点（见图6-55）其受压杆轴线应垂直于槽齿承压面并通过其几何中心，非承压面交接缝上口 c 点处宜留不大于5mm的缝隙。双齿连接节点（见图6-56）两槽齿抵承面均应垂直于上弦轴线，第一齿顶点 a 位于上、下弦杆的上边缘交点处，第二齿顶点 c 位于上弦杆轴线与下弦杆上边缘的交点处，第二齿槽深至少应比第一齿深20mm（非承压面上口 e 点也宜留不大于5mm的缝隙）。齿连接齿槽深度应符合设计文件要求，偏差不应超过 ±2.0mm，受剪面木材不得有裂缝或斜纹。对于桁架支座端节点的齿连接，每齿均应设一枚保险螺栓，它们应垂直于上弦杆轴线（见图6-55、图6-56）且宜位于非承压面的中心，施钻时应在节点组合后一次成孔，腹杆与上、下弦杆的齿连接处应在截两侧用扒丁扣牢。

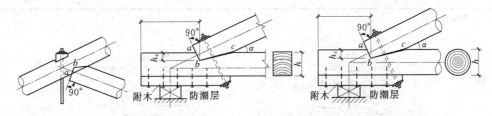

(a) 原木桁架上弦杆单齿连接　　(b) 方木桁架端节点单齿连接　　(c) 原木桁端节点单齿连接

图6-55　单齿连接节点

(2) 螺栓连接及节点。

螺栓的材质、规格及它们在构件上的布置应符合设计文件规定并应符合规范要求。当螺栓承受的剪力方向与木纹方向一致时其最小边距、端距与间距（见图6-57）不得小于表6-32的规定（对于湿材 s_0 需增加30mm），构件端部呈斜角时端距应按图6-58中的 c 量取，当螺栓承受剪力的方向垂直于木纹方向时其螺栓的横纹最小边距在受力方向不小于 $4.5d$（螺栓直径）非受力方向不小于 $2.5d$（见图6-59）（但采用钢板作

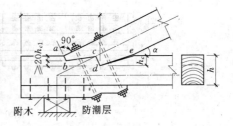

图6-56　双齿连接节点

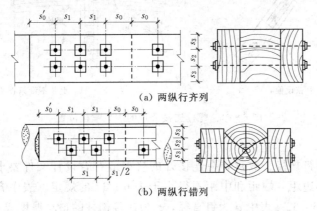

(a) 两纵行齐列

(b) 两纵行错列

图6-57　螺栓的排列

连接板时其钢板上的端距不小于 $2d$，边距不小于 $1.5d$），螺栓孔周围木材不应有干裂、斜纹、松节等缺陷。对于单排螺栓连接各螺栓中心应与构件的轴线一致，当连接上设两排和两排以上螺栓时其合力作用点应在落在构件的轴线上，采用钢板作连接板时其钢板应分条设置（见图6-60）。用螺栓连接而成的节点应采用中心螺栓连接方法，中心螺栓位于各构件轴线的交点上（见图6-61）。

表 6-32　　　　　　　　　　顺纹受剪螺栓排列的最小边、端距与间距

构造特点	顺　纹			横　纹	
	端距		中距	边距	中距
	s_0	s_0'	s_1	s_3	s_2
两纵行齐列	$7d$		$7d$	$3d$	$3.5d$
两纵行错列			$10d$		$2.5d$

注　d 为螺栓直径。

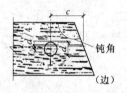

图 6-58　构件端部斜角时的端距　　图 6-59　横纹螺栓排列的边距

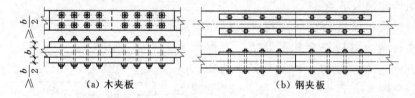

图 6-60　螺栓的布置

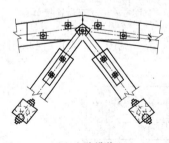
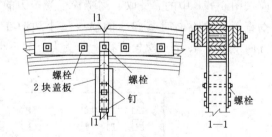

（a）上弦设偏心　　　　　　　　（b）上弦不设偏心

图 6-61　螺栓连接节点的中央螺栓位置

（3）钉连接。

钉连接用的圆钉规格、数量和在连接处的排列应符合设计文件要求并应满足规范要求。钉排列的最小边距、端距和中距不得小于表6-33的规定（表中齐列和错列参见图6-57，斜列见图6-62。表中 d 为钉直径，a 为连接构件的最小厚度或一个构件被钉入的

最小深度（即构件被钉穿的厚度）。

表 6 - 33 钉 连 接 最 小 边 间 距

构造特点	顺　　纹		横　　纹			
	中距 s_1	端距 s_0	中距 s_2			边距 s_3
			齐列	错列或斜列		
两纵行齐列	7d		7d	3d		3.5d
两纵行错列			10d			2.5d

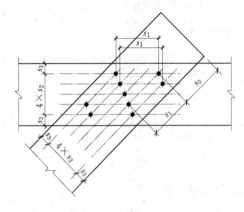

图 6 - 62　钉加接的斜列布置

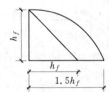

图 6 - 63　直角角焊缝的焊脚尺寸规定

（4）金属节点及连接件连接。

凡非标准金属节点及连接件均应按设计文件规定的材质、规格和经放样后的几何尺寸加工制作并应满足相关要求。角焊缝的焊脚尺寸 h_f 应按图 6 - 63 的最小尺寸检查。圆钢与钢板间焊缝截面应符合图 6 - 64 的规定。圆钢与圆钢间的搭接焊缝宜饱满（与两圆钢公切线平齐），焊缝表面距公切线的距离 a 不应大于 $0.1d_2$（较小圆钢直径，见图 6 - 65），焊缝长度不应小于 30mm。金属节点与构件的连接类型和方法应符合设计文件规定，除设计文件规定外各构件轴线应相交于金属节点的物理中心（见图 6 - 66），主次木梁采用梁托等连接件时的正确连接方法见图 6 - 67。

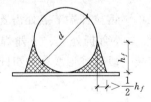 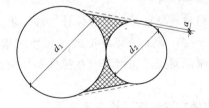

图 6 - 64　圆钢与钢板间的焊缝截面　　图 6 - 65　圆钢与圆钢间的焊缝截面

（5）木构件接头。

木构件受压应采用平接头（见图 6 - 68），不得采用斜接头。木构件受拉也应采用平接头（见图 6 - 53）。普通木结构受弯构件接头只允许设置在连续构件的反弯点附近，可采用斜接头形式（见图 6 - 69），夹板及系紧螺栓要求应符合规范要求，竖向系紧螺栓的直径应不小于 12mm。

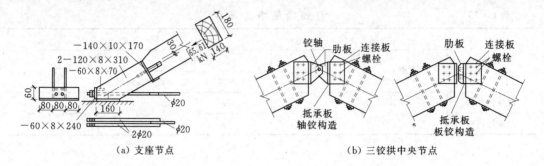

（a）支座节点　　　　　　　　　　　　　　（b）三铰拱中央节点

图 6-66　金属节点与构件轴线关系

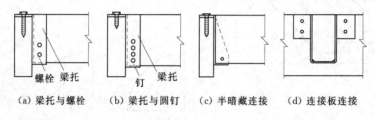

（a）梁托与螺栓　　（b）梁托与圆钉　　（c）半暗藏连接　　（d）连接板连接

图 6-67　主次梁采用连接件的正确连接方法

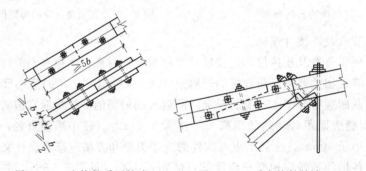

图 6-68　木构件受压接头　　　　　图 6-69　受弯构件接头

（6）圆钢拉杆。

圆钢的材质与直径应符合设计文件要求。钢木屋架单圆钢拉杆端节点处需要分两叉时可采用图 6-70 所示的套环形式（套环内弯折处焊横档，外弯折处上、下侧焊小钢板）。圆钢拉杆端部需变径加粗时应在拉杆端加用双面绑条焊接一段有锥形变径的粗圆钢（见图 6-71）。

6.3.4　木结构安装施工基本工艺要求

（1）木结构拼装。

大跨胶合木拱、刚架等结构可采用现场高空散装拼装，大跨空间木结构可采用高空散装或地面分块、分条、整体拼装后吊装就位。桁架应采用竖向拼装，必须平卧拼装时应验算翻转过程中桁架平面外的节点、接头和构件的安全性。结构构件拼装后的几何尺寸偏差应遵守表 6-34 的规定。

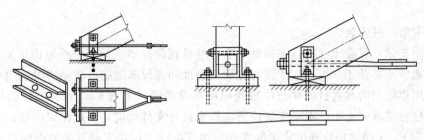

图 6-70 分叉套环   图 6-71 圆钢拉杆端部变径

表 6-34   桁架、柱等组合构件拼装后的几何尺寸允许偏差

构件名称	项 目		允许偏差/mm	检查方法
组合截面柱	截面高度		−3	量具测量
	长度	≤15m	±10	
		>15m	±15	
桁架	高度	≤15m	±10	量具测量
		>15m	±15	
	跨度	≤15m	±5	
	节间距离	>15m	±20	
	起拱	≤15m	−10	
	跨度	>15m	±10	
		≤15m	±15	

（2）木结构运输与储存。

构件水平运输时应将构件整齐地堆放在车厢内，对"工"字形、箱形截面梁宜分隔堆放（上、下分隔层垫块竖向应对齐，悬臂长度不宜超过构件长度的 1/4）。桁架整体水平运输时宜竖向放置。

（3）木结构吊装。

除木柱因需站立而吊装外可仅设一个吊点外，其余构件吊装吊点均不宜小于 2 个。桁架应进行力学验算并针对不同形式的桁架做相应的临时加固。不论何种形式的桁架，两吊点间均应设横杆加固，见图 6-72。钢木桁架或跨度超过 15m、下弦杆截面宽度小于150mm 或下弦杆接头超过 2 个的全木桁架应在靠近下弦处用横杆加固 ［见图 6-72（a）］，对芬克式钢木桁架其加固的横杆应连续布置 ［见图 6-72（b）］。梯形、平行弦或下弦杆底于两支座连线的折线形桁架，两点吊装时应加设反向的临时斜杆加固 ［见图 6-72

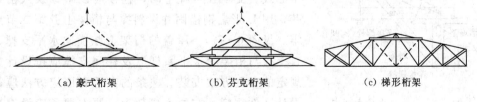

（a）豪式桁架   （b）芬克桁架   （c）梯形桁架

图 6-72 吊装时桁架临时加固示意

(c)〕。

（4）木梁、柱安装。

木柱应支承在混凝土柱墩（或基础）上，柱墩顶标高不应低于室外地面标高 0.3m 以上，虫害地区不得低于 0.45m。木柱与柱墩接触面间应设防潮层，防潮层可选用耐久性满足设计使用年限的防水卷材。柱与柱墩间应用螺栓固定（见图 6 - 73）。未经防护处理的木柱不得接触或埋入土中。木梁安装位置应符合设计文件规定，不得在梁底切口调整标高（见图 6 - 74）。未经防护处理的木梁搁置在砖墙或混凝土构件上时其接触面间应设防潮层且梁端不得埋入墙身或混凝土中，四周应留有宽度不小于 30mm 的间隙并与大气相通（见图 6 - 75）。木梁支座处的抗侧倾、抗侧移定位板的孔宜开成椭圆孔以使其能可靠地夹住梁端（见图 6 - 76）。

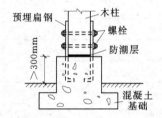

图 6 - 73　柱的固定示意图

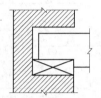

图 6 - 74　梁底切口

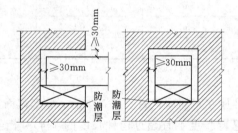

图 6 - 75　木梁伸入墙体时留间隙

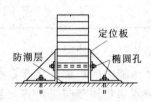

图 6 - 76　支座处的定位板

（5）楼盖安装。

首层木楼盖搁栅应搁置在距室外地面 0.6m 以上的墙或基础上，楼盖底部至少应留有 0.45m 的空间且其空间应有良好的通风条件。搁栅的位置与间距应符合设计文件规定。其它楼层楼盖主梁和搁栅的安装位置应符合设计文件要求。

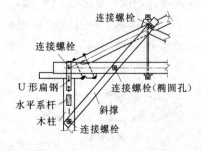

图 6 - 77　桁架支承在木柱上

（6）屋盖安装。

桁架安装前应先按设计文件要求的位置标出支座中心线。支承在木柱上时，柱顶应设暗榫嵌入桁架下弦，用 U 形扁钢锚固并设斜撑与桁架上弦第二节点牵牢（见图 6 - 77）。屋盖的桁架上弦横向水平支撑、垂直支撑与桁架的水平系杆以及柱间支撑应按设计文件规定的布置方案安装。檩条的布置和固定方法应符合设计文件规定。在原木桁架上，原木檩条应设檩托并用直径不小于 12mm 的螺栓固定［见图 6-78（a）］；方木檩条竖放在方木或胶合木桁架上时应设找平垫块［见图 6-78（b）］；斜放檩条时可用斜搭接头［见图 6-78（c）］或用卡板［见图 6-78（d）］，采用钉连接时钉长不小于 2 倍被固定构件的厚度（高度）。轻型屋面中的檩条或檩条兼作屋盖支撑系统杆件时，檩条在桁架上均应用直径不小于 12mm 螺栓连接固定［见图 6-78（e）］；在山墙处檩条应由埋件固定［见图 6-78（f）］；在设防烈度 8 度及 8 度以上地区的檩条应固定在山墙的卧梁埋件上［见图 6-78（g）］。应通过桁架就位、节点处檩条和各种支撑安装的调整使桁架的安装偏差不超过规定。天窗架的安装应在桁架稳定性有充分保证的前提下进行。屋盖椽条的安装应按设计文件要求施工，除屋脊处和需外挑檐口的椽条需用螺栓连接外其余椽条均可用钉连接固定，当檩条竖放时其椽条支承处应设三角形垫块［见图 6-78（b）］。木望板的铺设方案应符合设计文件要求，封檐板应平直光洁且其板间应采用燕尾榫或龙凤榫（见图 6-79）。需铺钉挂瓦条时其间

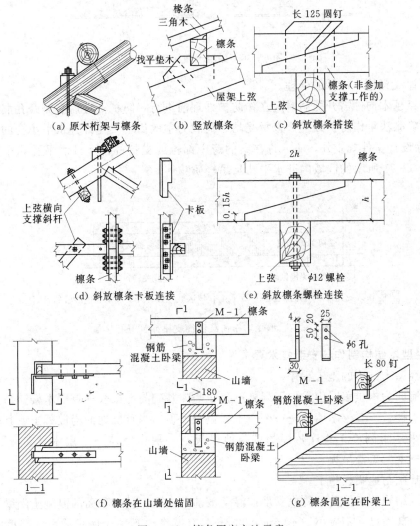

图 6-78 檩条固定方法示意

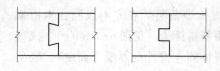

图 6-79 燕尾榫与龙凤榫示意图

距应和瓦的规格相匹配。

（7）天棚与隔墙安装。

天棚梁支座应设在桁架下弦节点处并应采用上吊式安装（见图 6-80），不得采用可能导致下弦木材横纹受拉的连接方式。木隔墙的顶梁、地梁和两端龙骨用钉连接或通过预埋件牢固地与主体结构构件相连。

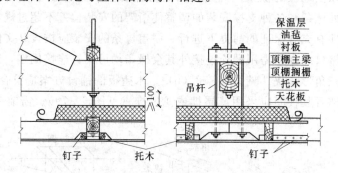

图 6-80 保温天棚构造示意

（8）管线穿越木构件的处理。

管线穿越木构件需开孔洞时应在作防护处理前进行，防护处理后必需开孔洞的则开孔洞后应用喷涂法重作防护处理。以承受均布荷载为主的简支梁允许开水平小孔的位置见图 6-81（除设计文件规定外，不允许在梁的跨中部位或受拉杆件上开水平孔悬吊重物，仅允许在图 6-81 所示的区域内开水平孔悬吊轻质物体）。

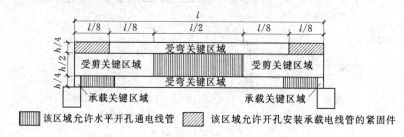

图 6-81 承受均布荷载的简支梁允许开孔区域

6.3.5 轻型木结构制作与安装技术要求

（1）轻型木结构的施工程序。

首层地面为木楼盖时应采取下列施工程序，即基础与地梁板→首层木楼盖→一层木墙体→二层木楼盖→二层木墙体→……→木屋盖及吊顶。当首层地面为混凝土或其他非木质地面时应采用下列施工程序，即基础与地梁板→一层木墙体→二层木楼盖→二层木墙体→……→木屋盖及吊顶。

（2）基础与地梁板施工。

轻型木结构的墙体及墙骨应支承在混凝土基础或砌体基础顶面的混凝土圈梁上。地梁板规格材的截面尺寸不应小于 40mm×90mm（其宽度也不小于墙骨截面的高度并应经防腐处理）。

（3）墙体制作与安装。

应根据轻型木结构房屋的不同抗风措施选择墙体制作与安装方案。墙骨间距不应大于600mm，承重墙转角和外墙与内承重墙相交处的墙骨不应少于2根规格材（见图6-82），楼盖梁支座处墙骨规格材的数量应符合设计文件规定，门窗洞口宽度大于墙骨间距时其洞口两边墙骨至少用2根规格材（靠洞边1根可作门、窗过梁的支座，见图6-83）。墙面板应整张铺钉，自底（地）梁板底一直铺钉至顶梁板顶。钉的规格应遵守表6-35的规定（木螺钉的直径不得小于3.2mm；骑马钉的直钉或厚度不得小于1.6mm）。墙体的安装位置应符合设计文件要求，墙体的制作与安装偏差不应超过表6-36的规定。

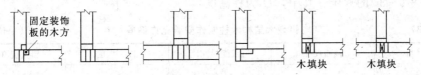

固定装饰
板的木方
木填块 木填块

图6-82 承重墙转角和相交处墙骨布置

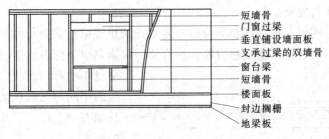

短墙骨
门窗过梁
垂直铺设墙面板
支承过梁的双墙骨
窗台梁
短墙骨
楼面板
封边搁栅
地梁板

图6-83 承重墙木构架示意图

表 6-35 墙面板钉连接的要求

墙面板厚度 /mm	连接件的最小长度/mm			钉的最大间距
	普通圆钉或麻花钉	螺纹圆钉或木螺钉	骑马钉（"U"字钉）	
$t \leqslant 10$	50	45	40	沿板边缘支座150mm，沿板跨中支座300mm
$10 < t \leqslant 20$	50	45	50	
$t > 20$	60	50	不允许	

表 6-36 墙体制作与安装允许偏差

项 目		允许偏差/mm	检查方法
墙骨	墙骨间距	±40	钢尺量
	墙体铅直度	±1/200	直角尺和钢板尺量
	墙体水平度	±1/150	水平尺量
	墙体角度偏差	±1/270	直角尺和钢板尺量
	墙骨长度	±3	钢尺量
	单根墙骨出平面偏差	±3	钢尺量
顶梁板、底梁板	顶梁板、底梁板的平直度	±1/150	水平尺量
	顶梁板作为弦杆传递荷载时的搭接长度	±12	钢尺量

续表

项　目		允许偏差/mm	检查方法
墙面板	规定的钉间距	+30	钢尺量
	钉头嵌入墙面板表面的最大深度	+3	卡尺量
	木框架上墙面板之间的最大缝隙	+3	卡尺量

（4）柱的制作与安装。

柱所用木材的树种、目测等级和截面尺寸应符合设计文件规定，柱的制作与安装偏差不应超过表 6-37 的规定（其中，H 为柱高度）。

表 6-37　　　　　　　　轻型木结构木柱制作安装允许偏差　　　　　　（单位：mm）

项　目	截面尺寸	钉或螺栓间距	长　度	铅直度（双向）
允许偏差	±3	+30	±3	$H/200$

（5）楼盖制作与安装。

楼盖梁及各种搁栅、横撑或剪力撑的布置以及所用规格材截面尺寸和材质等级应符合设计文件规定。当用数根侧立规格材制作拼合梁时应满足以下两方面要求，即单跨梁各规格材不得有除齿接以外的接头（多跨梁的中间跨每根规格材在同一跨度内只能有一个接头，其距中间支座边缘的距离应为 $l_1'=l_1/4\pm150\text{mm}$，$l_2'=l_2/4\pm150\text{mm}$，见图 6-84）。可用钉连接或螺栓连接将各规格材连接成整体，钉入方法见图 6-84。当搁栅支承在规格材组合梁顶时每根搁栅应用两枚长度为 80mm 的圆钉斜向钉牢在

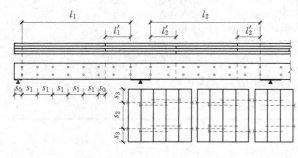

图 6-84　规格材拼合梁

组合梁上，两根搭接的搁栅还应用 4 枚长度为 80mm 的圆钉两侧相互对称地钉牢，见图 6-85（a）。当搁栅支承在规格材拼合梁的侧面时应支承在拼合梁侧面的托木上或金属连接件上，见图 6-85（b）和图 6-85（c）。见图 6-86，楼盖的封头搁栅和封边搁栅应设在地梁板或各楼层墙体的顶梁板上。为防止搁栅平面外扭曲搁栅间应设置木底撑及剪刀撑（两者宜在同一平面内），当要求楼盖平面内抗剪刚度较大时搁栅间的剪刀撑可改用规格材制作的实心横撑（见图 6-86），这些侧向支撑应垂直于搁栅连续布置直抵封边搁栅。楼板洞口四周所用封头和封边搁栅的规格材规格应与楼盖搁栅规格材一致，其构造见图 6-87。开洞处封头搁栅与封边搁栅间的钉连接要求见表 6-38。楼盖局部需挑出承重墙时搁栅应按图 6-88 安装。对于沿楼盖搁栅方向的悬挑，在悬挑范围内被切断的原封头搁栅改为实心横撑 [见图 6-88（a）]；对于垂直于楼盖搁栅方向的悬挑，悬挑搁栅在室内部分的长度不得小于外挑长度的 6 倍，其顶端楼盖搁栅应采用两根规格材作悬挑部分的封头搁栅，被切断的楼盖搁栅在悬挑搁栅间也应安装实心横撑 [见图 6-88（b）]。当楼盖需支承平行于搁栅的非承重墙时墙体下应设置搁栅时其钉连接应符合相关规范规定。楼面板所

用的木基结构板种类和规格应符合设计文件要求且其厚度应不小于表6-39的规定。楼盖制作与安装偏差应不大于表6-40的规定。

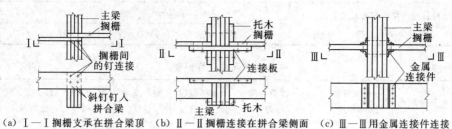

(a) Ⅰ—Ⅰ搁栅支承在拼合梁顶　(b) Ⅱ—Ⅱ搁栅连接在拼合梁侧面　(c) Ⅲ—Ⅲ用金属连接件连接

图6-85　搁栅支承在拼合梁上

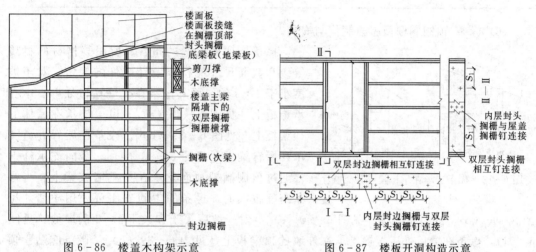

图6-86　楼盖木构架示意　　　　　图6-87　楼板开洞构造示意

表6-38　　　　　　开孔周边搁栅的钉连接构造要求

连接构件名称	钉连接要求
开孔处每根封头搁栅端和封边搁栅的连接（垂直钉连接）	5枚80mm长钉或3枚100mm长钉
被切断搁栅和开孔封头搁栅（垂直钉连接）	5枚80mm长钉或3枚100mm长钉
开孔周边双层封边梁和双层封头搁栅	80mm长钉中心距300mm

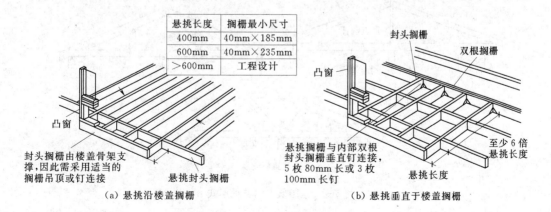

悬挑长度	搁栅最小尺寸
400mm	40mm×185mm
600mm	40mm×235mm
>600mm	工程设计

（a）悬挑沿楼盖搁栅　　　　　　　（b）悬挑垂直于楼盖搁栅

图6-88　悬挑搁栅布置

表 6-39　　　　　　　　木基结构板材用作楼面板时的最小厚度

搁栅最大间距/mm		400	500	600
木基结构板材（结构胶合板或 OSB）的最小厚度/mm	$Q_k \leqslant 2.5kN/m^2$	15	15	18
	$2.5kN/m^2 < Q_k < 5.0kN/m^2$	15	18	22

表 6-40　　　　　　　　楼盖制作安装允许偏差　　　　　　　　（单位：mm）

项目	搁栅间距	楼盖整体水平度	楼盖局部平整度	搁栅截面高度	搁栅支承长度	楼面板钉间距	钉头嵌入楼面板深度	板缝隙
允许偏差	±40	1/250（以房间短边计）	1/150（以每米长度计）	±3	-6	+30	±3	±1.5

（6）椽条-顶棚搁栅型屋盖制作与安装。

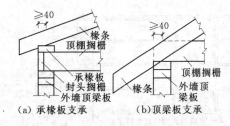

图 6-89　椽条支承在承椽板或顶梁板上

椽条与顶棚搁栅的布置、所用规格材的材质等级和截面尺寸应符合设计文件的规定。对于坡度小于 1:3 的屋面其椽条在外墙檐口处可支承在承椽板上 [见图 6-89 (a)]，也可支承在墙体的顶梁板上 [见图 6-89 (b)]。椽条在屋脊处应支承在屋脊梁上 [见图 6-90 (a)]。竖向支承杆下端通过顶棚搁栅顶面支承在承重墙或梁上。当椽条跨度较大时，椽条的中间支座可采用矮墙 [见图 6-90 (b)] 或对称斜撑 [见图 6-90 (c)]。对于坡度等于和大于 1:3 的屋面（见图 6-91），椽条在檐口处应直接支承在外墙的顶梁板上 [见图 6-89 (b)]。椽条应贴紧顶棚搁栅，两者需用圆钉可靠地连接，用钉规格与数量应满足设计文件要求，也不应少于表 6-41 的规定。椽条跨度较大时其椽条中部位置可设椽条连杆（见图 6-91）。顶棚搁栅与墙体顶梁板的固定方法同楼盖搁栅。对于坡度等于和大于 1:3 的屋顶其顶棚搁栅搁栅应连续，可用搭接接头拼接（但接头应支承在中间墙体上），搭接接头钉连接的用钉量应在表 6-41 规定的基础上增加 1 枚。山墙处的椽条应与三角形山墙的顶梁板在墙骨处用 2 枚

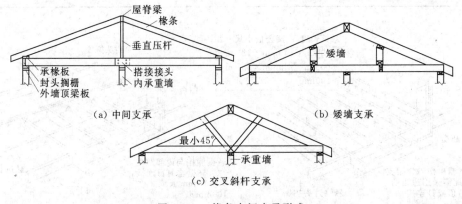

图 6-90　椽条中间支承形式

长度为80mm的圆钉斜向钉牢（见图6-92）。戗椽与谷椽所用规格材截面高度应比一般椽条截面至少高50mm（见图6-93）。老虎窗宽度一般均超过椽条间距，支承老虎窗墙骨的封边椽条和封头椽条应用两根规格材制作（见图6-94）并用长度为80mm的圆钉按600mm的间距彼此钉合。屋面椽条安装完毕后应及时铺钉屋面板，否则应设临时支撑以保证屋盖系统的稳定（见图6-95）。屋面板用的木基结构板的种类和规格应符合设计文件规定（其厚度不得小于表6-42的规定）。屋盖制作安装偏差不得超过表6-43的规定。

表6-41　　坡度等于和大于1/3屋盖椽条与顶棚搁栅间钉连接要求

屋面坡度	椽条间距/mm	钉长不小于80mm的最少钉数											
		椽条与每根顶棚搁栅连接						椽条每隔1.2m与顶棚搁栅连接					
		房屋宽度达到8m			房屋宽度达到9.8m			房屋宽度达到8m			房屋宽度达到9.8m		
		屋面雪荷/kPa			屋面雪荷/kPa			屋面雪荷/kPa			屋面雪荷/kPa		
		≤1.0	1.5	≥2.0	≤1.0	1.5	≥2.0	≤1.0	1.5	≥2.0	≤1.0	1.5	≥2.0
1:3	400	4	5	6	5	7	8	11	—	—	—	—	—
	600	6	8	9	8	—	—	11	—	—	—	—	—
1:2.4	400	4	4	5	5	6	7	7	10	—	9	—	—
	600	5	7	8	7	9	11	7	10	—	—	—	—
1:2	400	4	4	5	4	5	6	6	8	9	8	—	—
	600	4	5	6	5	7	8	6	8	9	8	—	—
1:1.71	400	4	4	4	4	4	4	5	7	8	7	9	11
	600	4	4	5	4	4	5	5	7	8	7	9	11
1:1.33	400	4	4	4	4	4	4	4	5	6	5	6	7
	600	4	4	4	4	4	5	4	5	6	5	6	7
1:1	400	4	4	4	4	4	4	4	4	4	4	4	5
	600	4	4	4	4	4	4	4	4	4	4	4	5

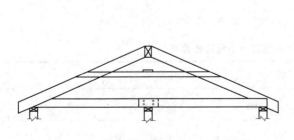

图6-91　坡度等于和大于1:3的屋面

图6-92　山墙处规格材的安装

双根椽条

下方墙体的双层顶梁板

山墙墙骨

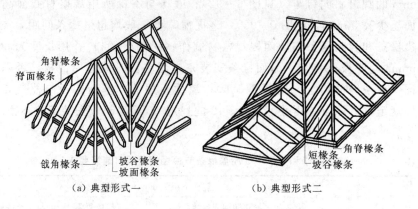

(a) 典型形式一　　　　　　(b) 典型形式二

图 6-93　戗角与坡谷处椽条的安装

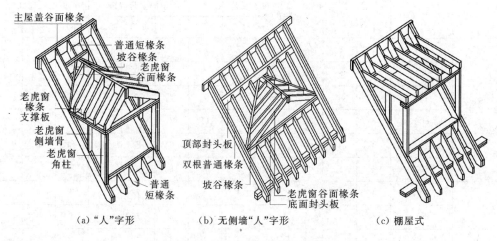

(a)"人"字形　　　　(b) 无侧墙"人"字形　　　　(c) 棚屋式

图 6-94　老虎窗制作与安装

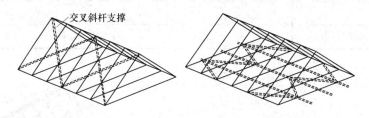

图 6-95　桁架的支撑

表 6-42　　　　　　　　　　　不上人屋面最小屋面板厚度

支承板的间距/mm		400	500	600
木基结构板的最小厚度/mm	$G_k \leqslant 0.3\text{N/m}^2$；$S_k \leqslant 2.0\text{N/m}^2$	9	9	12
	$0.3\text{N/m}^2 < G_k \leqslant 1.3\text{N/m}^2$；$S_k \leqslant 2.0\text{N/m}^2$	11	11	12

表 6-43   轻型木结构屋盖安装允许偏差

项　　目		允许偏差/mm	检查方法
屋盖	顶棚搁栅间距	±40	钢尺量
	搁栅截面高度	±3	钢尺量
屋面板	规定的钉间距	+30	钢尺量
	钉头嵌入楼/屋面板表面的最大距离	+3	钢尺量

（7）齿板桁架型屋盖制作与安装。

由规格材用齿板连接而成的齿板桁架应由专业加工厂根据设计文件加工制作并应有产品合格证书，进口齿板桁架应有产地国质量认证标识并经我国认证机构确认。桁架的几何尺寸偏差不应超过表 6-44 的规定；齿板的安装位置偏差不应超过图 6-96 所示的规定；齿板连接处木构件的缝隙不应超过图 6-97 所示的规定。齿板桁架运输时应防止因平面外弯曲而损坏，跨度超过 9m 的桁架宜设分配梁并应保证索夹角 θ 不大于 90°（见图 6-98），桁架两端可系导向绳以避免过大晃动和便于正确就位。齿板桁架的间距和支承在墙体顶梁板上的位置应符合设计要求。应按设计文件规定安装与钉合桁架屋盖系统的支撑体系，在支座处桁架间应设实心横撑（见图 6-99）。齿板桁架安装偏差应符合规定。

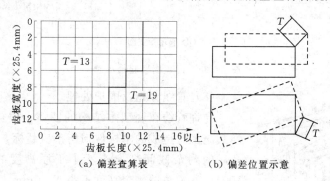

（a）偏差查算表　　　　（b）偏差位置示意

图 6-96　齿板位置偏差允许值

表 6-44   桁 架 制 作 允 许 误 差

项　　目	相同桁架间尺寸差	与设计尺寸间的误差
桁架长度	13mm	19mm
桁架高度	6mm	13mm

注　桁架长度是指不包括悬挑或外伸部分的桁架总长，用于限定制作误差。桁架高度是指不包括悬挑或外伸等上、下弦杆突出部分的全榀桁架最高部位处的高度，为上弦顶面到下弦底面的总高度，用于限定制作误差。

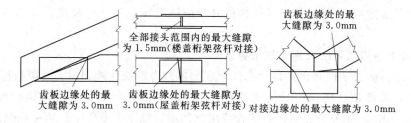

图 6-97　齿板桁架木构件间允许缝隙限值

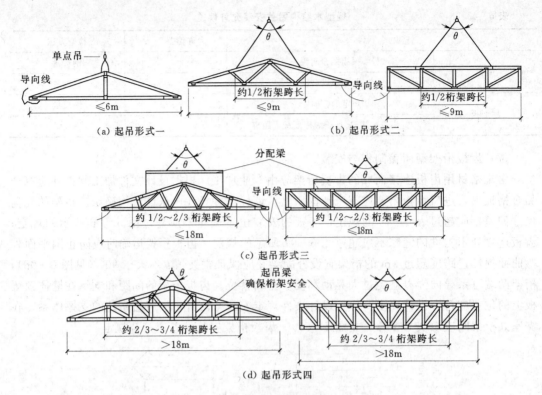

（a）起吊形式一　　　　　　　　　　　　（b）起吊形式二

（c）起吊形式三

（d）起吊形式四

图 6-98　齿板桁架起吊示意

图 6-99　桁架间支座处横撑设置

（8）管线穿越及围护处理。

允许管线在轻型木结构的墙体、楼盖与顶棚中穿越，但其施工时造成的木构件损伤不应超标，即承重墙墙骨开孔后的剩余截面高度应不小于原高度的 2/3（见图 6-100）、非承重墙剩余高度不小于 40mm、顶梁板和底梁板剩余宽度不小于 50mm。楼盖搁栅、顶棚搁栅和椽条等木构件不允许在底边或受拉边缘切口，可在其腹部开直径或边长不大于 1/4 截面高度的洞孔但距上、下边缘的剩余高度均应不小于 50mm［见图 6-101（a）］，允许在楼盖搁栅和不承受拉力的顶棚搁栅支座端上部开槽口［但槽深不应大于 1/3 的搁栅截面高度，槽口的末端距支座边的距离不得大于 1/2 搁栅截面高度，见图 6-101（b）］。管线穿过木构件孔洞时，管壁与孔洞四壁间应留余不小于 1mm 的缝隙，防止变形过程中相互影响（水管不宜放在外墙体中）。外墙体木基结构板外侧应铺设覆面膜（呼吸纸）并用盖帽钉钉在墙面板上。

6.3.6　轻型木结构工程防火施工技术要求

轻型木结构防火工程必须按设计文件规定的木构件燃烧性能、耐火极限指标和防火构造要求施工且应满足《建筑设计防火规范》（GB 50016—2014）和《木结构设计规范》（GB 50005—2003）相关条文规定，防火或阻燃剂不应危及人畜安全。防火或阻燃剂应按

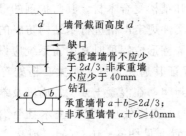

图 6-100 墙骨开孔限制

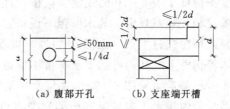

图 6-101 搁栅开孔洞规定

说明书验收，包装、运输应符合药剂说明书规定储存在封闭的仓库内（并与其他材料隔离）。可燃、易燃和有害药剂的运输、存储和使用应遵守有关安全技术规范、规程的规定。浸渍用木材阻燃剂可按表 6-45 选用，浸渍后吸收干量达 80kg/m³ 为一级浸渍（木材为无可燃性）；吸收干量 48kg/m³ 为二级（木材为缓燃）；吸收干量为 20kg/m³ 为三级（木材在露天火源作用下可延迟木材燃烧起火）。采用表 6-45 未标明的阻燃药剂时使用前应经试验验证。砖砌防火墙厚度和烟器、烟囱壁厚应不小于 240mm（与木构件间的净距应不小于 120mm 且应有良好的通风条件）。烟囱出楼屋面时其间隙应用不燃材料封闭。电线直接穿过木构件时电线周围应留约 1mm 的间隙并应用石膏封堵。

表 6-45 木 材 阻 燃 剂

名称	配方组成	特 性	适用范围	处理方法
铵氟合剂	磷酸铵 27%、硫酸铵 62%、氟化钠 11%	空气相对湿度超过 80%时易吸湿，降低木材强度 10%~15%	不受潮木结构	加压浸渍
氨基树脂 1384 型	甲醛 46%、尿素 4%、双氰胺 18%、磷酸 32%	空气相对湿度在 100%以下，温度为 25℃时，不吸湿，不降低木材强度	不受潮细木制品	加压浸渍
氨基树脂 OP144 型	甲醛 26%、尿素 5%、双氰胺 7%、磷酸 28%、氨水 34%	空气相对湿度在 85%以下，温度为 20℃时，不吸湿，不降低木材强度	不受潮细木制品	加压浸渍

6.3.7 轻型木结构工程的防护施工技术要求

轻型木结构防护工程应按设计文件规定的防护（防腐、防虫害）要求并对照相关规范规定的不同使用环境和工程所在地的虫害等实际情况合理选用化学防腐剂，即防护用药剂必须不危及人畜安全和污染环境；含砷的防腐剂严禁用于储存食品或能与饮用水接触的木构件；需油漆的木构件应采用水溶性防护剂或以挥发性的碳氢化合物为溶剂的油溶性防护剂；在建筑物预定的使用期限内木材防腐和防虫性能应能稳定持久。浸渍法施工应由有木材防护施工资质的专门企业进行。木构件应在防护处理应前完成制作、预拼装等工序。不同使用环境下的原木、方木和规格材等一般木结构构件（原木、方木、规格材构件）经化学药剂防腐处理后应达到表 6-46 规定的以防腐剂活性成分计的最低载药量和表 6-47 规定的药剂透入度，以上两项指标均应按《木结构工程施工质量验收规范》（GB 50206—2012）的规定采用钻孔取样的方法测定。胶合木结构宜在化学药剂处理前胶合并应采用油溶性防护剂以防吸水变形（必要时也可先处理后胶合），经化学防腐处理后在不同使用环境下胶合木构件的药剂最低保持量及其透入度应分别不小于表 6-48 和表 6-49 的规定，检测方法同前。经化学防腐处理后的结构胶合板和结构复合木材，其防护剂的最低保持量及其透入度不应低于表 6-50 的规定。应按设计文件规定严格进行木结构防腐的构造措施施工并应满足相关规范规定。凡木屋盖下设吊顶天棚形成闷顶时其屋盖系统应设老虎窗或山墙百叶窗或檐口疏钉板条（见图 6-102）以保证其通风良好。木梁、桁架等支承在混凝土或砌体等构件上时其构件的支承部位不应被封闭，在混凝土或构件周围及端面至少应留宽度为 30mm 缝隙（见图 6-75）并与大气相通，支座处宜设防腐垫木且至少应有防潮层。屋盖系统的内排水天沟应避开桁架端节点设置［见图 6-103（a）］或架空设置［见图 6-103（b）］以避免天沟渗漏雨水而浸泡桁架端节点。

表 6-46　　　　　不同使用条件下使用的防腐木材及其制品应达到的载药量

防腐剂		活性成分	组成比例 /%	最低载药量/(kg/m³)			
类别	名称			使用环境			
				C1	C2	C3	C4.1
硼化合物①		三氧化二硼	100	2.8	4.5	NR	NR
水溶性	季铵铜（ACQ）	ACQ—2	氧化铜 66.7 DDAC② 33.3	4.0	4.0	4.0	6.4
		ACQ—3	氧化铜 66.7 BAC③ 33.3	4.0	4.0	4.0	6.4
		ACQ—4	氧化铜 66.7 DDAC 33.3	4.0	4.0	4.0	6.4
	铜唑（CuAz）	CuAz—1	铜 49 硼酸 49 戊唑醇 2	3.3	3.3	3.3	6.5
		CuAz—2	铜 96.1 戊唑醇 3.9	1.7	1.7	1.7	3.3
		CuAz—3	铜 96.1 丙环唑 3.9	1.7	1.7	1.7	3.3
		CuAz—4	铜 96.1 戊唑醇 1.95 丙环唑 1.95	1.0	1.0	1.0	2.4
	唑醇啉（PTI）		戊唑醇 47.6 丙环唑 47.6 吡虫啉 4.8	0.21	0.21	0.21	NR
	酸性铬酸铜（ACC）		氧化铜 31.8 三氧化铬 68.2	NR④	4.0	4.0	8.0
	柠檬酸铜（CC）		氧化铜 62.3 柠檬酸 37.7	4.0	4.0	4.0	NR
油溶性	8—羟基喹啉铜（Cu8）		铜 100	0.32	0.32	0.32	NR
	环烷酸铜（CuN）		铜 100	NR	NR	0.64	0.96

①　硼化合物包括硼酸、四硼酸钠、八硼酸钠、五硼酸钠等及其混合物。
②　DDAC 是指二癸基二甲基氯化铵。
③　BAC 是指十二烷基苄基二甲基氯化铵。
④　NR 是指不建议使用。

表 6－47　　　　　　　　　　防护剂透入度检测规定与要求

木 材 特 征	透入深度或边材透入率		钻孔采样数量 /个	试样合格率 /%
	$t<125mm$	$t\geq125mm$		
易吸收不需要刻痕	64mm 或 85%	64mm 或 85%	20	80
不易吸收不需要刻痕	10mm 或 90%	13mm 或 90%	20	80

注　表中 t 指需处理木材的厚度。

表 6－48　　　　　　　　　胶合木防护药剂最小保持量与检测深度

药　剂		胶合前处理					胶合后处理				
		防护药剂最小保持量/(kg/m³)				检测深度 /mm	防护药剂最小保持量/(kg/m³)				检测深度 /mm
类别	名　称	C1	C2	C3	C4.1		C1	C2	C3	C4.1	
水溶性	硼化合物	2.8	4.5	NR	NR	13～36	NR	NR	NR	NR	—
	季铵铜 (ACQ) ACQ—2	4.0	4.0	4.0	6.4	13～36	NR	NR	NR	NR	—
	ACQ—3	4.0	4.0	4.0	6.4	13～36	NR	NR	NR	NR	—
	ACQ—4	4.0	4.0	4.0	6.4	13～36	NR	NR	NR	NR	—
	铜唑 (CuAz) CuAz—1	3.3	3.3	3.3	6.5	13～36	NR	NR	NR	NR	—
	CuAz—2	1.7	1.7	1.7	3.3	13～36	NR	NR	NR	NR	—
	CuAz—3	1.7	1.7	1.7	3.3	13～36	NR	NR	NR	NR	—
	CuAz—4	1.0	1.0	1.0	2.4	13～36	NR	NR	NR	NR	—
	唑醇啉 (PTI)	0.21	0.21	0.21	NR	13～36	NR	NR	NR	NR	—
	酸性铬酸铜 (ACC)	NR	4.0	4.0	8.0	13～36	NR	NR	NR	NR	—
	柠檬酸铜 (CC)	4.0	4.0	4.0	NR	13～36	NR	NR	NR	NR	—
油溶性	8—羟基喹啉铜 (Cu8)	0.32	0.32	0.32	NR	13～36	0.32	0.32	0.32	NR	0～15
	环烷酸铜 (CuN)	NR	NR	0.64	0.96	13～36	0.64	0.64	0.64	0.96	0～15

表 6－49　　　　　　　　胶合前处理的木构件防护药剂透入深度或边材透入率

木材特征	使 用 环 境		钻孔采样的数量/个
	C1	C2 或 C3	
易吸收不需要刻痕	75mm 或 90%	75mm 或 90%	20
不易吸收需要刻痕	25mm	32mm	20

表 6－50　　　　　　结构胶合板、结构复合木材中防护剂的最低保持量与检测深度

药　剂		胶合前处理					胶合后处理				
		防护剂最低保持量/(kg/m³)				检测深度 /mm	防护剂最低保持量/(kg/m³)				检测深度 /mm
类别	名　称	C1	C2	C3	C4.1		C1	C2	C3	C4.1	
水溶性	硼化合物	2.8	4.5	NR	NR	0～10	NR	NR	NR	NR	—
	季铵铜 (ACQ) ACQ—2	4.0	4.0	4.0	6.4	0～10	NR	NR	NR	NR	—
	ACQ—3	4.0	4.0	4.0	6.4	0～10	NR	NR	NR	NR	—
	ACQ—4	4.0	4.0	4.0	6.4	0～10	NR	NR	NR	NR	—

药剂			胶合前处理					胶合后处理				
类别	名　称		防护剂最低保持量/(kg/m³)				检测深度/mm	防护剂最低保持量/(kg/m³)				检测深度/mm
			C1	C2	C3	C4.1		C1	C2	C3	C4.1	
水溶性	铜唑(CuAz)	CuAz—1	3.3	3.3	3.3	6.5	0~10	NR	NR	NR	NR	—
		CuAz—2	1.7	1.7	1.7	3.3	0~10	NR	NR	NR	NR	—
		CuAz—3	1.7	1.7	1.7	3.3	0~10	NR	NR	NR	NR	—
		CuAz—4	1.0	1.0	1.0	2.4	0~10	NR	NR	NR	NR	—
	唑醇啉（PTI）		0.21	0.21	0.21	NR	0~10	NR	NR	NR	NR	—
	酸性铬酸铜（ACC）		NR	4.0	4.0	8.0	0~10	NR	NR	NR	NR	—
	柠檬酸铜（CC）		4.0	4.0	4.0	NR	0~10	NR	NR	NR	NR	—
油溶性	8—羟基喹啉铜（Cu8）		0.32	0.64	NR	NR	0~10	0.32	0.64	0.96	NR	0~10
	环烷酸铜（CuN）		NR	NR	0.64	0.96	0~10	0.64	0.64	0.64	0.96	0~10

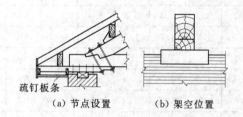

（a）节点设置　　　（b）架空位置

图 6-102　木屋盖的通风防潮

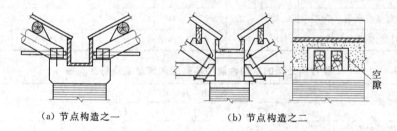

（a）节点构造之一　　　（b）节点构造之二

图 6-103　内排水屋盖桁架支座节点构造示意

6.3.8　轻型木结构工程施工安全技术要求

　　轻型木结构工程施工机具应选用国家定型产品并具有安全和合格证书，凡使用过程中可能涉及到人身伤害的自制施工机具均需经当地安全生产行政主管部门的审批方可使用。固立式电锯、电刨、起重机械应有安全防护装置和操作规程且应由经专门培训合格、持有上岗证的工人操作。施工现场堆放木材、木构件及其他木制品必须远离火源并应在其上风向。木结构工程施工现场不得有明火操作（当必需现场施焊等操作时应做好相应的保护并由专人负责看管，施焊完毕后半小时内现场不得离人）。木结构施工现场应按《建筑灭火器配置设计规范》（GB 50140—2010）有关规范配置灭火器和消防器材并设专人负责现场消防安全工作。木结构施工现场的供配电、吊装、高空作业等涉及安全生产的环节均应遵照相关规范、规程的有关规定执行。

思 考 题

1. 中国古典式木结构建筑的特点是什么？
2. 谈谈你对木结构工程的认识。
3. 木结构工程设计有哪些基本要求？
4. 木结构工程施工有哪些基本要求？
5. 你对木结构工程的发展有何想法与建议？

第7章　砌块结构工程的特点及技术体系

7.1　砌块结构工程设计的基本要求

7.1.1　砌体的种类

砌体是由块体和砂浆砌筑而成的整体。砌体分为无筋砌体和配筋砌体两大类。根据块体的不同，无筋砌体有砖砌体、砌块砌体和石砌体之分。在砌体中配有钢筋或钢筋混凝土的称为配筋砌体。在房屋建筑中，砖砌体通常用作内外墙、柱及基础等承重结构，砖砌体也用作围护墙及隔断墙等非承重结构。标准砌筑的实心墙体厚度常为 240mm（一砖）、370mm（一砖半）、490mm（二砖）、620mm（二砖半）、740mm（三砖）等。为节省材料，墙厚也可不按半砖长而按 1/4 砖长的倍数设计，即砌筑成所需的 180mm、300mm、420mm 等厚度的墙体（试验表明，这些厚度的墙体的强度是符合要求的）。砖砌体的砌筑方法见图 7-1。

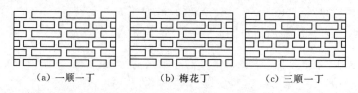

(a) 一顺一丁　　　(b) 梅花丁　　　(c) 三顺一丁

图 7-1　砖砌体的砌筑方法

由砌块和砂浆砌筑而成的整体材料称为砌块砌体，国内外常用的砌块砌体以混凝土空心砌块砌体为主（包括普通混凝土空心砌块砌体和轻骨料混凝土空心砌块砌体等）。砌块按尺寸大小的不同分为小型、中型和大型三种，见图 7-2。小型砌块尺寸较小，型号多，尺寸灵活，施工时可不借助吊装设备而用手工砌筑，适用面广，但劳动量大。中型砌块尺寸较大，适于机械化施工，便于提高劳动生产率，但其型号少，使用不够灵活。大型砌块尺寸大，有利于生产工厂化，施工机械化，可大幅提高劳动生产率，加快施工进度，但需

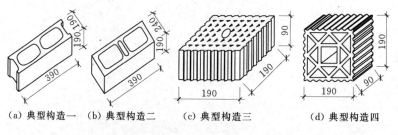

(a) 典型构造一　　(b) 典型构造二　　(c) 典型构造三　　(d) 典型构造四

图 7-2　常见砌块

要有相当的生产设备和施工能力。砌块砌体主要用作住宅、办公楼及学校等建筑以及一般工业建筑的承重墙或围护墙。砌块大小的选用主要取决于房屋墙体的分块情况及吊装能力。砌块排列设计是砌块砌体砌筑施工前的一项重要工作，设计时应充分利用其规律性，尽量减少砌块类型，使其排列整齐，避免通缝，并砌筑牢固，以取得较好的经济技术效果。砌块按内部结构不同有实心和空心之分；按尺寸不同有小型（<350mm）、中型（360~900mm）和大型（>900mm）。

石砌体有料石砌体、毛石砌体和毛石混凝土砌体等类型。料石砌体一般用于建筑房屋、石拱桥、石坝等构筑物。由于料石加工困难，故一般多采用毛石砌体。5层以内的多层房屋可用毛石砌体建造。毛石混凝土砌体是在模板内交替铺置混凝土层及形状不规则的毛石层构成的。毛石混凝土砌体通常用作一般房屋和构筑物的基础。当砖砌体构件截面尺寸较大而需要减小其截面尺寸、提高砌体强度时，可在砌体的水平灰缝中每隔几层砖放置一层钢筋网（见图7-3），称为网状配筋砖砌体或横向配筋砖砌体。构件偏心较大时可在竖向灰缝内或在垂直于弯矩方向的两个侧面预留的竖向凹槽内放置纵向钢筋和浇注混凝土（见图7-4），这种配筋称为组合砖砌体。普通砖（实心砖）的规格为240mm×115mm×53mm。

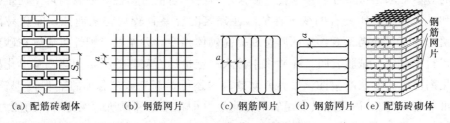

| (a) 配筋砖砌体 | (b) 钢筋网片 | (c) 钢筋网片 | (d) 钢筋网片 | (e) 配筋砖砌体 |

图7-3 网状配筋砖砌体

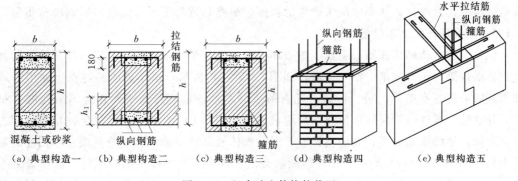

| (a) 典型构造一 | (b) 典型构造二 | (c) 典型构造三 | (d) 典型构造四 | (e) 典型构造五 |

图7-4 组合砖砌体构件截面

7.1.2 砌块材料的强度等级

砖的强度等级是根据标准试验方法测得的抗压和抗折强度确定的（以"MU+极限强度"表示）。烧结普通砖、烧结多孔砖的强度等级（极限抗压强度）分为五级，即MU30、MU25、MU20、MU15和MU10。蒸压灰砂砖和蒸压粉煤灰砖的强度等级分为四级，即MU25、MU20、MU15和MU10。砌块的强度等级是由单个砌体的破坏荷载按毛截面折算的抗压强度来确定的，砌块的强度等级分为MU20、MU15、MU10、MU7.5和MU5。

石材的强度等级分为七级，即 MU100、MU80、MU60、MU50、MU40、MU30 和 MU20。石材的强度等级是以边长为 70mm 的立方体试块测得的抗压强度确定的。

　　砂浆在砌体中的作用是将块材黏结成整体（并因抹平块体表面而使应力分布较为均匀），同时，砂浆填满块材间的缝隙而减少了砌体的透气性，从而提高了砌体隔热性和抗冻性能。砂浆由胶结料、细集料和水配制而成，为改善其性能，常在其中添加掺入料和外加剂。砂浆按胶结料成分不同可分为水泥砂浆、水泥混合砂浆以及不含水泥的石灰砂浆、黏土砂浆和石膏砂浆等。水泥砂浆是由水泥、砂和水按一定配合比拌制而成的。混合砂浆是在水泥砂浆中加入一定量的熟化石灰膏拌制成的砂浆，水泥砂浆砌筑的砌体强度低于同样等级混合砂浆砌筑的砌体。石灰砂浆、黏土砂浆和石膏砂浆分别是用石灰、黏土和石膏与砂和水按一定配合比拌制而成的砂浆。工程上常用的砂浆为水泥砂浆和水泥混合砂浆，临时性砌体结构砌筑时多采用石灰砂浆。砂浆强度等级是将边长 70.7mm 的标准立方体试块养护到 28d 测其抗压极限强度来划分的，按其重力密度的不同将大于 $1.5t/m^3$ 的称为重砂浆、小于 $1.5t/m^3$ 称为轻砂浆，按抗压极限强度的不同分 5 级，以"M＋极限强度"表示，共有 M15、M10、M7.5、M5、M2.5 五级。砂浆应满足强度和耐久性要求，砌体对砂浆的基本要求是可塑性和保水性。砂浆应具有一定的可塑性，砂浆的可塑性是指砂浆在自重和外力作用下所具有的变形性能（在砌筑时容易且较均匀地铺开；即和易性应良好，以便于砌筑，提高工效，保证质量和提高砌体强度。砂浆的可塑性可通过在砂浆中掺入塑性掺料来改变。试验表明，在砂浆中掺入一定量的石灰膏等无机塑化剂和皂化松香等有机塑化剂可提高砂浆的塑性、提高劳动效率，还可提高砂浆的保水性、保证砌筑质量、同时还可节省水泥）。砂浆应具有足够的保水性（即在运输和砌筑时保持质量的能力），保水性不好的砂浆在施工过程中容易泌水、分层、离析、失水而降低砂浆的可塑性，在砌筑时保水性不好的砂浆中的水分很容易被砖或砌块迅速吸收（砂浆很快干硬失去水分，影响胶结材料的正常硬化，从而降低了砂浆的强度，最终导致降低砌体强度，影响砌筑质量）。

7.1.3　砌块砌体的力学性能

　　试验表明，砖砌体在轴心受压下的破坏大致经历 3 个阶段，第一阶段，从开始加荷到个别砖出现第一条（或第一批）裂缝，如图 7-5（a）所示，这个阶段的特点是如不再增加荷载则裂缝也不扩展。第二阶段，随着荷载的增加，单块砖内个别裂缝不断开展并扩大，并沿竖向通过若干层砖形成连续裂缝，如图 7-5（b）所示。砌体完全破坏的瞬间为第三阶段，继续增加荷载，裂缝将迅速开展，砌体被几条贯通的裂缝分割成互不相连的若干小柱，如图 7-5（c）所示，小柱朝侧向突出，其中某些小柱可能被压碎，以致最终丧失承载力而破坏。当砌体受压时，砖承受的压力是不均匀的，而处于受弯、受剪和局部受压状态下，如图 7-6 所示。由于砖的厚度小，又是脆性材料，其抗剪、抗弯强度远低于抗压强度，砌体的第一批裂缝就是由于单块砖的受弯、受剪破坏引起的。单块砖在砌体内除了受弯、受剪外还要受拉，这种横向拉力也是促使砖在较小的荷载下提早开裂的原因之一。

　　影响砌体抗压强度的因素很多，主要因素有块体强度、尺寸和形状，砂浆强度及和易性，砌筑质量等。砌体的强度主要取决于块体的强度，增加块体的厚度则其抗弯、抗剪能

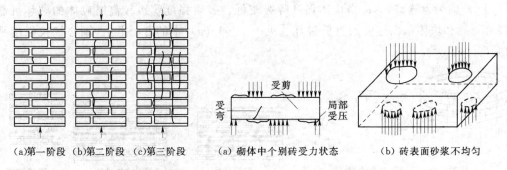

| (a)第一阶段 (b)第二阶段 (c)第三阶段 | (a) 砌体中个别砖受力状态 | (b) 砖表面砂浆不均匀 |

图 7-5 砌体轴心受压的破坏特征　　　　　　图 7-6 砌体中的应力状态

力也会增加（同样会提高砌体的抗压强度）。块体的表面越平整则灰缝厚度也将越均匀，从而可减少块体的受弯受剪作用（砌体的抗压强度就会提高）。砂浆强度过低将加大块体与砂浆横向变形的差异，对砌体抗压强度不利（和易性好的砂浆具有很好的流动性和保水性。在砌筑时易于铺成均匀、密实的灰缝，减少了单个块体在砌体中弯、剪应力，因而提高了砌体的抗压强度）。砌筑质量对砌体抗压强度的影响主要表现在水平灰缝砂浆的饱满程度上，当然灰缝厚度也将影响砌体强度（水平灰缝厚些容易铺得均匀，但会增加砖的横向拉应力。灰缝过薄，使砂浆难以均匀铺砌。实践证明，水平灰缝厚度宜为 $8 \sim 12mm$）。

根据国内试验资料，经统计分析建立的各类砌体都适用的砌体抗压强度平均值 f_m 的计算公式为 $f_m = K_1 f_1^\alpha (1 + 0.07 f_2) K_2$，其中，$f_1$ 为块体抗压强度平均值 N/mm^2；f_2 为砂浆抗压强度平均值 N/mm^2；K_1、K_2、α 为系数（可查相关表格）。砌体的抗压强度设计值 f 与其抗压强度标准值 f_k 的关系式为 $f = f_k / \gamma_f$。单排孔混凝土砌块对孔砌筑时，灌孔砌体的抗压强度设计值 f_g 应按式 $f_g = f + 0.6 \alpha f_c$ 计算，其中，$\alpha = \delta \rho$，δ 为混凝土块体孔洞率，ρ 为混凝土砌块砌体灌孔率。砌体应力—应变关系曲线见图 7-7，相关关系式为 $\varepsilon = -[n/(\xi f_m^{1/2})]\ln(1 - \sigma/f_m)$，$E = 0.8 \zeta f_m$，其中，$\zeta$ 为弹性特征值（弹性模量取值与抗压强度成正比，比例系数与砂浆等级等有关），剪切模量 $G_m = 0.4E$。

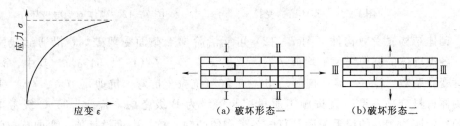

图 7-7 砌体应力—应变关系曲线　　　　图 7-8 砌体轴心受拉破坏形态

7.1.4 砌块砌体的强度

砌体轴心受拉破坏形态见图 7-8，各类砌体的轴心抗拉强度设计值为 f_t。在圆形水池设计中，由于内部液体的压力在池壁中产生环向水平拉力，而使砌体垂直截面处于轴心受拉状态（见图 7-9）。由图 7-9 可见，砌体的轴心受拉破坏有两种基本形式，即当块体强度等级较高、砂浆强度等级较低时砌体将沿齿缝破坏［图 7-9 (a) 中的 I—I、

Ⅰ′—Ⅰ′）均为齿缝破坏]；当块体强度等级较低、砂浆强度等级较高时砌体的破坏可能沿竖直灰缝和块体截面连成的直缝破坏 [见图 7-9（a）中的Ⅱ—Ⅱ]。轴心抗拉强度平均值 $f_{t,m} = f_2^{1/2}k_3$。

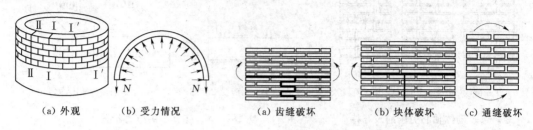

（a）外观　（b）受力情况

图 7-9　砌体的轴心受拉

（a）齿缝破坏　（b）块体破坏　（c）通缝破坏

图 7-10　弯曲受拉破坏形式

砌体结构弯曲受拉时，按其弯曲拉应力使砌体截面破坏的特征存在三种破坏形态（见图 7-10），即可分为沿齿缝截面受弯破坏、沿块体与竖向灰缝截面受弯破坏以及沿通缝截面受弯破坏三种形态。带支墩的挡土墙和风荷载作用下的围墙均属受弯构件（见图 7-11）。由图可见，砌体的弯曲受拉破坏有三种基本形式：当块体强度等级较高时砌体沿齿缝破坏 [图 7-11（a）中的Ⅰ—Ⅰ]。当块体强度等级较低而砂浆强度等级较高时，砌体可能沿竖直灰缝和块体截面连成的直缝破坏 [图 7-11（a）中的Ⅱ—Ⅱ]。当弯矩较大时，砌体将沿弯矩最大截面的水平灰缝产生沿通缝的弯曲破坏 [图 7-11（b）中的Ⅲ—Ⅲ]。弯曲抗拉强度平均值 $f_{tm,m} = f_2^{1/2}k_4$。

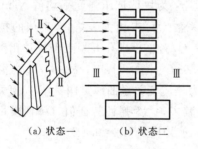

（a）状态一　（b）状态二

图 7-11　砌体弯曲受拉

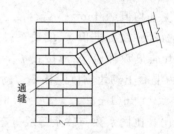

通缝

图 7-12　砌体的受剪破坏

砌体结构属受剪构件（图 7-12）可能沿阶梯形截面受剪破坏，沿通缝截面受剪破坏。各类砌体的抗剪强度平均值 $f_{vm,m} = f_2^{1/2}k_5$、$f_k = f_m(1-1.645\delta_f)$，其中，$\delta_f$ 为砌体强度变异系数，$\delta_f = 0.24$（抗压）、$\delta_f = 0.26$（抗拉、抗弯、抗剪）。$f = f_k/\gamma_f$，其中，γ_f 为砌体材料分项系数（宜按施工质量控制等级为 B 级考虑，$\gamma_f = 1.6$；C 级考虑，$\gamma_f = 1.8$）。龄期为 28d 的以毛截面计算的各类砌体的轴心抗拉强度设计值、弯曲抗拉强度设计值和抗剪强度设计值，当施工质量控制等级为 B 级时可由表 7-1 中查得。

7.1.5　砌块砌体强度设计值的调整

在进行砌体结构设计中，遇到下列情况的各类砌体其强度设计值应乘以调整系数 γ_a。

1）有吊车房屋砌体、跨度不小于 9m 的梁下烧结普通砖砌体、跨度不小于 7.5m 的梁下烧结多孔砖、蒸压灰砂砖和蒸压粉煤灰砖砌体，混凝土和轻骨料混凝土砌块砌体，γ_a 为 0.9。

表 7-1　　　沿砌体灰缝截面破坏时砌体轴心抗拉、弯曲抗拉和抗剪强度设计值　（单位：MPa）

强度类别	破坏特征及砌体种类		砂浆强度等级			
			≥M10	M7.5	M5	M2.5
轴心抗拉	沿齿缝	烧结普通砖、烧结多孔砖	0.19	0.16	0.13	0.09
		蒸压灰砂砖、蒸压粉煤灰砖	0.12	0.10	0.08	0.06
		混凝土砌块	0.09	0.08	0.07	
		毛石	0.08	0.07	0.06	0.04
弯曲抗拉	沿齿缝	烧结普通砖、烧结多孔砖	0.33	0.29	0.23	0.17
		蒸压灰砂砖、蒸压粉煤灰砖	0.24	0.20	0.16	0.12
		混凝土砌块	0.11	0.09	0.08	
		毛石	0.13	0.11	0.09	0.07
	沿通缝	烧结普通砖、烧结多孔砖	0.17	0.14	0.11	0.08
		蒸压灰砂砖、蒸压粉煤灰砖	0.12	0.10	0.08	0.06
		混凝土砌块	0.08	0.06	0.05	
抗剪	烧结普通砖、烧结多孔砖		0.17	0.14	0.11	0.08
	蒸压灰砂砖、蒸压粉煤灰砖		0.12	0.10	0.08	0.06
	混凝土和轻骨料混凝土砌块		0.09	0.08	0.06	
	毛石		0.21	0.19	0.16	0.11

2）对无筋砌体构件，其截面面积＜0.3m² 时，$\gamma_a = A + 0.7$。对配筋砌体构件，其截面面积＜0.2m² 时，$\gamma_a = A + 0.8$。A 为构件截面面积（m²）。

3）当砌体用水泥砂浆砌筑时 $\gamma_a = 0.9$ 或 $\gamma_a = 0.8$；对配筋砌体构件，当其中的砌体采用水泥砂浆砌筑时仅对砌体强度设计值乘以调整系数 γ_a。

4）当施工质量控制等级为 C 级时 $\gamma_a = 0.89$。

5）当验算施工中房屋的构件时 $\gamma_a = 1.1$，由于砂浆未硬化，砂浆强度取为零。

7.1.6　砌块砌体的物理参数

砌体的弹性模量 E 可按表 7-2 取值。砌体的剪变模量 G 一般可取 $G = 0.4E$，单排孔且对孔砌筑的混凝土砌块灌孔砌体的弹性模量应按式 $E = 1700 f_g$ 计算。砌体的线膨胀系数、收缩率可按表 7-3 取值，砌体的摩擦系数可按表 7-4 取值。

表 7-2　　　　　砌体的弹性模量 E　　　（单位：MPa）

砌体种类	砂浆强度等级			
	≥M10	M7.5	M5	M2.5
烧结普通砖、烧结多孔砖砌体	1600f	1600f	1600f	1390f
蒸压灰砂砖、蒸压粉煤灰砖砌体	1060f	1060f	1060f	960f
混凝土砌块砌体	1700f	1600f	1500f	1060f
粗料石、毛料石、毛石砌体	7300	5650	4000	2250
粗料石、半细料石砌体	22000	17000	12000	6750

表 7 - 3　　　　　　　　　　　　　砌体的线膨胀系数和收缩率

砌 体 类 别	线膨胀系数/(10^{-6}/℃)	收缩率/(mm/m)
烧结黏土砖砌体	5	0.1
蒸压灰砂砖、蒸压粉煤灰砖砌体	8	0.2
混凝土砌块砌体	10	0.2
轻骨料混凝土砌块砌体	10	0.3
料石和毛石砌体	8	

表 7 - 4　　　　　　　　　　　　　　摩　擦　系　数

材 料 类 别		砌体沿砌体或混凝土滑动	木材沿砌体滑动	钢沿砌体滑动	砌体沿砂或卵石滑动	砌体沿粉土滑动	砌体沿黏性土滑动
摩擦面情况	干燥的	0.70	0.60	0.45	0.60	0.55	0.50
	潮湿的	0.60	0.50	0.35	0.50	0.40	0.30

7.1.7　砌体结构承载力计算的基本表达式

砌体结构与钢筋混凝土结构相同，也采用以概率理论为基础的极限状态设计法设计，其按承载力极限状态设计的基本表达式为 $\gamma_0 S \leqslant R(f_d, \alpha_k, \cdots)$。砌体结构除应按承载能力极限状态设计外，还应满足正常使用极限状态的要求，在一般情况下，正常使用极限状态可由相应的构造措施予以保证，不需验算。

7.1.8　砌块砌体受压构件

无筋砌体承受轴心压力时，砌体截面的应力是均匀分布的，破坏时，截面所能承受的最大压应力即为砌体轴心抗压强度 f，如图 7 - 13（a）所示。

（1）受压构件的受力状态。

当轴向压力偏心距较小时，截面虽全部受压，但压应力分布不均匀，破坏将发生在压应力较大一侧，且破坏时该侧边缘的压应力比轴心抗压强度 f 略大，如图 7 - 13（b）所示；随着偏心距的增大，在远离荷载的截面边缘，由受压逐步过渡到受拉，如图 7 - 13（c）所示。若偏心距再增大，受拉边将出现水平裂缝，已开裂截面退出工作，实际受压截面面积将减少，此时，受压区压应力的合力将与所施加的偏心压力保持平衡，如图 7 - 13（d）所示。

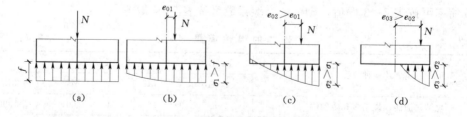

图 7 - 13　砌体受压时截面应力变化

偏心受压时极限强度 f'_m 较轴向受压强度 f_m 有所提高（偏心距越大，提高越多），应采用偏心影响系数 α 来考虑偏心距的影响（α 表示为偏心距 e 和 i 回转半径的函数），应通

过稳定系数 φ_0 来考虑长柱承载力降低的影响（它与构件的高厚比 β 和砂浆强度有关系），应考虑综合影响系数 φ、构件的高厚比 β 和偏心距 e 的影响（简称影响系数）。砌体结构可按高厚比 β（长细比）进行分类，$\beta \leqslant 3$ 为短柱、$\beta > 3$ 为长柱。无筋砌体受压构件的承载力，除构件截面尺寸和砌体抗压强度外，主要取决于构件的高厚比 β 和偏心距 e。

（2）受压构件承载力计算的基本公式。

无筋砌体受压构件的承载力可按式 $N \leqslant \varphi f A$ 进行统一计算，其中，N 为轴向力设计值；φ 为高厚比 β 和轴向力的偏心距 e 对受压构件承载力的影响系数；f 为砌体的抗压强度设计值（应同时考虑调整系数）；A 为截面面积（对各类砌体均应按毛截面计算）；带壁柱墙的计算截面翼缘宽度 b_f 应按规定取值（对单层房屋可取壁柱宽加 2/3 墙高，但不大于窗间墙宽度和相邻壁柱间距离。对多层房屋，当有门窗洞口时可取窗间墙宽度；当无门窗洞口时每侧翼缘墙宽度可取壁柱高度的 1/3。见图 7-14）；查影响系数 φ 表时应综合考虑偏心距和高厚比 β 的影响，可取 $\varphi = \dfrac{1}{1 + 12\left\{\dfrac{e}{h} + \sqrt{\dfrac{1}{12}\left(\dfrac{1}{\varphi_0} - 1\right)\left[1 + 6\dfrac{e}{h}\left(\dfrac{e}{h} - 0.2\right)\right]}\right\}^2}$。

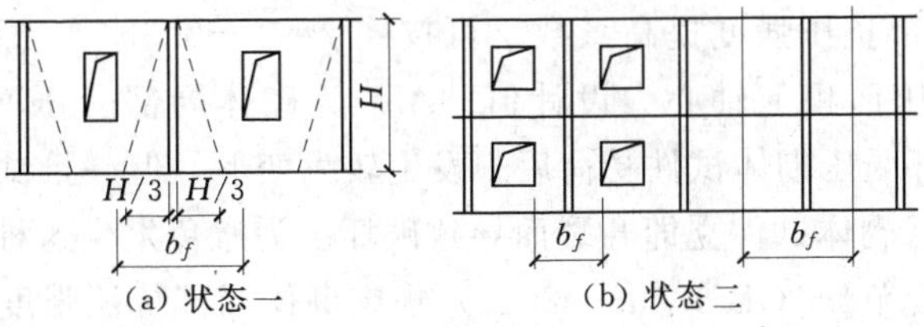

图 7-14　b_f 取值

构件高厚比 β 应按相关规定计算（对矩形截面 $\beta = \gamma_\beta H_0 / h$，对 T 形截面 $\beta = \gamma_\beta H_0 / h_T$。其中，$h_T = 3.5i$，$h$ 为墙厚或柱边长；H_0 为计算长度。高厚比修正系数 γ_β 按表 7-5 取值）。

表 7-5　　　　　　　　　　　　高厚比修正系数 γ_β

砌体材料类别	烧结普通砖、烧结多孔砖	混凝土及轻骨料混凝土砌块	蒸压灰砂砖、蒸压粉煤灰砖、粗料石、半细料石	粗料石、毛石
γ_β	1.0	1.1	1.2	1.5

设计计算应遵守相关规定。对矩形截面构件，当轴向力偏心方向的截面边长大于另一方向的边长时，除按偏心受压计算外，还应对较小边长方向，按轴心受压进行验算。轴向力偏心距 e 按荷载设计值计算且不应超过 $0.6y$（y 为截面重心到轴向力所在偏心方向截面边缘的距离，若 e 超过 $0.6y$ 则宜采用组合砖砌体。规定以上限制的原因是偏心距较大时使用阶段会过早出现裂缝）。

（3）局部受压。

压力仅仅作用在砌体部分面积上的受力状态称为局部受压。局部受压是砌体结构中常见的受力形式，如支承墙或柱的基础顶面，支承钢筋混凝土梁的墙或柱的支承面上，均产生局部受压，如图 7-15 所示。前者当砖柱承受轴心压力时为局部均匀受压，后者为局部不均匀受压。其共同特点：局部受压截面周围存在未直接承受压力的砌体，限制了局部受压砌体在竖向压力下的横向变形，使局部受压砌体处于三向受压的应力状态。

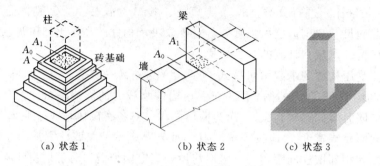

（a）状态 1　　　（b）状态 2　　　（c）状态 3

图 7-15　砖砌体局部受压情况

局部均匀受压会产生套箍作用（即外围对内部的横向约束作用），影响套箍效果的因素包括 A_0/A_l 和应力（内部三向受压），A_0/A_l 为影响局部抗压强度的计算面积 A_0 与局部受压面积 A_l 之比，套箍作用的效果是强度提高。砌体局部均匀受压承载力可按式 $N_l \leqslant \gamma f A_l$ 计算，砌体局部抗压强度提高系数 γ 可按式 $\gamma = 1 + 0.35(A_0/A_l - 1)^{1/2}$ 计算，其中，N_l 为砌体局部受压面积上轴心力设计值；A_l 为砌体局部受压面积。试验结果表明，A_0/A_l 较大时其局部受压砌体试件受荷后未发生较大变形，但一旦试件外侧出现与受力方向一致的竖向裂缝后砌体试件立即开裂而导致破坏。为避免发生这种突然的脆性破坏，我国《砌体结构设计规范》（GB 50003—2011）规定砌体局部抗压强度提高系数 γ 尚应符合 4 条要求，即在图 7-16（a）的情况下 $\gamma \leqslant 2.5$；在图 7-16（b）的情况下 $\gamma \leqslant 1.25$；在图 7-16（c）的情况下 $\gamma \leqslant 2.0$；在图 7-16（d）的情况下 $\gamma \leqslant 1.5$。

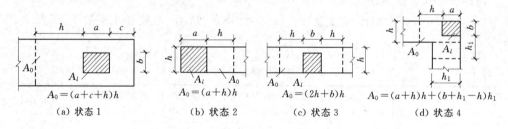

$A_0 = (a+c+h)h$　　$A_0 = (a+h)h$　　$A_0 = (2h+b)h$　　$A_0 = (a+h)h + (b+h_1-h)h_1$

（a）状态 1　　　（b）状态 2　　　（c）状态 3　　　（d）状态 4

图 7-16　影响局部抗压强度的面积 A_0

见图 7-17。当梁端支承处砌体局部受压时其压应力的分布是不均匀的。同时，由于梁的挠曲变形和支承处砌体的压缩变形影响，梁端支承长度由实际支承长度 a 变为长度较小的有效支承长度 a_0，$a_0 = 10(h_c/f)^{1/2}$。梁端支承处砌体局部受压计算中除应考虑由梁传来的荷载外，还应考虑局部受压面积上由上部荷载传来的轴向力。

梁端集中反力 N_l 作用点为位置离内墙边 $0.40a_0$，对下部砌体产生弯矩（见图 7-18），其传递特点是部分通过拱作用传至梁侧，其实际效应为 $\psi \sigma_0$，$\psi = 1.5 - 0.5 A_0/A_l \geqslant 0$，梁端支承处的局部受压承载力可按式 $\psi N_0 + N_l \leqslant \eta \gamma f A_l$ 计算，其中，N_0 为砌体局部受压面积内上部轴心力设计值（$N_0 = \sigma_0 A_l$）；σ_0 为上部平均压应力设计值（$A_l = a_0 b$）；ψ 为上部荷载折减系数（$\psi = 1.5 - 1.5 A_0/A_l$。当 $A_0/A_l \geqslant 3$ 时 $\psi = 0$）；η 为梁端底面压应力图

形完整系数（一般可取 0.7，过梁墙梁取 1.0）。

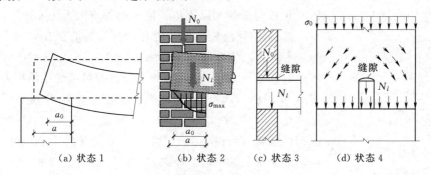

（a）状态 1　　（b）状态 2　　（c）状态 3　　（d）状态 4

图 7-17　梁端支承处砌体局部受压

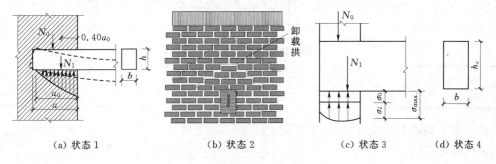

（a）状态 1　　　　（b）状态 2　　　　（c）状态 3　　（d）状态 4

图 7-18　上部荷载的作用

（4）梁端下设有垫块的砌体局部受压。

当梁端支承处砌体局部受压时可在梁端下设置刚性垫块（见图 7-19）以增大局部受压面积、满足砌体局部受压承载力的要求。梁下垫块通常采用预制刚性垫块，也将垫块与

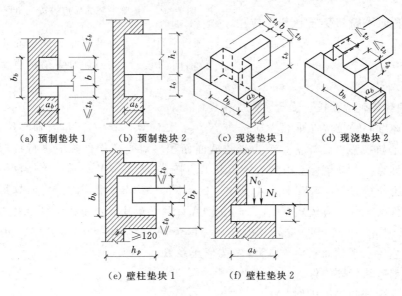

（a）预制垫块 1　　（b）预制垫块 2　　（c）现浇垫块 1　　（d）现浇垫块 2

（e）壁柱垫块 1　　　　（f）壁柱垫块 2

图 7-19　梁端刚性垫块（$A_b = a_b b_b$）

211

梁端现浇成整体。刚性垫块是指其高度 $t_b \geqslant 180\text{mm}$，垫块自梁边挑出的长度不大于 t_b 的垫块，刚性垫块伸入墙内长度 a_b 可以与梁的实际支撑长度 a 相等或大于 a（图 7-19）。

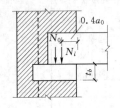

图 7-20　垫块上 N_l 的作用点的位置可取 $0.4a_0$ 处

梁端刚性垫块下砌体受力状态为偏心受压，其偏心距 e 为 $e = M/N$，其中，$M = N_l(a_b/2 - 0.4a_0)$、$N = N_l + N_0$、$N_0 = \sigma_0 A_b$、$A_b = a_b b_b$。刚性垫块下砌体的局部受压承载力应按式 $N_0 + N_l \leqslant \varphi \gamma_1 f A_b$ 计算。梁端设有刚性垫块时其梁端有效支承长度 a_0 应按式 $a_0 = \delta_1 (h/f)^{1/2}$ 确定，其中，δ_1 为刚性垫块的影响系数（可按表 7-6 取值）；φ 为垫块上 N_0 和 N_l 合力的影响系数（按 $\beta \leqslant 3$ 考虑）；A_b 为垫块的面积（$A_b = a_b b_b$，见图 7-19）；N_0 为垫块 A_b 内上部轴向力设计值（$N_0 = \sigma_0 A_b$）；垫块上 N_l 的作用点的位置可取 $0.4a_0$ 处（见图 7-20）；γ_1 为垫块外砌体的有利影响（$\gamma_1 = 0.8\gamma \geqslant 1.0$），$\gamma = 1 + 0.35(A_0/A_b - 1)^{1/2}$。

表 7-6　　　　　　　　　刚性垫块的影响系数 δ_1

σ_0/f	0	0.2	0.4	0.6	0.8
δ_1	5.4	5.7	6.0	6.9	7.8

（5）梁下设有长度大于 πh_0 的垫梁下的砌体局部受压。

当梁端部支承处的砖墙上设有连续的钢筋混凝土圈梁，该圈梁即为垫梁，梁上荷载将通过垫梁分散到一定宽度的墙上去。垫梁下竖向压应力按三角形分布（见图 7-21）。梁下设有长度大于 πh_0 的垫梁下砌体局部受压承载力应按

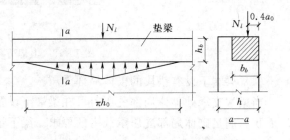

图 7-21　垫梁下竖向压应力按三角形分布

式 $N_0 + N_l \leqslant 2.4\delta_2 f b_b h_0$ 和 $N_0 = \pi b_b h_0 \sigma_0/2$ 计算，其中，δ_2 为沿墙厚方向分布不均匀系数（可取 $1.0 \sim 0.5$）；N_0 为 $\pi h_0 b_b/2$ 范围内上部轴向力设计值；h_0 为垫梁折算高度，$h_0 = 2[E_b I_b/(Eh)]^{1/3}$。

7.1.9　砌块砌体轴心受拉、受弯、受剪构件

无筋砌体轴心受拉构件承载力应按式 $N_t \leqslant f_t A$ 计算，其中，N_t 为轴心拉力设计值；f_t 为砌体轴心抗拉强度设计值；A 为受拉截面面积。对受弯构件除应进行抗弯计算外还应进行抗剪计算，无筋砌体受弯构件的承载力应按式 $M \leqslant f_{tm} W$ 计算。无筋砌体受弯构件的受剪承载力应按式 $V \leqslant f_v bz$ 计算，其中，内力臂 $z = I/S$。沿通缝或沿阶梯形截面破坏时的受剪构件的承载力应按式 $V \leqslant (f_v + \alpha \mu \sigma_0)A$ 计算，其中，μ 为剪压复合受力影响系数（当 $\gamma_G = 1.2$ 时 $\mu = 0.26 - 0.082\sigma_0/f$；当 $\gamma_G = 1.35$ 时 $\mu = 0.23 - 0.065\sigma_0/f$），$\sigma_0$ 为永久荷载设计值产生的水平截面平均压应力；α 为修正系数。

7.1.10　配筋砌块砌体构件

（1）网状配筋砖砌体构件。

网状配筋砌体将钢筋设置在砖砌体灰缝内（见图 7-22）。其工作原理是砌体钢筋共

同工作（砌体受压、钢筋受拉），其效果是可阻止横向变形发展、防止过早失稳、间接提高砌体受压承载能力。其受力全过程可分为三个阶段，第一阶段加载至出现裂缝；第二阶段裂缝发展（但很难形成连续缝）；第三阶段砖块开裂严重、压碎（一般不会形成 1/2 砖立柱）。其设计计算式为 $N \leqslant \varphi_n f_n A$ 和 $f_n = f + 2(1 - 2e/y) \rho f_y / 100$，其中，$f_n$ 为网状配筋砌体抗压强度设计值；φ_n 为高厚比、偏心距、配筋率对网状配筋砌体受压承载力影响系数；ρ 为体积配箍率，$\rho = V_s / V = 2A_s / (a S_n)$。

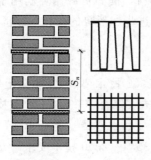
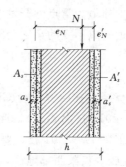

图 7-22　网状配筋砖砌体　　图 7-23　组合砖砌体构件偏心受压

（2）组合砖砌体构件。

其受力性能是钢筋、混凝土或砂浆直接参与受压。其轴心受压时可按式 $N \leqslant \varphi_{com}(fA + f_c A_c + \eta_s f'_y A'_s)$ 计算，其中，φ_{com} 为组合砖砌体构件的稳定系数；η_s 为受压钢筋强度系数（面层是混凝土时 $\eta_s = 1.0$；面层是砂浆时 $\eta_s = 0.9$）。见图 7-23 其偏心受压时可先确定中和轴，再计算远轴力侧钢筋的应力，相关计算式为 $N \leqslant fA' + f_c A'_c + \eta_s f'_y A'_s - \sigma_s A_s$、$Ne_N \leqslant fS_s + f_c S_{c,s} + \eta_s f'_y A'_s (h_0 - a'_s)$、$fS_N + f_c S_{c,N} - \eta_s f_y A_s e_N + \sigma_s A_s e_N = 0$，$\xi < \xi_b$ 时 $\sigma_s = f_y$；$\xi \geqslant \xi_b$ 时 $\sigma_s = 650 - 800\xi$。

7.1.11　我国目前的砌块类型

目前我国新型墙体材料产业主要包括砖瓦（多孔砖和多孔砌块、空心砖和空心砌块、保温砖和保温砌块、复合保温砖和复合保温砌块、装饰砖、路面砖、烧结瓦等）、砌块（普通混凝土砌块、轻质混凝土砌块、蒸压加气混凝土砌块、石膏砌块等）、板材（蒸压加气混凝土板、GRC 墙板、水泥预制板、纤维增强水泥墙板、复合墙板、石膏板等）三大系列，50 余个品种。墙体材料革新的目的不仅仅局限于禁止使用实心黏土砖和限制黏土砖的发展，而重要的是改变和优化墙体结构，使建筑物的自重由于建筑材料的减轻而减轻，而且还能保证建筑物的质量安全。同时在技术提升和优化工艺的基础上减少资源消耗。在节省资源用量、减薄墙体的前提下，使建筑物减少用地、增加使用面积，提高施工效率。因此，必须将新型墙体材料的发展理念和衡量标准在"禁实限黏"的基础上提升到功能性、实用性和惠及百姓利益并重上来；必须坚持优先扶持发展代表行业进步与发展目标，代表建筑业进步与发展的方向，功能、质量、节能、环保等指标先进的新型墙体材料的主导产品；必须将自主创新开发和推广应用先进适用产品、技术工艺相结合，不断提升生产工艺、技术与装备水平和传统产品品种质量、档次，加快转型升级步伐，促进科技含量高、社会效益好、市场应用广的新型墙材主导产品的快速发展；必须坚持转型升级和并举，加快落后产能淘汰进程，制止低水平重复建设，走规范化、规模化、标准化和效益型发展道路。新型墙体材料的发展应坚持规划引领与因地制宜兼顾（根据市场需求情况，实行总量控制，存量提升，合理布局，优化发展。引导和支持发展适合各地资源条件、建筑体系和建筑功能要求的新型墙材主导产品，逐步推进墙体材料结构的优化升级）；应坚持发展新型墙体材料与推进建筑应用节能相结合（采用新政策、新技术、新标准，大力发展和推广适应节能建筑要求的轻质、高强、保温、隔热等多功能、系列化、部品化的复合型新型墙体材料）；应坚持发挥行业循环经济优势（在保证产品质量的同时，以利废、节能、节材、减排和保护环境为重点，开发新型墙体材料，提高资源循环利用率）。新型墙体材料的品种不是永远一成不变的，它会随着技术的进步、形势的变化、经济社会的发展情况而不断变化。

（1）砖类。

包括非黏土烧结多孔砖（符合 GB 13544—2000 技术要求）、非黏土烧结空心砖（符合 GB/T 13545—2014 技术要求）、混凝土多孔砖（符合 JC 943—2004 技术要求）、蒸压粉煤灰砖（符合 JC 239—2001 技术要求）、蒸压灰砂空心砖（符合 JC/T 637—1996 技术要求）、烧结多孔砖（仅限西部地区，符合 GB 13544—2000 技术要求）、烧结空心砖（仅限西部地区，符合 GB/T 13545—2014 技术要求）。采用国家标准的烧结多孔砖（GB 13544—2000）既可用作非承重墙也可用作承重墙，其竖孔砌筑、热工性能较优，其原料中的主要化学成分为二氧化硅和三氧化二铝（经 1050℃ 左右的高温烧结而成），其体积稳定性高且与水泥、石灰砂浆的黏结牢固可靠，其墙体的质量通病容易克服，其墙体自重比实心黏土砖要轻（因孔洞率 25% 以上）、隔热性能优于实心砖（因其砖块内有一定数量的孔洞而可产生了一定的热阻）。相对多孔砖而言，如果孔洞数量少且孔的尺寸大、砌筑时孔洞轴线呈水平方向则称为烧结空心砖或空心砌块（其孔洞率达到 40% 以上），其墙体自重更轻、等效导热系数更小但只能用于非承重墙，其采用的国家标准是《烧结空心砖和空心砌块》（GB/T 13545—2014）。

（2）砌块类。

包括普通混凝土小型空心砌块（符合 GB 8239—1997 技术要求）、轻集料混凝土小型空心砌块（符合 GB/T 15229—2011 技术要求）、烧结空心砌块（以煤矸石、江河湖淤泥、建筑垃圾、页岩为原料，符合 GB/T 13545—2014 技术要求）、蒸压加气混凝土砌块（符合 GB/T 11968—2006 技术要求）、石膏砌块（符合 JC/T 698—2010 技术要求）、粉煤灰混凝土小型空心砌块（符合 JC 862—2008 技术要求）。

（3）板材类。

包括蒸压加气混凝土板（符合 GB 15762—2008 技术要求）、建筑隔墙用轻质条板（符合 JG/T 169—2005 技术要求）、钢丝网架水泥聚苯乙烯夹芯板（符合 JC 623—1996 技术要求）、石膏空心条板（符合 JC/T 829—2010 技术要求）、玻璃纤维增强水泥轻质多孔隔墙条板（简称 GRC 板，符合 GB/T 19631—2005 技术要求）、金属面夹芯板（其中，金属面聚苯乙烯夹芯板应符合 JC 689—1998 技术要求；金属面硬质聚氨酯夹芯板应符合 JC/T 868—2000 技术要求；金属面岩棉（矿渣棉）夹芯板（符合 JC/T 869—2000 技术要求）、建筑平板（其中，纸面石膏板（符合 GB/T 9775—2008 技术要求）；纤维增强硅酸钙板（符合 JC/T 564—2008 技术要求）；纤维增强低碱度水泥建筑平板应符合 JC/T

626—2008 技术要求；维纶纤维增强水泥平板应符合 JC/T 671—2008 技术要求；建筑用石棉水泥平板应符合 JC/T 412—1991 技术要求）。

（4）掺废墙体材料。

指原料中掺有不少于 30％的工业废渣、农作物秸秆、建筑垃圾、江河（湖、海）淤泥的墙体材料产品（烧结实心砖除外）。

（5）特殊功能墙体材料。

包括符合国家标准、行业标准和地方标准的混凝土砖、烧结保温砖（砌块）、中空钢网内模隔墙、复合保温砖（砌块）、预制复合墙板（体），聚氨酯硬泡复合板及以专用聚氨酯为材料的建筑墙体等。

7.1.12 当代砌块结构的典型构造

当代砌块结构的典型构造见图 7-24～图 7-44。

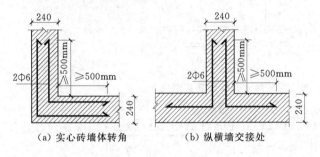

（a）实心砖墙体转角　（b）纵横墙交接处

图 7-24　拉结筋设置

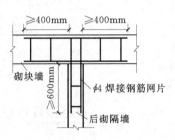

图 7-25　砌块墙与后砌隔墙
交接处钢筋网片

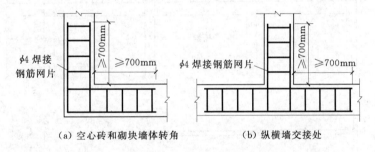

（a）空心砖和砌块墙体转角　（b）纵横墙交接处

图 7-26　拉结钢筋网片设置

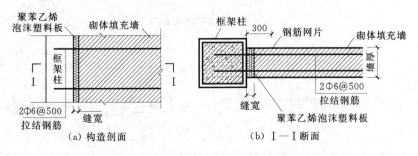

（a）构造剖面　（b）Ⅰ—Ⅰ断面

图 7-27　填充墙与框架柱的缝隙构造

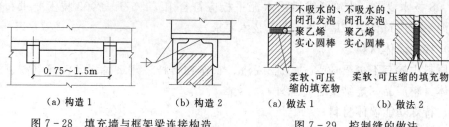

（a）构造 1　　　　　（b）构造 2　　　　　（a）做法 1　　　　（b）做法 2

图 7-28　填充墙与框架梁连接构造　　　　图 7-29　控制缝的做法

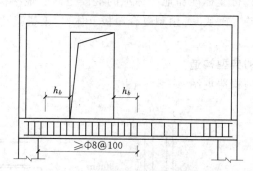

图 7-30　偏开洞时托梁箍筋加密区

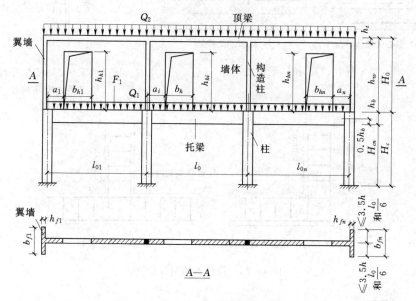

图 7-31　墙梁计算简图

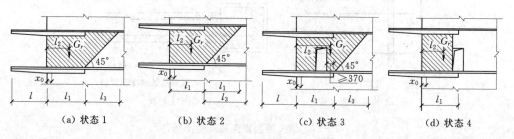

（a）状态 1　　　（b）状态 2　　　（c）状态 3　　　（d）状态 4

图 7-32　挑梁的抗倾覆荷载

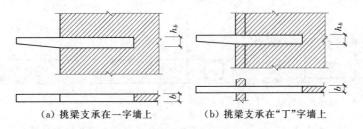

（a）挑梁支承在一字墙上　　　　（b）挑梁支承在"丁"字墙上

图 7-33　挑梁下砌体局部受压

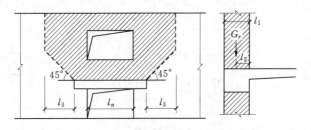

图 7-34　雨篷的抗倾覆荷载

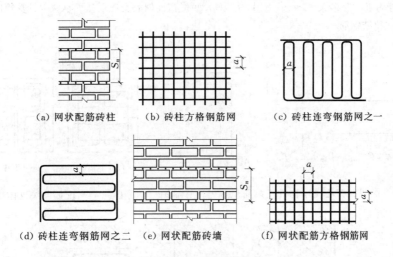

（a）网状配筋砖柱　　　（b）砖柱方格钢筋网　　　（c）砖柱连弯钢筋网之一

（d）砖柱连弯钢筋网之二　（e）网状配筋砖墙　　（f）网状配筋方格钢筋网

图 7-35　网状配筋砌体

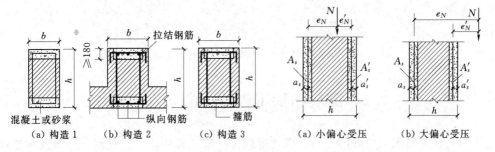

混凝土或砂浆　　　　纵向钢筋　　　箍筋

（a）构造 1　　（b）构造 2　　（c）构造 3

图 7-36　组合砖砌体构件截面

（a）小偏心受压　　　（b）大偏心受压

图 7-37　组合砖砌体偏心受压构件

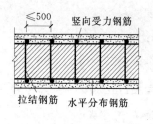

图 7-38　混凝土或
砂浆面层组合墙

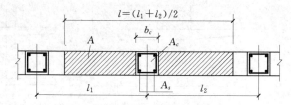

图 7-39　砖砌体和构造柱组合墙截面

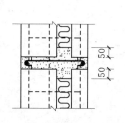

图 7-40　通缝附近空腔砂浆
填实并附加拉结钢筋

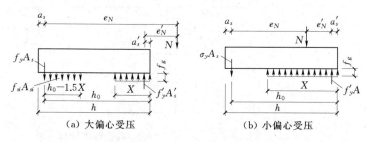

（a）大偏心受压　　　　　　（b）小偏心受压

图 7-41　矩形截面偏心受压正截面承载力计算简图

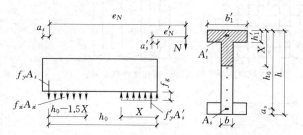

图 7-42　T 形截面偏心受压构件正截面承载力计算简图

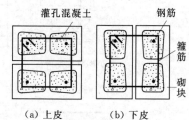

（a）上皮　　　　（b）下皮

图 7-43　配筋砌块砌体柱截面

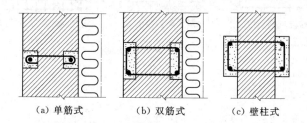

（a）单筋式　　　　（b）双筋式　　　　（c）壁柱式

图 7-44　填充墙中砂浆面层组合砌体柱（组合柱）类型

7.2　砌块结构工程施工的基本要求

　　本书仅介绍建筑工程的砖、石、砌块等砌体结构工程的施工，铁路、公路及水工建筑等砌体工程的施工应按相关规范规定进行。砌块结构工程施工中的砌体结构工程是指由块体和砂浆砌筑而成的墙、柱等作为建筑物主要受力构件及其他构件的结构工程；配筋砌体工程是指在砖、石、砌块砌筑的砌体结构中加入钢筋或钢筋网以及与钢筋混凝土（砂浆）的组合砌体工程；"三一"砌筑法是指砖的一种砌筑操作方法（即采用"一块砖、一铲灰、一挤揉"工艺砌筑砖砌体的操作方法）；"三顺一丁"砌筑法也是砖的一种砌筑操作方法（即砌筑三皮顺砖再砌筑一皮丁砖，并依次向上组砌）；"一顺一丁"砌筑法砌筑时一皮顺砖一皮丁砖并依次向上组砌；"梅花丁"砌筑法使同一皮砖采用沿墙长度方向顺、丁各一交替向前（同时上下两皮砖的搭接长度为 1/4 砖长）；"全顺"砌筑法适用于半砖墙的砌筑（其同时上下两皮砖的搭接长度为 1/2 砖长）；"全丁"砌筑法砌筑时同一皮砖沿墙长度方向全部为丁砌（同时上下两皮砖的搭接长度为 1/2 砖宽）。砌块结构工程施工中的立砖是指砌筑时大面朝向墙外侧的砖；条砖是指砌筑时条面朝外的砖（也称顺砖）；丁砖是指砌筑时顶面朝外的砖；马牙槎是一种砌体结构构造柱部位的墙体砌筑形状（每一马牙槎进退的水平尺寸不应小于 60mm，沿高度方向的尺寸不宜超过 300mm）；斜槎是指墙体砌筑过程中在临时间断部位所采用的一种斜坡状留槎形式；直槎是指墙体砌筑过程中在临时间断部位所采用的一种竖直留槎形式（砌墙时应在留槎处每隔一皮砖伸出 1/4 砖长预留拉接钢筋，以备以后接槎时插入相应的砖）。砌块结构工程施工中的皮数杆是指用于控制每皮块体砌筑时的竖向尺寸以及各构件标高的方木标志杆；钢筋砖过梁是指用普通砖和砂浆砌成且底部配有钢筋的过梁；芯柱是指在小砌块墙体的孔洞内浇灌混凝土形成的柱（有素混凝土芯柱和钢筋混凝土芯柱之分）；预拌砂浆是指由专业生产厂生产的湿拌砂浆或干混砂浆；薄层砂浆砌筑法是指采用蒸压加气混凝土砌块黏结砂浆砌筑蒸压加气混凝土砌块墙体的施工方法（其水平灰缝厚度和竖向灰缝宽度为 2~4mm）。

7.2.1 砌块结构工程施工的宏观要求

我国规定承担砌体结构工程的施工单位应具备相应的施工资质，施工现场应建立相应的质量管理体系，有健全的质量、安全及环境保护管理制度。砌体结构工程施工所用的设计文件应经审查合格，需要变更时应取得原设计单位的同意并提供设计变更文件。砌体结构工程施工采用的新技术、新材料及新工艺应由拟采用单位提请建设单位组织专题技术论证并报建设行政主管部门审定、备案（严禁使用国家明令淘汰的产品和工艺）。砌体结构工程施工应按规定对工程质量进行全过程控制，即工程所使用的原材料、成品及半成品应进行进场验收（对涉及结构安全、使用功能的原材料、成品及半成品应按有关规定进行见证取样、送样复检）；各工序应按工艺要求进行并遵守"自检、互检、交接检"的三检制度且应形成记录文件；应加强工程中工序间的交接验收和隐蔽工程封闭前的质量验收（各工序的施工应在前一工序验收合格后进行）；返工的工序应有返工前后相关内容的记录。砌体结构工程的施工质量应符合设计要求及我国现行《砌体结构工程施工质量验收规范》（GB 50203—2011）的规定（不符合时应及时处理）。基础墙的防潮层设计无具体要求时宜用 1：2.5 的水泥砂浆加适量的防水剂铺设（其厚度一般为 20mm），抗震设防地区建筑物不应采用卷材作基础墙的水平防潮层。砌体结构施工中在墙的转角处及交接处应设置皮数杆，皮数杆的间距不宜大于 15m。砌体的砌筑顺序应符合相关要求，即基底标高不同时应从低处砌起并应由高处向低处搭接（设计无要求时搭接长度不应小于基础扩大部分的高度）；砌体的转角处和交接处应同时砌筑（不能同时砌筑时应按规定留槎、接槎）；出檐砌体应按层砌筑（同砌筑层先砌墙身后砌出檐）；房屋相邻部分高差较大时宜先砌筑高度较大部分、后砌筑高度较小部分。砌完基础后应及时双侧回填（若采用单侧回填则必须在砌体达到侧向承载能力要求后进行）。设计要求的洞口、管道、沟槽应于砌筑时正确留出或预埋（未经设计同意不得随意在墙体上开凿水平沟槽。宽度超过 300mm 的洞口上部应设置过梁）。墙上留置临时施工洞口净宽度不宜超过 1m（其侧边离交接处墙面不应小于 500mm），临时施工洞口顶部应设置过梁（也可在洞口上部采取逐层挑砖的方法封口并应预埋水平拉结筋），设防裂度 9 度及以上地震区建筑物的临时施工洞口位置应会同设计单位确定且其临时施工洞口应做好补砌工作。砌体中的预埋件应作防腐处理，设置在潮湿环境或有化学侵蚀性介质环境中的砌体的钢筋应采取防腐措施且其防腐措施应符合设计要求，预埋木砖的木纹应与钉子垂直。砌体的铅直度、表面平整度、灰缝厚度及砂浆饱满度等均应随时检查并在砂浆终凝前进行校正，砌筑完基础或每一楼层后应校核砌体的轴线和标高。搁置预制梁、板的砌体顶面应找平且安装时应座浆（设计无具体要求时应采用 1：2.5 的水泥砂浆）。伸缩缝、沉降缝、防震缝中不得夹有砂浆、块体碎渣和杂物等。砌筑垂直烟道、通气孔道等宜采用桶式提芯工具且应随砌随提，通气道、垃圾道等采用水泥制品时其接缝处外侧宜带有槽口（安装时除座浆外还应采用 1：2 水泥砂浆将槽口填封密实）。施工脚手眼补砌时灰缝应填满砂浆（不得用干砖填塞）。砌体结构工程工作段的分段位置宜设在伸缩缝、沉降缝、防震缝、构造柱或门窗洞口处，相邻工作段的砌筑高度差不得超过一个楼层的高度（也不宜大于 4m），砌体临时间断处的高度差不得超过一步脚手架的高度。砌体施工质量控制等级应按我国现行《砌体结构工程施工质量验收规范》（GB 50203—2011）的规定执行且其施工质量控制等级应符合设计要求（设计无要求时不应低于 B 级）。

7.2.2　砌体结构工程施工的常用建筑材料及其基本要求

砌体结构工程施工的常用建筑材料包括水泥、砂、水、砖、小砌块、石材、钢材以及各种外加剂和掺合料等。砌体工程使用的材料应有产品的合格证书、产品检验报告。砖或小砌块在运输装卸过程中严禁倾倒和抛掷，进场后应按强度等级分类堆放整齐（堆置高度不宜超过 2m）。

（1）水泥。

砌体结构工程使用的水泥必须符合设计要求及我国现行《通用硅酸盐水泥》（GB 175—2007）和《砌筑水泥》（GB/T 3183—2003）的规定。砌筑砂浆所用水泥宜采用普通硅酸盐水泥或矿渣硅酸盐水泥（水泥砂浆采用的水泥的强度等级不宜高于 32.5 级；水泥混合砂浆采用的水泥其强度等级不宜高于 42.5 级）。当水泥强度等级不明或出厂日期超过 3 个月（快硬硅酸盐水泥超过 1 个月）时应复查试验并应按试验结果使用。不同品种的水泥不得混合使用。水泥应按品种、强度等级、出厂日期分别堆放并应保持干燥。

（2）砂。

砌体结构工程使用的砂应符合我国现行《普通混凝土用砂、石质量及检验方法标准》（JGJ 52—2006）中的规定。砌筑砂浆用砂宜选用过筛中砂，毛石砌体宜选用粗砂。砂中含泥量对水泥砂浆和强度等级不小于 M5 的水泥混合砂浆不应超过 5%；对强度等级小于 M5 的水泥混合砂浆不应超过 10%。砂子进场时应按不同品种、规格分别堆放（不得混杂）。

（3）砖。

砌体结构工程使用的砖必须符合设计要求及我国现行《烧结普通砖》（GB 5101—2003）、《烧结多孔砖》（GB 13544—2000）、《蒸压灰砂砖》（GB 11945—1999）、《粉煤灰砖》（JC 239—2001）、《烧结空心砖和空心砌块》（GB/T 13545—2014）、《混凝土实心砖》（GB/T 21144—2007）、《混凝土多孔砖》的相关规定（承重墙用的混凝土多孔砖应符合《承重混凝土多孔砖》（GB 25779—2010）的规定；非承重（自承重）墙砌体混凝土空心砖应符合《非承重混凝土空心砖》（GB/T 24492—2009）的规定；砌筑清水墙用的混凝土多孔（空心）砖类产品或对砖有抗渗性指标要求时应符合《装饰混凝土砖》（GB/T 24493—2009）的规定）。用于清水墙、柱表面的砖应边角整齐、色泽均匀。

（4）小砌块。

砌体结构工程使用的小砌块必须符合设计要求及我国现行《烧结空心砖和空心砌块》（GB/T 13545—2014）、《普通混凝土小型空心砌块》（GB 8239—1997）、《轻集料混凝土小型空心砌块》（GB/T 15229—2011）、《泡沫混凝土》（GB/T 226—2011）、《蒸压加气混凝土砌块》（GB 11968—2006）等的规定。加气混凝土砌块在运输、装卸及堆放过程中应防止雨淋。

（5）石材。

砌体结构工程使用的石材必须符合设计要求及我国现行《建筑材料放射性核素限量》（GB 6566—2010）的规定。石砌体所用的石材应质地坚实、无风化剥落和裂纹，其石材表面应无泥垢、水锈等杂质。用于清水墙、柱表面的石材不应存在断裂、缺角等缺陷并应色泽均匀。

（6）水。

砌体结构工程中使用的砂浆用水及混凝土拌合、养护用水的质量应符合我国现行《混凝土用水标准》（JGJ 63—2006）的规定。

（7）钢材。

砌体结构工程使用的钢筋必须符合设计要求及我国现行《钢筋混凝土用钢第 1 部分：热轧光圆钢筋》（GB 1499.1—2008）、《钢筋混凝土用钢第 2 部分：热轧带肋钢筋》（GB 1499.2—2007）及《冷拔低碳钢丝应用技术规程》（JGJ 19—2010）等的规定。钢筋在运输、堆放和使用中应避免锈蚀和机械损伤，应避免被泥、油或其他对钢筋、砂浆、混凝土有不利作用的物质所污染。钢筋必须按不同钢种、等级、牌号、规格及生产厂家分批验收、分别存放且应设牌标识。

（8）石灰、石灰膏和粉煤灰。

砌体结构工程中使用的生石灰、磨细生石灰粉及粉煤灰应符合我国现行《建筑生石灰》（JC/T 479—2013）、《粉煤灰在混凝土和砂浆中应用技术规程》（JGJ 28—1986）的有关规定。建筑生石灰、建筑生石灰粉制作石灰膏应符合相关要求，即建筑生石灰熟化成石灰膏时应用孔径大于 3mm×3mm 的网过滤且其熟化时间不得少于 7d（建筑生石灰粉的熟化时间不得少于 2d）；沉淀池中储存的石灰膏应防止干燥、冻结和污染（严禁使用脱水硬化的石灰膏）；消化石灰粉不得直接用于砂浆中。在砌筑砂浆中掺入粉煤灰时宜采用干排灰。生石灰保管时应分类、分等级存放在干燥的仓库里且不宜长期储存。石灰膏存放时应密封或通过在上面覆盖砂土等方式与空气隔绝。

（9）其他材料。

砌体结构工程中使用的增塑剂、早强剂、缓凝剂、防水剂、防冻剂等外加剂应符合我国现行《混凝土外加剂》（GB 8076—2008）、《混凝土外加剂应用技术规范》（GB 50119—2013）、《砌筑砂浆增塑剂》（JG/T 164—2004）的规定并应根据设计要求与现场施工条件进行试配。种植锚固筋的胶粘剂必须采用专门配制的改性环氧树脂胶粘剂或改性乙烯基酯类胶粘剂（包括改性氨基甲酸酯胶粘剂）且其技术性能指标必须符合表 7-7 的规定（表中各项性能指标除标有强度标准值外均为平均值；当按《树脂浇铸体性能试验方法》（GB/T 2567—2008）进行胶体抗弯强度试验时其试件厚度 h 应改为 8mm），种植锚固件的胶粘剂其填料必须在工厂制胶时添加（严禁在施工现场掺入）。夹心复合墙所用的保温（隔热）材料应符合国家现行相关标准规定的技术性能指标和防火性能要求。

表 7-7   锚固用胶粘剂技术性能合格指标

性 能 项 目			性能要求		试验方法标准
			A 级胶	B 级胶	
胶体性能	劈裂抗拉强度/MPa		≥8.5	≥7.0	《混凝土结构加固设计规范》（GB 50367—2006）
	抗弯强度/MPa		≥50	≥40	《树脂浇铸体性能试验方法》（GB/T 2567—2008）
	抗压强度/MPa		≥60		GB/T 2569
黏结能力	钢—钢（钢套筒法）拉伸抗剪强度标准值/MPa		≥16	≥13	《混凝土结构加固设计规范》（GB 50367—2006）
	约束拉拔条件下带肋钢筋与混凝土的黏结强度/MPa	C30、$\phi25$，$l=150mm$	≥11.0	≥8.5	《混凝土结构加固设计规范》（GB 50367—2006）
		C60、$\phi25$，$l=125mm$	≥17.0	≥14.0	
	不挥发物含量（固体含量）/%		≥99		《胶粘剂不挥发物含量的测定》（GB/T 2793—1995）

7.2.3 砌块砌体施工准备的基本要求

施工前应由建设单位组织设计、施工、监理等单位对施工图进行设计交底及图纸会审并形成图纸会审纪要。施工单位应编制砌体结构工程专项施工方案并报有关单位审核批准（施工方案内容应包括工程概况；施工方案编制依据；施工目标；施工准备；施工部署及施工方法；施工计划进度；材料、机械、劳动力、计量器具等进场计划；质量指标及质量控制措施；季节性施工措施；安全、环保措施等）。施工单位在施工前应对道路交通、基坑支护、排水设施、脚手架体、材料存放、试验设施、水电供应、机械设备、安全防护、环保设施等进行规划、设置和检查（应确保能够满足砌体结构施工要求）。砌体结构施工前施工单位应完成以下 9 方面工作，即进场原材料的见证取样复试；砌筑砂浆及混凝土配合比的设计；按设计及规范要求绘制砌块砌体排块图、节点组砌图；对操作人员进行技术安全交底；完成基槽、隐蔽工程验收、上道工序验收合格；放线技术复核；皮数杆、标志板设置；施工方案要求砌筑的砌体样板已验收合格；现场所用计量器具符合检定周期规定。建筑物或构筑物的放线应符合要求，即位置和标高应引自基准点或设计指定点；基础施工前应在建筑物的主要轴线部位设置标志板；砌筑基础前应先用钢尺校核放线尺寸（允许偏差应符合表 7-8 的规定）。砌入墙体内的各种建筑构配件、埋设件、钢筋网片与拉结筋等应事先预制及加工并按不同型号、规格分别存放。施工前施工单位应组织管理人员检查操作人员是否具有相应的技能资格并在施工中进行考核控制。施工前及施工过程中施工单位应随时获取工程项目所在地气象资料，了解短期、中期、长期天气预报，并根据天气变化情况及时采取相应措施。

表 7-8　　　　　　　　　　　　　放线尺寸的允许偏差

长度 L、宽度 B/m	L（或 B）≤30	30<L（或 B）≤60	60<L（或 B）≤90	L（或 B）>90
允许偏差/mm	±5	±10	±15	±20

7.2.4　砌筑砂浆的基本要求

工程中所用砌筑砂浆应按设计要求对砌筑砂浆的种类、强度等级、性能及使用部位核对后使用。砌体结构工程施工中所用砌筑砂浆宜选用预拌砂浆，采用现场拌制时应严格按照砌筑砂浆设计配合比配制，不同块材砌筑砂浆宜采用配套的专用砂浆。不同种类的砌筑砂浆不得混合使用。严禁使用超过凝结时间的砂浆。

（1）预拌砂浆。

砌体结构工程使用的预拌砂浆必须符合设计要求及我国现行《预拌砂浆》（GB/T 25181—2010）、《预拌砂浆》（JG/T 230—2007）、《蒸压加气混凝土用砌筑砂浆与抹面砂浆》（JC 890—2001）等的规定。不同品种和强度等级的产品应分别运输和储存（不得混杂）。湿拌砂浆应采用专用搅拌车运送（湿拌砂浆运至储存地点除直接使用外，必须储存在不吸水的专用容器内并应根据不同季节采取遮阳、保温和防雨雪等措施）。湿拌砂浆在运输、储存、使用过程中不应加水重塑，当存放过程中出现少量泌水时应拌和均匀后使用。干混砂浆及其他专用砂浆在运输和储存过程中不得淋水、受潮、靠近高温或受阳光直射，装卸时要防止硬物划破包装袋。干混砂浆及其他专用砂浆储存期不宜超过 3 个月，超过 3 个月的干混砂浆在使用前的需重新检验合格方可使用。

（2）现场拌制砂浆。

现场拌制砂浆时应根据设计和砌筑材料的性能要求对工程中所用砌筑砂浆进行配合比设计，当原材料的品种、规格、批次等组成材料有变更时其配合比应重新确定。配制砌筑砂浆时其各组分材料应采用质量计量（在配合比计量过程中，水泥及各种外加剂配料的允许偏差为±2%；砂、粉煤灰、石灰膏等配料的允许偏差为±5%。砂子计量时应考虑含水量对配料的影响）。水泥砂浆中水泥用量不应小于 200kg/m^3；水泥混合砂浆中水泥和掺合料总量宜为 $300\sim350\text{kg/m}^3$。水泥砂浆拌合物的密度不宜小于 1900kg/m^3；水泥混合砂浆拌合物的密度不宜小于 1800kg/m^3。为使砂浆具有良好的保水性应掺入无机或有机塑化剂（不应采用增加水泥用量的方法）。现场搅拌的砂浆应随拌随用（拌制的砂浆应在 3h 内使用完毕，当施工期间最高气温超过 30℃时应在 2h 内使用完毕），对掺用缓凝剂的砂浆其使用时间可根据试验缓凝时间延长。

（3）砂浆拌合。

　　砌筑砂浆应采用机械搅拌且应搅拌均匀。砌筑砂浆的稠度宜按表 7 - 9 的规定取值。砌筑砂浆的稠度、分层度、试配抗压强度必须同时符合要求且砌筑砂浆的分层度不得大于30mm，当在砌筑砂浆中掺用有机塑化剂时应有其砌体强度的型式检验报告并经检验和试配（符合要求后方可使用）。现场拌制砌筑砂浆时其搅拌时间应自投料完起算并应符合相关要求，即水泥砂浆和水泥混合砂浆不得少于 120s；水泥粉煤灰砂浆和掺用外加剂的砂浆不得少于 180s；掺液体增塑剂的砂浆应先将水泥、砂干拌 30s 混合均匀后再将混有增塑剂的水倒入干混砂浆中继续搅拌（掺固体增塑剂的砂浆应先将水泥、砂和增塑剂干拌 30s 混合均匀后再将水倒入其中继续搅拌）且从加水开始搅拌时间为 210s；掺增塑剂的砂浆的搅拌方式、搅拌时间应符合我国现行《砌筑砂浆增塑剂》（JG/T 164—2004）的规定；预拌砂浆及加气混凝土砌块专用砂浆的搅拌时间应符合有关技术标准或按产品说明书采用。

表 7 - 9　　　　　　　　　　　　　　砌 筑 砂 浆 的 稠 度

砌　体　种　类	砂浆稠度/mm
烧结普通砖砌体；蒸压粉煤灰砖砌体	70～90
混凝土实心砖、混凝土多孔砖砌体；普通混凝土小型空心砌块砌体；蒸压灰砂砖砌体	50～70
烧结多孔砖、空心砖砌体；轻骨料小型空心砌块砌体；蒸压加气混凝土砌块砌体	60～80
石砌体	30～50

　　（4）砂浆试块制作及养护。

　　砂浆立方体试块制作及养护应符合我国现行《建筑砂浆基本性能试验方法标准》（JGJ/T 70—2009）的规定。验收批砌筑砂浆，同一类型、强度等级的砂浆试块不应少于3 组。制作砂浆试块的砂浆稠度应与配合比设计一致。

7.2.5　砖砌体工程施工的基本要求

　　以下仅介绍烧结普通砖、烧结多孔砖、混凝土多孔砖、混凝土实心砖、蒸压灰砂砖、蒸压粉煤灰砖砌体施工的基本要求。砖砌体的灰缝应横平竖直、厚薄均匀，水平灰缝厚度宜为 10mm（不应小于 8mm，也不应大于 12mm）。与构造柱相邻部位砌体应砌成马牙槎（马牙槎应先退后进；每个马牙槎沿高度方向的尺寸不宜超过 300mm；凹凸尺寸以 60mm为宜），砌筑时砌体与构造柱间应设拉结钢筋（沿墙高每 500mm 设 2Φ6mm，伸入墙内不宜小于 600mm）。夹心复合墙用的拉结件型式、材料和防腐应符合设计要求和相关技术规程规定。

　　（1）砌筑。

　　混凝土砖、蒸压砖的生产龄期达到 28d 后方可用于砌体的施工。砌筑烧结普通砖、烧结多孔砖、蒸压灰砂砖、蒸压粉煤灰砖砌体时其砖应提前 1～2d 适度湿润（不得采用干砖或吸水饱和状态的砖砌筑）且砖的湿润程度应符合要求，即烧结类砖的相对含水率 60%～70%；混凝土多孔砖及混凝土实心砖不需浇水湿润（但在气候干燥炎热的情况下宜在砌筑前对其喷水湿润）；其他非烧结类砖的相对含水率 40%～50%。砖基础大放脚形式应符合设计要求（设计无规定时宜采用二皮砖一收或二皮与一皮砖间隔一收的砌筑形式，退台宽度均应为 60mm，退台处面层砖应丁砖砌筑）。砖砌体的转角处和交接处的砌筑应符合要求，抗震设防裂度 8 度及以上地区应同时砌筑（对不能同时砌筑而又必须留置接槎的临时间断处应砌成斜槎。烧结普通砖砌体的斜槎长度不应小于高度的 2/3；多孔砖砌体的斜槎长度不应小于高度的 1/2）；非抗震设防及抗震设防烈度为 6 度、7 度地区的临时间断处不能留斜槎时应按规定砌筑［即除转角外可留直槎，但直槎必须做成凸槎。留直槎处应加设拉结钢筋且其要求应符合设计和我国现行《砌体结构工程施工质量验收规范》（GB 50203—2011）的有关规定］。砌筑施工段的分段位置宜设在结构缝、构造柱或门窗洞口处（相邻施工段的砌筑高度差不得超过一个楼层的高度，也不宜大于 4m）。砌体组砌应"上、下错缝，内外搭砌"，砌筑实心墙时普通砖宜采用"一顺一丁""梅花丁"或"三顺一丁"的砌筑形式，多孔砖宜采用"一顺一丁"或"梅花丁"的砌筑形式。砖砌体在一些关键部位严禁使用断砖（这些部位是砖柱、砖垛、砖拱、砖碹、砖过梁、梁的支承处以及砖挑层及宽度小于 1m 的窗间墙等重要受力部位；起拉结作用的丁砖；清水砖墙的顺砖）。砖砌体在另外一些关键部位应使用丁砌层砌筑且应使用整砖（这些部位是每层承重墙的最上一皮砖；楼板、梁、梁垫及屋架的支承处（包括墙柱上）；砖砌体的台阶水平面上；挑出层（挑檐、腰线等）中）。基础工程和水池、水箱等不得使用多孔砖。砌砖工程宜采用"三一"砌砖法或"二三八一"砌砖法，"二三八一"砌砖法的砌筑动作过程为二种步法、三种弯腰姿势、八种铺灰手法、一种挤浆动作。采用铺浆法砌筑时其铺浆长度不得超过 750mm（施工期间气温超过 30℃时铺浆长度不得超过 500mm）。多孔砖的孔洞应垂直于受压面砌筑。砌体灰缝砂浆应密实饱满（砖墙水平灰缝的砂浆饱满度不得小于 80%，砖柱的水平灰缝和竖向灰缝饱满度不应小于 90%），竖缝宜采用挤浆或加浆方法，不得出现透明缝、瞎缝和假缝，严禁用水冲浆灌缝。砌体接槎时必须将接槎处的表面清理干净、洒水湿润并应填实砂浆且保持灰缝平直。拉结钢筋应根据抗震设防等级、工程使用部位提前加工成型（长度应符合规定，末端应设 90°弯钩），埋入砌体中的拉结钢筋应设置正确、平直（其外露部分在施工中不得任意弯折）。厚度 240mm 及以下墙体应单面挂线砌筑，

厚度 370mm 及以上的砖墙及夹心复合墙宜双面挂线砌筑。砖柱砌筑应遵守相关规定，不得采用包心砌法；砖垛应与墙身同时砌筑；非矩形柱、垛用砖应根据排砖方案事先加工。实心砖平拱过梁的灰缝应砌成楔形缝（灰缝的宽度，在过梁的底面不应小于 5mm；在过梁的顶面不应大于 15mm。拱脚下面应伸入墙内不小于 20mm，拱底应有 1% 起拱）。砖过梁底部的模板应在灰缝砂浆强度不低于设计强度

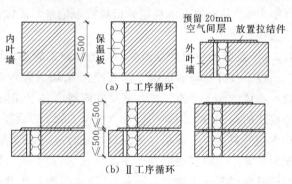

图 7-45　板类保温夹心复合墙施工顺序

75% 时方可拆除。采用板类保温（隔热）材料的夹心复合墙应沿墙高分段砌筑，其每段墙体应按照"内叶墙→保温层→外叶墙→拉结件"的顺序连续施工，每段砌筑高度应不大于 500mm 且应循环进行，见图 7-45。

采用絮状或散粒保温（隔热）材料的夹心复合墙时也应分段砌筑（先砌内叶墙、再砌

外叶墙。或内、外叶墙同时砌筑），每段砌完随填保温材料，每段砌筑高度不宜大于500mm。砌筑内、外叶墙的拉结件不应与墙、柱其他拉结钢筋搁置在同一灰缝内（拉结件在灰缝内的埋入长度不小于 50mm；严禁拉结件后放置或明露墙体外侧；严禁填满灰缝后将拉结件压入灰缝中；已固定好的拉结件不能再移动。采用可调节拉结件时要先将带扣眼的部分砌入内叶墙，待砌筑外叶墙时再铺设带扣件的部分，并保持拉结件两部分位置水平）。在门窗洞口边外叶墙应与内叶墙搭接砌筑且应沿竖向每隔 300mm 设置"冂"形拉结筋。外叶墙在底层墙体底部、每层圈梁上等部位应设置泄水口（泄水口位置底层砖竖缝为空缝）或在竖缝内埋设 ϕ10mm 的导流管以导出渗入夹心复合墙空腔内的水分，泄水口间距以 500mm 左右为宜。砌筑夹心复合墙时其空腔侧墙面水平缝和竖缝应随砌随刮平并应防止砂浆和杂物落入二片墙之间的空腔内及保温板上。砖砌体应随砌随刮尽舌头灰，清水墙砌体还应随砌随划缝（划缝应深浅一致、深度为 8～10mm，并应将墙面清扫干净）。夹心复合墙砌体的外叶墙应随砌随划缝（深度为 7～10mm），应采用专门的勾缝剂勾凹圆或 V 形缝，灰缝应厚薄均匀、颜色一致。砌筑水池、化粪池、窖井和检查井还应遵守一些专门的规定，即设计无要求时一般应采用普通砖和水泥砂浆并应砌筑严实；砌体应同时砌筑（同时砌筑有困难时必须砌成斜槎）；各种管道及附件必须在砌筑时按设计要求埋设。正常施工条件下砖砌体每日砌筑高度宜控制在 1.5m 或一步脚手架高度内。

（2）质量管理。

材料进场时应检查材料的质量合格证明（对有复检要求的原材料应及时送检，检验结果满足设计及相关现行标准规范要求后方可使用）。砖砌体工程施工中应及时检查送检的砂浆试块、混凝土试块检验报告（检验结果应满足设计要求。不满足设计要求时应及时处理）。砖砌体工程施工中施工单位应及时对隐蔽工程进行隐蔽前的检查验收，应对已完成砖砌体工程的轴线、标高、砌筑外观质量、砖砌体的铅直度及表面平整度等进行检查，各项检查结果应满足设计及我国现行《砌体结构工程施工质量验收规范》（GB 50203—2011）的规定并形成检查记录。砖砌体工程施工中应严格执行工序间的交接质量检查规定。

7.2.6　混凝土小型空心砌块砌体工程施工的基本要求

以下仅介绍普通混凝土小型空心砌块、轻骨料混凝土小型空心砌块（以下简称小砌块）砌体的施工。施工中，底层室内地面以下或防潮层以下的砌体应采用水泥砂浆砌筑，小砌块的孔洞应采用强度等级不低于 Cb20 的混凝土灌实。防潮层以上的小砌块砌体宜采用专用砂浆砌筑，采用其他砌筑砂浆时应采取改善砂浆和易性和黏结性的措施。小砌块砌筑时的含水率对普通混凝土小砌块宜为自然含水率（天气干燥炎热时可提前喷水湿润）；对轻骨料混凝土小砌块宜提前 2d 浇水湿润；严禁雨天施工；小砌块表面有浮水时不得使用。防潮层以上的小砌块砌体宜采用专用砂浆砌筑，采用其他砌筑砂浆时应采取改善砂浆和易性和黏结性的措施。

（1）砌筑施工。

砌筑墙体时小砌块产品龄期不应小于 28d。砌筑中不得使用断裂小砌块，承重墙体中严禁使用有竖向裂缝的小砌块。小砌块表面的污物应在砌筑前清理干净，灌孔部位的小砌块应打磨掉其底部孔洞周围的混凝土毛边。砌筑厚度大于 190mm 的小砌块墙体时宜在墙体内外侧同挂两根水平准线。小砌块应将生产时的底面朝上反砌于墙上。小砌块墙内不得混砌黏土砖或其他墙体材料（需要局部嵌砌时应采用不低于 C20 的适宜尺寸的配套预制混凝土块）。小砌块砌体应对孔错缝搭砌且其搭砌应符合要求，即单排孔小砌块的搭接长度应为块体长度的 1/2（多排孔小砌块的搭接长度不宜小于砌块长度的 1/3）；个别部位不能满足上述搭接要求时应在此部位的水平灰缝中设 ϕ4mm 钢筋网片且网片两端与该位置的竖缝距离不得小于 400mm（或采用适宜规格的配块）；墙体竖向通缝不得超过 2 皮小砌块且其独立柱不得有竖向通缝。墙体的转角处和纵横墙交接处应分皮咬槎、交错搭砌，墙体临时间断处应砌成斜槎（斜槎水平投影长度不应小于斜槎高度），抗震设防地区严禁留直槎（非抗震设防地区除外墙转角处外，墙体临时间断处可从墙面伸出 200mm 砌成直槎，并应沿墙高每隔 600mm 设 2Φ6mm 拉结筋或钢筋网片。拉结筋或钢筋网片必须准确埋入灰缝或芯柱内，埋入长度从留槎处算起每边均不应小于 600mm，外露部分不得随意弯折）。190mm 厚的自承重小砌块墙体可与承重墙同时砌筑，小于 190mm 厚的自承重小砌块墙宜后砌且应按设计要求从承重墙预留拉结筋或钢筋网片。砌筑小砌块的砂浆应随铺随砌（砌筑时的一次铺灰长度不宜超过 2 块主规格块体的长度），水平灰缝应满铺下皮小砌块的全部壁肋或单排、多排孔小砌块的封底面，竖向灰缝宜将小砌块一个端面朝上满铺砂浆（上墙应挤紧并须加浆插捣密实），灰缝应横平竖直。砌筑时墙面应用原浆做勾缝处理，缺灰处应补浆压实，勾缝宜做成凹缝（凹进墙面约 2mm），对有外保温或外抹灰的墙体可不做原浆勾缝处理。小砌块砌体的水平灰缝厚度和竖向灰缝宽度宜为 10mm（不应小于 8mm，也不应大于 12mm）。需要移动砌体中的小砌块或被撞动的小砌块时应重新铺砌。砌入墙内的构造钢筋网片和拉结筋应放置在水平灰缝的砂浆层中（不得有露筋现象），钢筋网片应采用点焊工艺制作且其纵横筋相交处不得重叠点焊（应控制在同一平面内）。直接安放预制梁、板的墙体顶皮小砌块应正砌并用 Cb20 混凝土填实孔洞（或用实心小砌块砌筑），现浇圈梁、挑梁、楼板等构件时其支承墙的顶皮小砌块应正砌（其孔洞应预先用 Cb20 混凝土填实至约 140mm 高度，尚余约 50mm 高的洞孔应与现浇构件同时浇灌密实）。固定现浇圈梁、挑梁等构件侧模的水平拉杆、扁铁或螺栓所需的穿墙孔洞宜在砌体灰缝中预留（或采用设有穿墙孔洞的异型小砌块，不得在小砌块上打洞），利用侧砌的小砌块孔洞进行支模时其模板拆除后应用实心小砌块或 Cb20 混凝土填实孔洞。砌筑小砌块墙体应采用双排脚手架或工具式脚手架，需要在墙上设置脚手眼时可用辅助规格的小砌块侧砌（利用其孔洞作脚手眼，墙体完工后应采用不低于强度等级为 Cb20 的混凝土填实）。施工洞口可预留直槎，但在洞口砌筑和补砌时应在直槎上下搭砌的小砌块孔洞内用强度等级不低于 C20（或 Cb20）的混凝土灌实。小砌块夹心复合墙的砌筑应符合相关规定。小砌块夹心复合墙砌筑时其墙面应用原浆做勾缝处理，勾缝宜做成凹缝（凹进墙面约 2mm），对有外抹灰的墙体可不做原浆勾缝处理。正常施工条件下小砌块砌体每日砌筑高度宜控制在 1.5m 或一步脚手架高度内。

（2）混凝土芯柱施工。

砌筑芯柱部位的墙体应采用不封底的通孔小砌块。芯柱混凝土宜采用符合我国现行《混凝土砌块（砖）砌体用灌孔混凝土》（JC 861—2008）的灌孔混凝土。每根芯柱的柱脚部位宜采用带清扫口的 U 形、E 形或 C 形等异形小砌块砌出操作孔，砌筑芯柱时应随时刮去孔洞内壁凸出砂浆（直至一个楼层高度）并应及时清除芯柱孔洞内掉落的砂浆等杂物。浇灌芯柱混凝土应遵守相关规定，即应清除孔洞内的杂物并用水冲洗；砌筑砂浆强度大于 1.0MPa 后方可浇灌芯柱混凝土且每层应连续浇灌；灌筑芯柱混凝土前应先浇 50mm 厚与芯柱混凝土配比相同的去石水泥砂浆后再浇灌混凝土（每浇灌 500mm 左右高度应捣实一次，或边浇灌边用插入式振捣器捣实）；应事先计算每个芯柱的混凝土用量并应按计量浇灌混凝土；芯柱与圈梁交接处可在圈梁下 50mm 处留置施工缝。芯柱混凝土在预制楼盖处应贯通且不得削弱芯柱断面尺寸。芯柱的纵向钢筋应采用带肋钢筋，其应通过清扫口与从圈梁（基础圈梁、楼层圈梁）或连系梁伸出的竖向插筋绑扎搭接（搭接长度应符合设计要求）。芯柱混凝土的拌制、运输、浇筑、养护、成品质量等应符合我国现行《混凝土结构工程施工质量验收规范》（GB 50204—2002）的规定。外墙转角处、外墙与内墙交接处的芯柱宜采用钢筋混凝土构造柱。

（3）质量管理。

施工过程中应及时检查小砌块、芯柱混凝土和砌筑砂浆的强度检验报告（其结果应符合设计要求）。砌体水平灰缝和竖向灰缝的砂浆饱满度应采用专用百格网进行检查，其饱满度按净面积计算不得低于 90%。墙体组砌方式应采用观察法进行检查，结果应符合相关规范要求。混凝土小型空心砌块砌体工程施工中，施工单位应及时对隐蔽工程进行隐蔽前的检查验收，应对已完成砌体工程的轴线、标高、砌筑外观质量、砌体的铅直度及表面平整度等进行检查，各项检查结果应满足设计要求及我国现行《砌体结构工程施工质量验收规范》（GB 50203—2011）的规定并形成检查记录。对小砌块砌体的芯柱应进行以下两方面检查，即小砌块砌体的芯柱混凝土密实性（采用锤击法进行检查，必要时可采用钻芯法或超声法进行检测）；楼盖处芯柱尺寸及芯柱设置位置（应逐层检查，检查结果应符合设计要求）。小砌块砌体的水平灰缝厚度应采用尺量 5 皮小砌块的高度折算，竖向灰缝宽度应采用尺量 2m 砌体长度折算，各项检查结果应符合规范规定。

7.2.7　石砌体工程施工的基本要求

以下仅介绍毛石、料石砌体结构的施工要求。石砌体的转角处和交接处应同时砌筑（对不能同时砌筑而又必须留置的临时间断处应砌成踏步槎）。梁、板等受弯构件石材不应存在"胍痕"，梁的顶、底面应为"涩面"，两侧面应为"劈面"，板的顶、底面应为"劈面"，两侧面应为"涩面"。石砌体应采用铺浆法砌筑，砂浆必须饱满，叠砌面的粘灰面积（即砂浆饱满度）应大于 80%。

（1）毛石砌体砌筑施工。

毛石砌体所用毛石应无风化剥落和裂纹，应无细长扁薄和尖锥、无水锈，毛石应呈块状，其中部厚度不宜小于 150mm。毛石砌体宜分皮卧砌、错缝搭砌，毛石砌体的第一皮及转角处、交接处和洞口处应用较大的平毛石砌筑。毛石砌体的灰缝应饱满密实（厚度不宜大于 40mm），石块间不得有相互接触现象（石块间较大的空隙应先填塞砂浆，后用碎石石块嵌实，不得采用先摆碎石后塞砂浆或干填碎石块的方法）。砌筑时应避免出现通缝、干缝、空缝和孔洞。砌筑毛石基础的第一皮毛石时应先在基坑底铺设砂浆并将大面向下，阶梯形毛石基础的上级阶梯的石块应至少压砌下级阶梯的 1/2（相邻阶梯的毛石应相互错缝搭砌）。毛石基础砌筑时应拉垂线（立线）及水平线（卧线）。毛石砌体必须设置拉结石且拉结石应符合规定，即拉结石应均匀分布、相互错开（毛石基础同皮内应每隔 2m 左右设置一块；毛石墙一般每 $0.7m^2$ 墙面至少应设置一块且同皮内的中距不应大于 2m）；拉结石的长度应符合要求（当基础宽度或墙厚不大于 400mm 时应与基础宽度或墙厚相等。当基础宽度或墙厚大于 400mm 时可用两块拉结石内外搭接，搭接长度不应小于 150mm 且其中一块的长度不应小于基础宽度或墙厚的 2/3）。石砌体每天的砌筑高度不得大于 1.2m。毛（料）石和实心黏土砖的组合墙中（见图 7-46，其中，a 为拉结砌合高度；b 为拉结砌合宽度；c 为毛石墙的设计厚度）的毛石砌体与砖砌体应同时砌筑其应每隔 4～6 皮砖用 2～3 皮丁砖与毛石砌体拉结砌合（毛石与实心砖的咬合尺寸应大于 120mm，两种砌体间的空隙应用砂浆填满）。勾缝应符合相关要求，即勾平缝时应将灰缝嵌塞密实（缝面应与石面相平并把缝面压光）；勾凸缝时应先用砂浆将灰缝补平（待初凝后再抹第二层砂浆，压实后用专用工具捋成宽度为 40mm 的凸缝）；勾凹缝时应将灰缝嵌塞密实（缝面应比石面深 10mm 左右并把缝面压平溜光）。

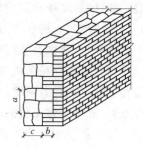

图 7-46 毛石与实心砖组合墙示意

（2）料石砌体砌筑施工。

各种砌筑用料石的宽度、厚度均不宜小于 200mm，长度不宜大于厚度的 4 倍，料石加工的允许偏差应符合表 7-10 的规定（设计有特殊要求时应按设计要求加工）。料石砌体的水平灰缝应平直、竖缝宽窄一致（其中细料石砌体不宜大于 5mm，粗料石和毛料石砌体不宜大于 20mm）。料石墙砌筑形式可采用丁顺叠砌、二顺一丁、丁顺组砌、全顺叠砌。料石清水墙中不得留脚手眼。料石墙的第一皮及每个楼层的最上一皮应丁砌。

表 7-10　料石加工的允许偏差

料石种类		细料石	粗料石	毛料石
允许偏差	宽度、厚度/mm	±3	±5	±10
	长度/mm	±5	±7	±15

（3）挡土墙砌筑施工。

以下仅介绍建筑场地周围的浆砌毛石、料石挡土墙施工。砌筑挡土墙应遵守相关规范规定。砌筑毛石挡土墙应遵守相关规定，毛石的中部厚度不宜小于 200mm，应以每砌 3～4 皮为一个分层高度且每个分层高度应找平一次，外露面的灰缝厚度不得大于 40mm（两个分层高度间的错缝不得小于 80mm）。料石挡土墙宜采用同皮内丁顺相间的砌筑形式，当中间部分用毛石填砌时其丁砌料石伸入毛石部分的长度不应小于 200mm。砌筑挡土墙应按设计要求收坡或收台并应设置伸缩缝和泄水孔，设计无明确规定时其泄水孔施工应按经验做法施工（即泄水孔应均匀设置且应在每米高度上间隔 2m 左右设置一个泄水孔；泄水孔宜采取抽管或埋管方法留置；泄水孔周围的杂物应清理干净且应在泄水孔与土体间铺设长宽各为 300mm、厚 200mm 的卵石或碎石作疏水层）。挡土墙内侧回填土应分层夯填密实且其密实度应符合设计要求，墙顶土面应有适当坡度使流水流向挡土墙外侧面。

（4）质量管理。

料石的品种、规格、颜色、强度等级等必须符合设计要求，石材材质应质地坚实且无风化剥落和裂缝等缺陷并应有出厂合格记录和检验报告。进行现场二次加工的料石其加工质量应按相关规范进行检查。毛石使用前应无污垢、锈迹，料石表面也应无泥垢、水质等杂质。石砌体原灰缝的砂浆饱满度以及砌体尺寸、位置、偏差、组砌体形式等应按我国现行《砌体结构工程施工质量验收规范》（GB 50203—2011）的规定进行检验。料石基础及墙体应进行观感检查，观感检查应遵守相关规定，组砌方法应正确且灰缝均匀（不得有通缝、瞎缝）；灰缝砂浆应饱满且横平竖直（不得有空隙、亮缝）；清水墙、柱面应清晰美观、色泽均匀；混水墙面应平整洁净、阴阳线角流畅（宽窄、深浅、厚度应一致且搭接应平整通顺）；墙面勾缝应均匀、密实、光洁且宽度均匀。毛石基础及墙体应进行观感检查，观感检查应遵守相关规定，组砌方法应正确且拉结石的设置及分布应符合规定；灰缝砂浆应密实度（不得有瞎缝、亮缝）；毛石砌体的灰缝、整体外观以及勾缝应符合要求。

7.2.8　配筋砌体工程施工的基本要求

以下仅介绍配筋砖砌体、砖砌体和钢筋混凝土面层或钢筋砂浆面层的组合砌体、砖砌体和钢筋混凝土构造柱组合墙及配筋砌块砌体工程的施工要求。配筋砖砌体和配筋混凝土砌块砌体的施工应遵守前述基本施工规定。配筋砖砌体构件、组合砌体构件和配筋砌块砌体剪力墙构件的混凝土或砂浆的强度等级及钢筋的品种、规格、数量应符合设计要求。配筋砌体中的钢筋应根据构件所处的环境类别选择有效的防腐、防锈措施。设置在砌体水平灰缝内的钢筋应沿灰缝厚度居中放置，灰缝厚度应超过钢筋直径 6mm 以上（设置钢筋网片时应超过网片厚度 4mm 以上，但灰缝最大厚度不宜超过 15mm），砌体外露面砂浆保护层的厚度不应小于 15mm。伸入砌体内的锚拉钢筋从接缝处算起不得少于 500mm（对多孔砖墙和砌块墙不小于 700mm）。

（1）配筋砖砌体施工。

钢筋砖过梁内的钢筋应均匀、对称放置，过梁底面应铺 1∶3 水泥砂浆层（其厚度宜为 30mm），钢筋应埋入砂浆层中（两端伸入支座砌体内的长度应不小于 240mm 并应有 90°弯钩埋入墙的竖缝内），钢筋砖过梁的第一皮砖应丁砌。网状配筋砌体的钢筋网宜采用焊接网片。由砌体和钢筋混凝土或配筋砂浆面层构成的组合砌体构件其连接受力钢筋的拉结筋应在两端做成弯钩并在砌筑砌体时正确埋入，当组合砖砌体一侧竖向受力钢筋多于 4 根时应设置附加箍筋或拉结钢筋。组合砌体构件的面层施工应在砌体外围分段支设模板（每段支模高度宜在 500mm 以内），应浇水润湿模板及砖砌体面后分层浇灌混凝土或砂浆并振捣密实。设置钢筋混凝土构造柱的砌体应先砌墙后浇注混凝土构造柱，浇注混凝土前必须将砖砌体与模板浇水润湿并清理模板内残留的砂浆和碎砖。构造柱混凝土可分段浇灌（每段高度不宜大于 2m），施工条件较好且能确保浇灌密实时也可每层浇灌一次。钢筋混凝土构造柱的竖向受力钢筋应在基础梁和楼层圈梁中锚固（锚固长度应符合设计要求）。构造柱与墙体的连接处应砌成马牙槎，其砌筑工艺应符合规范规定。

（2）配筋砌块砌体施工。

配筋砌块砌体的砌筑应采用专用的砌筑砂浆和专用的灌孔混凝土，其性能应符合《混凝土小型空心砌块和混凝土砖砌筑砂浆》（JC 860—2008）和《混凝土砌块（砖）砌体用灌孔混凝土》（JC 861—2008）的规定。配筋混凝土砌块砌体工程中的芯柱施工应遵守相关规范规定。芯柱钢筋应与基础或基础梁中的预埋钢筋连接，上下楼层的钢筋可在楼板面上连接，钢筋直径大于 22mm 时宜采用机械接头连接（其他直径的钢筋可采用搭接连接），钢筋搭接长度应符合设计要求。配筋砌块砌体剪力墙的水平钢筋在凹槽砌块的混凝土带中钢筋的锚固、搭接长度应符合设计要求。配筋砌块砌体剪力墙两平行钢筋间的净距应不小于 50mm，水平钢筋搭接时应设连接件以保证钢筋重叠部位上下搭接，在抗震设防地区的水平钢筋应沿墙长连续设置（两端可锚入端部灌孔混凝土中）。当剪力墙墙端设置混凝土柱作为边缘构件时应按"先砌砌块墙体、后浇捣混凝土柱"的施工顺序进行，墙体中的水平钢筋应在柱中锚固并应满足钢筋的锚固要求。

（3）质量管理。

配筋砖砌体中的钢筋网片、箍筋、拉结筋或配筋砌块砌体中的水平钢筋应在进行隐蔽工程验收后方可砌筑上一皮块体。网状配筋砌体的钢筋网不得用分离放置的单根钢筋代替。混凝土构造柱施工逐层安装模板前必须根据构造柱轴线校正竖向钢筋的位置和铅直度，箍筋间距应准确并应分别与构造柱的竖筋和圈梁的纵筋垂直地绑扎牢靠。配筋混凝土砌块砌体工程中的芯柱施工应设专人检查混凝土灌入量（认可后方可继续施工），每一层楼或每一种强度等级的混凝土应至少检查一次且混凝土应至少制作一组试块（每组三块），混凝土强度等级或配合比变更时还应相应制作试块。配筋砌体施工质量检查应遵守相关规范规定。

7.2.9　填充墙与隔墙砌体工程施工的基本要求

以下仅介绍烧结空心砖、轻骨料混凝土砌块、蒸压加气混凝土砌块等填充墙与隔墙砌体施工。轻骨料混凝土砌块、蒸压加气混凝土砌块砌筑时其产品龄期应超过 28d，蒸压加气混凝土砌块的含水率宜小于 30%。填充墙宜按不同块材特性选用相应种类的砂浆砌筑。吸水率较小的轻骨料混凝土砌块及采用薄灰砌筑法施工的蒸压加气混凝土砌块砌筑前不应对其浇（喷）水湿润，气候干燥炎热情况下对吸水率较小的轻骨料混凝土砌块宜在砌筑前喷水湿润。采用普通砌筑砂浆砌筑填充墙时，烧结空心砖、吸水率较大的轻骨料混凝土砌块应提前 1～2d 浇（喷）水湿润。蒸压加气混凝土砌块采用蒸压加气混凝土砌块砌筑砂浆（或普通砌筑砂浆）砌筑时应在砌筑当天对砌块砌筑面喷水湿润。块体湿润程度应符合规定（即烧结空心砖的相对含水率宜为 60%～70%；吸水率较大的轻骨料混凝土砌块、蒸压加气混凝土砌块的相对含水率宜为 40%～50%）。蒸压加气混凝土砌块砌体在不采取有效措施的情况下不宜在一些特定的部位或环境中使用（比如建筑物外墙防潮层以下；长期浸水或化学侵蚀环境；砌体表面温度高于 80℃ 的部位）。在厨房、卫生间、浴室等房间用轻骨料混凝土砌块或蒸压加气混凝土砌块砌筑墙体时其墙底部应砌普通砖或现浇混凝土坎台（高度不宜小于 150mm）。主体结构的拉结筋应预埋在结构墙柱上，采用后置式方法设置拉结钢筋时应对拉结钢筋进行实体拉拔强度试验。填充墙砌体应与主体结构可靠连接（其连接构造应符合设计要求，未经设计同意不得随意改变连接构造方法）。填充墙在砌块砌体上钻孔、镂槽或切锯等均应使用专用工具（不得任意剔凿）。

（1）砌筑。

不同强度等级的蒸压加气混凝土砌块、轻骨料混凝土砌块不得混砌（也不应与其他墙体材料混砌）。砌筑时应预先试排块并应优先使用整块，需断开砌块时的锯裁砌块长度不应小于砌块总长度的1/3，长度小于200mm的砌块不得用于排块。填充墙砌体砌筑应待承重主体结构检验批验收合格后进行，填充墙与承重主体结构之间的空（缝）隙部位施工应在填充墙砌筑14d后进行。

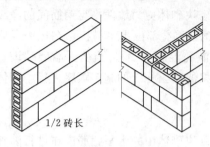

图7-47　空心砖墙砌筑形式

（2）烧结空心砖砌体施工。

孔洞水平放置砌筑时空心砖宜侧立砌筑（孔洞是水平方向，空心砖墙的厚度等于空心砖的厚度）并应全顺侧砌、错缝砌筑（上下竖缝应相互错开1/2砖长），砌筑形式见图7-47。孔洞竖直放置砌筑时的砌筑空心砖宜采用刮浆法（竖缝应先批砂浆后再砌筑），水平铺浆时应先用套板盖住孔洞后再铺浆（以免砂浆掉入孔洞内），砌筑时空心砖应放平，水平灰缝厚度和竖向灰缝宽度宜为10mm（不应小于8mm也不宜大于12mm）。采用非整砖时，第一皮空心砖砌筑时应进行试摆，排砖时凡不够半砖处应用普通砖补砌，半砖以上的非整砖宜用无齿锯加工制作，非整砖块不得用砍凿方法将砖打断。各种预留洞、预埋件、预埋管应按设计要求设置，不得砌筑后剔凿。组砌方法应正确且应上、下错缝，交接处应咬槎搭砌，掉角严重的空心砖不宜使用，转角及交接处应同时砌筑（不得留直槎），其他部位应留斜槎且斜砌高度应不大于1.2m。

当前烧结空心砖的品种、规格较多，非模数空心砖所占比例较大，因此在空心砖砌筑前平面和立面应做好墙体排砖设计，应尽量采用主规格的空心砖，尽量减少辅助规格空心砖数量和种类，以满足组砌要求。对于潮湿环境的保温空心砖墙体，应采取有效的防潮防水措施。砌体应上下错缝，采用一眠一斗砌筑时其两块斗砖中部应填充聚苯板材等保温材料，眠砖接缝处在缝中部放置聚苯片，片高同空心砖高度，片宽与斗砖中填充的聚苯板相同，片厚10～12mm，砌体施工时应在混凝土墙、柱、梁处预留施工保温层余量。设置构造柱时的砌体两边应同时砌筑，砌体高度每500mm左右处设置不小于2Φ6mm的贯通拉结钢筋，砌体施工时不得留有脚手眼和施工孔洞，圈梁、构造柱混凝土支模时应采用不小于φ12的螺栓作为拉结杆件。墙体中预埋电气管线时应将管线穿入空心砌块中，水电施工人员应做好配合，应尽量避免砌筑后剔凿（必须进行剔凿时应对剔凿部位使用细石混凝土或聚氨酯发泡填充严密）。

（3）轻骨料混凝土砌块砌体施工。

空心砌块砌体的砌筑应遵守相关规定。小砌块墙体孔洞中须填充隔热或隔声材料时应砌一皮灌填一皮，应填满但不得捣实。砌筑带保温夹心层的小砌块墙体时应将保温夹心层一侧靠置室外并应对孔错缝，左右相邻小砌块中的保温夹心层应互相衔接，上下皮保温夹心层间的水平灰缝处应砌入同质保温材料。砌块每日砌筑高度应控制在1.4m或一步脚手架高度。

（4）蒸压加气混凝土砌块砌体施工。

填充墙砌筑时应上下错缝，搭接长度不应小于砌块长度的1/3并应不小于150mm（不能满足时应在水平灰缝中设置2φ6mm钢筋或φ4钢筋网片加强，加强筋长度不应小于500mm）。蒸压加气混凝土精确砌块砌筑宜采用薄灰砌筑法施工（采用"薄灰砌筑法"施工时应采用专用黏结砂浆，砌块不得用水浇湿，其灰缝厚度宜为 4~5mm。采用非专用黏结砂浆砌筑时应向砌筑面喷水湿润，浸水深度以 8mm 为宜，水平灰缝厚度宜为 15mm，竖向灰缝宜为 20mm。灰缝应横平竖直，砂浆饱满，灰缝饱满度不应低于 80%）。切锯砌块应使用专用工具（不得用斧子或瓦刀等任意砍劈），洞口两侧应选用规则整齐的砌块砌筑。

（5）质量管理。

填充墙砌筑前应进行相关检查，应及时对后置拉结钢筋力学性能进行检测（结果应符合设计及我国现行《砌体结构工程施工质量验收规范》（GB 50203—2011）的规定），应对圈梁、构造柱、水平系梁以及墙体拉结筋的位置、锚固长度以及搭接长度进行检查（结果应符合设计施工规范要求，并应进行隐蔽工程验收、填写隐蔽工程验收记录）。应做好各工序间交接检查工作。

7.2.10 冬期与雨期施工的基本要求

冬期的砌体工程施工应遵守我国现行《砌体结构工程施工质量验收规范》（GB 50203—2011）、《建筑工程冬期施工规程》（JGJ 104—2011）的规定，应做好冬期施工的器材贮备工作（包括暂设热源、设备、防寒保温材料等）。冬期施工所用材料应符合要求，砌筑前应清除块材表面污物、冰霜等（遭水浸冻后的砖或砌块不得使用），石灰膏应防止受冻（如遭冻结则应经融化后方可使用），拌制砂浆所用砂不得含有冰块和直径大于 10mm 的冻结块，砂浆宜优先采用硅酸盐水泥拌制（冬期砌筑不得使用无水泥拌制的砂浆），拌合砂浆宜采用两步投料法（水的温度不得超过 80℃，砂的温度不得超过 40℃，砂浆稠度宜较常温适当增大），砌筑时砂浆温度不应低于 5℃。冬期施工过程中施工记录除应遵守常规要求外还应包括室外空气温度、暖棚温度、砌筑砂浆温度、外加剂掺量以及其他有关内容。严禁使用已遭冻结的砂浆，不得以热水掺入冻结砂浆内重新搅拌使用且不宜在砌筑时的砂浆内掺水使用。混凝土砌块冬期施工对低于 M10 强度等级的砌筑砂浆应比常温施工提高一级。冬期施工搅拌砂浆的时间应适当延长（一般要比常温期增加 0.5~1 倍）并应采取有效措施减少砂浆在搅拌、运输、存放过程中的热量损失。砌筑工程的冬期施工应优先选用外加剂法。砌体施工时应将各种材料集中堆放并用草帘、草包等遍盖保温。

雨期施工应结合本地区特点编制专项雨期施工方案，应备足防雨应急材料并对操作人员进行技术交底，砌筑材料堆放应做好防雨及排水措施。雨期施工应遵守相关规定，遇大雨时必须停工并应对已砌筑砌体及时覆盖，雨后继续施工时应复核已完工砌体的铅直度和标高，应加强原材料的存放和保护（避免久存受潮），应加强雨期施工期间的砌体稳定性检查，砌筑砂浆的拌合量不宜过多，拌好的砂浆要防止雨水冲刷，电气装置及机械设备应有防雨设施。

（1）外加剂法冬期施工。

冬期施工的砖砌体宜采用"三一"砌筑法施工。冬期施工中每日砌筑高度不宜超过 1.2m，砌筑后应及时在砌筑表面覆盖保温材料，砌筑表面不得留有砂浆，继续砌筑前应扫净砌筑表面后再施工。当最低气温不高于 -15℃时采用外加剂法砌筑承重砌体的砂浆强度等级应按常温施工时的规定提高一级。冬期砌筑采用氯盐或亚硝酸盐类防冻剂时其氯盐应以氯化钠为主，气温低于−15℃时也可与氯化钙复合使用，氯盐掺量应按表 7 - 11 确定（表中掺盐量以无水氯盐计，选用其他各种复合型外加剂应参照相应使用说明书决定掺量并应注意使用环境要求）。在氯盐砂浆中掺加砂浆增塑剂时应先加氯盐溶液后加砂浆增塑剂。外加剂溶液应设专人配制并应先配制成规定浓度溶液置于专用容器中，然后再按规定加入搅拌机中拌制成所需砂浆。掺用氯盐的砂浆砌体不得用于一些不适宜的环境（比如对装饰工程有特殊要求的建筑物；使用湿度大于 80％的建筑物；热工要求高的工程；配筋、铁埋件无可靠的防腐处理措施的砌体；变电所、发电站等接近高压电线的建筑物；经常处于地下水位变化范围内且又没有防水措施的砌体；经常受 40℃以上高温影响的建筑物；等）。砖与砂浆的温度差值宜控制在 20℃以内（不应超过 30℃）。

表 7 - 11　　　　　　　　　　氯盐外加剂掺量（占用水量 1%）

盐及砌体材料各类			日最低气温/℃			
			≥−10	−11～−15	−16～−20	低于−20
单盐	氯化钠	砖、砌块	3	5	7	—
		砌石	4	7	10	—
双盐	氯化钠	砖、砌块	—	—	5	7
	氯化钙		—	—	2	3

（2）暖棚法冬期施工。

暖棚法适用于地下工程、基础工程以及量小又急需砌筑使用的砌体结构（暖棚法适用于建筑面积不大、工程项目集中的砌筑工程。由于搭设暖棚需要大量的材料、设备和劳动力成本高，一般不宜多用）。采用暖棚法施工时其块体和砂浆在砌筑时的温度不应低于 5℃，距离所砌结构底面 0.5m 处的棚内温度不得低于 5℃。在暖棚内的砌体养护时间应根据暖棚内的温度按表 7 - 12 确定。采用暖棚法施工而搭设的暖棚应牢固、整齐，出入口最好设一个并放在背风面，同时应做好避风屏障并采用保温门帘，必须放两个出入口时应避免两出入口对齐。

表 7 - 12　　　　　　　　　　暖棚法砌体的养护时间

暖棚内温度/℃	5	10	15	20
养护时间不少于/d	6	5	4	3

（3）雨期施工。

雨期施工时应防止基槽灌水和雨水冲刷砂浆，砂浆的稠度应适当减少，每天砌筑高度不宜超过 1.2m。块材表面存在水渍或明水时不得用于砌筑。雨期的清水墙应及时勾缝。夹心复合墙每日砌筑工作结束后要用防雨布把墙上口盖住。

7.2.11　砌体结构施工安全与环保要求

（1）安全要求。

砌体结构施工中施工单位必须按施工方案对安全生产进行严格的过程控制，必须对施工作业人员进行安全交底并形成书面交底记录。施工机械的使用必须符合《建筑机械使用安全技术规程》（JGJ 33—2012）及《施工现场临时用电安全技术规范》（JGJ 46—2005）

的有关规定并应定期检查、维护。采用升降机、龙门架及井架物料提升机运输必须符合《建筑施工升降机安装、使用、拆卸安全技术规程》（JGJ 215—2010）、《龙门架及井架物料提升机安全技术规范》（JGJ 88—2010）的有关规定，进行垂直运输时的一次提升总重量不得超过机械起重或提升能力且应有防散落、抛洒措施。车辆运输砌块的装箱高度不得超出车厢，砂浆车内浆料应低于车厢上口 10cm。安全通道应搭设可靠并有明显标识。现场人员应佩戴安全帽，高空作业时应挂好安全网。采用滑槽向基槽或基坑内人工运送物料时的落差不宜超过 5m，严禁向有人作业的基槽或基坑内抛掷物料。距基槽或基坑边沿 2m 以内禁止堆放物料，堆放物料的高度不应超过 1.5m。基础砌筑前应仔细检查坑槽（有塌方危险或支撑不牢固的应采取可靠措施），作业人员出入基槽或基坑必须有上下坡道、踏步或梯子并应有雨、雪天防滑设施和措施。砌筑用脚手架必须符合《建筑施工扣件式钢管脚手架安全技术规范》（JGJ 130—2011）、《建筑施工木脚手架安全技术规范》（JGJ 164—2008）、《建筑施工工具式脚手架安全技术规范》（JGJ 202—2010）等相关标准的规定并应按经审查批准的施工方案搭设，验收合格后不准随意拆除和改动脚手架。在脚手架上砍砖时应向内将碎砖打在架板上（严禁向架外砍砖），脚手架上堆普通砖、多孔砖不得超过三层（侧放），空心砖或砌块不得超过两层（侧放），翻架时应先将架板上的碎砖等杂物清理干净后再翻架。在建筑高处进行的砌筑作业必须符合《建筑施工高处作业安全技术规范》（JGJ 80—1991）的相关规定，不得在卸料平台上、脚手架上、升降机、龙门架及井架物料提升机出入口等位置进行砌块、石料的切割、打凿加工，严禁站在墙顶操作和行走，工作完毕应将墙上和脚手架上多余的材料、工具清理干净。楼层卸料和备料不应集中堆放，不得超过楼板的承载能力。作业楼层的周围必须进行封闭围护同时应设置防护栏及张挂安全网，楼层内的预留洞口、电梯口、楼梯口等必须搭设防护栏杆，预留孔洞应加盖封堵。生石灰运输过程中应采取防水措施，应不与易燃易爆物品共存、贮运。淋灰池、水池应有护墙或护栏。未施工楼层板或屋面板的墙或柱可能遇到大风时其允许自由高度不得超过表 7-13 的规定（超过表中限值时必须采用临时支撑等有效措施防护）。表 7-13 适用于施工处相对标高 H 在 10m 范围内的情况，$10m < H \leqslant 15m$、$15m < H \leqslant 20m$ 时表中的允许自由高度应分别乘以 0.9、0.8 的系数，$H > 20m$ 时应通过抗倾覆验算确定其允许自由高度，当所砌筑的墙有横墙或其他结构与其连接且间距小于表列限值的 2 倍时其砌筑高度可不受该表的限制。现场加工区材料切割、打凿加工人员、砂浆搅拌作业人员以及水泥、粉煤灰、石灰膏、电石膏的搬运人员等除必须戴好安全帽外还应再佩戴防护眼镜、口罩、手套，穿着长袖工作服、胶鞋等，应防止吸入粉尘、腐蚀皮肤。冬期施工中对砂浆搅拌站和砌筑现场采取炉火升温及保温围护措施时作业现场必须备有灭火器材，必须确保墙体保温材料、可燃性施工设施等与炉火隔离或保持 2m 以上的安全距离，严禁在保温围护后的封闭空间内直接堆火取暖而必须采用安装有排烟管道的炉具取暖，必须采取必要的通风措施以防止作业人员煤气中毒。

（2）环保要求。

施工单位应制定砌体结构工程施工的环境保护措施，应选择清洁环保的作业方式，应减少对周边地区的环境影响。施工现场砂浆（混凝土）搅拌机应有防风、隔音的封闭围护设施并宜安装除尘装置，其噪声应控制在当地有关部门的规定范围内。水泥、粉煤灰、外

表 7 - 13　　　　　　　　　　墙和柱的允许自由高度　　　　　　　　　（单位：m）

墙（柱）厚/mm	砌体密度＞1600/(kg/m³)			砌体密度1300～1600/(kg/m³)		
	风载/(kN/m²)			风载/(kN/m²)		
	0.3（约7级风）	0.4（约8级风）	0.5（约9级风）	0.3（约7级风）	0.4（约8级风）	0.5（约9级风）
190	—	—	—	1.4	1.1	0.7
240	2.8	2.1	1.4	2.2	1.7	1.1
370	5.2	3.9	2.6	4.2	3.2	2.1
490	8.6	6.5	4.3	7.0	5.2	3.5
620	14.0	10.5	7.0	11.4	8.6	5.7

加剂等应有能够防潮并且不易扬尘的专用库房存放，露天堆放的砂、石、水泥、粉状外加剂、石灰等材料应进行覆盖以减少扬尘，石灰膏应设专用储存池存放。对施工现场道路、材料堆场地面宜进行硬化并应经常洒水清扫以保持场地清洁。运输车辆应无遗洒且驶出工地前应清洗车轮。砂浆搅拌、运输、使用过程中遗漏的砂浆应及时回收处理，砂浆搅拌及清洗机械所产生的污水必须经过沉淀池沉淀后排放。高处作业时严禁扬洒物料、垃圾、粉尘以及废水，作业区域垃圾应当天清理完毕并应统一装袋运输（严禁随意抛掷）。机械、车辆检修和更换油品时应防止油品洒漏在地面或渗入土壤，应做好废油回收工作，严禁将废油直接排入下水管道。切割作业区域的机械应进行封闭围护以减少扬尘和噪声排放。夜间作业应遵守当地政府管理部门的相关规定。

思　考　题

1. 谈谈你对砌块结构工程的认识。
2. 砌块结构工程设计有哪些基本要求？
3. 砌块结构工程施工有哪些基本要求？
4. 你对砌块结构工程的发展有何想法与建议？

第8章 增强型结构工程的特点及技术体系

8.1 预应力混凝土结构的基本要求

前已叙及，混凝土结构是指以混凝土为主制成的结构（包括素混凝土结构、钢筋混凝土结构和预应力混凝土结构等）；钢筋混凝土结构是指由配置受力的普通钢筋、钢筋网或钢筋骨架的混凝土制成的结构。预应力混凝土结构则是指由配置受力的预应力钢筋通过张拉或其他方法建立预加应力的混凝土制成的结构。预应力混凝土结构中的先张法预应力混凝土结构是指在台座上张拉预应力钢筋后浇筑混凝土并通过黏结力传递而建立预加应力的混凝土结构；后张法预应力混凝土结构是指在混凝土达到规定强度后通过张拉预应力钢筋并在结构上锚固而建立预加应力的混凝土结构；无黏结预应力筋是指表面涂防腐油脂并包塑料护套后与周围混凝土不黏结而靠锚具传递压力给构件或结构的一种预应力筋；无黏结预应力混凝土结构是指在一个方向或两个方向配置主要受力无黏结预应力筋的预应力混凝土结构；体外预应力束是指布置在结构构件截面之外的预应力筋（其通过与结构构件相连的锚固端块和转向块将预应力传递到结构上）；体外预应力是指由布置在混凝土构件截面之外的后张预应力筋产生的预应力；转向块是指在腹板、翼缘或腹板翼缘交接处设置混凝土或钢支承块（其与梁段整体浇筑或具有可靠连接）以控制体外束的几何形状或提供变化体外束方向的手段（并将预加力传至结构）；框架结构是指由梁和柱以刚接或铰接相连接而构成承重体系和结构；剪力墙结构是指由剪力墙组成的承受竖向和水平作用的结构；框架—剪力墙结构是指由剪力墙和框架共同随竖向和水平作用的结构；普通钢筋是指用于混凝土结构构件中的各种非预应力钢筋的总称；预应力钢筋是指用于混凝土结构构件中施加预应力的钢筋、钢丝、钢绞线和钢棒的总称；有黏结预应力筋是指张拉后直接与混凝土黏结或通过灌浆使之与混凝土黏结的一种预应力筋；环氧涂层钢绞线是指颜料、热硬化性的环氧树脂、交联剂及其他物质组成的环氧涂层材料（其以粉末的形式被应用到清洁的、被加热的钢绞线上）在钢材表面熔合形成连续屏蔽涂层从而生产出的具较高防腐性能的钢绞线材；锚具是指后张法预应力构件或结构中为保持预应力筋的拉力并将压力传递到构件或结构上所采用的永久性锚固装置；夹具是指先张法预应力构件施工时为保持预应力筋的拉力并将其固定在台座或钢模上所采用的临时性锚固装置（以及后张法预应力构件或结构施工时在张拉设备上夹持预应力筋所采用的临时性锚固装置）；连接器是指连接预应力筋的装置；锚固区是指从预应力构件端部锚具下的局部高应力扩散到正常压应力的区段；应力松弛是指预应力筋受到一定张拉力后在长度保持不变条件下其应力随时间逐步降低的现象（采用低松弛钢丝和钢绞线可显著减少应力松弛）；张拉控制应力是指预应力筋张拉时在张拉端所施加的应力值（可作为计算预应力损失的起点）；预应力损失是指预应力筋张拉过程中和张拉后由于材料特性、结构状态和张拉工艺等因素引起的预应力筋应力降低的现象（预应力损失包括摩擦损失、锚固损失、弹性压缩损失、热养护损失、预应力筋应力松弛损失和混凝土收缩徐变损失等）；有效预应力是指预应力损失完成后在预应力筋中保持的应力值。

8.1.1　预应力用钢材

预应力混凝土结构中预应力钢筋宜采用预应力钢绞线、钢丝，也可采用热处理钢筋。预应力钢筋选用应根据结构受力特点、环境条件和施工方法等确定。在后张法预应力构件或结构中宜采用高强度低松弛钢绞线（有特殊防腐蚀要求时，可选用镀锌钢丝、镀锌钢绞线或环氧涂层钢绞线。对无黏结预应力构件宜选用无黏结预应力钢绞线。在先张法预应力构件中宜采用钢绞线、刻痕钢丝和螺旋肋钢丝。对直线预应力短筋宜采用精轧螺纹钢筋）。预应力钢绞线、钢丝和热处理钢筋的强度标准值系根据极限抗拉强度确定（用 f_{ptk} 表示）。预应力钢筋的疲劳应力幅限值 Δf_{fpy} 应由钢筋疲劳应力比值 ρ_{fp} 按表 8-1 取值（当 $\rho_{fp} \geqslant 0.9$ 时可不作钢筋疲劳验算；有充分依据时可对表中规定的疲劳应力幅限值作适当调整），预应力钢筋疲劳应力比值 ρ_{fp} 应按式 $\rho_{fp} = \sigma_{fp,min}/\sigma_{fp,max}$ 计算（其中，$\sigma_{fp,min}$、$\sigma_{fp,max}$ 分别为构件疲劳验算时同一层预应力钢筋的最小应力、最大应力）。

表 8-1　　　　　　　　　　预应力钢筋疲劳应力幅限值　　　　　　　　（单位：N/mm²）

种　　类			Δf_{fpy}	
			$0.7 \leqslant \rho_{fp} < 0.8$	$0.8 \leqslant \rho_{fp} < 0.9$
消除应力钢丝	光面	$f_{ptk} = 1770$、1670	210	140
		$f_{ptk} = 1570$	200	130
	刻痕	$f_{ptk} = 1570$	180	120
钢绞线			120	105

预应力混凝土用环氧涂层填充型钢绞线应符合相关规范规定，被涂装的预应力钢绞线应能满足结构的受力要求且应无油、油脂或者油漆等污染物（当初始应力相当于钢绞线抗拉强度标准值的 70％时环氧涂层填充型钢绞线 1000h 后的松弛损失应不大于 6.5％）；涂层熔融固结后应无孔洞、中空、裂纹和肉眼可分辨的受损区域；涂层熔融固结后的厚度应在 380μm 到 1140μm 之间；涂装过程中的涂层应进行连续的针孔检测（针孔检测过程中若每 30m 检测到的针孔多于 2 个则该环氧涂层填充型钢绞线应被废弃并应制定改正措施。若每 30m 有 2 个或 2 个以下针孔则应按照修补材料制造商的推荐进行修补，进行针孔修补时其涂层和修补材料的总厚度不应超过 1.1mm）；涂层的黏附性能由弯曲试验和拉伸试验评估（检测试件应在 20℃到 30℃之间，沿直径为试件公称直径 32 倍的圆轴进行 180°弯曲，在弯曲的钢绞线外围不应有肉眼可见的涂层裂纹或者黏结失效。拉伸试验中试件延伸率达 1％时涂层不应出现肉眼可见的裂纹）；磨砂型环氧涂层填充型钢绞线应进行拉出试验以确保其黏结性能（拉出试验的钢绞线试件位于整体浇筑的混凝土圆柱体中，沿纵向轴被柱体同心包埋，柱体尺寸见表 8-2。混凝土抗压强度达 30MPa 至 35MPa 后通过液压或者机械千斤顶施力并在不受力的一端测量滑移长度。在滑移为 0.025mm 时用校准过的载荷计测量拉力。0.025mm 滑移时的最小拉力应不小于表 8-2 中的值）。

表 8 - 2 拉出试验的基本要求

钢绞线直径 /mm	圆柱体直径 /mm	包埋长度 /mm	0.025mm 滑移时的最小拉力 /kN
12.70	152	152	10.45
15.20	152	140	11.52

8.1.2 预应力钢筋用锚具、夹具和连接器

预应力钢筋用锚具、夹具和连接器按锚固方式不同可分为夹片式（单孔和多孔夹片锚夹）、支承式（镦头锚具、螺母锚具等）、锥塞式（钢质锥形锚具等）、握裹式（挤压锚具、压花锚具等）等。常用锚夹具、张拉机具的选用可按表 8 - 3 确定（（镦头锚具采用穿心式千斤顶张拉时需配置撑脚、拉杆等附件；先张法张拉预应力钢筋时也可采用电动张拉机）。预应力筋用锚具、夹具和连接器的性能应符合我国现行《预应力筋用锚具，夹具和连接器》（GB/T 14370—2007）的规定。

表 8 - 3 预应力钢筋材料与设备选用参考

预应力钢筋品种	固 定 端		张 拉 端	
	锚具		锚具	选用张拉机具形式
	安装在结构之外	安装在结构之内		
钢铰线及钢铰线束	夹片锚具 挤压锚具	压花锚具 挤压锚具	夹片锚具	穿心式千斤顶
高强钢丝束	夹片锚具 镦头锚具 挤压锚具	挤压锚具 镦头锚具	夹片锚具	穿心式千斤顶
			镦头锚具	拉杆式千斤顶 穿心式千斤顶
			锥塞锚具	锥锚式千斤顶
消除应力钢丝	夹片锚具 镦头锚具	镦头锚具	夹片锚具	穿心式千斤顶
			镦头锚具	拉杆式千斤顶 穿心式千斤顶
热处理钢筋	夹片锚具 镦头锚具	镦头锚具	夹片锚具	穿心式千斤顶
			镦头锚具	拉杆式千斤顶 穿心式千斤顶
精扎螺纹钢筋	螺母锚具	—	螺母锚具	拉杆式千斤顶

锚具的静载锚固性能应由预应力筋—锚具组装件静载试验测定的锚具效率数 η_a 和达到实测极限拉力时组装件受力长度的总应变 ε_{apu} 确定，锚具效率系数 η_a 应按式 $\eta_a = F_{apu} / (\eta_p F_{pm})$ 计算（其中，F_{apu} 为预应力筋—锚具组装件的实测极限拉力；F_{pm} 为预应力筋的实际平均极限抗拉力，可由预应力钢材试件实测破断荷载平均值计算得出；η_p 为预应力筋的效率系数，预应力筋—锚具组装件中钢绞线为 1~5 根时 $\eta_p = 1$、6~12 根时 $\eta_p = 0.99$，13~19 根时 $\eta_p = 0.98$、20 根以上时 $\eta_p = 0.97$）。锚具的静载锚固性能应同时满足 $\eta_a \geqslant 0.95$ 和 $\varepsilon_{apu} \geqslant 2.0\%$ 的要求。当预应力筋—锚具（或连接器）组装件达到实测极限拉力（F_{apu}）时应由预应力筋的断裂引起（而不应因锚具或连接器的破坏导致试验终结），预应力筋拉应力未超过 $0.8f_{ptk}$ 时锚具主要受力零件应在弹性阶段工作且脆性零件不得断

裂。在承受静、动荷载的构件中，预应力筋—锚具组装件除应满足静载锚固性能要求外还应满足循环次数为 200 万次的疲劳性能试验要求（疲劳应力上限对钢丝、钢绞线为抗拉强度标准值的 65%；对精轧螺纹钢筋为屈服强度的 80% 且应力幅度不应小于 80MPa）。在抗震结构中，预应力筋—锚具组装件还应满足循环次数为 50 次的周期荷载试验（试验应力上限对钢绞线、钢丝为抗拉强度标准值的 80%；对精轧螺纹钢筋为屈服强度的 90% 且应力下限均为相应强度的 40%）。锚具应满足分级张拉、补张拉和放松拉力等张拉工艺的要求，锚固多根预应力筋的锚具除应具有整体张拉的性能外还宜具有单根张拉的可能性。

　　夹具的静载锚固性能应由预应力筋—夹具组装件静载试验测定的夹具效率系数 η_g 确定，夹具效率系数 η_g 应满足 $\eta_g = F_{apu}/F_{pm} \geqslant 0.92$ 的要求，其中，F_{apu} 为预应力筋—夹具组装件的实测极限拉力（kN）。夹具应具有良好的自锚性能、松锚性能和重复使用性能。

　　永久留在混凝土结构或构件中的预应力筋连接器应符合锚具的性能要求，用于先张法施工或在张拉后还要放张和拆卸的连接器应符合夹具的性能要求。

8.1.3　成孔材料

　　后张预应力构件预埋制孔用管材有金属波纹管（螺旋管）、钢管和塑料波纹管等（梁类等构件宜采用圆形金属波纹管，板类构件宜采用扁形金属波纹管，施工周期较长时应选用镀锌金属波纹管），塑料波纹管宜用于曲率半径小的孔道及对密封要求高的孔道，预埋钢管宜用于竖向超长孔道，抽芯制孔用管材有钢管和夹布胶管。金属波纹管的尺寸和性能应符合我国现行《预应力混凝土用金属波纹管》（JG 225—2007）的规定，金属波纹管的规格见表 8-4 和表 8-5（当短边为圆弧时其半径应为短轴方向之半；短轴 19mm 用于 $\varphi s 12.7$ 钢绞线，短轴 22mm 用于 $\varphi s 15.2$ 和 $\varphi s 15.7$ 钢绞线）。塑料波纹管的力学性能及适用温度应符合产品标准的要求。

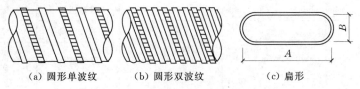

（a）圆形单波纹　　　　（b）圆形双波纹　　　　（c）扁形

图 8-1　金属螺旋管（波纹管）规格

表 8-4　　　　　　　　　　　　**圆形金属波纹管规格**　　　　　　　　　（单位：mm）

管内径		40	45	50	55	60	65	70	75	80	85	90	95	100	105	110	115	120
允许偏差		+0.5													+1.0			
钢带厚	标准型	0.25		0.30														
	增强型								0.40					0.50				

表 8-5　　　　　　　　　　　　**扁形金属波纹管规格**　　　　　　　　　（单位：mm）

短轴	长度 B		19				22			
	允许偏差		+0.5				+1.0			
长轴	长度 A	47	60	73	86	52	67	82	98
	允许偏差		+1.0				+2.0			
钢带厚度					0.3					

8.1.4 预应力混凝土结构设计的一般原则

荷载及其效应组合应按相关规定取值。抗震设计应遵守相关规范规定。预应力混凝土结构设计中应进行极限状态验算以及施工阶段验算并满足构造要求，施工单位须遵守相应的施工要求。强度极限状态应保证结构的强度在设计荷载下对破坏及失稳有足够的安全强度（必须使结构不致遭到疲劳破坏或局部损坏以致缩短期预期的寿命或导致过大的维修费用）。使用极限状态应保证结构在使用荷载作用下应力、变形及计算的裂缝宽度下不超过规定值。施工阶段的验算应保证构件在制作、运输、安装等施工阶段应力、变形及裂缝宽度的计算值不超过规定值。预应力混凝土结构的抗震设计，应使抗震作用的

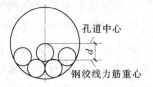

图8-2 孔道中力筋的位置

结构体系和构件具备足够的强度、良好的变形能力和耗能能力。预应力圆形水池结构构件应按承载能力和正常使用极限状态进行设计。预应力圆形水池结构构件应采用后张法施工，主要采用千斤顶张拉（包括无黏接预应力）与绕丝张拉两种。曲线形预应力筋确定偏心率时应考虑力筋的重心与孔道中心之间的偏差（图8-2），偏差大小按表8-6取值。

表8-6　　　　　　　　　　　预应力筋重心偏移量推荐值

孔道尺寸/mm	45～60	65～80	85～100	100以上
预应力重心和孔道中心间的距离 d/mm	12	17	20	25

结构内力分析应遵守相关规定。混凝土结构的耐久性应根据环境类别和设计使用年限进行设计。板的计算应遵守相关规定。梁的计算应遵守相关规定。受拉钢筋面积的初选应遵守相关规定。预应力混凝土板及梁的截面高度选择应合理，预应力混凝土结构可实现的跨度及经济跨度与采用的截面形式、支座条件及荷载等因素有关并与预应力度有关。预应力板柱体系双向板的计算应按板的纵横两个方向分别进行。预应力桥梁结构设计应遵守相关规范规定。预应力特种结构设计应遵守相关规范规定。预应力损失值应按相关规范规定合理计算。预应力混凝土结构使用极限状态验算的基本内容包括预应力度验算、应力验算、变形验算、裂缝控制等，预应力混凝土结构强度极限状态验算包括正截面受弯构件承载力计算、正截面受拉构件承载力计算、正截面受压构件承载力计算、斜截面承载力计算、受冲切承载力计算、局部受压承载力计算、疲劳验算等。预应力混凝土结构施工阶段验算主要是施工阶段的应力限值。预应力混凝土结构抗震设计主要有预应力混凝土框架结构抗震设计、预应力混凝土板柱结构抗震设计、预应力混凝土桥梁工程抗震设计、圆形水池结构抗震设计等。超长结构的预应力设计主要涉及超长结构线型布置方法、超长结构施工缝设置要求、超长结构构造措施等内容。预应力混凝土叠合构件设计主要涉及预应力叠合构件承载力计算、预应力叠合构件使用极限状态验算、预应力叠合构件构造要求等内容。预应力混凝土结构的主要构造有相关的规定和要求，应区分不同情况满足规定，涉及先张法构件、后张法构件、无黏结构件、减少预应力约束的措施、预应力圆形水池结构等。体外预应力混凝土结构设计涉及体外预应力混凝土结构承载力计算、体外预应力结构加固、体外预应力混凝土结构体系与构造要求等内容。预应力筋的制作、张拉及压浆涉及预应力筋的制作、张拉、灌浆、封锚等方面的内容。

8.2　钢与混凝土组合结构的基本特点

钢与混凝土组合结构是指由钢与混凝土组合构件组成的结构。钢与混凝土组合结构中的钢与混凝土组合构件是指由型钢或钢管或钢板与钢筋混凝土组合而成的结构构件；型钢混凝土框架梁是指钢筋混凝土截面内配置型钢的框架梁；型钢混凝土转换梁是指承托上部楼层墙或柱以实现上部楼层到下部楼层结构形式转变的型钢混凝土梁（部分框支剪力墙结构的转换梁也称框支梁）；型钢混凝土框架柱是指钢筋混凝土截面内配置型钢的框架柱；型钢混凝土转换柱是指承托上部楼层墙或柱以实现上部楼层到下部楼层结构形式转变的型钢混凝土柱（部分框支剪力墙结构的转换柱也称框支柱）；钢管混凝土柱是指在钢管内浇筑混凝土并由钢管和管内混凝土共同承担荷载的柱（包括圆形、矩形、多边形及其他复杂截面的钢管混凝土柱）；矩形钢管混凝土框架柱是指矩形钢管内填混凝土形成钢管与混凝土共同受力的框架柱；矩形钢管混凝土转换柱是指承托上部楼层墙或柱以实现上部楼层到下部楼层结构形式转变的矩形钢管混凝土柱；圆形钢管混凝土框架柱是指圆形钢管内填混凝土形成钢管与混凝土共同受力的框架柱；圆形钢管混凝土转换柱是指承托上部楼层墙或柱以实现上部楼层到下部楼层结构形式转变的圆形钢管混凝土柱；型钢混凝土剪力墙是指钢筋混凝土截面内配置型钢的剪力墙；钢板混凝土剪力墙是指钢筋混凝土截面内配置钢板的剪力墙；钢斜撑混凝土剪力墙是指钢筋混凝土截面内配置钢斜撑的剪力墙；钢与混凝土组合梁是指钢筋混凝土截面内配置型钢梁的梁；钢与混凝土组合楼板是指在制作成型的压型钢板或钢筋桁架板上绑扎钢筋、现浇混凝土，压型钢板与钢筋、混凝土之间通过剪力连接件相结合并由压型钢板与混凝土共同工作承受载荷的楼板；深化设计是指在业主提供的工程设计文件的基础上针对实际施工方案、结合施工工艺情况对工程设计图纸进行的细化、补充和完善。

8.2.1　钢与混凝土组合结构工程施工的基本要求

钢与混凝土组合结构工程施工单位应具备相应的工程施工资质并建立安全、质量和环境的管理体系，钢与混凝土组合结构工程施工前应组织图纸会审，钢与混凝土组合结构工程施工前应有通过审查的施工组织设计和专项施工方案等技术文件，钢与混凝土组合结构工程施工应进行深化设计并得到设计单位的认可，钢与混凝土组合结构工程施工所采用的各类计量器具均应经校准合格后方可使用。钢与混凝土组合结构工程的现场平面布置应综合考虑钢结构工程施工与混凝土工程施工的交叉作业、堆场布置、作业环境等因素，钢与混凝土组合结构工程施工竖向运输应编制专项方案，钢与混凝土组合结构工程施工应编制交叉和高空作业安全专项方案。钢与混凝土组合结构一般包括框架、框架—剪力墙、框架—核心筒、筒中筒等结构体系，钢与混凝土组合结构根据施工特点可分为柱、梁、墙、板等构件（见表 8-7）。

（1）节点施工。

钢与混凝土组合结构中钢构件与钢筋的连接应根据节点设计情况确定，可采用钢筋绕开法、穿孔法、连接件法及其组合方法等方式（钢筋绕开法是指节点处的钢筋通过弯曲调整，绕开组合构件中的钢骨进行锚固的方法；钢筋穿孔法是指在组合构件中的钢骨上打

表 8-7　　　　　　　　　　　　钢与混凝土组合结构构件分类表

构件类别	截面形式	
钢与混凝土组合柱	钢管混凝土柱（矩形钢管混凝土框架柱和转换柱；圆形钢管混凝土框架柱和转换柱）	圆形钢管混凝土柱
		矩形钢管混凝土柱
	型钢混凝土柱（型钢混凝土框架柱和转换柱）	简单截面型钢混凝土柱
		复合断面型钢混凝土柱
型钢混凝土组合梁（型钢混凝土框架梁和转换梁；钢与混凝土组合梁）	型钢混凝土框架梁	
	型钢混凝土转换梁	
	型钢混凝土转换桁架	
钢与混凝土组合墙（型钢混凝土剪力墙；钢板混凝土剪力墙；带钢斜撑混凝土剪力墙）	型钢混凝土端柱墙	
	型钢混凝土框架墙	
	型钢混凝土斜撑墙	
	钢板混凝土墙	混凝土单层钢板墙
		混凝土双层钢板墙
钢与混凝土组合板（组合楼板）	压型钢板混凝土楼板	
	桁架式钢板混凝土楼板	压型钢板混凝土楼板
		钢板混凝土楼板

孔、钢筋直穿孔洞进行锚固的方法；连接件法是指在组合构件中的钢骨上焊接连接钢板、套筒或两者组合器件，而后连接钢筋和连接钢板焊接或和套筒丝接的方法）。重要的复杂节点施工前宜按 1∶1 的比例进行模拟施工并根据模拟情况进行节点的优化设计和工艺评定。

（2）施工深化设计。

施工深化设计应遵循现有国家及行业标准的有关规定，其内容和结果应征得设计单位同意后执行，对设计方案进行原则性变更时必须征得设计单位同意。混凝土结构工程一般包括梁柱节点、转换梁等配筋密集部位节点的设计放样与细化、混凝土与钢骨的连接节点、机电预留孔洞布置、预埋件布置等内容。当钢与混凝土组合结构工程施工方法或顺序对主体结构的内力和变形产生较大影响（或设计文件有特殊要求）时应进行施工阶段力学响应分析并对施工阶段结构的强度、稳定性和刚度进行验算（其验算结果应获得设计单位认可）。施工阶段的结构分析模型和荷载作用应与实际施工工艺、工况相符合。施工阶段的临时措施应根据施工工况的荷载作用效应对构件进行强度、稳定性和刚度验算（还应对连接节点进行强度和稳定性验算），当临时措施的要求高于现行相关国家规范要求时应进行专项设计，若临时措施对结构有较大影响时其专项设计应提交原设计单位批准。对吊装状态的钢构件或结构单元宜进行强度、稳定性和变形验算（动力系数宜取 1.1～1.2）。临时支撑结构的拆除顺序和步骤应通过计算分析确定并应编制专项实施方案（必要时应组织专家论证）。钢与混凝土组合结构工程应根据结构设计施工图及其他相关技术文件编制施工详图，施工详图应经设计单位核准签认，施工详图修改也应经设计单位同意。施工详图设计应考虑施工工艺、结构构造等相关要求，主要内容包括以下 6 个方面（即设计型钢梁与型钢柱、型钢柱与梁筋、钢梁与梁筋的连接方法、构造要求，可选用钢筋绕开法、预留穿孔法、连接件法等进行连接；合理考虑留设混凝土浇筑时需要的灌浆孔、流淌孔、排气孔和排水孔等，排气孔的大小、数量和位置满足设计文件及相关规定的要求；构件加工过程中加劲板的设计；根据安装工艺要求设置的连接板、吊耳等的设计且宜在工厂制作完成；钢与混凝土组合桁架等大跨度构件的预起拱；混凝土浇筑过程中可能引起的型钢和钢板变形进行验算分析以及必要时需采取的相应加强措施设计）。钢结构工程施工详图深度应符合国家建筑标准设计图集《钢结构设计制图深度和表示方法》（03G102）的规定。

（3）质量管理。

钢与混凝土组合结构工程施工应加强施工过程质量控制，原材料、半成品和成品进场时应对其规格、型号、外观和质量证明文件进行检查和验收。材料进场后应按分类、分批储存与堆放并应设置标识。对重要工序和关键节点宜组织相关方进行技术核定。对于结构复杂、设计有特殊要求的宜对结构受力或变形进行监测。各工序应按施工技术标准进行质量控制，每道工序完成后应进行检查，相关各专业工种之间应进行交接检验。钢与混凝土组合结构施工中采用的新技术、新工艺、新材料、新设备首次使用时应进行试验和检验，其结果应经专家论证通过后实施。所有从事钢构件制作与安装的焊工必须经考试合格并取得合格证书，持证焊工必须在其考试合格项目及其认可范围内施焊。当钢与混凝土组合结构工程施工质量不符合本规范要求时应按相关规定进行处理，即经返工重做或更换构（配）件的检验批应重新进行验收；经有资质的检测单位检测鉴定能达到设计要求的检验批应予以验收；经有资质的检测单位检测鉴定达不到设计要求的但经原设计单位核算认可能够满足结构安全和使用功能的检验批可予以验收；经返修或加固处理的分项、分部工程虽然改变外形尺寸但仍能满足安全使用要求的可按处理技术方案和协商文件进行验收；通过返修或加固处理仍不能满足安全使用要求的钢与混凝土组合结构分部工程不得验收。钢与混凝土组合结构工程施工应符合环境保护、劳动保护和安全文明等有关现行国家法律法规和标准的规定。

8.2.2　钢与混凝土组合结构工程施工材料的基本要求

钢与混凝土组合结构施工所用的型钢、钢板、钢管、钢筋、钢筋连接套筒、焊接填充材料、连接与紧固标准件等材料的选用应符合设计文件的要求并具有厂家出具的质量证明书、中文标志及检验报告，其化学成分、力学性能和其他质量要求必须符合国家现行标准规定（采用其他钢材、焊接材料及连接件等替代设计选用的材料时必须经设计单位同意并办理设计变更文件）。

（1）钢材。

型钢、钢管、斜撑等结构构件应由具备相应资质的钢结构厂家进行加工并出具质量证明文件。圆钢管宜采用直缝焊接管和螺旋焊接管（也可采用无缝钢管），焊接管必须采用对接熔透焊缝（焊缝强度不应低于管材强度），矩形及多边形钢管可采用冷成型的直缝焊接管（也可采用热轧钢板焊接成型的管）。楼承压型钢板及配件所需的原材料进厂均应有质量合格证明书，其规格、型号、材质符合设计文件的要求。

（2）连接材料。

钢筋与连接钢板搭接焊的焊条应符合我国现行《碳钢焊条》（GB/T 5117—1995）或《热强钢焊条》（GB/T 5118—2012）的规定（其型号应根据设计要求确定。设计无规定时可按表8-8选用）。

表 8-8 钢筋与连接钢板搭接焊的焊条型号

钢筋牌号	HPB300	HRB335	HRB400
焊条型号	E43××	E43××	E50××

选用低氢型焊接材料时在常温下超4h应重新烘焙（烘焙温度为300～400℃，时间1.2h）。钢筋连接套筒应根据结构设计文件选用（设计无要求时其选用的连接套筒应采用性能不低于45碳素结构钢制造，其机械性能、化学成分应符合GB 699标准，套筒屈服承载力和抗拉承载力的标准值大于钢筋相应承载力标准的1.10倍。钢筋连接套筒制成接头的抗拉强度应大于钢筋母材抗拉强度或大于0.9倍钢筋母材抗拉强度实测值）。栓钉应符合我国现行《电弧螺柱焊用圆柱头焊钉》（GB/T 10433—2002）的有关规定，其材料及力学性能应符合表8-9规定。

表 8-9 栓钉材料及力学性能

材　　料	极限抗拉强度/(N/mm²)	屈服强度/(N/mm²)	伸长率/%
ML15、ML15A1	≥400	≥320	≥14

（3）混凝土。

钢与混凝土组合结构的混凝土配合比和性能应根据设计要求以及所选择的浇筑方法试配确定。钢与混凝土组合结构中的混凝土最大骨料直径不宜大于型钢外侧混凝土保护层厚度的1/3且不宜大于25mm，对于不易保证混凝土浇筑质量的节点和部位应采用高性能自密实混凝土。应对混凝土配合比进行试配优化，混凝土坍落度宜控制在160～200mm、扩展度≥500mm、水灰比0.40～0.45且应严格控制其泌水和离析问题。

8.2.3 钢管混凝土柱施工

以下仅介绍钢管混凝土结构施工。钢管混凝土柱施工应遵守我国现行相关规范的基本规定。钢管制作、运输、现场拼装应遵守我国现行《钢结构工程施工规范》（GB 50755—2012）规定，混凝土施工应遵守我国现行《混凝土结构工程施工规范》（GB 50666—2011）规定。钢管柱应按设计要求进行防腐、防火涂装，其质量要求和检验方法应符合我国现行《钢结构工程施工质量验收规范》（GB 50205—2011）要求。

（1）工艺流程。

钢管混凝土柱基本施工工艺流程为：钢管柱制作（含防腐）→钢管柱安装→管芯混凝土浇筑→钢管外壁防火涂层。

（2）施工要点。

钢管柱的管段制作应符合规定，圆钢管可采用直焊缝钢管或者螺旋焊缝钢管（管径较小无法卷制时可采用无缝钢管。采用无缝钢管时应满足设计提出的技术要求），采用常温卷管时对Q235的最小卷管内径不应小于钢板厚度的35倍、Q345的最小卷管内径不应小于钢板厚度的40倍、Q390（或以上者）的最小卷管内径不应小于钢板厚度的45倍，直缝焊接钢管应在卷板机上进行弯管（在弯曲前钢板两端应先进行"压头"处理以消除两端直头。螺旋焊钢管应由专业生产厂加工制造），钢板应优先选择定尺采购以使每节管段上只有 1 条纵向焊缝（钢板一定要拼接时其每节管段拼缝不宜多于 2 条、也不宜有交叉拼缝，焊缝质量应检验合格、表面打磨后方可进行弯管加工），矩形钢管角部应采用全熔透角接焊缝（也可采用角部冷弯侧面全熔透对接焊缝）。

钢管柱拼装应符合规定，焊接钢管柱由若干管段组成时应先组对、矫正、焊接纵向焊缝以形成单元管段，然后焊接钢管内的加强环肋板，最后组对、矫正、焊接环向焊缝形成钢管柱安装的单元柱段，相邻两管段的纵缝应相互错开 300mm 以上。钢管柱单元柱段的管口处应有加强环板或者法兰等零件（没有法兰或加强环板的管口要加临时支撑）。钢管柱单元柱段在出厂前应进行工厂预拼装，预拼装检查合格后应标注中心线、控制基准线等标记（必要时应设置定位器）。

钢管柱焊接应符合规定，钢管构件的焊缝（纵向焊缝、螺旋焊缝或者横向焊缝）均应采用全熔透对接焊缝，其焊缝的坡口形式和尺寸应符合我国现行《气焊、手工电弧焊及气体保护焊焊缝坡口的基本形式与尺寸》（GB 985—2008）和《埋弧焊焊缝坡口的基本形式和尺寸》（GB 986—1988）的规定。圆钢管构件纵向直焊缝应选择全熔透一级焊缝，横向环焊缝可选择全熔透一级（或者二级）焊缝。矩形钢管构件纵向的角部组装焊缝应采用全熔透一级焊缝，横向焊缝可选择全熔透一级（或者二级）焊缝。圆钢管的内外加强环板与钢管壁应采用全熔透一级（或二级）焊缝。

钢管柱安装应符合规定，钢管柱吊装时其管上口应临时加盖或包封，钢管柱吊装就位后应立即采取临时固定措施。由钢管混凝土柱—钢框架梁构成的多层和高层框架结构应在一个竖向安装段的全部构件安装、校正和固定完毕并经测量检验合格后才能浇灌管芯混凝土。由钢管混凝土柱—钢筋混凝土框架梁构成的多层和高层框架结构的竖向安装柱段宜采用每段一层（最多每段二层）的方式施工，在钢管柱安装、校正并完成上下柱段的焊接后方可浇筑管芯混凝土以及施工楼层的钢筋混凝土梁板。单层工业厂房的钢管混凝土排架结构应在钢管柱安装校正完毕、完成柱脚嵌固并经测量检验合格后浇灌管芯混凝土。

主要节点做法应符合规定，钢管柱的柱脚既可以直接锚固在基础内（包括桩、桩承台、地下室底板等），也可以在基础内预埋连接钢构件或连接螺栓后将钢管柱的底节柱和预埋钢构件（或预埋螺栓）连接。钢管柱与钢梁的连接既可采用钢梁和钢管柱直接连接方式，也可采用钢管柱在工厂制作时先安装钢牛腿然后再在现场安装时将钢梁和钢牛腿连接的方式，连接方式可采用焊接节点（翼缘和腹板全焊接）、栓接节点（翼缘和腹板全栓接）和混合节点（翼缘焊接腹板栓接）形式（应优先选用混合节点）。钢管柱与钢筋混凝土梁连接时钢筋与钢管柱的连接应采用合理的方法，可在钢管上直接钻孔（钻孔部位须做孔口加固）而将钢筋直接穿过钢管以满足钢筋混凝土梁的受力要求；也可在钢管外侧设外环板而将钢筋直接焊在外环板上（钢管内侧应在相同高度设置内加劲环板）；还可在钢管外侧（矩形钢管）焊接钢筋连接器（钢筋通过连接器和钢管柱相连接）。

混凝土施工应符合规定，钢管混凝土柱内所有水平加劲板都应设置直径不小于250mm 的混凝土浇灌孔和直径不小于 20mm 的排气孔（采用泵送顶升法浇筑混凝土时钢管壁也应设置直径为 10mm 的观察排气孔）。管内混凝土可采用常规浇捣法、泵送顶升浇筑法或自密实免振捣法（泵送顶升浇筑法或自密实免振捣法混凝土应事先进行混凝土的试配和编制混凝土浇灌工艺并经足尺模拟试验合格后方可在工程中应用）。钢管混凝土柱可采用敲击钢管或超声波的方法来检验混凝土浇筑后的密实度（对于有疑问的部位可采用钻芯检测），对于混凝土不密实的部位应采取局部钻孔压浆法进行补强并将孔洞补焊封堵牢固。

8.2.4 型钢混凝土柱施工

以下仅介绍型钢混凝土组合柱的施工要求。柱内型钢的混凝土保护层厚度不宜小于150mm。柱内竖向钢筋的净距不宜小于60mm（且不宜大于200mm），竖向钢筋与型钢的最小净距不宜小于30mm。

（1）工艺流程。

普通截面型钢混凝土柱基本施工工艺流程为：钢柱制作→钢柱安装→柱钢筋绑扎→柱模板支设→柱混凝土浇筑→上一节钢柱安装。箱型或圆型截面型钢混凝土柱基本施工工艺流程为：钢柱制作→钢柱安装→内灌混凝土浇筑→柱外侧钢筋绑扎→柱模板支设→柱混凝土浇筑→上一节钢柱安装。

（2）施工要点。

施工单位应对首次使用的钢筋连接套筒、钢材、焊接材料、焊接方法、焊后热处理等进行焊接工艺评定并根据评定报告确定焊接工艺。对埋入式柱脚其型钢外侧混凝土保护层厚度不宜小于180mm（型钢翼缘应设置栓钉），柱脚顶面的加劲肋应设置混凝土灌浆孔和排气孔（灌浆孔孔径不宜小于30mm，排气孔孔径不宜小于10mm，见图8-3）。对于非埋入式柱脚，型钢外侧竖向钢筋锚入基础的长度应不小于受拉钢筋锚固长度，锚入部分应设置箍筋。柱钢筋绑扎前应根据型钢形式、钢筋间距和位置、栓钉位置等确定合适的绑扎顺序。柱内竖向钢筋遇到梁内型钢时可采用钢筋绕开法和连接件法，采用钢筋绕开法时钢筋应按不小于1：6角度折弯绕过型钢；采用连接件法时其钢筋下部宜采用连接板连接、上部宜采用钢筋连接套筒连接（并应在梁内型钢相应位置设置加劲肋，见图8-4）；竖向钢筋较密时部分可代换成架立钢筋伸至梁内型钢后断开（两侧钢筋相应加大。代换钢筋应满足设计要求）。

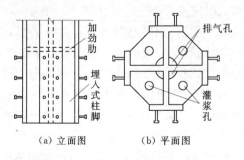

（a）立面图　　　（b）平面图

图8-3　埋入式柱脚加劲肋的
灌浆孔和排气孔设置

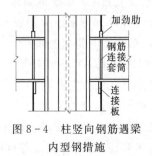

图8-4　柱竖向钢筋遇梁
内型钢措施

钢筋与型钢相碰采用钢筋连接套筒连接时应符合规定，连接套筒抗拉强度应等于被连接钢筋的实际拉断强度或不小于1.10倍钢筋抗拉强度标准值且残余变形小并具有高延性及反复拉压性能（同一区段内焊接于钢构件上的钢筋面积率不宜超过 30%。钢筋连接套筒焊接于钢构件的连接部位应验算钢构件的局部承载力），钢筋连接套筒应在工厂制作期间在工厂完成焊接（焊缝连接强度不应低于对应钢筋的抗拉强度），钢筋连接套筒与型钢的焊接应采用贴角焊缝（焊缝高度按计算确定，见图 8-5），当钢筋垂直于钢板时可将钢筋连接套筒直接焊于钢板表面（当钢筋与钢板成一定角度时可采用特殊加工成一定角度的连接板辅助连接，见图 8-6），焊接于型钢上的钢筋连接套筒若需将钢筋拉力或压力传递到另一端时应在对应于钢筋接头位置的型钢内设置加劲肋（加劲肋应正对连接套筒并应按我国现行《钢结构设计规范》（GB 50017—2003）验算加劲肋、腹板及焊缝的承载力，见图 8-7），在型钢上焊接多个钢筋连接套筒时其套筒间净距不应小于 30mm 且不应小于套筒外直径。

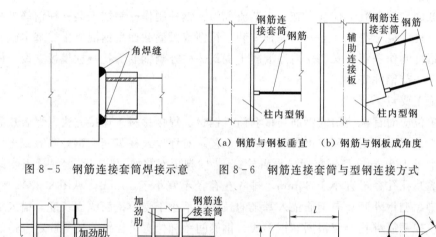

图 8-5　钢筋连接套筒焊接示意　　图 8-6　钢筋连接套筒与型钢连接方式

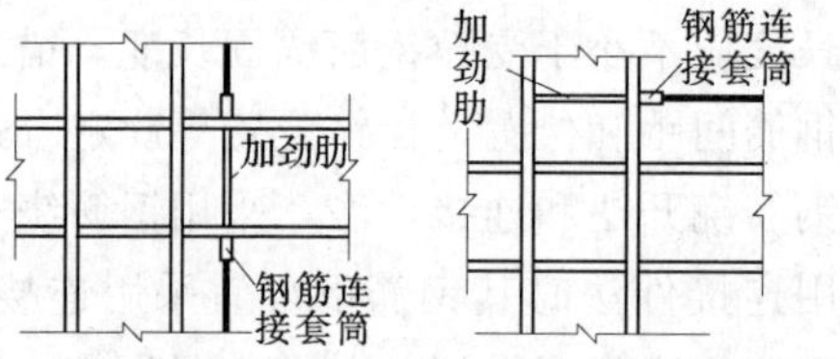

（a）钢筋与钢板垂直　（b）钢筋与钢板成角度

（a）平面图　　　　　（b）立面图　　　　　（a）侧面图　　　　　（b）正面图

图 8-7　钢筋连接套筒位置加劲肋设置　　图 8-8　钢筋与钢板搭接焊接头

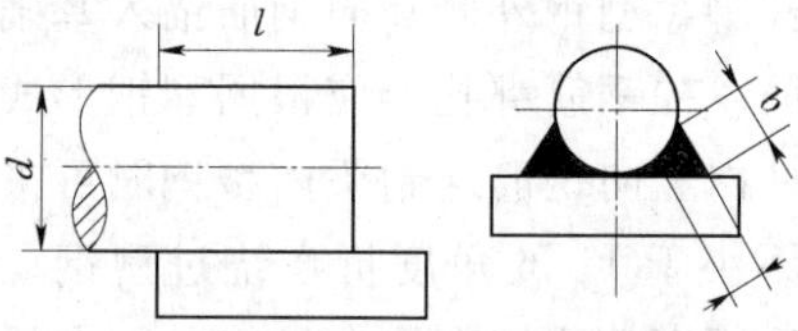

钢筋与型钢相碰采用连接板焊接的方式时应符合规定（见图 8-8。其中，d 为钢筋直径；l 为搭接长度；b 为焊缝宽度；s 为焊缝厚度），钢筋与钢板焊接时宜采用双面焊（不能进行双面焊时方可采用单面焊），双面焊时钢筋与钢板的搭接长度应不小于 $5d$（d 为钢筋直径），单面焊时搭接长度应不小于 $10d$。钢筋与钢板的焊缝宽度不得小于钢筋直径的 0.6 倍，焊缝厚度不得小于钢筋直径的 0.35 倍。型钢柱的水平加劲板和短钢梁上下翼缘处应设置排气孔，排气孔孔径不宜小于 10mm。内灌或外包混凝土施工前应完成柱内型钢的焊缝、螺栓和栓钉的质量验收。安装完成的箱型或圆型截面钢柱顶部应采取相应措施进行临时覆盖封闭。型钢混凝土柱模板支设时宜设置对拉螺杆（螺杆可在型钢腹板开孔穿过或焊接连接套筒），当不宜设置对拉螺杆时可采用刚度较大的整体式套框固定（模板支撑体系应进行强度、刚度、变形等验算）。混凝土浇筑前型钢柱应具有足够的稳定性（必要时增加临时稳定措施）。型钢柱内混凝土宜控制粗骨料粒径。混凝土浇筑完毕后可采取浇水、覆膜或涂刷养护剂的方式进行养护。

8.2.5 型钢混凝土组合梁施工

以下仅介绍型钢混凝土组合梁、型钢混凝土组合桁架的施工要点。型钢混凝土组合梁施工工艺流程为：型钢梁加工制作→梁定位放线→型钢梁安装→搭设钢筋绑扎操作平台→钢筋绑扎→钢筋验收→梁模板支设→模板验收→混凝土浇筑→养护。

型钢混凝土组合梁的钢筋加工和安装应符合规定，梁与柱节点处钢筋的锚固长度应满足设计要求（不能满足设计要求时应采用绕开法、穿孔法、连接件法处理），箍筋套入主梁后应绑扎固定（其弯钩锚固长度不能满足要求时应进行焊接。梁顶多排纵向钢筋之间可采用短钢筋支垫来控制排距）。

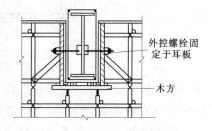

图 8-9 型钢梁支撑系统

模板支撑中梁支撑系统的荷载可不考虑型钢结构重量，侧模板可采用穿孔对拉螺栓（也可在型钢梁腹板上设置耳板对拉固定，见图 8-9），耳板设置或腹板开孔应经设计单位认可并在加工厂制作完成，利用型钢梁作为模板的悬挂支撑时应征得设计单位同意。

大跨度型钢混凝土组合梁应采取从跨中向两端分层连续浇筑混凝土（分层投料高度控制在 500mm 以内），对钢筋密集部位应选用自密实混凝土进行浇筑（同时敲击梁的侧模、底模，实施外部的辅助振捣，并配备小直径振捣器），在型钢组合转换梁的上部立柱处宜采用分层赶浆和辅助敲击浇筑混凝土。

型钢混凝土转换桁架混凝土浇灌应遵守相关规定，型钢混凝土转换桁架混凝土宜采用自密实混凝土浇铸法。采用常规混凝土浇筑时，浇筑级配碎石（细）混凝土时应先浇捣柱混凝土后浇捣梁混凝土，柱混凝土浇筑应从型钢柱四周均匀下料（分层投料高度不应超过500mm，采用振捣器对称振捣）。型钢翼缘板处应预留排气孔，在型钢梁柱节点处应预留混凝土浇筑孔。浇筑型钢梁混凝土时工字钢梁下翼缘板以下混凝土应从钢梁一侧下料，待混凝土高度超过钢梁下翼缘板 100mm 以上时再改为从梁的两侧同时下料、振捣，待浇至上翼缘板 100mm 时再从梁跨中开始下料浇筑（从梁的中部开始振捣，逐渐向两端延伸浇筑）。

8.2.6 钢与混凝土组合墙施工

以下仅介绍钢与混凝土组合剪力墙的施工要点。型钢混凝土剪力墙包括有暗柱型钢混凝土剪力墙和有端柱或带边框型钢混凝土剪力墙，钢板混凝土剪力墙包括单层和双层钢板混凝土剪力墙，见图 8-10。墙体混凝土浇筑前应完成钢结构焊缝、螺栓和栓钉的检测和验收工作。

型钢混凝土剪力墙的基本施工工艺流程为：图纸深化设计→钢结构加工制作→型钢柱、梁安装→墙体钢筋绑扎→墙体模板支设→墙体混凝土浇筑→上一节型钢柱、梁安装。带钢斜撑混凝土剪力墙的基本施工工艺流程为：图纸深化设计→钢结构加工制作→型钢柱、梁安装→钢斜撑安装→墙体钢筋绑扎→墙体模板支设→墙体混凝土浇筑→上一节型钢柱、梁安装。钢板混凝土剪力墙的基本施工工艺流程为：图纸深化设计→钢结构加工制作→型钢柱安装→型钢梁及内置钢板安装→墙体钢筋绑扎→墙体模板支设→墙体混凝土浇筑→上一节型钢柱安装。双钢板混凝土组合剪力墙的基本施工工艺流程为：图纸深化设

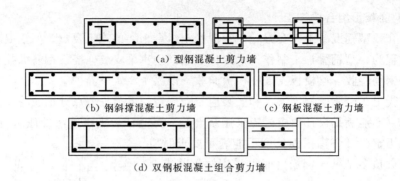

(a) 型钢混凝土剪力墙

(b) 钢斜撑混凝土剪力墙　　　　　(c) 钢板混凝土剪力墙

(d) 双钢板混凝土组合剪力墙

图 8-10　钢与混凝土组合剪力墙类型

计→钢结构加工制作→钢管柱安装→一侧外置钢板安装→墙体钢筋网绑扎→另一侧外置钢板安装→墙体混凝土浇筑→上一节钢管柱安装。

墙体钢筋的绑扎与安装应符合规定，墙体钢筋绑扎前需根据结构特点、钢筋布置形式等因素制定合适的钢筋绑扎工艺（绑扎过程中应避免对钢构件的污染、碰撞和损坏）；墙体纵向受力钢筋与型钢的净间距应大于 30mm，纵向受力钢筋的锚固长度、搭接长度应符合我国现行《混凝土结构设计规范》（GB 50010—2011）的要求；剪力墙的水平分布钢筋应绕过或穿过墙端型钢且应满足钢筋锚固长度要求；墙体拉结筋和箍筋的位置、间距和数量应满足设计要求（设计无具体规定时应符合相关设计规范的要求）。钢筋与墙体内型钢相碰时可采用钢筋绕开法按不小于 1∶6 角度折弯绕过型钢（无法绕过时若能满足锚固长度及相关设计要求则钢筋可伸至型钢后弯锚）。

钢筋与墙体内型钢相碰采用穿孔法时应符合规定，预留钢筋孔的大小、位置应满足设计要求（必要时应采取相应的加强措施）；钢筋孔的直径宜为 $d+4mm$（d 为钢筋直径）；型钢翼缘上设置钢筋孔时应采取补强措施（型钢腹板上预留钢筋孔时其腹板截面损失率宜小于腹板面积 25% 且应满足设计要求）；预留钢筋孔应在深化设计阶段完成并由构件加工厂进行机械制孔（严禁用火焰切割制孔）。钢筋与墙体内型钢相碰采用钢筋连接套筒连接时应遵守本书前述规定，钢筋与墙体内型钢相碰采用连接板焊接的方式时也应遵守本书前述规定。

钢与混凝土组合剪力墙中型钢或钢板上设置的混凝土灌浆孔、流淌孔、排气孔和排水孔等应符合规定（见图 8-11），孔的尺寸和位置需在深化设计阶段完成并征得设计单位同意（必要时应采取相应的加强措施），对于型钢混凝土剪力墙和带钢斜撑混凝土剪力墙其内置型钢的水平隔板上应开设混凝土灌浆孔和排气孔，对于单层钢板混凝土剪力墙若其两侧混凝土不同步浇筑则可在内置钢板上开设流淌孔（必要时可在开孔部位采取加强措施）；双层钢板混凝土剪力墙其双层钢板之间的水平隔板应开设灌浆孔并宜在双层钢板的侧面适当位置开设排气孔和排水孔，灌浆孔的孔径不宜小于 150mm、流淌孔的孔径不宜小于 200mm、排气孔及排水孔的孔径不宜小于 10mm，钢板制孔时应由制作厂进行机械制孔（严禁用火焰切割制孔）。安装完成的箱型型钢柱和双钢板墙顶部应采取相应措施进行覆盖封闭。钢与混凝土组合剪力墙的墙体混凝土宜采用骨料较小、流动性较好的高性能混凝土，混凝土应分层浇筑。墙体混凝土浇筑完毕后可采取浇水或涂刷养护剂的方式进行养护。

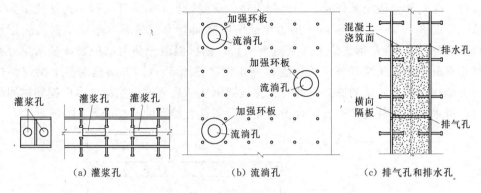

图 8-11 混凝土孔的设置

型钢混凝土剪力墙施工应遵守相关规定，墙体混凝土浇筑前其内部的型钢柱需要形成稳定的框架（必要时需要增加临时钢梁以防止混凝土浇筑过程中型钢的偏位），型钢混凝土剪力墙端部或中部型钢柱和周边型钢梁应按型钢混凝土柱和型钢混凝土组合梁相关规定执行。

钢斜撑混凝土剪力墙施工应遵守相关规定，对于钢斜撑混凝土剪力墙其斜撑与墙内暗柱、暗梁相交位置的节点宜按以下方式处理（即墙体钢筋遇到斜撑型钢无法通长时可采用钢筋绕开法；当钢筋无法绕开时可采用连接件法连接；箍筋可通过腹板开孔穿过或采用带状连接板焊接）。墙体的拉结钢筋和模板使用的穿墙螺杆位置应根据墙内钢斜撑的位置进行调整（应尽量避开斜撑型钢。无法避开时可采用在斜撑型钢上焊接连接套筒连接）。斜撑与墙内暗柱、暗梁相交位置应考虑在横向加劲板上留设混凝土灌浆孔和排气孔（灌浆孔孔径不宜小于 150mm，排气孔孔径不宜小于 10mm，见图 8-12）。

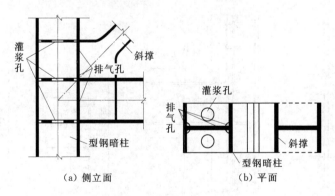

图 8-12 灌浆孔和排气孔设置

钢板混凝土剪力墙施工应遵守相关规定，钢板混凝土剪力墙内置的钢板安装与混凝土工程的交叉施工应按规定进行，内置钢板的安装高度应满足稳定性要求；墙体钢筋绑扎后钢筋顶标高应低于内置钢板拼接处的横焊缝。钢板混凝土剪力墙的内置钢板安装时宜采取相应的措施控制内置钢板产生过大的平面外变形，即吊装薄钢板时可在薄钢板侧面适当布置临时加劲措施；当内置钢板双面坡口的深度不对称时宜先焊深坡口侧，然后焊满浅坡口侧，最后完成深坡口侧焊缝，见图 8-13；内置钢板的施焊宜双面对称焊接（条件不允许时可采取"非对称分段交叉焊接"的施焊次序。焊缝较长时宜采用分段退焊法或多人对称焊接法，见图 8-13）。钢板混凝土剪力墙的墙体竖向受力钢筋遇到暗梁型钢无法正常通长时可按 1∶6 角度绕开钢梁位置（见图 8-14），钢板混凝土剪力墙的墙体竖向受力钢筋遇到型钢混凝土梁无法绕开时可采用连接件连接（见图 8-15），型钢混凝土梁与钢板混凝土剪力墙相交部位，梁的纵向钢筋可直接顶到钢板然后弯锚；当梁的纵向钢筋锚固长度不足时，可采用连接件连接；连接件的对应位置需设置加劲肋，如图 8-16 所示。

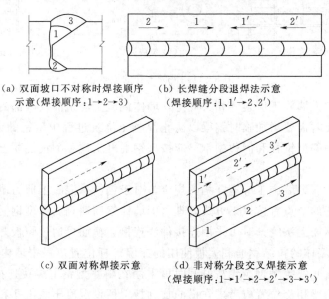

(a) 双面坡口不对称时焊接顺序　　(b) 长焊缝分段退焊法示意
　　示意（焊接顺序：1→2→3）　　　（焊接顺序：1、1′→2、2′）

(c) 双面对称焊接示意　　(d) 非对称分段交叉焊接示意
　　　　　　　　　　　　　（焊接顺序：1→1′→2→2′→3→3′）

图 8-13　内置钢板的焊接工艺及施焊次序

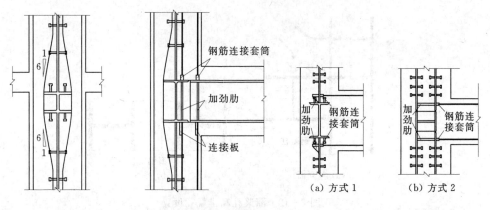

图 8-14　墙体竖向钢筋　　图 8-15　墙体竖向钢筋遇型　　图 8-16　梁钢筋与钢板墙采用
　遇暗梁型钢时做法　　　钢梁时做法　　　　　钢筋连接套筒连接

　　钢板混凝土剪力墙的暗柱或端柱内的箍筋宜穿过钢板（应在钢板上预留孔洞），当柱内箍筋较密时可采用间隔穿过方式（见图 8-17）。用于墙体模板的穿墙螺杆可开孔穿越钢板或焊接钢筋连接套筒（见图 8-18），开孔和钢筋连接套筒的尺寸、位置应在深化设计阶段确定。

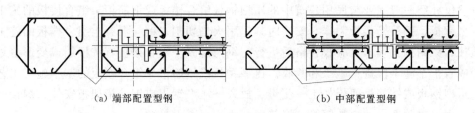

（a）端部配置型钢　　　　　　　　　（b）中部配置型钢

图 8-17　钢板混凝土剪力墙内型钢柱周边箍筋布置

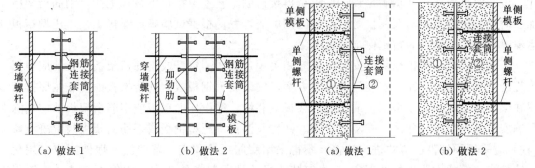

（a）做法 1　　　　　　　（b）做法 2　　　　　　　　（a）做法 1　　　　　　（b）做法 2

图 8-18　穿墙螺杆与钢板墙连接做法　　图 8-19　单钢板混凝土剪力墙分侧浇筑示意
（浇筑顺序：①→②）

　　钢板混凝土剪力墙的墙体混凝土浇筑应遵守相关规定，单层钢板混凝土剪力墙其钢板两侧的混凝土宜同步浇筑（也可在内置钢板表面焊接连接套筒并设置单侧螺杆，利用钢板作为模板分侧浇筑，见图 8-19）。双层钢板混凝土剪力墙其双钢板内部的混凝土可先行浇筑（双钢板外部的混凝土可分侧浇筑，浇筑方法可参照单钢板混凝土剪力墙分侧浇筑的方法，见图 8-20）。当钢板内部及两侧混凝土无法同步浇筑时浇筑前应进行混凝土侧压力对钢板墙的变形计算和分析并征得设计单位的同意（必要时需采取相应的加强措施）。

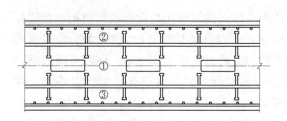

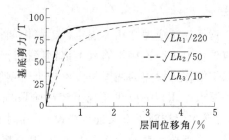

图 8-20　双钢板混凝土剪力墙混凝土浇筑示意　　图 8-21　非加劲钢板剪力墙（两侧无混凝土
（浇筑顺序：①→②→③）　　　　　　　　　　　　　　包裹）初始面外变形的影响

　　钢板混凝土剪力墙内置钢板安装成型后其平面外初始变形的幅值 D 应满足 $D \leqslant [(Lh)^{1/2}/50]$ 的要求（式中，D 内置钢板面外初始变形幅值；L 为内置钢板两侧柱净距；h 为内置钢板上下端钢梁净距），见图 8-21。

8.2.7　钢与混凝土组合板施工

以下仅介绍一般工业与民用建筑中的压型钢板组合楼板或钢筋桁架组合楼板的施工要点。压型钢板、钢筋桁架板制作、安装时禁止用火焰切割。钢与混凝土组合楼板的施工应在楼层柱、梁结构工程质量验收合格后进行。钢与混凝土组合楼板宜按楼层或变形缝划分为一个或若干个施工段进行施工和验收。压型钢板或钢筋桁架组合楼板的基本施工工艺流程为：压型钢板或钢筋桁架板加工→测量、放线→压型钢板或钢筋桁架板安装、焊接→栓钉焊接→水、电预埋设→绑扎钢筋→浇筑混凝土→混凝土养护。

压型钢板或钢筋桁架板的加工与运输应遵守相关规定，应待试制构件成品的外形尺寸、波宽波高等检测数据满足设计要求后再按试制工艺参数批量下料和生产，钢筋桁架板加工时钢筋桁架节点与底模接触点均应采用电渣焊并应根据试验确定焊接工艺，压型钢板运输过程中应采取可靠措施保证不损坏。

压型钢板或钢筋桁架板的安装应遵守相关规定，压型钢板或钢筋桁架板安装前应根据工程特征编制竖向运输、安装施工专项方案，安装压型钢板或钢筋桁架板前应先按照排版图在梁顶测量、划分压型钢板或钢筋桁架板安装线，铺设压型钢板或钢筋桁架板前应割除影响安装的钢梁吊耳并清扫支承面杂物、锈皮及油污，压型钢板或钢筋桁架板与混凝土墙（柱）应采用预埋件的方式进行连接（不得采用膨胀螺栓固定。若遗漏预埋件则应采用化学锚栓或植筋的方法进行处理），宜先安装、焊接柱梁节点处的支托构件再安装压型钢板或钢筋桁架板，预留孔洞应在压型钢板或钢筋桁架板锚固后进行切割开孔。

压型钢板或钢筋桁架板的锚固与连接应遵守相关规定，穿透压型钢板或钢筋桁架板的栓钉与钢梁或混凝土梁上预埋件应采用焊接锚固，压型钢板或钢筋桁架板之间、其端部和边缘与钢梁之间均应采用间断焊或塞焊进行连接固定，钢筋桁架板侧向可采用扣接方式（板侧边应设连接拉钩，搭接宽度不小于 10mm）。压型钢板预留孔洞开孔处、组合楼面集中荷载作用处应按深化设计要求采取措施进行补强。

栓钉施工应遵守相关规定，栓钉应设置在压型钢板凹肋处（应穿透压型钢板并将栓钉焊牢于钢梁或混凝土预埋件上），栓钉的焊接宜使用独立电源（电源变压器容量应为100～250kVA），栓钉施焊应在压型钢板焊接固定后进行，环境温度在 0℃ 以下时不宜进行栓钉焊接。

钢筋施工应遵守相关规定，钢筋桁架板的同一方向的两块压型钢板或钢筋桁架板连接处应设置上下弦连接钢筋（上部钢筋按计算确定，下部钢筋按构造配置），钢筋桁架板的下弦钢筋伸入梁内的锚固长度不应小于钢筋直径的 5 倍且不小于 50mm。临时支撑应满足相关要求，压型钢板在混凝土浇注阶段挠曲变形超过设计要求时应在跨中设置临时支撑（临时支撑应按施工方案进行搭设），临时支撑底部、顶部应设置为宽度不小于 100mm 的水平带状支撑。混凝土施工应遵守相关规定，混凝土浇筑应均匀布料（避免过于集中），混凝土不宜在负温度下浇筑（必须施工时应采取综合措施）。

8.2.8　质量管理

钢与混凝土组合结构应按《建筑工程施工质量验收统一标准》（GB 50300—2013）进行验收，钢结构和混凝土结构工程的施工质量验收应分别按我国现行《钢结构工程施工质量验收规范》（GB 50205—2011）和《混凝土结构工程施工质量验收规范》（GB 50204—2002）规定的分项工程和检验批进行。型钢与钢筋连接的分项工程按本书前述规定验收，分项工程检验批合格质量标准应按相关规定执行（即主控项目必须符合规范合格质量标准的要求；一般项目的质量应经抽样检验合格。采用计数检验时除有专门要求外，一般项目的合格点率应达到80%及以上且不得有严重缺陷），质量验收记录、质量证明文件等资料应完整。钢与混凝土组合结构工程施工的质量检测应分别执行钢结构与混凝土相关标准，混凝土应以标准养护的混凝土试块的抗压强度来评定其强度等级（必要时可以采用钻取混凝土芯样的方法）。钢与混凝土组合结构工程竣工验收时应提供相应的文件和记录，比如工程竣工图纸、相关设计、深化设计文件；施工现场质量管理检查记录；有关安全及功能的检验和见证检测项目检查记录；有关观感质量检验项目检查记录；分部工程所含各分项工程质量验收记录；分项工程所含各检验批质量验收记录；强制性条文检验项目检查记录及证明文件；隐蔽工程检验项目检查验收记录；原材料、成品质量合格证明文件、中文标志及性能检测报告；不合格项的处理记录及验收记录；重大质量、技术问题实施方案及验收记录；以及其他有关文件和记录。

（1）主控项目。

型钢混凝土组合结构中使用的钢筋连接套筒抗拉强度不应小于被连接钢筋的实际极限强度或不小于1.10倍钢筋抗拉强度标准值且其延性应符合相应材料的标准（检查数量为全数检查。检验方法为检查产品合格证、接头力学性能试验报告）；钢筋连接件与钢构件焊接应进行焊接工艺评定（检查数量为全数检查。检验方法为检查焊接工艺报告）；钢筋套筒连接的检验按检验批进行（同一施工条件下采用同一批材料的同等级、同型式、同规格接头以500个为一个检验批进行检验验收，不足500个也作为一个检验批。检查数量为每一检验批须在构件加工厂选取3个有代表性的接头试件进行抗拉强度试验，见图8－22。检验方法为按规范进行检验实验和评定）。

（2）一般项目。

钢筋连接套筒与钢板的焊缝尺寸应满足设计文件和我国现行《钢结构工程施工质量验收规范》（GB 50205—2011）的要求且其焊脚尺寸的允许偏差为0～2mm（检查数量为抽查10%且不少于3个。检验方法为观察检查和用焊缝量规抽查测量）；钢筋与连接板的搭接电弧焊接头应符合要求（即焊缝表面应平整且不得有凹陷或焊瘤；焊接接头区域不得有肉眼可见的裂纹；咬边深度、气孔、夹渣等缺陷允许值及接头尺寸的允许偏差应符合规范规定。检查数量为全数检查。检验方法为观察和钢尺检查）；钢筋孔制孔后宜清除孔周边的毛刺、切屑等杂物（孔壁应光滑，应无裂纹和大于1.0mm的缺棱，其孔径及铅直度偏差应符合表8－10的规定。检查数量为按钢构件数量抽查10%且不少于3件。检验方法为用游标卡尺或孔径量规检查）；钢筋孔孔距、钢筋连接套筒间距、连接钢板中心位置的允许偏差应符合表8－11的规定（检查数量为按钢构件数量抽查10%且不少于3件。检验方法为用钢尺检查）；内置钢板表面应干净且图纸上要求开设的混凝土流淌孔、灌浆孔、排气孔及排水孔等均不得遗漏（检查数量为全数检查。检验方法为观察）。

表 8－10　　　　　　　　　　**钢筋孔的允许偏差**　　　　　　　（单位：mm）

项　　目	直　　径	铅　直　度
允许偏差	0.0～+2.0	0.03t 且不应大于 2.0

表 8 - 11　　　　**钢筋孔孔距、钢筋连接套筒间距及连接钢板中心位置的允许偏差**　　（单位：mm）

项　　目	钢筋孔孔距	钢筋连接套筒间距	连接钢板中心位置
钢筋孔孔距或钢筋连接套筒间距范围	±2.0	±2.0	±3.0

（3）钢筋套筒连接抗拉强度检验试验。

每一检验批必须或应在构件加工厂选取 3 个有代表性的接头试件进行抗拉强度试验，见图 8 - 22。抗拉强度试验应按《钢筋机械连接技术规程》（JGJ 107—2010）中Ⅰ级接头的要求进行评定。抗拉强度试验加载应按《钢筋机械连接技术规程》（JGJ 107—2010）中的加载制度进行。当 3 个试件的抗拉强度均符合相应要求时该检验批评为合格（若有 1 个试件的抗拉强度不符合要求则应再取 6 个试件进行复检，复检中如仍有试件的抗拉强度不符合要求则该检验批评为不合格）。

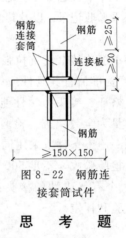

图 8 - 22　钢筋连
接套筒试件

思　考　题

1. 谈谈你对预应力混凝土结构的认识。
2. 预应力混凝土结构设计有哪些基本要求？
3. 钢与混凝土组合结构有哪些基本特点？
4. 钢与混凝土组合结构施工有哪些基本要求？
5. 你对预应力混凝土结构工程的发展有何想法与建议？
6. 你对钢与混凝土组合结构工程的发展有何想法与建议？

第9章 桥梁与隧道工程的学科体系

9.1 桥梁与隧道工程的特点

桥梁与隧道工程是土木工程科学的重要分支学科，在公路、铁路和城市交通建设中，为跨越江河、深谷和海峡或穿越山岭和水底都需要建造各种桥梁和隧道等工程结构物。严格的讲桥梁与隧道工程也属于结构工程的范畴，其除了和结构工程学科有许多共同的基础理论外，其在水文、地质、荷载作用、结构体系和基础工程方面也有其一定的特殊性。交通建设在国家经济发展中起着十分重要的先行作用，一些新材料、新理论和新技术往往首先在该领域得到应用，因此，桥梁与隧道工程面临着许多自然条件的挑战。若我们将一个四柱支承的平顶的亭子放在一个比亭子窄的小溪里，让溪水从亭子平顶的下方流过，然后让人、车在亭子平顶上方通过，则这个亭子就是桥。如果我们将一个长条的方形的房子去掉两侧山墙后填埋在土中，去掉的山墙作为进出口让人、车从房子里进出，则这个房子就是隧道。可见，桥梁与隧道工程就是特殊的房屋建筑工程。桥梁与隧道工程与房屋建筑工程的区别在于房屋建筑工程以竖向受力为主、横向受力为辅；桥梁工程多了水流的作用；隧道工程则上下左右四面受力（既有水平力又有竖向力）。

9.1.1 桥梁工程的特点

桥连接了大江南北，天堑从此变为通途。桥原本平常得很，但却十分壮观而美丽。我们在赞颂桥的时候，也在追求着和平与幸福的生活。若我们都在自己的心灵间架起一座彼此沟通的友谊之桥，则我们的世界将变得更加美好。桥梁与人们的生活密切相关，没有人不曾在桥上走过。桥和梁都是一种修建在水面之上以供通行的建筑物。在日常生活中，江河湖海固然为人们提供了充足的水源和丰富的食物，但也给出行者带来了极大的不便。在今日的辽宁、贵州、浙江、重庆等地，尚可看到最原始的天然拱桥和天然梁桥。一些倒于河上的树木，或露出水面的石头，又或是长在河边的藤萝，都可以成为人们的渡河工具。这就是所谓的独木桥和踏步桥。在原始社会时期，人们已经懂得用这种方法架设桥梁。在浙江余姚河姆渡文化遗址中，我们可以看到当时建桥的遗痕。在《考工记》中，我们可以找到关于大禹时期建桥的记载。不过这时的桥梁比较简单和粗糙，也比较原始。随着历史的推移，人们又在楼阁之间修建了信道，人称阁道桥。在无水的山谷中，人们也先后修建了大小不等的各种桥梁。因此，确切地说，桥梁是空中的道路。常见的大跨度桥主要有拱桥、悬索桥、斜拉桥、协作体系桥等四种类型，中小跨径桥主要有拱桥、梁桥、拱梁组合体系桥、钢桁架桥等，其中梁桥又分简支梁桥、连续梁桥、悬臂梁桥、刚架桥等类型，拱桥又分简单拱桥、桁拱桥、连拱桥等类型，梁拱组合体系桥又分上承式桥、中承式桥（俗称飞鸟式）、下承式（俗称系杆拱）。另外，还有桥型的各种组合以及各种不常见的怪桥

（比如升降桥、带拉桥等）。以上仅是桥梁的宏观分类，若从材料及局部构造上分桥梁的类型就更多了，比如人们耳熟能详的单索面斜拉桥、双索面斜拉桥、混凝土斜拉桥、叠合梁斜拉桥等。

（1）桥梁的基本组成。

过去，人们一般认为桥梁主要由桥跨结构、墩台、基础、附属工程等部分组成。随着大型桥梁的增多、结构先进性和复杂性的增强、人们对桥梁使用品质的要求也越来越高，桥梁由原来的 4 大件变成了"五大部件"和"五小部件"组成。桥梁的"五大部件"是指桥梁承受汽车或其他运输车辆荷载的桥跨上部结构与下部结构（它们必须通过承受荷载的计算与分析，是桥梁结构安全性的保证），即桥跨结构（或称桥孔结构、上部结构。路线跨越江河、山谷或其他路线等障碍的结构物，其作用是跨越障碍、承受活载）、支座系统（支承上部结构并传递荷载于桥梁墩台上，其应保证上部结构预计的在荷载、温度变化或其他因素作用下的位移功能）、桥墩（是在河中或岸上支承两侧桥跨上部结构的建筑物）、桥台（是设在桥的两端，一端与路堤相接并防止路堤滑塌，另一端则支承桥跨上部结构的端部。为保护桥台和路堤填土，桥台两侧常做一些防护工程）、墩台基础（是保证桥梁墩台安全并将荷载传至地基的结构。基础工程在整个桥梁工程施工中是比较困难的部分且常常需要在水中施工，因而遇到的问题也很复杂），以上前两个部件是桥跨上部结构，后三个部件是桥跨下部结构。桥梁的"五小部件"是指直接与桥梁服务功能有关的部件（过去总称其为桥面构造），即桥面铺装（或称行车道铺装。铺装的平整、耐磨性、不翘曲、不渗水是保证行车舒适的关键。特别是在钢箱梁上铺设沥青路面时其技术要求更加严格）、排水防水系统（应能迅速排除桥面积水并使渗水的可能性降至最小限度。城市桥梁排水系统应保证桥下无滴水和结构上无漏水）、栏杆（或防撞栏杆。它既是保证安全的构造措施，又是有利于观赏的最佳装饰件）、伸缩缝（桥跨上部结构之间或桥跨上部结构与桥台端墙之间所设的缝隙，目的是确保结构在各种因素作用下的变位能力以使行车顺适、不颠簸，桥面上要设置伸缩缝构造）、灯光照明（作为现代城市中大城市的标志性建筑的大跨桥梁通常多装置有灯光照明系统以美化城市夜景）。

桥墩桥台的作用是支承上部结构、传递上部结构荷载、承上启下；桥台两端通常配有路堤、锥形护坡、挡土墙等维护结构（大型、重要桥梁设防撞岛）；最底下的基础（通常埋于土下将上面的荷载传到大地）是保证结构安全的关键。桥梁建设必须考虑水位问题，低水位指枯水季节最低水位；高水位指洪峰季节最高水位；设计洪水位指桥梁规定的设计计算水位。桥梁基本设计参数有水位、净跨径、总跨径、计算跨径、桥梁全长、拱轴线、桥梁高度、桥下净空高度、建筑高度、容许建筑高度、净矢高、计算矢高、矢跨比、标准跨径等。

（2）桥梁的分类。

桥梁的分类方法很多，可按结构力学特点、用途、结构材料、按跨度、施工方法、跨越性质、上部结构行车道位置、使用条件等因素进行各种各样的分类。我国公路部门习惯按跨径大小对桥梁进行分类，见表 9-1，圆管涵及箱涵不论管径或孔径大小、孔数多少均称为涵洞。

表 9-1 公路按跨径大小的桥梁分类方法

桥涵分类	特大桥	大桥	中桥	小桥	涵洞
多孔跨径总长 L/m	$L>1000$	$100 \leqslant L \leqslant 1000$	$30<L<100$	$8 \leqslant L \leqslant 30$	—
单孔跨径 L_k/km	$L_k>150$	$40 \leqslant L_k \leqslant 150$	$20 \leqslant L_k<40$	$5 \leqslant L_k<20$	$L_k<5$

国际上一般认为单跨跨径小于150m属于中小桥梁、大于150m称为大桥；而特大桥就不仅仅凭跨径认定还与桥型有关（能称为特大桥的一般是主跨大于1000m的悬索桥、主跨大于500m的斜拉桥或钢拱桥、主跨大于300m的混凝土拱桥等）。桥梁按桥面位置不同可分为上承式（视野好、建筑高度大）、下承式（建筑高度小、视野差）、中承式（兼有以上两者的特点）。按桥梁用途不同可分为公路桥、铁路桥、公路铁路两用桥、农桥、人行桥、运水桥（渡槽）、其他专用桥梁（比如通过管路、电缆等）。按材料不同可分为木桥、钢桥、圬工桥（包括砖、石、混凝土桥）、钢筋混凝土桥、预应力钢筋混凝土桥等。按结构体系不同分为梁式桥（主梁受弯）、拱桥（主拱受压）、钢架桥（构件受弯压）、缆索承重桥（缆索受拉）、组合结构体系桥等（见图9-1）。按跨越方式的不同可分为固定式的桥梁、开启桥、浮桥、漫水桥等。按施工方法的不同可分为整体施工桥梁（上部结构一次浇筑而成）、节段施工桥梁（上部结构分节段组拼而成）。

（a）梁桥

（b）拱桥

（c）钢架桥

（d）悬索桥

（e）组合结构体系桥

（f）斜拉桥

图 9-1 常见的现代桥梁

梁式桥在竖向荷载作用下无水平反力、弯矩较大，比如简支梁、连续梁、桁架连续梁。拱式桥有拱圈或拱肋，竖向荷载作用下产生水平推力，跨越能力大、美观、适用材料较多，施工比较困难。刚架桥为刚架结构，梁与墩柱连接处刚度较大，受力介于梁桥与拱桥之间，跨中正弯矩小、可降低建筑高度，受温度、沉降等不利影响大，比如 T 构桥、连续刚构桥、斜腿刚构桥等。吊桥的荷载通过吊杆使缆索产生拉力并传递到岸上巨大的锚碇上，吊桥有水平反力、跨越能力大、对动荷载要求较高。组合体系桥通常有梁、拱、塔、索等几种构件组合而成，有承重构件、传力构件之分，比如单孔系杆拱桥、连续梁拱组合、桁架拱桥、斜拉桥、部分斜拉桥等。

9.1.2　隧道工程的特点

为达到各种不同的使用目的，人们会在山体内或地面下修建建筑物，这些建筑物统称为"地下空间工程"，在地下空间工程的结构体系中确保地下空间相互联络的孔道被称为"隧道"。通常情况下，隧道修建时总是先在地下挖出一个洞穴然后再延伸成为一个长形的孔道，该孔道被称为"导坑"。地层挖开后容易变形、塌落或有水涌入，因此，除了没有地下水的极为稳固地层外，大多隧道都需要在坑道的周围修建支护结构（即所谓的"衬砌"）。隧道端部的外露面一般都修筑有保护洞口和排放流水的挡土墙式结构，该结构被称"洞门"。若洞口容易坍塌或有落石危险则还要在洞门与洞身间修筑明洞。洞身衬砌、洞门和明洞就组成了隧道的主体支护结构，其作用是保持岩体的稳定和行车安全。除此以外，隧道还有相应的附属建筑物，所谓"隧道的附属建筑物"是指为运营管理、维修养护、给水排水、供电、蓄电、发电、通风、照明、通信、安全等而修建的建筑物（包括大小避车洞、边仰坡、排水天沟、防水设备及排水设备、通风系统等）。隧道主体支护结构和隧道附属建筑物的集合即为隧道建筑物。狭义上讲，隧道是指用以保持地下空间联系而作为交通孔道的工程建筑物。广义上讲，隧道是指以某种用途在地面以下以任何方法按规定形状和尺寸修筑的断面面积大于 $2m^2$ 的洞室，国际隧道协会（ITA）根据隧道横断面积的大小不同将隧道划分为极小断面隧道（$2\sim3m^2$）、小断面隧道（$3\sim10m^2$）、中等断面隧道（$10\sim50m^2$）、大断面隧道（$50\sim100m^2$）和特大断面隧道（大于 $100m^2$）。

隧道的种类很多并可从不同的角度进行区分，因而其分类方法也多种多样。按隧道所处地质条件的不同可将隧道分为土质隧道和石质隧道；按埋置深度的不同可将隧道分为浅埋隧道和深埋隧道；按隧道所在位置的不同可将隧道分为山岭隧道、水底隧道、水下隧道、地铁隧道等。通常情况下，人们习惯按隧道的作用不同将其分为交通隧道、输水隧道、市政隧道、矿山隧道等 4 大类型。

交通线上的隧道称为交通隧道（是隧道中为数最多的一种），其作用是提供交通运输和人行的通道以满足交通线路畅通要求，交通隧道又可进一步细分为铁路隧道、公路隧道、水底隧道、地下铁道、航运隧道和人行地道等。公路隧道常用于高等级公路，高等级公路对道路修建技术要求较高（包括线路顺直、坡度平缓、路面宽敞等），公路隧道的修建对改善公路技术状态、缩短运行距离、提高运输能力、减少事故等均具有重要作用。铁路隧道可使线路直接穿山而过从而使线路顺宜并避免许多无谓的展线，可减少线路坡度、改善运营条件、提高牵引定数、实现多拉快跑。交通线路跨越江、河、湖、海、洋时可选择架桥、轮渡和水底隧道方式，当河道通航净空要求较高而桥梁受两端引线高程限制无法抬升到必要的高度时就必须采用水底隧道，水底隧道的优点是不受气候影响、不影响通航、不易遭受袭击。地下铁道（即地铁）可解决大城市交通拥挤、车辆堵塞问题，是一种大量快速运送乘客的城市交通设施，地铁可使很大一部分的地面容流转入地下而不占用地面面积，其没有平面交叉、各走上下行线、实现高速行车且可缩短车次间隔时间、节省乘车时间、便利乘客活动，其在战时还可起到人防作用。运河跨越分水岭时克服高程障碍十分困难可修建航运隧道将分水岭两边的河道沟通起来，航运隧道既可缩短航程又可省掉船闸费用并可确保船只迅速而顺直地航行、改善航运条件。城市为提高交通运送能力、减少交通事故在街心除可架设高架桥外还可修建人行地道以满足穿越街道或跨越铁路、高速公路等的交通要求，人行地道可缓解地面交通互相交叉的繁忙景象、节省地面空间、减少交通事故。

水工隧道（即水工隧洞、输水隧道）是水利工程和水力发电枢纽的重要组成部分，水工隧洞按其功能不同有引水隧洞、排水隧洞、导流隧洞、泄洪隧洞之分，引水隧洞的作用是进行水资源调动或把水引入水电站的发电机组产生动力资源，排水隧洞的作用是把发电机组排出的废水送出去。导流隧洞或泄洪隧洞是水利工程的重要组成部分，其作用是疏导水流并在溢洪道流量超限后承担泄洪任务。排沙隧洞的作用是冲刷水库中淤积的泥沙并把泥沙裹带运出水库（有时也用来放空水库里的水以便进行库身检查或维修水工建筑物）。

市政隧道是城市中为安置各种不同市政设施而建造的地下孔道，市政隧道按其功能的不同有给水隧道、排水隧道、污水隧道、管路隧道、线路隧道、人防隧道之分。给水隧道是用于城市供水的隧道，排水隧道是用于引流排放城市污水的隧道，管路隧道是供给煤气、热气、热水等的隧道，线路隧道的作用是输送电力电缆以及通信电缆（这些电缆通常都安置在地下孔道中），在发达国家的城市中通常将以上四种具有共性的市政隧道按城市布局和规划合建为一个大隧道（称之为"共同管沟"。共同管沟是现代城市基础设施科学管理和规划的标志，也是合理利用城市地下空间的科学手段，是城市市政隧道规划与修建发展的方向）。人行地道也属于市政隧道，是建筑在城市地下专供人员通行的隧道（也称过街地道），其主要建设在城市交通繁忙地区可改变车辆人车混行状况、保证行人安全、提高车辆通过能力，其通常采用立体交叉的地下人行通道方式。人防隧道是为战时防空目的而修建的防空避难隧道，人防隧道内除应设置徘水、通风、照明和通信设备外还应储备饮水、粮食和必要的救护设备，此外在洞口处还需设置各种防爆装置以阻止冲击波的侵入，同时还应实现多口联通、互相贯穿以便紧急时刻可以随时找到出口。

矿山开采中通常会设置一些专为采矿服务的隧道（即矿山隧道，又称为矿山坑道或巷道），其从地表通向矿床并将开采到的矿石运输出来（或穿越地层通向矿床以便开采矿体），按其功能的不同有运输巷道、给水隧道、通风隧道等类型。运输巷道是从地面向地下开凿的通到矿床的运输通道（人们通过运输巷道到达矿体后再开辟采掘工作面），运输巷道不仅是主要的运输通道还具有一些综合功能（比如，通常情况下人们也将给排水管道安装在运输巷道中以便送入工作水供采掘机械使用并将废水和地下水排出洞外。同时运输巷道还可与通风巷道或与通风机加管道构成空气对流的回路）。通风巷道的作用是补充新鲜空气、排除废气（包括工作人员呼出的气体以及地层中释放的各种易燃、易爆、有味、有害气体）以防止燃烧、爆炸、窒息情况发生，是为确保坑道工作环境条件和人员设备安全而设置的巷道，通风巷道应与运输巷道或与通风机加管道构成空气对流回路。

9.2　桥梁与隧道工程的技术体系

9.2.1　桥梁工程的技术体系

（1）桥梁总体规划。

1）设计的基本要求。应按安全、适用、经济、美观原则进行桥梁总体规划和设计，应综合考虑各种关联因素，比如使用上的要求（安全畅通、使用年限、耐久性、保养）、经济上的要求（经济合理，总造价、材料最少，施工期短，养护、维修容易且成本低）、结构构造要求（桥梁结构在制造、运输、安装、使用过程中应具有足够的刚度、强度、稳定性、耐久性）、施工工艺要求（施工设备、安全、技术等）、美观要求（桥梁美学以及与周围环境的协调）等。桥位选择应合理（通常由国家、地方社会经济发展规划决定），应综合考虑桥梁的使用任务（交通量、荷载等级、战备情况）、勘探桥位附近的地形情况（借助地形图）、地质情况（借助工程地质剖面图以了解地质分层、力学性能、地质构造等，是设计、施工必备资料与依据）、水文情况（河床断面、通航水位、历史洪水资料、通航净空、冲刷、淤积情况、河床变迁等）、气象情况（年平均温差、年最高温差、桥位处设计风速、台风、雨量情况）、施工单位情况（技术水平、施工设备）、施工建筑材料情况。

2）设计过程。通常有 3 个阶段，即工程可行性研究（前期规划、关键技术研究，从经济、技术、社会发展方面论证可行性）、初步设计（从不同设计方案中选出推荐方案及最优方案。主要解决总体规划问题，包括桥位选定、桥型、分孔、纵横断面布置、结构的主要尺寸、工程额概算、主要材料用量。初步设计的概算是控制建设项目投资及编制施工预算的依据）、施工图设计（对初步设计核定的修建原则、技术方案、技术决定、总投资额进一步细化，给出具体化的技术文件。必须对桥梁各构件进行详实的分析计算、绘制施工图、编制施工方法、施工材料明细表及预算）。

3）桥梁纵断面设计。包括桥梁的总跨径、分孔、桥面标高、路线、路面纵坡、基础埋置深度及采用的方法。桥梁总跨径应根据水文资料、河床冲刷、基础形式、航道安排、造价综合考虑。分孔原则为"使上、下部结构的总造价最经济"，应综合考虑跨径、孔数、结构体系、战备等因素的影响。桥面标高应合理确定，应先满足通航要求（即通航净空。由航务部门决定或有设计洪水位决定。通常支座底面应高出设计洪水为 25cm、拱顶底面应高出 1m、跨线桥应具体分析。桥上纵坡不大于 4%、城市不大于 3%、引桥纵坡不大于 5%且变坡处均需设竖曲线）。车道布置应合理，应按桥梁宽度确定车道数。

4）桥梁横断面设计。桥梁横断面决定于桥面宽度、结构类型、横截面布置，设计时应遵守现行规范，一般组成包括行车道 [（单个车道宽×车道数）+人行道 0.75 或 1m（+$N×0.5$）+自行车道（$n×1$）+中央带。单个车道宽一般为 3.75m（$V \geqslant 80\mathrm{km/h}$）或 3.5m（$V=40\sim60\mathrm{km/h}$）或 3.25m（$V=30\mathrm{km/h}$）或 3.00m（$V=20\mathrm{km/h}$），单车道时为 3.5m。人行道、安全带应高出路面至少 20~25cm，一般为 25~35cm]、桥面横坡（1.5%~3%以利于排水）、栏杆、护栏、灯柱位置、过桥管线等。

5）桥梁造型设计。应在满足功能要求的前提下选用最佳的结构型式，要求纯正、清爽、稳定、质量统一（美从属于质量。美主要表现在结构选型和谐与良好的比例上，应具有秩序感和韵律感，过多重复会导致单调），应重视与周边环境的协调（材料选择、表面质感，色彩的运用起重要作用。模型检试有助于实感判断，应注意审视阴影效果。美丽的桥梁应以其个性对人们产生积极的影响。美和伦理本是相通的，美的环境会陶冶人们的情操，大自然的美、人为环境的美对人们身心健康是必需的）。

6）桥梁设计方案比选。桥梁结构形式的确定依赖于对桥梁技术、经济、建桥条件等深入细致的综合分析比较。首先应根据地形、地质、通航等要求确定分孔并拟定设计尽可能多的桥梁结构图式（通常为 2～4 个），然后编制各遴选桥梁结构形式的技术经济指标（包括主要材料用量、总投资、施工期、运营条件、养护费用、施工工艺技术要求以及有无困难工程和特殊材料等，并拟定桥梁结构的主要构件尺寸），再通过技术经济比较确定最优方案（应综合比较各种指标，本着"适用、经济、美观"原则确定最优方案或根据其他客观情况及特殊要求提出推荐第一方案），最后召开专家会议讨论评审方案。

（2）桥面构造。

桥面部分通常包括桥面铺装、防水及排水设备、伸缩缝、人行道（安全带）、路缘石、栏杆（防撞墙）及灯柱、过桥管线、航灯指示等。桥面养护非常重要。

1）桥面组成与布置。可酌情选择双向车道布置、分车道布置、双层桥面布置等形式。

2）桥面铺装。桥面铺装重量应尽量降低（二期恒载），铺装质量应使铺装层与桥面板紧密结合，可采用白色路面（水泥混凝土）、黑色路面［下混凝土上为沥青、全沥青（下细上粗）、改性沥青、钢纤维混凝土、防水混凝土］、扩张金属网等方式。桥面铺装必须配筋，铺装层对主梁受力有一定帮助作用。

3）桥面坡度。桥面横坡 1.5%～3.0%，做法是盖梁顶设横坡、三角垫层、结构设横坡。

4）桥面防水排水系统。常见防水层做法主要有 3 种类型，即洒布薄层沥青或改性沥青（其上撒布一层砂，经碾压形成沥青涂胶下封层）；涂刷聚氨酯胶泥、环氧树脂、阳离子乳化沥青、氯丁胶乳等高分子聚合物涂胶；铺装沥青或改性沥青防水卷材以及浸渍沥青的无纺土工布等做法。排水应合理设计（纵坡大于 2%、桥长大于 50m 应每隔 12～15m 设一个泄水管；坡度小于 2% 的应 6～8m 设一个，应按不小于 2～3cm^2/m^2 桥面设过水面积），位置应根据实际情况确定，可用金属泄水管（铸铁）、钢筋混凝土、塑料制品。

5）收缩缝。设置伸缩缝目的为满足梁体自由变形要求，释放因温度变化、混凝土收缩、徐变、车辆荷载等引起的桥面纵向变形，其通常由钢板及角钢、橡胶、固定锚筋或锚杆等组成。桥梁伸缩缝应满足使用要求，即应能适应桥梁温度变化所引起的伸缩；应具有桥面平坦、行驶性良好的构造；应施工安装方便且与桥梁结构联为整体；应具有能安全排水和防水的构造；应能承担各种车辆荷载的作用；养护、修理与更换应方便；应经济价廉。

6）人行道。一般小于 1m。人多时人行道宽度为 0.75m（1m）＋0.5m 的倍数，人少时为安全带（0.25～0.5m），高度 0.25～0.4m，做法有现浇（与桥面连成整体）或预制（做成配件，现场组合安装）方式。

7）栏杆。根据桥梁位置确定，应考虑安全、美观问题。栏杆高度一般为 0.8～1.2m 并应按规范计算水平力，间距 1.5～3.0m，做法有全预制安装和现浇栏杆柱（预制安装扶手）。

8）灯柱。灯柱一般均为预制安装。

9）护栏。护栏的作用是封闭沿线两侧、吸收碰撞能量，主要有刚性护栏、半刚性护栏、柔性护栏等形式。

（3）桥梁工程施工。

1）桥梁基础工程施工。常见的桥梁基础主要有扩大基础、桩基础、沉井基础、地下连续墙、管柱基础。扩大基础施工可采用机械开挖基坑浇筑法、板桩围堰开挖基坑浇筑法、土或石围堰开挖基坑浇筑法、人工开挖基坑浇筑法。桩基础的沉入桩施工可采用振动法、锤击法、沉管灌注法、静力压桩法、辅助压桩法（包括钻孔辅助沉桩、射水辅助沉桩）。桩基础中的灌注桩施工可采用人工挖孔法和机械挖孔法（包括潜水钻机成孔法、螺旋钻机成孔法、冲抓钻机成孔法、反循环回转法、正循环回转法、冲击钻机成孔法、旋转锥钻孔法等）。桩基础中的大直钻孔埋置空心桩施工应遵守相关规定。沉井基础施工可采用泥浆润滑套下沉法、空气幕下沉法、不排水开挖下沉法、排水开挖下沉法等。地下连续墙施工应遵守相关规定。管柱基础施工应遵守相关规定。

2）桥梁下部结构施工。墩（台）身施工方法应根据结构形式确定，简单的中小桥墩（台）身施工的传统方法是立模（一次或多次）现浇或砌筑施工，高墩、斜拉桥或悬索桥的索塔的施工方法多种多样（可通过模板结构形式表现，其机械设备、施工组织、质量控制均呈现多样化态势。滑升模板、爬升模板、翻升模板等在高墩及索塔上应用越来越多，其共同特点是将墩身分成若干节段从下至上逐段进行施工）。承台（桩基之上）施工，对旱地和浅水可借助土石筑岛施工桩基（与扩大基础的施工方法相似，包括明挖基坑、简易板围堰挖基等），对深水承台一般借助钢板桩围堰、钢管桩围堰、双壁钢围堰及套箱围堰等进行施工。

3）桥梁上部结构施工。桥梁上部结构的施工方法主要有预制安装法、现浇法、劲性骨架法、转体施工法。预制安装法包括自行式吊车吊装、悬臂拼装、扒杆吊装、架桥机安装、跨墩龙门架吊装、浮运整孔架设、浮吊架设、逐孔拼装、提升法、缆索吊装等。现浇法包括悬臂浇筑法、逐孔现浇法、固定支架法、顶推法等。

4）桥梁施工方法的选择原则。以上对施工方法进行分类的目的只是为了描述其特点，桥梁施工一般不可能仅采用一种施工方法（多为综合应用），同一种方法中不同情况所需的机具、劳力、施工的步骤和施工期限也常常不同。桥梁施工方法应根据设计要求、现场、环境、设备、经验等因素综合分析考虑、合理选择（应考虑的主要因素包括结构形式、规模；桥位地形、自然环境、社会环境；机械、施工管理的制约；经验；安全性与经济性）。

5）施工准备。应建立必要的技术和物质条件，统筹安排施工力量和施工现场，确保施工能够顺利进行。施工准备通常包括技术准备、劳动组织准备、物质准备和施工现场准备等工作。技术准备是施工准备的核心，其内容包括熟悉设计文件、研究施工图纸及现场核对；原始资料的进步调查分析（包括自然条件的调查分析、技术经济条件的调查分析）；施工前的设计技术交底；制定施工方案、进行施工设计；编制施工组织设计；编制施工预算等。劳动组织准备包括建立组织机构；合理设置施工班组；集结施工力量、组织劳动力进场；施工组织设计、施工计划和施工技术交底；建立健全各项管理制度等。物资准备工作包括材料准备；施工设备准备；其他各种小型工具、小型配件准备等。施工现场准备的目的是为工程的施工创造有利的施工条件和物资保障条件，包括施工控制网测量；补充钻探；搞好"四通一平"；建造临时设施；安装调试施工机具；材料的试验和储存堆放；新技术项目的试验；冬、雨季施工安排；消防、保安措施；建立健全施工现场各项管理制度等。

6）桥梁工程施工组织设计。桥梁工程施工组织设计是指导桥梁施工的基本技术经济文件，也是对施工实行科学管理的重要手段。桥梁工程施工组织设计通常以工程项目、单项工程或单位工程为对象编制的，将整个工程项目分解为各单项工程→各单项工程分解为单位工程→单位工程分解为各分部工程→分部工程分解为各分项工程→进一步分解为各道工序。编制施工组织设计的目的就是在保证工程质量的前提下尽可能地缩短工程工期、降低工程成本、尽早发挥工程项目的经济效益。施工组织设计的编制首先必须体现施工过程的规律性，其次要体现组织管理的科学性以及技术的先进性，应遵循以下 6 条原则（即充分利用时间和空间；人尽其力、物尽其用；工艺与设备配套、优选；技术经济决策最佳；专业化分工与紧密协作相结合；供应与消耗协调）。施工组织设计的任务是确定开工前必须完成的各项准备工作；选择经济合理的施工方案（包括施工顺序、施工方法和施工机械、应尽可能实现流水施工作业，应合理安排劳力、机械、技术管理人员、技工等施工力量）；编制切实可行、逻辑关系严密的工程进度计划并确定施工速度；编制资源（包括劳力、材料、机具设备、资金等）需要量计划；制订采购、运输计划（以便及时供应物资，确保施工现场的物资消耗）；合理布置施工现场总平面图以充分利用空间；切实安排好冬、雨季施工项目以保证全年不间断施工；提出"切实可行、技术先进、经济合理"的施工技术措施、组织措施、安全措施和质量保证措施；合理组织包括基本生产、附属生产及辅助生产在内的全部施工活动等。施工组织设计的编制应依据相应的文件，不同类型桥梁的施工组织设计其编制依据也不尽相同，但在以下 7 个方面是相同的，即国家的有关规定、规程和规范；上级的有关指示；计划和设计文件，包括已批准的计划任务书、初步设计、技术设计和施工图设计；自然条件资料，包括地形资料、工程地质资料、水文地质资料、气象资料等；建设地区的技术经济资料，包括地方工业、交通运输、资源、供水、供电、当地施工企业情况等；施工单位可能配备给该项目的人力、机械设备，当地施工企业的施工力量、技术状况和施工经验等；有关的合同规定。

施工组织设计按工程项目的规模、特点可分为施工组织总设计（即轮廓性、粗线条的计划安排）、单位工程施工组织设计、分部（分项）工程施工方案或技术措施（对某些特别重要、复杂、技术难度大而又缺乏施工经验的分部、分项工程需单列编制）、专项方案设计（有时对于冬、雨季施工的工程项目，为保证工程质量、施工安全，提高劳动生产率和机械效率，也编制专门的、详细的施工方案或技术措施）。施工组织设计按工程项目实施阶段的不同可分为规划性施工组织设计（由设计单位编制，只制订轮廓计划，也称初步施工组织设计）、指导性施工组织设计（即施工单位在深入了解和研究了设计文件以及调查复核了现场情况之后着手编制的。其比规划性施工组织设计更详细、具体、完善，更具有全面指导施工全过程的作用）、实施性施工组织设计（即基层施工单位根据基础工程、墩台工程、上部构造预制、安装工程等各分部工程的具体情况及分工负责施工的队或班组的人力、机具等配备情况编制分部工程的施工方案或技术措施，称为实施性施工组织设计）。实施性施工组织设计的任务包括编制出以工作日为时间单位的施工进度计划；根据施工进度计划具体计算出劳力、机具、材料等日程需要量（并规定班组及机械在作业过程中的移动路线及日程）；在施工方法上要结合具体情况考虑到工程细目的具体施工细节（必须具体到能按所定施工方法确定工序、劳动组织及机具配备）；工序的划分、劳力的组织及机具的配备（既要适应施工方法的需要，又要最有效地发挥班组的工作效率，便于实行分项承包和结算，还要切实保证工程质量和施工安全）。由于影响计划执行的因素很多，因此编制计划时应留有充分的余地，应具体、详细（但不可过于复杂、繁琐。难以执行的计划是无意义的）。

9.2.2　隧道工程的技术体系

（1）公路隧道。

文字记载的最古老隧道是建于公元前 2180—公元前 2160 年间的古代巴比伦城连接皇宫与神庙间的人行隧道，该隧道长约 1km、断面尺寸 3.6m×4.5m，为砖砌建筑物，系将幼发拉底河水流改道后用明挖法建造而成。我国最早的交通隧道是建于公元 66 年的陕西汉中"石门"隧道。长 16.3km 的瑞士中部的圣哥达汽车专用隧道开凿时第一次使用了硝化甘油炸药。目前，世界最长的公路隧道是我国西安安康高速公路秦岭终南山特长公路隧道（18.0km）。

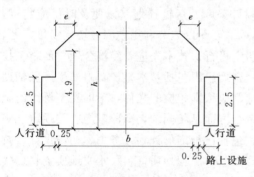

图 9-2　公路建筑限界（单位：m）

1）公路隧道线路。公路隧道的平面线形和普通道路一样应根据我国现行公路规范进行设计，隧道平面线形一般采用直线（应避免曲线。必须设置曲线时应尽量采用大半径曲线并应确保视距），公路隧道的纵断面坡度应根据隧道通风、排水和施工等因素确定并以缓坡为宜（宜为 0.3‰～3‰），隧道从两个洞口对头掘进时可采用"人"字坡以利于施工排水，单向通行时设置向下的单坡对通风有利。隧道衬砌内轮廓线所包围的空间称为隧道净空，公路隧道净空包括公路建筑限界（见图 9-2）以及通风及其他所需的断面积（断面形状和尺寸应为基于围岩压力的最经济值），公路隧道的公路建筑限界包括车道、路肩、路缘带、人行道宽度以及车道、人行道净高，公路隧道净空除包括公路建筑限界外还包括通风管道、照明设备、防灾设备、监控设备、运行管理设备等附属设施所需的空间以及富余量和施工允许误差等（见图 9-3）。高速公路和一级公路隧道应设置检修道，其他公路应根据隧道所处地区的行人密度、隧道长度、交通量及交通安全等情况设置人行道，检修道或人行道的高度宜为 20～80cm（应综合考虑检修人员步行时的安全、紧急情况时驾乘人员取拿消防设备安全、满足其下放置电缆和给水管等的空间尺寸的要求），公路隧道横断面见图 9-4。

2）公路隧道通风。汽车排出的废气含有多种有害物质（比如一氧化碳、氮氧化物、碳氢化合物、亚硫酸气体和烟雾粉尘等）并会造成隧道内空气的污染（一氧化碳浓度很大时人体会产生中毒症状并危及生命），烟雾会恶化视野、降低车辆安全行驶的视距。导致

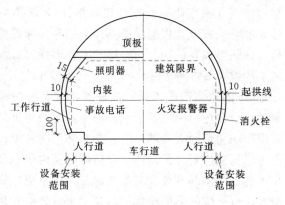

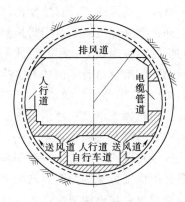

图9-3 公路隧道横断面净空（单位：mm）　　图9-4 公路隧道横断面示例

公路隧道空气污染的主要因素是一氧化碳，可通过通风方法（自然通风或机械通风）从洞外引进新鲜空气冲淡一氧化碳的浓度至卫生标准即可使其他因素低于安全浓度。自然通风方式不设置专门的通风设备，仅利用存在于洞口间的自然压力差或汽车行驶时活塞作用产生的交通风力达到通风目的。机械通风有纵向式、横向式、半横向式、混合式等通风方式。纵向式的基本特征是通风风流沿隧道纵向流动，其主要形式有射流式和竖井式，射流式纵向通风将射流式风机设置于车道的吊顶部吸入隧道内的部分空气并以30m/s左右的速度喷射吹出（用以升压使空气加速）达到通风目的（见图9-5，射流式通风比较经济，设备费用少，但噪声较大）。由于机械通风所需动力与隧道长度的立方成正比，因此长隧道中常设置竖井进行分段通风（即竖井式纵向通风，见图9-6。竖井用于排气，有烟囱作用，效果良好）。横向式通风有利于防止火势蔓延和处理烟雾，但需设置送风道和排风道从而增加建设费用和运营费用，其通风风流在隧道内做横向流动（见图9-7）。半横向式通风仅设置排风道、较为经济，其由隧道通风道送风或排风、由洞口沿隧道纵向排风或

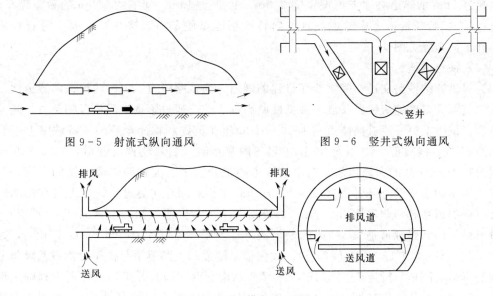

图9-5 射流式纵向通风　　　　　　　图9-6 竖井式纵向通风

图9-7 横向式通风

抽风，新鲜空气经送风道直接吹向汽车的排气孔高度附近（直接稀释排气），污染空气在隧道上部扩散并经过两端洞门排出洞外。混合式通风是根据隧道具体条件和特殊需要而由竖井与上述各种通风方式组合形成的最合理的通风系统，其组合形式多种多样（有纵向式和半横向式的组合以及横向式与半横向式的组合等多种方式）。

3）公路隧道照明。隧道照明与一般部位的道路照明不同，其显著特点是昼间需要照明以防止司机视觉信息不足引发交通事故。应保证白天习惯于外界明亮宽阔的司机进入隧道后仍能看清行车方向、正常驾驶。隧道照明主要由入口部照明、基本部照明和出口部照明与接续道路照明构成。入口照明是为司机从适应野外的高照度到适应隧道内明亮度的照明，是必须保证视觉的照明，通常由临界部、变动部和缓和部等 3 部分照明组成。临界部是为消除司机在接近隧道时产生的黑洞效应所采取的照明措施（所谓"黑洞效应"是指司机在驶近隧道从洞外看隧道内时因周围明亮而隧道像一个黑洞以致发生辨认困难、难以发现障碍物）。变动部是照度逐渐下降的区间。缓和部为司机进入隧道到习惯基本照明的亮度，是适应亮度逐渐下降的区间。出口照明是指汽车从较暗的隧道驶出至明亮的隧道外时为防止视觉降低而设的照明（应消除"白洞效应"，即应防止汽车在白天穿过较长隧道后由于外部亮度极高导致司机因眩光作用而产生的不适）。

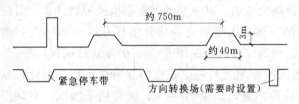

图 9 - 8　紧急停车带及方向转换场设置示意图

4）隧道附属设施构造。为使隧道能正常使用且保证列车通行安全，除主体建筑外其隧道内还要设置一些附属建筑物（比如设置紧急停车带、排水设施和电力通信信号设施等）。紧急停车带就是专供紧急停车使用的停车位置，在隧道中尤其在长大隧道中，车辆发生故障时必须尽快离开干道并避让至紧急停车带以减少交通阻塞、避免交通事故发生（超过 2km 的隧道必须考虑设置宽 2.5m、长 25～40m、间隔约 750m 的紧急停车带。10km 以上的特长隧道还应考虑设置方向转换场地以使车辆能够在发生火灾时避难或退避。其平面布置见图 9 - 8）。

（2）铁路隧道。

为提供容纳铁路交通空间需要而修建的隧道称为铁路隧道。山区建设铁路隧道优越性明显，其可大幅度缩短线路长度、降低线路高程、改善通过不良地质地段的条件、降低铁路造价。世界上第一座铁路隧道是 1826—1830 年在英国利物浦至曼彻斯特铁路上修筑的长 1190m 的双线隧道，19 世纪 30 年代起各国都相继开始修建铁路隧道，1895—1906 年修建的长 19.23km 的穿越阿尔卑斯山的铁道隧道开启了长大铁路隧道建设的先河，2007年正式通车的瑞士勒奇堡隧道（Letschberg Basis Tunnel）在隧道建设史上具有标志性的意义（该隧道穿越阿尔卑斯山，全长 34.6km，1994 年开凿，2005 年 4 月 28 日贯通），目前世界最长的铁路隧道是长 57km 的瑞士圣哥达基础隧道（Gotthard Basis Tunnel，2010年 10 月 15 日 14 点 17 分 55 秒贯通）。我国最早建成的铁路隧道是位于台湾省基隆与七堵之间的狮球岭隧道（隧道全长 261m，1887 年从南北两端同时开工，由外国工程师定出线路方向及中心桩的开挖高度，由清朝政府的军队负责施工，1890 年建成），我国自主建成的第一座铁路隧道是京张铁路八达岭隧道（它由中国杰出工程师詹天佑亲自规划督造，依靠中国人自己的力量建成。这座单线越岭隧道全长 1091m，工期仅用了 18 个月，于 1908 年建成。它与京张铁路一样让人称道）。

1）铁路隧道勘测。隧道勘测前应制定勘测计划并做好一切必要的准备工作，勘测分初勘和详勘两个阶段（其调查内容及深度、细度可根据各阶段的勘测设计要求和隧道规模确定，应满足各阶段的设计、施工需要并应最后形成系统、完整的资料），调查内容主要包括自然概况、工程地质特征、水文地质特征、不良地质地段、地震基本烈度等级、气象资料、施工条件等。

2）铁路隧道位置选择。隧道位置一般应根据地形条件和地质条件比选确定，受不同地形条件的影响可能采取不同的方案（比如对高程障碍可采取绕行方案、深堑方案及隧道方案，从全局着眼、长远考虑、经过比选的隧道方案往往是比较合理的。对平面障碍可采取沿河傍山的绕行方案或隧道直穿方案，从长远利益看隧道方案也往往是比较合理的）。隧道是埋置在地层内的结构物并受地层岩体的包围，如何避开不良地质区域（或如何拟定克服不良地质的措施）以及对不同地质情况应采取何种措施方案是选择隧道位置时必须慎重考虑的问题。

3）铁路隧道洞口位置选择。隧道位置确定后的隧道长度由隧道洞口的位置确定。洞口位置的选择应遵循"早进晚出"原则；洞口应尽可能地设在山体稳定、地质较好的地方以及水不太丰富的地方；洞口不宜设在垭口沟谷的中心或沟底低洼处（不要与水争路）；洞口应尽可能设在线路与地形等高线相垂直的地方以使隧道正面进入山体且洞门结构物不致受到偏侧压力；线路位于有可能被淹没的河滩上（或水库回水影响范围以内）时其隧道洞口标高应在洪水位以上并加上波浪高度（以防洪水倒灌到隧道中去）；为保证洞口稳定与安全其边坡及仰坡均不宜开挖过高（以不使山体扰动太甚，也不使新开出的暴露面太大）。

4）隧道平面设计。铁路线路越直越好，线路越直列车通过速度越快、走行距离也相对越短，在隧道内这种需求更加强烈。因此，在可能情况下隧道平面线形应尽量采用直线或大半径曲线（应避免小半径曲线。曲线隧道建筑限界需加宽，坑道尺寸也会相应加大，从而会增加土石方开挖和衬砌工程量。曲线隧道断面是变化的并会导致支护和衬砌尺寸的变化、技术难度增大。列车在曲线隧道内运行空气阻力会加大、机车部分牵引力会被抵消，同时，洞内通风条件会恶化。列车在曲线隧道行驶会产生离心力从而使钢轨磨耗严重并增加线路养护工作量。曲线隧道的洞内施工测量操作复杂、精度会因之而降低），当然，受某些地形限制或受某些地质条件影响人们有时不得不采用曲线形式的隧道。

5）隧道纵断面设计。隧道纵断面设计主要是对坡度的设计，包括隧道内线路的坡道形式、坡度大小和折减、坡段长度和坡段间的衔接等内容。隧道处于岩层之中，除了地质条件变化外其线路走向不受任何限制，不必采用复杂多变的形式（一般可采用单面坡和人字坡两种形式，见图 9-9）。为解决排水问题隧道不宜采用平坡且坡度一般不应小于 3‰（严寒地区隧道为防止冻害还应考虑适当增大排水坡度）。列车在隧道内运行时的作用犹如一个活塞，空气阻力会远远大于明线地段，因此列车牵引力削弱严重。

隧道内环境潮湿会使机车轮与钢轨间的黏着系数减小，当列车在上坡方向以最小计算速度运行时其机车牵引力会因黏着系数降低而得不到充分发挥。基于上述原因，隧道坡度设计时应尽量采用较缓的坡度且不宜用足限制坡度（隧道长度小于 400m 时上述影响不甚显著，隧道纵断面坡度仍可按明线地段标准设计。隧道长度大于 400m 时隧道内限制坡度应考虑折减）。

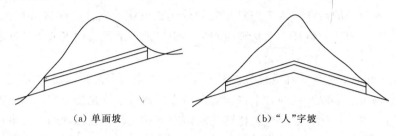

（a）单面坡　　　　　　　　　　　　（b）"人"字坡

图 9 - 9　隧道纵断面形式示意

6）铁路隧道净空。铁路隧道衬砌内轮廓所包络的空间称为隧道净空。新建铁路隧道净空是以我国现行铁路隧道建筑限界规定为依据兼顾远期隧道内轨道的类型确定的。建筑限界是指隧道衬砌不得侵入的一种限界，确定的依据是机车和车辆限界在横断面外轮廓线上的最大尺寸以及洞内通信、信号、照明等其他设备设置的尺寸要求兼顾一定的富裕度拟订的。隧道净空应比隧道建筑限界要大（净空除必须满足建筑限界的要求外还应考虑列车运行时的摆动和衬砌结构受力合理等因素）。我国新建和改建的蒸汽及内燃牵引的单线和双线铁路隧道的建筑限界形状和尺寸采用"隧限-1A"和"隧限-1B"，见图 9 - 10（a）。我国新建和改建电力牵引的单线和双线隧道的建筑限界形状和尺寸采用"隧限-2A"和"隧限-2B"，见图 9 - 10（b）。曲线隧道为保证列车在隧道内的运行安全其净空必须适当加大。高速铁路隧道净空断面设计时需要预留各种空间（比如安全空间、救援通道及技术作业空间等。高速铁路隧道行车速度高会产生空气动力学效应并对乘车舒适度和周围环境产生较大影响，其隧道建筑物按满足 100 年正常使用的永久结构物设计，其通行的列车全部为客车，列车一旦在隧道内发生事故、失去动力或无法及时将列车拉出洞外时车上人员的紧急疏散、逃生和救援将成为非常关键和重要的问题）。

7）隧道内附属建筑物。为确保铁路隧道正常使用和列车运营安全，隧道内还需修建一些附属建筑物来配合主体建筑，比如安全避让设备（避车洞）、排水设施、通信与信号设备、供电与通风设备等。

（3）水底隧道。

水底隧道与桥梁工程相比隐蔽性好并可保证平时与战时的畅通，其抗自然灾害能力强、对水面航行无任何妨碍但造价较高，水底隧道既可作为铁路、公路、地下铁道、航运、行人隧道，也可作为管道输送流体。

1）水底隧道的埋置深度。水底隧道的埋置深度是指隧道在河床下岩土的覆盖厚度。埋深的大小关系到隧道的长短以及工程造价和工期的确定（尤其重要的是覆盖层厚度与水下施工安全关联密切）。设计水底隧道的埋置深度需考虑以下 4 方面因素，即地质及水文地质条件（包括隧道穿越河床的地质特征、河床的冲刷和疏浚状况）、施工方法要求（不

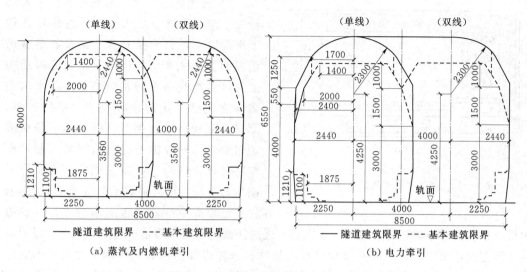

图 9-10 铁路隧道建筑限界（单位：mm）

同的隧道施工方法对其顶部的覆盖厚度有不同的要求，沉管法施工只要满足船舶抛锚要求即可）、抗浮稳定需要（埋在流沙、淤泥中的隧道会受到地下水浮力的作用，此浮力应由隧道自重和隧道上部覆盖土体的重力加以平衡，该平衡力的保险值应为浮力的 1.10～1.15 倍。检验抗浮稳定时为偏于安全可不考虑摩擦力的作用）、防护要求（水底隧道应具备一定的抵御常规武器和核武器的破坏能力。应根据在常规武器攻击中非直接命中、减少损失和早期核辐射的防护要求确定其覆盖层应有的厚度）。

2）水底隧道的断面形式。水底隧道的断面形式多种多样，常见有圆形、拱形、矩形。国内外水底隧道（特别是河底段）多采用沉管法和盾构法施工，故其断面多为圆形（见图9-11）。采用矿山法施工时一般采用拱形断面（该断面形式受力及断面利用率均较好）。沉管法施工有时也采用矩形断面（见图 9-12 和图 9-13）。

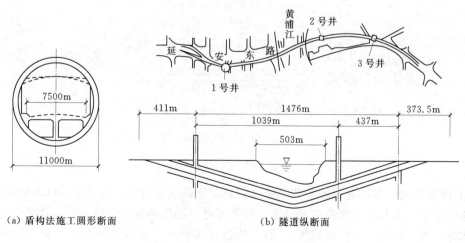

(a) 盾构法施工圆形断面　　　(b) 隧道纵断面

图 9-11 上海延安东路越江隧道

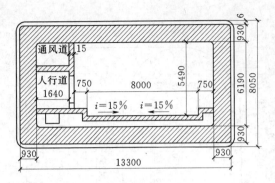

图 9-12 圣彼得堡卡诺尼尔水下隧道
（单位：mm）

3）隧道防水。由于水底隧道的主要部分处于河、海床下的岩土层中并常年在地下水位以下，其承受着自水面开始至隧道埋深的全水头压力，因此，水底隧道从施工到运营均有一个防水问题。其防水的主要措施包括采用防水混凝土、壁后回填、围岩注浆和双层衬砌等。壁后回填是对隧道围岩之间的空隙进行充填灌浆以使衬砌与围岩紧密结合（可减少围岩变形、使衬砌均匀受压，提高衬砌的防水能力）。围岩注浆是提高水底隧道围岩承载力、减少透水性（是在围岩中进行预注浆的一种方法。通过注浆可以固结隧道周边的块状岩石以形成一定厚度的止水带，且可填塞块状岩石的裂缝和裂隙进而消除和减少水压力对衬砌的作用）。水下隧道采用双层衬砌可达到两个目的，即满足防护需要（在爆炸荷载作用下围岩可能开裂破坏，只要衬砌防水层完好则隧道内就不会大量涌水而影响交通）、防止高水压力（有时尽管采用了防水混凝土回填注浆，但高水压下仍难免发生衬砌渗水。在此情况下，双层衬砌可作为水底隧道过河段的防水措施）。

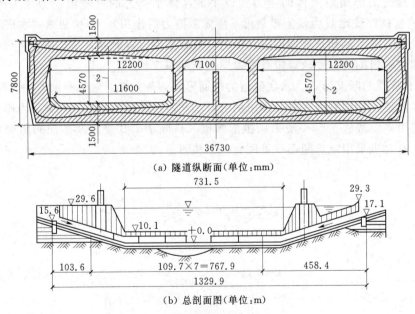

（a）隧道纵断面（单位：mm）

（b）总剖面图（单位：m）

图 9-13 蒙特利尔拉封基隧道

4）海底隧道。海底隧道通常兼具公路和城市道路双重功能，故应考虑市政管线需要，隧道通常分上下部分（上部是检修通道、行车通道、逃生通道。下部为市政管廊，用于布排供水管、高压电缆、通信电缆等）。服务通道与两个行车通道之间有若干个人行横向通道及车行横向通道（可在抢险救援时发挥重要作用）。海底隧道可采用沉管法、钻爆法暗挖施工。

（4）隧道及地下空间工程施工方法。

隧道及地下空间工程施工就是要在地下挖掘所需要的空间并修建能长期经受外部压力的衬砌结构。工程进行时由于要承受周围岩土或土砂等重力而产生的压力，不但要防止可能发生的崩坍，有时还要避免由于地下水涌出等所产生的不良影响。因此，为适应多种多样的条件，隧道施工技术也比较复杂且多种多样，隧道及地下空间工程的施工方法宏观上可分为明挖法和暗挖法两类。明挖法又有基坑开挖、盖挖、沉管三种；暗挖法又有钻爆法（也称矿山法）、盾构法、掘进机法和顶进法之分。

1）明挖法。明挖法是指地下结构工程施工时从地面向下分层、分段一次开挖直至达到结构要求的尺寸和高程，然后在基坑中进行主体结构施工和防水作业，最后回填恢复地面。实际工程施工中应根据工程地质条件、开挖工程规模、地面环境条件、交通状况等确定相关工艺。明挖法主要应用于大型浅埋地下建筑物的修建和郊区地下建筑的修建且逐渐演化成盖挖和明暗挖结合的施工方法，总体来讲，明挖法在地下空间工程建设中仍是主要施工方法。明挖法的关键工序是降低地下水位、边坡支护、土方开挖、结构施工、防水工程等。明挖法隧道采用的结构形式多种多样但以箱形结构为主，箱形结构的侧壁多采用连续墙作为主体结构的一部分，箱形结构的断面形状视隧道的使用目的不同而花样繁多（见图9-14）。

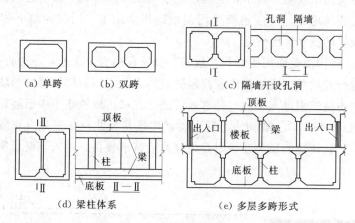

图9-14　箱形结构的典型形式

2）传统矿山法。"传统矿山法"采用木构件或钢构件作为临时支撑以抵抗围岩变形、承受围岩压力、获得坑道临时稳定，待隧道开挖成形后再逐步将临时支撑撤换下来而代之以整体式单层衬砌作为永久性支护的施工方法。它是人们在长期的施工实践中逐步自然发展起来的，日本隧道界将以钢构件作为临时支撑的矿山法称为"背板法"。早期的传统矿山法主要采用木构件作为临时支撑，施作后的木构件支撑只是作为维护围岩稳定的临时措施，待隧道开挖成形后再逐步地将其拆除并代之以整体式单层衬砌，木构件支撑由于其耐久性差和对坑道形状的适应性差且支撑撤换工作既麻烦又不安全还对围岩有进一步扰动，目前已很少采用。目前传统矿山法已发展为主要采用钢构件承受早期围岩压力以维护围岩的临时稳定，然后在此基础上再施作内层衬砌以承受后期围岩压力并提供安全储备，钢构件支撑具有较好的耐久性和对坑道形状的适应性等优点，施作后的钢构件支撑不予拆除和撤换也更为安全。

3）新奥法。新奥法又称暗挖法，是在传统矿山法修建隧道方法的基础上发展而来。其主要采用锚杆和喷射混凝土作为维护围岩稳定的初期支护以帮助围岩获得初步稳定，施作后的锚喷支护即成为永久性承载结构的一部分而不予拆除，然后在此基础上再施作内层衬砌作为安全储备，初期支护、内层衬砌和围岩三者共同构成了永久的隧道结构承载体系。其施工原则是"少扰动、早锚喷、勤量测、紧封闭"。当隧道围岩坚硬完整时，或者围岩虽然比较软弱破碎，但地应力不很大，埋深较大时，隧道上覆土的自然成拱作用较好，工作面稳定既不易受地面条件的影响，围岩松弛变形也不至于波及地表，采取常规支护，并按"先开挖后支护"的顺作程序施工。但当隧道围岩破碎，而地应力也较大时，无论是浅埋还是深埋，围岩都表现为较强的流变性，随时会发生坍塌，应采取"先支护后开挖"的逆作程序施工及特殊的稳定措施（比如"超前支护"或"注浆加固"处理）后再开挖。

4）盖挖法。盖挖法是在隧道浅埋时由地面向下开挖至一定深度后，将结构顶板施作封闭并恢复地面原状，其余的绝大部分土体的挖除和主体结构的施作则在封闭的顶板掩盖下完成的施工方法。由于其优先安排盖板施作可快速恢复地面原状，从而可最大限度的减少施工对地面交通的影响，盖板的保护又可使地下施工更为安全。盖挖法主要适用于城市地铁特浅埋隧道及地下空间工程中，尤其适用于地铁车站等地下洞室建筑物的施工。盖挖法也可用于高层建筑施工，高层建筑采用盖挖逆作法施工（同时向地下和地上做结构施工）可取得了较好的技术经济效益。

5）盾构法。盾构法是使用所谓的"盾构"机械在围岩中推进，一边防止土砂的崩坍、一边在其内部进行开挖并完成衬砌作业修建隧道的方法。用盾构法修建的隧道称为盾构隧道。盾构法是软土隧道掘进施工的一种有效方法，在城市地铁施工中已经得到了广泛的应用。盾构机见图 9-15（a）。盾构施工首先要修建预备竖井，在竖井内安装盾构，然后边推进，边衬砌。盾构推进的反力开始时是由竖井后背墙提供，进入正洞后则由依拼装好的

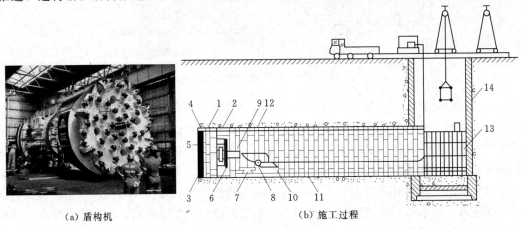

（a）盾构机　　　　　　　　　　（b）施工过程

图 9-15　盾构法示意

1—盾构；2—盾构千斤顶；3—盾构正面网格；4—出土转盘；5—出土皮带运输机；6—管片拼装机；7—管片；
8—压浆泵；9—压浆孔；10—出土机；11—由管片组成的隧道衬砌结构；
12—在盾尾空隙中的压浆；13—后盾管片；14—竖井

衬砌环提供。盾构挖出的土体由竖井通道送出洞外。盾构每推进一环的距离就在盾尾支护下拼装或现浇一环衬砌，并向衬砌与围岩之间的空隙中压注豆砾石及水泥砂浆使衬砌与围岩保持紧密接触［既阻止了地面的沉陷，又可起到防水的作用，见图9-15（b）］。盾构施工技术安全性比较高，可适用于多种地层（尤其适合在软土或者砂土地层中使用）。盾构的类型很多，选择适合土质条件并确保工作面稳定的盾构机类型及合理辅助工法是盾构施工的关键。此外，盾构的外径、覆土厚度、线性、掘进距离、工期、竖井用地、路线附近的重要构筑物等地域环境条件的考虑也至关重要（当然还应考虑安全性和成本），通常要求按上述因素综合考虑选定合适的盾构（比如半机械式盾构、机械式盾构、挤压式盾构、泥水加压式盾构、土压平衡式盾构、泥土式盾构等）。

6）掘进机法。隧道掘进机（TBM）通常指岩石隧道全断面掘进机（见图9-16），是一种利用回转刀具开挖（同时破碎和掘进）隧道的机械装置，也是一种集掘进、出渣、支护和通风防尘等多种功能为一体的大型高效隧道施工机械。TBM适用于中硬岩地层的隧道施工，其采用机械破碎岩石的方法进行开挖。现代隧道掘进机通常均具有机械、电气、液压、自动、一体化、智能化特征，其优点是快速、优质、经济、

图9-16 掘进机

安全，其缺点是对具有坍塌、岩爆、软弱地层、涌水及膨胀岩的不良地质地段适应性较差。高速掘进是TBM的最大优点，其最快月进尺可接近2000m。

7）沉管法。沉管法又称沉埋法（见图9-17），即先在隧址附近修建的临时干坞中（或利用船厂的船台）预制管段并将预制管段用临时隔墙封闭起来，同时在设计的隧道位置挖好水底基槽，然后将管段浮运至隧道位置的上方定位并向管段内灌水压载使其下沉到

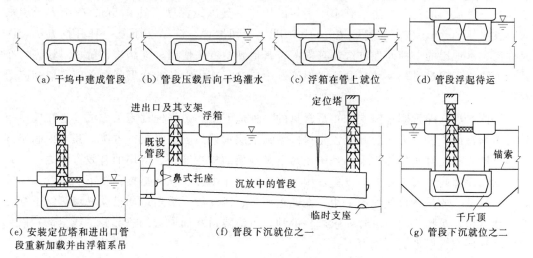

（a）干坞中建成管段　　（b）管段压载后向干坞灌水　　（c）浮箱在管上就位　　（d）管段浮起待运

（e）安装定位塔和进出口管　　（f）管段下沉就位之一　　（g）管段下沉就位之二
　　段重新加载并由浮箱系吊

图9-17 沉管法施工

水底基槽内，将相邻管段在水下连接起来并做防水处理，最后进行基础处理并回填土、打通临时隔墙即成为水底隧道。由于沉管法管段是预制的，故其质量好、水密性好、断面形状可自由选择。沉管隧道会受到水的浮力作用，故对基础要求不高，在砂土、淤泥质软土中均可施工。其最主要的缺点是在沉管阶段对河道上的船舶交通会造成影响。

图 9-18　顶管法施工

8）顶管法。顶管法施工是指隧道或地下管道穿越铁路、道路、河流或建筑物等各种障碍物时采用的一种暗挖式施工方法（见图 9-18）。其施工时通过传力顶铁和导向轨道用支承于基坑后座上的液压千斤顶将管压入土层中，同时挖除并运走管正面的泥土。当第一节管全部顶入土层后接着将第二节管接在后面继续顶进，这样将一节节管子顶入，做好接口、建成涵管。顶管法特别适于修建穿过已成建筑物、交通线下面的涵管或河流、湖泊。顶管按挖土方式的不同分为机械开挖顶进、挤压顶进、水力机械开挖和人工开挖顶进等。顶管法施工是继盾构施工之后发展起来的地下管道施工方法，最早于 1896 年美国北太平洋铁路铺设工程中应用，20 世纪 60 年代在世界各国推广应用，目前日本成功研究开发出了土压平衡、水压平衡顶管机等先进顶管机头和工法。

9）辅助工法。常见的辅助工法主要有冻结法、管棚工法、注浆工法、降水工法、预切槽法等。

冻结法是通过钻孔、埋入钢管、在钢管中加盐水或液氮、经循环使周围地层冻结而形成保护层的方法，其不仅能保证地层稳定，还能起隔水作用，从而可确保施工安全。冻结法作为一种成熟的施工方法已有 100 多年的历史，其冻结深度可达 4.5m、冻结表土层最大厚度可达 3.5m、冻土强度可达 5～10MPa。确切地说，冻结法不是一种开挖方法，而是面向含水地层的一种处理方法，其常配合其他开挖方法使用。冻结法造价相对较高，在其他方法施工困难时是一种好办法，但施工中应注意冻胀引起的变形问题并应采取相应的对策。

管棚工法（即管棚超前支护）是常见的一种地下空间工程辅助施工方法，是在地质条件恶劣和特殊条件下为安全开挖预先提供增强地层承载力的临时支护方法，其对控制塌方和抑制地表沉陷有明显的效果，是防止地下及地面结构物开裂、倒塌的有效方法之一。其施工精度要求高且需用专门的设备，因此造价高、速度慢、纵向搭接设置第二排管棚的难度大，故其一般只在特殊地段采用。在隧道洞口、浅埋段、拱顶地质松软易塌落、下穿公路与建（构）筑物、地表沉降要求严格的地段可沿隧道断面周边的一部分（或全部）以一定间距环向布设以形成管棚群。

注浆工法是将注浆材料按一定配合比例制成浆液后通过一定方式压入隧道围岩或衬砌背后的空隙中，经凝结、硬化后起堵水和加固围岩作用的一种辅助施工方法。围岩注浆是隧道通过软弱围岩地段的常用的通过手段，其作用有以下 3 个方面，即加固围岩、增强围岩的自身强度、承载能力、自稳能力；提高围岩的密实性、减少地下水的渗透量、承担外水压力；减轻初期支护喷射混凝土层承受的外荷载，降低其刚度、增强其柔性、提高其抗渗能力。常用的注浆方法主要有小导管预注浆工法、帷幕注浆工法、径向局部注浆工法、地表旋喷桩加固工法等。

隧道处于富水地层时，为保持开挖工作面处于干燥或少水状态以便安全、快速施工，当地层渗透性较好、不会因降水引起地表过大沉陷时可采用降低地下水位法（即降水工法）。常用的降水方法主要有洞内轻型井点降水及地表深孔井点降水、洞内水平井点降水法等。

机械预切槽法是用专门的预切槽机沿隧道横断面周边预先切割或钻一条有限宽度的沟槽以便利后续施工的方法。硬岩中的切槽可作为爆破的临空面（气爆顺序与传统爆破相反，不是由里向外而是由外向里逐层起爆。这种方法可显著降低钻爆法施工的爆破振动速度）。松散地层中应在切槽后立即向槽内喷入混凝土以便在开挖面前方形成一个预筑拱，随后再将切槽所界定的开挖面开挖出来，这样就能有效减少因开挖面开挖而产生的围岩变形与地表沉降并使开挖工作面能在预筑拱保护下安全高效进行。

9.3　桥梁与隧道工程的历史与发展

9.3.1　桥梁工程的历史与发展

桥梁是各种线路工程的关键节点，线路工程通过桥梁跨越各种障碍，桥梁工程通常里程不长但难度高、造价大、工期长。桥梁也是构成城市立体交通的关键工程，城市建设通过桥梁实现立体交叉、道路高架。桥梁是体现一个国家或地区经济实力、科学技术水平、生产力发展水平等的重要综合性指标，桥梁也常常是代表一个地区经济、历史、人文等社会发展情况的标志性建筑，被誉为"社会历史发展的不朽丰碑"。

距今约三千年前周文王时代我国已在渭河上架设浮桥。公元前 332 年中国的春秋战国时期已有现代桩柱式桥梁的出现，中国的铁链吊桥比西方早千年，中国的藤、竹吊桥也已有 3000 年的历史。中国的秦汉时期开始出现石梁桥，东汉中期出现拱桥。中国现存的著名古桥有河北赵县的赵州桥（5910—605 年建造，空腹式圆弧形石拱桥，净跨 37.02m，宽 9m，矢高 7.23m。欧洲比中国晚了 1200 年）、福建泉州万安桥（1053—1059 年建造，长达 1106m）、福建漳州的虎渡桥（1240 年建造，梁式石桥，桥长 335m，石梁长达 23.7m，重达 200 吨）、福建泉州安平桥（1151 年建成，简支梁桥，全长 2223m）、四川大渡河铁索桥（1706 年建造，长约 100m，宽 2.8m）、北京颐和园内的玉带桥（建于 1750 年，拱圈为抛物线形）。中国近代桥梁建设比较落后，即使著名的杭州钱塘江大桥（钢桁梁桥）也并非中国人设计、建造（中国仅是"业主"）。新中国成立后，我国的桥梁建设水平不断赶超，今天已步入桥梁建设先进国家的行列。1957 年，在苏联专家的帮助下中国建成了长江第一桥——武汉长江大桥（3×128m 连续钢桁梁桥，公铁两用，桥面宽 18m，全长 1690m）。1969 年我国自力更生设计建造了引以为傲的南京长江大桥（3×160m 钢桁梁桥，公铁两用）。20 世纪 70 年代后中国桥梁技术开始大发展，80 年代后桥梁技术进入世界先进行列，先后建成润扬长江公路大桥悬索桥（跨径 1490m）、江阴长江大桥悬索桥（跨径 1385m）、香港青马大桥悬索桥（跨径 1377m）、南京长江二桥斜拉桥（跨径 628m）、万县长江大桥混凝土拱桥（跨径 420m）、上海卢浦大桥钢拱桥（跨径 550m）……继而苏通大桥、东海大桥、钱塘江系列大桥、舟山系列大桥、泰州长江大桥、胶州湾跨海大桥、南京长江三桥、南京长江四桥、上海长江大桥……鳞次栉比、争奇斗艳。

就全球范围而言，18 世纪 70 年代前世界桥梁仅为木、石料结构的百米内小跨桥梁，19 世纪初英国主跨 177m 的曼内海峡桥（熟铁链杆桥）开启了现代桥梁之门（为当时的世界之最），1890 年英国建成的福斯海湾桥（主跨达 521m）创造了 19 世纪末 20 世纪初世界桥跨的最大记录，1931 年美国乔治·华盛顿桥主跨首先突破 1000m 大关（1067m）使桥梁进入了大跨巨桥时代，美国塔克马（Tacoma）海湾大桥风毁事故为桥梁科学的成熟与完善做了凄婉的铺垫。目前世界桥梁建设的特点表现在以下 5 个方面，即大跨径桥梁的发展依赖于施工技术的发展和轻型材料的应用；对桥梁的抗风、抗灾问题越来越重视；更加注重桥梁与周边景观的协调；一些上部结构在荷载作用下线型不好的桥型被不断淘汰（原因是设计行车速度、行车舒适性要求的提高）；高技术设计要求高技术的施工、管理、监控（同时对材料的耐久性和材料的防护要求也越来越高）。日本在大跨径桥梁的设计、施工方面以及在新型桥梁建筑材料方面总体上处于世界领先水平。代表世界水平的大跨径悬索桥有日本明石海峡大桥（1991m，1998 年建成）、丹麦大带东桥（Great Belt East，1624m，1997 年建成）、中国江苏润扬长江公路大桥（1490m，2005 年建成）、英国亨伯桥（Humber，1410m，1981 年建成）、中国江阴长江公路大桥（1385m，1999 年建成）、中国香港青马大桥（1377m，1997 年建成）、美国费雷泽诺海峡桥（Verrazana - Narrows，1298m，1964 年建成）、美国金门桥（Golden Gate，1280m，1937 年建成）、瑞典霍加考斯特桥（Hoga Kusten，1210m，1998 年建成）、美国麦金纳克桥（Mackinac，1158m，1957 年建成）、葡萄牙塔盖斯桥（里斯本 Tagus，1104m，1960 年建成）、日本南备赞濑户桥（1100m，1988 年建成）、土耳其博斯鲁斯二桥（1090m，1988 年建成）、土耳其博斯鲁斯一桥（1074m，1973 年建成）、美国乔治华盛顿桥（1067m，1931 年建成）、日本来岛第三大桥（1030m，1999 年建成）等。代表世界水平的大跨径斜拉桥有日本多多罗大桥（Tatara，890m，1998 年建成）、法国罗曼蒂大桥（Normandie，856m，1994 年建成）、中国南京长江二桥（628m，2001 年建成）、中国武汉白沙洲大桥（618m，2000 年建成）、中国福州闽江大桥（605m，2000 年建成）、中国上海杨浦大桥（602m，1993 年建成）、日本名港中央大桥（Meiko - Chuo，590m，1996 年建成）、中国上海徐浦大桥（590m，1997 年建成）、挪威斯卡路森特桥（Skarnsundet，530m，1991 年建成）、中国汕头礐石大桥（518m，1999 年建成）、日本鹤见航路桥（Tsurumi Fairway，510m，1991 年建成）、中国荆州荆沙长江大桥（500m，2000 年建成）、日本生口桥（Ikuchi，490m，1991 年建成）、丹麦瑞典弗来森特桥（Fresund，490m，1999 年建成）、日本东神户大桥（Higashi - Kobe，485m，1993 年建成）、韩国西海大桥（SeoHae，470m，1999 年建成）、加拿大安娜雪斯桥（Annacis，465m，1986 年建成）、日本横滨海湾桥（Yakohama Bay，460m，1989 年建成）、印度胡克来 2 号桥（Second Hooghly Br，457m，1992 年建成）、英国塞文 2 号桥（Second Sevem Br，456m，1996 年建成）等。

　　总体而言，悬索桥是适应 1000m 以上跨径的唯一桥型，我国今后还会在长江上和海湾修建更大跨径的悬索桥，在相当一个时期内其一般加劲梁仍将为钢箱，其塔、锚也仍将为混凝土（大体积混凝土水化热的冷却降温措施是关键），悬索桥风动稳定问题仍有许多问题需要面对，钢箱梁的桥面铺装工艺有待进一步优化和完善（包括钢箱梁桥面铺装材料、钢箱除锈、清洁、铺装的黏结以及施工工艺等）。吊拉组合和未来的缆（索）支体系将花样繁多，为此，人们将进一步解决与改善斜拉桥和悬索桥的侧向稳定问题（宽跨比不宜过大）、独立索的振动（斜拉桥）问题、斜拉索在加劲梁上的轴向分量过大（斜拉桥）问题、地锚过大（悬索桥）问题，其理论跨越能力可达到 20km（保守数值 5000m），需要解决与完善材料强度及强度密度比问题（即材料轻型化问题）、高塔（主跨 1/5～1/4）及长索带来的系列空气动力问题、构件保护问题（包括制造、运输、安装、索保护问题）及其他难以预见的问题。

　　未来桥梁建设的技术发展目标是"大跨、轻质、高强"，其主材将采用具有鲜明时代特征和科技含量高的高强度、高韧性钢材和抑振合金材料，混凝土材料有可能细化到亚纳米（加入有机纤维、水溶性聚合物等提高强度与耐久性），新型预应力材料及工艺将层出不穷，桥梁跨径有可能向数千米跃进。

9.3.2　隧道工程的历史与发展

　　隧道的产生和发展是和人类的文明史相呼应的，其大致可以分为以下 4 个时期：蛮荒文明时期（大约为从出现人类至公元前 3000 年的远古时期）人类穴居巢处，天然洞窟成为人类防寒暑、避风雨、躲野兽的处所；古代文明早期（大约从公元前 3000 年至 5 世纪的古代时期）人类为生活和军事防御目的而利用隧道（如我国王宫、衙门的密道），此时有了埃及的金字塔以及古巴比伦的引水隧道，我国秦汉时期的陵墓和地下粮仓也已具有了相当的技术水平和规模；古代文明中晚期（即 5—14 世纪的中世纪时代）世界范围内的规模化矿石开采推进了地下空间工程的进一步发展（这个时期正是欧洲文明的低潮期，建设技术发展缓慢、隧道技术没有显著的进步，但由于对地下铜、铁等矿产资源的需要开始了矿石开采）；近代文明时期（从 15 世纪开始到 20 世纪中叶）欧美的产业革命为隧道技术的发展提供了有力的武器（典型的技术是诺贝尔发明的黄色炸药），使隧道技术不断成熟、隧道理论不断完善，隧道技术应用领域迅速拓展（如有益矿物的规模化开采；灌溉、运河、公路、铁路隧道的修建；城市地下铁道和城市地下管网建设；城市地下空间开放等。当然，最早的矿物开采应为公元前 2000 多年我国黄帝时代的铜矿开采，后来，人们通过考古又发现了公元前 15 世纪的意大利金矿巷道图和公元前 13 世纪埃及的采用了比例尺的采矿巷道图），日本在隧道领域开始了持久开拓并成绩斐然（隧道及铁路技术于明治维新时代开始传入日本并得到大力的持续发展）。现代文明时期（从 20 世纪中叶至今）隧道工程进入信息化、智能化、自动化、生态化的新时期，隧道科学与其他科学相互交融、优势互补，使现代隧道更有灵性。

　　真正意义上的隧道建设国外起步较早，瑞士、奥地利、挪威、日本属隧道工程领域的先进国家，他们早在 20 世纪 60—70 年代就建成了一批特长隧道（如：瑞士圣哥达基础隧道，57km；日本 Sei - kan 隧道—青函海底隧道，53.85km；英—法海底隧道，50.5km；挪威的 LAFRLAND 隧道，24.5km；瑞士的 Gotthard 隧道，16.32km；奥地利的 Arberg

隧道，13.97km；法国和意大利间的 Frejus 隧道，12.87km；MontBlanc 隧道，11.6km
等。最长水下公路隧道为日本关越隧道，9.4km），这些长大隧道的修建过程中均较为广
泛地采用了新奥法（即实现了真正的信息化设计与施工）并用有限元方法进行隧道结构的
受力状态分析。上述隧道的修建过程既遇到了掘进、通风、支护衬砌等施工技术方面的问
题，也遇到了硬岩岩爆、软岩大变形、高压涌突水、高地温及瓦斯突出等施工地质灾害，
针对这些问题，这些发达国家进行了有针对性的研究（开发出了先进的喷射混凝土工艺，
解决了相应的防排水设计与施工工艺，支护手段不断改进、不断创新），同时，还针对隧
道等高风险地下空间工程进行了业主、设计、监理及承包商的共同利益管理模式尝试（取
得了不少的工程管理经验）。世界隧道技术的未来发展有以下 5 方面趋势，即隧道更大、
更长、更深；机械化、自动化、智能化水平日益提高；隧道建设的环保、节约和快捷理念
日益增强；耐久性和养护管理更加注重；新材料、新技术、新工艺越来越多，越来越好。
尽管如此，隧道科学仍然存在许多问题，人们对围岩的性质还没有深入地摸清楚，对计算
模型的选用和计算的理论还不完全符合实际，施工技术水平和管理方法仍难如人意，只有
不断实践、不停探索才能使隧道科学健康可持续发展。

　　近几十年，我国也建设了许多长、大、险、难隧道，比如衡广铁路复线大瑶山特长隧
道（12.3km）、西康铁路线秦岭特长隧道（18.4km）、西安安康高速公路秦岭终南山公路
特长隧道（18.0km）、山西万家寨引黄工程南干线 7 号隧洞（道）（42.926km、直径
4.2m）、南京长江隧道、武汉长江隧道、上海长江隧道（隧道工程全长 8955m、是目前世
界上最大直径的长距离盾构法隧道，盾构法外径 15.0m）、宝成铁路秦岭隧道（2363m）、
成昆铁路沙木拉达隧道（6379m）、京广线大瑶山隧道（14295m）、兰武铁路二线乌鞘岭
隧道（20050m）等（一个比一个长，一个比一个质量好），在隧道施工中积累了相当的经
验。目前，我国在特长隧道设计与建造技术、复杂地质条件下隧道建造技术、特殊结构形
式隧道设计与施工技术、隧道检测评价与养护管理等方面的技术水平已接近或达到西方发
达国家的先进水平。但我国在隧道设计理论、施工和检测技术装备、施工技术水平和管理
水平等方面与隧道发达国家还有一定差距（缺乏具有自主知识产权的创新型技术成果，特
别是在施工管理技术、质量控制和质量保障、新型材料研究应用等方面差距较大）。我国
与国外先进水平的差距主要体现在以下 4 个方面，即设计与施工成套技术（包括特长隧道
设计与施工、特殊结构类型隧道设计、特殊自然条件下隧道建造技术、隧道地质勘察与预
报技术等）；隧道设计与施工基础理论方面（包括围岩分级理论、围岩荷载理论等）；检测
评估、维修加固与养护管理技术（包括隧道病害检测、隧道病害评估、信息化与数字化技
术等）；隧道防灾减灾技术（比如抗震设计、隧道结构防火、隧道风险控制等）。为此，应
加强以下各方面的研发工作，即深埋特长隧道综合地质勘察技术研发；极端恶劣条件下隧
道建设关键技术；隧道施工精细化技术；隧道高效养护管理技术；隧道运营的安全、快
捷、环保和节能技术；大型跨江（海）隧道建设技术；恶劣地质构造和自然环境条件下的
隧道建设和运营管理技术；复杂异形地下结构设计施工技术；大型城市地下道路网系统建
设和运营管理体系；隧道建设中的环境与资源保护；隧道病害的快速高效检测、评估和加
固技术研究及设备开发；隧道运营养护管理技术；隧道改扩建成套技术；新技术、新材
料、新工艺在隧道工程建设中的应用；隧道轴向长距离水平地质勘察设备和技术；高地应

力、高地震烈度区穿越活动大断裂带隧道建造关键技术；高寒地区隧道的防排水技术及抗防冻技术研究；隧道运营节能技术和设备研究；隧道地下水限量排放标准研究；病害隧道的快速检测、评估及修复成套技术和设备研究；城市地下快速道路网建设关键技术研究；复杂异形地下结构设计施工技术；地下空间交通环境保障技术和设备研究；隧道运营养护管理技术；隧道运营状态评定（状态评估）方法研究；隧道改扩建成套技术研究；特殊环境下水下隧道建造技术。

9.4 城市地下空间工程

当今世界，人类正在向地下、海洋和宇宙开发。向地下开发可归结为地下资源开发、地下能源开发和地下空间开发三个方面。地下空间的利用也正由局部"点""线"的利用向大范围、大距离的"空间"利用发展。20 世纪 80 年代，国际隧道协会（ITA）提出"大力开发地下空间，开始人类新的穴居时代"的口号。许多国家更是将地下开发作为一种国策（比如日本提出了向地下发展，将国土扩大十倍的设想）。目前城市地下空间的开发利用已经成为城市建设的一项重要内容。一些工业发达国家逐渐将地下商业街、地下停车场、地下铁道及地下管线等融为一体，形成多功能的地下综合体。

我国地下空间的开发和利用始于 20 世纪 60 年代（比如 1965 年北京开始建设地下铁道），20 世纪 70 年代我国修建了大量地下人防工程（其中相当一部分目前已得到开发利用，改建为地下街、地下商场、地下工厂和储藏库）。我国地下空间开发利用的网络体系已开始建设，目前多在地表以下 30m 内的浅层中修筑地下空间工程。可以预见随着经济的发展我国地下空间工程将进入蓬勃发展的时期。

9.4.1 城市地下空间工程的基本特点

（1）地下空间工程概貌。

"地下空间工程"是一个较为广阔的范畴，它泛指修建在地面以下岩层或土层中的各种工程空间与设施，是地层中所建工程的总称。宏观上讲，矿山井巷工程、城市地铁隧道工程、水工隧洞工程、交通隧道工程、水电地下硐室工程、地下空间工程、军事国防工程、建筑基坑工程等均属于地下空间工程。地下空间工程具有构造特性、物理特性、化学特性，构造特性是指其空间性、密闭性、隔离性、耐压性、耐寒性、抗震性；物理特性是指其隔热性、恒温性、恒湿性、遮光性、难透性、隔声性；化学特性是指其反应性。地下空间工程的这些特性对不同使用目的而言既有有利因素也有不利因素，因此，在规划和利用地下空间时应结合地下空间的特点充分了解这些特性而加以针对性的利用、扬长避短。

地下空间工程根据其通向地面开口部的形式不同可分为密闭型、天窗型、侧面开口型及半地下型等 4 类（见图 9-19），实际工程中，开挖空间一般都是密闭型的；天窗型具有自然采光的开放感；侧面开口型能从一个侧面向室外眺望；半地下型可以从室内全方位地眺望。侧面开口型适合于倾斜地层，其他形式则适合平坦地层。

（2）地下空间工程的优点。

地下空间工程有以下 5 方面的优点，即限定视觉（对诸如动物园建筑、需要保护历史遗迹的地区、部分或全部在地下的建筑物等，其与通常的建筑物相比外观较为隐蔽，限定

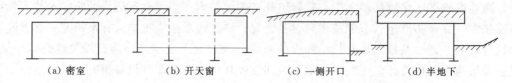

图 9-19　开口部与地表的关系

视觉、不受外界影响是一个很明显的优点）；土地的高效利用（在地下修建空间可使地面空间得到开放并作为其他用途进行高密度开发。对希望尽可能多地保留开放空间的城市商业区和大学内非常密集的场所，在地下空间工程的地面上修筑广场或公园、保留一些开放空间是一种有效途径。隐形的地下空间工程还可起到保护自然资源、协调环境的作用）；流通和输送地下化（为对高密度地区进行有效流通和输送服务，地下空间工程可发挥极大作用，其能在地下形成大量有效的流通和输送系统并将地表面的障碍减小到最小）；节约能源、控制气候（地下结构具有潜在的节能效益。通常，与大地接触的地表面的面积比例越大、兴建的结构越深其能源保护效益越大。地下结构效益主要表现为冬季热损失少、可减少夏季冷却用能、气温的日变动量少等）；具有防灾功能（用土覆盖或围筑的结构比通常的地面结构更能承受各种灾害的袭击，在强风或龙卷风地区的覆土结构其防御破坏能力很强；设计合理的地下结构比地面结构的抗震能力强得多；地下空间与地表面隔离可形成一个实质的防火结构；地下结构物本身具有保护人们免受自然灾害侵害的特性，人类更期待地下人防工程能够抵御破坏、攻击、核战争等的威胁）。另外，地下空间还具有相对稳定的温湿度，可有效隔离噪声和震动，维修管理工作量少。

（3）地下空间工程的缺点。

地下空间工程有以下 4 方面的缺点，即获得眺望和自然采光的机会有限（建筑物全部或部分设在地下，几乎所有外壁表面都被土覆盖，供给的自然光和向屋外的眺望受到了限制。地下建筑物的这种限制可利用中庭和天窗等接近地表的开口部得到一定的解决。对开挖空间上述问题更为严重。利用自然光和眺望具有心理学和心理社会学的效益，但采光和眺望并不是所有活动都必须要求的，对人们滞留时间很短的商店和图书馆等不具有方向性活动的大空间一般不必设置窗户，剧场以及仓库等完全可以不设置窗户）；进出不便（人和车进出地下空间不如在地表面上灵活，不可多方向任意进出，只能根据地下空间的形态和方式进出）；环境能源利用受限（地下结构物在环境能源利用上的效益很难评估，比如通风对热、冷效益的影响，开口位置和大小对环境能源利用的影响等）；地下空间通风条件差（会出现潮湿、结露等现象。应警惕氧气不足、有毒气体危害问题，比如甲烷、一氧化碳、二氧化碳等）。

（4）地下空间工程的利用形态。

现代城市建设要求地下空间工程利用形态多样化，比如城市现代化交通系统的发展对地下空间利用的要求（比如城市地铁等）；城市现代化和科学技术发展对地下空间利用的要求（比如地下办公楼、地下街、地下停车场、能源供给设施、通信设施、上下水道、地下水力发电站、地下能源发电站以及地下工厂等）；防御和减少灾害对地下空间工程利用的要求（比如人防工程，各种储备设施，防御洪水灾害的地下河、地下坝等）。

9.4.2 常见地下空间工程的特点及基本要求

（1）地下储藏设施。

地下储藏设施的修建是地下空间利用的一个重要方面，主要包括能源储藏、粮食储藏、用水储藏及放射性废弃物处理等。

1）能源储藏。可利用地下空间进行储藏的能源有石油、液化天然气、压缩空气、超导能等。其储藏设施主要有埋入地下的金属储槽；利用废弃坑道、天然的地下空洞以及用开挖方法修建的地下空洞等。目前多采用开挖方式修建地下空洞形成储藏空间并经过防渗处理（比如竖型地下储槽、水封式储槽等）。

竖型地下储槽，一般是以圆筒形混凝土壁和底板作为储槽壁，内部设有保证液密性的钢板，储藏对象为常温下的石油类和低温下（−160～40℃）的液化石油及液化天然气。储藏基地各种设施的布置必须遵守消防等法规并遵守"安全、操作、经济"等原则，这些设施包括储藏设施、服务设施、出入荷载设施、排水处理设施、军务管理设施等，其与地面储槽比在同样大的用地范围内可多储藏 2～3 倍的容量且安全性、环境保护性等都较优越（因而发展迅速）。典型的竖型地下储槽为日本水岛的石油储槽（内径 83m，液深 48m）及秋田储藏基地（内径 90m，液深 48m），见图 9-20。

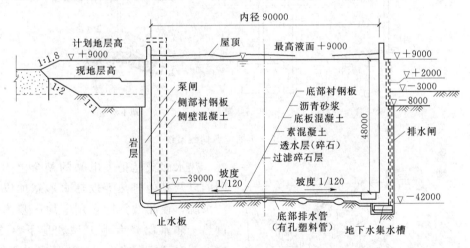

图 9-20　地下式储槽构造示意

瑞典在第二次世界大战中首先开始修建横向地下储槽用以储藏石油等，开始时在空洞内放入钢罐（这种方式成本高且钢板易腐蚀，有时会造成不能继续使用的状态），后来改为张挂钢板并在钢板和岩壁之间充填混凝土，继而进一步开发出了无衬砌的岩洞储藏方式（即水封式岩洞储藏方式）。水封式岩洞储藏方式在北欧非常盛行（尤其在瑞典其储藏设施的 80％都采用这种方式），有用钢、混凝土、合成树脂做衬砌的，也有不做衬砌而利用地下水防止储藏物泄漏的（比如水封油库。图 9-21 为水封式储槽系统示意，地面雨水渗透到土中成为层间地下水，层间地下水的一部分通过节理渗入岩体深处并充满岩体内的空隙，这种含在岩体内的水称为岩体内地下水，在这种岩体内开挖空洞其空洞中会充满地下水，在这样的空洞中储藏石油类的物质会因地下水的压力比石油压力大而防止石油泄漏，这就是水封的优点）。

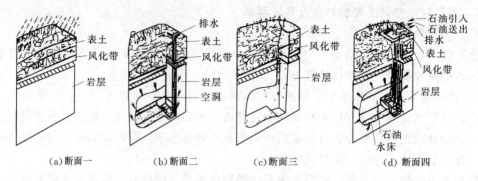

（a）断面一　　（b）断面二　　（c）断面三　　（d）断面四

图 9-21　水封式储槽系统示意

压缩能源储藏是指把原子能发电站等多余的夜间电力以压缩空气形态加以储藏的方式，储藏压缩空气的容器可以是岩盐空洞、岩体空洞等，目前，世界上只有极少数的压缩空气储藏系统（见图 9-22，比如美国修建在岩洞中的 220000kW 的储藏系统和德国建造在岩盐层中的空洞量约 30 万 m³ 的 290000kW 系统）。

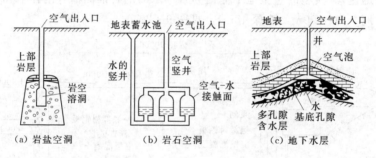

（a）岩盐空洞　　　　（b）岩石空洞　　　　（c）地下水层

图 9-22　压缩能源储藏系统

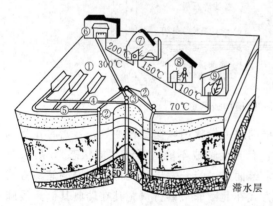

图 9-23　热能储藏的概念设计

热水储藏是把发电站的剩余电力、太阳能以及其他排热等以热水形态加以储藏的系统，在北欧等国多用于地区暖房等的供热。热水储藏有地上型和地下型之分，地下型对环境影响小、造价低、采用较多，图 9-23 为利用含水层进行热能储藏的概念设计。

2）用水储藏设施。现代社会对用水量需求很大，除可对河川进行开发利用之外，用水储藏也是一个很好的方法，用水储藏设施主要包括储藏农业用水的地下储水坝、储藏饮用水的地下储槽等。当一些透水性岩石的下盘有不透水性基岩时可利用其做一屏障形成地下坝蓄水（比如日本曾设想在其西南诸岛修建地下储水坝，西南诸岛降雨量超过 2000mm、透水系数约在 10%，多数地区由厚约 30m 左右的石灰岩构成，在一些透水性岩石的下盘有不透水性基岩可做一屏障形成地下坝。日本宫古岛的皆福地下坝高约

16.5m、长 500m，总储水量约 700000m³）。通常可在干燥、半干燥、季节性缺水地区建造地下饮用水库，挪威等国曾在岩体中建造饮用水储藏设施并设有集水竖井、钢管井等取水、放水设施。

3）放射性废弃物处理设施。不同放射性水平的放射性废弃物具有不同的处理方法。原子能发电站的放射性废弃物在处理提取残余元素后会对人体产生不良影响，这类再处理的废弃物属于高放射性废弃物，其常采用图 9-24 几种形式的处理设施（其中以地下方式最好，地面开挖竖井达到良好岩体后，修建水平的隧道群，放入废弃物后加以埋设，一般都设在地下 500～1000m 深处）。

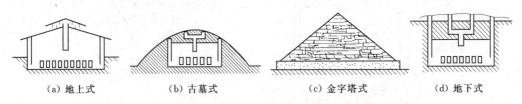

|（a）地上式|（b）古墓式|（c）金字塔式|（d）地下式|

图 9-24　高放射性废弃物处理形式

（2）城市地下综合体。

城市地下空间的开发利用已成为现代城市规划和建设的重要内容之一。一些大城市从建造地下街、地下商场、地下车库等建筑开始逐渐将地下商业街、地下停车场和地下铁道、管线设施等结合为一体而形成与城市建设有机结合的多功能地下综合体。因此，地下综合体可以认为是大型公共地下建筑（其特点是沿三维空间发展；地下连通；将交通、商业储存、娱乐、市政等多种用途集合在一起），地下综合体具有多重功能、空间重叠、设施综合的优点，其应与城市发展统筹规划、联合开发、同步建设。我国不少城市建有城市地下综合体，日本东京都城市地下空间利用构想见图 9-25。

1）地下街。地下街是城市的一种地下通道，不论其是联系各个建筑物的还是独立修建的均可称之为"地下街"，其形式可以是独立实体也可附属于某些建筑物，地下街在我国的城市建设中具有多方面的积极作用，其可改善城市交通、减少地面人员的交叉流动、实现人车分流；地下街与商业开发相结合可以解决地面购物及服务设施等的不足、繁荣城市经济；可改善城市环境、建立交通枢纽及各建筑物之间的联络通道、满足战备要求。地下街在国土小、人口多的日本最为发达（其中超过 2/3 分布在东京、名古屋、大阪三个城市，见图 9-26），日本地下街在多年发展中形成了自己的特点（即功能明确、布置简单、使用方便、重视安全等），其在规模上不追求过大（单个地下街面积最大不超过 80000m²，一些新建的地下街面积多在 30000～40000m²）。欧美一些国家也在积极修建地下街（如德国、法国、英国等的一些大城市，在战后的重建和改建中，在发展高速道路系统和快速轨道交通的同时，结合交通换乘枢纽的建设发展了多种类型的地下街）。目前，我国地下街也有了较大的发展，典型的是上海地铁一号线人民广场站和徐家汇"地铁商城"。目前，地下街有广场型、街道型和复合型等 3 种基本类型。广场型地下街多修建在火车站的站前广场或附近广场的下面并与交通枢纽连通，这种地下街的特点是规模大、客流量大、停车面积大。街道型地下街一般修建在城市中心区较宽广的主干道之下，出入口多与地面街道和地面商场相连，也兼做地下人行道或过街人行道。复合型为上述两种类型的综合，具有

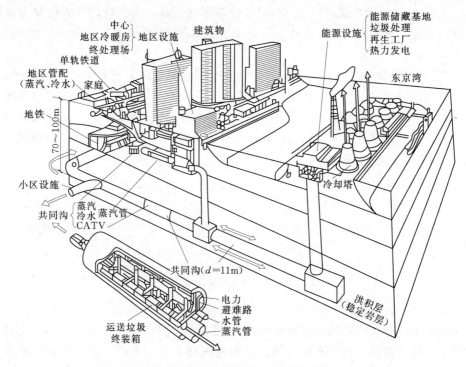

图 9-25　东京都城市地下空间利用构想

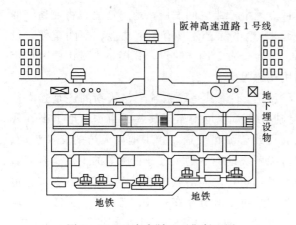

图 9-26　日本大阪地下街断面图

两者的特点，一些大型的地下街多属此类。从表面上看，地下街中繁华的商业区还似乎给人以商业为主要功能的印象，其实不然，地下街应是一个综合体，在不同的城市以及不同的位置，其主要功能并不一样。因此在规划地下街时应明确其主要功能，以便合理地确定各组成部分的相应比例。从日本修建的地下街的组成情况看，在地下街的总面积中通道占 29.6%、停车场占 30.5%、商店占 25.6%、机房等设施占 14.4%，其中通道和停车场占了总面积的 60%（说明日本地下街的主要功能和作用在于交通）。

2）地下停车场。在城市用地日趋紧张的情况下将停车场放在地下是解决城市中心地区停车的主要途径之一。地下停车场按其使用性质、设置场所和与地面的连接等的不同有不同的分类，其按使用性质的不同可分为公共停车场（克服城市路边违章停车、改善城市静态交通环境而设置的可暂时停放的公共使用场所）和专用停车库（为特殊用途车辆及载重车停放专门建造的停车库），其按设置场所的不同可分为道路地下停车场（占用公路地下部分而设置的停车场，多为细长形）、公园式地下停车场（占用公园地下空间而设置的停车场，因能利用较大的地下空间，故平面规划容易且可采用一层或多层）、广场型地下停车场（利用城市广场的地下空间设置的停车场。从广场立体利用角度讲，其与地下商业街、地下铁道、地下通道等一起规划比较合理）、建筑物地下停车场（即修建在建筑物地下的停车场）。其还可按与地面连接形式的不同分类（地下停车场大多用升降道与地面连接，按升降道形式的不同又可分为自行式和机械式两类）。

3）地下铁道。国际隧道协会将地铁定义为轴重相对较重、单向输送能力在 3 万人次/h 以上的城市轨道交通系统。地铁线路通常设在地下隧道内（也有的在城市郊外地区从地下转到地面或高架上）。目前，地下铁道已成为发达国家大城市公共交通的重要手段。地铁在缓解城市道路交通压力方面具有越来越重要的作用，其优越性主要表现在以下 6 个方面，即运量大（其运量为公共汽车的 6～8 倍，完善的地下铁道系统可承担市内公共交通运量的 50% 左右）、行车速度快（地下铁道不受行车路线干扰，其行驶速度为地面公共交通工具行车速度的 2～4 倍）、运输成本低、安全、可靠、舒适。地下铁道的大部分线路修在地下，能合理利用城市的地下空间、保护城市景观。人口密度 5000 人/km² 以上的、总人口超过 100 万城市都宜修建地下铁道。

地铁规划主要内容包括预测交通量；进行路网规划（为最大限度吸引沿线路面交通量应沿干线道设置；应与周围地区已建铁路相联络。路网的主要类型见图 9-27）；进行线路规划（地铁线路包括正线、辅助线、车场线。线路的选定要综合研究路线的经济性、运行的通畅、线路的维修管理、防火、与沿线环境的配合等进行比选）。

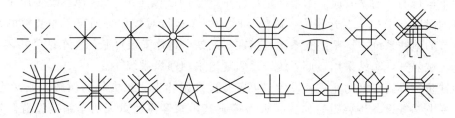

图 9-27　路网类型

地下铁道是地下空间工程的一种综合体，其组成包括区间隧道、地铁车站和区间设备段等设施，地下铁道所用设备涉及各种不同的技术领域。地铁的区间隧道是连接相邻车站之间的建筑物，它在地铁线路的长度与工程量方面均占有较大比重，区间隧道衬砌结构内应具有足够空间以满足车辆通行和铺设轨道、供电线路、通信和信号、电缆和消防、排水及照明等装置的要求。

地铁浅埋区间隧道多采用明挖法施工，常用钢筋混凝土矩形框架结构，见图 9-28。深埋区间隧道多采取暗挖法施工（用圆形盾构开挖和钢筋混凝土管片支护。结构上覆土的深度要求应不小于盾构直径。宜建造单线隧道）。站台是地铁车站的最主要部分，是分散上下车人流、供乘客乘降的场地，常见的车站站台断面形式见图 9-29，站台形式按其与正线之间的位置关系可分为岛式站台、侧式站台和岛侧混合式站台。

隧道内乘客体温、建筑照明、列车用电力都会散发热量而使温度上升，清洗水和地下空间工程特性会使湿度增加，乘客和各种设备散发出的一氧化碳及臭气会使空气污染。因

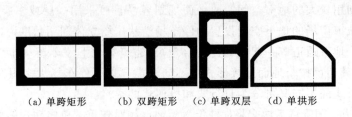

(a) 单跨矩形　　(b) 双跨矩形　　(c) 单跨双层　　(d) 单拱形

图 9-28　浅埋明挖法区间隧道结构形式

(a) 厢形岛式车站　(b) 厢形侧式车站　　(c) 圆形岛式车站 1　(d) 圆形岛式车站 2　(e) 圆形岛式车站 3

图 9-29　地铁车站形式

此，要净化空气、调节温湿度、创造一个舒适干净的环境就需要进行通风。地铁通风空调系统一般分为开式系统、闭式系统和屏蔽门式系统。开式系统利用机械或"活塞效应"的方法使地铁内部与外界交换空气并利用外界空气冷却车站和隧道，这种系统多用于当地最热月的月均温度低于 25℃且运量较小的地铁系统。闭式系统使地铁内部基本上与外界大气隔断而仅供给满足乘客所需新鲜空气量（车站一般采用空调系统，而区间隧道的冷却则借助列车运行的"活塞效应"携带一定部分车站空调冷风实现），这种系统多用于当地最热月月均温度高于 25℃且运量大、高峰小时的列车运行对数和每列车车厢节数的乘积大于 180 节的地铁系统。屏蔽门式系统是指在车站站台边缘安装屏蔽门将车站公共区域与列车运行区域隔开，车站采用空调系统，区间隧道采用通风系统。

地铁防灾设施包括防止灾害发生、灾害救援和阻止灾害扩大等的设施，地铁的车站、隧道、变电站等设备均要设置防灾、灭火等设施，旅客流通量大的车站应设置防灾中心（其可以在火灾早期进行有效的观测和通报、综合指挥以及诱导避难等）。

（3）地下工业设施。

1）地下生产工厂。充分利用地下空间建立地下工厂是地下空间工程的一个发展方向。大规模矿山中将机械修理车间设在地下可大大节省地面搬运的时间，随着坑道的延长、深度的增加其经济效果更显著。美国利用地下埋深在 3～5m 时的恒温和恒湿物理特性栽培苗木，所需光线由电灯供给，因温度管理成本低而成绩斐然。

2）地下电站。地下水力、核能、火力发电站和压缩空气站均属于动力类地下厂房，其无论在平时或战时都是国民经济的核心部门。地下水电站有 2 种主要类型，即利用江河水源的地下水力发电站和循环使用地下水的抽水蓄能水电站。地下水电站可充分利用地形、地势（尤其在山谷狭窄地带）在地下建站、布置发电机组，这样既十分经济又非常有效。地下水电站包括地上和地下一系列建筑物和构筑物，大致有水坝和电站两大部分（水坝属于大型水工建筑，电站主要包括主厂房、副厂房、变配电间和开关站等）。日本新高濑川地下水电站见图 9-30，其装机容量 1287 万 kW、开挖量 212000m³。我国的溪洛渡电站枢纽地下主厂房为 2 个尺寸为 384m×28.4m×77.1m 的地下硐室（左右岸相同），是世界最大的地下引水发电厂房。

地下抽水蓄能水电站也称地下扬水水电站，这种水电站通常设于地下深处并具有地上、地下两个水库，供电时水由地上水库经水轮发电机发电后流入地下水库；供电低峰时用多余的电力反过来将地下水库的水抽回原地面水库以便循环使用。深部电站和地下蓄水水库的建设施工比较困难且造价高，但由于蓄能电站在电力负荷高峰时供电、低峰时抽水，对解决电网负荷不均问题十分有利，因此在水力资源丰富、工业发达的国家得到应用和发展。其另一个特点是耗水量少且又不受水库存量变化的影响、生产平稳、成本低、不占土地、不污染环境。近十几年来，地下发电站发展很快，世界各国修建的地下发电站，多采用扬水式。图 9-31 为世界上第一座海水抽水蓄能电站——日本 Okinawa Yambaru 的鸟瞰图。

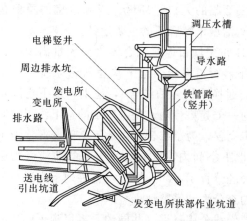

图 9-30 日本新高濑川地下水电站布置

图 9-31 日本 Okinawa Yambaru 抽水蓄能
电站全景图

地下原子能发电站有半地下式和全地下式两类，见图 9-32。地下式原子能发电站的主要优点是选址条件的范围大（海岸或山区均可修建）；修建在地下对自然景观影响小；地下空洞围岩对放射性具有良好的屏蔽效果；抗震性好。其不利因素是开挖量大、费用高、工期长、扩建与改建困难。

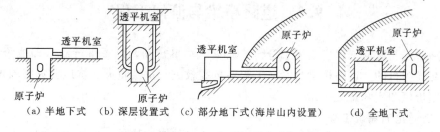

（a）半地下式　（b）深层设置式　（c）部分地下式（海岸山内设置）　（d）全地下式

图 9-32 地下原子能发电站形式

3）废弃物地下处理设施。废弃物处理设施包括废弃物的排除、收集、运输、处理、处置等一系列作业设施。废弃物地下输送设施与车辆运输系统完全不同，它是利用气流将排出场所的废弃物通过地下埋设的管道输送到处理场，见图 9-33。利用废弃物地下管道输送设施主要方式有水媒介和空气媒介 2 种类型（前者多用于矿石和砂土的输送，废弃物主要采用后者）。

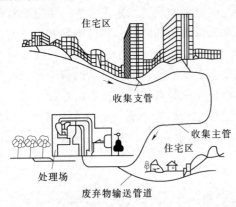

图 9-33　废弃物地下处理系统示意图

9.4.3　地下空间工程的发展前景

当今世界各国都极为重视地下空间资源的开发利用，这已成为世界性发展趋势和衡量城市现代化的重要标志。对于我国这样一个人口庞大、资源相对贫乏的国家来说，拓展新的城市发展空间，走集约化城市发展道路势在必行。向地下要空间，开发城市第二空间——地下空间资源是我国城市发展的必由之路，是解决城市发展面临的人口、环境、资源危机的重要措施和医治城市综合征的重要途径。

21 世纪城市地下综合体将会大量出现（比如地下步行道系统、地下快速轨道系统、地下高速道路系统相结合，以及地下综合体与地下交通换乘枢纽的结合），地上、地下空间功能既有区分更有协调发展会成为地下空间利用的一个趋势。随着先进城市的地下浅层空间基本开发完毕，以及深层开挖技术和装备的逐步完善，为了综合利用地下空间资源，地下空间开发正逐步向深层发展。在这种分层面的地下空间内，以人及其服务的功能区为中心，实施人、车分流，市政管线、污水和垃圾处理分置于不同的层次，各种地下交通也分层设置，以减少相互干扰，保证地下空间利用的充分性和完整性。

快速施工是地下空间修建的主攻方向；市政管线公用隧道（共同沟）将得到更广泛的应用和发展；浅埋暗挖技术、沉管技术、沉井技术、非开挖技术将得到大发展并促进中小口径顶管掘进的标准化、系列化和推广应用；"3S"技术（全球定位系统 GPS、遥感 RS、地理信息系统 GIS）在地下空间开发中的应用将得到加强；勘察、设计和施工的信息化将在统一的平台上整合；环保工作将备受重视；有关城市地下空间工程规划、勘察、设计、施工等技术和经济方面的法规、标准将更加健全。

9.5　道路桥梁与渡河工程

道路桥梁与渡河工程主要用于抢险、救灾、军事行动，以军事行动（即战争）为主，以抢通交通为目的。道路桥梁与渡河工程在抗震救灾、抗洪救灾、抗地质灾害救灾中具有重要应用价值和实际意义。

9.5.1　交通抢通爆破工程

快速抢通交通的主要依托就是爆破，爆破应遵循科学规律，爆破应达到设定的工作目标，爆破应做好相应的安全防护工作。

（1）岩土工程爆破的基本特点。

1）爆破的作用机理。炸药在岩体内埋深不同其爆破作用形式也不同，炸药埋深较大导致爆破作用不能达到岩体自由面（即岩体与空气的交界面）的爆破状态称为岩体爆破的内部作用，炸药埋深较小、爆破作用能达到自由面的爆破状态称为岩体爆破的外部作用。

爆破内部作用条件下，药包在无限介质中爆炸会在岩体中激发出应力波，波的强度会随传播距离的增加而迅速衰减，应力波对岩体施加的作用也将随之发生变化。若将爆破后的岩体沿着药包中心剖开则可看出岩体的破坏具有随与药包中心距离的增大而变化的特征，按照其破坏特征的不同大致可将药包周围的岩体划分为压缩（粉碎）区、破裂区、震动区等 3 个区域。密闭在岩体内的炸药爆炸时其爆轰气体会瞬间急剧冲击药包周围的岩体，其在岩体中激发出的冲击波强度将远远超过岩石的动态抗压强度，此时，大多数在冲击载荷作用下呈现明显脆性的坚硬岩石被粉碎（可压缩性较大的软岩则被压缩而形成空洞），这个区域就是通常所谓的"粉碎区"或"压缩区"，该区域半径很小（一般只有药包半径的 2～5 倍）。深层爆破冲击波通过压缩区后会继续向外层岩体中传播并衰变成一种弱的压缩应力波（其强度已低于岩石的动态抗压强度）而不能直接压碎岩石，但它仍可使压缩区外层的岩石受到强烈的径向压缩并使岩石质点产生径向位移并进而导致外层岩体的径向扩张、形成切向拉伸应变，当这种切向拉伸应变超过岩石的动态抗拉应变值时就会在外层岩体中产生径向裂隙，于是，在压缩应力波向外传播的同时其爆轰气体开始膨胀并挤入应力波作用而形成的径向裂隙中导致这些裂隙进一步扩展并在裂隙尖端产生应力集中进而诱发径向裂隙的向前延伸，压缩应力波通过破裂区时岩体会受到强烈压缩并储蓄一部分弹性变形能，在应力波通过后的岩体内部就会发生应力释放并产生与压缩应力波作用方向相反的向心拉伸应力进而使岩石质点产生反向的径向位移，当径向拉伸应力超过岩石的动态抗拉强度时就会在岩体中出现环向裂隙，径向裂隙与环向裂隙相互交错会将该区域岩体切割成块而形成"破裂区"，破裂区半径一般为药包半径的 70～120 倍。破裂区以外岩体中的爆破的应力波会进一步衰减，此时的岩体将不再破坏而随应力波的变化发生震动，即形成所谓的"震动区"。

2）基本爆破方法。常用的爆破方法主要有洞室爆破、预裂爆破、药壶爆破、裸露药包爆破等。

所谓"洞室爆破"是将大量炸药装入专门的洞室或巷道中进行爆破的方法。由于其一次爆破的装药量和爆落方量较大，故常称为"大爆破"。洞室爆破主要用于松动或抛移岩土（用以修筑堤坝、开挖河渠或路堑），洞室爆破可按不同的因素进行分类，目前多以爆破目的和药室形状划分（按药室形状的不同可分为集中药室爆破和条形药室爆破，按照爆破目的的不同可分为松动爆破、崩塌爆破、抛掷爆破、扬弃爆破、定向爆破等 5 种洞室爆破类型）。松动爆破是指仅将岩土进行松动破碎而不出现抛掷和扬弃现象的洞室爆破，主要用于采石场和矿山露天开采，其特点是炸药单耗小、爆堆集中、空气冲击波和飞石的影响范围小，但爆破震动的波及范围较大。崩塌爆破是指利用 70°以上陡坡及多自由面等地形条件进行的松动爆破，已被爆破松动破碎的岩块会在重力作用下沿陡坡塌落，因此是最节省炸药的一种爆破方法。抛掷爆破是指不仅使爆破作用范围内的岩体破碎而且将部分岩块抛离爆破漏斗的洞室爆破，其抛掷效果由地形坡度和自由面条件决定，最常用的抛掷爆破地形坡度为 30°～70°。扬弃爆破是指在地面平坦或坡度小于 30°地形条件下将开挖区内的部分或大部分岩土扬弃到设计开挖范围以外的洞室爆破，主要用于开挖沟渠、路堑、河道等各种沟槽和基坑。定向爆破是抛掷爆破的一种，其不仅要将爆区内的岩土抛出，而且要利用爆破设计技术控制抛出爆堆的方向、距离和堆积体形状，其多用于水利部门的筑坝工程以及铁路、公路的路基开挖和矿山的尾矿坝修筑工程。

预裂爆破时沿设计的开挖边界线钻凿一排间距较密的炮孔，减小装药量（采用不耦合装药），在开挖区主爆孔爆破前先起爆预裂孔以形成一条具有一定宽度的预裂缝从而减小主炮孔爆破时的地震效应。预裂爆破的成缝机理与光面爆破基本相同（但前者的抵抗线比后者大得多），因而其爆破夹制性大、炸药的线装药密度也要大些。预裂爆破的设计参数主要有孔距、不耦合系数和线装药密度，孔距由孔径和岩性确定（一般为孔径的 8～12倍，硬岩孔距大，软岩孔距小），不耦合系数是指炮孔装药段体积与装药体积之比（一般为 2～5），线装药密度指炮孔装药量与不包括堵塞部分的炮孔长度之比（通常按孔径、岩性选取），常用的预裂爆破参数见表 9－2。

表 9－2　　　　　　　　　　　　　　　　　　　预裂爆破参数参考值

孔径/mm	38～45	50～65	75～90	100
孔距/mm	0.30～0.50	0.45～0.60	0.45～0.90	0.60～1.20
线装药密度/(kg/m)	0.12～0.38	0.15～0.50	0.20～0.76	0.38～1.13

药壶爆破又称葫芦炮，是在炮孔底部用少量炸药把炮孔底部扩大成空腔（既可多装药，又能变延长药包为集中药包）以增强抛掷效果、克服台阶底板阻力的爆破方法。药壶爆破的药包属集中药包（与浅孔爆破比其钻孔工作量小、单孔装药量多、一次爆破量较大、爆破效率高。其缺点是扩壶施工时间长、爆堆块度不均匀且大块多），其不适于在节理裂隙发育的岩体和坚硬岩体中爆破，其药壶爆破的关键工序是扩孔（药壶要求扩在一定的位置并有一定的容量以便能装进设计的炸药量且要求装药后药壶剩余空间适宜以保证装药密度）。扩孔是指利用炸药来炸胀孔内岩石，药壶扩胀次数与每次用药量应合理（即第一次 50～100g，以后各次与第一次的比例是 1∶2、1∶2∶4、1∶2∶4∶7、1∶2∶4∶7∶13…），扩孔次数视岩性而定（通常情况下，黏土、黄土和坚实土壤要扩 1～2 次；风化或松软岩体要扩 2～3 次；中硬岩石和次坚硬岩石扩 3～5 次；坚硬岩石扩 5～7 次）。

裸露药包爆破多将扁平形药包放在被爆物体的表面进行爆破，裸露药包爆破实质上是利用炸药的猛度对被爆物体的局部产生压缩、粉碎或击穿作用，其炸药爆轰时产生的气体大部分逸散到大气中，因而炸药的爆力作用不是很强。

（2）岩土工程爆破的常用器材。

目前国内使用的炸药品种较多，常用的为硝铵类炸药，硝铵类炸药的性质主要取决于硝酸铵的质量与数理。硝酸铵一般是白色晶体、易溶于水，常温下暴露于空气中的硝酸铵极易吸湿受潮、固结成块，纯净的硝酸铵难于用明火点燃，是一种相当钝感的爆炸性物质。为适应不同爆破要求通常在硝酸铵中加入一些添加剂而制成不同性能的炸药，常用的有铵梯炸药、铵油炸药和乳化炸药。

1）铵梯炸药。铵梯炸药的主要成分是硝酸铵、梯恩梯和木粉，有时也加入食盐作消焰剂从而制成安全炸药（即煤矿许用炸药）。铵梯炸药爆炸性能好、威力较大，可用 1 支8 号雷管起爆。

2）铵油炸药。铵油炸药主要由硝酸铵、柴油和木粉组成。铵油炸药的感度和威力都比铵梯炸药低，其难以用 1 支 8 号雷管起爆且还有吸湿结块的缺点，故不适合在潮湿有水的环境中使用。

3）乳化炸药。乳化炸药是含水炸药的最新发展，其通常由 3 种物相（液相、固相、气相）的 4 种基本成分组成（即硝酸铵、硝酸钠水溶液，燃料油，乳化剂和敏化剂）。乳化炸药的猛度、爆速和感度均较高，能用 1 支 8 号雷管起爆且具有良好的抗水性能。

4）起爆器材。起爆器材品种较多，大致可分为起爆材料和传爆材料两大类。各种雷管属于起爆材料，导火索、导爆管属于传爆材料，导爆索既可起起爆作用又能起传爆作用。

（3）岩土工程爆破的基本要求。

爆破工程实施前应获得相关资料，比如施工图、场地实测地形图（包括测量成果资料）、原有地下管线及构筑物竣工图以及工程地质、水文、气象等技术资料。爆破工程实施前还应编制专项爆破方案，在敷设有地上或地下管线的地段进行爆破时应事先取得管线管理部门的同意且应采取措施以防损坏，发现有文物、古墓、古迹遗址或古化石等时应妥善保护并立即请示有关主管部门（处理后方可继续爆破），对测量用的永久性标桩或地质、地震部门设置的长期观测孔（标志）等应加强保护（必须清除时应事先取得相关部门或单位的书面同意），有碍爆破的已有建（构）筑物、道路、沟渠、塘堰、墓穴、树木等应在爆破前由相关单位妥善处理。爆破实施前应对施工场地及其周边可能出现的地质灾害进行评估（认为可能发生崩塌、滑坡、泥石流等危及施工安全的地质灾害时应提前采取处理措施，必要时还应设置监测点），为防止爆破对邻近建（构）筑、道路、管线产生不良影响而采取的技术措施应与相关单位会商确定（必要时应进行连续的沉降和位移观测）。

爆破工程应遵守国家或行业的相关规定。爆破工程应根据地质条件、周围环境、工程规模、施工技术力量和设备编制与施工方案相适应的爆破方案、爆破设计书或爆破说明书，并报相关部门批准后实施。在城区交通干道、居民聚居地、风景名胜区、重要工程设施地、高压线、重要通讯设施地、地下洞库、水油气管道、化工管道和有沼气地方等附近进行爆破施工时必须采取相应的安全技术措施和保护、监测措施，并应编制安全专篇和应急救援预案，经相关部门批准后实施。爆破前必须做好相关安全准备工作，应建立指挥机构并明确爆破人员的职责和分工，应对危险区域内的建（构）筑物、管线、设备等采取安全保护措施（防止爆破有害效应造成毁伤），应防止爆破有害气体、噪声对人体产生危害，应在爆破危险区的边界设立警戒哨和警告标志，应将爆破信号的意义、警告标志和起爆时间通知当地政府、单位和居民，起爆前应组织人、畜撤离危险区。大、中型爆破与特殊爆破工程施爆前应召开有关单位和部门安全工作会并进行必要的试爆工作。爆破工程所用的爆破器材应根据使用条件选用并符合国家标准或行业标准，严禁使用过期爆破器材，严禁擅自配制炸药。对检验不合格或废旧爆破器材的销毁应按相关部门批准的方案实施，销毁爆炸物品时必须由持有爆破安全作业证的技术人员在相关部门的监督下严格按爆炸物品处置技术的自身特点进行。爆破器材的购买、运输、储存、保管必须遵守我国现行《民用爆炸物品安全管理条例》（国务院令第 466 号），爆破器材库的位置、结构、设施的设置及爆破器材储存量必须得到相关部门的许可并在通过安全评价后投入使用。爆破危险区域内有两个以上单位（作业组）同时作业时必须统一指挥、明确责任。爆破地点的杂散电流大于

30mA 时应用抗杂散电流雷管或非电网路系统起爆，遇雷电和暴风雨时应立刻停止爆破作业并将所有导线短路以及用绝缘胶布包紧裸露接头后迅速撤离爆破危险区。各种起爆器和用于检测电雷管及爆破网路电阻的专用欧姆表应在大爆破前检查一次输出电流值及绝缘性能，电容式起爆器应赋能并检验充电电压和外壳绝缘性能。在水下或潮湿条件下进行爆破时应采用抗水、抗压炸药或经防水、抗压处理的爆破器材。起爆方法应根据工程特点、施工条件、当地气象条件等合理选择，大型或重要的爆破工程应采用复式或两套起爆网路。电雷管检测、导爆索的切割以及起爆器材的加工应在专设的加工房内或指定的安全场地进行，严禁在爆破器材库、住宅、油库、变压器附近和爆破作业场地加工。加工起爆药包应于爆破前在现场安全作业区域进行并按当班所需数量一次制作、不得留成品。导爆索的切割应用锋利刀子在木板上进行，打折、过粗、过细或外观有损伤处应切去不用，两端头均应切除不小于 150mm，切割时工作台上禁止堆放雷管。爆破作业的钻眼、装药、连线和施爆等工作必须按各专业安全技术操作规程的规定执行，在爆破区内进行装药连线时应严禁烟火、射频电器和无关人员进入，爆后经安全员检查完毕并发出解除警戒信号后作业人员方准进入爆破区（进入爆破区内人员禁止拉扯残孔的爆破管线）。露天爆破遇浓雾、大雨、大风、雷电或夜间时均不得起爆。

（4）岩土工程爆破的起爆要求。

1）电力起爆。用于同一爆破网路的电雷管应为同厂、同批、同型号，各雷管（脚线长度为 2m）之间电阻差值应按规定值执行（即康铜桥丝铁脚线≤0.30Ω、铜脚线≤0.25Ω；镍铬桥丝铁脚线≤0.80Ω、铜脚线≤0.30Ω），质量不佳的电雷管禁止使用（比如外观不端正；表面有压痕、锈蚀、裂缝；脚线绝缘损坏、锈蚀、封口塞松动和脱出等）。检测电雷管和电爆网路电阻时必须使用爆破电桥或专用的爆破仪器且其输出电流值不得大于 30mA。检测电雷管电阻时应在专用的加工房内（或安全、僻静的场地）进行并应采取隔离等防护措施。电爆网路中起爆电源功率应能保证全部电雷管准爆，流经每个电雷管的电流必须符合要求（即一般爆破交流电不小于 2.5A、直流电不小于 2.0A；硐室爆破交流电不小于 4.0A、直流电不小于 2.5A），采用起爆器起爆时其电爆网路的连接方法和总电阻值应符合起爆器说明书的要求（起爆器应经试验后方可使用）。使用单个电雷管起爆时其电阻值在规定范围内均属合格，使用成组电雷管起爆时每个电雷管的电阻差值不应大于相关规范规定，使用电雷管进行大规模成组起爆时应把电阻值相近的电雷管编在一起并使各组电阻值尽量做到平衡。电爆网路应采用绝缘电线且其绝缘性能、线芯截面积应符合设计要求，使用前应进行电阻和绝缘检验。爆破网路的连接必须在全部炮孔（或药室）装填完毕和无关人员全部撤离后由工作面向起爆站依次进行，导线连接时应将线芯表面擦净（接点必须牢固、绝缘良好，应防止错接、漏接和接触地面，相邻两线的接点应错开 100mm）。采用交流电流起爆时其起爆开关必须单独使用并应安设在上锁的专用起爆箱内，起爆开关钥匙在整个爆破作业期内应由指定爆破员严加保管、不得转交他人。当爆破区内或硐室内即将运入起爆药包（体）时必须撤除工作面一切电源（其停电范围由设计确定）。硐室或井巷内采用电缆作专用爆破线时距装药工作面 50m 以外允许电气照明，工作面附近只准使用防爆安全矿灯或绝缘手电筒照明。当爆破区已经装入起爆药包遇有雷电时应将已连接好的各主、支线端头解开并分别绝缘；当硐室内已装入起爆体遇有雷电时应将两根导线的端头分别绝缘并将导线放入洞内（距洞口不小于 5m，导线与地面应用绝缘物隔离），处理完毕后爆破区或硐室的所有人员应迅速撤离危险区。起爆前应检测电爆网路的总电阻值（总电阻值在计算值±5％范围内方可与起爆电源或起爆器连接。否则应查明原因并清除故障后方可起爆）。起爆后发生拒爆时应立即切断电源并将主线短路，使用瞬发或延期雷管时均应在短路 5min 后方可进入现场检查。在有杂散电流、静电、感应电或高频电磁波等可能引起电雷管早爆的地区爆破时不宜采用电力起爆。

2）导爆索起爆。导爆索的连接方法应遵守出厂说明书的规定，采用搭接连接时其搭接长度应不小于 150mm（中间不得夹有异物和炸药卷并应绑扎牢实），采用孔外多段微差起爆时可使用继爆管连接（但应确保前一段网路起爆时不破坏后一段网路）。导爆索支线与主线采用搭接连接时从接点起顺传爆方向支线与主线的夹角应小于 90°。只准用快刀切割导爆索，严禁切割接上雷管或已插入炸药包的导爆索。导爆索的敷设应避免打结、弯曲、擦伤、松弛或交叉（必须交叉时应用厚度不小于 150mm 的衬垫物隔开），导爆索平行敷设的间距不得小于 200mm。引爆导爆索的雷管应在距导爆索末端 150～200mm 处捆扎且雷管聚能穴要与传爆方向一致，采用双股导爆索网路时应每隔 1～1.5m 用胶布将两根导爆索捆扎，当爆破在雷击区内又在雨季进行时宜采用两股导爆索起爆网路。起爆导爆索网路应使用两个雷管，一个网路上有两组导爆索时应同时起爆。导爆索起爆网路比较简单（不需计算）但应合理安排顺序，即当进行齐发爆破或爆序先后关系不大时可采用单向分段并联或并联簇；对先后起爆顺序要求不严格时可用串联网路；对起爆顺序要求严格时可采用双向分段并联或环形网路；当导爆索与起爆雷管配合使用进行微差起爆时可采用孔间微差、排间微差、孔间和排间微差的网路形式。气温高于 30℃ 时应对露于地面的导爆索加以遮盖（以防烈日曝晒），在导爆索接触铵油炸药的部位必须用防油材料保护（以防药芯浸油）。

3）导爆管起爆。导爆管表面有损伤（如孔洞、裂缝、严重折痕等）或管内有杂物者不得使用，敷设导爆管网路时不得将导爆管拉细、对折或打结等，炮孔内不得有接头（孔外传爆雷管与导爆管之间应留有足够的间距），用于同一工作面的导爆管必须是同厂、同批、同型号产品。导爆管与雷管（或四通）的连接应按出厂说明书的规定进行。导爆管起爆网路和起爆顺序应遵守相关规定（必须注意网路顺序编排并复核计算导爆管雷管延时时间），大型爆破应视情况采用复式网路。用导爆索起爆导爆管时宜采用垂直连接。采用雷管激发或传爆导爆管网路时应有防止雷管的聚能穴炸断导爆管以及秒延期管的气孔烧坏导爆管的措施，导爆管应均匀地绑扎在雷管周围并用 3～5 层聚丙烯包扎带或棉胶带绑扎牢实（导爆管端头距雷管不得小于 150mm）。复式网路中的雷管与相邻网路之间应保持一定距离（以防破坏其他网路），用金属雷管激发（或传爆）导爆管时应采取措施防止金属碎片破坏导爆管。采用导爆管网路进行孔外延时爆破时其延长时间必须保证前一段网路爆炸时不致破坏相邻或后面各段网路。爆前应进行网路检查（在确认无误的情况下方能起爆），爆后应从外向内、从干线至支线进行检查（发现拒爆应及时处理并及时分析总结）。

（5）岩土工程钻孔爆破的基本要求。

钻孔爆破是指采用柱状装药结构形式的布孔爆破，其按孔径、孔深的不同可分为深孔爆破和浅孔爆破（孔径大于 50mm、孔深大于 5m 的钻孔称为深孔，反之则称为浅孔），条件具备时应优先采用深孔爆破。炮孔爆破的主要参数应符合要求，露天爆破应采用台阶法爆破（在台阶形成之前进行爆破时应加大警戒范围）；梯段高度应根据工程规模、开挖深度、钻孔直径、边坡安全、施工机械、经济合理等因素确定；炮孔的最小抵抗线长度一般为药卷直径的 20～40 倍并与炮孔深度、炸药性能、起爆方法条件有关（可经过计算或试爆确定）；炮孔深度应根据岩石性质、梯段高度和最小抵抗线的大小确定，一般超钻深度应为孔底抵抗线（最大抵抗线）长度的 0.3 倍左右；采用一排或多排炮孔爆破时其炮孔间距应为最小抵抗线长度的 1.25 倍左右（需要减小或增大炮孔间距时应相应调整最小抵抗线长度）；炮孔装药后应进行堵塞（其堵塞长度一般应不小于最小抵抗线长度）。验孔时应将孔口周围 0.5m 范围内的碎石、杂物清除干净并应维护孔口稳定，遇到水孔时应使用抗水爆破器材。炮孔的位置、角度和深度应符合设计要求，钻孔前应检查布孔区内无盲炮或异常情况后方可开钻，装药前应清除炮孔中的泥浆或岩粉，装入起爆药包或炸药后禁止投掷或冲击。炮孔装药可采用手工装药或机械装药，使用炸药卷手工装药时应注意药卷直径与孔径的关系（以防止产生管道效应造成拒爆）。使用机械装填炸药时若采用电力起爆则应有安全技术措施以防止静电引起早爆事故。炮孔装药和堵塞时其雷管脚线、导爆索和导爆管不准拉得过紧（也不得损坏起爆网路），堵塞应密实且不得使用活性材料。多排炮孔起爆应采用电或非电毫秒延时雷管、导爆索—继爆管或电子毫秒延时雷管实施控制爆破，其起爆间隔时差应根据岩石性质及抵抗线大小确定。爆破工程技术人员在装药前应对第一排各炮孔的最小抵抗线进行测定，对形成反坡或有大裂隙的部位应考虑调整药量或间隔堵塞，底盘抵抗线过大的部位应进行清理以使其符合设计要求。爆破员应按爆破设计说明书的规定进行操作（不得自行增减药量或改变填塞长度。确需调整时应征得现场爆破工程技术人员同意并作好变更记录），在装药和填塞过程中应保护好起爆网路，发生装药阻塞时不得用钻杆捣捅药包。

（6）岩土工程常规控制爆破的基本要求。

1）光面及预裂爆破。为使边坡稳定、岩面平整、降低震动影响宜采用预裂爆破或光面爆破。预裂爆破和光面爆破主要参数的确定应符合规定，即炮孔间距应根据工程特点、岩石特征、炮孔直径等确定（预裂爆破的炮孔间距一般为炮孔直径的 8～12 倍，光面爆破的炮孔间距一般为炮孔直径的 10～16 倍）；装药集中度应根据岩石和种类、炮孔间距、炮孔直径和炸药性能等确定；预裂爆破或光面爆破炮孔中装药结构可采用不耦合连续装药或空隙间隔装药（不耦合系数应根据岩石强度、炮孔间距和炸药性能合理选择，应使炸药完全爆炸并保证裂面或光面平整、岩体稳定，一般为 2～5。间隔装药的间隙一般不充填，炮孔顶部堵塞长度一般为 12 倍炮孔直径，孔口应堵塞严实，药卷固定在炮孔中央或靠近开挖一侧）；预裂孔与主炮孔的间距应不小于 1.5～2.0 倍预裂孔间距且应适当减少该主炮孔的装药量；光面爆破的最小抵抗线长度（光面孔与相邻主炮孔距离）应根据岩石特性、炮孔间距等确定（一般为光面炮孔间距的 1.2～1.4 倍）。预裂炮孔或光面炮孔的角度应与设计边坡坡度一致，每层炮孔孔底应尽量在同一水平面上。当预裂炮孔和主炮孔在同一电爆网路中起爆时其预裂炮孔应在主炮孔之前起爆且其时差应符合要求（即坚硬岩石不小于50～80ms；中等坚硬岩石不小于 80～150ms；松软岩石不小于 150～200ms）。光面炮孔与主炮孔在同一爆破网路中起爆时其主炮孔应在光面炮孔之前起爆且各光面炮孔均应使用同一段的雷管同时起爆。采用预裂爆破降低爆破振动时其预裂炮孔应较主炮孔深，预裂缝长度和宽度均应符合设计要求。光面及预裂爆破质量应符合要求，即岩面应均匀留下50％以上的周围边孔残痕率；预裂缝宽宜在5～20mm（预裂缝深度以达到眼底为宜）；壁面不平度应符合要求（即一般工程应小于150～200mm，超挖不得大于150mm，欠挖不得超过质量标准。壁面不平度是指爆裂面与设计开挖轮廓面的最大差值）；岩面上不应有明显的爆震裂缝。

2）拆除爆破。拆除控制爆破施爆方案或施工组织设计必须报请相关部门同意批准后实施。拆除爆破施工前应详细调查了解被拆物的结构性能，查明附近建（构）筑物种类、各种管线的分布和设备设施的要求等情况，作好记录并绘制平面图及有关剖面图。拆除爆破前应对附近的建（构）筑物和保留的机器设备、仪器等采取必要的防护措施（以防飞石、振动和冲击波的破坏）。拆除爆破场所及附近地表或空气中含有易燃易爆物质时应测试其易燃易爆程度（若因爆破可能引起该易燃物质爆炸或燃烧时应采取窒息防爆等预防措施。附近有正在运行蒸汽锅炉、空气压缩机的储能罐以及其他受压容器等时爆破前应将气压降低到1～2个大气压）。进行拆除控制爆破时必须采取可靠的防护措施以防控爆破有害效应。主爆破前对不影响主体结构稳定的部位或阻碍坍塌的隔墙、梁、柱和板局部解体时不管采用何种方法（比如人工、机械、预爆破等）均应进行结构稳定性分析和力学验算（以避免解体过度而发生突然倒塌事故）。重要工程或结构材质不明的拆除控制爆破应进行模拟试爆或局部试爆。建（构）筑物拆除爆破后必须等待坍塌稳定方可派专人进行检查，经检查确认安全无误后施工人员才准进入现场。拆除烟囱、水塔等高耸构筑物应根据构筑物场地条件和材质选择合适的爆破方案并完成相应的技术设计和安全设计。烟囱内部有堆积物时爆破前应予清除或将炮孔布置在高于堆积物500～1000mm处，有腰箍的烟囱或水塔采用定向倒塌方案时应注意防止腰箍落地回弹和滚动。采用原地坍塌方案时应防止上部未解体结构落地、倾覆对周围建（构）筑物、设施等的影响和伤害。采用定向倒塌拆除爆破时应掌握爆破时风力和风向（六级以上大风禁止起爆）。基础拆除爆破前应按其埋置深度将四周泥土全部挖除并排除积水，若附近尚有机器设备、仪表或管线等不能拆除时应根据爆破安全要求采取有效的安全控制与防护措施。采用炮孔爆破切割基础时应根据工程特点、结构、材料等进行专门设计。

3）水压爆破。水压控制爆破只适用于具有储水条件（包括人工砌筑）的容器式构筑物的拆除。水压控制爆破应采用复式网路且宜采用非电起爆网路。注水前应仔细检查容器内有无渗漏水，有渗漏水时注水前应进行相应处理。为保护底部基础不遭受破坏可在底部铺设厚度不小于300mm的细砂保护层且药包宜放置在水深的1/3～1/2部位。对埋入地下的工事、水池、油罐等进行爆破前应开挖出临空面以提高爆破效果（临空面沟壕内不应有积水）。对开口容器实施水压控制爆破时注水前应清除漂浮物，若爆破体上方有高压线则必须在爆破前临时停电且应同时进行防护处理。水压控制爆破前应做好爆破后储水渲泄的疏排措施和防护工作以免造成危害。

4）静态爆破。采用静态破碎法拆除建（构）筑物时应遵守相关规定，即孔径应不小于30mm（一般为38～75mm，冬季施工不宜小于42mm）；钻孔一般应为垂直孔（根据需要也可布置俯斜孔但应避免水平孔、仰斜孔。破碎需要时可例外）；混凝土或孤石炮孔深度宜为破碎高度的 0.65～0.75 倍，原岩孔深度宜为破碎高度的 1.05 倍，钢筋混凝土炮孔深度宜为破碎高度的 0.95～1.0 倍；对不同破碎对象其孔距可为孔径的 5～20 倍；根据破碎对象的自由面在多排孔分次破碎时的排距一般为 0.6～0.9 倍孔距；最小抵抗线应根据破碎对象材质、形状、节理、钻孔直径和要求破碎的块度等因素确定（一般为 200～500mm）。应根据破碎体体温和施工时气温选择破碎剂型号，应按说明书进行作业并合理选择填充时间或人工升、降温等措施，破碎期间突遇暴冷或暴热时宜采用草帘、麻袋等覆盖保温隔热。充填前应检查钻孔（干燥孔应先浇水湿润，有积水的孔应将积水排出），穿孔应堵塞牢固以防漏浆。药剂混合、灌注及破碎期间作业人员均应佩戴有机玻璃面罩或防护眼镜且不准直视炮孔。采用灌浆机灌注炮孔破碎剂浆体时其药剂延迟期应调到 30 分钟以上，发现胶管内浆液有发热情况时应用冷水冲洗或采取其他应急措施以防止胶管爆裂。静态破碎应优先选用袋装棒状快速静态胀裂剂并按使用说明书操作。

（7）特殊岩土工程爆破的基本要求。

1）二次爆破。爆破孤石或二次爆破巨大块石时宜采用炮孔爆破，炮孔深度一般为块石厚度的 0.55～0.60 倍，炮孔堵塞长度应大于抵抗线长度的 1.2 倍，炮孔药量应随临空面多少和抵抗线大小适当增减。采用裸露药包爆破孤石或大块石时其药包应设置在孤石或块石的中部、凹槽部位（切忌放入裂缝内）并用黏土覆盖。坚硬的孤石或块石三个方向尺寸均较大时不宜采用裸露药包而应根据岩石形状和临空面情况采用浅孔法爆破。当多个裸露药包相互距离较近且一次起爆时应齐发起爆。露天裸露破岩时的一次爆破装药量不得大于 20kg，需增大装药量时可采用秒延期爆破且各延期段装药量均不得超过 20kg。采用二次爆破时的安全距离一般为 400m 并应计算校核空气冲击波的安全控制距离。

2）水下爆破。水下爆破施工前应了解爆破危险区地质构造、水工构筑物和附近地面建（构）筑物以及船只通航情况。在通航水域进行水下爆破时应提前三日由港航管理部门会同公安部门公布爆破施工通知。从装药开始至爆破警戒解除期间航道上、下游均应设置警戒船执勤以防止无关船只误入危险区或靠近爆破作业船。水下爆破工程开挖较深或靠近水工构筑物及地面建（构）筑物时应采用钻孔爆破方式，水下爆破工程量较小、开挖较浅或破碎水下障碍物（或大块石）时可采用裸露爆破。水下钻孔爆破作业应符合规定，即水下爆破的钻孔作业设施必须牢固、稳定（钻孔位置必须准确测定且施工时应经常检查和校正）；遇内河水位变化很大（暴涨或暴落）或沿海的风浪超过六级且浪高大于 800mm 时禁止进行水下钻孔、装药等作业；在深水中钻孔遇岩层面覆盖有河砂、小卵石或碎石时应采用导管式钻机（其导管应通过覆盖层钻入岩层不小于 500～1000mm 以防卡钻）；因工程需要进行边钻孔、边装药作业时除应有可靠安全设施外还必须获得主管单位批准（然后方可实施）；水下爆破宜采用导爆管或导爆索起爆网路（每个起爆体内至少应装入两发相同雷管）；用于水下爆破的器材应有与水深相适应的耐水、耐压和绝缘性能；在急流、湍流水域布设的起爆网路应有足够的强度和良好柔韧性且爆破主线应呈松弛状态扎系在伸缩量小的主绳上；钻孔装药时要拉稳药包提绳且应配合送药杆进行（不准从管口或孔口直接向孔内投掷药包，禁止强行冲击卡塞在钻孔内的药包）；水下深孔采用分段装药时各段均应装起爆药包且应标记清楚、防止错接；采用水下钻孔爆破开挖基坑（槽）时在接近基底标高处不宜装药过多（以免基岩遭受破坏）。每次爆破后应及时进行安全检查，有盲炮应及时处理（遇有难于处理又危及航行安全的盲炮应延长警戒时间直至处理完毕，应确认安全无误后方可通航）。水下爆破药包和起爆药包的加工以及现场运输爆破器材和起爆药包均应严格遵守有关安全规定。

3）冻土爆破。冻土爆破的一次爆破量应根据挖运能力和气候条件确定，爆破后的冻土应及时清除以免再次冻结。采用铅直炮孔爆破冻土时其炮孔深度一般应为冻土层厚度的0.7～0.8倍，炮孔间距和排距应根据土壤性质、炸药性能、炮孔直径和起爆方法等确定，堵塞长度一般不小于炮孔深度的0.33倍。冻土爆破单位用药量应根据土壤性质、冻土厚度、炸药性能和冻土程度等确定，一般可参考松软石至普坚石的单位用药量。冻土爆破应采用抗冻和抗水爆破器材，否则应采取防冻、抗水措施。

4）沟槽爆破。沟槽爆破应采用钻孔爆破，在建（构）筑物和人烟稠密区宜采用小规模谨慎控制爆破。垂直沟槽应采用侧向无倾角的布孔方式，炮孔间距、排距应小于或等于实际抵抗线长度，在垂直纵剖面上炮孔应呈2∶1～3∶1的倾度，炮孔超深应为孔底抵抗线的0.3倍。在平地上开挖沟槽时应在开挖一端或中部布置掏槽炮孔并首先起爆形成临空面，然后再按顺序起爆其他炮孔。需要获得平整边坡面时宜提前对沟槽两侧边坡实施预裂爆破。沟槽爆破参数应符合规定，即炮孔深度不应超过沟槽上口宽度的1/2（若超过则应分层开挖）；应根据岩石结构、沟槽形状、开挖深度确定孔深（孔深一般为开挖深度的0.9～1.1倍）；孔距应为孔深的0.67～0.8倍。

9.5.2 道路抢通工程

国际上习惯将公路按运输功能、交通功能、地域特性及公路等级进行分类。公路依交通功能可分为高速公路、快速公路、主要干道、次要干道、地区公路等五类。目前，我国的公路等级按其使用任务、功能和适应的交通量分为高速公路、一级公路、二级公路、三级公路、四级公路等五个等级。道路抢通可按四级公路或农村公路的标准快速施工。公路使用破坏的原因主要有以下3个方面原因，即车轮的反复荷重及超载；底、基层结构及应力的变化；雨水侵蚀、温度变化、冻融、地震、火山、滑坡、泥石流、洪水等自然环境的影响。

由于受自然条件及地形限制，公路在平面上会有转折、在立面（铅垂面）上会有起伏，为满足车辆行驶顺畅、安全和速度要求，在公路的这些转折处必须使路线或路面呈弧线状（即在接近转折点处使两侧的相邻直线通过一定曲率的弧线实现圆滑顺畅连接），因此，公路的路线在平面和立面（铅垂面）上均是由直线和曲线组成的。公路的平面线形包括直线和平曲线两大类。平曲线的形式多种多样，大致可分为圆曲线、缓和曲线等两类。公路的立面线形也包括直线和曲线两大类。在道路坡度变化路段，为使行车过程中因道路坡度变化产生的撞击阻力或落差得以消解、增长对向来车的视线距离、保护行车安全、增加道路美观，常使道路在立面（铅垂面）形成曲线形状，这种立面曲线称为竖曲线。竖曲线依其空间走向可分为凸曲线及凹曲线，依其几何形状又可分为圆曲线和缓和曲线。

公路的结构包括路基、路面、路肩、桥涵与隧道、防护工程、排水设备、道路标志、路用房屋、绿化美化工程等几大部分。路基是铁路轨道或公路路面下的基础建筑，是公路行车部分的基础，它通常是由土、石按一定尺寸和结构要求建造成的带状土工构筑物，路基必须具有一定的力学强度和稳定性（以保证行车部分的稳定性和防止自然破坏力的损害），同时又应经济合理。公路路基的横断面形式有路堤、路堑和半填半挖三种形式，路基断面的几何形状由高度、宽度和边坡决定。路基高度由路线纵断面设计确定，路基宽度则决定于设计交通量和公路等级，路基边坡对路基的整体稳定性具有决定意义。用筑路材料铺在路基顶面上供车辆直接在其表面行使的一层或多层的公路结构层称为公路路面，路面应具有足够的力学强度、良好的稳定性和不透水性、一定的平整度与粗糙度、良好的抗滑性能，路面的常用材料有沥青、水泥、碎石、黏土、砂、石灰及某些工业废料等，路面通常按其力学性质分为柔性路面和刚性路面两大类，柔性路面主要指碎石路面和各种沥青路面，刚性路面是指水泥混凝土路面（包括纯混凝土路面、钢筋混凝土路面和钢纤维混凝土路面）。直接承受车轮荷载反复作用和自然因素影响的结构层叫面层（通常可由一至三层组成，采用最多的形式是沥青碎石＋耐磨层）。基层是设置在面层之下并与面层一起将车轮荷载的反复作用传布到底基层、垫层和土基中的结构层，基层材料应具有足够的抗压强度、密度、耐久性和扩散应力能力（即应具有较好的板体性）。底基层是设置在基层之下并与面层、基层一起承受车轮荷载反复作用而起次要承重作用的结构层（高级路面通常采用水泥、石灰、填缝碎石等作底基层。目前，采用最多的是水泥或石灰稳定粒料）。垫层是底基层和土基间的结构层，它的主要作用是加强土基、改善基层工作条件。垫层常用材料有两类，一类是用松散粒料（比如砂、砾石、炉渣等组成的透水性垫层），另一类是整体性材料（比如石灰土或炉渣石灰土等组成的稳定性垫层）。采用最多的垫层材料是天然砂砾。联结层是在面层和基层之间设置的结构层，它的主要作用是加强面层与基层的协同作用或减少基层的反射裂缝，联结层通常为沥青贯入式碎石或沥青碎石。公路的两侧常设有路肩。

在陡岭、山坡或沿河一侧路基边坡受水流冲刷或存在不良地质现象的路段，为保证路基稳定、加固路基边坡所建的人工构筑物称为防护工程，其包括挡土墙、石砌护坡或护脚、护栏、护拦、护墙（在急弯、陡坡、桥头引道、危险地段设置）、悬出路台、防石廊等。公路排水设备的作用是保证路基、路面的稳定性以及避免水害、防止塌方。公路上应沿线设置交通标志和路面标线。为美化公路环境、减少生态破坏、缓解旅途疲劳，公路的隔离带、分隔带及周边常需要进行景观设计和绿化，这就是公路的绿化美化工程。公路路线可酌情采用沿河线、越岭线、山坡线（也称山腰线）、山脊线。

公路纵、横断面设计均应满足相应的目标要求。公路路线踏查的任务是确定公路基本走向、了解自然条件、选定控制点、模拟线路中心位置、提出设计方案和施工原则、估计工程量和三材用量以及投资状况，踏查前要收集资料（地形图、资源资料、水准点等）、图上确定线路方案，野外踏查用品包括气压计、计步器、指北针、手水准、测高器、罗盘仪、手持式 GPS、手持式激光测距仪。

路基加固工程的作用是支撑天然边坡或人工边坡以保持土体稳定；防止边坡在水文条件变化时遭受破坏；提高路基强度的稳定性。按路基加固部位的不同分为坡面防护加固（路基防护中均有加固作用）、边坡支挡（包括路基边坡支撑和堤岸支挡。路基边坡支撑方式有护肩墙、护脚墙、挡土墙；堤岸支挡方式有驳岸、浸水墙、石笼、抛石、支垛护脚等）、软弱地基加固（包括碾压密实、排水固结、挤密、化学固结、换填土等）等类型。

抢通公路的路基施工可参考普通路基标准，应合理进行原始地基处理工作（包括地面植被清理和路堤压实），路基填料的选择应遵循相关规定（即路堤填料不得使用有机土、含草皮土、淤泥、沼泽土、生活垃圾、树根和含有腐殖质的土；液限大于 50、塑性指数大于 26 的土以及含水量大于规定的土不得直接作为路堤填料；钢渣、粉煤灰等应进行特殊处理以避免有害物质超标；捣碎后的种植土可用于路堤边坡表层；路基填土材料应具有一定的强度）。

　　路堤填土施工通常采用水平分层填筑和纵向分层填筑 2 种方法。路堤填土施工程序依次为取土、运输、推土机初平、平地机整平、压路机碾压。施工要领是控制每层填料布料均匀，松铺厚度不超过 30cm，在最佳含水量条件下碾压。填石路堤的施工要领是填石路堤应分层填筑分层碾压，整平应采用大型推土机辅以人工进行，松铺厚度应控制在 60cm 以内，接近路堤设计标高时应改用土方填筑。土石路堤施工要领是含石量超过 70％时整平应采用大型推土机辅以人工（按填石路堤的方法进行），含石量小于 70％时可土石混合直接铺筑，松铺厚度应控制在 40cm 以内，接近路堤设计标高时应改用土方填筑。粉煤灰路堤施工程序依次为基底处理、粉煤灰储运、摊铺、洒水、碾压、养护、封层。

　　路基雨期施工应做好相关准备工作，雨期填筑路堤应遵守相关规定，应控制非施工车辆在施工场地行走；填方坡脚外应挖排水沟以保持场地不积水；应选用透水性好的砂砾、石方碎渣、碎石、卵石土、砂类土填筑（利用挖方土作填方时应随挖、随填并及时碾压，含水量过大无法晾干的土不能作为雨期施工材料）；分层碾压时每一层的表面应做成 2％～4％的排水横坡（当天填筑的土层应当天碾压完毕）；雨期施工需借土的其取土坑到填方坡脚的距离不宜小于 3m（平原区纵向取土时取土坑深度不宜大于 1m）。雨期开挖路堑应遵守相关规定，在土质路堑开挖前应在路堑边坡顶 2m 以外开挖截水沟并接通出水口；开挖土质路堑应分层开挖（每挖一层设排水纵横坡。挖方边坡应沿坡面留 30cm 厚的余量，待雨期过后再整修到设计坡度）；土质路堑挖到比设计标高高 30～50cm 时应停止开挖并在两侧挖排水沟（雨期过后再挖到设计标高然后碾压）；土的强度低于规定值时应做专门处理；雨期开挖岩石路堑其炮眼应尽量水平设置（应自上而下层层刷坡直到坡度符合要求）；应做好路基排水工作。软土路基处理可采用换填法、抛石挤淤法、爆破挤淤法、超载预压法、反压护道法、排水砂垫层法、土工织物铺垫法、塑料排水板法、砂井法、袋装砂井法、粒料桩法、旋喷桩法、生石灰桩法等。

　　道路抢通可暂不考虑后续的路面施工。当然，条件允许时应为后续的路面施工做好铺垫，后续的施工包括路面基层（底基层）施工、沥青路面施工或混凝土路面施工。

9.5.3　桥梁抢通工程

　　抢通型桥梁均是为满足应急需要而建设的临时性桥梁，最常见的是军用桥梁，所谓"军用桥梁"是指为保障军队通过江河、峡谷、沟渠等障碍而架设的临时性桥梁。临时性桥梁一般由上部结构（桥跨结构）和下部结构（桥脚）组成，其基本特点是结构型式简单、作业简便、架设时间短、修复容易。

　　（1）军用桥梁的类型及特点。

　　军用桥梁（Military Bridge）按使用器材的不同有就便桥和制式桥两类。就便桥是使用就便材料或预制构件架设的，其主要特点是材料来源广。制式桥是应用制式器材组合而成的，其特点是构件互换性好、结构适应性强、架设准备作业量小、可反复拆装使用、机动性大。军用桥梁按载重能力的不同可分为重型、轻型、驮载和徒步等桥梁。重型桥梁能保障中型以上坦克和其他相应的履带式和轮式车辆通行；轻型桥梁能保障轻型坦克和其他相应的履带式和轮式车辆通行；驮载桥可供骡马驮载装备通过；徒步桥仅供武装人员徒步通行。军用桥梁按有无中间桥脚可分为多跨桥和单跨桥，其中多跨桥按中间桥脚型式又可分为浮游桥脚桥（简称浮桥）和固定桥脚桥（简称固定桥）。

1）浮桥。浮桥既可以用浮体（筏、民舟、浮箱、制式舟等）作为中间桥脚支承上部结构（就便的或制式的）构成桥梁，也可以由一系列浮体紧密排列起来构成桥梁（即带式桥），它适于在较深和较宽的江河中快速架设，河底土质对其影响较小，在军事上应用广泛，是军用桥梁的主要类型之一。固定桥是指有中间固定桥脚的桥梁，常见的固定桥脚有列柱桥脚、架柱桥脚、堡篮桥脚等。固定桥脚受江河水深、流速、河底土质的影响较大。列柱桥脚是将桩柱打入河底，有良好的稳定性，但河底土必须容许打桩。架柱桥脚是将预先结合好的框架设置在河底表面，架设作业速度快，但只适用于干谷或底质坚实、流速或水深不大的河流。堡篮桥脚是将桥脚材料结合成箱形内填石块构成的，适用于水较深和流速较大的江河。

2）固定桥。军用固定桥根据使用要求可架成低水桥、高水桥、跨线桥和水面下桥。低水桥跨度较小（通常为 3~7m，有的可达 10~12m）、桥脚高度不大（上部结构距水面的净空约 0.5~1m）、结构简单、架设方便，通常只架成单车道以供短期使用，是常用的也是主要的军用桥梁类型之一。高水桥跨度较大（30m 或更大）、桥脚较高，容许洪水、流水、船只从桥下通过，因取材困难、结构复杂、架设费时，故通常只用在后方主要道路经过的江河上。跨线桥是一种用来跨越与之相交的公路或铁路交通线的高架旱桥，通常采用架柱桥脚架设。水面下桥是一种桥面在水面下 0.3~0.5m 的桥梁，桥面可以升降，具有隐蔽特点。

3）单跨桥。单跨桥是没有中间桥脚的桥梁，只两岸设置岸边桥脚（亦称桥础）。根据桥跨结构刚度的不同分刚性和柔性两种。刚性单跨桥通常用以克服宽度不大的沟渠等障碍，除坦克冲击桥外，还可以用拆装式金属桥、机械化桥及其他桥梁器材的上部结构架设。柔性单跨桥有吊桥和索道桥两种，其共同点是以固定于两岸的缆索为主要承重构件，其不同点在于吊桥将桥跨结构悬挂在缆索下面而索道桥则是将桥跨结构铺设在缆索上面。柔性单跨桥跨度较大，适于克服山地江河、峡谷等障碍，不通载时可将桥跨结构拆除而只留缆索（具有较好的伪装和抗损性能）。

（2）军用桥梁的架设方法及发展趋向。

在深而宽的江河上架设军用桥梁时，可根据具体情况将浮桥器材（主要是舟桥器材）和固定桥器材混合使用架成混合式军用桥梁。为适应现代战争需要，军用桥梁已日益向制式化方向发展，制式桥器材由国家按统一标准、性能、规格生产并装备军队（战时用以快速架设各种制式桥），这类器材主要有坦克架桥车、舟桥器材、机械化桥、拆装式金属桥等。拆装式金属桥是一种成套的制式固定桥器材，通常包括上部结构、可调整高度的中间桥脚以及专用的架设和装载设备等，这种器材主要用人力架设和撤收，使用、装载、作业方便，机动性好，既可用以架设单跨和多跨的低水桥，又可用以加强和修复被破坏的永久性桥梁。

第二次世界大战以后，由于轻质高强度材料的出现，装备机械化程度的提高，液压设备和焊接工艺的进步，许多国家军队采取提高结构整体性和架设作业机械化等方法使制式军用桥梁器材不断得到改进和发展，代表性的有俄军的重型机械化桥（TMM）和带式桥、法军的伴随桥（PAA）、英军的中型桁梁桥（MGB）、德国的克虏伯固定桥等。此外，俄军还装备了成套的架桥机具，提高了就便桥的架设速度。有的国家军队还装备了两栖江河工程侦察车从而缩短了军用桥梁架设的准备作业时间。

未来，为适应现代战争需要，就便桥将进一步趋向预制构件化，器材和构件实行地区标准化，架设机具实现机械化。制式桥除继续沿着结构整体化、作业机械化的方向发展外，还将进一步增大固定桥的单跨架设长度，提高桥梁的载重能力和架设速度，提高运载车辆的机动能力，提高器材的标准化、系列化、通用化程度并使之适应空中机动的要求。

（3）抢险桥梁的架设。

桥梁按主要承重结构所用的材料来划分有木桥、钢桥、圬工桥（包括砖、石、混凝土桥）、钢筋混凝土桥和预应力钢筋混凝土桥。木桥是用木料建造的桥梁，木桥的优点是可就地取材、构造简单、制造方便，小跨度多做成梁式桥，大跨度可做成桁架桥或拱桥。木桥的缺点是容易腐朽、养护费用大、消耗木材且易引起火灾，多用于临时性桥梁或林区桥梁。钢桥是桥跨结构用钢材建造的桥梁，钢材强度高、性能优越，表观密度与容许应力之比小，因此，钢桥跨越能力较大。钢桥的构件制造最合适工业化，运输和安装均较为方便，架设工期较短，破坏后易修复和更换，但是钢材易锈蚀、养护困难。抢险桥梁的最大特点是仿效古法、因陋就简、就地取材、快速架设，其材料多为钢、木，其桥型主要为浮桥、索桥、拱桥、梁桥。

1）浮桥。浮桥又称舟桥、浮航、浮桁和战桥，是一种将船、筏用绳索连接在一起，上铺木板作为桥身建造的桥梁。古时限于技术条件或其他原因，在尚未有修建固定的桥梁之时，人们为解决交通的需要，便建造了这种浮桥，也可说这是由船（桥）发展至桥梁的过渡。这类桥梁建造快速、造价低廉、移动方便，在战争环境中常被采用。浮桥多建在河面宽、河水深且涨落差异较大的地方。

2）索桥。索桥又称吊桥、绳桥或悬索桥，是一种以绳索为桥身主要承重构件的桥梁，有竹索桥、藤索桥、铁索桥之别。古代此类桥梁的两端均建有石屋并安有柱桩、铁山、铁牛、石狮等以固定桥索（或将桥索直接系在山岩上）并用木棍或绞车将桥索绞紧，然后在桥绳上安置木板即成。有的还在桥面两侧安置绳索以作扶栏。索桥多建于沟深水急的峡谷中。四川、重庆、云南、贵州、西藏等地较常见。抢险索桥桥索应借助天然物体（比如大树、孤石等）固定。

3）梁桥。梁桥又称平桥，是以桥墩和横梁为主要承重构件而建造的一种桥梁，是中国古桥最基本、最主要的一种类型，梁桥出现在中国原始社会时期，独木桥便是它的原始形式。梁桥的主要建筑材料是木料和石料，结构则分为伸臂式、简支式或有柱有墩的，形式变化万千，其桥洞数目从一孔到多孔不等。抢险梁桥可采用易得材料建造桥墩和横梁，应合理评估其承载力。

4）拱桥。拱桥是一种以拱券为桥身主要承重结构而建造的桥梁，从材料上有木拱桥、石拱桥、砖拱桥和竹拱桥的区别。一般说来，拱桥孔洞多为单数，中间一孔较为高大，由此向两岸对称地逐步缩小，靠岸边两孔最小。我国石拱桥的历史可上溯至秦汉。抢险拱桥可采用易得材料建造并应合理评估其承载力。

5）其他。除梁桥、拱桥、索桥和浮桥四种类型外，中国桥梁还有栈道桥、阁道桥、纤道桥、渠道桥、栈桥、园林桥等。栈道桥又名栈阁、桥阁，是一种沿悬崖修建的单臂木梁桥。阁道桥建于两楼之间。抢险桥梁应充分借鉴上述各种桥梁的结构特点、受力特点实现自己的工作目标。

9.5.4　渡河工程

渡河工程（见图 9-34）一般用于战争，是舟桥部队的一项重要任务。舟桥部队是担负渡河工程保障任务的工程兵，其基本任务是构筑浮桥渡场、门桥渡场，保障部队快速通过江河障碍。在我国，舟桥部队与工兵、建筑、伪装、野战给水工程、工程维护等专业部队共同组成工程兵，是军队实施工程保障的技术骨干力量。舟桥是用舟体作桥脚架设的浮桥，包括用制式舟或民舟作桥脚的舟桥，制式舟桥分轻型、重型的和特种等几类并遂行不同的战斗任务，桥脚舟按配置形式有分置式舟桥和带式舟桥之分。渡河工程的渡场建设类似码头工程，可采用木桩码头和钢板桩码头，目前已有可移动型制式码头（即可移动型制式渡场）。渡河工程的特点是快，强渡时则依赖登陆船、水陆两用运兵车、水陆两用坦克、冲锋舟、橡皮舟、民船等（当然，这已超出了土木工程的范畴）。

图 9-34　渡河工程

思　考　题

1. 谈谈你对桥梁工程的认识。
2. 桥梁工程设计有哪些基本要求？
3. 桥梁工程施工有哪些基本要求？
4. 你对桥梁工程的发展有何想法与建议？
5. 谈谈你对隧道工程的认识。
6. 隧道工程设计有哪些基本要求？
7. 隧道工程施工有哪些基本要求？
8. 你对隧道工程的发展有何想法与建议？
9. 城市地下空间工程的作用有哪些？
10. 你对城市地下空间工程的发展有何想法与建议？
11. 道路桥梁与渡河工程主要解决什么问题？
12. 道路桥梁与渡河工程的战略意义是什么？达到既定目标的途径是什么？

第10章 供热—供燃气—通风及空调工程的学科体系

10.1 供热—供燃气—通风及空调工程的特点

供热、供燃气、通风及空调工程是建筑设备领域的重要技术科学，其理论基础是流体力学、热力学等，其关键性的依托技术是机械工程、能源与动力工程、环境工程，其作用是解决建筑的舒适性和生活的便利性问题。

10.1.1 供热、通风及空调技术的特点

供热、通风及空调工程曾被称为暖通空调，是建筑耗能最大的环节。在节能环保背景下，低碳环保的生活方式对暖通空调工程影响深远，低碳节能已成为当代人类对暖通空调产品的基本要求，开发替代能源和再生能源利用、研制新制冷剂等已成为当代暖通空调的重要研究目标，节能环保成为暖通空调行业发展趋势，暖通空调行业必须不断运用先进科技提高空调产品的能效等级。当代人类需要健康空调（即空调应健康、舒适、节能、环保），因此，应重视舒适性空调、工艺性空调、洁净空调的研发与制造。于是，就有了高精度恒温、恒湿空调综合技术，即包括空调负荷计算、系统布置、气流组织、空调设备、楼宇控制及关键仪表在内的成套技术。20世纪90年代中期，由于一些大、中城市电力供应紧张，供电部门开始重视需求化管理及削峰填谷，蓄能空调技术得到了相应的发展。空气洁净技术是目前空调发展的重要方向。

10.1.2 采暖、通风和空气调节及其制冷设计的基本要求

采暖、通风和空气调节及其制冷设计方案应根据建筑物的用途、工艺和使用要求、室外气象条件以及能源状况等，同有关专业相配合，通过技术经济比较确定。采暖、通风和空气调节及其制冷系统所用设备、构件及材料应根据国家和建设地区现有的生产能力和材料供应状况等择优选用并应尽量就地取材，同一工程中设备的系列和规格型号应尽量统一。编制设计文件时应根据采暖、通风、空气调节和制冷装置的数量及其复杂程度配备必要的专业技术和操作、维修人员以及相应的维修设备和检测仪表等。采暖、通风、空气调节和制冷系统应在便于操作和观察的地点设置必要的调节、检测和计量装置。布置设备、管道及配件时应为安装、操作和维修留有必要的位置，大型设备和管道应根据需要在建筑设计中预留安装和维修用的孔洞并应考虑有装设起吊设施的可能。设计中对采暖、通风、空气调节和制冷设备及管道有可能伤及人体的应采取必要的安全防护措施。位于地震易发区和湿陷性黄土地区的工程布置设备和管道时应根据需要分别采取防震和有组织排水等措施。采暖、通风和空气调节及其制冷设计应符合我国现行有关标准、规范的规定。

采暖、通风和空气调节及其制冷方案设计应合理计算室内外相关物理参数。设计集中

采暖时的冬季室内计算温度应根据建筑物的用途按相关规定取值（即一般民用建筑主要房间 16～20℃；生产厂房 10～15℃；浴室 25℃；更衣室 23℃；托儿所、幼儿园、医务室 20℃；办公用室 16～18℃；食堂 14℃；盥洗室、厕所 12℃）。设置集中采暖建筑物的冬季室内生活地带或作业地带的平均风速应按相关规定取值（即民用建筑及工业企业辅助建筑物不宜大于 0.3m/s；当室内散热量大于或等于 23W/m³ 时不宜大于 0.5m/s）。工艺无特殊要求的生产厂房夏季工作地点的温度应根据夏季通风室外计算温度及其与工作地点温度的允许温差按相关规定确定。设置局部送风的生产厂房其室内工作地点的允许风速也应按相关规范规定取值。

夏季空气调节室内计算参数应遵守相关规定，即舒适性空气调节室内计算参数为温度 24～28℃、相对湿度 40%～65%、风速不大于 0.3m/s。工艺性空气调节室内温度基数及其允许波动范围应根据工艺需要并考虑必要的卫生条件确定，工作区风速宜采用 0.2～0.5m/s（当室内温度高于 30℃时可大于 0.5m/s）。

采暖室外计算温度应取历年平均不保证 5 天的日平均温度（"不保证"是针对室外空气温度状况而言，"历年平均不保证"是针对累年不保证总天数或小时数的历年平均值而言），冬季通风室外计算温度应采用累年最冷月平均温度，夏季通风室外计算温度应采用历年最热月 14 时的月平均温度的平均值，夏季通风室外计算相对湿度应采用历年最热月 14 时的月平均相对湿度的平均值，冬季空气调节室外计算温度应采用历年平均不保证 1 天的日平均温度，冬季空气调节室外计算相对湿度应采用累年最冷月平均相对湿度，夏季空气调节室外计算干球温度应采用历年平均不保证 50h 的干球温度（统计干湿球温度时宜采用当地气象台站每天 4 次的定时温度记录并以每次记录值代表 6h 的温度值核算），夏季空气调节室外计算湿球温度应采用历年平均不保证 50h 的湿球温度，夏季空气调节室外计算日平均温度应采用历年平均不保证 5d 的日平均温度。夏季空气调节室外计算逐时温度应按相关公式计算确定。当室内温湿度必须全年保证时应另行确定空气调节室外计算参数。冬季室外平均风速应采用累年最冷 3 个月各月平均风速的平均值，冬季室外最多风向的平均风速应采用累年最冷 3 个月最多风向（静风除外）的各月平均风速的平均值。夏季室外平均风速应采用累年最热 3 个月各月平均风速的平均值。冬季最多风向及其频率应采用累年最冷 3 个月的最多风向及其平均频率，夏季最多风向及其频率应采用累年最热 3 个月的最多风向及其平均频率，年最多风向及其频率应采用累年最多风向及其平均频率。冬季室外大气压力应采用累年最冷 3 个月各月平均大气压力的平均值，冬季日照百分率应采用累年最冷 3 个月各月月平均日照百分率的平均值，设计计算用采暖期天数应按累年日平均温度稳定低于或等于采暖室外临界温度的总日数确定（采暖室外临界温度对一般民用建筑和生产厂房及辅助建筑物宜取 5℃。所谓"日平均温度稳定低于或等于采暖室外临界温度"是指室外连续 5d 的滑动平均温度低于或等于采暖室外临界温度）。室外计算参数统计年份不宜少于 30 年（不足 30 年的应按实有年份确定且不得少于 10 年，少于 10 年时应对气象资料进行订正）。同区的室外气象参数应根据就地调查、实测资料并与地理和气候条件相似的邻近台站的气象资料进行比较后确定。一些主要城市的室外气象参数可在相关规范中查表获得。

夏季太阳辐射照度应根据当地的地理纬度、大气透明度和大气压力按 7 月 21 日的太阳赤纬计算确定。建筑物各朝向垂直面与水平面的太阳总辐射照度可按相关规范规定确定。透过建筑物各朝向垂直面与水平面标准窗玻璃的太阳直接辐射照度也可按相关规范规定确定。当地的大气透明度等级可根据相关规范及夏季大气压力确定。

10.1.3 采暖系统的特点及基本要求

设置集中采暖的公共建筑和生产厂房及辅助建筑物,当其位于严寒地区或寒冷地区且在非工作时间或中断使用的时间内室内温度必须保持在0℃以上,而利用房间蓄热量不能满足要求时应按5℃设置值班采暖(当工艺或使用条件有特殊要求时可根据需要另行确定值班采暖所需维持的室内温度)。设置集中采暖的生产厂房,如工艺对室内温度无特殊要求且每名工人占用的建筑面积超过 $1000m^2$ 时不宜设置全面采暖(但应在固定工作地点设置局部采暖。当工作地点不固定时应设置取暖室)。设置全面采暖的建筑物其围护结构的传热阻应根据技术经济比较确定且应符合国家有关节能标准的要求。围护结构的最小传热阻应按式 $R_{o.min}=a(t_n-t_w)/\Delta t_y\alpha_n$ 或 $R_{o.min}=a(t_n-t_w)R_n/\Delta t_y$ 确定,其中,$R_{o.min}$ 为围护结构的最小传热阻($m^2\cdot℃/W$)($m^2\cdot h\cdot℃/kcal$);t_n 为冬季室内计算温度(℃);t_w 为冬季围护结构室外计算温度(℃);a 为围护结构温差修正系数;Δt_y 为冬季室内计算温度与围护结构内表面温度的允许温差(℃);α_n 为围护结构内表面换热系数[W/($m^2\cdot℃$)][kcal/($m^2\cdot h\cdot℃$)];R_n 为围护结构内表面换热阻($m^2\cdot℃/W$);确定围护结构最小传热阻时其冬季围护结构室外计算温度 t_w 应根据围护结构热惰性指标 D 值确定。围护结构的传热阻应式 $R_o=1/a_n+R_j+1/a_w$ 或 $R_o=R_n+R_j+R_w$ 确定,其中,R_o 为围护结构的传热阻($m^2\cdot℃/W$);a_w 为围护结构外表面换热系数[W/($m^2\cdot℃$)];R_w 为围护结构外表面换热系数($m^2\cdot℃/W$);R_j 为围护结构本体(包括单层或多层结构材料层及封闭的空气间层)的热阻($m^2\cdot℃/W$)。设置全面采暖的建筑物其玻璃外窗、阳台门和天窗的层数应符合规定。设置全采暖的建筑物在满足采光要求提前下的开窗面积应尽量减小[民用建筑的窗墙面积比应遵守我国现行《民用建筑热工设计规范》(GB 50176—93)的规定]。集中采暖系统的热媒应根据建筑物的用途、供热情况、当地气候特点等条件经技术经济比较确定(通常情况下,民用建筑应采用热水作热媒。生产厂房及辅助建筑物,当厂区只有采暖用热或以采暖用热为主时宜采用高温水作热媒;当厂区供热以工艺用蒸汽为主时可在不违反卫生、技术和节能要求的前提下采用蒸汽作热媒。利用余热或天然热源采暖时的采暖热媒及其参数可根据具体情况确定。辐射采暖的热媒应符合相关规范规定)。散热器采暖系统的热媒温度应符合相关规范规定,高级居住建筑、办公建筑和医疗卫生及托幼建筑等的热水温度宜采用95℃(其他民用建筑热水温度不应高于130℃);放散棉、毛纤维和木屑等有机物质的生产厂房的热水温度不应高于130℃(蒸汽温度不应高于110℃);放散可燃气体、蒸气或粉尘的生产厂房的热媒温度不应高于上述物质自燃点的80%且热水温度不应高于130℃、蒸汽温度不应高于110℃;有根据时也可经主管部门批准而不受上述规定限制。

冬季采暖通风系统和热负荷应根据建筑物散失和获得的热量确定,围护结构的耗热量应包括基本耗热量和附加耗热量,计算围护结构耗热量时的冬季室内计算温度应按相关规范取值,与相邻房间的温差大于或等于5℃时应计算通过隔墙或楼板等的传热量。围护结构的附加耗热量应按其占基本耗热量的百分率确定,民用建筑和工业企业辅助建筑物(楼梯间除外)的高度附加率应遵守相关规定(所谓"高度附加率"是指应附加于围护的基本耗量和其他附加耗热量）。加热由门窗缝隙渗入室内的冷空气的耗热量应根据建筑的门窗构造、门窗朝向、热压和室外外风速等因素按相关规范规定确定。改建或扩建的建筑物以及与原有热网相连接的新增建筑物除了应按相关规定确定采暖热负荷外还应采取一些相应的技术措施。

10.1.4　燃气系统的特点及基本要求

　　燃气供应与规划应遵守我国现行《中华人民共和国城乡规划法》《中华人民共和国环境保护法》《中华人民共和国节约能源法》和《天然气利用政策》的相关要求。燃气工程中的非高峰期用户是指在低于年平均日供气量时使用燃气的用户（如燃气空调用户等。此类用户可用于调节全年用气负荷）；可中断用户是指在某一特定时间段内（比如系统事故、气源不足或供气高峰时）可对其中断供气的用户（此类用户对整个管网系统可以起到削峰填谷的作用，同时在事故工况下亦可延长整个系统的供气时间）；不可中断用户是指由于生产工艺制约或通过合同约定不能停气的用户；小时负荷系数是指年平均小时供气量与高峰小时用气量的比值（表示输配系统的设施平均利用率）；日负荷系数是指规划区域的年均日负荷与高峰日负荷的比率（表示负荷变化的程度。数值越大，表明用气越均衡）；最大利用时数是指假设把全年所使用的燃气总量按一年中最大小时用量连续使用所能延续的小时数（即年总供气量除以高峰小时用气量）；最大利用日数是指年总供气量除以高峰日用气量；气化率是指各类用户中使用燃气的用户数占总户数的百分比（比如居民气化率、商业气化率等）；集中负荷是指管网分析时对管网布局和稳定运行有较大影响的大流量负荷（比如燃气电厂、大型燃气锅炉房、大型工业负荷、大流量调压站等）；分布负荷是指集中负荷以外的其他负荷；负荷曲线是指在相同时间段内一个或多个用户的负荷变化曲线（包括年负荷曲线、周负荷曲线、日负荷曲线。年负荷曲线反映月负荷波动；周负荷曲线反映日负荷波动；日负荷曲线反映小时负荷波动）；用气结构是指各类用户年用气量占年总用气量的百分比；负荷增长率是指当年增长用气量与上年用气量的比值；负荷密度是指供气区域的高峰小时用气量除以供气区域占地面积［是表征负荷分布密集程度的量化指标，单位为 $m^3/(h \cdot m^2)$］；气源点是指管道燃气的供气点（包括门站、LNG 供气站、CNG 供气站、人工煤气制气厂或储配站、液化石油气气化站或混气站等）；专供调压站是指只为某个特定用户进行供气的调压站（比如大型煤改气锅炉房专用调压站、燃气热电中心供气调压站、某工业用户调压站）；区域调压站是指所有非专供调压站统称为区域调压站；场站负荷率是指场站的最大小时过流量与场站设计流量的比率（该指标反映场站的利用率）；调峰设施是指满足用气日常调节逐月、逐日或逐时不均匀性的设施；应急储备是指利用储气设施在用气低谷时储气而在发生紧急事故时供的储气措施（一般以 7d 的年均日用气量为宜）；燃气配套设施是指保障燃气输配系统正常运行的监控调度系统、运行维护、抢修抢险设施。

　　燃气规划的编制应以国民经济和社会发展规划、土地利用总体规划、城市规划和能源规划为依据。燃气规划应以安全稳定供气为首要原则并充分考虑社会、经济、技术、环境的发展情况；应统观全局、因地制宜；应以近期为主，近、远期结合；应体现规划的科学性。在规划燃气基础设施用地时应体现"节约用地、保护耕地、保护环境、保护文物、协调景观"原则综合布局。燃气规划应积极开拓气源、做到供需平衡，应以上游天然气气源规划为基础，结合当地资源状况及市场需求统筹考虑其他气源的开发利用。燃气规划编制应与道路、轨道交通、电信、有线电视、供水、排水等市政公用工程规划相协调（并与供热、供电等能源规划统筹安排、合理规划）。燃气规划应遵循国家和行业的有关节能政策并合理利用能源。燃气规划的编制阶段与城市总体规划和详细规划相衔接，其规划期限的划分也要与城市规划相一致，规划目标应包括燃气总量、用气结构、气化率、燃气采暖率、天然气门站数量及规模、调压站数量及规模、燃气主干管网里程等。

10.1.5 供热系统的特点及基本要求

城市供热规划的内容应包括预测城市热负荷确定供热能源种类、供热方式、供热分区、热源规模，合理布局热源、热网系统及配套设施。城市供热中的"城市热负荷"是指城市供热系统的热用户（或用热设备）在计算条件下单位时间内所需的最大供热量（包括供暖、通风、空调、生产工艺和热水供应热负荷等种类）；热负荷指标是指在采暖室外计算温度条件下为保持各房间室内计算温度，单位建筑面积在单位时间内消耗的需由供热设施供给的热量或单位产品的耗热定额；最大热负荷利用小时数是指在一定时间（供暖期或年）内总耗热量按规划热负荷折算的工作小时数（在数值上等于总耗热量与规划热负荷之比）；供热热源是指将天然的或人造的能源形态转化为符合供热要求的热能装置，包括锅炉房、热电厂、热泵系统、分布式能源系统（含新能源、可再生能源）等；一级热网是指由热源向热力站输送和分配供热介质的管线系统；热力站是指热网中用来转换供热介质种类，改变供热介质参数，分配、控制及计量供给热用户热量的设施；中继泵站是指热水热网中设置中继泵的设施，中继泵指热水管网中根据水力工况要求为提高供热介质压力而设置的水泵；供热方式是指采用不同能源种类、不同热源规模来满足用户热需求的各种供热形式；热化系数是指热电联产的最大供热能力占供热区域最大热负荷的份额。

城市供热规划应符合城市规划的总体要求；应符合城市环境保护规划、相关环境整治措施及节能减排的要求；应符合城市能源发展规划的总体要求；应充分重视城市供热系统的安全可靠性，统筹分析热源规模、数量和分布，管网布局，供热能源种类、输送与存储等多种因素；应从城市全局出发充分体现社会、经济、环境、节能等综合效益。城市供热规划应与道路交通规划、河道规划、绿化系统规划以及城市供水、排水、供电、燃气、信息等市政公用工程规划相协调，统筹安排，妥善处理相互间影响和矛盾。应依据详细规划的用地布局，落实供热热源规模、位置及用地。应依据供热负荷分布确定规划区内热网布局、管径，热力站位置及用地。

10.2 供热—供燃气—通风及空调工程的技术体系

10.2.1 采暖系统设计与施工的基本要求

（1）散热器采暖。

散热器采暖时的散热器工作压力应符合规定。散热器选择应符合相关要求，即民用建筑宜采用外形美观、易于清扫的散热器。

放散粉尘或防尘要求较高的生产厂房应采用易于清扫的散热器；具有腐蚀性气体的生产厂房或相对湿度较大的房间宜采用铸铁散热器；热水采暖系统采用钢制散热器时应采取

必要的防腐措施；蒸气采暖系统不应采用钢制柱型、板型和扁管等散热器。散热器布置应符合规定，即散热器宜安装在外墙窗台下；两道外门之间不应设置散热器；楼梯间的散热器应尽量分配在底层或按一定比例分配在下部各层。散热器一般应明装（内部装修要求较高的民用建筑可暗装；托儿所和幼儿园应暗装或加防护罩）。散热器的组装片数应符合规定，确定散热量数量时应考虑其连接方式、安装形式、组装片数、热水流量以及表面涂料等对散热量的影响。采暖系统制式选择应符合规定，热媒为热水时对多层和高层建筑物宜采用单管系统；热媒为蒸汽时宜采用上行下给式双管系统；疏水器集中设置时高压蒸汽采暖系统宜用同程式。条件允许时民用建筑及工业企业辅助建筑物的采暖系统的南北向房间宜分环设置。高层建筑的热水采暖系统应符合下列规定，建筑物高度超过 50m 时宜竖向分区供热；一个垂直单管采暖系统所供层数不宜大于 12 层。垂直单、双管采暖系统同一房间的两组散热器可串联连接（热水采暖系统两组散热器串联时可采用同侧连接，但上、下串联管直径应与散热器接口直径相同）；储藏室、盥洗室、厕所和厨房等辅助用室及走廊的散热器也可同邻室串联连接。楼梯间或其他有冻结危险的场所的散热器应由单独的立、支管供热且不得装设调节阀。

（2）辐射采暖。

加热管埋设在建筑构件内的低温辐射采暖可用于民用建筑的全面采暖或局部采暖，其设计应符合要求，应采用热水作为热媒；不应导致建筑构件龟裂和破损；辐射表面平均温度应适宜（经常有人停留的地面 24～26℃；短期有人停留的地面 28～30℃；无人停留的地面 35～40℃；房间高度为 2.5～3m 的顶棚 35～40℃；房间高度为 3.1～4m 的顶棚 33～36℃；距地面 1m 以下的墙面 35℃；距地面 1m 以上至 3.5m 以下的墙面 45℃。居住建筑、幼儿园和游泳馆中加热管轴心处的地面温度不应高于 85℃；混凝土地板辐射采暖的供水温度宜采用 45～60℃，供回水温差宜采用 5～10℃）。金属辐射板采暖可用于公共建筑和生产厂房（潮湿的房间除外）的局部区域或局部工作地点采暖，经技术经济比较合理时亦可用于全面采暖。金属辐射板采用热水作热媒时其热水平均温度不宜低于 110℃，采用蒸汽作热媒时其蒸汽压力宜高于或等于 400kPa 且不应低于 200kPa。金属辐射板的最低安装高度应根据热媒平均温度和安装角度按相关规定确定。管板式金属辐射板的板槽与加热管应紧密吻合，金属带状辐射板应采取有效措施防止加热管因热膨胀而出现横向变形。金属辐射板采暖系统宜采用同程式且管道的连接应采用焊接或法兰连接，当热媒为蒸汽时其辐射板支管上不宜装设阀门。条件许可时煤气红外线辐射采暖宜用于生产厂房的局部区域或局部工作地点采暖（也可用于全面采暖），煤气红外线辐射应采用净煤气（其杂质允许含量指标应符合国家现行《城镇燃气设计规范》（GB 50028—2006）的要求）且其煤气成分和工作压力应保持稳定，煤气红外线外线辐射器的安装高度应根据人体的舒适辐射照度确定且不应低于 3m（当煤气红外线辐射器用于局部工作地点采暖时其数量不应少于两个且应安装在人体的侧上方），采用煤气红外线辐射采暖时必须采取相应的防火、防爆和通风换气等安全措施。布置全面采暖的辐射装置时应尽量使生活地带或作业地带的辐射照度均匀并应适当增多外墙和大门处的数量。

（3）热风采暖与热风幕。

条件允许时应采用热风采暖（比如能与机械送风系统合并时；利用循环空气采暖经济

合理时；由于防火、防爆和卫生要求而必须采用全新风的热风采暖时）。位于严寒地区和寒冷地区的生产厂房采用热风采暖且距外窗 2m 或 2m 以内有固定工作地点时宜在窗下设置散热器。当非工作时间不设置班采暖系统时其热风采暖不宜少于两个系统（两套装置），其供热量的确定应确保其中一个系统（装置）损坏时其余仍能保持工艺所需的最低室内温度（但不得低于 5℃）。设计循环空气热风采暖时在内部隔墙和设备布置不影响气流组织的大型公共建筑和高大厂房内宜采用集中送风系统，其他情况宜选用小型暖风机，大型暖风机不宜布置在开启频繁的外门附近。

（4）采暖管道。

散热器采暖系统的供水、回水、供汽和凝结水管道宜在热力入口与一些供热系统分开设置，比如通风和空气调节系统、热风采暖和热风幕系统、热水供应系统、生产供热系统以及其他应分开的系统。热水采暖系统应在热力入口处的供回水总管上设置温度计、压力表（必要时应装设流量计和除污器），流量计宜设在供水总管上，除污器应装在流量计、调压板和混水器的入口管段上。当供汽压力高于室内采暖系统的工作压力时应在采暖系统入口的供汽管上装高减压装置，减压装置应由减压阀、安全阀和压力表等组成，减压阀进出口的压差范围应符合制造厂的规定。当热网的供水温度高于采暖系统的供水温度且热网的水力工况稳定、入口处的供回水压差足以保证混水器工作时宜装设混水器。室内热水采暖系统的总压力损失应根据入口处的资用压力通过计算确定，资用压力过大时应装设调压装置。高压蒸汽采暖系统最不利环路的供汽管压力损失不应大于起始压力的 25%，热水采暖系统的各并联环路之间（不包括共同段）的计算压力损失相对差额不应大于 15%。布置蒸汽采暖时应尽量使其作用半径短、流量分配均匀，环路较长的高压蒸汽采暖系统宜采用同程式，选择管径时应尽量减少各并联环路之间的压力损失差额（必要时应在各回水汇合点之前装设调压阀门）。采暖系统供水、供汽干管的末端和回水干管的始端的管径不宜小于 20mm，低压蒸汽的供汽干管可适当放大。采暖管道中的热媒流速应根据热水或蒸汽的资用压力、系统形式、防噪声要求等因素确定，最大允许流速不应超限。机械循环双管热水采暖系统和分层布置的水平单管热水采暖系统，应考虑水在散热器和管道中冷却而产生的自然作用压力的影响。单管异程式热水采暖系统其立管的压力损失不宜小于计算环路总压力损失的 70%，必要时可采用热媒温度不等温降法计算。采暖系统的计算压力损失宜采用 10% 的附加值。蒸汽采暖系统的凝结水回收方式应根据二次蒸汽利用的可能性以及室外地形、管道敷设等情况分别采用闭式满管回水、开式水箱自流或机械回水、余压回水等方式。高压蒸汽采暖系统疏水器前的凝结水管不应向上抬升，疏水器后的凝结水管向上抬升的高度应通过计算确定且不宜大于 5m。穿过建筑物基础、变形缝的采暖管道以及镶嵌在建筑结构里的立管应采取预防由于建筑下沉而损坏管道的措施。

（5）蒸汽喷射器。

以高压蒸汽为热源的热水采暖有条件时可采用蒸汽喷射器作为热水采暖系统的加热和循环装置。蒸汽喷射器宜集中装设，当集中装设在技术经济上不合理时可分散装设。当蒸汽喷射并联使用时，每个蒸汽喷射器均应装设止回阀。回水在蒸汽喷射器混合室入口处的工作压力应大于蒸汽喷射器出口水温的饱和压力并应有一定的安全量，条件许可时蒸汽喷射器宜高位安装。系统内的回水静压应尽量采用膨胀水箱控制，溢流水应回收。

10.2.2　燃气系统设计施工的基本要求

（1）用气负荷。

燃气用气负荷按用户类型的不同可分为以下七类，即居民生活用气、商业用气、工业生产用气、采暖通风及空调用气、燃气汽车用气、发电用气、其他用气。燃气用气负荷按负荷分布特点不同可分为分布负荷和集中负荷两类。燃气用气负荷按调峰需求不同可分为可中断用户和不可中断用户。燃气用户发展应符合《天然气利用政策》（发展和改革委员会令第 15号），并结合当地气源状况、环保政策、经济发展情况等确定。在确定用气负荷时，应尽可能发展非高峰期用户，提高负荷系数，减小季节负荷差，优化年负荷曲线。宜适当选择一定数量的可中断用户，提高小时负荷系数、日负荷系数、最大利用时数和最大利用日数。

（2）燃气气源。

燃气气源主要包括天然气、煤制天然气、液化石油气和人工煤气。多气源系统在气源选择时应考虑气源间的互换性。气源选择应以因地制宜、合理利用资源、保障安全供气、保护环境为原则，优先发展天然气，大力发展液化石油气和其他清洁燃料，人工煤气气源应根据资源和环境评估的结论，慎重选用。燃气气源的供气压力、高峰日供气量应能满足燃气配气管网的负荷配送需求，保证燃气近、远期的持续、稳定用气需求。燃气气源点的位置、规模、数量等方案，应经详细的技术经济比较后，选择资源落实、技术可靠、经济合理的方案。对于常住人口大于 100 万人的城市，考虑供气安全因素，应有 2 个或 2 个以上的气源点。上游供气方应有调节逐月、逐日不均匀性的燃气设施和能力。气源应具有应对紧急情况的措施，应规划适当的应急储备气量及设施，应急储备规模宜以能够保障全部居民生活用气量和全部不可中断用户用气量稳定供应为原则。采用天然气作为气源时，应与上游供气方协调气源来气方向、接收点数量、交接压力、高峰日供气量、季节调峰措施等，在确定接收门站布局时，应尽量根据用气负荷分布，均衡布置。对于常住人口小于100 万人的城市，可只设置 C 类门站；对于常住人口大于等于 100 万人的城市，宜考虑设置 B 类门站；对于常住人口大于 1000 万人的城市，宜考虑设置 A 类门站。对于常住人口小于 100 万人的城市，可只设置三级门站；对于常住人口大于等于 100 万人的城市，宜考虑设置二级门站；对于常住人口大于 1000 万人的城市，宜考虑设置一级门站。人工煤气制气厂选址应综合考虑原料运输、负荷分布情况、场外市政条件等因素，并重点考虑气源厂对周边环境的影响。人工煤气厂应布置在盛行风向的下风侧，如果气源厂处于常年存在两个风频大体相等、风向基本相反的盛行风向地区，应按影响较严重季节的盛行风向或最小频率风向来决定布置方位。采用液化石油气、液化天然气、压缩天然气作为气源时，应根据用气规模、供气周转周期，确定合理的储存设施建设规模。

（3）燃气管网系统。

燃气管网的布置应符合相关要求，管材的选择应根据供气规模、压力分级、当地水文地质条件、穿跨越情况等经技术经济比较后确定。燃气管网的管径应根据管网的高峰小时流量、气源点的供气压力及最低允许压力通过水力计算确定。各种压力级制的燃气管网应遵守相关规范规定。高压管网应按相关规定布线，高压 A 管网宜布置在城市的边缘且不应通过军事设施、易燃易爆仓库、国家重点文物保护区、飞机场、火车站、海（河）港口码头等地点（受条件限制，管道必须通过上述地区需经当地规划及消防部门共同协商确定合理的规划方案）；高压管道宜布置在规划道路上并应避开居民点和商业密集区；高压管道受条件限制需进入四级地区时应遵守《城镇燃气设计规范》（GB 50028—2006）的规定；对于直接供气的集中负荷应尽量缩短用户支管的长度；对于多级高压管网系统其各级管网间应有两条或以上联通干管并宜相对均匀布置。中压管网应按规定原则布线，为避免施工安装和检修过程影响交通一般宜将中压管道敷设在道路绿化隔离带或非机动车道上；应尽量靠近调压站以减少调压站支管的长度、提高供气可靠性；连接主供气源与环网的枝状干管宜采用双线布置。对不可中断用户应考虑双气源供气。应在总体规划阶段预留长输管线和城市高压干线的管线走廊，高压管线走廊宽度应符合规定，布局走廊时宜与城市道路、铁路、河流的绿化隔离带等相结合以减少对城市建设用地的影响。当用气量相对较大、用气压力较高的集中负荷接入管网时（或需要设置增压装置的用户接入管网时）宜进行管网动态模拟计算（必要时应校核事故工况）。

（4）调峰及应急储备。

附近有建设地下储气库地质条件的，通过技术经济比较后，尽可能利用地下储气库调峰。气源压力较高应优先选用高压管道储气调峰（也可利用液化天然气或压缩天然气作为调峰气源），上述条件不具备时可根据供气具体情况考虑建设储配站。燃气应考虑建设应急储备设施，储备量宜按照不少于7天居民用户和不可中断用户的高峰月平均日用气量考虑，燃气输配系统中的应急储备设施可与调峰设施合建，应急气源的规划应考虑与主供气源的互换性，燃气应急储备设施与燃气管网的连接应保证在气源出现供气事故时能满足对所有居民用户和不可中断用户的供气。

（5）燃气厂（场）站和配套设施。

燃气厂（场）站的布局和选址应遵守相关规范规定，燃气配套设施的布局和选址应符合要求，燃气厂（场）站的占地规模和站址选择应满足城市总体规划中黄线控制要求。

见表10-1和表10-2，根据接收长输管线气源的压力级制不同天然气门站可分为一级门站、二级门站和三级门站三类；根据接收长输管线气源流量的不同门站可分为A类门站、B类门站和C类门站三类。门站的规模和数量应与规划期内的供气规模相匹配，应根据门站负荷率和高峰小时用气量确定门站总接收能力，门站和储配站布置应符合要求，当只有一个气源点时其门站和储配站宜对置布置。

表10-1 天然气门站按接收气源压力级制分类 （单位：MPa）

门站分类	一级门站	二级门站	三级门站
气源压力 P	≥4.0	1.6～4.0	≤1.6

表10-2 天然气门站按接收气源流量分类 （单位：Nm³/h）

门站分类	A类门站	B类门站	C类门站
气源压力 P	≥1000000	20～1000000	≤200000

按照供应方式与供应用户类型的不同调压站可分为区域调压站与专供调压站两类，调压站（箱）的规模和设置应根据负荷分布、与其连接的天然气管网压力级制、环境影响、水文地质等因素进行经济技术比较后合理确定，调压站的负荷率宜控制在50%～75%。

液化天然气供气站或压缩天然气供气站的供应规模和储存规模应根据用户类别、用气负荷、气源情况、运输方式及运距经技术经济比较后确定。人工煤气气源厂的规模和工艺应根据制气原料的种类、用气负荷及各种产品的市场需求经技术经济比较后确定。气源厂厂址选择应符合规定，气源厂排放的粉尘、废水、废气、灰渣、噪声等污染物对周围环境的影响应符合现行国家标准的有关规定，气源厂占地面积应根据其工艺方案及生产规模综合确定。

液化石油气场站的供应规模和储存规模应根据气源情况、运输距离、运输方式、用气负荷和用户类别经经济技术分析后确定，液化石油气供应基地的站址选择应满足下列要求，液化石油气其他场站的选址宜结合其供应方式和供应半径尽量靠近负荷中心并应符合总体规划市政设施用地的要求。燃气汽车加气站气源的选择及加气站数量应根据其总体规划、当地资源、汽车总量、运营里程、经济发展及环保要求等因素经技术经济比较确定。天然气汽车加气站分为母-子站、标准站两种形式。燃气规划中应根据燃气输配系统的供气规模提出燃气配套设施的内容，燃气配套设施包括调度中心、管网运行所、抢修抢险维护中心等，燃气配套设施的布局应根据其服务半径、运营需要等因素综合确定，配套设施的规模应结合生产运行管理模式及生产设施的规模确定。

（6）监控调度系统。

燃气输配管网监控调度系统应在满足供气需求、保证供气安全前提下，通过技术经济比较，确定合理方案。燃气输配管网监控调度系统宜包括监控和数据采集（SCADA）系统、通信系统、视频会议系统和安全防范系统等。燃气输配管网监控调度系统宜采用分级结构。燃气输配管网监控调度系统应设主控中心及本地站。主控中心应设在燃气企业调度中心，并宜与上游供气企业及城市公用数据库连接。本地站应设置在气源厂、门站、储配站、调压站及管网压力监测点等。燃气输配管网监控调度系统中的通信系统应根据当地通信系统条件、系统的规模和特点、地理环境，经全面的技术经济比较后确定。宜优先采用城市公共数据通信网络。

10.2.3 供热系统设计与施工的基本要求

（1）热负荷。

按热负荷性质不同可分为建筑采暖（制冷）热负荷、生活热水热负荷、工艺用蒸汽热负荷等 3 类；建筑采暖热负荷按建筑（即居住建筑、公共建筑、工业建筑、仓储建筑、基础设施、其他建筑）分类。热负荷应合理预测，规划热指标主要应包括建筑采暖综合热指标、建筑采暖热指标、生活热水指标、工业热负荷指标、制冷用热负荷指标。

（2）供热方式。

城市供热能源主要包括煤炭、天然气、电力、油品、地热、浅层地温、太阳能、核能、生物质能等。供热方式从热源规模上可分为集中供热方式和分散供热方式；从能源种类上可分为清洁能源供热方式和非清洁能源供热方式。总体规划阶段的城市供热规划，应符合当地环境保护目标，以地区能源资源条件、能源结构要求以及投资等为约束条件，以各种供热方式的技术经济性和节能效益为基本依据，并统筹供热系统的安全性和社会效益，按照成本最小化、效益最大化的原则进行优化选择，最终确定供热能源结构和合理的供热方式。以煤炭为主要供热能源的城市其供热方式应采取集中供热方式，燃煤集中锅炉房供热方式应逐步向燃煤热电厂系统供热方式或清洁能源供热方式过渡。在大气环境质量要求严格且天然气供应有保证的地区和城市，供热方式宜采取分散的天然气锅炉房、中型热电冷联产系统、分布式能源系统或直燃机系统。大型天然气热电厂供热系统应总量控制，不鼓励发展独立的天然气集中锅炉房供热系统。在水电和风电资源丰富的地区和城市，可鼓励发展以电为能源的供热方式。有条件的地区宜发展固有安全的低温核供热系统。鼓励发展能源利用新技术以及新能源和可再生能源的新型供热方式。太阳能条件较好地区应首选太阳能热水器解决生活热水问题并适度加大发展太阳能采暖的数量和规模。在历史文化保护区或一些特殊地区，宜采用电供热为主、油品、液化石油气和太阳能供热为辅的供热体系。

（3）供热热源。

供热热源从规模上分为集中热源和分散热源。集中热源主要有燃煤热电厂、燃气热电厂、燃煤集中锅炉房、燃气集中锅炉房、工业余热、低温核供热、垃圾焚烧；分散热源主要有分散燃煤锅炉房、分散燃气锅炉房、户内式燃气采暖系统、热泵系统、直燃机系统、分布式能源系统、地热、太阳能等可再生能源供热系统等。

热源布局应结合城市规划用地布局和城市供热技术要求统筹确定。热源规划设计应遵守相关规定，燃煤热电厂及大型燃气热电厂、燃煤集中锅炉房、燃气集中锅炉房的规划设计均应遵守相关规定。低温核供热厂厂址的选择应符合国家相关规定，厂址周围不应有大型易燃易爆的生产与存储设施、集中的居民点、学校、医院、疗养院和机场等。清洁能源分散供热设施应结合用地规划、建筑平面布局、近期建设进度等因素确定位置，不宜与居住建筑合建。

（4）热网及其附属设施。

热源供热范围内只有民用建筑采暖热负荷时应采用热水作为供热介质。热源供热范围内生产工艺热负荷要求必须采用蒸汽且为主要负荷时应采用蒸汽作为供热介质。热源供热范围内既有民用建筑采暖热负荷，又存在生产工艺热负荷，且生产工艺热负荷要求必须采用蒸汽时，可采用蒸汽和热水作为供热介质。热源为热电厂或集中锅炉房时，一级热网供水温度可取 110~150℃，回水温度不高于 70℃。蒸汽管网的热源供汽温度和压力应以满足沿途用户的生产工艺用汽要求确定。多热源联网运行的城市热网的热源供回水温度应一致。

应综合热负荷分布、热源位置、道路条件等多种因素，经技术经济比较后确定热网布局。城市热网的布置型式有枝状和环状二种方式。热水管网管径应根据经济比摩阻，通过水力计算确定；蒸汽管网管径应根据控制最大允许流速计算确定。热网与用户采取间接连接方式时宜设置热力站，热水管网热力站合理供热规模应通过技术经济比较确定，居住区热力站应在供热范围中心区域独立设置，公共建筑热力站可与建筑结合设置。中继泵站的位置、数量、水泵扬程，应在管网水力计算和绘制水压图的基础上，经技术经济比较后确定。

10.2.4 绿色建筑的暖通空调设计要求

应根据工程所在地的地理气候条件、建筑功能要求遵循"被动设计优先、主动优化"原则选择适宜的室内环境参数并据以合理确定空调采暖系统的形式，建筑设计应充分利用自然条件、采取保温、隔热、遮阳、自然通风等被动措施减少暖通空调能耗，建筑物室内空调系统的形式应根据建筑功能、空间特点和使用要求综合考虑确定。条件许可时宜进行全年动态负荷变化模拟以分析能耗及经济性据而选择合理的系统形式（计算机能耗模拟技术是为建筑节能设计开发的，其可方便地在设计过程中的任何阶段对设计进行节能评估。利用建筑物能耗分析和动态负荷模拟等计算机软件可估算建筑物整个使用期的能耗费用，进行建筑能耗计算、设计优化、建筑设计方案分析及能耗评估分析，使设计由传统的单点设计拓展到全工况设计。大型公共建筑以及建筑围护结构不满足节能标准要求时应通过计算机模拟手段分析建筑物能耗据以改进和完善空调系统设计）。

10.3　供热—供燃气—通风及空调工程的历史与发展

供热工程起源于人类对火的应用，迄今已有约 5000 年的历史，真正意义的供热工程发端于蒸汽机的诞生。供燃气工程起源于天然气的发现及其工业化应用，迄今约有近 200 年的历史。通风及空调工程起源于地下采矿，迄今已有近千年的历史，真正意义的通风及空调工程归功于风机的发明及制冷剂（氟里昂）的出现。

现代科技的突飞猛进导致供热—供燃气—通风及空调工程技术发展异常迅猛，几乎每隔几年就会有一个大的改观，其效能越来越高，其自动化程度越来越高，其智能化程度越来越强，其舒适度也越来越好。建筑设备作为耗能较大的行业，在节能环保的大背景下，低碳环保的生活方式对行业影响深远。随着行业不断发展，产品布局正在悄然发生变化。低碳节能已经成为产品的基本诉求。建筑设备企业不断运用先进科技提高产品的能效等级、开发替代能源和利用再生能源、研制新制冷剂等。

据调查，近几年中国建筑使用能耗约占全社会能耗的 28%（暖通又占其中的 65%），建筑节能越来越受到国家各部门的重视，目前我国实施建筑节能 65% 的标准，暖通空调系统作为办公楼、住宅的耗能大户对整个建筑物的能耗有直接的影响，因此，暖通空调的发展备受各方关注，我国的散热器技术有了较大的进步，各种新型散热器得以开发，热计量与温控技术也已趋向智能化、自动化。国外（主要北欧国家）集中供热系统的调节与控制技术先进、调控手段完善、调控设备质量高，其采用钢制散热器并装有散热器恒温阀（用户可按需要设定室内温度），其地暖技术已实用化，置换通风技术得到了长足的发展。随着新能源利用技术（冷热源应用技术）的备受关注，太阳能、干空气能、风能、地热能已进入实用化阶段。近几年，中国正处在工业化和城市化进程中，各个相关城市的供热产业得到了迅猛发展，形成了"以热电联产为主、集中锅炉房为辅、其他方式为补充"的供热局面，这是与中国节能减排的国家政策相吻合的，也顺应了国际社会碳减排的长期使命，表明了中国走的确实是可持续发展之路，走的是环境友好型、资源节约型的发展之路。

充分利用太阳能、采用节能的建筑围护结构以及采暖和空调可减少采暖和空调的使用，根据自然通风原理设置风冷系统可使建筑有效利用夏季主导风向实现空调功能，推行智能开关可减少空调的能耗（用手机就可以控制家里的能源开关，房子里安装一个很小的智能测温装置，当太阳光正热时遮阳帘自动升起来、减少射入室内的阳光），变频式空调的应用可大大节省能源（较常规的非变频空调节能 20%～30%），楼宇自动化管理系统

（建筑设备监控系统）为节能提供了重要的技术支持（其可监控大厦内所有机电设备的能耗情况，比如冷热源机组、空调机组、新风机组、变风量末端装置、给排水、送排风、变配电、照明、电梯等设备），太阳能光电、光热、地热、污水热能、风能、绿色照明、楼宇自控等综合应用大显神通，节能显著并使舒适、健康的生活环境得以构建，建筑内部不使用对人体有害的建筑材料和装修材料使室内空气清新且温、湿度适当（也使居住者感觉良好、身心健康），各地根据地理条件设置太阳能采暖、热水、发电及风力发电装置以充分利用环境提供的天然可再生能源达到了节能目的，高精度恒温恒湿空调综合技术的开发实现了空调技术的飞跃（其实现了空调负荷计算、系统布置、气流组织、空调设备、楼宇控制及智能仪表技术的集成）。

目前，采暖技术的核心仍集中在温度散热器采暖、地暖、电热膜等高效低耗技术的研发与实用化方面；通风则着力于对空气品质、温度送风、排风、除尘、防排烟等的改善；空气调节则聚焦在温度、湿度、洁净度、速度、噪音、压强风系统、水系统、冷热源系统的控制、开发、智能化和实用化方面。在供热—供燃气—通风及空调工程集成应用领域地源热泵实现了冬暖夏凉，太阳能光伏发电系统硕果累累，生态型呼吸式遮阳幕墙实现了对建筑通风换气的全智能自动控制，使室内冬暖夏凉，极大地减少了空调制冷和取暖的耗能。所谓呼吸式幕墙就是指在外层幕墙与楼面之间设置铝合金开窗，外侧幕墙上下两端分别设置通风口，上面为进风口、下面为出风口，在双层幕墙之间安装温度感应装置以便根据温度的变化让冷风和热风与室内空气进行交换以实现自然通风对流。有了这层呼吸式幕墙就可以利用室外自然风调节室内温度了……相信，随着人类环保节能意识的提高、科技的发展与融合，供热—供燃气—通风及空调工程必将以更低的能耗、更优越的性能、更好地造福于人类。

10.4　建筑环境与能源应用工程

建筑环境与能源应用工程科学的核心目的是解决宜居建筑（绿色、生态、环保、节能、舒适）的建设问题，其主要理论依托是物理学、化学、材料学、电力科学、大气科学、能源科学、土木工程科学，其核心理论是传热学与传质学。

10.4.1　建筑环境学的基本问题

自然资源包括地形地貌、地表水体、表层土壤、雨水、地下水、地下空间等；可再生能源包括地热能、太阳能、风能、空气源能等低品位能源。环境承载力是指在某一时空条件下区域生态系统所能承受的人类活动阈值（包括土地资源、水资源、矿产资源、大气环境、水环境、土壤环境以及人口、交通、能源、经济等各个系统的生态阈值。建筑场地规划应考虑建筑布局对建筑场地室外风、光、热、声等环境因素的影响，考虑建筑周围及建筑与建筑之间的自然环境、人工环境的综合设计布局，考虑建筑场地开发活动对当地生态系统的影响。

（1）建筑场地与室外环境的协调问题。

建筑场地规划应符合城乡规划要求。建筑场地资源利用应不超出环境承载力，应控制建筑场地开发强度并采用适宜的建筑场地资源利用技术满足建筑场地和建筑可持续运营要求，建筑场地资源包括自然资源、可再生能源、生物资源、市政基础设施和公共服务设施等（自然资源包括地形地貌、地表水体、表层土壤、雨水、地下水、地下空间等；可再生能源包括地热能、太阳能、风能、空气源能等低品位能源），环境承载力是指在某一时空条件下区域生态系统所能承受的人类活动阈值〔包括土地资源、水资源、矿产资源、大气环境、水环境、土壤环境以及人口、交通、能源、经济等各个系统的生态阈值。环境承载力是环境系统的客观属性，具有客观性、可变性、可控性特点，可通过人类活动的方向、强度、规模来反映。建筑场地资源利用的开发强度应小于或等于环境承载力。狭义上的环境承载力也称"环境容量"，是指环境系统对外界其他系统污染的最大允许承受量或负荷量，主要包括大气环境容量、水环境容量等，环境容量具有客观性、相对性和确定性特征。环境承载力突出显示和说明环境系统的综合功能（生物、人文与环境的复合）；而环境容量则侧重体现和反映环境系统的纯自然属性〕。应提高建筑场地空间的利用效率和建筑场地周边公用设施的资源共享（土地不合理利用会导致土地资源浪费，为促进土地资源节约和集约利用应鼓励提高建筑场地空间利用效率，可采取适当增加容积率、开发地下空间等方式提高土地空间利用效率，同时应积极扩大公用设施共享减少重复建设、降低资源能源消耗。建筑场地内公用设施建设要考虑提高资源利用效率、避免重复投资。应改变过去分散的、小而全的公用配套设施建设传统模式，实现区域设施资源共享）。应协调建筑场地规划和室外环境关系，优化建筑规划或进行建筑场地环境生态补偿（生态补偿是指对建筑场地整体生态环境进行改造、恢复和建设以弥补开发活动引起的不可避免的环境变化影响。室外环境的生态补偿重点是改造、恢复建筑场地自然环境，可通过植物补偿等措施改善环境质量、减少自然生态系统对人工干预的依赖、逐步恢复系统自身的调节功能并保持系统的健康稳定，保证人工—自然复合生态系统良性发展）。建筑场地规划应考虑建筑布局对建筑场地室外风、光、热、声等环境因素的影响。

（2）建筑设计与室内环境设计的协调问题。

建筑设计应遵守"被动优先"原则，应充分利用自然采光、自然通风，应采用有效的围护结构保温、隔热、遮阳等措施，应充分利用建筑场地现有条件减少建筑能耗、提高室内舒适度。应根据建筑所在地区气候条件的不同设计最佳朝向或接近最佳朝向（建筑处于不利朝向时应做补偿设计），建筑朝向选择涉及当地气候条件、地理环境、建筑用地情况等（必须全面考虑、综合权衡。应在节约用地前提下满足冬季能争取较多日照且夏季可避免过多日照并有利于自然通风，建筑朝向应结合各种设计条件因地制宜确定合理范围以满足生产和生活要求）。建筑朝向（大多数条式建筑的主要朝向）与夏季主导季风方向宜控制在 30°～60°间，建筑朝向应考虑可迎纳有利的局部地形风（比如海陆风等），建筑朝向受各方面条件制约（并不是所有建筑均会处于最佳或适宜朝向），建筑采取东西向和南北向拼接时应考虑两者接受日照的程度和相互遮挡关系并对朝向不佳建筑增加补偿措施（比如将次要房间放在西面并适当加大西向房间的进深。在西边设置进深较大的阳台以不让太阳一晒到底，同时应减小西窗面积并设遮阳设施，在西窗外种植枝大叶茂的落叶乔木。严格避免纯朝西户的出现并组织好穿堂风以利用晚间通风带走室内余热）。

10.4.2　能源应用工程的基本问题

建筑供能技术面临着多元化的发展趋势。首先从建筑能量的来源来看，目前建筑能量的来源有煤炭、天然气、电力和可再生能源（包括太阳能、风能、地热能和生物质能等）。从供能技术来看，目前的建筑供能技术主要有燃煤锅炉、燃油锅炉、燃气锅炉、溴化锂直燃机组、壁挂式燃气炉、冷热电三联供、电热膜、电热缆、电力锅炉、蓄热式电暖器、蒸汽压缩制冷、热泵技术、可再生能源、热能回收技术等。

　　建筑能耗来源有高品位能源和低品位能源两类，建筑采暖一般只需40～60℃的低品位能源。煤炭、天然气燃烧一般可产生几百甚至上千摄氏度的高品位能源，这些高品位能源直接用于采暖是不合理的，应该先发电后再用余热来采暖。目前我国建筑室内采暖主要依靠矿物燃料的直接燃烧，其既造成了资源的浪费，也因矿物燃料燃烧产生大量污染物而污染环境。大量燃烧矿物燃料所产生的环境问题已日益成为各国政府和公众关注的焦点。

　　可再生能源建筑应用是建筑和可再生能源应用领域多项技术的综合利用，在建筑领域，涉及到建筑学、结构、暖通空调、给排水、电气等多个专业。可再生能源是指风能、太阳能、水能、生物质能、地热能、海洋能等非化石能源。现阶段我国建筑可再生能源应用主要集中在太阳能和地热能方面，涉及太阳能热利用系统、太阳能光伏系统、地源热泵系统等，除了民用建筑，很多有较大的屋顶面积、容积率较低的工厂车间也已经开始应用太阳能、地源热泵供热采暖空调和太阳能光伏发电系统。所谓"可再生能源建筑应用工程"是指在建筑热水、采暖、空调和供电等系统中采用太阳能、地热能等可再生能源系统提供全部或部分建筑用能的建筑工程；太阳能热利用系统是指将太阳能转换成热能进行供热制冷等应用的系统（在建筑中主要包括太阳能热水、采暖和空调系统）；太阳能热水采暖系统是指将太阳能转换成热能为建筑物进行供热水和采暖的系统（系统主要部件包括太阳能集热器、换热蓄热装置、控制系统、其他能源辅助加热/换热设备、泵或风机、连接管道和末端热水采暖系统等）；太阳能空调系统是一种通过太阳能集热器加热热媒、驱动热力制冷系统的空调系统（由太阳能集热系统、热力制冷系统、蓄能系统、空调末端系统、辅助能源以及控制系统六部分组成）；太阳能光伏系统是指利用太阳电池的光伏效应将太阳辐射能直接转换成电能的发电系统（简称光伏系统）；地源热泵系统是指以岩土体、地下水或地表水为低温热源并由水源热泵机组、地热能交换系统、建筑物内系统组成的供热空调系统（根据地热能交换系统形式的不同，地源热泵系统分为地埋管地源热泵系统、地下水地源热泵系统和地表水地源热泵系统）；太阳能保证率是指太阳能供热、采暖或空调系统中由太阳能供给的能量占系统总消耗能量的百分率；系统费效比是指可再生能源系统的增投资与系统在正常使用寿命期内的总节能量的比值［单位为元/（kW·h），表示利用可再生能源节省每千瓦小时常规能源热量的投资成本。常规能源是指具体工程项目中辅助能源加热设备所使用的能源种类，比如天然气、标准煤或电等］；地源热泵系统能效比是指地源热泵系统制热量（或制冷量）与热泵系统总耗电量的比值（热泵系统总耗电量包括热泵主机、各级循环水泵的耗电量）；负荷率是指系统的运行负荷与设计负荷之比。

　　（1）太阳能热利用系统。

　　太阳能热水采暖系统和太阳能空调系统的太阳能集热器、辅助热源、空调制冷机组、储水箱、系统管路、系统保温和电气装置等关键部件应有质检合格证书，性能参数应符合设计和相关标准的要求。太阳能集热器、空调制冷机组应有相应的检测报告。太阳能光伏系统的太阳能电池方阵、蓄电池（或者蓄电池箱体）、充放电控制器、直流/交流逆变器等关键部件应有质检合格证书，性能参数应符合设计和相关标准的要求。太阳能光伏组件应有相应的检测报告。地源热泵系统的热泵机组、末端设备（风机盘管、空气调节机组、散热设备）、辅助设备材料（水泵、冷却塔、阀门、仪表、温度调控装置和计量装置、绝热保温材料）、监测与控制设备以及风系统、水系统管路等关键部件应有质检合格证书和相应的检测报告，性能参数应符合设计和相关标准的要求。可再生能源建筑应用系统的外观应干净整洁，无明显污损、变形等现象。

　　太阳能热利用系统的系统类型、集热器类型、集热面积、储水箱容量、辅助热源类型、辅助热源容量、制冷机组制冷量、循环管路类型、控制系统、辅助材料（保温材料、阀门、仪器仪表）等内容应满足设计文件要求。太阳能光伏系统的太阳能电池组件类型、太阳能电池阵列面积、装机容量、蓄电方式、并网方式、主要部件的类型和技术参数、控制系统、辅助材料、负载类型等内容应满足设计文件要求。地源热泵系统的系统类型、供热量、供冷量、地源换热器形式、热泵机组等主要部件的类型和技术参数、控制系统、辅助材料、建筑物内系统（类型、大小、技术参数、数量）等内容应满足设计文件要求。

　　太阳能热利用系统的太阳能保证率和集热系统效率应满足设计要求，当设计无明确规定时应遵守我国现行规范的规定。太阳能热利用系统的测试项目包括集热系统的热量、系统总能耗、总太阳辐照量、制冷机组制冷量、制冷机组耗热量、储热水箱热损系数、供热水温度、室内温度。太阳辐照量指接收到太阳辐射能的面密度，在我国大部分地区阴雨天气的太阳辐照量 $J<8MJ/(m^2 \cdot d)$、阴间多云时的太阳辐照量 $8MJ/(m^2 \cdot d) \leq J<13MJ/(m^2 \cdot d)$、晴间多云时的太阳辐照量 $13MJ/(m^2 \cdot d) \leq J<18MJ/(m^2 \cdot d)$、天气特别晴朗时的太阳辐照量 $J \geq 18MJ/(m^2 \cdot d)$。总辐射表也称总日射表或天空辐射表，是测量平面接收器上半球向日射辐照度的辐射表。测量空气温度时应确保温度传感器置于遮阳而通风的环境中，高于地面约 1m，距离集热系统的距离在 1.5～10m 之间，环境温度传感器的附近不应有烟囱、冷却塔或热气排风扇等热源。测量水温时应保证所测水流完全包围温度传感器。流量是流体在单位时间内通过管道或设备某横截面处的数量（其数值用质量来表示，称为质量流量，单位为 kg/h；用体积表示，称为体积流量，单位为 L/h）。太阳能热利用系统中太阳集热器附近空气的流动速率对太阳能热利用系统的热性能有一定的影响。集热系统的热量是指由太阳能系统中太阳能集热器提供的有用能量，是太阳能热利用系统的关键性指标。系统总能耗是太阳能热利用系统的参数，是确定太阳能热利用系统保证率的重要参数。储热水箱热损系数应符合要求。

　　太阳能制冷性能系数指制冷机提供有效冷量与太阳能集热器上太阳能总辐照量的比值。常规的空调系统主要包括制冷机、空调箱（或风机盘管）、锅炉等几部分，而太阳能空调系统是在此基础上又增加太阳能集热器、储水箱等部分。太阳能制冷 COP 是衡量整个太阳能集热系统和制冷系统整体的工作性能。利用太阳能集热器为制冷机提供其发生器所需要的热媒水。热媒水的温度越高，则制冷机的性能系数（亦称机组 COP）越高，这样制冷系统的制冷效率也越高，但是同时太阳能集热器的集热系统效率就越低。因此，应存在着一个最佳的太阳能制冷 COP 值，此时空调系统制冷效率与太阳能集热系统效率为最佳匹配。

　　太阳能热利用系统的最大优势在于节约和替代常规能源，并带来较好的环境效益。从根本上来说，环境效益是经济效益和社会效益的基础，经济效益、社会效益则是环境效益的后果。在当前常规能源日益紧张的今天，发展可再生能源替是促使社会不断进步、经济持续发展、环境日益改善的具体措施。

（2）太阳能光伏系统。

太阳能光伏系统的光电转换效率 η_d 应满足设计要求。太阳能光伏系统的测试项目包括光电转换效率、电能质量。从目前太阳能光伏系统实测情况看，项目的费效比较高，这主要是光伏电池的成本太高，比常规火电、水电甚至风电的发电成本高出很多。

（3）地源热泵系统。

推广先进的供能技术，是提高能源效率、降低建筑能耗、改善工作和生活环境质量的有效途径。地源热泵技术就是一项值得大面积推广的建筑供能技术。地源热泵是一种利用浅层和深层的大地能量，包括土壤、地下水、地表水、海水等天然能源作为冬季热源和夏季冷源，然后再由热泵机组向建筑物供冷供热的系统，是一种利用可再生能源的既可供暖又可制冷的新型中央空调系统。抽取地下水的水源热泵虽可以回灌，但由于技术限制，全部回灌不易做到，监督实施也比较困难且容易造成地下水污染。国外目前大面积推广使用的是埋管式地源热泵技术，是充分利用浅层地热的最佳技术途径。它是一种可持续发展的建筑节能新技术。目前埋管式地源热泵在欧美国家已得到了普遍应用，使用效果令人满意，可以说，地源热泵在国外已被充分证明是成熟可行的技术。地源热泵的测试项目包括室内温湿度；热泵机组制热、制冷性能系数；系统能效比。目前，地源热泵行业发展比较活跃，行业内涌现了许多欧洲的生产商，龙头企业主要集中在瑞典、德国、瑞士和法国等市场。

（4）风电及其他能源。

风电行业在全球范围内迅速膨胀，目前，风电行业的龙头老大丹麦 Vestas 公司。中国著名的风机制造商是哈尔滨电机厂、东方蒸汽风机厂。太阳能光伏促进政策在美国如雨后春笋般相继出台，美国政府对光伏给予 30% 生产税减免。西班牙成为世上第一个将"所有新建建筑都要安装光伏系统"作为一项国策的国家，新建筑法要求某些新建和改造的建筑安装光伏系统（比如购物中心、办公大楼、仓库、宾馆以及超过一定规模的医院），西班牙还颁布有太阳能热水器政策，规定了新建及改造建筑安装太阳能热水器和太阳能光伏系统的最低标准。欧盟国家也已经颁布了生物燃料税收减免的政策，目前已在至少 8 个欧盟国家开始实施（包括法国、德国、希腊、爱尔兰、意大利、西班牙、瑞典、英国）。

10.4.3 建筑环境与能源应用工程科学的发展

目前建筑环境与能源应用工程科学的解决的主要问题是绿色建筑问题。建筑从最初的规划设计到随后的施工、运营、更新改造及最终拆除形成一个全寿命周期，绿色建筑设计应统筹考虑建筑全寿命周期内节能、节地、节水、节材、环保、功能间的辩证关系，将经济效益、社会效益和环境效益有机统一。关注建筑的全寿命周期意味着不仅要在规划设计阶段充分考虑并利用环境因素，而且应确保施工过程中对环境的影响最低，确保运营阶段能为人们提供健康、舒适、低耗、无害的活动空间，确保拆除后对环境危害最低。绿色建筑要求在建筑全寿命周期内最大限度地节能、节地、节水、节材与保护环境，同时还应满足建筑应有的功能，这些因素经常彼此矛盾（比如为片面追求小区景观而过多地用水，为达到节能单项指标而过多地消耗材料，这些都不符合绿色建筑理念。再比如降低建筑功能要求、降低适用性则资源消耗少，这样就违背了建筑的本意，因此也不为绿色建筑所提倡），节能、节地、节水、节材、保护环境及建筑功能间的矛盾必须放在建筑全寿命周期内统筹考虑、正确处理，应重视信息技术、智能技术以及绿色建筑新技术、新产品、新材料、新工艺的应用，绿色建筑最终应能体现经济效益、社会效益和环境效益的统一。绿色建筑还应考虑结构安全、防火安全等方面的要求。

（1）绿色建筑的特点。

绿色建筑是指在建筑全寿命周期内可最大限度地节约资源（节能、节地、节水、节材）、保护环境、减少污染并为人们提供健康、适用和高效使用空间且与自然和谐共生的建筑。绿色建筑增量成本是指与满足我国现行和地方标准的基准建筑相比因实施绿色建筑理念和策略而产生的投资成本变化（增量成本的数值既可以为正，也可以为负。"正"表示投资成本增加值；"负"表示投资成本减少）。环境承载力是指某一时空条件下区域生态系统所能承受的人类活动的阈值（包括土地资源、水资源、矿产资源、大气环境、水环境、土壤环境以及人口、交通、能源、经济等各个系统的生态阈值）。建筑全寿命周期是指从建筑物的选址、设计、建造、使用与维护到拆除建筑、处置废弃建筑材料的整个过程。

（2）绿色建筑的基本要求。

绿色建筑设计应综合考虑建筑全寿命周期的技术与经济特性，应采用有利于促进建筑与环境可持续发展的建筑场地、建筑形式、技术、设备和材料。绿色建筑是在全寿命周期内兼顾资源节约与环境保护的建筑，绿色建筑设计应追求在建筑全寿命周期内，技术经济的合理和效益的最大化。为此，需要从建筑全寿命周期的各个阶段综合评估建筑场地、建筑规模、建筑形式、建筑技术与投资之间的相互影响，综合考虑安全、耐久、经济、美观、健康等因素，比较、选择最适宜的建筑形式、技术、设备和材料。过度追求形式或奢华的配置都不是绿色理念。

绿色建筑设计应体现共享、平衡、集成的理念，因此，规划、建筑、结构、给水排水、暖通空调、电气与智能化、经济等各专业应紧密配合，应通过优化流程、增加内涵、创新方法实现集成设计，应全面审视、综合权衡设计中每个环节涉及的内容，应以集成工作模式为业主、工程师和项目其他关系人创造共享平台以使技术资源得到高效利用。绿色建筑的共享有两方面内容，即建筑设计的共享（建筑设计是共享参与权的过程，设计的全过程要体现权利和资源的共享，相关关系人应共同参与设计）和建筑本身的共享（建筑本身也是一个共享平台，设计的结果应使建筑本身能为人与人、人与自然、物质与精神、现在与未来的共享提供一个有效、经济的交流平台），实现共享的基本方法是平衡（没有平衡的共享有可能会造成混乱。平衡是绿色建筑设计的根本，是需求、资源、环境、经济等因素之间的综合选择）。建筑师进行建筑设计时应改变传统设计思想、全面引入绿色理念，应充分考虑建筑所在地的特定气候、环境、经济和社会等多方面因素并将其融合在设计方法中。集成包括集成的工作模式和技术体系，集成工作模式使业主、使用者和设计师有机衔接实现设计需求、设计手法和设计理念的共享，不同专业的设计师通过调研、讨论、交流的方式在设计全过程捕捉和理解业主和（或）使用者需求共同完成创作和设计并同时实现技术体系的优化和集成。绿色建筑设计强调全过程控制（各专业在项目的每个阶段都应参与讨论、设计与研究），绿色建筑设计强调以定量化分析与评估为前提（提倡在规划设计阶段进行诸如建筑场地自然生态系统、自然通风、日照与自然采光、围护结构节能、声环境优化等多种技术策略的定量化分析与评估），定量化分析需通过计算机模拟、现场检测或模型实验等手段完成，因此，对各类设计人员特别是建筑师提出了很高的专业要求，传统的专业分工设计模式已不能适应绿色建筑的设计要求，绿色建筑设计是对现有设计管理和运作模式的革命性变革，要求具备综合专业技能的人员、团队或专业咨询机构共同参与并充分展现信息技术的魅力。绿色建筑设计不忽视建筑学内涵，强调从方案设计入手将绿色设计策略与建筑表现力相结合，重视与周边建筑和景观环境的协调以及对环境的贡献，避免沉闷单调或忽视地域性和艺术性的设计。

绿色建筑设计应遵循因地制宜原则，应结合建筑所在地域的气候、资源、生态环境、经济、人文等特点进行。我国不同地区的气候、地理环境、自然资源、经济发展、社会习俗等差异很大，绿色建筑设计应注重地域性，应因地制宜、实事求是，应充分考虑建筑所在地域的气候、资源、自然环境、经济、文化等特点，应考虑各类技术的适用性（尤其是技术的本土适宜性），应务必注重研究地域、气候和经济等特点，应因地制宜、因势利导地控制各类不利因素，应有效利用对建筑和人有利的因素以实现极具地域特色的绿色建筑设计。

应重视方案设计阶段的绿色建筑设计策划工作。建筑设计是建筑全寿命周期中的最重要阶段之一，它主导了后续建筑活动对环境的影响以及资源的消耗，方案设计阶段又是设计的首要环节且对后续设计具有主导作用（若在设计后期才开始绿色建筑设计就会陷入简单的产品和技术堆砌且不得不以"高成本、低效益"为代价）。设计策划既是对建筑设计进行定义的阶段，也是发现并提出问题的阶段，建筑设计则是解决策划所提问题并确定设计方案的阶段，设计策划是研究建设项目的设计依据（策划的结论规定或论证了项目的设计规模、性质、内容和尺度。不同的策划结论会对同样项目带来不同的设计思想以及空间内容，甚至会在建成后引发人们在使用方式、价值观念、经济模式上的变更或导致新文化的创造），建筑设计前进行建筑策划非常必要。在设计前期进行绿色建筑策划可通过统筹考虑项目自身的特点和绿色建筑理念对各种技术方案进行技术经济性统筹对比和优化，从而达到合理控制成本、实现各项指标的目的。

方案和初步设计阶段的设计文件应有绿色建筑设计专篇，施工图设计文件中应注明对绿色建筑施工与建筑运营管理的技术要求。在方案和初步设计阶段的设计文件中通过绿色建筑设计专篇对采用的各项技术进行比较系统的分析与总结以及在施工图设计文件中注明对项目施工与运营管理的要求和注意事项会引导设计人员、施工人员以及使用者关注设计成果在项目施工、运营管理阶段的有效落实问题。绿色建筑设计专篇应包括工程的绿色目标与主要策略；绿色施工的工艺要求；确保运行达到设计绿色目标的建筑使用说明书。

绿色建筑设计应在设计理念、方法、技术应用等方面实现创新。建筑技术的不断发展使绿色建筑的实现手段多样化，层出不穷的新技术和适宜技术促进了绿色建筑综合效益的提高（包括经济效益、社会效益和环境效益），绿色建筑在提高建筑经济效益、社会效益和环境效益前提下应结合项目特征在设计方法、新技术利用与系统整合等方面进行创新设计（有条件时应优先采用被动式技术手段实现设计目标；各专业宜利用现代信息技术协同设计；应通过精细化设计提升常规技术与产品的功能；新技术的应用应进行适宜性分析；设计阶段宜定量分析并预测建筑建成后的运行状况且应设置监测系统。在设计创新的同时应保证建筑整体功能的合理落实，同时应确保结构、消防等基本安全要求）。

10.5　给排水科学与工程

给排水工程科学是与城市现代化进程、科技发展水平、人民生活水平相伴的、与时俱进的、不断更新的应用型工程科学。给排水科学与工程的理论基础是流体力学。给排水工程是城市基础设施的一个组成部分。城市的人均耗水量和排水处理比例是反映城市发展水平的重要指标。为保障人民生活和工业生产，城市必须具有完善的给水和排水系统。给水排水工程有 3 大类型，即城市公用事业和市政工程的给水排水工程、工业企业大中型生产的给水排水及水处理工程、建筑给水排水工程。各类给水排水工程在服务规模及设计、施工与维护等方面均有不同的特点和要求。建筑给水排水工程是直接服务于工业与民用建筑物内部及居住小区（含厂区、校区等）范围内生活设施和生产设备的给水排水工程，是建筑设备工程的重要内容之一。建筑给水排水通常由建筑内部给水（含热水供应）、建筑内部排水（含雨水）、建筑消防给水（含气体消防）、居住小区给水排水、建筑水处理以及特种用途给水排水等部分组成。建筑给水排水功能的实现主要依靠各种材料和规格的管道、卫生器具与各类设备和构筑物的合理选用、管道系统的合理布置设计、以及精心的施工和认真的维护管理等。

给水排水设施是保障居民生活和社会经济发展的生命线，是保障公众身体健康、水环境质量和水生态安全的重要基础设施。给水排水设施的基本功能和性能是保障生活饮用水的安全供给，保障水环境质量，维护水生态系统安全。城市给水主要包括取水、输水、净化和输配等相关设施；排水主要包括污水和雨水的收集、输送、处理、处置和污水再生利用等相关设施；建筑给水排水主要包括建筑给水、生活热水、直饮水、消防用水、建筑排水、建筑雨水和建筑中水等设施。广义上讲，供水和排水系统是一直延伸到建筑内的给水排水设施。给水排水设施的规划、建设、运行和维护管理应遵循"保障服务功能、节约资源、保护环境、推进水资源健康循环"的原则，所谓"保障服务功能"是指给水排水设施应保障其基本功能和性能并应提供高质量和高效率的服务；所谓"节约资源"是指节约水资源、能源、土地资源、人力资源和其他资源；所谓"保护环境"是指减少污染物排放并有效治理水污染、保障水环境质量；所谓"维护水资源健康循环"是指给水排水设施运转形成的水的社会循环应与其自然循环和谐发展、保障水生态系统的健康。给水排水相关技术活动应符合我国现行相关法律和法规的规定。给水排水设施的规划、建设、运营和维护管理应符合我国现行相关标准的规定。

10.5.1　城市给水工程的特点与基本要求

（1）城市给水系统的特点。

城市给水系统分类方式多种多样，根据水源性质的不同可分为地面水给水系统和地下水给水系统，根据给水方式的不同可分为重力给水系统和压力给水系统，根据服务对象的不同可分为城镇给水系统和工业给水系统。当水源位于高地且有足够的水压直接供应用户时可利用重力输水（以蓄水库为水源时常采用重力给水系统）。取用地面水时常因给水系统比较复杂而须建设取水构筑物（比如从江河取水时先由一级泵房将水送往净水厂进行处理，处理后的水由二级泵房将水加压通过管网输送到用户）。取用地下水的给水系统比较简单，通常就近取水且可不经净化而直接加氯消毒供应用户。

压力给水是目前最常见的供水系统，当然，还有一种混合给水系统（即整个系统部分靠重力给水，部分靠压力给水）。大城市中的工业生产用水在水质、水压与生活饮用水相近或相同时可直接由城镇管网供给，若要求不同则应对用水量大的工厂采取分质和分压给水（以节省城镇水厂的建造和运转管理费用）。小城镇中的生产用水通常在总水量中所占比重不大，故一般可只设一个给水系统。大多数情况下，城市内的工业用水可由城市水厂供给，但若工厂远离城市（或用量大但水质要求不高，或城市无法供水时）则工厂可以自建给水系统。一般工业用水中冷却水占极大比例，为保护水资源、节约电能通常要求将水重复利用，这样就出现了直流式、循环式和循序式等系统，这就是工业给水系统的特点。

（2）常见的城市给水系统。

一座城市的给水系统与城市的历史、现状和发展规划、其地形、水源状况和用水要求等因素密切相关，因此，不同城市的给水系统千差万别，可大致概括为 6 类，即统一给水系统、分质给水系统、分压给水系统、分区给水系统、循环和循序给水系统、区域给水系统等。

1）统一给水系统。城市给水系统水质均按生活用水标准统一供应各类建筑作生活、生产、消防用水时其给水系统为统一给水系统。这类给水系统适用于新建中、小城市、工业区或大型厂矿企业中用水户较集中、地形较平坦，且对水质、水压要求也比较接近的情况。

2）分质给水系统。当一座城市或大型厂矿企业的用水，因生产性质对水质要求不同（特别对用水大户，其对水质的要求低于生活用水标准）则适宜采用分质给水系统。分质给水系统既可由同一水源经过不同的处理而以不同的水质和压力供应工业和生活用水，也可由不同的水源（比如地面水经沉淀后供工业生产用水，地下水经加氯消毒供给生活用水等）实现。这种给水系统显然因分质供水而节省了净水运行费用，其缺点则是需设置两套净水设施和两套管网、管理工作复杂，选用这种给水系统应进行科学的技术、经济分析和比较。

3）分压给水系统。当城市或大型厂矿企业用水户要求水压差别很大时，若仍然按统一供水（压力没有差别）则势必会迫使高压用户因压力不足而增加局部增压设备，这种分散增压不但会增加管理工作量而且能耗也很大。此时采用分压给水系统是很合适的。分压给水可采用并联或串联方式，并联分压给水系统根据高、低压供水范围和压差值由泵站水泵组合完成，串联分压则仍多为低压区给水管网向高压区供水并加压到高区管网而形成分压串联。

4）分区给水系统。分区给水系统将整个系统分成几个区，各区间采取适当的方式联系，每区均有单独的泵站和管网。分区系统的作用是使管网水压不超过水管能承受的压力（因一次加压往往会使管网前端的压力过高，经过分区后各区水管承受的压力会下降并使漏水量减少）、降低供水能量费用。在给水区范围很大、地形高差显著或远距离输水时应考虑采用分区给水系统。

5）循环和循序给水系统。循环系统是指使用过的水经过处理后循环使用而只从水源取得少量循环时损耗的水的系统（应用较普遍）。循序系统是指水在车间之间或工厂之间依次循环的系统（即根据水质重复利用原理，水源水先在某车间或工厂使用，用过的水又到其他车间或工厂应用，或经冷却、沉淀等处理后再循序使用。这种系统不能普遍应用，原因是水质较难符合循序使用要求）。当城市工业区中某些生产企业生产过程所排放的废水水质尚好（适当净化还可循环使用，或循序供其他工厂生产使用）时采用循环和循序给水系统无疑是一种很好的节水给水系统。

6）区域给水系统。区域给水系统是一种统一从沿河城市的上游取水，经水质净化后用输、配管道送给沿该河诸多城市使用的一种供水系统（是一种区域性供水系统）。这种系统的水源可免受城市排水污染且水源水质稳定但建设运管投资大。

（3）城市给水系统的管网体系。

给水系统的管网大致可分两类，一类是输水管路，另一类是配水管网。输水管路的功能是把水源的水量输送到净水厂，当净水厂远离供水区时，从净水厂至配水管网间的干管也可作为输水管考虑。配水管网的作用是把经过净化的水量配送给各类建筑使用。配水管网有干管和支管之分，为确保供水可靠和调度灵活，大、中城市或大型厂矿企业配水干管通常均布置成环形（小城市也可布置成树枝状）。

10.5.2　建筑给水工程的特点与基本要求

建筑给水是为工业与民用建筑物内部和居住小区范围内生活设施和生产设备提供符合水质标准以及水量、水压和水温要求的生活、生产和消防用水的总称。建筑给水包括对它的输送、净化等给水设施。供给居住小区范围内建筑物内外部生活、生产、消防用水的给水系统包括建筑内部给水系统与居住小区给水系统两类。建筑给水的供水规模通常比市政给水系统小且大多数情况下无需设自备水源，故可直接由市政给水系统引水。建筑内部给水工程的作用是将城市给水管网或自备水源给水管网的水引入室内，再经配水管送至生活、生产和消防用水设备并满足各用水点对水量、水压和水质的要求。人们通常习惯将建筑给水系统分为生活给水系统、生产给水系统、消防给水系统等 3 类。生活用水是根据相关工艺要求提供所需的水质、水量和水压以供人们饮用、盥洗、洗涤、沐浴、烹饪等的用水（其水质必须符合国家规定的饮用水质标准），生产用水是供给生产设备冷却、原料和产品的洗涤以及各类产品制造过程中所需的用水，消防用水是供给各类消防设备灭火的用水（消防用水对水质要求不高但必须按建筑防火规范要求保证足够的水量和水压）。

一个完整的建筑给水系统通常由引水管、水表节点、给水管道、配水装置和用水设备、给水附件、增压和贮水设备等组成。自室外给水管将水引入室内的管段也称进户管。当室外给水管网水压、水量不能满足建筑用水要求（或要求供水压力稳定、确保供水安全可靠）时应根据需要在给水系统中设置水泵、气压给水设备和水池、水箱等增压、贮水设备。配水装置和用水设备是指各类卫生器具和用水设备的配水龙头和生产、消防等用水设备。给水管道包括干管、立管和支管。水表节点是安装在引入管上的水表及其前后设置的阀门和泄水装置的总称。给水附件是指管道系统中调节水量、水压或控制水流方向以及关断水流便利管道、仪表和设备检修的各类阀门。相关构造与部件见图 10-1～图 10-5。

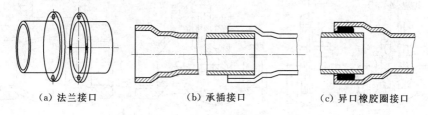

　　（a）法兰接口　　　　　　　（b）承插接口　　　　　　（c）异口橡胶圈接口

图 10-1　铸铁管的连接

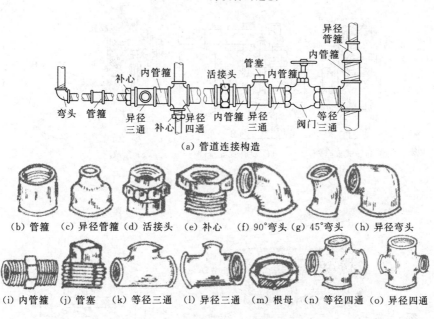

（a）管道连接构造

（b）管箍　（c）异径管箍　（d）活接头　（e）补心　（f）90°弯头　（g）45°弯头　（h）异径弯头

（i）内管箍　（j）管塞　（k）等径三通　（l）异径三通　（m）根母　（n）等径四通　（o）异径四通

图 10-2　金属管道螺纹连接配件及连接方法

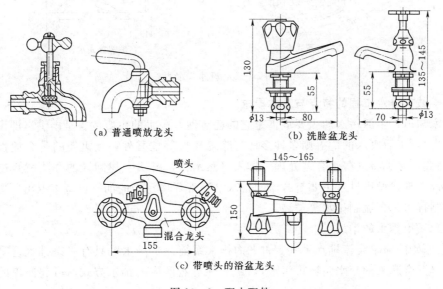

（a）普通喷放龙头　　　　　　　　（b）洗脸盆龙头

（c）带喷头的浴盆龙头

图 10-3　配水配件

327

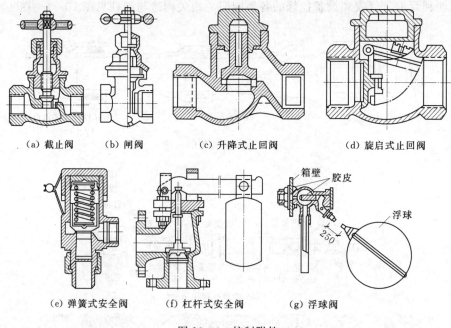

|（a）截止阀|（b）闸阀|（c）升降式止回阀|（d）旋启式止回阀|

（e）弹簧式安全阀　　　　（f）杠杆式安全阀　　　　（g）浮球阀

图 10-4　控制附件

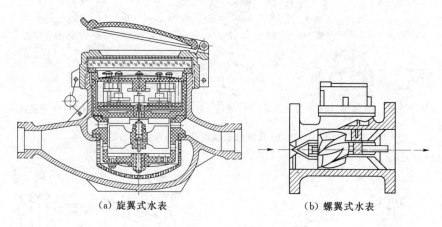

（a）旋翼式水表　　　　　　　　　　　（b）螺翼式水表

图 10-5　流速式水表

10.5.3　城市排水工程的特点与基本要求

大家知道，生活污水的主要危害是它的耗氧性，雨水的主要危害是雨洪（即市区积水造成损失），工业废水的危害则多种多样（除耗氧性等危害外，更重要的是会危害人体健康）。因此，必须将这些水合理处理后排入自然水体，解决上述问题的办法就是建立城市排水系统。现代城市排水主要有合流制排水（随着环境污染的加剧已基本退出历史舞台）、半分流制排水、分流制排水等类型。

（1）城市排水的类型。

1）原始的简单合流排水系统。古老的排水系统一个排水区只有一组排水管渠接纳各种废水（混合起来的废水叫城市污水），是一种自然形成的排水方式，可起简单的排水作用（目的是避免积水为害。实际上这是地面废水排除系统，其主要为雨水而设，顺便排除水量很少的生活污水和工业废水），由于其就近排放水体、系统出口甚多，故实际上其是若干先后建造的各自独立的小系统的简单组合。

2）截流式合流系统。原始的简单合流系统常使水体受到严重污染，因而需要设置截流管渠把各小系统排放口处的污水汇集到污水厂进行处理，因而就形成了截流式合流系统。在区干管与截流管渠相交处的窨井称溢流井，上游来水量大于截流管的排水量时在井中溢入排放管、流向水体，故晴天时的污水（常称旱流污水）可全部得到处理。截流管的排水量大于旱流污水量时，其差额与旱流污水量之比称截留倍数（或截流倍数），其值将影响水体的污染程度，其设计采用值理论上决定于水体的自净能力（实践则常制约于经济条件）。

3）分流制排水系统。设置两个（在工厂中可以多于两个）各自独立的管渠系统分别收集需要处理的污水和雨水（雨水可不予处理、直接排放到水体）就形成了分流制系统，从而可进一步减轻水体污染。某些工厂和仓库的场地难于避免污染时其雨水径流和地面冲洗废水不应排入雨水管渠而应排入污水管渠。通常分流管渠系统的造价高于合流管渠系统（后者约为前者的 60%～80%），分流管渠系统的施工也比合流系统复杂。

4）半分流制排水系统。将分流系统的雨水系统仿照截流式合流系统把它的小流量截流到污水系统则城市废水对水体的污染将降到最低程度，这就是半分流制系统（即一种特殊的分流系统——不完全分流系统）。将雨水系统的水截流到污水系统时可在雨水系统排放口前设跳越井，当雨水干管中流量小时水流将落入跳越井井底的截流槽流向污水系统，流量超过设计量时水流将跳过截流槽直接流向水体。

（2）排水体制的选择。

排水体制是排水系统规划设计的关键，也影响着环境保护、投资、维护管理等方面。其在建筑内外的分类并无绝对相应的关系（应视具体技术经济情况确定。比如建筑内部的分流生活污水系统可直接与市政分流的污水排水系统相连或经由局部处理设备后与市政合流制排水系统相连）。在选择排水体制时应注意以下 4 方面问题，即除特殊情况外新建工程宜采用分流制（雨水管渠系统的设计应科学合理以降低造价，这样就可使分流制系统的造价能与合流系统竞争）；半分流制系统应在建成的分流系统上合理改建；原有合流系统扩建时应在尽可能利用已有设施的前提下将原设施改建为分流系统；在选定体系前应深入调查原有排水设施的情况、摸清存在的问题。

10.5.4 建筑排水工程的特点与基本要求

建筑排水是工业与民用建筑物内部和居住小区范围内生活设施和生产设备排出的生活废水、工业废水以及雨水的总称（包括对它的收集输送、处理与回用以及排放等排水设施）。建筑排水系统是接纳输送居住小区范围内建筑物内外部排除的污废水及屋面、地面雨雪水的排水系统。建筑排水系统包括建筑内部排水系统与居住小区排水系统两类。建筑排水系统与市政排水系统比规模较小且大多数情况下无污水处理设施而直接接入市政排水系统。人们习惯将建筑排水系统分为生活污水排水系统、工业废水排水系统和雨水径流排水系统 3 类。

（1）建筑排水系统的类型。

1）生活污水排水系统。生活污水排水系统的作用是排除居住建筑、公共建筑及工厂生活间的污废水。有时因污废水处理、卫生条件或杂用水水源需要，人们又把生活排水系统进一步分为排除冲洗便器的生活污水排水系统和排除盥洗、洗涤废水的生活废水排水系统。生活废水经过处理后可作为杂用水（即中水）用来冲洗厕所、浇洒绿地和道路、冲洗汽车等。

2）工业废水排水系统。工业废水排水系统的作用是排除工艺生产过程中产生的污废水。为便于污废水处理和综合利用，人们按污染程度将其进一步分为生产污水排水系统和生产废水排水系统。生产污水污染较重必须经过处理达到排放标准后排放。生产废水污染较轻（比如机械设备冷却水）可作为杂用水水源，也可经过简单处理后（比如降温）回用或排入水体。

3）雨水径流排水系统。屋面雨水排除系统的作用是收集排除降落到多跨工业厂房、大屋面建筑和高层建筑屋面上的雨雪水。在干旱、半干旱以及有效水资源不够丰富的地区应重视雨水利用工作。

（2）建筑排水系统的组成。

卫生器具或生产设备的受水器是室内排水系统的起点，污、废水从器具排水栓经器具内的水封装置（或与器具排水管连接的存水弯）流入横支管。建筑排水系统的管道系统由横支管、立管、横干管和自横干管与末端立管的连接点至室外检查井之间的排出管组成，清通设备主要有检查口、清扫口和检查井（作用是供清通工具疏通管道用），通气管系统可使室内外排水管道与大气相通（其作用是将排水管道中散发的有害气体排到大气中去，使管道内常有新鲜空气流通以减轻管内废气对管壁的腐蚀，同时使管道内的压力与大气取得平衡以防止水封破坏）。

（3）绿色建筑的给水排水要求。

在方案设计阶段应制定水系统规划方案以统筹和综合利用各种水资源，水系统规划方案应包括中水、雨水等非传统水源综合利用的内容。进行绿色建筑设计前应充分了解项目所在区域的市政给排水条件、水资源状况、气候特点等客观情况，综合分析研究各种水资源利用的可能性和潜力，制定水系统规划方案，提高水资源循环利用率，减少市政供水量和污水排放量。水系统规划方案应包括以下 6 方面内容，即当地政府规定的节水要求、地区水资源状况、气象资料、地质条件及市政设施情况等的说明；用水定额的确定、用水量估算（含用水量计算表）及水量平衡表的编制；给排水系统设计说明；采用节水器具、设备和系统的方案；污水处理设计说明；雨水及再生水等非传统水源利用方案的论证、确定以及设计计算与说明。制定水系统规划方案是绿色建筑给排水设计的必要环节，是设计者确定设计思路和设计方案可行性的论证过程。设有生活热水的建筑应优先采用太阳能、废热等作为热源，绿色建筑设计中应优先采用清洁能源及废热回收作为热源以达到节能减排目的［采用太阳能热水系统时应综合考虑建筑场地环境、用水量及水电配备条件等情况，应根据建筑物的使用需求及集热器与储水箱的相对安装位置等因素确定太阳能热水系统的运行方式，应符合《太阳热水系统设计安装及工程验收技术规范》（GB/T 18713—2002）和《民用建筑太阳能热水系统应用技术规范》（GB 50364—2005）中有关系统设计的规定。除太阳能资源贫乏区（Ⅳ类区）外均可采用太阳能热水系统］。设置分质供水系统是建筑节水的重要措施之一，应充分利用非传统水源，冲厕用水、景观用水、绿化用水、车辆冲洗用水、道路浇洒用水等不与人体接触的生活用水应优先采用雨水、建筑中水、市政再生水等非传统水源且有条件时应优先使用市政再生水。

10.6 建筑电气与智能化

建筑电气与智能化科学的任务是构建智能建筑、智慧建筑，其核心技术是电力技术、电工电子技术、信息技术、通信技术、互联网技术、物联网技术、传感器技术，其载体是工程结构物（比如工业建筑、民用建筑、公共建筑、地下建筑、工程构筑物等），其目的是实现人类生活的智能化。

10.6.1 建筑电气设计施工的基本特点与要求

建筑电气设计应贯彻执行国家的技术经济政策，做到安全可靠、经济合理、技术先进、整体美观、维护管理方便。民用建筑电气设计应体现以人为本宗旨，应对电磁污染、声污染及光污染采取综合治理（使其达到环境保护相关标准的要求以确保人居环境安全）。建筑电气设计应采用成熟、有效的节能措施以降低电能消耗。建筑电气设备应选择具有国家授权机构认证的和符合国家技术标准的产品（严禁使用已被国家淘汰的产品）。建筑电气设计应符合我国现行有关标准的规定。

建筑电气设计中的剩余电流是指同一时刻在电气装置中的电气回路给定点处的所有带电体电流值的代数和。特低电压 ELV 是指不超过 GB/T 18379/IEC60449 规定的有关 I 类电压限值的电压，额定电压不超过交流 50V。等电位联结是指为达到等电位，多个可导电部分间的电连接。分户配线箱是指完成各分户单位内数据、语音、图像等有线信息缆线的接入及匹配的设备箱。分户控制器是指完成各分户单位内各种数据采集、控制、管理及通信的控制器，一般应具备家庭安全防范、家庭消防、家用电器监控及信息服务等功能。分户系统 HMS 是指通过分户布线、小区布线对各类信息进行汇总、处理，并保存于小区管理中心单元数据库或家庭数据库，实现信息共享。为住宅者提供安全、舒适、高效、环保的生活环境。常用电气及代号有 ATSE（自动转换开关电器）、SAS（安全防范系统）、FAS（火灾自动报警系统）、BAS（建筑设备监控系统）、BMS（建筑设备管理系统）、TCP/IP（传输控制协议/网际协议）、ISDN（综合业务数字网）、PSTN（公用电话网）、DDN（数字数据网）、CD（建筑群配线设备）、BD（建筑物配线设备）、FD（楼层配线设备）、TO（信息插座）、TE（终端设备）、SW（交换机）。

（1）供配电系统的基本要求。

供配电系统的设计应按负荷性质、用电容量和发展规划以及当地供电条件，合理确定设计方案。供配电系统设计应符合我国现行《供配电系统设计规范》（GB 50052—2009）和《民用建筑电气设计规范》（JGJ 16—2008）的有关规定。应按规定进行负荷分级（包括主要用电负荷和消防用电负荷）。供配电系统应合理，10（6）kV 供电系统宜采用环网方式。电压选择和电能质量应符合要求。应合理进行负荷计算，应合理解决无功补偿问题。

（2）供配电系统的基本要求。

建筑（小区）的 10（6）kV 供电系统宜采用环网方式。建筑用电指标和电能表的选择应符合规定。除特殊情况外，每套住宅应配置一块电能表、一个配电箱。电能表安装位置除应符合规定还应满足当地供电部门要求。

（3）配变电所。

建筑（小区）配变电所设计应根据住宅群特点、用电容量、所址环境、供电条件和节约电能等因素，合理确定设计方案，并适当考虑发展的可能性。建筑（小区）配变电所设计应符合我国现行《20kV 及以下变电所设计规范》（GB 50053—2013）、《民用建筑电气设计规范》（JGJ 16—2008）的规定。所址选择应合理，配电变压器应合理选择。

（4）自备应急电源。

应按规定自备应急柴油发电机组，采用不间断电源装置（UPS）时应遵守相关规定。

（5）低压配电。

建筑低压配电系统的设计应根据建筑的类别、规模、容量及可能的发展等因素综合确定。建筑低压配电设计应符合我国现行《低压配电设计规范》（GB 50054—2011）、《民用建筑电气设计规范》（JGJ 16—2008）的规定。低压配电系统应按规定设置，建筑小区喷水池等潮湿场所内的照明及水泵等设备应选用特低电压 ELV 供电。应合理选择导体，中性导体和保护导体截面的选择应符合规定。低压电器的选择应符合规定并应做好低压配电线路的保护工作。

（6）电源布线系统。

建筑（小区）电源布线系统的设计应符合我国现行《电力工程电缆设计规范》（GB 50217—2007）和《民用建筑电气设计规范》（JGJ 16—2008）的有关规定。建筑（小区）的直敷布线、矿物绝缘电缆布线、电缆桥架布线、封闭式母线布线、线槽布线设计参照《民用建筑电气设计规范》（JGJ 16—2008）。导管布线、电缆布线、电气竖井布线、封闭母线布线、室外布线等均应按规定进行。各类管线相互间水平和竖向净距应符合规定，各类管线与建（构）筑物间最小水平间距应符合规定。

（7）电气设备。

建筑电气设备应采用效率高、能耗低、性能先进、耐用可靠的元器件。应考虑选择绿色环保材料生产制造的元器件。建筑电气设备设计应符合我国现行《民用建筑电气设计规范》（JGJ 16—2008）的有关规定。电梯、电动门的电气设备配置应遵守相关规定。住宅套内电气设备配置应合理，别墅住户配电箱应根据建筑面积及使用要求自行确定但标准不应低于相关规范要求。建筑户内设置的电源插座的基本配置数量应符合规定。除专门要求外住户内插座应暗装，住户内所有电源插座底边距地低于 1.8m 应选用带安全门的产品。

（8）电气照明。

建筑电气照明的设计应符合我国现行《建筑照明设计标准》（GB 50034—2013）、《民用建筑电气设计规范》（JGJ 16—2008）的有关规定。公共照明、住户照明均应按规定设置，应重视照明节能问题。

（9）防雷与接地。

建筑防雷与接地的设计应符合我国现行《建筑物防雷设计规范》（GB 50057—2010）、《民用建筑电气设计规范》（JGJ 16—2008）的有关规定。等电位联结应按规定执行，等电位连接线的截面应符合要求。应按规定设置接地系统。

（10）智能化集成系统。

智能化的建筑（小区）宜设置智能化集成系统。建筑智能化集成系统应根据使用者实际投资状况、管理需求和建筑的规模，对智能化系统进行不同程度的集成。管理系统应包括信息设施系统、信息化应用系统、建筑设备管理系统、公共安全系统和家居智能化。

（11）信息设施系统。

建筑综合布线系统设计应符合我国现行《综合布线系统工程设计规范》（GB 50311—2007）、《民用建筑电气设计规范》（JGJ 16—2008）的规定。建筑有线电视系统和公共广播系统的设计应符合我国现行《有线电视系统工程技术规范》（GB 50200—1994）、《民用建筑电气设计规范》（JGJ 16—2008）的规定。应按规定设置通信接入系统。电话交换系统设置应合理，电话插座的设置数量应有一定的超前性。信息网络系统应按规定设置，综合布线系统应符合要求。有线电视系统应按规定设置。

（12）信息化应用系统。

建筑信息化应用系统宜满足《智能建筑设计标准》（GB 50314—2012）的相关规定，涉及物业运营管理系统、信息服务系统、智能卡应用系统、信息网络安全管理系统等若干方面。

（13）建筑设备管理系统。

建筑设备管理系统宜包括建筑设备监控系统、表具数据自动抄收及远传系统、物业运营管理系统等。建筑建筑设备管理系统的设计符合我国现行《民用建筑电气设计规范》（JGJ 16—2008）的有关规定。建筑设备监控系统应对智能化建筑（小区）中的相关内容进行监测与控制。表具数据自动抄收及远传系统宜由表具、采集模块/采集终端、传输设备、集中器、管理终端、备用电源组成。表具数据自动抄收及远传系统传输方式宜采用有线控制网络、电力线载波、无线控制网络。

（14）公共安全系统。

建筑火灾自动报警系统的设计应符合我国现行《火灾自动报警系统设计规范》（GB 50116—2013）、《高层民用建筑设计防火规范》（GB 50045—95）、《建筑设计防火规范》（GB 50016—2014）、《民用建筑电气设计规范》（JGJ 16—2008）的有关规定。建筑安全技术防范系统的设计应符合我国现行《安全防范工程技术规范》（GB 50348—2004）、《入侵报警系统工程设计规范》（GB 50394—2007）、《视频安防监控系统工程设计规范》（GB 50395—2007）、《出入口控制系统工程设计规范》（GB 50396—2007）、《民用建筑电气设计规范》（JGJ 16—2008）的有关规定。公共安全系统通常应包括火灾自动报警系统、安全技术防范系统。

（15）机房工程。

建筑（小区）电子信息系统机房的设计应符合我国现行《电子信息系统机房设计规范》（GB 50174—2008）、《民用建筑电气设计规范》（JGJ 16—2008）的有关规定。机房分级标准、性能要求和系统配置应符合要求。建筑（小区）的机房工程除有特殊要求外，宜按 C 级设计。控制室、弱电间（弱电竖井）、电信间的设置均应遵守相关规定。

10.6.2 智能建筑设计与施工的基本要求

智能建筑是指以建筑物为平台，基于信息设施和对建筑物内外各类信息的综合应用，具有感知、推理、判断和决策的综合智慧能力及形成以人、建筑、环境互为协调的整合体，他以符合人类社会可持续发展的良好生态及节约资源行为，为人们提供高效、安全、便利及延续现代功能的环境。智能化系统工程整体构架规划是指以建筑智能化系统的业务应用需求为基础，以建筑智能信息流为主线，对智能化系统的基础设施条件和业务应用功能作层次化和结构化的逻辑设计，形成由若干智能化系统（智能化基础系统和智能化专项功能系统）优化组合的智能化系统工程整体构架。智能化集成系统是指为实现对建筑物的综合管理和控制目标，基于统一的信息集成平台，具有信息汇聚、资源共享及协同管理的综合应用功能系统。信息设施系统是指适应信息通信科技发展，对建筑物内各类具有接收、交换、传输、存储和显示等功能的信息系统予以整合，形成实现建筑的业务及管理等综合应用功能之统一、融合的信息设施基础条件。信息化应用系统是指为满足建筑物使用需要，以信息设施系统为基础，具有各类专业化业务门类和规范化运营管理模式的多种类信息设备装置及应用操作程序组合的应用系统。建筑设备管理系统是指为实现绿色建筑的建设目标，具有对各类建筑机电设施实施优化功效和综合管理的系统。公共安全系统是指综合运用现代科学技术，以维护公共安全，应对危害社会安全的各类事件而构建的技术防范系统或安全保障体系。机房工程是指提供各智能化系统设备装置等安装条件并建立确保各智能化系统安全、可靠和高效地运行与维护的环境而实施的综合工程。运营管理模式是指为使建筑物各种业务顺利地实现经营目标，所采用的系列科学化运营和专业化管理方式。

智能建筑建设应贯彻国家关于节约资源、保护环境等绿色建筑系列方针政策，应做到功能实用、技术适时、安全高效、运营规范和投资合理。智能建筑的智能化系统工程设计应以建筑类别、功能属性、建设目标为依据确立智能建筑相应的设计标准且各等级均应具有可扩展性、开放性、可靠性和灵活性。智能建筑工程设计应符合我国现行有关标准、规范规定。

（1）智能建筑的智能化系统工程设计的基本要求。

智能建筑的智能化系统工程设计要素应包括智能建筑设计标准确立、智能化系统工程整体构架规划和智能化系统配置构建等。智能建筑的设计标准应根据建筑类别、功能需求、运营管理及工程投资等区分为甲、乙、丙三级，并按所确立的设计等级配置具有实现相应智能化综合技术功效的智能化系统。智能化系统工程整体构架规划应以建筑智能化系统的应用需求为基础，系统整体构架应由信息基础设施层、信息集成层、业务应用层和运营管理模式组成。智能化系统工程构建配置应由智能化集成系统、信息设施系统、信息化应用系统、建筑设备管理系统、公共安全系统、机房工程和建筑环境等构建智能建筑的主体设计要素及其各相应辅助系统组合构成。建筑智能化系统工程设计应在建筑智能化系统工程整体构架规划的基础上配置符合相应设计等级要求的智能化系统。智能建筑设计标准的等级区分应符合要求，智能建筑设计标准等级的界定应符合规定，智能建筑设计标准确立应符合要求。

（2）智能化系统工程整体构架规划。

智能化系统工程整体构架规划应遵循相应的基本原则。智能化系统工程整体构架和构建配置模式应符合要求。

（3）智能化集成系统。

智能化集成系统功能应符合相关要求且应以绿色建筑为目标实现对智能化各系统监控信息资源共享和集约化协同管理。智能化集成系统构建应符合相关要求且宜包括智能化系统信息共享平台建设和信息化应用功能实施。智能化集成系统配置应符合相关要求且应具有对各智能化系统关联信息采集、数据通信和综合处理等能力，系统应具有安全性、可靠性、可容错性、易维护性和可扩展性。

（4）信息设施系统。

信息设施系统功能应符合相关要求且应具有对建筑物内外相关的各类信息，予以接收、交换、传输、存储、检索和显示等综合处理功能。信息接入系统应符合相关要求其应满足用户信息通信需求。信息网络系统应符合相关要求。移动通信室内信号覆盖系统应符合规定。用户电话交换系统应符合相关要求，系统作为 IP 用户交换机时可接入公用数据网。卫星通信系统应符合相关要求。有线电视及卫星电视接收系统应符合相关规定。公共广播系统应符合相关要求。会议系统应符合相关要求且其系统功能宜包括高清晰视频显示（含高清晰液晶电子白板显示屏）、高清晰数字信号处理、数字音频扩声、会议讨论、会议录放、集中控制、入口会议信息显示等，系统宜采用数字化系统技术和设备。信息导引（标识）及发布系统应符合相关要求，系统应具有在建筑物公共区域向公众提供信息告示、标识导引及信息查询等多媒体发布功能，系统宜由信息播控中心、传输网络、信息显示屏（信息标识牌）和信息导引设施或查询终端等组成。系统设计应符合现行国家规范《视频显示系统工程技术规范》（GB 50464—2008）等。系统应按建筑物或建筑群内使用功能需求配置时钟系统设备并宜采用母钟、子钟组网方式，系统应具有高精度标准校时功能。

（5）信息化应用系统。

系统应具有对建筑主体业务提供高效信息化运行服务及完善支持的辅助功能。系统宜包括专业化工作业务系统、信息设施运行管理系统、物业管理系统、公共服务系统、公众信息系统、智能卡应用系统和信息网络安全管理系统等建筑物其他业务功能所需要的专业技术门类化应用系统。工作业务应用系统应具有该建筑物主体业务良好运行的基本功能。信息设施运行管理系统应具有对建筑内各类信息设施的资源配置、技术性能、运行状态等相关信息进行监测、分析、处理和维护等管理功能。系统应是支撑各类信息化系统应用的基础保障。物业管理系统应对建筑各类设施运行、维护等建筑物相关运营活动实施规范化管理。公共服务系统应具有对建筑物各类服务事务进行周全的信息化管理功能。公众信息系统应具有整合各类公共业务信息的接入、采集、分类和汇总形成数据资源库以便向建筑物内的公众提供信息检索、查询、发布和标识、导引等管服务。智能卡应用系统宜具有作为识别身份、门钥、重要信息系统密钥，并宜具有各类其他服务、消费等计费和票务管理、资料借阅、物品寄存、会议签到和访客管理等管理功能。信息安全管理系统应确保信息网络正常运行和信息安全。信息化应用系统还应包括符合建筑相关主体业务和配套管理及服务的其他信息化应用系统。

（6）建筑设备管理系统。

建筑设备管理系统功能应符合相关要求。建筑设备综合管理系统管理范围及功能配置应符合相关要求，系统纳入综合管理范围应包括建筑机电设备监控系统、建筑机电设施耗能采集及能效监管系统、绿色建筑可再生能源监管系统等。建筑机电设备监控系统应符合相关要求，系统纳入监控范围应包括冷热源、采暖通风和空气调节、给排水、供配电、照明和电梯等建筑物基本设备系统，系统对建筑基本设备系统采集的监测信息宜包括温度、湿度、流量、压力、压差、液位、照度、气体浓度、电量、冷热量等其他多种类建筑设备运行状况中的基础物理量。系统对建筑机电设施耗能采集及能效监管系统应符合相关要求。系统提升建筑绿色环境的综合功效应符合相关要求。建筑内的热力系统、制冷系统、空调系统、给排水系统、供配电系统、照明控制系统、电梯运行管理系统、可再生能源系统等部分建筑机电设施采用自成独立体系的专业化监控系统时其系统应以标准化通信接口方式进行信息关联。系统与相关设施系统集成应满足建筑物业管理需求并应实现建筑设备管理系统信息共享。系统应对相关的公共安全系统进行监视及联动控制。系统控制架构应采用以集中管理分散控制的分布式控制系统形式并宜采用标准化通信协议。系统应具有友好的可视化人机交互界面。系统应共享建筑物其他相关智能化设施系统的数据信息资源。系统应适应设备监控数字技术的发展和融入网络化传输的趋向并纳入建筑物信息通信网络系统的统一规划。系统宜纳入智能化集成系统。

（7）公共安全系统。

公共安全系统功能应符合相关要求，公共安全系统宜包括火灾自动报警系统、安全技术防范系统和应急响应（指挥）系统等。火灾自动报警系统应符合相关要求并应安全适用、运行可靠、维护便利和经济合理。安全技术防范系统应符合相关要求且宜包括安全防范综合管理系统、入侵报警系统、视频安防监控系统、出入口控制系统、电子巡查管理系统、访客对讲系统、停车库（场）管理系统及各类建筑的业务功能所需其他相关安全技防设施系统。应急响应（指挥）系统应符合相关要求，系统应配置多媒体信息显示系统、基于地理信息系统的分析决策支持系统、有线/无线通信、指挥、调度系统、多路报警系统（110、119、122、120、水、电等城市基础设施抢险部门等）、消防-建筑设备联动系统、消防-安防联动系统、应急广播—信息发布—疏散导引联动系统、视频会议系统、信息发布系统等。

（8）机房工程。

建筑智能化系统机房范围宜包括信息接入系统机房、有线电视前端机房、智能化系统总控室、信息系统中心机房（或数据中心设施机房）、用户电话交换系统机房、通信系统总配线机房、消防控制室（火灾自动报警及消防联动控制系统）、安防监控中心、有线电视前端机房、智能化系统设备间（电信间）和应急响应（指挥）中心等其他智能化系统设备机房。机房工程宜包括建筑、结构和机房空调、电源、照明、接地、防静电、安全、机房环境综合监控等机房环境支撑辅助设施系统。机房工程建筑设计应符合相关要求，机房工程结构设计应符合相关要求。机房工程空调设计应符合相关要求且其环境温、湿度应满足所配置设备规定的使用环境条件要求。机房工程电源设计应符合相关要求。机房工程照明设计、接地设计及防静电设计均应符合要求，电子信息系统机房内所有设备的金属外壳、各类金属管道、金属线槽、建筑物金属结构等必须进行等电位联结并接地。机房工程安全设计应符合相关要求（包括火灾自动报警、安全技术防范设施）。信息系统中心机房（或数据中心设施机房）应采用高能效的技术方式，机房的电能利用效率应符合相关的规定值。信息系统中心机房（或数据中心设施机房）、应急指挥中心机房等重要智能化系统综合机房宜根据机房规模、系统配置、设备运行管理及符合绿色建筑目标要求等配置机房环境综合监控系统，其系统包括机房环境质量综合监控系统、设备运行监控系统、安全技防设施综合管理等其他系统。

（9）建筑环境。

建筑智能化整体环境应符合相关要求并应形成高效、健康的工作和生活环境。建筑物的物理环境应符合相关要求，室内空调应符合环境舒适性要求并应采取自动调节和控制方式。建筑物照明应充分利用自然光源并宜对建筑遮阳进行控制，宜采用智能监控系统以提高建筑物内光环境整体效果。应采取必要措施确保建筑物的电磁环境符合我国现行相关的规定。建筑物内空气质量主要参数要求为 CO 含量率小于 $1/(10 \times 10^{-6})$、CO_2 含量率小于 $1/(1000 \times 10^{-6})$、冬天温度 $18 \sim 24 ℃$、夏天温度 $22 \sim 26 ℃$、冬天湿度 $30\% \sim 60\%$、夏天湿度 $40\% \sim 65\%$。

思 考 题

1. 谈谈供热工程的特点及其实现途径和基本要求。
2. 谈谈供燃气工程的特点及其实现途径和基本要求。
3. 谈谈通风工程的特点及其实现途径和基本要求。
4. 谈谈空调工程的特点及其实现途径和基本要求。
5. 谈谈建筑环境与能源应用工程的作用。
6. 谈谈给排水科学与工程的作用及其实现途径和基本要求。
7. 谈谈建筑电气与智能化工程的作用。
8. 你对建筑环境与能源应用工程的发展有何想法与建议？
9. 你对给排水科学与工程的发展有何想法与建议？
10. 你对建筑电气与智能化工程的发展有何想法与建议？
11. 你对建筑设备工程的发展有何想法与建议？

第11章 市政工程的学科体系

11.1 市政工程的特点

市政工程是城市的生命线工程，具体一点讲，市政工程是指在城市区、镇（乡）规划建设范围内设置的各种公共交通设施、给水、排水、燃气、环境卫生及照明等市政基础设施建设工程的统称，也特指城市范围内的道路、桥涵、广场、隧道、地下通道、轨道交通、园林、防洪（堤岸）、排水、供水、供气、供热、综合管廊、污水处理、垃圾处理处置等工程及附属设施。市政附属建筑是指与市政相关的各类建（构）筑物，这些建（构）筑物及其附属设施和与其配套的线路、管道、设备安装工程及室内外装修工程构成了市政附属建筑工程体系。市政基础设施工程则是指城市道路、公共交通、城市水务（供水、排水、防洪）、燃气、热力、园林、环卫、污水处理、垃圾处理、地下公共设施及附属设施的土建、管道、设备安装工程。城市道路是指通达城市内的各个地区供城市内交通运输及行人使用，主要用于居民生活、工作及文化娱乐活动并与市外道路连接具有对外交通功能的道路。市政桥涵是城市桥梁和涵洞的统称，桥梁为公路、铁路、城市道路、管线、行人等跨越河流、山谷、道路等天然或人工障碍而建造的架空建筑物，涵洞则是指横贯并埋设在路基或河堤中用以输水、排水或作为通道的构筑物。市政隧道是指城市中为提供行人、自行车、一般道路交通、机动车、铁路交通或运河使用的两端有地面出入口的通道。室外管道是指用于室外给水、排水、供热、供煤气、长距离输送石油和天然气、农业灌溉、水力工程和各种工业装置的地下通道。给排水厂站是指给水和排水系统工程中的附属建（构）筑物。堤岸是指其自身稳定性对堤防有直接影响的岸坡。市政工程周边环境是指影响市政工程设计、施工及运营的周边建（构）筑物、既有市政工程、地表水体等环境对象的统称。市政工程岩土条件是指对市政工程设计、施工具有影响的岩土体的工程特性，包括岩土种类及其均匀性、围岩或地基和边坡的工程性质、特殊性岩土等。

市政工程项目通常分段建设，项目施工中的承包范围应包括工程的起止桩号、红线宽度等；道路、桥梁、广场、隧道、公共交通、排水、供水、供气、供热、污水处理、垃圾处理处置等各专业工程结构形式应分别简述；主要工程量宜采用表格形式进行辅助说明。市政工程现场施工条件包括气象、工程地质和水文地质状况；施工界域内影响施工的构（建）筑物情况；周边主要单位（居民区）、交通道路及交通流量；可利用的资源分布情况（项目施工建设地点周边可利用的材料、供电、供水等资源的分布情况）等其他应说明的情况。

市政工程的主要理论依托是工程流体力学、给排水工程、城市垃圾处理理论与技术、污泥资源化利用技术、清洁生产、城市道路设计、桥涵施工技术等。

11.2 市政工程的技术体系

市政工程涵盖的工程领域非常广泛，就目前而言，城市水务、燃气、环卫、热力、市政道路、桥梁、地铁等是它的基本业务板块。

11.2.1 城市道路工程

城市道路路线设计应以城市总体规划、城市综合交通规划、专项规划为依据，应符合规划确定的道路类型、道路等级、红线宽度、横断面布置、控制高程、地上杆线与地下管线布置，应考虑防洪、环境保护、城市轨道交通、铁路、水路、航空及无障碍设施等技术要求。城市道路路线设计应符合国家现行有关标准的规定。所谓"城市道路"是指在城市范围内供各种车辆及行人通行的具备一定技术条件和设施的道路。快速路是指在城市内修建的，中央分隔、全部控制出入、控制出入口间距及形式，具有单向双车道或以上的多车道，并设有配套的交通安全与管理设施的城市道路。主干路是指在城市道路网中起骨架作用的道路（是连接城市各主要部分的交通通道）。次干路是指城市道路网中的区域性干路，其与主干路相连接构成完整的城市干路系统。支路是指城市道路网中干路以外联系次干路与街坊路，是解决局部地区交通以服务功能为主的道路。设计速度是指道路几何设计（包括平曲线半径、纵坡、视距等）所采用的行车速度。设计车辆是指道路设计所采用的汽车车型，以其外廓尺寸、重量、运转特性等特征作为道路设计的依据。道路建筑限界是指为保证车辆和行人正常通行而规定的在道路的一定宽度和高度范围内不允许有任何设施及障碍物侵入的空间范围。净空是指道路上无任何障碍物侵入的空间范围（其高度称净高，其宽度称净宽）。设计交通量是指作为确定道路车道数规模而预测的交通量（即预期到设计年限末将使用所设计的道路的交通量，分为日交通量和高峰小时交通量）。道路中线一般指道路路幅的中心线（规划道路断面的中心线称规划中线，道路两侧红线间的中心线称红线中线）。道路红线是指城市道路用地的规划控制线。道路线形是指道路中线的立体形状。道路横断面是指道路中线的法向切面。视距是指从车道中心线上规定的视线高度（能看到该车道中心线上高为10cm的物体顶点时，沿该车道中心线量得的长度）。视距三角形是指平面交叉路口处，由一条道路进入路口行驶方向的最外侧的车道中线与相交道路最内侧的车道中线的交点为顶点，两条车道中线各按其规定车速停车视距的长度为两边，所组成的三角形（在视距三角形内不允许有阻碍司机视线的物体和道路设施存在）。平面交叉是指道路与道路在同一平面内的交叉（简称平交）。立体交叉是指道路与道路或铁路在不同高程上的交叉（简称立交）。汽车最小转弯半径是指汽车回转时汽车的前轮外侧循圆曲线行走轨迹的半径。城市轨道交通是指采用专用轨道导向运行的城市公共客运交通系统，包括地铁系统、轻轨系统、单轨系统、有轨电车、磁浮系统、自动导向轨道系统、市域快速轨道系统。

（1）城市道路的特点。

城市道路根据道路在路网中的地位、交通功能以及对沿线建筑物的服务功能等的不同分为快速路、主干路、次干路、支路四个等级，各等级道路应符合相关要求。快速路是城市中快速大运量的交通干道（应为过境及中长距离的机动车交通服务），应采用中央分隔、全部控制出入、控制出入口间距及形式、配套交通安全与管理设施，应实现连续交通流且单向设置不应少于两条车道，快速路两侧不应设置吸引大量车流、人流的公共建筑物的出入口。主干路是构成城市主要骨架的交通性干道（应连接城市各主要分区的干路，以交通功能为主），应采用机动车与非机动车分隔形式并控制交叉口间距，主干路两侧不宜设置吸引大量车流、人流的公共建筑物的出入口。次干路应与主干路结合组成干路网（以集散交通功能为主，兼有服务功能），次干路两侧可设置公共建筑物的出入口（但相邻出入口的间距不宜小于 80m，且该出入口位置应在临近交叉口的功能区之外）。支路宜与次干路和居住区、工业区、交通设施等内部道路相连接（应解决当地的到发交通问题，以服务功能为主），支路两侧公共建筑物的出入口位置宜布置在临近交叉口的功能区之外。有特殊功能的专用道路除应符合相关技术标准外还应满足专用道路及通行车辆的技术要求。各级道路的设计速度应符合表 11-1 的规定并应按照以下 3 条原则选用合适的设计速度，即设计速度应根据道路等级、功能定位、交通量并结合地形地质条件、沿线土地利用状况和经济发展、工程投资等因素经论证确定；城市规模大、交通功能强、地形条件好、外围快速环路、对外射线道路的设计速度可取高值（中心城区道路及改建道路受建设条件限制时可采用低值）；当旧路改造有特殊困难时（比如商业街、文化街等）经技术经济比较认为合理可适当降低设计速度（但应考虑夜间和恶劣气候条件下的行车安全）。

表 11-1　　　　　　　　　　**各级道路的设计速度**　　　　　　　　（单位：km/h）

道路等级	快速路			主干路			次干路			支路		
设计速度	100	80	60	60	50	40	50	40	30	40	30	20

同一条道路的关联设计速度应符合规定，道路的净高与预留应符合规定，各级道路设计交通量的预测年限应满足相关要求。路线方案应在规划路线走向与主要控制点基础上进行布局和总体设计，应合理运用技术指标对可行的路线方案进行必要的比选以确定设计方案。

（2）城市道路总体设计要求。

总体设计应协调城市道路工程项目外部与内部各专业间的关系，确定本项目及其各分项的功能定位、技术标准、建设规模、设计技术指标和设计方案，提出关联工程的衔接要求、设置要求、设计界面和接口，使之成为完整的系统工程，符合安全、环保、可持续发展的总体目标，保障道路使用者的安全，提高道路交通的服务质量。各级道路应根据道路等级、功能定位及其在路网中的作用进行总体设计（快速路、交通性主干路、城市隧道、地下道路、枢纽立体、快速公交、交通枢纽应综合考虑各种因素做好总体设计；其他道路视其相关因素、复杂程度可参照执行）。总体设计应考虑各种相关因素，应根据路线在路网中的位置、功能，综合考虑沿线土地利用的现状与规划，所经过的道路、地貌特征点、主要建筑物、环境敏感点的处理，沿线相关的铁路、地铁、轻轨、隧道、水系、河道、航空、管道、高压线的布局，自然资源状况等，确定本项目的起讫点、主要控制点、路线走向、竖向高程、结构型式以及与之相互平行、交叉等项目的衔接关系。总体设计过程中应根据路网规划、使用功能、服务对象、沿线地形与自然条件等，论证并确定道路等级、设计速度和主要技术标准。应区别路段、交叉口，提出机动车、公交车、非机动车、行人的交通组织方案。分期修建的工程，应按远期规划的技术标准做好总体设计，制定分期修建方案，并作出相应的设计，满足交通功能需求。

（3）城市道路横断面设计的基本要求。

横断面设计应在城市道路规划红线宽度范围内进行（应按道路等级、服务功能、交通特性，结合各种控制条件，体现节约用地，合理布设）。一般道路横断面布置型式有单幅路、双幅路、三幅路及四幅路（见图11-1）。

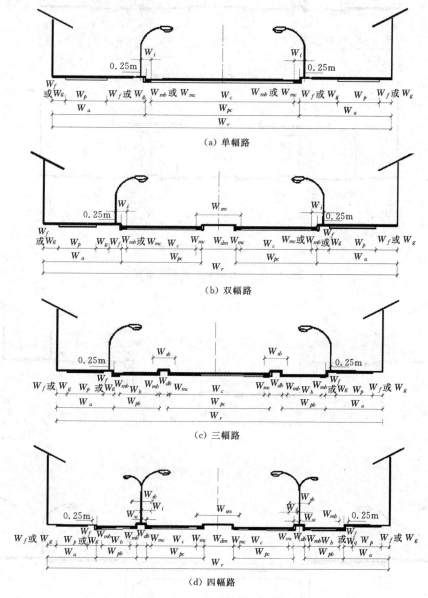

（a）单幅路

（b）双幅路

（c）三幅路

（d）四幅路

图 11-1 一般道路横断面布置

快速路横断面由主路及辅路两部分组成。主路上布置快速机动车道，上、下行车流间必须设置中央分隔带；辅路上布置慢速机动车道、非机动车道和人行道；主、辅路之间必须设置两侧带。辅路宽度不应小于7.5m。一般高架路横断面布置型式有整体式和分离式两种（见图11-2）。路堑式和隧道式横断面布置型式（见图11-3、图11-4）。

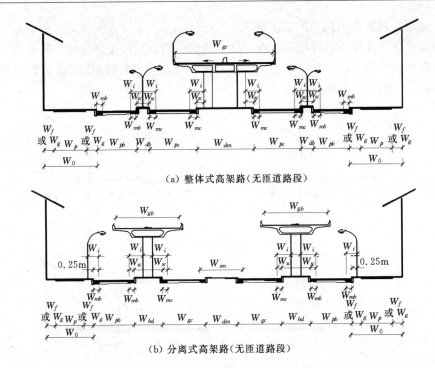

(a) 整体式高架路（无匝道路段）

(b) 分离式高架路（无匝道路段）

图 11-2　一般高架路横断面布置

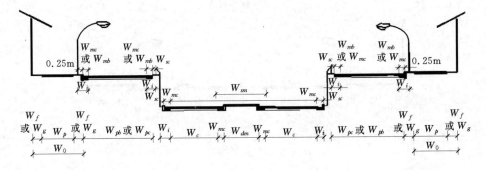

图 11-3　路堑式横断面

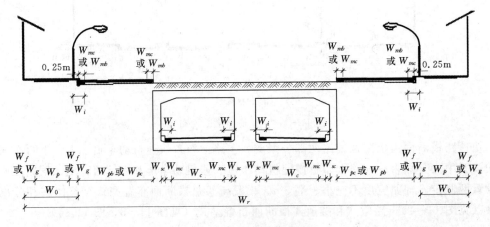

图 11-4　隧道式横断面

立交横断面布置形式（见图 11-5、图 11-6）应符合规定。

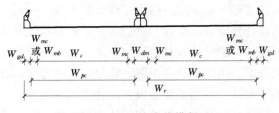

图 11-5 立交主线横断面

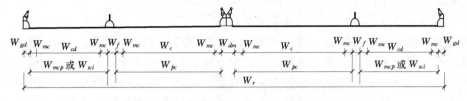

图 11-6 立交主线横断面（设变速车道或集散车道）

　　一般立交匝道横断面布置型式有单向单车道、单向双车道、对向双车道或四车道三种型式（见图 11-7～图 11-9），环形匝道一般不宜采用双车道；匝道应考虑相应加宽值。隧道横断面布置应符合规定。

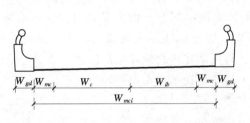

图 11-7 单向单车道匝道

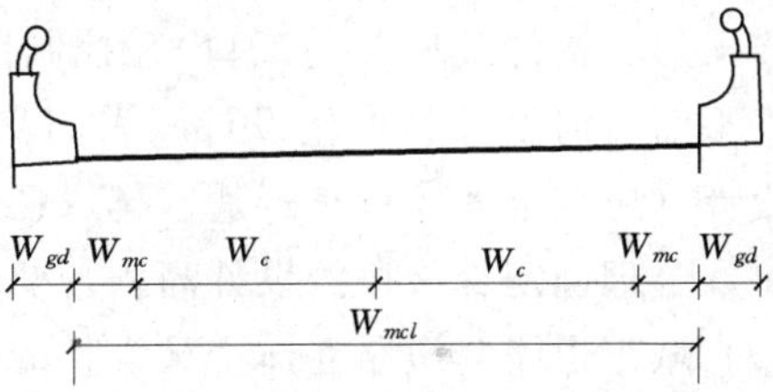

图 11-8 单向双车道匝道

（4）城市道路平面设计的基本要求。

　　道路平面线形宜由直线、平曲线组成，平曲线宜由圆曲线、缓和曲线组成。道路平面设计应处理好直线与平曲线的衔接，合理设置直线、圆曲线、缓和曲线、超高、加宽。道路平面设计应符合城市路网规划、道路红线、道路功能的要求，综合考虑土地利用、征地拆迁及航道、水务、轨道、环保、

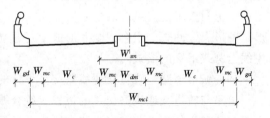

图 11-9 对向双车道或四车道匝道

景观、经济等因素。道路平面线形应与地形地物、地质水文、地域气候、地下管线、排水等要求结合，与周围环境相协调，并应符合各级道路的技术指标，注重线形的连续与均衡，确保行驶的安全与舒适。道路平面设计应根据道路的性质、等级、交通特点，以交通组织设计为指导，合理设置交叉口、出入口、分隔带断口、公交停靠站、人行通道等。直线和平曲线应符合规定，圆曲线超高设计应符合规定，超高缓和段、圆曲线加宽、缓和段加宽应合理，视距应满足要求，分隔带及缘石断口应合理设置。

（5）城市道路纵断面设计的基本要求。

道路纵断面上的设计高程一般采用道路中心线处路面设计标高，有中央分隔带时可采用中央分隔带的外侧边缘处路面设计标高。改建道路设计高程视具体情况也可采用行车道中线标高。道路纵断面设计应满足城市竖向规划要求，与临街建筑立面布置相适应，有利于沿线范围内地面水的排除。道路纵坡应平顺、圆滑、视觉连续，起伏不宜频繁，与周围环境相协调。道路纵断面设计应根据道路等级，综合考虑交通安全、节能减排、环保效益和经济效益等因素，合理确定路面设计纵坡和设计高程。机动车与非机动车混合行驶的车行道，宜按非机动车设计纵坡度标准控制。

（6）城市道路线形组合设计的基本要求。

道路线形设计应做好道路平面、纵断面、横断面三者间的有利组合，避免平面、纵断面、横断面不利值的重叠，并与地形、地物相适应，与周边环境相协调。线形设计除应符合行驶力学要求外，还应考虑道路使用者的视觉、心理与生理方面的要求，以提高汽车行驶的安全性、舒适性和经济性。线形组合设计的要求与内容应随道路功能和设计速度的不同而各有侧重。立交交叉前后的线形应选用较高的平、纵技术指标，使之具有较好的通视条件。路线平、纵线形组合设计，必要时可采用路线透视图进行评价。

（7）城市道路与道路平面交叉设计的基本要求。

道路平面交叉口设计应符合规定（平面交叉口的型式有"十"字形、T形、Y形、X形、多叉形、错位及环形交叉口），控制因素、交通组织及平面交叉口分类应符合要求。交叉口平面几何设计、渠化设计（采用交通岛、路面标线及交通流向标志做渠化设计）、竖向设计（应综合考虑行车舒适、排水畅通、与周围建筑物地坪标高协调、地下管线布设等因素，合理确定交叉口的设计高程）及行人与非机动车过街设施均应合理。

（8）城市道路与道路立体交叉设计的基本要求。

城市道路与道路立体交叉类型根据相交道路等级、交通流运行特征、机非干扰等因素分类，可采用枢纽立交（主要形式为全定向、喇叭形、组合式全互通立交；苜蓿叶形、半定向、定向或半定向组合的全互通立交）、一般立交（主要形式为喇叭形、苜蓿叶形、环形、菱形、迂回式、组合式全互通或半互通立交）、分离式立交（与横向道路分离，包括主线上跨或下穿的形式）。

（9）城市道路与轨道交通线路交叉设计的基本要求。

道路与轨道交通线路交叉的位置应符合城市总体规划。道路与轨道交通线路交叉分为平面交叉和立体交叉两种（道路与轨道交通线路交叉的形式应根据道路和轨道交通线路的性质、等级、交通量、地形条件、安全要求以及经济社会效益等因素确定，应优先考虑设置立体交叉）。道路与规划轨道交通线路交叉，轨道交通线路与规划道路交叉，应根据批准的规划修建年限、交叉工程量的大小和后期施工干扰的程度，经技术、经济比较确定预留设置立体交叉的条件。

11.2.2　城市桥涵工程

（1）城市桥梁的特点。

城市桥梁设计应符合安全可靠、适用耐久、技术先进、经济合理、与环境协调的要求。城市桥梁建设应根据城市总体规划确定的道路等级、城市交通发展需要，按有利于节约资源、保护环境、防洪抢险、抗震救灾的原则进行设计。城市桥梁结构的设计基准期为100年。城市桥梁结构必须满足以下4方面功能要求，即在正常施工和正常使用时能承受可能出现的各种作用；正常使用时具有良好的工作性能；正常维护下具有足够的耐久性能；在设计规定的偶然事件发生时和发生后能保持必需的整体稳定性。城市桥梁结构应按承载能力极限状态和正常使用极限状态进行设计（承载能力极限状态对应于桥梁结构或其构件达到最大承载能力或出现不适于继续承载的变形或变位的状态。正常使用极限状态对应于桥梁结构或其构件达到正常使用或耐久性能的某项规定限值的状态），在进行上述两类极限状态设计时应同时满足构造和工艺方面的要求。城市桥梁设计应根据桥梁结构在施工和使用中的环境条件和影响区分为持久状况、短暂状况、偶然状况等3种设计工况，持久状况是指在桥梁使用过程中一定出现且持续期很长（一般取与设计基准期内同一量级）的设计状况，如自重、车辆荷载等的状态，短暂状况是指在桥梁施工和使用过程中出现概率较大而持续期较短的状况（比如施工、维修等），偶然状况是指在桥梁使用过程中出现概率很小且持续期极短的状况（比如地震、船舶或汽车的撞击等）。对三种设计工况均应进行承载能力极限状态设计，对持久状况还应进行正常使用极限状态设计；对短暂状况在必要时才作正常使用极限状态设计；对偶然状况可不按正常使用极限状态设计。在进行承载能力极限状态设计时应采用作用效应的基本组合和作用效应的偶然组合；按正常使用极限状态设计时应采用作用短期效应组合（频遇组合）和作用长期效应组合（准永久组合）。城市桥梁可按其多孔跨径总长或单孔跨径的长度分为特大桥、大桥、中桥和小桥等四类，见表11-2。城市桥梁设计时，应根据结构破坏可能产生的后果（危及人的生命、造成经济损失、产生社会影响等）的严重性，采用不低于表11-3规定的设计安全等级。

表 11-2　　　　　　　城市桥梁按总长或跨径分类

桥梁分类	特 大 桥	大 桥	中 桥	小 桥
多孔跨径总长 L/m	$L>1000$	$1000 \geqslant L \geqslant 100$	$100>L>30$	$30 \geqslant L \geqslant 8$
单孔跨径 Lo/m	$Lo>150$	$150 \geqslant Lo \geqslant 40$	$40>Lo \geqslant 20$	$20>Lo \geqslant 5$

表 11-3　　　　　　　城市桥梁设计安全等级

安全等级	一 级	二 级	三 级
破坏后果	很严重	严重	不严重
桥梁类型	特大桥、重要大桥	大桥、中桥、重要小桥	小桥

城市桥梁抗震设计时通常按其在城市交通网络上位置的重要性以及承担交通量的多少分为甲A、甲B、乙、丙四类，见表11-4。各类桥梁抗震设防水准应符合要求。重大桥梁工程应专门确定更高的抗震设防水准。立体交叉跨线桥梁抗震设防水准不应低于下线桥梁。

表 11-4　　　　　　　桥 梁 抗 震 设 防 分 类

甲	A	大跨度悬索桥、斜拉桥、拱桥
	B	交通网络上枢纽位置的桥梁、城市中桥面六车道以上的桥梁、高速公路桥梁
乙		城市快速干道、高架桥
丙		除甲A、甲B、乙三类桥梁以外的其他桥梁

　　城市桥梁设计应符合城市规划的要求，应根据道路功能、等级、通行能力，结合水文、地质、通航、环境等条件进行综合设计（因技术、经济上的原因需分期实施则应保留远期发展余地）。城市桥梁设计宜采用百年一遇的洪水频率，对特别重要的桥梁可提高到三百年一遇。城市桥梁总体设计应符合建筑原理，注意空间、比例、节奏、明暗和稳定感，分清主次，局部服从主体。桥梁结构应符合规定，构件在制造、运输、安装和使用过程中应具有规定的强度、刚度、稳定性和耐久性；构件应减小由附加力、局部力和偏心力引起的应力；结构或构件应根据其所处的环境条件进行耐久性设计（采用的材料及其技术性能应符合相关现行标准的规定）；选用的型式应便于制造、施工和养护；抗震设计一般情况下可采用现行《中国地震动参数区划图》（GB 18306—2001）《城市道路工程设计规范》（CJJ 37—2012）和《公路工程技术标准》（JTGB 01—2014）的规定进行；在受到城市区域条件限制而必须建斜桥、弯桥、坡桥时应针对具体特点作为特殊桥梁进行设计；桥梁基础沉降量应符合现行《公路桥涵地基与基础设计规范》（JTGD 63—2007）的规定（对于外部为超静定体系的桥梁应控制引起桥梁上部结构附加内力的基础不均匀沉降量，必要时宜在结构设计中设置调节基础不均匀沉降的构造装置）。城市桥梁应根据工程规模和不同的桥型结构设置照明、交通信号标志、航运信号标志、航空信号标志，设置各种养护以及桥面防水、排水、检修、安全等附属设施。不得在桥上或地道内敷设污水管、压力大于 0.4MPa 的煤气管和其他可燃、有毒或腐蚀性的液、气体管。一般地区如条件许可，允许在桥上敷设电讯电缆、热力管、自来水管、电压不高于 10kV 配电电缆、压力小于 0.4MPa 的煤气管，但须采取有效的安全防护措施并应满足有关规范要求。城市桥梁的其他问题可参考本书第 9 章桥梁与隧道工程的学科体系。

　　（2）立体交叉、高架道路桥梁和地道的基本特点。

　　立体交叉、高架道路桥梁和地道应按城市总体规划以及现行《城市道路工程技术规范》（CJJ 37—2012）、《城市快速路设计规程》（CJ 129—2009）中的有关规定设置。立交、高架道路和地道平面、纵、横断面设计应符合相关要求，高架道路桥梁的长度较长时应考虑每隔一定距离在中央分隔带上设置可打开式护栏用以疏散因对向车道事故等原因造成的意外交通状况。当立交、高架道路桥梁与桥下道路斜交时可采用斜交桥的形式跨越（若斜交角度较大时宜采用加大桥梁跨度，减小斜交角度或斜桥正做的方式，同时满足桥下道路平面线形、视距及前方交通信息识别的要求）。当立交、高架道路桥梁跨越行驶蒸汽机车的铁路时其上部结构底部应设置防烟板（防烟板位于铁路上方，其中心线应与铁路中心线相对应，长度（即铁路线路宽度方向）在每股道上方不小于 4.0m。防烟板两端伸出桥宽以外）。

11.2.3　城市广场工程

　　城市广场是进行集会庆典、贸易展览、休憩娱乐、观光旅游及交通疏散的重要场所之一，其具有美化城市、绿化环境、防灾避难等功能，广场建设是城市基础设施建设的一个重要组成部分，属市政工程建设的范畴。城市广场建设涉及许多专业术语，地基是指受建筑物荷载影响的那一部分土体或岩体。基础是指将各种荷载作用传递到地基土上的结构组成部分。地基处理是指为提高地基土的承载力或改善地基土的变形性质或渗透性质而对其实施的人工干预。压实度是指土或其他筑路材料压实后的干密度与标准最大干密度之比，以百分率表示。铺装工程是指城市广场内铺装有硬质建筑材料的室外地面工程。基层是指承受由面层传递的荷载并将荷载传递到垫层或土基上的中间层（根据材料性状的不同基层可分为刚性基层、半刚性基层和柔性基层三种）。刚性基层是指用低标号水泥混凝土铺筑的路面基层。半刚性基层是指用无机结合料稳定土铺筑的能结成板体并具有一定抗弯强度的基层。柔性基层是指由粒料组成经压实后依靠粒料间的嵌挤力和摩擦力提供承载力的基层。汀步是指零散的叠石点缀于窄而浅的水面上使人易于蹑步而行，也叫"掇步"或"踏步"，其在园林工程中主要起景观和人行通道作用。景观工程是指自然材料通过设计、塑造、加工而成供人们在休闲、暇步、欣赏、品味的物景。管道附件是指检修阀门、泄水阀、进气排气阀、减压阀、调流阀、流量计、压力表等管道和计量仪表专用设备和部件的统称。高分子化学建材类管材是指 PVC 聚氯乙烯、PE 聚乙烯等除金属管道、混凝土管道外的其他无机类给、排水管道。箱式变电站是一种将高压开关设备、配电变压器和低压配电装置按一定接线方案排成一体的工厂预制户内、户外紧凑式配电设备。接地装置是接地体和接地线的总和。集中接地装置是指为加强对雷电流的散流作用、降低对地电位而敷设的附加接地装置（比如在避雷针附近装设的垂直接地体）。热剂焊（放热焊接）利用金属氧化物与铝粉的化学反应热作为热源，通过化学反应还原出来的高温熔融金属直接或间接加热工件达到熔接目的，因此，也称之火泥熔接。安全防范电子系统是指根据广场安全防范管理需要，综合运用电子信息技术、计算机网络技术、视频安全防范监控技术和各种现代安全防范技术构成的用于维护公共安全、预防刑事犯罪及灾害事故为目的的，具有报警、视频安防监控、出入口控制、安全检查、停车场（库）管理的安全技术防范体系。LED 电子显示屏是指通过一定的控制方式用于显示文字、文本、图形、图像、动画、行情等各种信息以及电视、录像信号并由 LED（发光二极管）器件阵列组成的显示屏幕。绿化工程是指树木、花卉、草坪、地被植物等的植物栽植工程。城市广场工程质量是指反映城市广场工程满足相关标准规定、设计、合同约定要求的情况（包括其在安全、使用功能及其在耐久性能、环境保护等方面所有特性的总和）。城市广场工程质量验收是指城市广场工程在施工单位自行质量检查评定的基础上，参与建设活动的有关单位根据相关标准共同对广场各专业工程分项、分部、单位工程的质量进行抽样复验，最后以书面形式对工程质量达到合格与否作出确认。进场验收是指对进入施工现场的材料、构配件（半成品、成品）、设备等按相关标准规定要求进行检验，对产品是否达到合格作出确认。交接检验是指由施工工序的完成方与承接方经双方检查并对可否继续施工作出确认的活动。主控项目是指工程中对安全、卫生、环境保护和公众利益起决定性作用的检验项目。一般项目是指除主控项目以外的检验项目。单位工程是建设项目的组成部分，指具有独立的设计文件且建成后能独立发挥生产能力或效益的工程。分部工程是单位工程的组成部分，一般按单位工程中的不同专业或不同工序进行划分。分项工程是分部工程进行进一步划分，是确定单位工程预算价值的基本要素，一般是按不同的工序、材料、施工工艺、设备类别等进行划分，可由一个或若干检验批组成，每一检验批可根据施工及质量控制和专业验收需要按施工段、变形缝等进行划分。竣工报告是由施工单位对已完成的工程进行检查，确认工程质量符合有关法律、标准、规范，符合设计及合同要求而提出的告竣文书。信息化施工是施工全过程中对一些影响工程安全的不确定因素进行定量监测，根据这些数据变化进行分析、预测，用以指导、调整相应的施工对策的施工方法。

城市广场各专业工程采用的主要材料、半成品、成品、构配件、器具和设备应进行进场验收并应符合要求。城市广场建设内容涉及面广、专业众多，应使相关的建设活动合理有序地展开（这些建设活动主要有施工测量；铺装工程；地基处理、桩基础、砌体及混凝土结构工程；建筑及景观工程；给水排水及喷泉系统工程；供、配电工程；智能化工程；绿化工程及工程验收等）以确保广场建设保质保量按时完成。

11.2.4　城市隧道工程

就市政工程而言，城市隧道主要为公路隧道、地铁隧道，其作用是解决城市交通瓶颈问题。城市隧道的相关问题可参考本书第 9 章《桥梁与隧道工程的学科体系》。

11.2.5　城市地下通道工程

城市地下通道俗称城市地道，城市地道其实就是一种短隧道（地道一般用于立交，其长度较短，对照明、通风无特殊要求。而隧道则较长，对照明、通风有一定的要求）。狭义上讲，城市立交中下穿线的道路净空全部或大部低于附近地面，其下穿线穿越的构筑物洞口至洞口的净长大于 50m 或小于 10 倍净高的称为地道。采用地道方案前应与立交跨线桥方案作技术、经济、运营等方面的比较（设计时应对建设地点的地形、地质、水文、地上、地下的既有构筑物及规划要求，地下管线，地面交通或铁路运营情况进行详细调查分析。位于铁路运营线下的地道，为保证铁路立交运营安全，地道位置应选在地质条件较好、铁路路基稳定、沉降量小的地段）。地道净空应符合相关规范规定（地道中设置机动车道、非机动车道和人行道时为降低非机车道和人行道的引道坡度或长度，在满足各自净空的条件下可将其布置在不同的高程。下穿铁路的地道其设计荷载、结构内力、截面强度、挠度、裂缝宽度计算及允许值的取用、抗震验算应分别符合现行《铁路桥涵设计基本规范》（TB 10002.1—2005）、《铁路桥涵钢筋混凝土和预应力混凝土结构设计规范》（TB 10002.3—2005）、《铁路工程抗震设计规范》（GB 50111—2006）的规定，地道长度除应符合铁路线路的净空要求外还应满足管线、沟漕、信号标志等附属设施和铁路员工检修便道的需求，位于地道上的铁路线路的加固应满足保证铁路安全运营的规定要求。当地下水位较高时地道的引道结构应采取抗浮措施。

11.2.6　城市轨道交通工程

（1）城市轨道交通建设的基本要求。

城市轨道交通系统应符合安全、卫生、环境保护和资源节约的要求，应做到技术成熟、标准适当、功能适用。城市轨道交通的建设和运营应符合国家相关法律、法规的规定。所谓"城市轨道交通"是指以电能为动力，采用专用导向系统运行的城市公共客运交通系统，包括地铁系统、轻轨系统、单轨系统、有轨电车、市域快速轨道交通系统、自动导向轨道系统和磁浮系统。城市轨道交通是指新建、改建和扩建城市轨道交通工程项目的规划、前期研究、勘察设计、施工安装、调试和验收（包括车辆和运营设备的制造、采购）。城市轨道交通运营是指为实现安全有效运送乘客而有组织开展的一切活动的总称（包括运行管理、客运服务和维修）。城市轨道交通运营设备是指服务于城市轨道交通运营的机电设备（主要包括车辆、供电、通信、信号、通风和空调、给排水和消防、火灾报警、环境及设备监控、自动售检票系统、乘客信息、自动扶梯、电梯、屏蔽门、轨道、维修等设备）。城市轨道交通规划应符合城市总体规划、城市综合交通规划和城市公共交通规划。

（2）城市轨道交通外部环境要求。

城市轨道交通线路和设施用地应根据规划进行控制（城市轨道交通规划确定的轨道交通线路中心线两侧各 60m 为城市轨道交通规划控制范围，在此范围进行建设的，应依法办理有关许可手续）。投入运营的城市轨道交通系统应依法设置控制保护区（控制保护区范围为地下车站与隧道外边线外侧 50m 内；地面车站、高架车站及其区间以线路轨道外边线外侧 30m 内；出入口、通风亭、变电站等建筑物、构筑物外边线外侧 10m 内）。在城市轨道交通控制保护区内进行下列作业的其作业单位应当制定安全防护方案并应在征得运营单位同意后依法办理有关许可手续（这些作业包括新建、扩建、改建或者拆除建筑物、构筑物；敷设管线、挖掘、爆破、地基加固、打井；在过江隧道段挖沙、疏浚河道；其他大面积增加或减少载荷的活动。上述作业穿过轨道交通下方时其安全防护方案应进行技术鉴定）。在信号显示距离内不应设有妨碍行车瞭望的建筑物、构筑物和树木。城市轨道交通系统应明示禁入区域并应设置阻挡外界人、物进入禁入区域的防范设施。城市轨道交通的建设和运营应确保相邻建筑的安全，必要时应进行拆迁或采取安全保护措施。城市轨道交通应减小对环境造成有害影响并根据环境影响评价结果采取有效的环境保护措施。城市轨道交通车站应配套建设公共电汽车、出租汽车、小汽车、自行车等交通方式的衔接设施。配套交通衔接设施的项目、规模应与需求相适应，并应与城市轨道交通同步规划、同期建设。城市轨道交通系统的地下工程应兼顾人防要求。

（3）城市轨道交通运营要求。

1）行车管理。列车在正线上应按双线右侧运行。除有轨电车系统外，城市轨道交通全线应设置统一的调度指挥中心，实现行车、电力、环控调度集中功能。列车正常运行时其最大运行间隔不应大于 10min。站后折返运行的列车应在折返站清客后才能进入折返线。列车在运行中发生不能保障安全运行的故障时，故障列车退出运营前应首先选择在车站清空乘客。采用列车无人驾驶运行模式时应满足相关要求。

2）客运服务。城市轨道交通系统应具备正常情况、非正常情况和紧急情况下的客运管理模式并设置相应的服务设施。运营单位应以保障乘客与行车安全，提高服务水平为原则，提供安全、准时、便捷、文明的客运服务。城市轨道交通系统应设置有效的乘客信息系统，为乘客提供准确、清晰、规范的信息。

3）维修。车辆段（场）和综合维修基地的设置应满足维修需要。车辆段（场）与综合维修基地应有完善的运输道路和消防道路，并应有不少于两个与外界道路相连通的出入口；总平面布置、房屋建筑和材料、设备的选用等应满足消防要求。

（4）车辆要求。

车辆应确保从投入运用、维修、技术改造、直到报废的寿命周期内的行车安全、人身安全；同时应具备故障、事故和灾害情况下对乘客、运营人员、车辆的防护和救助措施。无人驾驶的列车出现系统故障时应保证列车安全停车。车辆应使用耐燃、阻燃或不燃材料，不应由于车内的系统设备故障而导致火灾发生。

（5）城市轨道交通限界要求。

城市轨道交通工程应根据不同车辆和运行速度，确定相应的车辆限界、设备限界和建筑限界。车辆、轨行区的土建工程和运营设备应符合相应的限界要求，列车（车辆）在各种运行状态下都不应发生列车（车辆）与列车（车辆）、列车（车辆）与轨行区内任何固定的或可移动物体之间的接触。采用顶部架空接触网授电时的建筑限界高度应按接触导线安装高度加接触网系统结构高度计算确定，采用侧向接触网或接触轨授电时的建筑限界高度应按设备限界高度加不小于 200mm 安全间隙计算确定。建筑限界应符合规定。车站有效站台不应侵入车辆限界；曲线车站站台与车门处的间隙不应大于 180mm。车站有效站台面的高度在任何工况下不应高于车辆客室地板面的高度，空车状态下两者高差不应大于 100mm。站台屏蔽门在任何工况下均不应侵入车辆限界。当区间内设置紧急疏散通道时，应在设备限界外侧设置。建筑限界应包容通道所必需的净空尺寸（宽×高）。线路上运行的车辆均应符合所运行线路的车辆限界。

（6）城市轨道交通土建工程。

1）线路工程。线路的敷设和封闭方式应根据线路的城市规划、功能定位、环境保护以及旅行速度目标的要求综合选择确定。全封闭运行的城市轨道交通系统，当线路与其他线路相交时，应采用立体交叉方式；部分封闭运行的城市轨道交通系统，只有经过交通组织和通过能力核算，并设置相应的安全防护措施后，才允许设置平面交叉。线路应设置必要的辅助设施，以确保线路设施的安全、正常运营及救援的需要。

2）轨道工程。轨道结构应具有足够的强度、稳定性、耐久性和适当的弹性，保证列车运行平稳、安全；并应采取有效的减振、降噪措施。钢轮、钢轨系统轨道的标准轨距应采用 1435mm。钢轮、钢轨系统钢轨的断面及轨底坡应与车轮断面及踏面坡度相匹配，并应保证对不同速度、不同轴重的运行列车均具有足够的支承强度和良好的导向作用。

3）建筑。车站应满足远期预测客流的需求，保证乘降安全、疏导迅速、布置紧凑、便于管理，并应具有良好的通风、照明、卫生、防灾等设施，为乘客提供安全的乘车环境。站台最小宽度应满足相关要求。站台应设置足够数量的进出站通道或楼梯、自动扶梯，同时应满足站台计算长度内任一点距梯口或通道口的距离不应大于 50m。楼梯和通道的最小宽度应符合表 11 - 5 的规定。

表 11 - 5 楼梯和通道的最小宽度

楼梯或通道	通道或天桥	单向公共区人行楼梯	双向公共区人行楼梯	消防专用楼梯	站台至轨道区的工作梯（兼疏散梯）
最小宽度/m	2.4	1.8	2.4	0.9	1.1

车站出入口总宽度应满足远期高峰时段的进出站客流量的要求且应符合规定。地下出入口通道应简短、顺直，其长度超过 100m 时应采取措施满足正常使用和消防疏散要求。地下车站的风亭（井）应符合规定。地下工程、出入口通道、通风井的耐火等级应为一级，出入口地面建筑、地面车站、高架车站及高架区间结构的耐火等级不低于二级。地下车站站台和站厅公共区划为一个防火分区，其他部位的每个防火分区的最大允许使用面积不应大于 1500m²；地上车站不应大于 2500m²；两个相邻防火分区之间应采用耐火极限不低于 3h 的防火墙和甲级防火门分隔；与商业设施等公共场所相连接时，应采取防火分隔

措施。车站的站台不应设置有人值守的商业设施,疏散通道内不应设置任何商业设施(任何商业设施均不应影响正常运营及安全疏散)。每个防火分区安全出口设置应符合规定。地面、高架车站与相邻建筑物的距离应满足消防要求并应设置地面消防通道。距站台边缘400mm 侧应设不小于 80mm 宽醒目的安全线(采用屏蔽门时不受此条限制)。车站内应设置正常状态和紧急状态下的乘客信息系统和标志。地下换乘车站公共区防火隔断应符合规定。换乘通道、换乘楼梯(自动扶梯)应满足远期高峰时段换乘客流的需要,当发生火灾时应落下防火卷帘(不能作为疏散通道)。地下区间隧道疏散通道应符合规定。高架区间疏散通道应符合规定。

4)结构工程。结构工程应根据沿线不同地段的工程地质、水文地质、气候条件、地形环境、荷载特性、施工工艺等要求,通过技术经济、环境影响和使用功能等方面的综合评价,选择安全可靠、经济合理的结构形式。城市轨道交通的主体结构工程设计使用年限为 100 年;车辆段(场)和综合维修基地及其他房屋建筑设计使用年限为 50 年。结构净空尺寸应满足城市轨道交通建筑限界、使用功能及施工工艺等要求,并应考虑施工误差、结构变形和位移的影响。地下结构应减少施工和建成后对周边环境造成的有害影响,应确保其不对周围建筑、构筑物、地下管线产生危害。

(7)城市轨道交通运营设备。

运营设备包括供电系统(一级负荷、接触网送电)、通信系统、信号系统、环境调节系统(通风、空气调节与采暖)、给水、排水、消防、火灾监控报警系统、环境与设备监控系统、自动售检票系统、自动扶梯与电梯、屏蔽门等系统,这些系统均应运行灵活、安全、有效。

11.2.7 城市园林工程

城市园林应为落实生态文明建设理念和科学发展观、创造良好的城市生态环境、有效利用城市土地空间、促进城市社会经济可持续发展、实现城市地区人与自然和谐共存做贡献。应重视城市绿地规划工作,城市绿地规划应遵循"保证绿量、保障生态、城乡统筹、以人为本、经济实用"原则,即城市建设应根据城市功能的发挥和发展需求配置必要的城市绿地(应确保城市绿地与城市人口、用地规模相对应);城市绿地规划应通过合理布局有效发挥绿地生态服务功能(提倡城市绿化以种植乔木和乡土植物为主);城市绿地规划应统筹安排城市规划区内的各类绿地以构建区域平衡、城乡协调、人与自然和谐共存的绿地系统;城市绿地规划应综合考虑绿地的景观游憩与防灾避险功能构建宜人环境(绿地建设要做到平时有利于居民身心健康,出现灾害时有助于防灾减灾);城市绿地规划应因地制宜并充分考虑土地利用、建设成本、管养费用等经济因素(应提高城市绿地建设的可操作性和绿地养护的可持续性)。城市绿地是指符合我国现行《城市绿地分类标准》(CJJT 85—2002)规定的绿地,游赏用地特指公园内可供游人使用的有效游憩场地面积,防灾公园是指城市发生地震等严重灾害时为保障市民生命安全、强化城市防灾结构而建设的具有避难疏散功能的绿地,滨水带状公园是指沿江、河、湖、海建设的、对水系起保护作用并与水系共同发挥城市生态廊道作用的、设有一定游憩设施的狭长形绿地,城墙带状公园是指沿城墙遗迹或遗址等设置的、对其起保护和展示作用并发挥城市生态廊道作用的、设有一定游憩设施的狭长形绿地,道路带状公园是指沿城市道路建设的、具有景观轴线或生态廊道功能的、设有一定游憩设施的狭长形绿地，城市绿化隔离带是指在城市组团、功能区之间设置的、用以防止城市无序蔓延的、保留未来发展用地的、提供城市居民休憩环境以及保护城市安全和生态平衡的绿色开敞空间，郊野公园是指位于城市郊区的、以自然风光为主的兼具生态系统保护、游览休闲、康乐活动和科普教育为主要功能的区域性公园，湿地公园是指纳入城市绿地系统的、具有湿地的生态功能和典型特征的、以维护区域水文过程、保护物种及其栖息地、开展生态旅游和生态环境教育的湿地景观区域，城市绿线是指城市各类绿地的范围控制线。

（1）城市绿地规划的基本要求。

城市绿地规划应根据城市的性质、规模、用地、空间布局等总体要求分别确定各类城市绿地的位置、性质、规模、功能要求、用地布局、主要出入口设置方位及其边界控制线，及其对周边道路、交通、给水、排水、防洪、供电、通信等各类市政设施的配套要求。城市绿地规划应考虑城市绿地的防灾避险功能。城市公园绿地应根据城市用地条件和发展需要并按照适宜服务半径分类均衡布置。城市绿地规划中应考虑天然降水的收集储存和利用以及太阳能、风能、沼气的收集利用，提倡城市绿地使用城市中水或再生水。绿地的植物配置应根据气候条件、绿地功能和景观需要做有针对性地选择，提倡采用本土植物、乔灌草和花卉相结合。

（2）城市园林总体布局要求。

综合公园应在城市绿地系统规划中优先考虑（其规划面积应与城市规模相匹配），市、区两级的综合公园应结合城市道路系统呈网络化布局以方便市民游憩，综合公园的单个面积一般不宜小于 $5hm^2$。社区公园应结合城市居住区进行布局并应满足 $300\sim500m$ 的服务半径，其单个面积一般应在 $0.1\sim5hm^2$ 之间。直辖市、省会城市和主要的风景旅游城市可设置动物园或野生动物园（一般城市不宜设置动物园），动物园的选址应位于城市近郊并在城市的下游及下风向地段（应远离城市各种污染源并要有配套较完善的市政设施，要求水源充足、地形丰富、植被良好）。100 万人以上的特大城市应设置植物园（具有特殊气候带或地域植物特色的城市宜设置植物园或专类植物园；其他城市可根据需要进行设置），植物园应选址在水源充足、土层深厚、现状天然植被丰富、地形有一定变化且避开城市污染源的地方。带状公园宜在滨水、沿山林、沿城垣遗址（迹）等资源丰富的地区建设以加强城市景观风貌的保护和塑造（应以城市道路或自然地形等为界）。街旁绿地应沿城市道路设置并位于道路红线之外（边界与城市道路红线重合，应结合城市道路及公共设施用地进行布局，形态可分为广场绿地和沿街绿地）。生产绿地可在城市规划区范围内选址建设。城市外围、城市功能区之间、城市粪便处理厂、垃圾处理厂、水源地、净水厂、污水处理厂；加油站、化工厂、生产经营易燃、易爆以及影响环境卫生的商品工厂、市场；生产烟、雾、粉尘及有害气体等的工业企业周围必须设置防护绿地，外围还应设置必要的绿化隔离带。城市快速路、主干路、城区铁路沿线应设置防护绿地，防护绿地宜采用乔木、灌木、地被植物复层混交的绿化结构形式。其他绿地建设应划定明确的边界（通过绿线进行管理和控制），应根据生态系统的完整性和价值的高低划定保护分区并分别确定保护要求（包括生态核心区、生态缓冲区、生态廊道、生态恢复区等），在保护分区的基础上应合理制定功能分区、游憩分区、管理分区等并与市域空间管制的禁止建设地区、限制建设地区相一致。

（3）公园绿地建设特点。

1）综合公园与社区公园。综合公园与社区公园均为城市居民主要的日常休憩场所，其服务对象与绿地性质相近，开放程度与使用强度在城市绿地中属于最高类别，有明显的共性。按照公园面积大小的不同综合公园与社区公园可分为 6 个规模等级，即 A 级＞50hm²、20hm²＜B 级＜50hm²、3hm²＜C 级＜20hm²、1hm²＜D 级＜3hm²、0.3hm²＜E 级＜1hm²、0.1hm²＜F 级＜0.3hm²。各个规模等级的综合公园和社区公园应在城市中均衡分布、系统布局，公园配套设施水平应达到一定的合理服务半径并符合相关规范规定。

2）专类公园。专类公园主要为植物园、动物园、儿童公园、历史名园、风景名胜公园、防灾公园等，应合理规划布置。

3）带状公园。带状公园分滨水带状公园、城墙带状公园和道路带状公园三类，应合理规划布置。

4）街旁绿地。街旁绿地一般包括广场绿地、沿街绿地。街旁绿地环境容量设置应遵守相关规定，应合理规划布置。

（4）防护绿地建设的基本要求。

城市防护绿地包括具有卫生、安全、隔离等功能的各类防护绿带、防风林等，应合理规划布置。

（5）附属绿地建设的基本要求。

附属绿地包括居住绿地、道路绿地、公共设施绿地、工业绿地、仓储绿地、对外交通绿地、市政设施绿地和特殊绿地。居住绿地应符合规定，居住绿地中的组团绿地设置应符合相关规范规定。道路绿地应符合规定，道路绿地景观规划宜与毗邻的其他类型绿地相结合，道路绿地景观规划应体现城市地方特色和城市风貌并与建筑、市政设施等共同组成街道景观。公共设施绿地应符合规定，工业绿地应符合要求，仓储用地绿地率不应低于20%，特殊绿地规划应根据自身用地情况确定绿地率和绿地布局（绿地率不宜小于25%）。

（6）其他绿地建设的基本要求。

1）郊野公园。郊野公园选址距离中心城区不宜超过 80km，其应与其他城市建成区内外的绿地形成连续的系统以保护城市内外各种自然、半自然生态系统的完整性，为物种提供迁移廊道。郊野公园规划应合理，应为当地和周边城市居民提供观光、度假、健身、科普、漫步、远足、烧烤、露营等环境和必要的游客中心、教育中心、小径、标本室等人工设施。

2）湿地公园。湿地公园应位于城市近郊且远离城市污染源，应可达性好并与区域水文过程保持紧密联系（包括地表径流汇流、地表水下渗及与地下水的交换等过程），应处于水体汇流和循环的自然路径上（包括低洼区域、历史洪泛区、古河道等），地下水位应达到或接近地表或处于浅水淹覆状态，地表有水的时间应在一年中不少于 3 个月且该季节应是湿地植物每年的生长季节，地段应紧邻现有的河湖或海洋边沿（湿地公园滨海时其边界线应满足水深不超过 6m，湿地公园滨湖、河时其边界线应满足水深不超过 2m）。

3）城市绿化隔离带。绿化隔离带主要由城市规划区内各组团之间的各类生态用地组成（比如生产绿地、防护绿地，以及耕地、园地、林地、牧草地、水域等），其间可伴有少量市政设施、道路交通及特殊用地，根据其所在城市的功能及自然地貌的特征可采用环形、楔形、廊道型、卫星型、缓冲型、中心型等不同形态，城市绿化隔离带的布局应符合要求。

11.2.8 城市防洪（堤岸）工程

（1）城市防洪的基本要求。

城市防洪应有统一的规划，城市防洪规划期限应与城市总体规划期限相一致，城市防洪规划范围应与城市总体规划范围相一致，城市防洪规划应以流域防洪规划为依据，城市防洪规划应贯彻"全面规划、综合治理、防治结合、以防为主"的防洪减灾方针，城市防洪工程应注重城市防洪工程措施综合效能（工程措施与非工程措施相结合），城市防洪规划内容应合理、全面（即应确定城市防洪、排涝规划标准；确定城市用地防洪安全布局原则，明确城市防洪保护区和蓄滞洪区范围；确定城市防洪体系，制定城市防洪、排涝工程方案与城市防洪非工程措施）。

（2）城市防洪排涝标准。

确定城市防洪标准应符合我国现行《防洪标准》（GB 50201—94）规定。城市防洪标准的确定应考虑以下 5 方面因素，即城市总体规划确定的城市或独立组团的规模；城市或城市独立组团的社会经济地位；城市技术经济条件；流域防洪规划对城市防洪的要求；多种洪源对城市安全的影响。城市排涝标准的确定应考虑以下 3 方面因素，即城市受涝地区的重要性；城市受涝地区涝灾损失程度；城市技术经济条件。城市排涝标准应合理确定降雨重现期、降雨周期、排除周期，即降雨重现期不宜低于 20 年一遇；降雨周期宜按 24h 计；降雨排除周期不宜长于降雨周期（涝灾损失不大的区域可适当延长降雨排除周期）。

（3）城市用地防洪安全布局。

城市建设用地选择应避开洪涝、泥石流灾害高风险区域。城市用地布局应遵循"高地高用、低地低用"原则并符合相关规定，即城市中心区、居住区、重要的工业仓储区及其他重要设施应布置在城市防洪安全性较高的区域；城市易渍水低洼地带、河海滩地宜布置成生态湿地、公园绿地、广场、运动场等城市开敞空间；当城市建设用地难以避开低洼区域时应根据用地性质采取相应的防洪安全措施。城市用地布局应确保城市重要公用设施防洪安全。城市防洪规划确定的过洪滩地、排洪河渠用地、河道整治用地应划定为规划限建区，规划限建区内不得建设影响防洪安全的设施，确需开发利用的用地和建设的设施必须进行防洪安全影响评价。

（4）城市防洪体系建设。

应根据城市洪灾类型、自然条件、结构形态、用地布局、技术经济条件及流域防洪规划合理确定城市防洪体系。江河沿岸城市应依靠流域防洪体系提高自身防洪能力，山丘区江河沿岸城市防洪体系宜由河道整治、堤防和调洪水库等组成；平原区江河沿岸城市可采取以堤防为主体，河道整治、调洪水库及蓄滞洪区相配套的防洪体系。河网地区城市根据河流分割形态宜建立分片封闭式防洪保护圈实行分片防护，其防洪体系应由堤防、排洪渠道、防洪闸、排涝泵站等组成。滨海城市应重点分析天文潮、风暴潮、河洪的三重遭遇，形成以海堤、防潮闸、排涝泵站为主，生物消浪等措施为辅，防潮设施、消浪设施、分蓄洪设施协调配合的防洪体系。山洪防治宜在山洪沟上游采用水土保持和截流沟及调洪水库；下游采用疏浚排泄等组成综合防洪体系。泥石流防治体系宜由拦挡坝、停淤场、排导沟等组成（上游区宜采取预防措施，植树造林、种草栽荆、保持水土、稳定边坡；中游区宜采取拦截措施；下游区宜采取排泄措施；泥石流通过市区段宜修建排导沟）。当城市受到两种或两种以上洪水危害时应在分类防御基础上形成各防洪体系相互协调、密切配合的综合性防洪体系。城市受涝地区应按照"高低水分流、主客水分流"原则划分排水区域，并由排水管网、调蓄水体、排洪渠道、堤防、排涝泵站及渗水系统、雨水利用工程等组成综合排涝体系。寒冷地区有凌汛威胁的城市应将防凌措施纳入城市防洪体系。

（5）城市防洪工程措施。

城市防洪工程措施可分为挡洪、泄洪、蓄滞洪、排涝及泥石流防治等五类。挡洪工程主要包括堤防、防洪闸等工程设施；泄洪工程主要包括河道整治、排洪河道、截洪沟等工程设施；蓄（滞）洪工程主要包括分蓄洪区、调洪水库等工程设施；排涝工程主要包括排水沟渠、调蓄水体、排涝泵站等工程设施；泥石流防治工程主要包括拦挡坝、排导沟、停淤场等工程设施。城市防洪工程应与流域防洪工程布局相配合，应与城市基础设施工程、农田水利工程、水土保持工程及城市河湖水系、园林绿地、景观系统等规划相协调。城市防洪工程设施应避免设置在不良地质区域，其用地规模应按规划期控制并为城市远景发展留有余地。

（6）城市防洪非工程措施。

城市防洪非工程措施主要包括行洪通道管制、蓄滞洪区管理、洪水预警预报、超标准洪水应急措施、洪涝灾害保险、防洪工程设施保护及防洪法规建设等。行洪通道应划入城市蓝线进行保护与控制，严禁从事影响河势稳定、危害护岸安全、妨碍行洪的一切活动；应有组织外迁居住在行洪通道内的居民。蓄滞洪区应根据流域防洪规划的要求进行建设和管理，应控制人口增长及经济建设规模并逐步外迁；区内非防洪工程项目建设必须进行防洪影响评价。

（7）城市防洪规划。

城市防洪规划的内容与程序应包括调查研究、城市防洪排涝标准确定、城市用地安全布局、城市防洪体系规划、城市防洪排涝工程方案与非工程措施、规划成果编制等六个方面。调查研究阶段主要收集、分析流域与保护区的自然地理、工程地质条件和水文、气象、洪水资料，了解历史洪水灾害的成因与损失，了解城市社会、经济现状与未来发展状况及城市现有防洪设施与防洪标准，广泛收集各方面对城市防洪的要求。城市防洪标准应根据城市的重要性、洪灾情况及其政治、经济上的影响，结合防洪工程的具体条件，依据城市划分等级，按中华人民共和国《防洪标准》（GB 50201—94）的有关规定选取，并进行论证。城市防洪规划成果应包括城市防洪规划文本、规划图纸、规划说明、基础资料汇编等四个部分。

11.2.9 城市排水工程

城市排水工程主要解决城市雨洪及污废水的排放问题，相关内容可参考本书 5.5 给排水科学与工程。

11.2.10　城市供水工程

城市供水工程主要解决城市工农业用水、人畜用水及其他特殊用水问题，相关内容可参考本书 5.5 给排水科学与工程。

11.2.11　城市供气工程

城市供气工程主要解决城市工农业用气、生活用气及其他特殊用气问题，相关内容可参考本书第 10 章供热—供燃气—通风及空调工程的学科体系。

11.2.12　城市供热工程

城市供气工程主要解决城市工农业生产用热、生活用热及其他特殊用热问题，相关内容可参考本书第 10 章供热—供燃气—通风及空调工程的学科体系。

11.2.13　城市综合管廊工程

城市综合管廊工程建设应做到"技术先进、经济合理、安全适用、便于施工和维护"。综合管廊的工程建设应符合国家现行有关规范、标准的规定。综合管廊是指在城市地下建造的市政公用隧道空间（其将电力、通信、供水等市政公用管线，根据规划的要求集中敷设在一个构筑物内，实施统一规划、设计、施工和管理）。现浇综合管廊是指采用在施工现场支模并整体浇筑混凝土的方法施工的综合管廊。预制综合管廊是指采用预制拼装工艺施工的综合管廊，包括仅带纵向拼缝接头的预制拼装综合管廊和带纵、横向拼缝接头的预制拼装综合管廊。排管是指按规划电缆根数开挖壕沟一次建成多孔管道的地下构筑物。投料口是指用于将各种管线和设备吊入综合管廊内而在综合管廊上开设的洞口。通风口是指为满足综合管廊内部空气质量及消防救援等要求而开设的洞口。管线引出段是指综合管廊内部管线和外部直埋管线相衔接的部位。集水坑是指用来收集综合管廊内部渗漏水或供水管道排空水、消防积水的构筑物。安全标识是指为便于综合管廊内部管线分类管理、安全引导、警告警示而设置的铭牌或颜色标识。普通电缆支架又名悬臂支架，是指具有悬臂形式用以支承电缆的刚性材料支架。电（光）缆桥架又名电（光）缆托架，是指由托盘或梯架的直线段、弯通、组件以及托臂（悬臂支架）、吊架等构成具有密集支承电（光）缆的刚性结构系统之全称。防火间距是指防止着火建筑的辐射热在一定时间内引燃相邻建筑且便于消防扑救的间隔距离。防火分区是指在综合管廊内部采用防火墙、防火包等防火设施分隔而成，能在一定时间内防止火灾向其余部分蔓延的局部空间。阻火包是指用于阻火封堵又易作业的膨胀式柔性枕袋状耐火物。

（1）综合管廊系统规划的基本要求。

当遇到下列情况之一时的市政公用管线宜采用综合管廊形式规划建设，即交通运输繁忙或工程管线设施较多的机动车道、城市主干道以及配合兴建地下铁道、地下道路、立体交叉等工程地段；不宜开挖路面的路段；广场或主要道路的交叉处；需同时敷设两种以上工程管线及多回路电缆的道路；道路与铁路或河流的交叉处；道路宽度难以满足直埋敷设多种管线的路段。综合管廊系统规划应遵循合理利用城市用地原则，统筹安排工程管线在综合管廊内部的空间位置，协调综合管廊与其他沿线地面、地上工程的关系。综合管廊系统规划应符合城市总体规划要求，应在城市道路交通、城市居住区、城市环境、给水工程、排水工程、热力工程、电力工程、燃气工程、电信工程、防洪工程、人防工程等专业规划的基础上编制综合管廊系统规划。综合管廊系统规划应重视近期建设规划并考虑远景发展需要。综合管廊系统规划应明确管廊内部管线敷设时的空间位置。综合管廊的系统规划应明确管廊的最小覆土深度、相邻工程管线和地下构筑物的最小水平净距和最小垂直净距。干线综合管廊宜设置在机动车道、道路绿化带下面，其覆土深度应根据管线竖向综合规划、道路施工、行车荷载、当地的冰冻深度、绿化种植等因素综合确定。支线综合管廊宜设置在人行道或非机动车道下，其埋设深度应根据管线竖向综合规划、当地的冰冻深度等因素综合确定。缆线综合管廊宜设置在人行道下，其埋设深度应根据管线竖向综合规划、当地的冰冻深度等因素综合确定。

1）综合管廊路径。综合管廊平面中心线应与道路中心线平行，不宜从道路一侧转到另一侧。当综合管廊沿铁路、公路敷设时应与铁路、公路线路平行，当综合管廊与铁路、公路交叉时宜采用垂直交叉方式布置，受条件限制时可倾斜交叉布置但其最小交叉角宜小于30°。

2）综合管廊容纳的管线。电信电缆管线、电力电缆管线、给水管线、热力管线、污雨水排水管线、天然气管线、燃气管线等市政公用管线可纳入综合管廊内。综合管廊内相互无干扰的工程管线可设置在管廊的同一个舱；相互有干扰的工程管线应分别设在管廊的不同室。

3）综合管廊的标准断面。综合管廊的标准断面形式应根据容纳的管线种类、数量、施工方法综合确定（采用明挖现浇施工时宜采用矩形断面；采用明挖预制装配施工时宜应采用矩形断面或圆形断面；采用非开挖技术时宜采用圆形断面）。综合管廊标准断面内部净高应根据容纳的关系种类、数量综合确定。干线综合管廊的内部净高不宜小于 2.1m，支线综合管廊的内部净高不宜小于 1.9m，与其他地下构筑物交叉的局部区段的净高不得小于 1.4m，当不能满足最小净空要求时应改为排管连接。缆线综合管廊的内部净高不宜小于 1.5m。干线综合管廊、支线综合管廊内两侧设置支架和管道时其人行通道最小净宽不应小于 1.0m；当单侧设置支架和管道时其人行通道最小净宽不应小于 0.9m。缆线综合管廊内人行通道的净宽不宜小于相关规范规定。

4）综合管廊的电（光）缆敷设。纳入综合管廊内的电（光）缆，无论在垂直和水平转向部位、电（光）缆热伸缩部位以及蛇行弧部位的弯曲半径均不宜小于规范规定的弯曲半径。电（光）缆的支架层间间距应满足电（光）缆敷设和固定的要求，且在多根电（光）缆同置于一层支架上时应有更换或增设任意电（光）缆的可能，支架竖向层间距应遵守规范规定。电缆支架的最上层布置尺寸应符合规定。

5）综合管廊的管道敷设。纳入综合管廊的管道应采用便于运输、安装的材质并应符合管道安全运行的物理性能。综合管廊的管道安装净距应遵守规范规定。主干管管道进出管廊时应在管廊外部设置阀门井。管道在管廊敷设时应考虑管道的排气阀、排水阀、伸缩补偿器、阀门等配件安装、维护的作业空间。三通、弯头等管道应力比较集中的部位应设置供管道固定用的支墩或预埋件。在综合管廊顶板处应设置供管道及附件安装用的吊钩或拉环，拉环间距不宜小于 10m。

（2）综合管廊土建工程。

综合管廊工程的结构设计使用年限应按建筑物的合理使用年限确定，一般工程不低于50 年。综合管廊结构应按照承载能力极限状态设计并应满足正常使用极限状态的要求。

综合管廊工程抗震设防分类标准应按照乙类建筑物进行抗震设计。综合管廊的结构安全等级应为二级，结构中各类构件的安全等级宜与整个结构的安全等级相同。综合管廊结构构件的裂缝控制等级应为三级，结构构件的最大裂缝宽度限值应为 0.2mm 且不得贯通。综合管廊地下工程的防水设计应根据气候条件、水文地质状况、结构特点、施工方法和使用条件等因素进行，满足结构的安全、耐久性和使用要求，防水等级标准应为二级。对埋设在地表水或地下水以下的综合管廊应根据设计条件计算结构的抗浮稳定（计算时不应计入管廊内管线和设备的自重，其他各项作用均取标准值，并应满足抗浮稳定性抗力系数不低于 1.05）。

1）材料。综合管廊工程中的材料应符合国家现行标准的规定，应根据结构类型、受力条件、使用要求和所处环境等选用并考虑耐久性、可靠性和经济性。主要材料宜采用钢筋混凝土，地下工程部分宜采用自防水混凝土，抗渗等级不应小于 P6。当地基承载力良好、地下水埋深在综合管廊底板以下时，可采用砌体材料。钢筋混凝土结构的混凝土强度等级不应低于 C20。预应力混凝土结构的混凝土强度等级不应低于 C30；当采用钢绞线、钢丝、热处理钢筋作为预应力钢筋时，混凝土强度等级不宜低于 C40。

2）预制装配式结构。仅带纵向拼缝接头的预制拼装综合管廊的截面内力计算模型宜采用闭合框架模型，作用于结构底板的基底反力分布应根据地基条件具体确定（对于地层较为坚硬或经加固处理的地基其基底反力可视为直线分布；对于未经处理的柔软地基其基底反力应按弹性地基上的平面变形截条计算确定）。选用的弹性橡胶与遇水膨胀橡胶等制成的复合密封垫的复合方式应能使两者牢固地结合成一体，弹性橡胶密封垫应采用三元乙丙（EPDM）橡胶或氯丁（CR）橡胶为主要材质且宜采用中间开孔、下部开槽等特殊截面的构造形式（并应制成闭合框型）。

（3）综合管廊附属工程。

1）消防系统。综合管廊的承重结构体的燃烧性能应为不燃烧体且其耐火极限不应低于 2.0h。综合管廊内装修材料除嵌缝材料外应采用不燃材料。综合管廊的防火墙燃烧性能应为不燃烧体且其耐火极限不应低于 3.0h。综合管廊内每隔 200m 应设置防火墙、甲级防火门、阻火包等进行防火分隔。综合管廊的交叉口部位应设置防火墙、甲级防火门进行防火分隔。在综合管廊的人员出入口处，应设置手提式灭火器、黄沙箱等一般灭火器材。在综合管廊的每个防火区间均应设置机械通风系统并兼作排烟系统。综合管廊内应设置火灾报警系统。

2）供电系统。综合管廊供配电系统接线方案、电源供电电压、供电点、供电回路数、容量等应依据管廊建设规模、周边电源情况、管廊运行管理模式，经技术经济比较后合理确定。综合管廊附属设备中消防设备、监控设备、应急照明宜按二级负荷供电，其余用电设备可按三级负荷供电。

3）照明系统。综合管廊内应设正常照明和应急照明且应符合相关要求，综合管廊照明灯具应符合要求，光源应能快速启动点亮，宜采用节能型荧光灯。综合管廊的灯光疏散指示标志应设置在距底板高度 1.0m 以下的墙面上且灯光疏散指示标志间距不应大于 20m。照明回路导线应采用不小于 $1.5mm^2$ 截面的硬铜导线，线路明敷设时宜采用保护管或线槽穿线方式布线。

4）监控系统。综合管廊的监控系统应保证能准确、及时地探测沟内火情，监测有害气体、空气质量、温度等，并应及时将信息传递至监控中心。综合管廊的监控系统宜对沟内的机械风机、排水泵、供电设备、消防设施进行监测和控制，控制方式可采用就地联动控制、远程控制等控制方式。综合管廊内应设置固定式通信系统，电话应与控制中心连通，信号应与通信网络连通。在综合管廊人员出入口或每个防火分区内应设置一个通信点。

5）通风系统。综合管廊宜采用自然通风和机械通风相结合的通风方式。综合管廊的通风口的通风面积应根据综合管廊的截面尺寸、通风区间经计算确定。换气次数应在2次/h以上，换气所需时间不宜超过30min。综合管廊的通风口处风速不宜超过5m/s，综合管廊内部风速不宜超过1.5m/s。综合管廊的通风口应加设能防止小动物进入综合管廊内的金属网格，网孔净尺寸不应大于10mm×10mm。

6）排水系统。综合管廊内应设置自动排水系统。综合管廊的排水区间应根据道路的纵坡确定，排水区间不宜大于200m，应在排水区间的最低点设置集水坑，并设置自动水位排水泵。集水坑的容量应根据渗入综合管廊内的水量和排水扬程确定。综合管廊的底板宜设置排水明沟，并通过排水沟将地面积水汇入集水坑内，排水明沟的坡度不应小于0.5%。综合管廊的排水应就近接入城市排水系统，并应在排水管的上端设置逆止阀。

7）标识系统。在综合管廊主要出入口处应设置综合管廊介绍牌，对综合管廊建设的时间、规模、容纳的管线等情况进行简介。纳入综合管廊的管线应采用符合管线管理单位要求的标志、标识进行区分，标志铭牌每隔100m可设置一块并应标明管线产权单位。在综合管廊的设备旁边应设置设备铭牌，铭牌内应注明设备的名称、基本数据、使用方式以及产权单位。在综合管廊内应设置"禁烟""注意碰头""注意脚下""禁止触摸"等警示、警告标识。

（4）综合管廊运营管理。

综合管廊的维护、管理运营单位应具备相关给水、排水、照明等专业的资质和相应技术人员。运营管理工作制度宜采用三班工作制。综合管廊的工程建设应符合国家现行有关规范、标准的规定。综合管廊应建立建设和管理维护档案，档案资料应按《中华人民共和国档案法》的规定进行整理与统一保管。综合管廊相关设施进行维修及改造后，应将维修和改造的技术资料整理后存档。

11.2.14　城市污水处理

（1）城市水环境保护。

城市水环境保护主要包括城市规划区内的各种地表水体、地下水体和近海水域。城市水环境质量标准应按《地表水环境质量标准》（GB 3838—2002）、《地下水水质标准》（GB/T 14848—93）、《海水水质标准》（GB 3097—1997）执行。应明确重点水域环境得到改善、控制生态环境恶化及城市污废水得到有效治理的规划目标；应明确水环境质量、生态状况明显改善及城市污废水得到根本治理的规划目标。城市水环境功能区划包括地表水环境功能区划、地下水环境功能区划和近岸海域环境功能区划（适用于有近岸海域城市）。地表水环境功能区划分为五类，应按《地表水环境质量标准》（GB 3838—2002）执行。地下水环境功能区划分为五类，应按《地下水水质标准》（GB/T 14848—93）执行。近岸海域环境功能区划分为四类，应按《海水水质标准》（GB 3097—1997）执行。不得降低现状水域使用功能（对于兼有两种以上功能的水域，应按高功能确定保护目标。对于尚待开发的留用备择区，不得随意降级使用）。

应合理调整工业布局；加强废水处理设施的管理，严格控制新污染源产生。应完善城市污水收集及处理系统，加速污水治理的进行，防治水污染。应提高水的重复利用和循环利用率，最大限度减少用水量和排污水量，节约用水。应划定城市饮用水水源保护区（饮用水水源保护区分为地表水饮用水源保护区和地下水饮用水源保护区），地表水饮用水源保护区包括一定面积的水域和陆域，地下水饮用水源保护区指地下水饮用水源地的地表区域（根据不同地区地下水开采程度将地下水划分禁采、限采和控采区，其划分标准应按《饮用水水源保护区划分技术规范》（HJ/T 338—2007）执行，卫生标准应按《生活饮用水卫生标准》（GB 5749—2006）执行。应划定城市滨水功能区，滨水功能区保护规划必须将滨水功能区作为整体进行保护（包括水体、岸线和滨水区）并宜按蓝线、绿线和灰线三个层次进行规划控制。

（2）城市污水处理工艺。

目前我国城市污水处理厂普遍采用二级生物处理工艺，在生物法中有活性污泥法和生物膜法两大类，活性污泥法因其处理效率高在城市污水处理厂得到广泛应用。活性污泥法有许多种型式，使用广泛的主要有以下三种类型（即传统活性污泥法及其改进型 A/O、A2/O、AB 工艺；氧化沟工艺；SBR 工艺）。传统活性污泥及其改进型 A/O、A2/O、AB 工艺处理单元多，操作管理复杂（尤其是污泥厌氧消化工艺，对管理水平要求较高）。污泥厌氧消化可回收一部分能量，只有在污水处理厂设计规模达到 $2.0 \times 10^5 m^3/d$ 以上时才比较经济。中小城市污水处理厂设计规模一般在 $1.0 \times 10^5 m^3/d$ 以下，由于其技术力量相对较弱，故采用氧化沟和 SBR 工艺具有明显优势，其优点表现为 3 个方面，即氧化沟法和 SBR 法的抗冲击负荷能力强且能适应中小城市水质水量变化大的特点；氧化沟和 SBR 法工艺流程简单（通常不设初沉池和污泥消化系统，适合管理水平相对较低的中小城市）；氧化沟和 SBR 法的基建费用低。

1）改进型 Orabl 氧化沟工艺。Orabl 氧化沟由三条椭圆形同心沟渠组成，污水由外沟依次进入中间沟及内沟，各沟内的有机物浓度和溶解氧浓度均不相同，在去除有机物的同时可实现除磷脱氮的目的。经改进的 Orabl 氧化沟设计为雨水分流的运行模式，当雨水高峰流量发生时可将进水切换至中间沟道，而回流污泥仍连续送往外沟道，使其在外沟道储存并得到曝气，可有效地防止活性污泥的流失，同时使有机物得到降解。当雨水冲击负荷停止后，系统切换至正常运行状态。

2）SBR 工艺。SBR 是一种间歇式的活性污泥系统，其基本特征是在一个反应池内完成污水的生化反应、固液分离、排水、排泥。可通过双池或多池组合运行实现连续进出水。SBR 通过对反应池曝气量和溶解氧的控制而实现不同的处理目标，具有很大的灵活性。SBR 池通常每个周期运行 9～6h，当出现雨水高峰流量时 SBR 系统就从正常循环自动切换至雨水运行模式，通过调整其循环周期以适应来水量的变化。SBR 系统通常能够承受 3～5 倍旱流量的冲击负荷。

3）污水回用。中小城市工业用水量约占总用水量的 50%～70% 以上，其中冷却、洗涤等用水量大但水质要求不高。在中小城市污水处理厂设计中，应研究污水回用的可能性，调查研究回用对象及水质要求，并结合回用水水质要求进行污水处理工艺选择，进行厂区总平面布置时，应考虑污水回用的处理用地。

4）生物硝化法。采用以传统活性污泥法为基础的生物硝化方法降解有机物和 NH_3-N，同时采用以化学法除磷的综合处理工艺方案简称"传统法"或"生物硝化法"。生物硝化的工艺流程与传统活性污泥工艺流程一样，只是以去除 BOD_5 为主的传统活性污泥工艺是中等负荷，而生物硝化工艺系低负荷或超低负荷。在曝气池内，BOD_5 被分解转化，有机氮同时被氨化成 NH_3-N，再与进水原有的 NH_3-N 一起被硝化成 NO_3-N。同步的化学沉淀法除磷是在含磷污水中投加溶解度大、渣物少、易于控制的硫酸铁作为混凝剂，使正磷酸盐被置换成难溶的磷酸铁盐，沉淀后随剩余污泥排出，反应方程为 $Fe(SO_4)_3+2PO_4^{3-}\longrightarrow 2FePO_4\downarrow+3SO_4^{2-}$。化学法除磷运转控制灵活，可根据污水中磷的超标程度随时调整铁盐投加量，从而既保证出水中磷的含量达标也能节约污水厂运行成本。工程中一般按去除 1g 磷投加 12g 硫酸铁控制。

5）生物除磷脱氮工艺（A2/O 工艺）。以厌氧/缺氧/好氧即 A/A/O 系统为特征的生物除磷脱氮工艺。其中除磷是通过磷的厌氧释放和好氧吸附两个过程完成的，脱氮是通过好氧硝化和缺氧反硝化两个过程完成的，有机物的降解是在好氧曝气阶段完成的。A/A/O 工艺具有处理效率高，污泥沉降性能好，可以不设沉淀池和污泥消化池等优点。

6）A/O 法。A/O 生物法除磷、生物硝化法脱氮、化学法降解滤液与上清液余磷的处理工艺即为 A/O 法。

11.2.15 城市垃圾处理处置

（1）城市垃圾产生源。

垃圾产生源是指在城市区划内产生垃圾的各种场所。居民生活垃圾产生源是指城市居民家庭产生的垃圾，其产生源定义为居民家庭。清扫保洁垃圾产生源是指城市道路、桥梁、隧道、广场、公园及其他向社会开放的露天公共场所清扫收集的垃圾（其产生源定义为清扫保洁）。绿化作业垃圾产生源是指城市广场、公园、绿化带及其他建成区内种植的花卉、林木场所修建、维护产生的垃圾（其产生源定义为园林绿化）。商业服务业网点垃圾产生源是指城市中各种类型的商业、服务业及专业性服务网点（如超市、邮政所、储蓄所、菜市场、批发市场、餐馆酒楼等等）；大型企业内设的服务网点；体育、娱乐业等场所产生的垃圾，其产生源定义为商业网点。商务事务管理单位垃圾产生源是指各种企业的商务、行政事业、事务管理单位，科技、文化、教育和社会组织等单位所在的场所（楼宇）产生的垃圾，其产生源定义为商务事务单位。医疗卫生单位垃圾产生源是指医院、卫生院、诊所、计划生育、保健、各种专业或公共疾病防治单位和其他卫生活动的单位（包括医学及其生物学科研单位）产生的生活垃圾，其产生源定义为医学单位。交通物流场站垃圾产生源是指城市公共交通、邮政和公路、铁路、水上和航空运输及其相关的辅助活动场所，包括车辆修理、设施维护、物流服务（如装卸）等场所产生的垃圾，其产生源定义为交通物流。建筑施工场所垃圾产生源是指新建、扩建、改建、装饰及维修建、构筑物的工程施工和维修产生建筑垃圾的现场，其产生源定义为建设施工单位。工业企业单位垃圾产生源是指城市中各种类型的工业企业在非生产和非动力供应过程中产生垃圾的场所。其内设的管理机关、生活服务和厂区保洁绿化等可分别列入前述不同的产生源，其产生源定义为工业企业单位。其他现场垃圾产生源是指除以上各类垃圾产生源以外的其他场所（如殡葬）或自然现象（如洪涝、冰雪）等形成的环卫作业量增加的情况，其产生源定义为其他。单一垃圾产生源是指在城市中单一社会、经济活动的单位产生垃圾的场所，或产生垃圾的地点或场所的单位均为同一小类的单位。混合垃圾产生源是指在城市中多个或多种垃圾产生源单位共同使用（租赁）活动场所，共同使用同一垃圾收集点的产生垃圾的地点或场所。特种垃圾产生源是指从事专门的社会、经济活动，产生的垃圾具有显著行业特征，需要或可以进行专门管理和控制的单位或场所。包括前述餐饮等行业，其产生的垃圾统称为特种垃圾。一般垃圾产生源是指人们正常生活和社会活动时产生的，除特种垃圾以外的各种垃圾产生源产生的垃圾统称为一般城市生活垃圾。门店是指分布在城市街道、社区道路两侧的各种经营店面。

（2）城市垃圾产生源分类。

垃圾产生源分类原则是不同场所产生垃圾的物理成分及其构成相似性和同质性；与国民经济行业分类与代码的协调性；城市垃圾清运作业管理在时间和空间上的可操作性；产生国家规定的危险废物的单位（如医疗废物）需要与其生活垃圾的区分性。根据城市垃圾产生的场所可分为以下十个门类，即居民家庭、清扫保洁、园林绿化、商业网点、商务事务单位、医学单位、交通物流、建筑施工单位、工业企业单位、其他。产生源应结合相关条件判定（即根据物权的归属和在工商或税务部门的登记证件或法人代码证；实际从事的社会、经济活动；垃圾成分及其构成），分单一产生源、混合产生源、特种垃圾产生源等3类。以下垃圾产生源应视为特种垃圾产生源，即建筑施工或装饰装潢施工期间产生垃圾的场所；医疗废物产生的场所；餐饮服务业产生餐厨垃圾的场所；园林绿化作业产生垃圾的场所；受化学、物理或生物性污染经鉴别其污染物符合规定的"危险废物"的垃圾产生的场所。产生源的编码方法和代码结构应遵守相关规定。

（3）垃圾排放。

垃圾产生者应按城市管理部门制定的垃圾收集要求统一使用自备或承担垃圾收集服务的单位提供的垃圾袋或其他室内容器。垃圾投放的时间、地点应遵循当地环境卫生主管部门的要求，不应在规定的时间、地点以外排放垃圾。排放的时间和收集线路应根据垃圾的种类、性质和数量，结合排放运输的道路条件等作出统一安排和规定。不应将垃圾投放在垃圾收集容器以外的任何地方。垃圾袋和垃圾容器中不应存放液体废物，食品中的液体废物应沥出后再投入垃圾袋或其他垃圾容器中。供产生源排放垃圾的容器应符合相关规范要求。居民垃圾收集点和道路果皮箱的设置应符合相关规定。清扫垃圾应根据清扫作业区段、时间，由专用垃圾车运送到垃圾收集点或转运站排放。承担垃圾收集服务的单位或个人应具备相应的能力和专业技术条件。承担清运的专用车辆应符合要求。垃圾收集容器和收集点应具有明显的标识，标识文字和图案应符合要求。

1）分类排放。垃圾产生者应按当地环境卫生主管部门的要求的分类类别分别存储、排放垃圾。生活垃圾中包含有厨余、果皮等易腐垃圾的应在24h内投放到收集点的分类垃圾桶中。分类排放、收集的垃圾应符合规定，承担垃圾收集服务的单位应配备相应的分类容器和运输工具。大件垃圾的排放、收集应符合大件垃圾收集和利用技术要求。

2）特种垃圾产生源排放。特种垃圾的产生源应设置适合其垃圾特性和污染防治要求的专门的垃圾收集场所或设施。特种垃圾中属具备危险废物特征的垃圾排放应按环境保护相关规定实行申报、核准制。排放特种垃圾的容器应根据排放垃圾的特性合理选用，严禁将污染性质不同或理化性质不同，混合后会发生反应的垃圾置于同一容器中。排放容器和运输工具的外表面应具备明显标志、标识并符合规定，应有效避免在储存和运输过程中漏撒，污染周边环境。承担特种垃圾收集、运输服务的单位或个人应具备与该垃圾种类相应的专业技术条件和能力。特种垃圾从收集到处理处置的全过程，应有经专门培训的人员操作或由专业技术人员指导进行，严禁在专门的处理处置设施以外混合、焚烧或处置。建筑施工场所产生源的排放应符合要求，应在其产生源范围内分类存放、装运（不应在建设工地范围以外或利用生活垃圾转运站转运建筑垃圾）；承运建筑垃圾的车辆及运输过程应符合规定；渣土类垃圾在堆置待装运过程应采取覆盖措施以防止扬尘污染；泥浆类垃圾应在专用的泥浆池中存放并通过吸污车运输（不应采用改装翻斗车转运）；建设工地出口应设置渣土车底盘冲洗装置（严禁车辆带泥上路）。医学卫生单位垃圾产生源的排放应符合要求，医疗卫生单位对其产生的医疗废物的排放管理应符合国家环保局 2003 年 12 月 26 日发布的《医疗废物集中处置技术规范》（环发〔2003〕206 号）的要求；承运医疗垃圾的车辆应符合规定；各级医疗卫生单位产生的医疗垃圾均应与本单位的生活和办公垃圾严格分开；医学单位产生的垃圾应符合相关规范要求。餐厨垃圾的排放应符合要求。受危险废物污染的生活垃圾排放应符合要求，生活垃圾受到危险废物污染后应对被污染的垃圾进行抽样检测并按规定对其进行管理和处置；突发公共卫生事件的受控地区各种垃圾产生源投放和收集生活垃圾应与其他地区一般垃圾产生源的垃圾分开单独收集并按控制要求进行无害化处理。

（4）城市固体废弃物处置。

城市固体废物主要包括一般固体废物、危险废物、放射性固体废物、其他固体废物四类。一般固体废物包括生活垃圾、一般工业固体废物。危险废物包括医疗废物、电子废弃物、工业危险废物。城市固体废弃物处置推行减量化、资源化、无害化原则；逐步实行城市固体废弃物分类收集、分类运输、分类储存和分类处置。城市固体废物处置场不得建在自然保护区、风景名胜区、生活饮用水源保护区和人口密集的居住区，以及其他需要特殊保护的地区。

生活垃圾处置应符合《城市环境卫生设施规划规范》（GB 50337—2003）、《生活垃圾焚烧污染控制标准》（GB 18485—2014）、《生活垃圾填埋污染控制标准》（GB 16889—2008）和《城市生活垃圾卫生填埋技术规范》（CJJ 17—2004）的规定。一般工业固体废物处置应符合《一般工业固体废物贮存、处置场污染控制标准》（GB 18599—2001）的规定。危险废物集中贮存和处置应符合《危险废物贮存污染控制标准》（GB 18597—2001）、《危险废物填埋污染控制标准》（GB 18598—2001）和《危险废物焚烧污染控制标准》（GB 18484—2001）的规定。医疗废物集中贮存和处置应符合《危险废物焚烧污染控制标准》（GB 18484—2001）、《危险废物贮存污染控制标准》（GB 18597—2001）、《医疗废物集中处置技术规范》（环发〔2003〕206 号）和《医疗废物管理条例》（国务院第 380 号令）的规定，根据城市发展需要可在城市一定区域范围内设置医疗废物集中贮存设施、医疗废物集中焚烧处置设施、医疗废物卫生填埋场等设施（其服务范围可以为一个城市，也可以为多座城市共同设置），医疗废物集中焚烧、填埋处置工程项目的建设宜"近远期结合，统筹规划"（其建设规模、布局和选址应进行技术经济论证、环境影响评价和环境风险评价）。

应建立电子废弃物回收系统，量大的城市可考虑建设废弃家用电器与电子产品处理处置厂和废电池再生资源工厂，其处置应符合《危险废物焚烧污染控制标准》（GB 18484—2001）和《废电池污染防治技术政策》（环发〔2003〕163 号）中的规定。工业危险废物应按照《国家危险废物名录》（环境保护部令第 1 号）、《危险废物鉴别标准》（GB 5085—1996）进行分类鉴别，原则上由生产企业单独处理，并按国家有关危险废物处置规定全过程严格管理和处理处置。城市放射废物处置应在专业部门指导下进行专业处置。应建设城市建筑垃圾消纳场对城市建筑垃圾进行处理，建筑垃圾消纳场的选址必须符合城乡规划并应"大小兼顾、远近结合、防止污染、有效保护、综合利用"还应与城市建筑垃圾源头有效结合以方便处理、方便管理。

11.3　市政工程的历史与发展

市政工程是一门具有悠久历史的学问，市政工程起源于城市的出现并伴随着城市的发展而发展。城市是人类社会经济文化发展到一定阶段的产物，目前关于城市起源的原因和时间及其作用学术界尚无定论，一般认为，城市的出现以社会生产力除能满足人们基本生存需要外尚有剩余产品为其基本条件。城市是一定地域范围内的社会政治经济文化的中心，城市的形成是人类文明史上的一个飞跃。城市的发展既是人类居住环境不断演变的过程，也是人类自觉和不自觉地对居住环境进行改造完善的过程，在中国陕西省临潼县城北的新石器时代聚落姜寨遗址可以想象古代城市的景象（我们的先人在村寨选址、土地利用、建筑布局和朝向安排、公共空间的开辟以及防御设施的营建等方面运用原始的技术条件巧妙经营，建成了适合于当时社会结构的居住环境）。城市是一个多元的复合型社会而且还是不同类型人群高度聚集的地区，各个群体为了自身的生存和发展都希望谋求最适合自己、对自己最为有利的发展空间，因此也就必然会出现相互之间的竞争，这就需要有调停者来处理相关的竞争性事务（城市政府就担当着调停者的角色）。城市应满足市民的基本生活需求，于是被称为"城市生命线工程"的市政工程应运而生，现代市政工程涉及的领域非常广阔。狭义的"市政工程"是指市政设施建设工程，所谓"市政设施"是指在城市市区、镇（乡）规划建设范围内设置的、基于政府责任和义务为居民提供有偿或无偿公共产品和服务的各种建筑物、构筑物、设备等。在我国，市政工程属于国家基础建设的重要组成部分，是指城市建设中的各种公共交通设施、给水、排水、燃气、通信、城市防洪、环境卫生及照明等基础设施的建设工作，是城市生存和发展必不可少的物质基础，也是提高人民生活水平和对外开放能力的基本条件。20 世纪 80 年代以前，我国常把城市公用设施称之为"市政工程设施"（主要指由政府投资建设的城市道路、供水、排水等城市工程），改革开放后有关研究城市问题的专家提出应以城市基础设施取代"市政工程设施"的叫法并将其统称为"市政工程"。市政工程作为现代城市的生命线工程其作用举足轻重，市政工程的缺位与失误会严重制约城市的发展（甚至会导致城市灾害的发生），因此，各级城市政府必须对市政工程给予足够的重视。

现代市政工程通常属于国家基础建设工程，是城市生存和发展必不可少的物质基础，是提高人民生活水平和对外交流的基本条件，其包括城市范围内的道路、桥梁、广场、隧道、地下通道、轨道交通、园林、防洪、排水、供水、供气、供热、综合管廊、污水处理、垃圾处理处置等工程及附属设施建设。城市化是当代人类发展的主旋律，作为城市生命线的市政工程的作用必将越来越大、越来越受到关注和重视。

思 考 题

1. 谈谈你对市政工程的认识。
2. 市政工程的服务领域有哪些？
3. 简述市政工程设计的宏观要求。
4. 简述市政工程施工的宏观要求。
5. 你对市政工程的发展有何想法与建议？

第 12 章　岩土工程的学科体系

12.1　岩土工程的特点

　　岩土工程学是研究人工干预条件下岩土（岩层、土层）的结构和性质的变化规律以及岩土与毗邻工程结构物间相互作用规律的科学。岩土工程学是地球科学（比如基础地质学、工程地质学、水文地质学、环境地质学、地球化学、地球物理学、土质学、岩石学、地质勘察工程学等）、力学（比如土力学、岩石力学、材料力学、理论力学、流体力学、弹性力学、塑性力学、黏弹性力学、弹塑性力学、振动力学、爆炸力学）、结构工程学（比如基础工程学、地下结构工程学、地基改良学）的有机集成与综合，其主要以工程地质学、岩体力学、土力学、基础工程学为基础理论研究和解决工程建设中与岩土有关的各种技术问题。

　　我国大陆的岩土工程一词译自 Geotechnique 或 Geotechnical Engineering，其早期也曾被译为"土工学"（或者说是研究"防灾"更合适一些。我国台湾地区则将 Geotechnical Engineering 译为"大地工程"或"地工技术"，我国香港则称其为"土力工程"）。我国《岩土工程基本术语标准》（GB/T 50279—1998）中将岩土工程定义为"土木工程中涉及岩石、土的利用、处理或改良的科学技术"。国际著名的岩土工程专家 I. K. Lee 在其《Geotechnical Engineering》序言中指出"岩土工程是目前通用的名词，包含着那些可直接应用于求解土与岩石工程问题的一系列学科"。实际上，岩土工程是广义土木工程中解决与土和岩石有关的工程问题的学科。

　　（1）岩土工程的学科属性。

　　由于岩土工程涉及土和岩石两种性质不同的材料，解决土和岩石的工程问题不仅需要应用数学和力学，而且还需要运用地质学的知识，因此岩土工程并不是一门单一的学科（任何单一学科都不足以覆盖岩土工程丰富的内涵），而是以土力学与基础工程、岩石力学与工程为基础的与工程地质学密切结合的综合性学科。岩土工程是从工学角度出发、以工程为目的研究岩石和土的工程性质的，当岩土的工程性质或岩土环境不能满足工程要求时就需要采取工程措施对岩土进行整治和改造，这其中不仅涉及到对岩土性质的认识问题，而且还需要研究如何采用有效的、经济的方法实现工程目的，因此，岩土工程是以岩石和土的利用、整治或改造作为研究内容的。岩土工程不是一门独立于土木工程学科之外的学科，而是寓于各结构物主体工程之中的学科（比如它服务于建筑工程就是建筑工程的一部分；服务于桥梁工程就是桥梁工程的组成部分；服务于铁路工程就是铁路工程的一部分；服务于公路工程就是公路工程的一部分），亦即岩土工程是它所服务的学科的组成部分，或者说没有不从属于主体工程的岩土工程。当然，岩土工程并不是简单地服从于主体工程，其有其自身的、特有的、不同于上部结构的规律和研究方法，其将岩土的共同规律从各种主体工程中分离、归纳出来进行研究以便能更好地解决与应对各种工程问题。所以说，岩土工程是服务于各类主体工程的勘察、设计与施工全过程的，是这些主体工程的不可分割的组成部分。

(2) 岩土工程的分支学科。

岩土工程是一门综合性的学科，是在许多学科先后发展的基础上逐步融合形成的，岩土工程学科的形成是一个学科综合与交叉的过程，在综合之中又会不断衍生出一些新的学科，因此，岩土工程的分支学科包括基本学科和交叉学科两类。基本学科主要包括土力学与基础工程学、岩石力学与工程、工程地质学三个。交叉学科是在岩土工程基本形成以后因工程实践需要和科学技术发展而逐步自然形成的分支学科（比如环境岩土工程学等。岩土环境问题是大多数工业化国家面临的影响可持续发展的问题，工业发展愈迅速则废弃物愈多，处理和处置日渐增多的废弃物是环境岩土工程的一项重要研究课题。另外，水质与地下水污染以及污染质的传输也是环境岩土工程师面临的技术难题。环境岩土工程的另一个领域是废弃物和污染质的特性研究，即研究其物理、力学与化学性质；研究岩土介质与污染质之间的相互作用，这也是环境岩土工程的重要的、基础性研究内容）。

(3) 岩土工程的作用。

人类生存发展的历史就是一部对土和岩石利用、处理和改良的历史，现代经济建设和社会发展更离不开对岩土的整治、利用和改造。很多情况下，岩土工程决定工程建设的成败，因此，岩土工程是社会可持续发展的重要保证。由岩层和土层构成的浅层地壳及表面是工程建设的基地、工程结构物的地基、地下结构的环境，也是土工构筑物填筑材料的来源，岩层和土层的构造、工程性质直接影响工程建设的质量与造价，因岩土条件认知偏差导致的工程灾难和事故不胜枚举，人类是在与大自然斗争的历史长河中从正、反两方面不断提高岩土的认识水平的（经历了从正确认识岩土到利用和改造岩土的过程，也逐步懂得了岩土工程的作用与重要性），工程实践推动下的岩土工程自然也就根深叶茂、蓬勃繁荣了。

岩土工程事故具有突发性、灾害性和全局性特征，其不仅会使工程全军覆没，而且常会殃及四邻、危害环境。因此，为防止工程事故产生就必须在重要工程的各个阶段都十分重视岩土工程的勘察、设计、施工和检测工作（工程建设的阶段不同其岩土工程对主体工程的作用与影响也必然不同）。工程可行性研究阶段的岩土工程问题常是工程可行性评价的决定性内容（当工程地质、水文地质条件不容许建设相应项目时则只能放弃这一场地）；施工图设计阶段一旦岩土性状不符合工程要求而需采取相应工程措施则必会使造价上升且事故发生的可能性也将急剧增加（施工阶段，岩土工程的施工技术、施工质量、施工工期和造价对整个工程常具有关键性作用。特别是三峡工程、南水北调工程之类的重大工程，其与岩土工程的关系更为密切，其岩土工程的工程量和造价都占相当大的比例，这些工程的决策、设计、施工都在很大程度上依赖于岩土工程勘察成果和试验研究成果）。

12.2　岩土工程的技术体系

　　"Geotechnique"一词最早出现在库伦著名的土压力论文《极大极小原理应用于建筑中的静力学问题》的末尾,"岩土工程"这一名词较广泛地出现在西方国家的技术文献资料中是从 1948 年英国《岩土工程》杂志创刊时开始的〔那时借用了法文 geotechnique 这个词作为杂志的名称,但在创刊号的封面上写明了《岩土工程(国际土力学杂志)》,24年以后就只写《岩土工程》而不再加注土力学了〕,可见,"岩土工程"那时是作为"土力学"或"土力学与基础工程"的同义语出现的。自 1950 年英国岩土工程协会(British Geotechnical Society)成立后岩土工程的涵义得以逐渐扩大,但岩土工程这个名词至今仍可认为是广义土力学(或土力学与基础工程)的同义语。岩土工程是以土力学与基础工程为基本内容逐步发展起来的并加入了工程地质学元素。早期,人们习惯将岩石力学作为土力学的一个分支或地质力学的一个分支,后来随着工程技术的发展,岩石力学逐渐形成一门独立的学科(若以 1963 年国际岩石力学学会成立作为岩石力学发展的里程碑的话,其至今也只有五十余年的历史,尽管其起源晚于土力学但其发展却非常迅速)。土力学、岩石力学与工程地质这三门构成岩土工程的基本学科在当前岩土工程发展中的作用与地位日益凸现,支撑起了岩土工程的科学大厦。

12.2.1　土力学的学科特点

　　土力学是运用数学、力学方法研究土体的应力与应变、强度与稳定性状的学科,是力学的一个分支。但由于土是一种特殊的变形体材料,其应力应变关系不同于一般的变形体材料,因此土力学还要着重研究土的物理、力学性质的试验方法和工程特性的变化规律。土力学主要研究土的物理、化学和力学性质及土体在荷载、水、温度等外界因素作用下的工程性状,土力学发展过程中形成了许多分支,从不同的研究角度可形成不同的分支学科(以土的类型的不同可分为冻土、非饱和土等不同的特殊土类;以研究方法不同可分为计算或实验;以所研究的土的特性不同可分为土的动力性或随机性等)。总体上讲,土力学的主要分支学科有土动力学、计算土力学、实验土力学、非饱和土力学、冻土力学、随机土力学等。

　　土力学是研究土的形成、构造以及各种作用条件下土结构及性能变化规律的科学。狭义上讲,土力学主要是解决土体的变形和稳定两大基本问题的(对土木工程而言)。所谓"土"是指岩石风化颗粒的堆积物,所谓"地球土"是指地球表面的整体岩石在大气中经受长期的风化作用而形成的、覆盖在地表上碎散的、没有胶结或胶结很弱的颗粒堆积物。土是岩石风化的产物,具有碎散性、强度低,受力以后易变形,为非连续介质,其体积变化主要是孔隙变化,其剪切变形主要由颗粒相对位移引起。土为三相体系,包括由土骨架组成的固相主体,以水为主的液相部分,以空气为主的气相部分。土体受力后由土骨架、孔隙介质等多相介质共同承担并存在着复杂的相互作用过程且伴有孔隙流体的流动。土是自然界的产物,具有自然变异性(即非均匀性、各向异性、结构性、时空变异性)。由于土为三相体系且具有碎散性和自然变异性,故其力学特性复杂并会表现出独特的变形特性、强度特性、渗透特性,这也就决定了土力学的独特学科特征。大家知道,理论力学的研究对象是质点或刚体，材料力学、结构力学、弹性力学研究的是连续固体（材料力学的研究对象是单个弹性杆件，比如杆、轴、梁。结构力学的研究对象是若干弹性杆件组成的杆件结构。弹性力学的研究对象是弹性实体结构或板壳结构），水力学研究的是连续流体（其研究对象是不可压缩的连续流体，比如水、石油、等液体），而土力学的研究对象则是碎散材料（即天然的三相碎散堆积物），土力学研究的核心问题是土体的应力、变形、强度、渗流和长期稳定性，属于工程力学的一个分支。狭义上讲，连续介质力学的基本知识以及描述碎散体特性的理论是土力学的支撑。

12.2.2 岩石力学的学科特点

岩石力学是关于岩石力学性态理论和应用的学科，是与岩石性态对物理环境的力场反应有关的力学分支。也是以地质学为基础，运用力学和物理学原理研究岩石在外力作用下的物理力学性状的理论和应用的学科。岩石力学主要研究岩石过去的历史、现在的状况以及将来的行为。岩石工程主要包括岩石地基、岩石边坡和洞室工程。按研究内容与应用领域的不同，岩石力学的分支学科有岩石流变力学、岩石动力学、采矿岩石力学和石油工程岩石力学等。

岩石力学是运用力学原理和方法来研究岩石的受力特征以及与力学有关的现象一门科学，其与国民经济基础建设、资源开发、环境保护、减灾防灾有着密切的联系且具有重要的实用价值。岩石力学是力学和地学结合的一个交叉型基础学科。岩石力学的发生与发展与其他学科一样也是与人类的生产活动紧密相关的，建于秦昭襄王末年（约公元前 276—前 251 年）的四川都江堰水利工程可以说是人类运用岩石力学知识的初步实践，岩石力学真正成为一门学科应该从 20 世纪 50 年代前后算起（当时世界各国正处于第二次世界大战以后的经济恢复时期，大规模的基本建设有力地促进了岩石力学的研究与实践。岩石力学逐渐成为一门独立的学科并日益受到重视）。近 60 年来，岩石力学作为研究相当活跃的岩土工程三大基础学科（即岩体力学、土力学、基础工程学）之一获得了长足的进步，为许多大型或特大型工程（比如海底隧道、铁路隧道、水电站地下厂房、水利工程等）的建设做出了不可磨灭的贡献。岩石力学研究是伴随着对岩石物理力学性质认识的逐渐深入而不断发展的，所有理论及方法都始终围绕着如何正确反映和预测岩石力学性质和行为进行，与此同时，岩石力学的基础研究成就也极大地促进了岩土工程建设的发展和技术、方法的进步。岩体的基本力学性质主要体现在 3 个方面，即岩体的强度性质、岩体的变形性质、岩体的破坏特性。岩体的强度性质主要反映岩体在各种荷载情况下的承载能力，岩体的变形性质主要反映岩体在荷载作用下的应力应变（变形）关系并表现为施加荷载时的应力（压力）—应变（位移）关系曲线，岩体的破坏特性主要反映岩体超过承载能力后发生的大变形或破坏的形式。岩体结构面是具有一定形态而且普遍存在的地质构造迹象的平面或曲面，不同的结构面其力学性质不同、规模大小不一，不连续面切割的岩体可以看成是由岩石、岩块和结构面（节理、裂隙、层面等）组成的复合体，结构面的力学性质是岩体力学性质的重要组成部分，以上所谓"结构面"主要是那些力学性能比完整且岩石差得多的不连续面（有时也称之为弱面。有些不连续面（比如新鲜花岗岩中的一些薄层岩脉）与岩体结合十分紧密且其强度不低于周围岩体，故一般可不研究它的力学性质），力学性能较差的结构面（弱面）包括断层、剪切破碎带、节理面、层间错动面、泥化面、混凝土和基岩的胶结面、等（大的断层带宽度大，还包含多种构造岩和多条弱面，但一般注意的主要是其中最弱的主断面），结构面的力学性质也包括变形性质和强度性质 2 个方面（强度性质主要指抗剪强度，这是结构面影响岩体力学性质的主要因素。对于较宽的断层和充填物较厚的节理面也要研究其变形性质。为满足有限元分析的需要有时还需要研究结构面的切向刚度系数 K_s 和法向刚度系数 K。影响结构面力学性质的因素主要有粗糙度、平整度、充填物（性状、厚度）、围岩性状，硬性结构面抗剪强度的因素除了与围岩性质有关外还主要受结构面的粗糙度和平整度影响，软弱结构面的抗剪强度则取决于充填物性质和状态、充填厚度与结构面起伏度之间的关系以及荷载作用时间的长短）。块体理论是岩石力学的重要理论之一，围岩岩体除极完整和极破碎外一般都会被结构面自身及工程开挖面共同切割成随机分布的个别块体和群体，于是就有了块体理论，块体理论认为在开挖面上揭露的块体可分为不稳定的危险块体和稳定块体（在这些块体中还存在影响围岩稳定的"关键块体"）。块体理论针对个性各异岩体中具有切割体（结构面）这一共性、根据集合论拓扑学原理、运用矢量分析和全空间赤平投影图形方法构造出可能有的一切块体类型，进而将这些块体和开挖面的关系分为稳定块体、潜在关键块体、关键块体和不可移动块体，然后在确定出关键块体后进行稳定性分析和支护设计。隧道围岩的分级及本构模型是岩石力学研究的热点，围岩分类法以其简单、明了的特点而在实际工程设计与计算过程中得到广泛应用，典型的围岩稳定性分类方法主要有 Stini 法、Franklin 法、Bieniawski 的 RMR 法和 Barton 等人的 Q 法以及 1995 年由 Arild Palmstrom 提出的 RMI（Rock Mass Index）法等。从 19 世纪人类对松散地层（主要是土层）围岩稳定和围岩压力理论进行研究开始到现在，岩石本构理论就是研究岩石在力学、物理、化学作用下岩石的力学行为，它是进行岩石力学分析、模拟与研究的基础和出发点，是岩石力学研究的核心问题，由于岩石是一种结构非常复杂的地质材料，其本构理论的许多基本问题目前尚未认识清楚（岩石的非线性体积变化使传统固体力学中有关材料体积线性变化的假设不再成立，岩石非正交塑性流动法则颠覆了现代塑性力学的基础——Drucker 公设，岩石破坏后的应变软化特性以及变形失稳过程不仅是岩石力学非线性本构研究的难点也是传统固体力学中的核心研究课题。在一定条件下，一些岩石在软化区是稳定的而对另一些岩石来讲其在软化区是不稳定的，即使同种岩石在不同条件下的软化区稳定性也不相同。另外，本构模型中的实验参数的确定也非常复杂并具有很大的随机性和不确定性）。围岩压力理论经历了古典压力理论、散体压力理论、弹性力学理论、塑性力学理论等历史过程，流变理论也被引入到围岩稳定性分析中（深埋隧道因其埋深大会使围岩表现出强烈的流变特性，软弱围岩本身流变特性就非常）。随着现代数学、力学和计算机科学的迅速发展以及岩土工程实践的需要，许多学科（比如分形几何、分叉、混沌、突变理论、协同论等）已渗透到岩石力学领域并推动了岩石力学的发展。

12.2.3　工程地质学的学科特点

工程地质学是在地质学与建筑工程学、矿山工程学、水利工程学等的边缘上形成和发展起来的学科，是通过调查、研究及解决与各类工程建设有关的地质问题的学科，从体系上说工程地质学属于地质学的一个分支学科。工程地质学也研究与工程活动有关的地质环境及其评价、预测和保护问题。工程地质学按其研究内容的不同可分为普通工程地质学、专门工程地质学、区域工程地质学、海洋工程地质学、计算工程地质学、城市工程地质学等。

土木结构基础是构建在土层或岩层之上的，其影响范围可达地下一定深度（目前约为地下 300m 以内），要确保土木工程结构物的安全与稳定就必须对其地基及作用层（土层和岩层）的地质构造、形成机制、受力性状等进行深入、全面的了解、测试与分析，这种了解、测试与分析必须借助地质勘查技术，因此，工程地质也就成了土木结构基础工程学的一个重要技术依托学科，进行土木结构基础设计及施工必须掌握足够的工程地质学知识。

工程地质学是研究与人类各种工程建设等活动有关的地质问题的学科，是地质学的一个重要分支。工程地质学研究的目的在于查明建设地区或建筑场地的工程地质条件，分析、预测和评价可能存在和发生的工程地质问题以及对建筑物和地质环境产生的影响和危害，提出防治各种不良地质现象的措施，为最大限度地确保工程建设规划的合理性以及建筑物的正确设计、顺利施工和正常使用提供可靠的地质科学依据。工程地质学产生于地质学的发展和人类工程活动经验的积累中，具有悠久的历史（其萌芽可追溯到公元前 1000 年左右），17 世纪前许多国家虽然成功地建成了许多至今仍享有盛名的伟大建筑但人们在建筑实践中对地质环境的考虑仍完全依赖建筑者个人的感性认识，17 世纪后产业革命兴起、建设事业繁荣使得地质环境对建筑物影响的文献资料逐渐得以积累，第一次世界大战结束后整个世界进入了大规模建设时期催生了现代工程地质学的萌芽，1929 年奥地利科学家泰萨基（Karl Terzaghi，1883—1963 年，美籍奥地利土力学家，现代土力学的创始人）与其他几位学者共同编撰出版的世界第一部与工程地质学有关的专著《工程师应用地质学》（泰萨基最有名的著作是 1925 年出版的德文版土力学专著《Erdbaumechanik auf Bodenphysikalischer Grundlage》和 1937 年苏联科学家萨瓦连斯基（Х. Л. Саваренского，1881—1946 年，英文译名 Savarenski Fiodor Petrovich）出版的《工程地质学》为现代工程地质学做了奠基，上个世纪 50 年代以来工程地质学逐渐吸收了土力学、岩石力学和计算数学中的某些理论和方法使工程地质学的内容和体系得以不断完善与发展了。工程地质学主要研究内容包括建设地区和建筑场地中的岩体、土体的空间分布规律和工程地质性质（包括控制这些性质的岩石和土的成分和结构以及在自然条件和工程作用下这些性质的变化趋向）并对岩石和土的工程地质进行分类；建设地区和建筑场地范围内在自然条件下和工程建筑活动中发生和可能发生的各种地质作用和工程地质问题的分析和预测（例如地震、滑坡、泥石流，以及诱发地震、地基沉陷、人工边坡和地下洞室围岩的变形和破坏、开采地下水引起的大面积地面沉降、地下采矿引起的地表塌陷，及其发生的条件、过程、规模和机制，评价它们对工程建设和地质环境造成的危害程度）；防治不良地质作用的有效措施等。各类工程建筑物的结构、作用、所在空间范围内的环境不同因此可能发生的地质作用和工程地质问题也不同，故工程地质学往往又被进一步细分为水利水电工程地质学、道路工程地质学、采矿工程地质学、海港和海洋工程地质学、环境工程地质学、城市工程地质学、工程地震学等。工程地质学的研究方法多种多样，有运用地质学理论和方法查明工程地质条件和地质现象空间分布、发展趋向的地质学方法；有测定岩、土体物理及化学特性和测试地应力等的实验测试方法；有利用测试数据定量分析评价工程地质问题的计算方法；也有利用相似材料和各种数理方法再现和预测地质作用的发生、发展过程的模拟方法。计算机技术的普及使工程地质专家系统（即将专家们的智慧存储在计算机中以备咨询和处理疑难问题）得以逐步建立。

工程地质学要解决大量工程建设问题（从工程的规划、设计、施工到建成运行）并涉及到工程质量、环境影响、结构安全、长期稳定和风险对策等多方面因素的相互作用和制约问题，另外，工程的兴建又会对周边的自然和社会环境产生影响，因此，工程地质学至少是地质和工程两个学科的结合，而地质和工程又各自拥有大量分支学科和学科领域，故工程地质学所要解决的是系统工程问题，也就导致了工程地质系统的多层、多元、开放、复杂性，从某种意义上讲，工程地质学是一个巨系统，在工程地质学科中必须应用和发展系统工程学理论和方法，工程地质学与人口、资源、环境这三大课题的研究都有着密切关系，因此其发展应用前景广阔。近代工程地质学的发展总体上经历了三个不同的发展阶段并形成了区域工程地质学、地质工程学、环境工程地质学、城市工程地质学、工程地质预测学等分支学科和发展方向。现代工程地质工作已不仅仅局限于工程地质条件评价、各类地质工程稳定性评价或工程地质预报，其还研究不良地质条件的改造与地质工程施工问题以及环境工程地质问题，形成了以工程地质体改造和防止人类工程活动对地质环境的不利影响为核心的科学体系。大体上从第二次世界大战后至 20 世纪 60 年代为经典工程地质学阶段（也可称之为"工程地质条件和质量评价研究阶段"），是近代工程地质学的形成和初步发展阶段，该阶段工程地质学的主要工作是研究具体工程的工程地质条件并为具体工程的规划、设计和施工提供地质资料和数据，其目的是为具体工程寻找工程地质条件优良的建筑地址，故也有人将这个阶段称为"找址工程地质学"（或条件工程地质学阶段）。从 20 世纪 60—70 年代为特征工程地质学阶段，该阶段工程地质学的任务主要是开展以地质体稳定性分析为特征的工程地质灾害评价预测预报研究，其目的是防治工程地质灾害以确保工程在经济上合理利用、在运行上安全可靠，因此也被称为"防灾工程地质学"阶段（或问题工程地质学阶段）。从 20 世纪 80 年代开始至今为集成工程地质学阶段，这个阶段的世界科学技术飞速发展、地球科学向着国际化和统一化方向迅速发展、人类工程经济活动的广度和深度不断扩大、环境污染和破坏日趋严重，因此，合理开发利用资源和保护治理环境就成为迫切需要解决的世界性重大课题，从而促进了环境科学学科体系的迅速形成和发展，许多不良地质体的改造推动了工程地质学的发展催生了环境工程地质学，因此也有人将其称之为"地质工程学和环境工程地质学"阶段。集成工程地质学是研究工程与地质、人与地球关系的学科，是研究人类工程经济活动中产生的各种地质作用与环境的科学，也是研究工程、地质体和环境之间的相互作用关系及有关问题的科学。现代工程地质学具有自己独特的工程地质思维模式，所谓"工程地质思维模式"是指通过分析解决人类经济活动过程中的工程地质问题而逐渐形成了相应的特定思维模式，是理论和实践相结合的产物。工程地质思维模式大致可总结归纳为以下 5 种形式，即地质演变思维（从地质介质的过往发展规律来推测其在工程条件下可能的发展趋势，即重视地质介质的自然特性和地球演化，这是工程地质学工作者有别于土木工程人员的独特思维模式）、地质结构思维（控制地质介质特性的主要决定性因素是地质介质的结构，只有从建筑工程与地质结构结合成的角度整体上考虑问题才能更好地为工程建筑物的经济性和安全性服务）、地质工程思维（工程地质工作主要围绕工程的规划、设计和施工开展，因此，理所当然地会出现地质与工程的结合问题，二者之间既互相制约又相互补偿，必须在对工程地质问题定量分析的基础上发挥工程作用，由此就产生了地质工程思维或岩土工程思维）、环境工程地质思维（大量工程实践表面，人类生产、生活、生存发展活动中的工程建设质量不仅取决于工区的工程地质条件的认识程度，重要的还在于对工区地质环境质量的认识程度，由此也就产生了地质、环境和工程相结合的思维）、工程地质系统思维（由于工程地质作用具有复杂性、不确定性和非线性等特点，因此，在工程地质分析中必须考虑不同层面、相互作用的诸多因素，即必须把工程地质作为一个开放的复杂系统来研究）。工程地质学分支学科很多，主要有区域工程地质学、地质工程学、环境工程地质学、城市工程地质学、系统工程地质学、工程地质预测学等。现代工程地质学研究方法主要有地质学法、实验和测试法、计算法和模拟法。

12.2.4　基础工程学的学科特点

基础工程学涵盖各种类型建筑物、构筑物的各类基础及地基处理的设计与施工技术，其研究领域非常广泛。基础工程服务于各种类型建筑物与结构物（包括建筑工程、桥梁工程、水工建筑物、港工建筑物、海上平台等各种陆上、水上、水下和地下的结构物）以及以土作为材料的工程和以土作为结构物环境的工程（如堤坝、土中隧道等的设计与施工方法）。基础工程的研究内容包括浅基础、深基础和桩基础、地基处理、支挡结构物、基坑工程以及现场监测技术、地基与基础的共同作用分析技术等，几乎囊括了所有与土有关的结构工程的设计计算技术以及实施设计意图的施工技术和施工组织管理。

土木结构基础工程学是研究土木结构物的基础设计及施工理论、技术与方法的科学，土木结构基础工程学是一个具有一定综合性的科学体系，土木结构基础工程学与土力学、岩石学、工程地质学、结构工程学、力学、数学等学科有着非常紧密的联系，土木结构基础工程学以数学为基础、力学为支撑、工程技术科学为工具构建起了自己的科学体系。任何土木工程结构（包括公路、铁路、各种建筑物、各种构筑物、各类桥梁、各类水工结构、各类线路工程土建结构等）都是建造在一定的地层之上的，土木工程结构的全部荷载都是由它下面的地层来承受的。受土木工程结构物影响的那一部分地层被称为地基，土木工程结构物与地基接触的部分被称为基础。土木结构基础工程学的核心工作是解决土木工程结构物地基与基础的设计与施工问题。不难理解，地基与基础在各种荷载作用下将产生附加应力和变形，因此，为保证土木工程结构物的正常使用及安全必须要求其地基与基础应具有足够的强度和稳定性且其变形也应在允许的范围以内，为此，人们通常根据土木工程结构物下覆地层的变化情况、上部结构要求、荷载特点和施工技术水平等实际情况确定采用的适宜的地基和基础形式。目前人们习惯将土木工程结构物地基分为天然地基与人工地基等两大类，未经人工处理就可满足设计要求的地基被称为天然地基，若天然地层土质过于软弱（或存在不良工程地质问题）而必须通过人工加固或处理后才能满足设计要求的地基则被称为人工地基。另外，人们还习惯根据土木工程结构物基础埋置深度的不同将土木工程结构基础分为浅基础和深基础等两大类，即将埋置深度较浅（一般在数米以内）且施工简单的基础称为浅基础，若浅层土质不良而需将基础置于较深的良好土层上且施工较复杂时则被称为深基础，有些基础虽然埋置在土层内深度较浅但其在水下部分较深也应该作为深基础进行处理（比如深水中桥墩基础，也被称为深水基础）。大量工程实践表明，土木工程结构物地基与基础设计和施工质量的优劣对整个土木工程结构物的质量和正常使用起着根本的、决定性作用，基础工程属于隐蔽工程，基础工程有缺陷时较难发现也较难弥补和修复，而这些缺陷又往往会直接影响到整个土木工程结构物的使用甚至安全，因此，地基与基础的设计和施工质量具有关键性的重要作用。基础工程的施工进度对整个土木工程结构物的施工进度具有较大的控制作用，基础工程的造价在整个土木工程结构物造价中也通常会占相当大的比例（尤其是在复杂地质条件下或深水中修建基础），因此，基础工程必须精心设计、精心施工。

土木工程结构物地基与基础的设计方案以及计算中有关参数的选用都与当地地质条件、水文条件、上部结构形式、荷载特性、材料情况及施工要求等因素密切关联，其施工方案和施工方法也应该结合设计要求、现场地形、地质条件、施工技术设备、施工季节、气候和水文等情况合理确定，因此，土木工程结构物地基与基础设计应在事前通过详细的调查研究以充分掌握必要的、符合实际情况的资料。

基础工程设计计算的目的是设计一个安全、经济和可行的地基及基础以保证结构物的安全和正常使用，因此，基础工程设计计算的基本原则有 4 个，即基础底面的压力应小于地基的容许承载力；地基及基础的变形值应小于土木工程结构物要求的沉降值；地基及基础的整体稳定性应有足够的保证；基础本身的强度应满足要求。基础工程设计应考虑地基、基础、上部结构的整体作用问题，因此，基础工程设计是一个系统性的设计工作。基础工程设计应采用极限状态设计法，应用可靠度理论进行工程结构设计是目前国际上的主流设计方法，可靠性分析设计又称概率极限状态设计，所谓"可靠性"是指系统在规定的时间内、规定的条件下完成预定功能的概率（系统不能完成预定功能的概率被称为"失效概率"），这种以统计分析确定的失效概率来度量系统可靠性的方法即为概率极限状态设计方法。我国现行《建筑结构可靠度设计统一标准》（GB 50068—2001）采用了概率极限状态设计方法并以分项系数描述的设计表达式代替原来的用总安全系数描述的设计表达式。土木工程结构物地基与基础的设计应遵守我国现行《建筑地基基础设计规范》（GB 50007—2011）、《建筑结构荷载规范》（GB 50009—2012）、《工程结构可靠性设计统一标准》（GB 50153—2008）等相关规范。

由于地基土是在漫长地质年代中形成的、是大自然的产物，因此其性质十分复杂（不仅不同地点的土性可以差别很大，即使同一地点、同一土层的土其性质也会随位置的不同而发生变化）并具有比任何人工材料大得多的变异性（其复杂性质不仅难以人为控制而且要清楚地认识它也非常困难），在进行地基可靠性研究过程中的各个环节（比如取样、代表性样品选择、试验、成果整理分析等）都有可能带来一系列的不确定性并会增加测试数据的变异性进而影响到最终分析结果。地基土因位置不同引起的固有可变性、样品测值与真实土性值间的差异性以及有限数量所造成误差等构成了地基土材料特性变异的主要来源，这种变异性比一般人工材料的变异性大，因此，地基可靠性分析的精度在很大程度上取决于土性参数统计分析的精度，如何恰当地对地基土性参数进行概率统计分析是基础工程最重要的问题之一。

基础工程极限状态设计与结构极限状态设计比具有特定的物理特性和几何特性。地基是一个半无限体，故其与板、梁、柱组成的结构体系完全不同，结构工程中可靠性研究的第一步是解决单一构件的可靠度问题，地基设计与结构设计不同的地方在于无论是地基稳定和强度问题或者是变形问题其求解的都是整个地基的综合响应（即地基的可靠性研究无法区分构件与体系，从一开始就必须将其作为半无限体的连续介质对待或至少将其视为一个大范围连续体，显然，这样的验算不论是从计算模型还是涉及的参数方面都比单构件的可靠性分析复杂得多）。在结构工程设计时所验算的截面尺寸与材料试样尺寸之比并不很大但在地基问题中却不然（地基受力影响范围的体积与土样体积之比非常大），这就引起了两方面的问题，一是小尺寸的试件如何代表实际工程的性状问题，二是地基范围大的问题（决定地基性状的因素不仅是一点土的特性，而是取决于一定空间范围内的平均土层特性，这是结构工程与基础工程在可靠度分析方面的最基本的区别之所在）。

12.2.5 工程勘察学的学科特点

地基勘察的目的是调查、研究、分析和评价建筑场地和地基的工程地质条件，为设计和施工提供所需的工程地质资料。地基勘察任务是认识场地的地质条件，分析其与建筑物间的相互影响特点。地基勘察至关重要，施工前不经过地基勘察（或勘察不详或分析有误）都有可能会造成严重工程事故（或延误工程进度）。所谓"场地的工程地质条件"主要包括以下 6 方面内容，即岩土的类型及工程性质、地质构造、地形地貌、水文地质条件、不良地质现象、可利用的天然建筑材料等。不同地区的工程地质条件在性质和主次关系的配合上均会有所差异，其相应的勘察任务、勘察手段和评价内容也会随之不同。

（1）岩土工程勘察。

岩土工程勘察涉及建（构）筑物的重要性和场地复杂程度分级、岩土工程勘察阶段划分、岩土分类、各类工程建设项目岩土工程勘察的技术要求、工程地质测绘、勘探取样与测试（包括钻探，测试，岩土试样的采取、保存与运输，室内试验，工程物探）、地下水、水及土的腐蚀性评价、资料整理与岩土工程分析、勘察报告编制等工作内容。各类项目在设计、施工前必须进行岩土工程勘察、勘察阶段应与相应设计阶段相适应。岩土工程勘察分可行性研究勘察、初步勘察、详细勘察三个阶段，对岩土工程条件复杂（或有特殊要求的重大建筑物）还应进行施工勘察，对工程地质条件简单的场地可将初步勘察与详细勘察合并进行。岩土工程勘察应符合国家现行的有关其它强制性执行的标准与规范的规定。岩土工程勘察是指根据建设工程的要求，查明、分析、评价建设场地的地质、环境特征和岩土工程条件，编制勘察文件的活动。勘察阶段是指根据工程各设计阶段的要求而进行相应阶段的工程勘察的总称。工程地质测绘是指采用搜集资料、调查访问、地质测量、遥感解释等方法，查明场地的工程地质要素并绘制相应工程地质图件的工作。岩土工程勘探是岩土工程勘察的一种手段，是指为查明场地工程地质条件而进行的钻探、井探、槽探、洞探、触探及物探等工作。原位测试是指在岩土体所处的位置基本保持岩土原来的结构、湿度和应力状态而对岩土体进行的测试。工程物探是指应用地球物理探测的技术方法推断、解译地下工程地质条件的勘探方法。岩土工程勘察纲要是指通过踏勘和资料的搜集了解拟建场地的工程地质条件及施工条件，分析勘察任务书中的技术要求和工程性质，编制出的因地制宜、重点突出、有明确工程针对性的文件（用于指导岩土工程勘察的过程）。岩土工程勘察报告是指对所获得的原始资料进行整理、统计、归纳、分析、评价，提出工程建议，形成的系统的为工程建设服务的勘察技术文件。现场监测是指在现场对岩土性状和地下水的变化以及岩土体和结构物的应力、位移进行系统监视和观测。围岩是指地下结构一定范围内初始应力状态发生了变化的岩体。竖井是指地下空间垂直的直接通到地面的通道。斜井是指地面通向地下空间的倾斜通道。天车是指安装在厂房高架轨道上可移动的起重机械。

根据建（构）筑物的规模、地基基础荷载以及对地基变形的敏感性将建（构）筑物划分为三级。一级为大型工程，包括天车起吊能力等于大于 2000kN 的厂房；单柱荷载等于大于 15000kN 的框架结构；高度等于大于 120m 的烟囱；深度等于大于 20m 的沉淀池；对地基变形敏感的大型轧机、鼓风机、制氧机等。三级为小型工程，包括天车起吊能力等于小于 300kN 的厂房；单层库房、泵房等辅助建筑；单柱荷载等于小于 2000kN 的转运站、管廊支架；埋深等于小于 7m 的厂房外地仓和地下管廊等。二级为介于一、三级之间的一般工程。

根据场地的地形地貌、地质构造、地层岩性、不良地质及水文地质等因素对工程勘察、设计和施工的影响程度将勘察场地分为简单场地、中等复杂场地、复杂场地。全部符合下列条件的勘察场地为简单场地，即场地平坦、地貌单一且无影响场地稳定性的地质构造和不良地质作用；地层岩性均匀且无软土、液化土以及需要处理的特殊岩土；地下水位常年低于基础埋深。符合下列任何一项或数项条件的勘察场地为复杂场地，即场地地形地貌复杂；存在活动断裂；不良地质发育，分布有影响场地稳定性的滑坡、泥石流以及岩溶、土洞、采空塌陷区；主要持力层分布不稳定地层岩性不均匀、有厚度超过 8m 的软土或液化土层；有工程性质不稳定，层位起伏变化大的特殊岩土层；水文地质条件复杂，地下水位高于基础埋深。介于简单场地与复杂场地之间的勘察场地为中等复杂场地。

岩土工程勘察阶段应与设计阶段相适应，新建大、中型项目应分为可行性研究勘察、初步勘察、详细勘察三个阶段。可行性研究勘察即建设项目选择阶段的勘察工作，该勘察阶段是在搜集、调查、整理场址和附近已有气象水文、地形地貌、地质构造、地层岩性、不良地质等工程地质水文地质资料以及可借鉴的建筑经验基础上，通过踏勘或工程地质测绘，辅以必要的物探、控制性钻探及测试资料，对场地的稳定性和建厂的适宜性做出评价，为建设项目方案选择提供依据。初步勘察阶段是为初步设计过程中有关不良地质防治和地基基础设计方案的选择提供依据和工程建议的，主要工作内容包括查明场地不良地质作用发育状况和对建筑场地稳定性的影响程度，提供治理方案或调整建筑物平面布置的建议；基本查明建筑场地的地层结构，评价和提供持力层岩土的工程性质和主要计算参数；初步查明地下水的类型、水的化学性质；在分析评价地层结构、持力层工程性质的基础上，通过经济技术比较，推荐合理的天然地基、复合地基和桩基选型及试桩建议。详细勘察阶段要求按建筑分区或工艺单元提供详细的勘察资料和不良地质防治、地基基础设计所需要的计算参数，其主要工作内容包括详细查明场地不良地质现状、发育趋势及危害程度，提出具体的防治工程建议和相应的工程设计计算参数；详细查明各建筑单元和不同建筑地段的地层结构，各岩土层的物理力学指标，确定地基承载力和变形计算参数；查明地下水类型，变化幅度，水、土对混凝土和钢结构的腐蚀性等；为地基基础施工图设计以及基坑开挖降水、支护，提供详细的工程建议。对工程地质水文地质条件简单，建设项目平面位置基本确定，或已有建筑经验的场地，结合工程实际，其可行性研究勘察与初步勘察、或初步勘察与详细勘察阶段可合并进行（但必须同时满足两个勘察阶段的技术要求）。

（2）岩土工程原位测试。

岩土工程原位测试工作应保证岩土工程勘察质量并做到"技术先进，经济合理，成果准确可靠"且应提高投资效益，岩土勘察必须进行原位测试且其测试方法和工作量必须满足国家现行有关标准、规范的规定。现代岩土勘察原位测试内容很多。主要包括岩土载荷试验、单桩静载试验、标准贯入试验、圆锥动力触探、电测"十"字板剪切试验、静力触探、旁压试验、扁铲侧胀试验、现场直剪试验、压水试验、注水试验、抽水试验、岩土波速原位测试、动力机器基础地基动力特性测试、原位密度测试、原位冻胀量试验、原位冻土融化压缩试验、岩体应力测试、振动衰减测试、地脉动测试、地电参数原位测试、基坑回弹原位测试等。原位测试是指为研究岩体和土体的工程特性在现场原地层中进行有关岩土层和实体物理力学性质指标的各种测试方法（总称原位试验）。平板荷载试验是指在现场使用刚性承压板模拟建筑物基础对天然地基或复合地基逐级施加竖向荷载直至地基出现破坏状态和接近破坏状态（同时测记在各级荷载下地基随时间而沉降变形）并据此研究地基土的变形特性和承载力的一种原位试验方法。稳定法载荷试验是指以规定的沉降稳定标准进行加荷观测的载荷试验。地基承载力特征值是指在保证地基稳定条件下使建筑物和构筑物的沉降量不超过允许值的地基承载能力（习惯指通过静载荷试验按比例界限法、相对沉降法或极限荷载法确定的承载力）。标准贯入试验是指用质量为 63.5kg 的穿心锤以 76cm 的落距将标准规格的贯入器自钻孔底部预打 15cm，测记后再打入 30cm 的锤击数，据以判定土的物理力学特性。圆锥动力触探试验是指用一定质量的击锤以一定的自由落距将特定规格的探头击入土层，根据探头沉入土层一定深度所需锤击数来判断土层的性状和确定其承载力的一种原位试验方法。十字板剪切试验是指将十字形翼板插入软土按一定速率旋转，测出土破坏时的抵抗扭矩，求软土抗剪强度的一种原位试验。静力触探试验是指以静压力将一定规格的锥形探头匀速地压入土层中，同时测记贯入过程中探头所受到的阻力（比贯入阻力或端阻力、侧阻力及孔隙水压力），按其所受抗阻力大小评价土层力学性质以间接估计土层各深度处的承载力、变形模量和进行土层划分的一种原位试验方法。旁压试验是指利用旁压仪在钻孔中对测试段孔壁施加径向压力并量测其变形，根据孔壁变形与压力的关系求取地基土的变形模量、承载力等力学参数的一种原位试验方法。扁铲侧胀试验（简称扁胀试验）是用静力（有时也用锤击动力）把一扁铲形探头贯入土中，达试验深度后利用气压使扁铲侧面的圆形钢膜向外扩张的原位试验。直接剪切试验是指在试坑中切出四面和顶面临空、底面处于原位的岩土层，在垂直方向加压，水平方向逐级增大剪切力使其剪坏以测定岩土或其沿某软弱面的抗剪强度的原位试验。压水试验是指在钻孔中用专门的止水设备隔离试验段，以一定水头向孔中压水测量其所吸收的水量以确定裂隙岩体透水性的原位试验方法。注水试验是指向钻孔或试坑内注水并保持水头高度，量测渗入岩土层的水量以确定岩土层透水性指标的原位试验方法。抽水试验是指通过井孔抽水确定井孔出水能力、获取含水层的水文地质参数、判明某些水文地质条件的野外试验工作。下孔法是指在一个钻孔的孔口激振，在其孔底接收振波以确定通过岩土体波速的方法。上孔法是指在一个钻孔底激振，在其孔口地面接收振波以确定通过岩土体波速的方法。跨孔法是指利用相邻两钻孔（一孔激振发射，另一孔接收）探测其纵、横波在岩土体中传播速度的方法。面波法是指利用地表激振器产生的稳态振动或瞬态激发实测不同频率时土中表面波的传播速度，换算出一定深度内土层的平均剪切波速以判别土层性质的一种原位测试方法。岩石声波探测是指借助仪器向岩体发射声（超声）波，由接收系统测得波速、振幅和频率，根据波在弹性体中的传播规律，分析、判释被测岩体性状和确定其有关力学参数的一种物理勘探方法。强迫振动测试是指对测试基础施加一简谐扰力测定基础在各种频率下的振幅和共振频率，确定地基动力特性参数的试验。自由振动测试是指对测试基础施加一瞬间冲击荷载使基础及基础以下地基同时产生振动，测定其振幅和共振频率确定地基动力特性各种参数的试验。原位冻胀量试验是指原位测试由于土体在冻结过程中沿深度产生冻胀量的测试方法。原位冻土融化压缩试验是指在地基冻土中挖坑至拟建基础底面高程后放上一定尺寸的传压刚性板，加热地基冻土待其溶化下沉稳定后对其逐级施加竖向荷载进行压缩试验，绘各级荷载下板的相应下沉量关系曲线据而研究地基冻土融沉系数的方法。地脉动是指由气象、海洋、地壳构造运动的自然力，人类活动等因素所引起的地球表面固有微弱（微米级）振动。基坑回弹原位测试是指监测由于建筑基坑开挖后上覆岩土层自重荷载卸除产生的基坑底部隆起变形的测试方法。

12.2.6　岩石学的学科特点

土木结构基础是构建在土层或岩层之上的，其影响范围可达地下一定深度（目前约为地下 3000m 以内），故其影响范围内既有土层也有岩层。土木结构基础影响范围为土层时土质学与土力学是其关键问题；为岩层时则岩石学与岩石力学就成为其关键问题。

岩石学是研究地壳及上地幔上部的岩石分布、产状、矿物组成、化学成分、结构、构造、分类命名、成因、演化历史以及与成矿关系的科学，岩石学是地质学的一个重要分支，来自宇宙的陨石、月岩也是岩石学的研究对象，岩石本身的利用和人造岩石同样也属岩石学的研究范畴。岩石学常被分为岩理学和岩类学，前者主要研究岩石的成因（在早期多指与火成岩有关的成因研究）；后者主要是鉴定岩石的成分和结构构造以及进行岩石特征的描述和分类（又称描述岩石学或岩相学）。岩石的形成与形成时的地质环境密不可分，岩石建造是地质环境的一种表现，因此为了阐明地质环境，区域地质学、大地构造学、构造地质学和地层学的研究是必不可少的知识，矿物学和地球化学可以阐明岩石中主要造岩矿物和元素迁移变化的规律（它们与化学热力学和化学反应动力学相结合可以解释岩石形成过程中可能的物理化学作用过程，可以预测岩浆发生的可能原岩）。作为自然体系的岩石组合，其成因是复杂的并受诸多因素制约且还与地壳演化有着密切联系，有成效的岩石学研究既要摆脱传统观点的束缚（即从单纯岩石的描述中解放出来）又要防止简单化趋向（即把复杂的成因问题纳入简单的成因模式）。岩石学研究要掌握更多的岩相学、区域地质学资料以充分弄清各种岩石之间的野外关系，应加强岩石组合和岩石的物质组分（包括矿物学和地球化学）的研究以探究其客观存在的形成条件和岩石构造历史（应以物理化学基础理论来依据阐明其内在联系和发生的原因），应以全球构造观点总结分析岩浆建造、变质建造和沉积建造的时空分布规律，以上都是岩石学的基本任务。岩石学的研究可为找矿勘探、地下水开发、工程建设规划提供基础信息，其成果已被广泛应用到矿床学、地球化学、构造地质学等学科中。

12.3　岩土工程的历史与发展

岩土工程学科是在岩土工程实践与技术的发展历史长河中形成的，岩土工程或岩土技术是随着人类的出现与发展不断获得进展的工程技术。岩土工程技术活动的产生可以追溯到史前时期，是人类赖以生存和发展的必要条件，其经过了漫长的知识积累和升华的历史过程。现代意义上的岩土工程学科不过百年历史。

（1）古代岩土工程。

历史遗址考古证明，在人类穴居巢处的时代就已经利用土、木、石等自然资源改善生存和生产条件，可见，人类活动从一开始就离不开岩土工程。随着时间的推移，人类经过部落时代而产生了城市，城市的兴建使道路、桥梁渐渐为人类生活、生产和战争所必需，于是形成了与岩土工程密切相关的又一重要领域。由于生产力水平的制约，古代的岩土工程自史前一直延续到 18 世纪 60 年代、经历了漫长的岁月。古代的岩土工程由于缺乏对地质勘探的认识和手段只能从一些表象来做出分析和判断（比如我国古代的"堪舆学"与"择地术"，其为房屋建筑选择场地时只讨论场地地面而不考虑地基的深部问题），因对地质条件缺乏了解因致的地基基础问题以及由此引发的工程病害或事故屡见不鲜，人们只能望天兴叹。古代的岩土工程无地基基础设计方法，一切全凭工匠经验，因此许多工程边建边改（有的甚至经几次停工才建成）。原始岩土工程的生产方式基本停留在手工劳动阶段，施工消耗巨大的人力物力，施工周期长、效率低下。古代的岩土工程的建筑材料以天然材料为主、人工合成材料为辅（石灰和砖瓦在当时已是最好的人工材料），因材料限制了建筑物的高度与体量故对地基承载力的要求一般不高。尽管当时生产力低下但人类的祖先仍然为我们留下了岩土工程方面的许多宝贵经验，如我国的《考工记》《营造法则》《工程做法》《鲁班经》和《式样雷》中包含的许多地基处理和基础做法，地基土换填、夯筑技术，纠偏技术，软土木桩基础等。

（2）近代岩土工程。

18 世纪 60 年代的欧洲工业革命和 19 世纪中叶的第二次工业革命推动了社会生产力的发展，出现了水库、铁路和码头等现代工程，提出了许多有待解决的岩土工程问题（比如地基承载力、边坡稳定、支挡结构物的稳定性等），施工机械的出现为现代岩土工程的发展提供了物质条件，工程事故和难题激励人们的土力学理论探索和岩土工程技术创新，也就拉开了岩土工程学术研究的序幕，土力学的许多经典理论开始出现，这个过程延续了大约 160 年并为 20 世纪泰萨基土力学体系的形成奠定了必要的基础条件。土力学的第一个理论是 1773 年由法国科学家库伦（C. A. Coulomb）建立并由摩尔（O. Mohr）后来发展了的土的 Mohr - Coulomb 强度理论（是土压力、地基承载力和土坡稳定分析的基本理论），1776 年 Coulomb 又发表了建立在滑动土楔平衡条件分析基础上的土压力理论；1846 年柯林（Collin）用曲线的滑裂面对土坡稳定进行了系统研究提出了关于斜坡稳定性的理论；1856 年法国工程师达西（H. Darcy）通过室内渗透试验研究建立了有孔介质中水的渗透理论（即著名的达西定律）；1857 年英国学者朗肯（W. J. M. Rankin）提出了建立在土体的极限平衡条件分析基础上的土压力理论（与库伦理论被后人并称为古典土压力

理论，至今仍具有重要理论价值和一定的实用价值）；1869 年俄国学者卡尔洛维奇
（Карлович）发表了世界上第一本《地基与基础》教程；1885 年法国学者布辛内斯克
（J. Boussinesq）和 1892 年弗拉曼（Flamant）分别提出了均匀的、各向同性的半无限体
表面在竖直集中力和线荷载作用下的位移和应力分布理论（迄今仍为计算地基中应力的主
要方法）；1889 年俄国学者库迪尤莫夫（Кудюмов）首次应用模型试验研究地基破坏基础
下沉时地基内土粒位移的情况；瑞典学者 Christopher Polhem 研究了打桩技术和桩的承载
力问题（揭示了打桩的实际。认为对一根桩必须知道三件事，即锤的重量、锤击时桩锤的
提升高度以及锤击时桩的下沉量）；19 世纪补偿基础原理在欧美一些国家的应用；1920 年
普朗德尔（Prandtl）根据塑性平衡的原理研究了坚硬物体压入较软的、均匀的、各向同
性材料的过程并据而导出了著名的极限承载力公式。这些早期的著名理论奠定了土力学的
基础。当然，近代岩土工程也受到了新材料应用的深刻影响，没有钢铁、水泥和混凝土的
使用就没有现代意义的土木工程，也就没有岩土工程的发展。近代岩土工程的典型成就是
桩基的大量应用（1899 年俄国工程师斯特拉乌斯首先提出了混凝土灌注桩的建议，1901
年美国工程师莱蒙德也独立地提出了沉管灌注桩的设计）、铁路的修筑等。早期土力学发
展的一个转折点大约发生在 1913 年（当时瑞典、巴拿马、美国、德国等相继发生重大滑
坡坍方事故，表明已有的一些分析方法不能满足处理事故的要求，于是纷纷成立了专门委
员会或委托专家进行调查研究。比如，瑞典为处理铁路沿线不断出现的坍方问题在国家铁
路委员会内设立岩土委员会；巴拿马运河为处理可能堵塞运河的一段河道边坡事故成立了
专门委员会；美国土木工程师协会设立了研究滑坡的特别委员会；德国的基尔运河为处理
施工中的滑坡事故设立了调查委员会；德国的克莱开始对挡土墙和堤坝所受的土压力进行
广泛的调查研究；瑞典由于 Stigberg 码头的破坏成立了港口特别委员会并因此而诞生了
著名的瑞典圆弧滑动法），瑞典国家铁路委员会的岩土委员会于 1920 年成立了一个岩土试
验室开启了岩土实验之门（它可能是世界上第一个岩土试验室）。近代的岩土工程的典型
成就是出现了现代意义的土木工程、水利工程和铁路工程，其工程规模和技术难度要求使
用机械化的施工方法和相应的理论指导（社会生产力的发展也提供了这种可能），岩土工
程的施工技术也因施工机械的产生而发生了根本的变化（奠定了近代岩土工程技术的物质
基础，大型的、机械化的施工实践也为相关理论的产生提供了丰富的工程经验），库伦、
达西、朗肯等科学家为解决挡土墙、土坡、地基承载力等土体稳定性问题和地下水渗流问
题相继通过试验、观察和数学力学的分析计算提出相应的理论和方法奠定了近代岩土工程
的理论基础。

（3）现代岩土工程。

1906—1912 年，年轻的泰萨基在所从事的结构工程和水电站工程工作中看到了许多
地基工程意外失败事故，发现当时人类对土的力学性质的认识水平远不能解决实际工程问
题，于是开始了对土的力学性质的长期试验，在 1921—1923 年间提出了土力学的有效应
力概念和土的固结理论，1925 年出版了他的德文版经典著作《Erdbaumechanik Auf
Bodenphysikalischer Grundlage》奠定了他现代土力学创始人的地位并使他被公认为土力
学和基础工程方面的权威。由于泰萨基的倡导和推动，一系列野外勘探与室内试验方法得
以建立，也使土的力学性质研究与地质条件得以结合并从根本上改造了初期的土力学、填

补了地质学和土木工程学之间的空白。泰萨基 1948 年对初期的土力学的评价是"土力学创始于 1776 年库伦土压力理论的发表，是个很有才能的开端，但在后来的一个世纪里就几乎没有什么进步，研究工作多少局限于改进干的纯净的无黏性的砂作用于挡土墙背的计算方法，针对此课题所发表的一些论文和课题实际的重要性很不相称。在工程实践中，大多数施工难点与事故是由于渗流所产生的压力引起的，但这些压力并未受到重视。因此，它们对于要面对实际的工程师来说，用处不大，这些理论多半在教室里才会有用处"。泰萨基最早对砂土管涌现象进行研究，继而试验探索高塑性黏土的固结规律，解释了滨海黏土受压后长期缓慢的沉降及其强度逐渐增长的内在原因和规律，从此使土力学对自然界许多复杂现象的研究得以逐渐深入。20 世纪中叶，泰萨基的《理论土力学》以及泰萨基和泼克合著的《工程实用土力学》是对土力学的全面总结，使岩土工程技术具有了坚实的理论基础。近五十年岩石力学体系的构建、非饱和土研究、环境岩土工程的出现（正在研究和解决泰萨基时代还没有凸现出来或没有解决的技术问题）使岩土工程进入了一个崭新的历史时期。

随着经济建设的发展，岩土工程所涉及的领域已由传统的水利工程（堤坝）、建筑工程（基础、基坑）和公路铁路工程（路基、边坡、桥梁基础、隧道）扩大至地震工程、海洋工程、环境保护、地热开发、地下蓄能、地下空间开发利用等领域。钢材、水泥以及其他新材料的大量推广应用改变了土木工程和岩土工程的基本面貌，土工合成材料的产生以及在岩土工程中的广泛使用为重大工程和岩土工程疑难问题的解决提供了新的技术途径和方法。机械、电子工业的发展为岩土工程提供了各种重型的、自动化的施工装备，改变了岩土工程大量手工劳动的状况，提高了劳动生产力，为解决大型、深层、深水条件下的岩土工程施工技术创造了物质条件，促进了桩型和地基处理方法的不断创新。网络信息技术和数值计算技术的出现与发展，离心模型试验机以及大型、高压三轴仪等现代量测、试验设备的问世，为岩土工程复杂问题的研究、计算与验证提供了先进的手段，推动了信息化施工方法的形成，促进岩石力学和土力学的不断发展。尽管如此，但由于岩土条件的特殊复杂性和岩土工程类型的极其多样性，人们目前对于岩土特性的认识水平仍还远不能满足工程实践要求，岩土工程设计仍然是在很大的不确定性条件下进行的，随着工程规模和难度的增大，岩土工程中新的技术问题不断出现，工程事故仍时有发生。21 世纪的岩土工程仍将充满矛盾和挑战。

思 考 题

1. 谈谈你对岩土工程的认识。
2. 简述岩土工程在土木工程中的地位与作用。
3. 制约岩土工程发展的因素有哪些？解决的途径是什么？
4. 你对岩土工程的发展有何想法与建议？

第13章 防灾减灾工程及防护工程的学科体系

13.1 防灾减灾工程及防护工程的特点

13.1.1 防灾减灾工程及防护工程科学概貌

灾害（特别是工程灾害）每年给世界人民带来巨大的生命财产损失，如何防灾是土木工程界关注和研究的课题。在人类历史进程中伴随人类社会的不仅仅只有人类文明、科技进步，还有各种各样的灾难，它们为人类历史留下的是一页页触目惊心的惨痛记录。在过支的一个世纪里，自然的或人为的灾害给全球人类造成了不可估量的损失，为此，联合国公布了20世纪全球十项最具危害性的战争外灾难（它们分别是地震灾害、风灾、水灾、火灾、火山喷发、海洋灾难、生物灾难、地质灾难、交通灾难、环境污染）。防灾减灾工程及防护工程的作用不言而喻。

防灾减灾工程及防护工程学科是土木工程学科中的边缘学科，对我国实施可持续发展战略有着重要作用。学科的主要任务是建立和发展用以提高工程结构和工程系统抵御自然灾害和人为灾害的科学理论、设计方法和工程措施，最大限度地减轻未来灾害可能造成的破坏，保证人民生命和财产的安全，保障灾后经济恢复和发展的能力，提高国家重大工程防灾能力。

狭义防灾减灾工程及防护工程学科的核心内容为地质灾害防护工程、地震工程、抗风工程、抗火工程和抗爆工程等，主要研究领域有两个，一是土木工程结构抗震研究的基础问题（即结构输入地震动参数的研究。主要研究内容包括近场波动数值模拟及并行计算技术；近断层强震动的模拟；局部场地对地震动的影响；地震动空间相关性等）；另一个为工程结构防灾减灾（包括抗震、抗风、抗火、抗爆等）理论及应用技术的研究（主要研究内容包括钢结构在地震荷载作用下的破坏机理及抗震设计对策；特殊和复杂高层建筑结构抗震设计理论与应用等）。地震工程部分包括地震灾害的特点（地震分类、震级与烈度、我国地震分区、地震破坏的主要形式），结构地震响应（地震波分类、结构地震响应特性、结构抗震分析主要方法），结构抗震主要措施等。抗风工程部分包括风灾特点（风的种类与成因、大气边界层风特性等）、钝体空气动力学、顺风向荷载与响应、横风向荷载与响应、建筑与桥梁结构风效应（风的静力作用、风的动力作用），结构抗风措施。抗火工程部分包括火灾特点（室内火灾类别、火灾燃烧特性）、结构火灾效应（结构材料抗火性能、结构抗火性能）、火安全设计基本概念、工程结构火灾防治、火灾后工程结构评估与维修。地质工程部分包括工程建设与工程地质灾害、地下水引起的环境工程地质灾害问题与防治措施、地下工程施工引起的环境工程地质灾害问题与保护、建筑群体引起软土地区工程性地面沉降的灾害问题与防治措施、浅部地层（软土地区）中沼气的环境工程地质灾害问题与防治措施。

在工程结构的抗灾研究中首要关注的是材料受灾后的性能变化（即灾害对材料物理力学性能的影响，也即材料在灾害作用下的损伤等），关于灾害对材料性能（如强度、弹性模量、本构关系等）的影响国内外都已做了许多研究并定性和定量地得到了一些结论，但系统性还非常不够，故在土木工程领域中灾害材料学还未形成一个专门的学科（在工程结构的加固设计、工程鉴定和工程咨询等实践中又必不可少地需要这方面的知识）。宏观上讲，灾害材料学一般涉及到土木工程材料的一般力学性能（比如混凝土的内部裂缝和破坏机理、钢筋的内部结构破坏机理、砌体的一般破坏机理等）、动力荷载对材料的影响（比如混凝土的疲劳、钢筋的疲劳、冲击荷载对混凝土和钢筋的作用）、火灾对材料性能的影响（比如对混凝土或钢筋的影响、对混凝土与钢筋间黏结力的影响等）、冰冻对材料性能的影响（比如受冻混凝土的力学性能）、腐蚀对材料性能的影响等等。检测在受灾的土木工程结构鉴定和加固中有非常重要的地位，检测的程序为：检测任务委托→收集原设计图纸及竣工图→外观检测→材料检测→构件变形及现有强度评估→判断有无可修性（若无可修性，则降级处里，若有可修性，则进行内力分析与演算，检验是否满足规范要求）→寿命估计（是否要加固，施工等）。灾害检测报告一般包括现状调查、图纸核对、材料强度鉴定、承载能力验算等。工程结构加固学是一门研究使受损的工程结构重新恢复使用功能的技术（即使失去部分抗力的结构重新获得或大于原抗力的学科），就加固材料而言钢材常被作为加固介质使用（钢筋混凝土结构加固的方法有很多种，20 世纪 90 年代以来主要是置换法，绕丝法，粘钢等方法），现在已较多地采用粘贴复合材料来加固梁柱等结构（与钢相比，用复合材料对结构进行加固具有许多优点，比如自重轻、厚度小；长度任意、免搭接；材料不用预加工；板材允许交叉；强度极高；可采用不同模量的产品；突出的抗疲劳能力；结构物不用预处理就可以覆盖；抗腐蚀；施工时对环境无特殊要求等。粘结剂同样具有很多优点，比如高强度、高模量；基材可以是混凝土、砌体结构、木结构等多种结构建材；永久荷载下抗蠕变；抗腐蚀；符合环保要求等）。

防灾减灾工程及防护工程的主要相关学科有桥梁与隧道工程、工程力学、结构工程、道路与铁道工程、岩土工程、地质工程、材料学、工程测量、市政工程、运输工程等。

所谓"自然灾害"是指能造成各类承灾体损坏的地震、地质灾害、大气圈灾害（雨洪、台风、暴风雪、冻融等）、洪涝灾害、火灾等灾害。防灾规划工作区是指进行防灾规划时根据不同区域的重要性和灾害规模效应以及相应评价和规划要求对规划区所划分的不同级别的研究区域。自然灾害设防区是指根据国家有关法律法规和相关技术标准规定所确定的需要进行抗灾设防的地区。抗灾能力评价是指在给定的灾害危险条件下对给定区域、给定用地或给定工程与设施针对是否需要加强防灾安全、是否符合防灾要求、灾害影响等方面所进行的单方面或综合性评价或估计。群体防灾性能评价是指根据统计学原理，选择典型剖析、抽样预测等方法对给定区域的建筑或工程设施群体进行整体防灾性能评价。单体防灾性能评价是指对给定建筑或工程设施结构逐个进行防灾性能评价。防灾基础设施是指是指维持或区域生存的功能系统和对国计民生和防灾有重大影响的供电、供水、供气、交通及对抗灾救灾起重要作用的指挥、通信、医疗、消防、物资供应与保障等基础性工程设施系统。避灾疏散场所是指用作灾时受灾人员疏散的场地和建筑，可划分为以下 3 种类型：紧急避灾疏散场所是供避灾疏散人员临时或就近避灾疏散的场所，也是避灾疏散人员集合并转移到固定避灾疏散场所的过渡性场所；固定避灾疏散场所是供避灾疏散人员较长时间避灾和进行集中性救援的场所，通常可选择面积较大、人员容置较多的公园、广场、体育场地（馆）、大型人防工程、停车场、空地、绿化隔离带以及抗灾能力强的公共设施、防灾据点等；中心避灾疏散场所是指规模较大、功能较全、起避难中心作用的固定避灾疏散场所，场所内一般设抢险救灾部队营地、医疗抢救中心和重伤员转运中心等。防灾据点是指采用较高抗灾设防要求、有避灾功能、可有效保证内部人员防灾安全的建筑。防灾公园是指城市中满足避灾疏散要求的、可有效保证疏散人员安全的公园。专题防灾研究是指针对防灾规划需要，对建设与发展中的特定防灾问题进行的专门评价研究。次生灾害是指自然灾害造成工程结构和自然环境破坏而引发的连锁性灾害（常见的有次生火灾、爆炸，洪水；有毒有害物质溢出或泄漏；传染病；泥石流、滑坡等地质灾害对正常功能的破坏）。耐火极限是指对任一建筑构件、配件或结构按规定的时间－温度标准曲线进行耐火试验，从受到火的作用时起到相应标准规定的失效条件时止的这段时间。防火分区是指在建筑物内部采取防火墙、耐火楼板及其他防火分隔措施分隔，能在一定时间内防止火灾向同一建筑的其余部分蔓延的局部空间。防火间距是指建（构）筑物着火后防止其辐射热在一定时间内引燃相邻建、构筑物且便于消防扑救的间隔距离。防洪区是指洪水泛滥可能淹及的地区（分洪泛区、蓄滞洪区和防洪保护区。洪泛区是指尚无工程设施保护的洪水泛滥所及的地区。蓄滞洪区是指包括分洪口在内的河堤背水面以外临时贮存洪水的低洼地区及湖泊等。防洪保护区是指在防洪标准内受防洪工程设施保护的地区。我国洪泛区、蓄滞洪区和防洪保护区的范围在防洪规划或者防御洪水方案中划定并报请省级以上人民政府按照国务院规定的权限批准后予以公告）。防洪安全堤防是指较坚固的防洪大堤（洪水时用作人员避洪疏散、救援物资的临时集散地）。防洪围村埝（安全区）是指在人口集中、地势较高的村、镇采取四周修建圩堤以防御洪水的土工结构（我国围村坡需统一规划并没在静水区内。圈围面积不宜过大以免增加防守困难及影响蓄滞洪水的能力。围村坡在迎流顶冲面要做好防浪防冲，埝内要做好排水工程）。防洪安全庄台是指用岩土垫起的不被洪水淹没的台地（通常适用于蓄滞洪机遇较多，淹没水深较浅的地区。庄台标准按需要与可能相结合的原则确定。庄台填土量大的应有计划地修建并逐年积垒）。避洪房屋是指依据国家标准《蓄滞洪区建筑工程技术规范》（GB 50181—1993）进行设计建造的房屋（该房屋的安全层以上的楼层可用于避洪）。避水台是指用岩土堆砌的不被洪水淹没的土台（洪水来时供临时避洪或放置牲畜等用途）。避水杆架是指在高干树木上搭设的用于临时避洪的架子。防洪安全区是指由防洪堤围圈起来的区域（其内可设村庄或集镇）。防洪安全超高是指洪水设计淹没深度、风增减水高、波浪壅高三者之和与避洪安全堤防、安全庄台、避水台、避洪杆架等上表面相对于地表面高度的差值。地震灾害是指地震造成的人员伤亡、财产损失、环境和社会功能的破坏。地质灾害是指在特殊的地质环境条件（地质构造、地形地貌、岩土特征和地表地下水等）下由内动力或外动力的作用（或两者共同作用）或人为因素而引起的灾害（在工程地质和岩土工程领域中，地质灾害属不良地质现象范畴。主要涉及边坡失稳的滑坡、崩塌和泥石流；矿区和岩溶发育地区因地面下沉导致的塌陷和沉降等主要地质灾害）。地震地质灾害是指地震引起的地质灾害（主要包括地震引起的滑坡、崩塌和泥石流灾害；地震塌陷和沉降灾害；地震液化灾害；地震断层和地震地裂缝灾害等）。基本雪压是指雪荷载的基准压力（一般按当地空旷平坦地面上积雪自重的观测数据，经概率统计得出 50 年一遇最大值确定）。基本风压是指风荷载的基准压力（一般按当地空旷平坦地面上 10m 高度处 10min 平均的风速观测数据，经概率统计得出 50 年一遇最大值确定的风速，再考虑相应的空气密度所确定的风压）。

13.1.2 防灾减灾工程及防护工程科学的基本任务

防灾减灾工程及防护工程科学的基本任务可概括为防灾规划、灾害综合防御、火灾防御、洪灾防御、震灾防御、风灾防御、地质灾害防御、雪灾防御、冻融灾害防御等 9 个方面。

1）防灾规划。应根据当地灾害危险性、可能发生灾害的影响情况及防灾要求确定火灾、洪灾、震灾、风灾、地质灾害、雪灾和冻融灾害等灾种的若干防灾规划工作内容并符合相关要求。灾害危险性可划分为 4 类并应根据当地历史灾害和灾害预测确定（实际资料缺乏时可按表 13-1 分类）。防灾规划应达到"在遭遇正常设防水准下的灾害时，生命线系统和重要设施基本正常，整体功能基本正常，重要工矿企业能很快恢复生产或运营，不发生严重次生灾害，保障居民生命安全"的基本防御目标。防御目标应根据建设与发展要求和各种灾害影响确定且不低于前述基本防御目标（必要时还可区分近期与远期目标。对于建设与发展特别重要的局部地区、特定行业或系统，可采用较高的防御要求）。

表 13-1 灾害危险性分类

灾害危险性灾种	划分依据	A	B	C	D
地震	地震基本加速度 a/g	$a<0.05$	$0.05 \leqslant a<0.15$	$0.15 \leqslant a<0.3$	$a \geqslant 0.3$
风	基本风压 $W_0/(kN/m^2)$	$W_0<0.3$	$0.3 \leqslant W_0<0.5$	$0.5 \leqslant W_0<0.7$	$W_0 \geqslant 0.7$
地质	地质灾害分区	一般区		易发区、地质环境条件为中等和复杂程度	危险区
雪	基本雪压 $S_0/(kN/m^2)$	$S_0<0.3$	$0.45>S_0 \geqslant 0.3$	$0.6>S_0 \geqslant 0.45$	$S_0 \geqslant 0.6$
冻融	最冷月平均气温/℃	>0	$-5\sim0$	$-5\sim-10$	<-10

2）灾害综合防御。应按规定在对各灾种的灾害影响综合评价的基础上进行用地的土地利用防灾适宜性综合评价，据而提出建设用地选址的防灾要求和对策、制定避灾疏散规划、提出灾害综合防御要求和措施。建设用地选址应选择适宜性好的场地、避开不适宜场地。灾害环境综合评价应遵守相关规定，内容应包括概况及规划区防灾减灾现状；基础设施灾害影响评估；建筑工程灾害影响估计；其他的灾害影响及危害估计。土地利用防灾适宜性综合评价和建设用地选址应科学合理。避灾疏散体系应健全，疏散场地应与广场、绿地或生产用地等综合考虑（与火灾、水灾、海啸、滑坡、山崩、场地液化、矿山采空区塌陷等其他防灾要求相结合）。应给出灾害综合防御要求和相关措施。

3）火灾防御。火灾防御应贯彻"预防为主、防消结合"的消防工作方针，积极推进消防工作社会化。消防规划应包括消防站布局、选址、规模和用地规划及消防安全布局，应合理确定消防站、消防给水、消防通信、消防车通道、消防装备、建筑防火规划等内容。消防规划应考虑经济发展状况和规模，确定近期和中远期消防安全建设要求。

4）洪灾防御。位于受江、河、湖、海或山洪威胁的防洪区内的防灾规划应包括防洪规划并应符合相关规范规定。防洪规划应结合实际，遵循统筹兼顾、确保重点、因地制宜、全面规划、综合治理、防汛与抗旱相结合、工程措施与非工程措施相结合的原则并与土地利用规划相协调。防洪规划应根据洪灾类型〔河（江）洪、海潮、山洪和泥石流〕确定防洪标准，组成完整的防洪体系，确定防护对象、治理目标和任务、防洪措施和实施方案，并应符合我国现行《防洪标准》（GB 50201—94）的有关规定以及上一级防洪规划和所处江河流域规划的有关要求。

5）震灾防御。地震基本烈度六度及其以上地区应进行抗震防灾规划，抗震防灾的防御目标应根据建设与发展要求确定（必要时还可区分近期与远期目标），抗震防灾基本防御目标是"当遭受相当于本地区地震基本烈度的地震影响时生命线系统和重要设施应基本正常，一般建设工程不发生倒塌性灾害"。抗震防灾规划应包括地震灾害评估、地震次生灾害防御、避震疏散、抗震防灾要求与措施。

6）风灾防御。风灾危险性高的地区应编制防风减灾规划，防风减灾规划应根据风灾危害影响评价提出防御风灾的规划要求和工程防风措施、制定防风减灾对策。防风标准应依据地方防灾要求、历史风灾资料、风速观测数据资料根据我国现行《建筑结构荷载规范》（GB 50009—2012）的有关规定确定。受风灾威胁区域的用地布局应符合规定，建设用地选址应避开与风向一致的谷口、山口等易形成风灾的地段，宜采用长边沿风向布置、建筑物密集的形式。

7）地质灾害防御。位于地质灾害易发区、危险区、地质环境条件为中等复杂程度的防灾规划应包括地质灾害防治规划。地质灾害防治规划应包括对因自然因素或者人为活动引发的、与地质作用有关的灾害以及形成环境进行调查评估；地质灾害危险性评估；对工程建设遭受地质灾害危害的可能性和引发地质灾害的可能性评估；划定地质灾害的易发区段和危险区段并提出防治目标、防治原则，制定总体部署和主要任务，提出预防治理对策和措施。

8）雪灾防御。雪灾防御规划应根据暴风雪灾的危险性评估确定保护对象，制定雪灾防御的生命线工程和重要设施规划以及应急救援预案。雪灾防御规划可根据雪灾影响程度编制。

9）冻融灾害防御。冻融灾害防御规划应根据冻融灾害影响估计，确定保护对象，制定冻融防御的生命线工程和重要设施规划，以及应急救援预案。冻融灾害防御规划可根据冻融灾害影响程度按照进行编制。冻融灾害评估应考虑地理位置、水文地质情况评价场地季节冻土和多年冻土的分布，地基土的冻胀性和融陷性，发生冻融灾害可能性和对生命线工程、重要设施及环境的灾害影响。

13.2　防灾减灾工程及防护工程的技术体系

13.2.1　土木工程结构抗爆理论与技术

土木工程结构抗爆理论与技术主要应对战争、恐怖袭击、偶发事故。抗爆控制室总平面应根据区域安全分析（评估）报告结果布置或调整，其与相关工艺装置的间距不应小于 30m，应布置在非爆炸危险区域内，应独立设置且不得与非抗爆建筑物合并建造，宜位于全年最小频率风向的下风侧，至少应在两个方向设置人员的安全出口且不得直接面向工艺装置。所谓"抗爆控制室"是指能满足生产及人身安全需要的、技术经济合理的、能够抵御来自建筑物外部爆炸冲击波的控制室。抗爆防护门是指能够抵抗来自建筑物外部爆炸冲击波的特种建筑用门。抗爆人员通道门是指能满足人员正常进出建筑物所需要的抗爆防护门。抗爆设备通道门是指能够满足大型设备进出建筑物要求的抗爆防护门。抗爆防护窗是指能够抵抗来自建筑物外部爆炸冲击波的特种建筑用外窗。安全玻璃是指符合强度要求的夹层玻璃或钢化玻璃。隔离前室是指设在人员通道上的内置式前室（是防止室外有害气体进入室内、保持室内正气压的建筑构造措施）。抗爆阀是安装在抗爆建筑物的进风口、排风口上能够抵抗来自建筑物外部爆炸冲击波的风阀。

（1）抗爆结构的建筑设计要求。

建筑物耐火等级不应小于二级。建筑屋面防水等级不应低于Ⅱ级，屋面不得采用装配式架空隔热构造，女儿墙高度应在满足屋面泛水构造要求的同时取最小值并应采用钢筋混凝土结构形式。建筑平面宜为矩形且层数宜为一层。建筑物应采用钢筋混凝土结构形式，其受力体系的布置（如框架柱、建筑内部的剪力墙等）、外墙墙体构造及厚度应通过结构计算确定。建筑物不得设置变形缝。控制室外门、隔离前室内门应选用抗爆防护门，面向工艺装置的外墙上不得设置窗，其他外墙上不宜设置窗。在人员通道外门的室内侧应设隔离前室。室外电缆进入室内应采用电缆沟进线方式，基础墙体洞口应采用防火材料封闭且沟内应充砂，不得在室内地面以上的外墙上开设电缆进线洞口。室内、外地面高差不应小于600mm（其中活动地板下基础地面与室外地面的高差不应小于300mm。空气调节设备机房室内、外高差不应小于300mm）。

（2）抗爆结构的结构设计要求。

当遭受相当于设计取定的爆炸荷载作用时其可能局部损坏但经一般修理应可以继续使用，宜采用钢筋混凝土框架－剪力墙结构体系，应根据抗爆要求和受力情况使结构各个部位抗力协调，在爆炸荷载作用下其结构动力分析可近似采用单自由度体系动力分析方法或等效静荷载分析方法，在爆炸荷载作用下应验算结构承载力及变形（对结构裂缝可不进行验算）。混凝土的强度等级不应低于C30，钢筋宜采用HRB400级和HRB335级钢筋并应符合相关要求。抗爆设计采用的峰值入射超压及相应的正压作用时间应根据建筑内部工艺装置性质及平面布置等因素综合评估确定，也可不进行评估而按相关规定确定（应在设计文件中说明，如冲击波峰值入射超压21kPa、正压作用时间100ms；或冲击波峰值入射超压69kPa、正压作用时间20ms。时间为零至正压作用时间的爆炸冲击波形为峰值入射超压从最大到零的三角形分布）。

作用在封闭矩形建筑物前墙、侧墙、屋面以及后墙上的爆炸荷载简化图形见图13-1，其中，B为建筑物宽度（垂直于冲击波方向）、L为建筑物长度（平行于冲击波方向）、H为建筑物高度。作用在侧墙上以及平屋顶建筑物（屋面坡度<10°）屋面上的有效冲击波超压及其升压时间应按相关规定计算，即$P_a = C_e P_{so} + C_d q_o$，$t_r = L/U$，其中，$P_a$为作用在侧墙及屋面上的有效冲击波超压（单位为kPa）；C_e为侧墙及屋面荷载等效系数（可

按 L_w/L 值在图 13-2 中查取）；C_d 为侧墙及屋面阻力系数（取 -0.4）；t_r 为侧墙及屋面有效冲击波超压升压时间（单位为 s）；L 为冲击波前进方向结构构件的长度（单位为 m。若冲击波前进方向与建筑物长度方向垂直，则 L 取建筑物名义单位宽度）。作用在后墙上的有效冲击波超压及其作用时间应按相关规定计算，即 $P_b = C_e P_{so} + C_d q_o$、$t_a = D/U$、$t_{rb} = S/U$，其中，$P_b$ 为作用在后墙上的有效冲击波超压（单位为 kPa）；C_e 为后墙荷载等效系数（可按 L_w/L 值在图 13-2 中查取）；C_d 为后墙阻力系数（取 -0.4）；t_a 为冲击波到达后墙时间（单位为 s）；D 为冲击波前进方向建筑物宽度（单位为 m）；t_{rb} 为后墙上有效冲击波超压升压时间（单位为 s）。单自由度体系等效静荷载分析方法构件等效静荷载的计算应遵守相关规定。

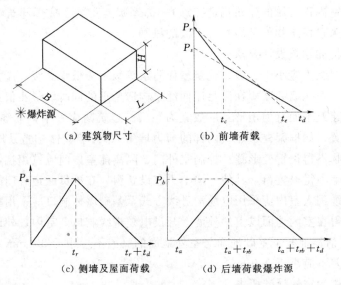

(a) 建筑物尺寸　　　　(b) 前墙荷载

(c) 侧墙及屋面荷载　　　　(d) 后墙荷载爆炸源

图 13-1　封闭矩形建筑物上的爆炸荷载

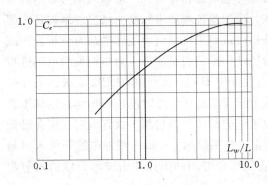

图 13-2　荷载等效系数的确定

在没有爆炸荷载参与时对承载力极限状态以及正常使用极限状态其结构构件的荷载效应组合按我国现行规范规定计算，有爆炸荷载参与时则不考虑风、雪荷载、地震作用参与组合。钢筋混凝土结构构件宜按照弹塑性工作阶段设计，受弯构件抗剪承载力应比抗弯承载力高 20%。在爆炸荷载作用下的结构构件延性比可按式 $\mu = X_m/X_y$ 和 $\mu \leqslant [\mu]$ 确定，其中，μ 为结构构件的延性比；X_m 为结构构件弹塑性变位（单位为 mm）；X_y 为结构构件弹性极限变位（单位为 mm）；$[\mu]$ 为结构构件的允许延性比（可按表 13-2 取值）。爆炸荷载作用下结构构件的弹塑性转角可按式 $\theta = \arctan(2\Delta/L_0) \times 180/\pi$ 和 $\theta \leqslant [\theta]$ 确定，其中，θ 为结构构件的弹塑性转角（见图 13-3）；Δ 为跨中变形（单位为 mm）；L_0 为构件跨度（单位为 mm）；$[\theta]$ 为结构构件的弹塑性转角允许值（单位为°，可按表 13 - 3 取值）。

表 13 - 2   **钢筋混凝土结构构件的允许延性比**

受力状态	受弯	大偏心受压	小偏心受压	中心受压
$[\mu]$	3.0	2.0	1.5	1.2

表 13 - 3   **钢筋混凝土结构构件的弹塑性转角允许值 $[\theta]$**

结构构件	板	梁，墙（受弯）	柱	墙（与爆炸荷载方向平行，主要承受剪力）
支座转角/(°)	4	2	2	1.5

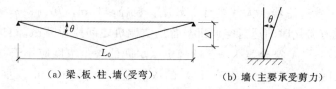

（a）梁、板、柱、墙（受弯）   （b）墙（主要承受剪力）

图 13 - 3 构件弹塑性转角示意图

构件的承载力可按照我国现行《混凝土结构设计规范》（GB 50010—2011）进行计算，其中所用材料强度设计值要用材料的动力设计强度代替。材料的动力设计强度要考虑荷载的瞬时和动力效应并按式 $f_{du} = \text{SIF} \cdot \text{DIF} \cdot f_u$、$f_{dy} = \text{SIF} \cdot \text{DIF} \cdot f_{yk}$、$f_{dc} = \text{SIF} \cdot \text{DIF} \cdot f'_{ck}$ 计算，其中，f_{du} 为钢筋的动力强度极限值（单位为 N/mm²）；SIF 为强度提高系数（按表 13 - 4 取值）；DIF 为动力荷载提高系数（按表 13 - 4 取值）；f_{dy} 为钢筋的动力设计强度（单位为 N/mm²）；f_{dc} 为混凝土的动力设计强度（单位为 N/mm²）；f_u 为钢筋强度极限值（单位为 N/mm²）；f_{yk} 为钢筋强度标准值（单位为 N/mm²）；f'_{ck} 为混凝土抗压强度标准值（单位为 N/mm²）。爆炸荷载作用下混凝土的弹性模量可取静荷载作用时的 1.2 倍，钢材的弹性模量及钢材和混凝土材料的泊松比可不考虑动荷载影响。对不直接承受或者传递爆炸荷载的结构构件可不考虑结构振动引起的动力作用。

表 13 - 4   **材料的动力荷载提高系数及强度提高系数**

提高系数		钢 筋		混凝土
		f_{dy}/f_{yk}	f_{du}/f_u	f_{dc}/f'_{ck}
SIF		1.10		1.00
DIF	受弯	1.17	1.05	1.19
	受压	1.10	1.00	1.12
	受剪	1.10	1.00	1.10
	黏结	1.17	1.05	1.00

抗爆结构构件的钢筋强度等级以及配筋面积应按计算确定（不得任意提高钢筋强度等级和加大配筋面积）。有爆炸荷载参与时的基础设计应进行地基土承载力验算、基础抗倾覆及抗滑移验算。设计时应采用以下同时组合的动力反应最大值（即反射压力；屋顶爆炸荷载；恒、活荷载）。

（3）抗爆结构的通风与空调设计要求。

抗爆控制室的暖通空调设计应执行我国现行的有关标准、规范。重要房间、一般房间的空调系统宜分开设置（控制室、机柜间、工程师站、UPS 室、辅助电气设备室、电信室等为重要房间。交接班室、资料室、办公室、会议室等房间为一般房间）。当重要房间与一般房间合用一个空调系统时其空调系统的温度、湿度传感器应设在机柜室等最重要的房间。通风空调系统的供电可靠性应与生产装置一致。空调机加湿用水应符合加湿器对水质的要求。通风空调管道应采用不燃材料制作，接触腐蚀性气体的风管及柔性接头可采用难燃烧材料制作。通风空调系统的防火阀、空调设备宜与建筑物的火灾报警及自动灭火系统连锁（以便火灾发生时自动关闭防火阀并切断空调系统的电源）。新风及回风应过滤，新风过滤器采用中效过滤器（大气尘计数效率：粒径$\geq 1\mu m$，$70\% > \eta > 20\%$，初阻力$\leqslant 80Pa$）。空调机设有备用时的运行空调机与备用空调机之间应设置故障自动切换。重要房间的室内空气计算参数应符合表 13-5 的规定（房间的含尘浓度应小于 $0.2mg/m^3$；重要房间的 H_2S 的浓度应小于 $15mg/m^3$、SO_2 的浓度应小于 $170mg/m^3$；重要房间的温度变化率应小于 $5℃/h$、相对湿度变化率应小于 $6\%/h$）。重要房间的空调系统应采用全空气空调系统，一般房间的空调系统宜采用全空气空调系统。新风的引入口及排风系统的排出口均应加装与建筑围护结构同等抗爆等级的抗爆阀（直径小于或等于 150 的洞口可不加抗爆阀）。空调机房应设在抗爆建筑物内并尽可能靠近空气处理机组所服务的区域。空调机的室外机宜安装在地面上。现场机柜间空调设备的运行状态信号应引至 DCS。

表 13-5　　　　　　　　　　　重要房间的室内空气计算参数

位置	夏季		冬季		新风量	噪声控制值 /dB（A）	噪声控制值 /dB（A）
	温度/℃	相对湿度/%	温度/℃	相对湿度/%			
控制室	26±2	50±10	20±2	50±10	50m³/(h·人)	55	65
机柜室	26±2	50±10	20±2	50±10	0.3 次/h	55	70
工程师站	26±2	50±10	20±2	50±10	50m³/(h·人)	55	65
电信室	26±2	50±10	20±2	50±10	50m³/(h·人)	55	65
电池室					50m³/(h·人)	55	65
空调机房			5				

13.2.2　土木工程结构抗撞理论与技术

土木工程结构抗撞理论与技术主要应对突发事件，如美国"9·11"事件及中国广东九江大桥撞桥事件。美国"9·11"事件是自杀式恐怖袭击飞机撞击大楼使其起火且着火时间超过了钢结构的耐火能力而导致建筑坍塌，中国广东九江大桥撞桥事件则纯属偶发事故（广东九江大桥是 325 国道上的一座特大型桥梁，属于独塔双索面预应力混凝土斜拉桥，位于广东省南海市九江镇与鹤山市杰洲之间，跨越珠江水系西江主干流。桥梁全长 1675.2m，桥面宽 16m，其主跨为 2m×160m 独塔斜拉桥，采用塔、梁、墩固结体系，塔高自桥面起 80m。2007 年 6 月 15 日凌晨 5 时 10 分左右，一般运沙货轮从西江上游向下游行至佛山市南海区九江大桥时突然撞击九江大桥桥墩，导致该桥倒塌，200m 的桥面坍塌坠入江中。九江大桥撞桥事件事发桥孔为引桥桥孔，设计过程中因到非通航孔被撞的可能性不大故其设计防撞力相对较低，引桥桥孔可以说是整座桥相对比较脆弱的部位）。以上 2 个事件足以说明土木工程结构抗撞理论与技术的重要性。

土木工程结构抗撞理论与技术主要解决工程结构薄弱部位遇到可能的最大撞击剪切力时的结构安全问题。就桥梁中的刚构桥而言主要有墩周设人工刚性防撞岛、墩周设柔性消能防撞设施、分离式防撞岛等 3 种常见的防撞措施（桥梁抗撞应考虑撞船的吨位问题。我国黄浦江口的桥梁抗撞击系数按照万吨货轮来设计，而内陆河流的抗撞击系数通常只按二三千吨的船只设计）。其他结构应根据自身的特点解决防撞问题。

13.2.3 土木工程结构抗洪理论与技术

我国位于世界两大自然灾害带（环太平洋带、北半球中纬度带）交汇地区，是世界上自然灾害严重的少数国家之一。在我国常见的 10 多种自然灾害中尤以洪涝灾害最为严重，洪涝灾害发生之频繁、影响范围之广、造成损失之大均居我国各种城市灾害之首。中华人民共和国成立以来，我国相继战胜了 1954 年与 1998 年的长江特大洪水，1963 年海河洪水，1991 年的淮河、太湖流域洪水，1994 年的珠江洪水，1998 年的松花江特大洪水，保护了武汉、哈尔滨、天津、广州等一批重要城市的防洪安全。随着我国社会经济的迅速发展，城市的数量越来越多，城市的规模不断扩大，城市资本与社会财富日益巨量化，城市一旦遭受洪涝灾害就会给人民生命和国家财产造成巨大损失。因此，城市防洪工作关系到国家和地区的兴衰、关系到国家和社会的稳定，搞好城市防洪排涝工作，保障城市安全，具有十分重要的政治、经济意义。土木工程结构抗洪理论与技术就是为解决上述问题而生的。土木工程结构抗洪理论与技术的主要作用是适应城市防洪建设管理需要、维护城市防洪安全、提高城市防洪水平。其基本内容可参考本书 6.2.8 城市防洪（堤岸）工程。

13.2.4 地质灾害防御中的土木工程理论与技术

地质灾害是指由于自然和人为活动引发的危害人类生命财产安全和破坏生态环境的与地质作用有关的灾害事件。在我国，地质灾害主要包括地震、火山喷发、崩塌、滑坡、泥石流、水土流失、地面塌陷、地裂缝、水土流失、土地盐渍化、沼泽化、地面沉降等，其中除地震、火山等灾害外，其他大多数地质灾害都是由自然演化和人为诱发双重因素引发的。突发性地质灾害中，滑坡、崩塌、泥石流灾害由于其成灾时间短，隐蔽性强，作用凶猛，破坏力大而往往造成重大损失，故为防治及研究之重点。地质灾害的危害除了造成人员的伤亡，毁坏基础设施，恶化人类生存环境外，往往引发次生灾害，造成更大的经济损失，同时增加了民众的心理负担。地质灾害（特别是突发性地质灾害）的发生常由致灾作用的发生和其与受灾对象（人、物、设施）的遭遇两个环节形成。地质灾害防治的基本途径包括两方面，即防止致灾地质作用的发生和避免受灾对象与之遭遇。第一方面包括致灾作用发生前的预防和发生中的制止，第二方面则为移动受灾对象位置、改变致灾作用方向和隔绝两者遭遇通道。地质灾害防治措施可概分为行政措施和工程措施两大类。行政措施主要是采取行政法令和技术法规等手段，规范人民群众的生活、生产活动，避免诱发致灾地质作用的发生，监测预报致灾作用的变化动态，使拟建工程设施或流动性人、物避开地质灾害危险区（主动避让）或将处于灾害危险区中的已有居民设施迁出危险区（被动撤离）等。工程措施则是采取建（构）筑物或岩土体改造工程、疏排水工程及生物植被工程等以加固、稳定变形地质体，调整、控制致灾地质作用，从而制止致灾作用的发生、发展及其与受灾对象的遭遇。

（1）突发性地质灾害。

1）滑坡。斜坡上的部分岩体或土体在自然或人为因素的影响下沿某个滑动面发生剪切破坏向下运动的现象称为滑坡。滑动面可以是受剪应力最大的贯通性剪切破坏面或带，也可以是岩体中已有的软弱结构面。规模大的滑坡一般是缓慢的、长期的往下滑动，有些滑坡滑动速度也很快，其过程分为蠕动变形和滑动破坏阶段，但也有一些滑坡表现为急剧的滑动，下滑速度从每秒几米到几十米不等。滑坡多发生在山地的山坡、丘陵地区的斜坡、岸边、路堤或基坑等地带。

2）崩塌。崩塌指陡倾斜坡上的岩土体在重力作用下突然脱离母体崩落、滚动、堆积在坡脚（或沟谷）的地质现象。根据运动形式崩塌包括倾倒、坠落、垮塌等类型。根据岩土成分可将其划分为岩崩和土崩两大类。崩塌的运动速度极快，常造成严重的人员伤亡。崩塌规模可大到数亿立方米（山崩），也可小到数十立方厘米（落石），崩落距离可达数千米。

3）泥石流。泥石流是指山区沟谷中由暴雨、冰雪融水或库塘溃坝等水源激发形成的一种夹带大量泥砂、石块等固体物质的特殊洪流。其往往突然爆发，混浊的流体沿着陡峻的山沟奔腾咆哮而下，山谷犹如雷鸣，在很短时间内将大量泥沙石块冲出沟外，在宽阔的堆积区横冲直撞、漫流堆积，常常给人类生命财产造成很大危害。按物质组成不同可将其分为三类，即由大量黏性土和粒径不等的砂粒、石块组成的泥石流；以黏性土为主的泥流（含少量砂粒、石块，黏度大，呈稠泥状）；由水和大小不等的砂粒、石块组成的水石流。按物质状态的不同可将其分为两类，即黏性泥石流和稀性泥石流，黏性泥石流是含大量黏性土的泥石流或泥流（其特征是黏性大和稠度大。黏性大表现为固体物质占 40%～60%、最高达 80%，水不是搬运介质而是组成物质。稠度大表现为石块呈悬浮状态，暴发突然，持续时间短，破坏力大），稀性泥石流以水为主要成分、黏性土含量少、固体物质占 10%～44%、有很大分散性（其特征是水为搬运介质，石块以滚动或跃移方式前进，具有强烈的下切作用。其堆积物在堆积区呈扇状散流，停积后似"石海"）。按泥石流的成因不同可将其分为降雨型泥石流和冰川型泥石流。按泥石流沟形态的不同可将其分为沟谷型泥石流和坡面型泥石流。

（2）地质灾害监测。

地质灾害监测的主要工作内容为监测地质灾害在时空域的变形破坏信息（包括形变、地球物理场、化学场等）和诱发因素动态信息，最大程度获取连续的空间变形破坏信息和时间域的连续变形破坏信息（侧重于时间域动态信息的获取）。地质灾害监测数据可应用于地质灾害的稳定性评价、预测预报和防治工程效果评估等工作中。地质灾害监测的主要目的是查明灾害体的变形特征（为防治工程设计提供依据）、保障施工安全（施工安全监测）、监测防治工程效果、监测不宜处理（或十分危险）灾害体的动态变化（以便及时报警，防止造成人员伤亡和重大经济损失）。

1) 地质灾害专业监测技术方法。地质灾害专业监测是指专业技术人员在专业调查的基础上借助于专业仪器设备和专业技术对地质灾害变形进行的动态监测、分析和预测预报等的系列、综合、集成专业技术。

2) 地质灾害简易监测技术方法。地质灾害简易监测是指借助于简单的测量工具、仪器装置和量测方法监测灾害体、房屋或构筑物裂缝位移变化的监测方法。该类监测方法具有投入快、操作简便、数据直观等特点，既可以由专业技术人员作为辅助方法使用，也可由非专业技术人员在经培训后使用，是地质灾害群测群防中常用的监测方法。

3) 地质灾害宏观地质观测法。宏观地质观测法借助常规地质调查方法对崩塌、滑坡、泥石流灾害体的宏观变形迹象和与其有关的各种异常现象进行定期的观测、记录以随时掌握崩塌、滑坡的变形动态及发展趋势、实现科学预报目的。该方法具有直观性、动态性、适应性、实用性强的特点，不仅适用于各种类型崩滑体不同变形阶段的监测，而且监测内容比较丰富、面广，获取的前兆信息直观可靠，可信度高。其方法简易经济，便于掌握和普及推广应用。

地质灾害的发生通常具有综合前兆，单一由个别前兆来判别灾害可能会造成误判并带来不良的社会影响。因此，发现某一前兆时必须尽快查看、迅速作出综合判定。若同时出现多个前兆时则必须迅速疏散人员并尽快报告当地主管部门。

(3) 地质灾害工程治理。

1) 崩塌治理工程。崩塌治理工程应因地制宜。对于规模小、危险性高的危岩体可采取爆破或手工方法清除（即清除危岩法）；对于规模较大的崩塌危岩体可清除上部危岩体、降低临空高度、减小坡度、减轻上部负荷、提高斜坡稳定性从而降低崩塌发生的危险程度（即消除危岩隐患法）；可在崩塌体及其外围修建地表排水系统、填堵裂隙空洞以排走地表水、减少崩塌发生的机会；可加固斜坡、改善崩塌斜坡的岩土体结构以增加岩土体结构完整性；可采取支撑墩、支撑墙等支撑措施防治塌落；可采取锚索或锚杆加固危岩体；可采取喷浆护壁、嵌补支撑等加强软基的加固方法加固危岩体；可采用工程支挡结构防范崩塌（即对在预计发生的崩塌落石的地带，在石块滚动的路径上修建落石平台、落石槽、挡石墙等拦截落石）；可通过修建明洞、棚洞等设施来对工程进行保护。

2) 滑坡治理工程。滑坡治理工程应因地制宜。可采取措施消除或减轻地表水、地下水对滑坡的诱发作用（如修建排水沟以减少进入滑坡体的水量；及时将滑坡发育范围内的地表水排除；修建截水盲沟；开挖渗井或截水盲洞；敷设排水管；实施排水钻孔；拦截排导地下水等）；可改善滑坡状况、增加滑坡平衡能力（如在滑坡上部消坡减重；坡脚加填；降低滑坡重心等）；可修建抗滑桩、抗滑墙、抗滑洞以阻止滑坡移动；可实施锚固工程加固滑坡；可采取焙烧法、电渗排水法、灌浆法等措施改善滑坡体岩土体性质以提高软岩层强度。

3) 泥石流治理工程。泥石流治理工程应因地制宜。可借助生物工程保护水土、削弱泥石流活动能力（应保护森林植被，合理耕牧，严禁乱砍滥伐，提高植被覆盖率）；可借助工程措施限制泥石流活动（如修建拦挡、排导、停淤、沟道整治等工程削弱泥石流破坏力，对泥石流地区的铁路、公路、桥梁、隧道、房屋等建筑进行保护或规避以抵御或避开泥石流灾害）。

13.2.5　土木工程结构抗火理论与技术

土木工程结构抗火理论与技术主要解决土木工程结构的防火、抗火、救火问题。主要研究火灾的危害、火灾发生的条件及进程、建筑室内火灾的发火模式、火灾的升温特点、火灾下结构构件的升温特点、高温下结构材料的特性、火灾下结构的极限状态、结构抗火设计方法、火灾后受损结构的评估、加固与补强等问题。

（1）建筑防火的基本特点与要求。

当多种使用功能混合设置在一座建筑物内时，相互之间应进行防火分隔，不同使用功能部分宜采取独立的安全疏散系统；当不同使用功能部分之间无法设置独立的安全疏散设施且不能相互进行分隔时，该建筑消防设计中有关防火间距、室内外消火栓系统、防火分区、安全疏散设施的要求应按要求高者执行，其他防火设计可分别按照各使用功能相适应的规定执行。避难走道是指走道两侧为实体防火墙并设置有防烟等设施仅用于人员安全通行至室外的走道。消防扑救面是指消防车辆靠近建筑实施扑救作业所需建筑外墙面。消防扑救场地是指消防车辆靠近建筑实施扑救作业所需场地。耐火极限是指在标准耐火试验条件下建筑构件、配件或结构从受到火的作用时起到失去稳定性、完整性或隔热性时止的这段时间（用小时表示）。不燃烧体是指用不燃材料做成的建筑构件。难燃烧体是指用难燃材料做成的建筑构件或用可燃材料做成而用不燃材料做保护层的建筑构件。燃烧体是指用可燃材料做成的建筑构件。安全出口是指供人员安全疏散用的楼梯间、室外楼梯的出入口或直通室外安全区域的出口。封闭楼梯间是指用建筑构配件分隔能防止烟和热气进入的楼梯间。防火分区是指在建筑内部采用防火墙、耐火楼板及其他防火分隔设施分隔而成能在一定时间内防止火灾向同一建筑的其余部分蔓延的局部空间。防火间距是指防止着火建筑的辐射热在一定时间内引燃相邻建筑且便于消防扑救的间隔距离。防烟分区是指在建筑内部屋顶或顶板、吊顶下采用具有挡烟功能的构配件进行分隔所形成的具有一定蓄烟能力的空间。高压消防给水系统是指消防给水管网中最不利点的水压和流量平时能满足灭火时的需要，系统中不设消防泵和消防转输泵的消防给水系统。稳高压消防给水系统是指消防给水管网中平时由稳压设施保持系统中最不利点的水压以满足灭火时的需要，系统中设有消防泵的消防给水系统（在灭火时，由压力联动装置启动消防泵，使管网中最不利点的水压和流量达到灭火的要求）。临时高压消防给水系统是指消防给水管网中平时最不利点的水压和流量不能满足灭火时的需要，系统中设有消防泵的消防给水系统（在灭火时启动消防泵使管网中最不利点的水压和流量达到灭火的要求）。消防稳压罐是指在消防给水系统中用于保证系统水压或提供初期水量的气压给水罐。消防稳压泵是指在消防给水系统中用于稳定系统平时最不利点水压的给水泵。自动喷水局部应用系统是指由 K 系数为 80 或 115 的快速响应喷头、管道以及供水设施组成的局部采用、系统简化、持续喷水时间相对较短的湿式系统（也称简易自动喷水灭火系统）。大空间洒水灭火装置是指由红外线探测组件、大流量洒水器和电磁阀组三个主要部件组成的能主动探测着火部位并开启喷头以离心力的形式抛洒形成圆形面喷水灭火的高空灭火装置。灭火器配置场所是指存在可燃的气体、液体、固体等物质而需要配置灭火器的场所。灭火器计算单元是指灭火器配置的计算区域。保护距离是指灭火器配置场所内灭火器设置点到最不利点的直线行走距离。灭火级别表示灭火器能够扑灭不同种类火灾的效能（由表示灭火效能的数字和灭火种类的字母组成）。

排烟系统是指采用机械排烟方式或自然排烟方式将烟气排至建筑物外的系统。机械排烟是指采用排烟风机，将烟气排至建筑物外的方式。自然排烟是指采用可开启外窗或百叶窗等自然通风措施的排烟方式。排烟窗是指能有效排除烟气而设置在建筑物的外墙、顶部的可开启外窗或百叶窗（可开启外窗可分为自动排烟窗和手动排烟窗）。手动排烟窗是指人员可以就地方便开启的排烟窗。自动排烟窗是指与火灾自动报警系统联动或可远距离控制的排烟窗。排烟口是指储烟仓内用于排除烟气的风口或排烟窗。排烟阀是指安装在排烟系统管道上，发生火灾时能根据消防信号动作并反馈阀位信号，确保相应的防烟分区有效排烟的阀门。排烟防火阀是指安装在排烟系统管道上，火灾时当管道内气体温度达到280℃时自动关闭，在一定时间内能满足耐火稳定性和耐火完整性的要求，起隔烟阻火作用的阀门。火灾荷载密度是指单位楼面面积上可燃物的燃烧热值（单位为 MJ/m^2）。标准火灾升温是指国际标准 ISO834 给出的用于进行建筑构件耐火试验的炉内平均温度与时间的关系曲线。等效曝火时间是指在非标准火灾升温条件下，火灾在时间 T 内对构件或结构的作用效应与标准火灾在时间 T_e 内对同一构件或结构（外荷载相同）的作用效应相同，则时间 T_e 称为前者的等效曝火时间。抗火承载力极限状态是指在火灾条件下，构件或结构的承载力与外加作用（包括荷载和温度作用）产生的组合效应相等时的状态。临界温度是指假设火灾效应沿构件的长度和截面均匀分布，当构件达到抗火承载力极限状态时构件截面上的温度。荷载比是指火灾下构件的承载力与常温下相应的承载力的比值。钢管混凝土构件是指在圆形或矩形钢管内填灌混凝土而形成且钢管和混凝土在受荷全工程中共同受力的构件。组合构件是指截面上由型钢与混凝土两种材料组合而成的构件（如钢管混凝土柱、钢—混凝土组合板、钢—混凝土组合梁等）。屋顶承重构件是指用于承受屋面荷载的主要结构构件（如组成屋顶网架、网壳、桁架的构件和屋面梁、支撑等。屋面檩条一般不当作屋盖承重构件，但当檩条同时起屋盖结构系统的支撑作用时则应当作屋盖承重构件）。自动喷水灭火系统全保护是指建筑物内除面积小于 $5m^2$ 的卫生间外均设有自动喷水灭火系统的保护。

（2）厂房防火。

同一座厂房或厂房的任一防火分区内有不同火灾危险性生产时，该厂房或防火分区内的生产火灾危险性分类应按火灾危险性较大的部分确定。当生产过程中，如使用或产生易燃、可燃物质的量较少，不足以构成爆炸或火灾危险时，可按实际情况确定其生产的火灾危险性类别。厂房（仓库）的耐火等级与构件的耐火极限应满足相关要求，二级耐火等级建筑的梁、柱可采用无防火保护的金属结构，其他应采取外包敷不燃材料或其他防火隔热保护措施，设置自动灭火系统的单层丙类厂房内除卫生间、楼梯间及火灾危险性低的设备房外的所有其他部位均应设置自动喷水灭火系统。

（3）储罐防火。

甲、乙、丙类液体、气体储罐（区）与可燃材料堆场应按规定进行防火设计，可燃、助燃气体储罐（区）的防火间距应符合要求，氧气储罐与建筑物、储罐、堆场的防火间距应符合规定，液氧储罐与建筑物、储罐、堆场的防火间距应符合储量湿式氧气储罐防火间距的规定。液化石油气储罐（区）的防火间距应符合要求，液化石油气储罐之间的防火间距不应小于相邻较大罐的直径。

（4）民用建筑防火。

民用建筑的耐火等级、层数和建筑面积应遵守相关规定。当餐饮、娱乐、商店等商业设施通过有顶棚的步行街连接组成一个建筑群时其防火设计应符合规定。民用建筑的防火间距应符合要求，10kV 及以下的预装式变电站与建筑物的防火间距不应小于 3m。民用建筑的安全疏散系统应满足要求，民用建筑的安全出口应分散布置（每个防火分区、一个防火分区的每个楼层，其相邻 2 个安全出口最近边缘之间的水平距离不应小于 5m）。

（5）公共建筑防火。

某些公共建筑（如医院、疗养院的病房楼，旅馆，层数超过 2 层的商店、会展、影剧院、候车（船、机）厅及设有类似使用功能空间的建筑，设有歌舞娱乐放映游艺场所且建筑层数超过 2 层的建筑，超过 5 层的其他公共建筑）的疏散楼梯应采用室内封闭楼梯间（包括首层扩大封闭楼梯间）或室外疏散楼梯，但采用敞开式外廊的公共建筑中与其敞开式外廊相通的楼梯间除外。公共建筑和通廊式非住宅类居住建筑中各房间疏散门的数量应经计算确定且不应少于 2 个。居住建筑单元任一层建筑面积大于 650m² （或任一住户的户门至安全出口的距离大于 15m）时该建筑单元每层安全出口不应少于 2 个。地下、半地下建筑（室）安全出口和房间疏散门的设置应符合规定。

（6）消防车道布置。

高层厂房（仓库）建筑和一些公共建筑应布置长度不少于一个长边长度或不小于周边长度 1/3 的消防扑救面。消防扑救面一侧应设置室外消防扑救场地，其长度宜与消防扑救面等长，宽度从建筑物外墙突出物边缘起算时不宜小于 15m。消防车道的净宽度和净空高度均不应小于 4.0m。用于消防车通行的道路，其转弯处应满足消防车转弯半径的要求。供消防车停留的作业场地空地，其坡度不宜大于 3％。消防车道与厂房（仓库）、民用建筑之间不应设置妨碍消防车作业的障碍物。

（7）建筑防火构造要求。

防火墙应直接设置在建筑物的基础或钢筋混凝土框架、梁等承重结构上（轻质防火墙体可不受此限）。防火墙应从楼地面基层隔断至顶板底面基层。当屋顶承重结构和屋面板的耐火极限低于 0.50h，高层厂房（仓库）屋面板的耐火极限低于 1.00h 时，防火墙应高出不燃烧体屋面 0.4m 以上，高出燃烧体或难燃烧体屋面 0.5m 以上。其他情况时，防火墙可不高出屋面，但应砌至屋面结构层的底面。建筑幕墙的防火设计应符合规定。防火分区间采用防火卷帘分隔时应符合规定。

（8）消防灭火系统布置要求。

严寒和寒冷地区设置市政消火栓、室外消火栓确有困难的可设置水鹤等为消防车加水的设施（其保护范围可根据需要确定）。设有室内消火栓的人员密集公共建筑以及相应规模的其他公共建筑宜设置消防软管卷盘或轻便消防水龙，建筑面积大于 200m² 的商业服务网点应设置消防软管卷盘或轻便消防水龙。室内消防给水管道的布置应符合相关规定。

（9）防烟与排烟系统。

设置自然排烟设施的场所其自然排烟口的净面积应符合规定。机械加压送风防烟系统的加压送风量应经计算确定。需设置机械排烟设施且室内净高小于等于 6.0m 的场所应划分防烟分区；每个防烟分区的建筑面积不宜超过 500m²，防烟分区不应跨越防火分区（防烟分区宜采用隔墙、顶棚下凸出不小于 500mm 的结构梁以及顶棚或吊顶下凸出不小于 500mm 的不燃烧体等进行分隔）。机械排烟系统的排烟量不应小于相关规范规定。

（10）电气防火。

消防供电电源应能满足设计火灾延续时间内消防用电设备的供电需要；消防供电电源的配电设备及其线路敷设均应采取防火保护措施，并应能保证设计火灾延续时间内消防用电设备的正常供电。一级、二级负荷供电的消防控制室、消防水泵房、防烟与排烟风机房的消防用电设备及消防电梯等的供电，应在其配电线路的最末一级配电箱处设置自动切换装置。火灾扑救过程中，因供电中断能引起更大危险时，供电线路、消防设备可不设置过负荷保护措施，但应能监控其过负荷状态。电力线路及电器装置应符合防火要求。

（11）城市交通隧道防火。

通风和排烟系统应符合要求。隧道火灾避难设施内应设置独立的机械加压送风系统，其送风的余压值应为 30～50Pa。隧道内严禁不应设置高压电线、电缆和可燃气体管道；电缆线槽应与其他管道分开埋设。必须通过高压电线、电缆时应采取专用封闭管沟等防火分隔措施。

（12）钢结构防火。

单、多层建筑和高层建筑中的各类钢构件、组合构件等的耐火极限不应低于相关规定。低于规定的要求时应采取外包覆不燃烧体或其他防火隔热的措施。钢结构公共建筑和用于丙类和丙类以上生产、仓储的钢结构建筑中，宜设置自动喷水灭火系统全保护。当单层丙类厂房中设有自动喷水灭火系统全保护时，各类构件可不再采取防火保护措施。丁、戊类厂、库房（使用甲、乙、丙类液体或可燃气体的部位除外）中的构件，可不采取防火保护措施。对于多功能、大跨度、大空间的建筑，可采用有科学依据的性能化设计方法，模拟实际火灾升温，分析结构的抗火性能，采取合理、有效的防火保护措施，保证结构的抗火安全。

1）材料特性要求。高温下钢材的有关物理参数应按规定取值［热膨胀系数 1.4×10^{-5}m/(m・℃)、热传导系数 45W/(m・℃)、比热容 600J/(kg・℃)、密度 7850kg/m³、泊桑比 0.3］。高温下普通混凝土的有关物理参数应按规定取值（包括热传导系数、比热容、初始弹性模量、抗压强度、强度折减系数），特殊混凝土在高温下的材料特性应根据有关标准通过高温材性试验确定。

2）抗火设计基本规定。当满足下列条件之一时应视为钢结构构件达到抗火承载力极限状态，即轴心受力构件截面屈服、受弯构件产生足够的塑性铰而成为可变机构、构件整体丧失稳定、构件达到不适于继续承载的变形；当满足下列条件之一时应视为钢结构整体达到抗火承载力极限状态，即结构产生足够的塑性铰形成可变机构、结构整体丧失稳定。

3）温度作用及其效应组合。一般工业与民用建筑的室内火灾空气温度可按相关公式计算。高大空间建筑火灾中的空气升温过程应按相关公式计算，中、高大空间是指高度不小于 6m、独立空间地（楼）面面积不小于 500m² 的建筑空间。火源功率设计值应根据建筑物实际可燃物的情况合理选取，火灾增长类型可根据可燃物类型确定。在进行钢结构抗火计算时，应考虑温度内力和变形的影响。钢结构抗火验算时可按偶然设计状况的作用效应组合，采用较不利的设计表达式。

4）钢结构抗火验算。钢结构构件抗火设计可采用承载力法或临界温度法。承载力法的步骤为设定防火被覆厚度；计算构件在要求的耐火极限下的内部温度；确定高温下钢材的参数和构件在外荷载和温度作用下的内力；进行结构分析（含温度效应分析）和作用效应组合；根据构件和所受荷载的类型进行构件抗火承载力极限状态验算；当设定的防火被覆厚度不合适时（过小或过大）可调整防火被覆厚度（即应重新进行前述计算）。钢结构整体的抗火验算可按下列步骤进行，即设定结构所有构件一定的防火被覆厚度；确定一定的火灾场景；进行火灾温度场分析及结构构件内部温度分析；在规定的荷载作用下分析结构的耐火时间是否满足规定的耐火极限要求；当设定的结构防火被覆厚度不合适时（过小或过大）调整防火被覆厚度（即应重新进行前述计算）。

5）组合结构抗火验算。当圆形截面钢管混凝土柱保护层采用非膨胀型防火涂料时其厚度可按规定确定。当矩形截面钢管混凝土柱保护层采用非膨胀型防火涂料时其厚度可按相关规范确定。圆形截面钢管混凝土柱保护层采用金属网抹 M5 普通水泥砂浆时其厚度确定应遵守相关规范规定。当矩形截面钢管混凝土柱保护层采用金属网抹 M5 普通水泥砂浆时其厚度可按规范确定。当钢管混凝土柱不采用防火保护措施时其荷载比应满足相关要求。为保证火灾发生时核心混凝土中水蒸气的排放，每个楼层的柱均应设置直径为 20mm 的排气孔，其位置宜位于柱与楼板相交位置上方和下方各 100mm 处并沿柱身反对称布置。

钢—混凝土组合梁火灾时混凝土楼板内的平均温度可按规范规定确定，组合梁抗火承载力应按规定验算。高温下组合梁正弯矩作用时的抵抗弯矩值可按规范计算。高温下组合梁负弯矩作用时可不考虑楼板和钢梁下翼缘的承载作用，相应的组合梁抵抗弯矩可按相关公式计算。

6）防火保护措施。钢结构可采用下列防火保护措施，即外包混凝土或砌筑砌体；涂敷防火涂料；防火板包覆；复合防火保护（即在钢结构表面涂敷防火涂料或采用柔性毡状隔热材料包覆，再用轻质防火板作饰面板）；柔性毡状隔热材料包覆。钢结构防火保护措施应按照安全可靠、经济实用的原则选用并应考虑相关条件。钢结构防火涂料品种的选用应符合规定，防火板的安装应符合要求，采用复合防火保护时应按规定进行，采用柔性毡状隔热材料防火保护时应符合相关要求。

7）验收要求。防火保护工程施工质量控制及验收应按规定进行，防火涂料保护工程、防火板保护工程、柔性毡状隔热材料防火保护工程均应满足要求。

13.2.6　土木工程结构抗震理论与技术

土木工程结构抗震理论与技术主要解决土木工程结构的抗震、避震、减震问题，其基本理论是动力学和振动学。由于人们对地震的发震机理并不十分了解。因此，土木工程结构抗震理论与技术还不成熟。

（1）地震的大概机理。

在地壳表层因弹性波传播所引起的振动作用或现象称为地震（Earthquake），地震按其发生的原因可分为构造地震、火山地震和陷落地震等，此外，还有因水库蓄水、深井注水和核爆炸等导致的诱发型地震。由地壳运动引起的构造地震是地球上规模最大、数量最多、危害最严重的一类地震，世界上 90％以上的地震均属此类，它一般分布在活动构造带中，当地壳运动所积累的应变能一旦超过了地壳岩体的强度极限时岩体就会发生破裂，应变能会突然释放而表现为弹性波的形式使地壳振动而发生地震。在地壳内部振动的发源地叫震源，震源在地面上的垂直投影叫震中，震中到震源的距离叫震源深度。按震源深度可将地震分为浅源地震（0～70km）中源地震（70～300km）和深源地震（＞300km），震源深度最大可达 700km。统计资料说明，大多数地震发生在地表以下数十千米以内的地壳中，破坏性地震一般均为浅源地震。地面上地震所波及到的范围叫震域，它的边界一般无法准确确定。震域的大小与地震时所释放出来的能量以及震源的深度等有关。释放的能量越大、震源越浅则震域越大。据统计，全世界每年发生地震约 500 万次，其中绝大多数是不为人们所感知的小地震，人们能感知的地震约 80000 次（而破坏性地震约 1000 次，其中强烈破坏性地震有十几次）。强烈地震可在顷刻之间在较大地域内酿成严重灾害。地震灾害可分为一次灾害和次生灾害两类，前者为地震波导致土木工程结构的直接破坏和地基、斜坡的振动破坏（如地裂、地陷、砂土液化、滑坡、崩塌等），后者是由上一类灾害所造成的连锁灾害（如火灾、有毒气体扩散、危险品爆炸、海啸等）。地震灾害是全球性的重大自然灾害。据联合国统计，20 世纪以来全世界因地震而死亡的人数达 290 多万，约占各种自然灾害死亡总人数的 63％。地震灾害在城市中表现尤为突出。根据对大陆板块内的地震分布与活断层关系的分析得知，强烈地震的发生必须具备一定的介质条件、结构条件和构造应力场条件。

（2）地震的破坏力。

地震破坏力来自于震源所发出的地震波。通常认为地震波是一种弹性波，它包括体波和面波两种。体波是通过地球本体传播的波，而面波则是由体波形成的次生波（即体波经过反射、折射而沿地面传播的波）。体波又可分为纵波（P 波）和横波（S 波）两种。纵波是由震源向外传播的压缩波，质点振动与波前进的方向一致，一疏一密地向前推进，其振幅小、周期短、速度快。横波是由震源向外传播的剪切波，质点振动与波前进的方向垂直，传播时介质体积不变但形状改变，其振幅大、周期长、速度慢且仅能在固体介质中传播。根据弹性理论，纵波和横波的传播速度计算公式为

$$V_P = \sqrt{\frac{E(1-\mu)}{\rho(1+\mu)(1-2\mu)}}$$

和

$$V_S = \sqrt{\frac{E}{2\rho(1+\mu)}}$$

式中：V_P、V_S 分别为纵波速度及横波速度；E、ρ、μ 分别为介质的弹性模量、容重及泊松比。一般情况下，当 $M = 0.22$ 时 $V_P = 1.67V_S$。显然，纵波速度大于横波速度。所以仪器记录的地震波谱上总是纵波先于横波到达，故纵波也叫初波，横波也叫次波。面波也可分为瑞利波（R 波）和勒夫波（Q 波）两种。瑞利波传播时在地面上滚动，质点在波传播方向上和地表面法向组成的平面（XZ 面）内作椭圆运动，长轴垂直地面，而在 Y 轴方向上没有振动。勒夫波传播时在地面上作蛇形运动，质点在地面上垂直于波前进方向（Y

轴）作水平振动。面波的振幅最大，波长和周期最长，统称为 L 波。面波的传播速度较体波慢，一般情况下，瑞利波速 $V_R = 0.914V_S$。各种地震波的传播速度以纵波最快，横波次之，面波最慢。因此在地震记录图（即地震波谱）上，最先记录到的是纵波，其次是横波，最后才是面波。纵波到达与横波到达之间的时间差（走时差）随地震台距震中的距离而变化（越远越大），故可用以测定震中距（并可利用多个地震台的波谱资料，利用几何学原理进一步确定震中位置和估算震源深度）。通常当横波和面波到达时地面振动最为强烈，故对土木工程结构的破坏性也最大。可根据地表最大位移与地震震级间建立的经验关系式近似求出震源断层的错动幅度，即

$$D = 10^{0.52M - 1.25}$$

式中：D 为震源断层的错动幅度，cm；M 为地震震级。

（3）地震的震级与烈度。

地震震级和地震烈度是衡量地震强度的两把标准尺度，它们含义不同但相互间有一定的联系。

1）地震震级。地震震级是衡量地震本身大小的尺度，由地震所释放出来的能量大小来决定。释放出来的能量越大则震级越大。地震释放的能量大小，是通过地震仪记录的震波最大振幅来确定的。由于仪器性能和震中距离的不同，记录到的振幅也不同，所以必须要以标准地震仪和标准震中距的记录为准。按李希特 1935 年所给出的原始定义，震级（M）是指距震中 100km 处的标准地震仪在地面所记录的以微米表示的最大振幅 A 的对数值。即 $M = \lg A$。标准地震仪的自振周期为 0.8s、阻尼比为 0.8、最大静力放大倍率为 2800。如果在距震中 100km 处标准地震仪记录的最大振幅为 10cm（即 $10^5 \mu m$），则 $M = 5$，是 5 级地震。实际上，距震中 100km 处不一定有地震仪，而且地震仪也并非上述的标准地震仪，此时就需采用经验公式经修正而确定震级。一个 1 级地震的能量相当于 2.0×10^6 J。震级每增加 1 级能量增大 30 倍左右。6 级地震的能量约为 6.3×10^{13} J（它约与一个 2 万 t 级原子弹所具有的能量相当），而 7 级地震则相当于 30 个 2 万 t 级原子弹的能量。在理论上讲，震级是无上限的，但实际上是有限的。因为地壳中岩体的强度有极限，它不可能积累超过这种极限的弹性应变能。目前已记录到的最大地震震级是 9.0 级［即 2011 年 3 月 11 日日本福岛大地震（GPS 监测显示日本本岛最大水平位移 2.4m），排名第二的是 1960 年 5 月 22 日 8.9 级的智利大地震］。按照人们对地震的感知及其破坏程度可作如下的震级划分，即 2 级以下为微震（人们感觉不到）；3～4 级为有感地震；5 级以上就要引起不同程度的破坏（统称为破坏性地震）；7 级以上称为强烈地震。

2）地震烈度。地震烈度是衡量地震所引起的地面震动强烈程度的尺度，它不仅取决于地震能量，同时也受震源深度、震中距、地震波传播介质的性质等因素的制约。一次地震只有一个震级，但在不同地点，烈度大小是不一样的。一般来说，震源深度和震中距越小地震烈度越大，在震源深度和震中距相同的条件下则坚硬基岩的场地（地基）较之松软土烈度要小些。因此，烈度是不能与震级混淆的。地震烈度是根据地震时人的感觉、土木工程结构的破坏程度、器物振动以及自然表象等宏观标志进行判定的。人们通过对各类标志的对比分析来划分烈度，并按由小到大的顺序进行排列就构成了烈度表。中国地震烈度表见表 13 - 6，地震震害指数的等级划分标准见表 13 - 7。

表 13 - 6　　　　　　　　　　　　中 国 地 震 烈 度 表

烈度	人的感觉	一般房屋		其他现象	参考物理指标	
		大多数房屋震害程度	平均震害指数		加速度（水平向）/(cm/s²)	速度（水平向）/(cm/s²)
Ⅰ	无感	—	—		—	—
Ⅱ	室内个别静止中的人感觉				—	—
Ⅲ	室内多数静止中的人感觉	门、窗轻微作响		悬挂物微动	—	—
Ⅳ	室内多数人感觉。室外少数人感觉。少数人梦中惊醒	门、窗作响		悬挂物明显摆动，器皿作响	—	—
Ⅴ	室内普遍感觉。室外多数人感觉。多数人梦中惊醒	门窗、屋顶、屋架颤动作响，灰土掉落，抹灰出现微细裂缝		不稳定器物翻倒	31(22～44)	3(2～4)
Ⅵ	惊慌失措，仓皇逃出	损坏（个别砖瓦掉落，墙体微细裂缝	0～0.1	河岸和松软土上出现裂缝。饱和砂层出现喷砂冒水。地面上有的砖烟囱轻度裂缝、掉头	63(45～89)	6(5～9)
Ⅶ	大多数人仓皇逃出	轻度破坏（局部破坏，开裂，但不妨碍使用）	0.11～0.30	河岸出现塌方。饱和砂层常见喷砂冒水。松软土上地裂缝较多。大多数砖烟囱中等破坏	125(90～177)	13(10～18)
Ⅷ	摇晃颠簸，行走困难	中等破坏（结构受损，需要修理）	0.31～0.50	干硬土上亦有裂缝。大多数砖烟囱严重破坏	250(178～353)	25(19～35)
Ⅸ	坐立不稳。行动的人可能摔跤	严重破坏（墙体龟裂，局部倒塌，复修困难）	0.51～0.70	干硬土上有许多地方出现裂缝，基岩上可能出现裂缝，滑坡、坍方常见。砖烟囱出现倒塌	500(354～707)	50(36～71)
Ⅹ	骑自行车的人会摔倒。处不稳状态的人会摔出几尺远。有抛起感	倒塌（大部分倒塌，不堪修复）	0.71～0.90	山崩和地震断裂出现。基岩上的拱桥破坏。大多数砖烟囱从根部破坏或倒毁	1000(708～1414)	100(72～141)
Ⅺ	—	毁灭	0.91～1.00	地震断裂延续很长。山崩常见。基岩上拱桥毁坏	—	—
Ⅻ	—	—	—	地面剧烈变化，山河改观	—	—

表 13-7　　　　　　　　　　　　　　　　地震震害指数等级划分标准

震害类型		震　害　描　述	I	
倒塌		房屋全部倒塌	1.0	
墙倒架歪		墙体全部倒塌，房架倾斜显著	0.8	
墙倒架正		墙体大部分倒塌，房架基本未倾斜	0.6	
局部墙倒		主要墙体局部倒塌	0.4	
裂缝	严重	主要墙体无塌落，但严重裂缝，须修复才能使用	0.27	0.20
	轻微	墙体无塌落，但有小裂缝，未经修复仍可使用	0.13	
完好		基本无损或完好	0	

我国经多年实践已制定了一般工程防震抗震的烈度标准。把地震烈度分为基本烈度、场地烈度和设防烈度三种。所谓基本烈度是指在今后一定时间（一般按 100 年考虑）和一定地区范围内一般场地条件下可能遭遇的最大烈度，它是由地震部门根据历史地震资料及地区地震地质条件等的综合分析给定的，是对一个地区地震危险性作出的概略估计，可作为工程防震抗震的一般依据。场地烈度至今没有一个明确的定义，一般的理解为根据建设场地具体的工程地质条件而对基本烈度的调整或修正，根据具体工程地质条件的影响情况，场地烈度可大于基本烈度也可小于基本烈度，一般调整范围为半度至一度。设防烈度也叫设计烈度，是抗震设计所采用的烈度，它是根据土木工程结构的重要性、经济性等的需要，对基本烈度进行的调整。一般土木工程结构可采用基本烈度为设防烈度，重大土木工程结构（如核电站、大坝、大桥）则可将基本烈度适当提高作为设计烈度。我国规定，基本烈度Ⅵ度（包括Ⅵ度在内）以下地区的土木工程结构可以不设防，超过Ⅵ度的必须采取设防措施。

（4）地震的效应。

在地震作用影响所及的范围内地面出现的各种震害或破坏称之为地震效应。地震效应与场地工程地质条件、震级大小及震中距等因素有关，也与土木工程结构的类型和结构有关。地震效应大致可分为振动破坏效应、地面破坏效应和斜坡破坏效应 3 个方面。

（5）地震力对土木工程结构物的影响。

地震力是由地震波直接产生的惯性力。它能使建筑物变形和破坏。地震力的大小决定于地震波在传播过程中质点简谐振动所引起的加速度。由于地震对建筑物的破坏主要是由地面强烈的水平晃动造成的，竖向力破坏作用居次要地位，因此在工程设计中，通常只考虑水平方向地震力的作用。地震时质点运动的水平最大加速度 $a_{\max}=\pm A\,(2\pi/T)^2$。设建筑物的质量为 M，重量为 W，那么作用于建筑物的最大地震力 P 为 $P=(W/g)\cdot a_{\max}=Ma_{\max}=K_c w$，式中：$P$ 为最大地震力（单位为 N）；T 为振动周期（单位为 S）；A 为振幅（单位为 cm）；K_c 为地震系数（以分数表示，$K_c=a_{\max}/g$。地震系数 K_c 是一个很重要的参数可查表获得，也可通过式 $K_c=0.001a_{\max}$ 求得）。当 $K_c=1/100$ 时建筑物开始破坏；$K_c=1/20$ 时（相当于Ⅷ～Ⅸ级）建筑物严重破坏。此外，若建筑物的振动周期与地震振动周期相近还会引起共振（建筑物更易破坏）。

（6）地震区抗震设计原则和土木工程结构抗震措施。

在高烈度区内建筑场地的选择是至关重要，因此，必须在地震工程地质勘察的基础上进行综合分析研究，应根据历史震害情况合理确定场地烈度，应对工程使用期内可能造成的震害进行充分的估量（即作出场地地震效应评价及震害预测，然后选出抗震性能最好、震害最轻的地段作为建筑场地），同时，应指出场地对抗震有利和不利的条件并提出土木工程结构抗震措施的建议。对抗震有利的建筑场地是地形较平坦开阔；基岩地区岩性均一、坚硬或上覆有较薄的覆盖层；虽有较厚的土层但比较密实；无断裂或有断裂但它与发震断裂无联系且胶结较好；地下水埋藏较深；滑坡、崩塌、岩溶等工程动力地质现象不发育等。

场地选定后就应根据所查明的场区工程地质条件选择适宜的持力层和基础方案，为此应具体了解土木工程结构的上部结构型式、尺寸和荷载特点以及地震时必须维持的效能（如医院、动力源、通信设施等），同时还应考虑施工的可能与方便性。土木工程结构基础的抗震设计应注意5点，即基础要砌筑于坚硬、密实的地基上，应避免采用松软地基；基础置埋深度要大些，以防地震时土木工程结构的倾倒；同一土木工程结构不要采用几种不同型式的基础；同一土木工程结构的基础不要跨越在性质显著不同或厚度变化很大的地基土上；土木工程结构的基础要以刚性强的联结梁连成一个整体。

对普通工业与民用建筑来讲，强震区其平立面应力求简单方整，应避免采用不必要的凸形状，在结构上应尽量做到减轻重力、降低重心、加强整体性，并使各部分、各构件之间有足够的刚度和强度。强震区的高层土木工程结构应采用侧向刚度较大的结构体系，不超过12层的土木工程结构可采用框架结构体系，而更高的土木工程结构应采用剪力墙和筒式结构体系。

对水工结构来讲，选择抗震性能良好的坝型非常重要。土石坝以堆石坝抗震性能最好而冲填土坝则抗震性能很差。混凝土坝以拱坝抗震性能最好，其次为重力坝，而支墩坝因侧向刚度不足抗震性能最差。大坝的抗震措施有很多，对土石坝来说主要是防止地基失稳、提高坝体的压实度、适当加高坝顶和增加坝顶超高（以防涌浪和溃决），对混凝土坝中的重力坝应适当增加坝顶刚度、顶部坡折宜取弧形（以避免突变并减少应力集中），对支墩坝应尽可能增强其侧向刚度，对拱坝应注意坝顶两岸岩体的稳定性并加强其连接部位的强度。

（7）土木工程结构抗震设计的基本要求。

土木工程结构抗震以预防为主，使建筑经抗震设防后减轻建筑的地震破坏、避免人员伤亡、减少经济损失。一般情况下的抗震设防目标有以下3点，即当遭受低于本地区抗震设防烈度的多遇地震影响时主体结构不受损坏或不需进行修理可继续使用；当遭受相当于本地区抗震设防烈度的地震影响时结构的损坏经一般性修理仍可继续使用；当遭受高于本地区抗震设防烈度的预估的罕遇地震影响时不致倒塌或发生危及生命的严重破坏。当建筑有使用功能上或其他的专门要求时可按高于上述一般情况的设防目标进行抗震性能设计。抗震设防烈度为6度及以上地区的建筑必须进行抗震设计。抗震设防烈度必须按国家规定权限审批、颁发的文件（图件）确定。一般情况下，抗震设防烈度可采用中国地震动参数区划图的地震基本烈度（或与设计基本地震加速度值对应的烈度值）。建筑工程的抗震设计应符合我国现行的有关强制性标准的规定。建筑所在地区遭受的地震影响应采用相应于抗震设防烈度的设计基本地震加速度和设计特征周期或规定的设计地震动参数来表征。抗震设防烈度和设计基本地震加速度取值的对应关系应符合表13-8的规定（其中 g 为基本重力加速度），设计基本地震加速度为 0.15g 和 0.30g 地区内的建筑应分别按抗震设防烈度 7 度和 8 度的要求进行抗震设计。建筑的设计特征周期（特征周期）应根据其所在地的设计地震分组和场地类别确定。我国的设计地震共分为三组，对Ⅱ类场地其第一组、第二组和第三组的设计特征周期应分别按 0.35s、0.40s 和 0.45s 取值。我国主要城镇（县级及县级以上城镇）中心地区的抗震设防烈度、设计基本地震加速度值和所属的设计地震分组可按相关规范认定。选择建筑场地时应根据工程需要；地震活动掌握情况；工程地质和地震地质的有关资料对抗震有利、不利和危险地段做出综合评价（对不利地段应提出避开要求，无法避开时应采取有效措施。危险地段严禁建造甲、乙类的建筑且不应建造丙类建筑）。建筑设计应符合抗震概念设计要求，不规则建筑方案应按规定采取加强措施，特别不规则的建筑方案应进行专门研究和论证并采取特别的加强措施，不应采用严重不规则的设计方案。建筑及其抗侧力结构的平面布置宜规则、对称并应具有良好的整体性；建筑的立面和竖向剖面宜规则，结构的侧向刚度宜均匀变化，竖向抗侧力构件的截面尺寸和材料强度宜自下而上逐渐减小，应避免抗侧力结构的侧向刚度和承载力突变，当存在不规则问题时抗震设计应遵守专门的特殊规定。

表 13 - 8　　　　　　　　　　抗震设防烈度和设计基本地震加速度值的对应关系

抗震设防烈度	6	7	8	9
设计基本地震加速度值	0.05g	0.10(0.15)g	0.20(0.30)g	0.40g

结构体系应根据建筑的抗震设防类别、抗震设防烈度、建筑高度、场地条件、地基、结构材料和施工等因素，经技术、经济和使用条件综合比较确定。结构体系应符合以下 4 条要求，即应具有明确的计算简图和合理的地震作用传递途径；应避免因部分结构或构件破坏而导致整个结构丧失抗震能力或对重力荷载的承载能力；应具备必要的抗震承载力、良好的变形能力和消耗地震能量的能力；对可能出现的薄弱部位应采取措施提高抗震能力。

建筑结构应进行多遇地震作用下的内力和变形分析（此时可假定结构与构件处于弹性工作状态），内力和变形分析可采用线性静力方法或线性动力方法。非结构构件包括建筑非结构构件和建筑附属机电设备自身及其与结构主体的连接应进行抗震设计。隔震与消能减震设计可用于抗震安全性较高及使用功能有专门要求的建筑，采用隔震或消能减震设计的建筑当遭遇到本地区的多遇地震影响、抗震设防烈度地震影响和罕遇地震影响时可采用高于规范一般情况的设防目标进行设计。抗震结构对材料和施工质量的特别要求应在设计文件上注明。建筑结构采用抗震性能设计时应根据其抗震设防类别、设防烈度、场地条件、结构类型和不规则性，附属设施功能要求、投资大小、震后损失和修复难易程度等，对选定的抗震性能目标提出技术和经济可行性综合分析和论证。抗震性能设计应根据实际需要和可能具有明确的针对性，可选定针对整个结构、结构的局部部位或关键部位、结构的关键部件、重要构件、次要构件以及建筑构件和机电设备支座的性能目标。建筑结构的抗震性能化设计应考虑地震动水准、不同地震动水准下的预期损坏状态或使用功能、为实现预期性能的具体指标，通常可选定多遇地震、设防烈度地震和罕遇地震的地震作用，可参照《建筑地震破坏等级划分标准》（建抗〔1990〕377 号）选定设防目标，应选定分别提高结构或其关键部位的抗震承载力、结构变形能力或同时提高抗震承载力和变形能力的具体指标。抗震设防烈度为 7 度、8

度、9度时高度分别超过160m、120m、80m的高层建筑应按规定设置建筑结构的地震反应观测系统，建筑设计应留有观测仪器和线路的位置。

13.2.7 土木工程结构抗风理论与技术

土木工程结构抗风理论与技术主要解决在飓风状态下的结构性状及安全问题。目前，对土木工程结构抗风问题的处理方法与抗震大同小异。

（1）风荷载的确定方法。

主体结构计算时风荷载作用面积应取垂直于风向的最大投影面积，垂直于建筑物表面的单位面积风荷载标准值应按式 $w_k = \beta_z \mu_s \mu_z w_0$ 计算，其中，w_k 为风荷载标准值（单位为 kN/m²）；w_0 为基本风压（单位为 kN/m²，应按相关规范规定取值）；μ_z 为风压高度变化系数（按相关规范规定取值）；μ_s 为风荷载体型系数（按相关规范规定取值）；β_z 为 z 高度处的风振系数（按相关规范规定取值）。基本风压应按我国现行《建筑结构荷载规范》（GB 50009—2012）规定取值，特别重要或对风荷载比较敏感的高层建筑的承载力设计应采用 100 年重现期的风压值。位于平坦或稍有起伏地形的高层建筑的风压高度变化系数应根据地面粗糙度类别按表 13-9 确定（地面粗糙度分 A、B、C、D 四类，A 类指近海海面和海岛、海岸、湖岸及沙漠地区；B 类指田野、乡村、丛林、丘陵以及房屋比较稀疏的乡镇和城市郊区；C 类指有密集建筑群的城市市区；D 类指有密集建筑群且房屋较高的城市市区）。

表 13-9 风压高度变化系数 μ_z

离地面或海平面高度	地面粗糙度类别				离地面或海平面高度	地面粗糙度类别			
	A	B	C	D		A	B	C	D
5m	1.17	1.00	0.74	0.62	90m	2.34	2.02	1.62	1.19
10m	1.38	1.00	0.74	0.62	100m	2.40	2.09	1.70	1.27
15m	1.52	1.14	0.74	0.62	150m	2.64	2.38	2.03	1.61
20m	1.63	1.25	0.84	0.62	200m	2.83	2.61	2.30	1.92
30m	1.80	1.42	1.00	0.62	250m	2.99	2.80	2.54	2.19
40m	1.92	1.56	1.13	0.73	300m	3.12	2.97	2.75	2.45
50m	2.03	1.67	1.25	0.84	350m	3.12	3.12	2.94	2.68
60m	2.12	1.77	1.35	0.93	400m	3.12	3.12	3.12	2.91
70m	2.20	1.86	1.45	1.02	450m	3.12	3.12	3.12	3.12
80m	2.27	1.95	1.54	1.11					

位于山区的高层建筑按表 13-9 确定风压高度变化系数后还应按我国现行《建筑结构荷载规范》（GB 50009—2012）的有关规定进行修正。高层建筑的风振系数 z 可按式 $\beta_z = 1 + \varphi_z \xi \nu / \mu_z$ 计算，其中，φ_z 为振型系数（可由结构动力计算确定，计算时可仅考虑受力方向基本振型的影响。对质量和刚度沿高度分布比较均匀的弯剪型结构也可近似采用振型计算点距室外地面高度 z 与房屋高度 H 的比值）；ξ 为脉动增大系数（可按表 13-10 取值）；ν 为脉动影响系数（外形、质量沿高度比较均匀的结构可按表 13-11 取值）；μ_z 为风压高度变化系数。表 13-10 中，w_0 为基本风压（应按前述规定取值）；T_1 为结构基本自振周期（可由结构动力学计算确定。对比较规则的结构也可采用近似公式计算），即框

架结构 $T_1 = (0.08 \sim 0.1)n$，框架—剪力墙和框架—核心筒结构 $T_1 = (0.06 \sim 0.08)n$，剪力墙结构和筒中筒结构 $T_1 = (0.05 \sim 0.06)n$，n 为结构层数。当多栋或群集的高层建筑相互间距较近时宜考虑风力相互干扰的群体效应，必要时宜通过风洞试验确定。

表 13 – 10　　　　　　　　　　　　　脉 动 增 大 系 数 ξ

$w_0 T_1^2$	地面粗糙度类别				$w_0 T_1^2$	地面粗糙度类别			
	A 类	B 类	C 类	D 类		A 类	B 类	C 类	D 类
$0.06 \mathrm{kNs^2/m^2}$	1.21	1.19	1.17	1.14	$2.00 \mathrm{kNs^2/m^2}$	1.58	1.54	1.46	1.39
$0.08 \mathrm{kNs^2/m^2}$	1.23	1.21	1.18	1.15	$4.00 \mathrm{kNs^2/m^2}$	1.70	1.65	1.57	1.47
$0.10 \mathrm{kNs^2/m^2}$	1.25	1.23	1.19	1.16	$6.00 \mathrm{kNs^2/m^2}$	1.78	1.72	1.63	1.53
$0.20 \mathrm{kNs^2/m^2}$	1.30	1.28	1.24	1.19	$8.00 \mathrm{kNs^2/m^2}$	1.83	1.77	1.68	1.57
$0.40 \mathrm{kNs^2/m^2}$	1.37	1.34	1.29	1.24	$10.00 \mathrm{kNs^2/m^2}$	1.87	1.82	1.73	1.61
$0.60 \mathrm{kNs^2/m^2}$	1.42	1.38	1.33	1.28	$20.00 \mathrm{kNs^2/m^2}$	2.04	1.96	1.85	1.73
$0.80 \mathrm{kNs^2/m^2}$	1.45	1.42	1.36	1.30	$30.00 \mathrm{kNs^2/m^2}$	—	2.06	1.94	1.81
$1.00 \mathrm{kNs^2/m^2}$	1.48	1.44	1.38	1.32					

表 13 – 11　　　　　　　　　　　高层建筑的脉动影响系数 ν

H/B	粗糙度类别	房屋总高度 H/m							
		$\leqslant 30$	50	100	150	200	250	300	350
$\leqslant 0.5$	A	0.44	0.42	0.33	0.27	0.24	0.21	0.19	0.17
	B	0.42	0.41	0.33	0.28	0.25	0.22	0.20	0.18
	C	0.40	0.40	0.34	0.29	0.27	0.23	0.22	0.20
	D	0.36	0.37	0.34	0.30	0.27	0.25	0.27	0.22
1.0	A	0.48	0.47	0.41	0.35	0.31	0.27	0.26	0.24
	B	0.46	0.46	0.42	0.36	0.36	0.29	0.27	0.26
	C	0.43	0.44	0.42	0.37	0.34	0.31	0.29	0.28
	D	0.39	0.42	0.42	0.38	0.36	0.33	0.32	0.31
2.0	A	0.50	0.51	0.46	0.42	0.38	0.35	0.33	0.31
	B	0.48	0.50	0.47	0.42	0.40	0.36	0.35	0.33
	C	0.45	0.49	0.48	0.44	0.42	0.38	0.38	0.36
	D	0.41	0.46	0.48	0.46	0.44	0.42	0.42	0.39
3.0	A	0.53	0.51	0.49	0.45	0.42	0.38	0.38	0.36
	B	0.51	0.50	0.49	0.45	0.43	0.40	0.40	0.38
	C	0.48	0.49	0.49	0.48	0.46	0.43	0.43	0.41
	D	0.43	0.46	0.49	0.49	0.48	0.46	0.46	0.45
5.0	A	0.52	0.53	0.51	0.49	0.46	0.44	0.42	0.39
	B	0.50	0.53	0.52	0.50	0.48	0.45	0.44	0.42
	C	0.47	0.50	0.52	0.52	0.50	0.48	0.47	0.45
	D	0.43	0.48	0.52	0.53	0.53	0.52	0.51	0.50

续表

H/B	粗糙度类别	房屋总高度 H/m							
		≤30	50	100	150	200	250	300	350
8.0	A	0.53	0.54	0.53	0.51	0.48	0.46	0.43	0.42
	B	0.51	0.53	0.54	0.52	0.50	0.49	0.46	0.44
	C	0.48	0.51	0.54	0.53	0.52	0.52	0.50	0.48
	D	0.43	0.48	0.54	0.53	0.55	0.55	0.54	0.53

（2）风荷载体型系数的取值原则。

风荷载体型系数应根据建筑物平面形状的不同取不同的值，矩形平面（见图 13-4）按表 13-12 取值（其中，H 为建筑主体高度）；L 形平面（见图 13-5）按表 13-13 取值；槽形平面取值见图 13-6；正多边形平面、圆形平面（见图 13-7）$\mu_s = 0.8 + 1.2/n^{1/2}$（$n$ 为边数。圆形高层建筑表面较粗糙时 μ_s 取 0.8）；扇形平面、梭形平面、"十"字形平面、"井"字形平面、X 形平面、卄形平面可依次按图 13-8～图 13-13 取值；六角形平面（见图 13-14）按表 13-14 取值；Y 形平面（见图 13-15）按表 13-15 取值。

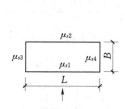 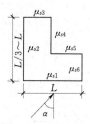

图 13-4　矩形平面风荷载体型系数　　图 13-5　L 形平面风荷载体型系数

表 13-12　　　　　　　　　矩形平面风荷载体型系数参考值

μ_{s1}	μ_{s2}	μ_{s3}	μ_{s4}
0.80	$-(0.48 + 0.03H/L)$	-0.60	-0.60

表 13-13　　　　　　　　　L 形平面风荷载体型系数参考值

α	μ_{s1}	μ_{s2}	μ_{s3}	μ_{s4}	μ_{s5}	μ_{s6}
0°	0.80	-0.70	-0.60	-0.50	-0.50	-0.60
45°	0.50	0.50	-0.80	-0.70	-0.70	-0.80
225°	-0.60	-0.60	0.30	0.90	0.90	0.30

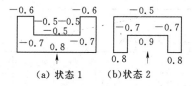 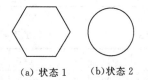

图 13-6　槽形平面风荷载体型
系数参考值

图 13-7　正多边形平面、圆形
平面风荷载体型系数

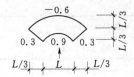

图 13-8　扇形平面风荷载体型系数　　图 13-9　梭形平面风荷载体型系数

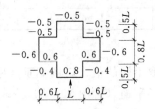

图 13-10　"十"字形平面风荷载体型系数　　图 13-11　"井"字形平面风荷载体型系数

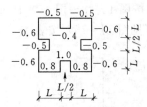

图 13-12　X 形平面风荷载体型系数　　图 13-13　廾形平面风荷载体型系数

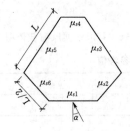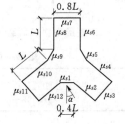

图 13-14　六角形平面风荷载体型系数　　图 13-15　Y 形平面风荷载体型系数

表 13-14　　　　　　　　　　六角形平面风荷载体型系数参考值

α	μ_{s1}	μ_{s2}	μ_{s3}	μ_{s4}	μ_{s5}	μ_{s6}
0°	0.80	-0.45	-0.50	-0.60	-0.50	-0.45
30°	0.70	0.40	-0.55	-0.50	-0.55	-0.55

表 13-15　　　　　　　　　　Y 形平面风荷载体型系数参考值

α	μ_{s1}	μ_{s2}	μ_{s3}	μ_{s4}	μ_{s5}	μ_{s6}	μ_{s7}	μ_{s8}	μ_{s9}	μ_{s10}	μ_{s11}	μ_{s12}
0°	1.05	1.00	-0.70	-0.50	-0.50	-0.55	-0.50	-0.55	-0.50	-0.50	-0.70	1.00
10°	1.05	0.95	-0.10	-0.50	-0.55	-0.55	-0.50	-0.55	-0.50	-0.50	-0.60	0.95
20°	1.00	0.90	0.30	-0.55	-0.60	-0.60	-0.50	-0.55	-0.50	-0.50	-0.55	0.90

α	μ_{s1}	μ_{s2}	μ_{s3}	μ_{s4}	μ_{s5}	μ_{s6}	μ_{s7}	μ_{s8}	μ_{s9}	μ_{s10}	μ_{s11}	μ_{s12}
30°	0.95	0.85	0.50	−0.60	−0.65	−0.70	−0.55	−0.50	−0.50	−0.50	−0.55	0.80
40°	0.90	0.80	0.70	−0.75	−0.75	−0.65	−0.55	−0.50	−0.50	−0.50	−0.55	0.75
50°	0.50	0.40	0.85	−0.40	−0.45	−0.15	−0.55	−0.50	−0.50	−0.50	−0.55	0.65
60°	−0.15	−0.10	0.95	−0.10	−0.15	−0.35	−0.55	−0.50	−0.50	−0.50	−0.55	0.35

13.2.8 土木工程结构加固理论与技术

在发达国家或地区，人们常常对重要建筑物进行抗震加固，或对桥梁、简仓等构筑物及局部损坏认为拆除又不合算的结构进行加固。目前，美、英等发达国家的改造维护业已超过新建筑业。目前，工程结构加固尚未形成一门系统性学科，工程结构加固方面的文献专著也仅仅局限于阐述所用的材料、加固工具和方法（加固材料与被加固物间的关系仅有少量的基本性能试验介绍）。

（1）工程加固材料。

传统的加固材料是钢材（即用钢材作为加固介质），传统的钢筋混凝土结构加固方法主要有置换法、绕丝法、粘钢法等，现在人们较多地通过粘贴复合材料来加固梁、柱等结构。

（2）工程加固的基本原则。

工程加固应以力学分析为依据，应使被加固体的强度、刚度协调，对有扭转效应的结构应使加固后结构刚度中心与质量中心之间距离尽可能小。若不以力学分析为基础盲目加固有可能因刚度改变而导致层间剪力变化及增加地震反应，因此需多次反复计算才能获得比较满意的加固效果，应按计算结构给出的刚度分布和强度分布采取适宜的加固措施。

13.3　防灾减灾工程及防护工程的历史与发展

防灾减灾工程及防护工程历史悠久，至少有四五千年的历史，其与人类的生存、发展进程息息相伴。远古时的防灾减灾工程及防护工程极其简陋质朴，效果也很不理想。随着人类与大自然斗争的经验积累，防灾减灾工程及防护工程的水平也在缓慢地、不断地提高，相应的理论也一点一点地逐渐建立了起来。真正意义的防灾减灾工程及防护工程发源于西方工业革命以后，现代的防灾减灾工程及防护工程是一门多学科集成的庞大的科学体系。现代防灾减灾工程及防护工程的研究焦点集中在以下 7 个领域。

（1）综合防灾减灾规划。

1）各类区域、场地防灾减灾规划研究。侧重于根据区域经济发展水平、地理位置、人口规模和灾害发生概率等因素对防灾减灾基础设施、避灾疏散场所和道路等关键设施进行系统性的评价和规划。

2）建设用地评价与土地利用防灾规划。侧重于建设用地灾害影响评价及对策、建设用地适宜性评价（包括场地适宜性分区）、用地布局要求、土地利用防灾规划制定。

3）区域工程防灾规划对策与措施。侧重于从 5 个方面进行区域工程防灾规划对策与措施研究，即工程设施建设的防灾要求；基础设施的规划布局和建设要求；建成区（特别是高易损性和人员密集地区建筑）的改造与加固要求；重要建筑的布局、间距和外部通道的防灾要求；按照工程建设强制性标准进行鉴定与加固的要求。

4）区域防灾减灾技术标准研究。侧重于根据县域、城区、村庄三个层次相互协调和防灾规划与工程抗灾技术相融合的发展要求，从规划、基础设施和房屋建筑等方面提出综合防灾标准化技术体系的宏观框架，从而为防灾减灾提供指导。

（2）地质灾害防治技术。

1）地质灾害的区域划分研究。侧重于研究地质灾害与工程地质环境背景的相关关系；研究遥感数据的解译与计算方法，分析植被指数与灾害危险区域的关联度；利用地表高程数据形成的地表坡度图，建立坡度、植被指数与灾害分布规律的关系；建立地质灾害区域划分的指标体系，确定计算方法。通过示范区域形成地质灾害区域划分的工作方法和标准。

2）危险性和易损性评判的标准研究。侧重于研究地质灾害危险性和易损性的单因子作用，确定评价指标、各要素权重、计算方法（模糊综合评判法、灰色聚类、德尔菲法等）和分级标准，建立危险性和易损性评价模型，对地质灾害的影响进行评估计算。

3）危险区域地质灾害的工程防治措施。侧重于研究边坡可能的失稳模式和地下水渗流的影响，结合地下水的渗流分析建立边坡稳定性判析系统和监测指标，评判重点区域内的边坡稳定性；划分泥石流活动作用区域，研究泥石流活动与降雨、地形等影响因素的关系，确定泥石流监测体系的技术指标；根据不同地质灾害的作用机理提出相应的有效防治措施。

4）滑坡、泥石流的地面监测和遥感监测技术研究。侧重于研究滑坡泥石流的地面监测和遥感监测技术的数据采集方法，对滑坡泥石流监测的整体联系方案、区域性的滑坡泥石流的调查与监测方案、监测现场的分级监测方案等设计进行研究；针对不同的监测项目（如气象水文观测、渗流场监测、化学场监测、波动力场监测、形变场监测等）确定不同等级滑坡、泥石流应采取的监测等级方案。

5）地质灾害的预警预报系统。侧重于根据滑坡和泥石流等灾害的监测技术指标深入探讨地质灾害不确定性影响因素，加强预测预报模型的研究，充分利用监测数据对各种地质灾害进行有效的预测预报，并确定地质灾害预警预报系统的实施方法，建立实用、有效的地质灾害预警预报系统。

（3）建筑抗震与减震技术。

1）建筑适宜的抗震技术与措施。侧重于对常见的土木工程结构型式进行抗震试验与技术研究，提出相应的抗震设计方法及措施，提高其抗震能力。

2）建筑结构新抗震技术。以 20 世纪 90 年代中期美国学者提出的基于位移的抗震设计理论为基础提出建筑结构新抗震设计方法，给出建筑结构基于性态的抗震分析方法，建立不同的抗震水平与措施。

3）建筑隔震与耗能减震技术。侧重于研制开发常见土木工程结构的隔震及复合隔震装置以及高效黏滞、金属、摩擦及其复合阻尼器与产业化技术，结合现有建筑特点进行装置试验和结构体系试验，研究高效、经济的基底隔震与耗能减震体系，提出相应的构造措施与施工技术。

4）既有建筑的减震加固技术。侧重于对既有建筑进行抗灾性能分析，研究消能减震技术在建筑加固中的应用，给出相应的构造措施。

5）建筑减（隔）震技术的设计方法。侧重于研究常见土木工程结构的减（隔）震技术设计方法，制定相关的减（隔）震装置图集与产品标准，促进、推广减（隔）震技术在建筑中的使用。

（4）区域防洪技术。

1）常见土木工程结构在水浪作用下的试验研究。侧重于选择洪水区进行洪水特性现场实测，掌握洪水的变化规律；结合试验研究复杂地形的洪水分布特性；选择典型建筑现场实测其水浪荷载分布特性和破坏特征。

2）常见土木工程结构在水浪作用下的数值模拟。目前的建筑抗水浪技术主要还是通过水浪试验和数值模拟方法实现。通过研究可以掌握量大面广的建筑的水浪荷载分布特性和破坏特征。

3）常见土木工程结构在水浪作用下的破坏机理分析。侧重于从建筑物破坏的角度展开分析（洪水对其破坏作用主要是冲击作用，它会造成房屋破坏，使地形、地貌发生改变。另外，滞洪期间的波浪作用也会造成建筑物的破坏），提出建筑抗水浪设计方法；提出常见土木工程结构在水浪作用下的破坏机理分析方法，提高常见土木工程结构的抗水灾能力。

4）区域防洪 GIS 技术研究。侧重于应用水浪试验和数值模拟研究发展不同尺度区域的水浪场模型；根据建筑洪灾特点研究水灾风险源的识别、水灾水险分析和评估；结合人口、经济和基础设施等地理信息系统（GIS）和数据库建立水灾危险性区划编制规则和数据库结构体系。

（5）建筑抗风技术。

1）地表风特性和典型建筑风荷载实测。侧重于选择强台风区进行台风特性现场实测，掌握台风的构成和登陆后的衰减规律；结合风洞试验研究复杂地形的台风分布特性；专门制作典型建筑现场实测其风荷载分布特性和破坏特征。

2）应用风洞试验方法和数值模拟方法研究建筑的抗风技术。现场实测只能在精心选择的极少数典型情况下进行。量大面广的建筑的抗风技术主要还是通过风洞试验和数值模拟方法来实现。通过研究可以掌握量大面广的建筑的风荷载分布特性和破坏特征。

3）小区风环境及房屋的抗风设计方法。基于以上研究提出不同体型小区建筑抗风设计方法；提出改变建筑局部形态等措施提高建筑的抗风灾能力，建立建筑抗风设计数据库系统；应用风洞试验和数值模拟方法研究小区风环境特性，给出沿海地区的风环境分布图和数据库以用于既有小区改造和新小区的规划设计。

4）风灾评估方法及评估系统。侧重于应用风洞试验和数值模拟研究建立沿海尺度的台风风场模型；根据建筑风灾的特点研究风灾风险源的识别、风灾风险分析和评估；研究基础设施在强风暴作用下的易损性；研究如何提高抗风灾能力。

（6）防火和抗火技术。

1）提升建筑抗火能力设施的研制。侧重于开发、应用适合不同地域特点和消费水平的阻燃、耐火建材和构件制备方法，提高建筑防火的科技含量；针对不同地域火灾特点有针对性地开发建筑火灾的简易灭火技术及设施并制定相关使用技术规程及普及建议方案。

2）建筑耐火、抗火关键技术研究。侧重于研究既有建筑抗火改造关键技术（包括电气防火改造技术，结构防火改造技术以及一些建筑必需消防设施的改造技术等）；研究典型可燃物燃烧、蔓延特性（如草垛、木垛）；建立火灾发展过程的数学物理模型，为防止火蔓延的建筑分隔技术提供理论支撑；开发计算机仿真技术对火灾危险性进行评价。

3）消防布局的优化技术研究。侧重于开发防止火势蔓延的建筑分隔技术（主要包括防火道或防火场的设置原则、易燃建筑防火间距的确定以及分隔方法等）；研究生产、生活和消防灭火，供水管网共用技术；研究典型区域消防灭火用水量的确定方法；对无法实现市政给水的区域，研究天然水源合理利用的方法；研究制定街区与郊区的消防道路设计准则与维护方案。

4）研究既有防火改造总体策略。侧重于针对不同地区特点建立抗火性能评价体系；研究建立既有防火改造总体设计原则和具体实施细则，并对如何实现既有建筑防火改造的有效性与经济性统一进行研究。

（7）生命线工程抗灾技术。

1）埋地管道的抗灾分析技术。侧重于提出埋地管道改造的理论和方法以及相关的标准；研究埋地管道基于地震、火灾、腐蚀等因素的综合抗灾分析方法。

2）生命线工程的 GIS 建模与监测技术。侧重于研究生命线工程管网系统的 GIS 建模和可视化平台技术；研究生命线工程压差、泄露、损伤等分布式监测传感器、信号处理、事故识别与系统集成技术。

3）生命线工程抗灾可靠性和失效区域应急处置技术。侧重于提出生命线工程抗灾可靠性分析方法以提高区域的综合抗灾能力；研究生命线工程事故或灾害局部失效的应急处置或控制装备以及灾后快速恢复技术，制定缩小影响区域的控制策略和实施技术。

4）生命线网络系统抗灾优化设计技术。侧重于研究生命线网络系统的灾害物理模拟技术与数值模拟技术，管网系统抗灾优化设计技术，生命线系统抗御多种灾害的抗灾设防标准、抗灾优化设计软件开发等。

5）生命线工程灾害预警与应急控制技术。侧重于研究生命线工程应对自然灾害的运行可靠性保障和安全调度技术（包括供水管网系统安全性监测、预警与灾害紧急自动处置技术，燃气管网安全性监测、预警与灾害应急切断技术，生命线管网系统灾害紧急自动处置系统与运营系统的兼容技术）。

人类文明程度越高，其面临的灾难因素就越多、越复杂。为确保人类的健康可持续发展，与时俱进地开展防灾减灾工程及防护工程研究工作意义重大、任重道远。

思 考 题

1. 谈谈你对防灾减灾及防护工程的认识。
2. 简述防灾减灾及防护工程在人类社会发展中的地位与作用。
3. 防灾减灾及防护工程的服务领域有哪些？
4. 简述防灾减灾及防护工程的宏观要求。
5. 你对防灾减灾及防护工程的发展有何想法与建议？

参 考 文 献

[1] American Society for Testing and Materials. "Specification A36/A36M – 01 Standard Specification for Carbon Structural Steel". West Conshohocken, PA, 2001.

[2] American Institute of Steel Construction (AISC), "Code of Standard Practice for Steel Buildings and Bridges", Chicago, IL, March 2000.

[3] ASTM 2000. C227 – 97a Standard Test Method for Potential Alkali Reactivity of Cement-Aggregate Combinations (Mortar-Bar Method). Annual Book of ASTM Standards, ASTM, Philadelphia, PA.

[4] American Society for Testing and Materials 2001. Annual Book of ASTM Standard, ASTM, Philadelphia, Pennsylvania.

[5] American Association of State Highway and Transportation Officials 1999. AASHTO Provisional Standards, AASHTO, Washington, D. C.

[6] AASHTO Standard T 90 – 87. Determining the plastic limit and plasticity index of soils. AASHTO Materials, Part I, Specifications. American Association of State Highway and Transportation Officials, Washington, D. C.

[7] ASTM Designation: D 43113 – 93. Test method for liquid limit, plastic limit, and plasticity index of soils.

[8] ASTM Book of Standards. Sec. 4, Vol. 04. 08. American Society for Testing and Materials, Philadelphia, PA.

[9] AASHTO Standard M 1410 – 87. The classification of soils and soil-aggregate mixtures for highway construction purposes. AASHTO Materials, Part I, Specifications. American Association of State Highway and Transportation Officials, Washington, D. C.

[10]   ASTM D1586, Standard Test Method for Penetration Test and Split Barrel Sampling of Soils, Vol. 04. 08.

[11] Melchers, R. E. , Structural Reliability: Analysis and Prediction, John Wiley & Sons, Chichester, U. K. , 1999.

[12] AASHTO, Standard Specification for Highway Bridges, 16th ed. , American Association of State Highway and Transportation Officials, Washington D. C. , 1997.

[13] AISC, Manual of Steel Construction: Load and Resistance Factor Design, 3rd ed. , Vols. I and II, American Institute of Steel Construction, Chicago, IL, 2001.

[14] Peurifoy, R. L. and Schexnayder, C. J. 2002. Construction Planning, Equipment and Methods, 6th ed. McGraw—Hill, New York.

[15] Trauner, T. J. 1993. Managing the Construction Project. John Wiley & Sons, New York.

[16] Brown, J. 1992. Value Engineering: A Blueprint, Industrial Press Inc. , New York.

[17] American Association of State Highway and Transportation Officials, A Policy on Geometric Design of Highways and Streets, AASHTO, Washington, D. C. , 2001.

[18] American Association of State Highway and Transportation Officials, Guide for the Planning, Design, and Operation of Pedestrian Facilities, AASHTO, Washington, D. C. , 2002 (forthcoming) .

[19] Federal Highway Administration, Geometric Design Practices for European Roads, U. S. Department of Transportation, Washington, D. C. , 2001.

[20] American Association of State Highway and Transportation Officials, A Policy on Geometric Design of Highways and Streets, 4th ed., Washington, D. C., 2001.

[21] Federal Highway Administration, 2000. Highway Traffic Noise Barrier Construction Trends, U. S. Dept. of Transportation, Washington, D. C.

[22] Florida Department of Transportation, 1999. Project Development and Environmental Guidelines; Part 2: Analysis and Documentation, Chapter 16, "Air Quality Analysis", Florida Dept. of Trans., Tallahassee, FL., August, 18.

[23] Crowe, C. T., Roberson, J. A., and Elger, D. F. (2000) Engineering Fluid Mechanics, 7th ed., John Wiley & Sons, New York.

[24] Gray, D. D. (2000) A First Course in Fluid Mechanics for Civil Engineers, Water Resources Publications.

[25] Hydrologic Engineering Center, 2001. HEC-RAS River Analysis System, User's Manual, Version 3. 0, U. S. Army Corps of Engineers, Davis, CA.

[26] Hydrologic Engineering Center, 2001. Hydrologic Modeling System HEC-HMS, User's Manual, Version 2. 1, U. S. Army Corps of Engineers, Davis, CA.

[27] Mays, L. W. (2001) Ed. Stormwater Collection System Design Handbook, McGraw-Hill, New York.

[28] Mays, L. W., ed. (2001). Water Resources Engineering, John Wiley & Sons, New York.

[29] Chapra, S. C. 1997. Surface Water-Quality Modeling. McGraw—Hill Companies, Inc., New York.

[30] American Water Works Association. 1999. Water Quality and Treatment: A Handbook of Community Water Supplies, 5th edition, McGraw-Hill, New York.

[31] Building Seismic Safety Council. 2004. 2003 Edition NEH R P Recommended Provisions for Seismic Regulations for New Buildings and Other Structures, Part 1 (Provisions) and Part 2 (Commentary), FEMA 450 [S]. Washington D C: Building Seismic Safety Council: 3112 – 329.

[32] Working Group On California Earthquake Probabilities (WGCEP), 2003. Earthquake Probabilities in the San Francisco Bay Region, 2002 – 2031. U. S. Department of the Interior, U. S. Geological Survey Open-File Report: 03 – 214.